中国轻工业"十三五"规划教材

表面活性剂和日用化学品

化学与工艺学

The Chemistry and Technology
of Surfactants and Daily Chemicals

崔正刚　许虎君　主编

化学工业出版社

·北京·

内 容 简 介

本书由江南大学化学与材料工程学院组织编写。围绕表面活性剂和与表面活性剂相关的日用化学品，介绍了合成制备、作用原理、性能应用以及生产工艺等，覆盖原料，各类型表面活性剂，特种表面活性剂，表面活性剂溶液化学，典型日用化学品如洗涤剂、肥皂、化妆品和牙膏以及表面活性剂的生物降解等。以磺化/硫酸化、乙氧基化和喷雾干燥等技术为主线，采用重点与一般相结合，现行技术为主、历史技术为辅的方式，系统阐述了表面活性剂和日用化学品的化学与工艺学基本理论。

本书立足于培养表面活性剂和日用化学品领域的专业人才。可供工科及师范类高等院校的化学工程与工艺专业、应用化学专业的本科生和研究生作教材使用，也可供研发、生产和使用表面活性剂的工业和技术领域的科技人员参考。

图书在版编目(CIP)数据

表面活性剂和日用化学品化学与工艺学/崔正刚，许虎君主编.—北京：化学工业出版社，2021.5（2023.9重印）
ISBN 978-7-122-38780-6

Ⅰ.①表⋯　Ⅱ.①崔⋯　②许⋯　Ⅲ.①表面活性剂-生产工艺-教材②日用化学品-生产工艺-教材　Ⅳ.①TQ423②TQ072

中国版本图书馆CIP数据核字（2021）第053230号

责任编辑：李晓红　　　　　　　　　　文字编辑：毕梅芳　师明远
责任校对：王素芹　　　　　　　　　　装帧设计：王晓宇

出版发行：化学工业出版社（北京市东城区青年湖南街13号　邮政编码100011）
印　　装：北京科印技术咨询服务有限公司数码印刷分部
787mm×1092mm　1/16　印张30　字数790千字　2023年9月北京第1版第4次印刷

购书咨询：010-64518888　　　　　　　售后服务：010-64518899
网　　址：http://www.cip.com.cn
凡购买本书，如有缺损质量问题，本社销售中心负责调换。

定　　价：148.00元

表面活性剂素有"工业味精"之美誉，不仅在日用化工等传统工业和技术领域有着广泛的应用，还应用于材料、能源以及生命科学等高技术领域。消耗了表面活性剂总产量一半左右的日用化学品，不仅是表面活性剂的最大用户，更是人们日常生活的必需品，是新时代人民群众实现美丽健康生活不可或缺的产品。表面活性剂和日用化学品行业的发展涉及表面活性剂科学以及相关的工业生产技术，自改革开放以来，该领域在我国发展迅速。随着生产规模不断扩大、生产工艺不断更新、生产控制的自动化和计算机化，以及产品向高性能、高安全、环境友好方向发展，该领域对人才的需求和培养提出了新的要求。

江南大学（前身为无锡轻工业学院/无锡轻工大学）是全国最早从事表面活性剂/日用化学品教学和科研的高等院校之一。已故的夏纪鼎教授等前辈于20世纪70年代即在无锡轻工业学院化工系开设了"合成洗涤剂工艺学"，形成了《合成洗涤剂工艺学》讲义。随后在该讲义的基础上，夏纪鼎教授和倪永全教授精心主编了《表面活性剂和洗涤剂化学与工艺学》，于1997年由中国轻工业出版社正式出版，作为高等学校轻工专业教材。然而由于种种原因，这本教材在出版后迄今未能再版。作为夏纪鼎教授和倪永全教授的学生和相关课程的继承者，我们责无旁贷，于近期组织编写了《表面活性剂和日用化学品化学与工艺学》教材，并入选"轻工十三五规划教材"。

基于阐述表面活性剂和日用化学品科学的基本理论并体现近年来相关领域的发展，本教材继承了原教材有关表面活性剂的基础教学内容，同时在"特种表面活性剂"一章中增加了双子表面活性剂、开关型和刺激-响应型表面活性剂的相关内容，并对日用化学品进行了扩容，除洗涤剂外，增加了肥皂、化妆品和牙膏等。考虑到表面活性剂工业应用领域近年来发展很快，相关内容较多、篇幅较大，本书没有列入，拟单独编著一本教材。此外，本书对表面活性剂的溶液化学只给予简介，相关内容读者可以参阅崔正刚主编的《表面活性剂、胶体与界面化学基础》（第二版）。鉴于此，倪永全教授对本书有着巨大的贡献。2019年冬，笔者与学院领导和同事一起前往上海崇明看望退休多年的倪永全教授，倪老师虽年届80高龄，但仍精神矍铄，谈起教材更新，倪老师表示全力支持，并希望我们尽快完成新教材的出版。在此我们向倪老师表示崇高的敬意。

本书以表面活性剂和日用化学品的合成、性能、应用、配方以及生产工艺为主，注重追溯发展历史、展现技术进步、阐明基础理论、展望未来方向。以磺化/硫酸化、乙氧基化和喷雾干燥等技术为主线，采用重点与一般相结合、现行技术为主、历史技术为辅的方式，系统地阐述了表面活性剂和日用化学品的化学与工艺学基本理论，旨在使学生通过本教材的学习能够将基础理论与实践知识紧密结合，起到触类旁通、举一反三的作用。全书共分为12章。第1章绪论由崔正刚编写；第2章原料及其制备和第3章阴离子型表面活性剂由许虎君编写；第4章阳离子型及两性离子型表面活性剂由刘学民编写；第 5 章非离子型表面活性剂由崔正刚编写，其中胡学一编写了脂肪酸甲酯乙氧基化物部分；第 6 章特种表面活性剂由崔正刚、蒋建中（开关和刺激-响应型表面活性剂）和宋冰蕾（双子表面活性剂）共同编写；第 7 章表面活性剂的溶液化学和第 8 章合成洗涤剂由崔正刚编写；第 9 章肥皂由许虎君编写；第 10 章化妆品和个人护理（卫生）用品由梁蓉编写；第 11 章牙膏由裴晓梅编写；第 12 章表面活性剂的生物降解及安全性基本保持了原《表面活性剂和洗涤剂化学与工艺学》本部分内容，并由崔正刚进行了整编。全书由崔正刚统稿。此外，倪邦庆教授以及闫婷婷、张婉晴、刘晓敏、张豪杰、黄思瑜、杜德伦、李有花、张盛、余诗洁、李媛丽、王丹萍、杨明珠、史丽燕、朱锦文等同学参与了稿件前期的资料整理与录入，对本教材的出版给予了极大的帮助，在此表示感谢。

　　本书的编写参考了大量的文献资料，对新增内容，参考文献一般列于相关章节后，其它参考书目则列于书后。编者在此向所有被引用文献的作者表示诚挚的谢意。在单位制方面，本书力求使用国际单位（SI）制。由于涉及众多的行业用词缩写，书中专门给出了一个缩略语表。

　　本书的编写得到了江南大学化学与材料工程学院领导的大力支持和帮助，并得到化学工业出版社的支持和精心编辑，在此一并致谢。

　　限于编者的水平，书中难免存在疏漏或不妥之处，如蒙读者不吝指正，编者将不胜感激。

崔正刚　许虎君

2021 年 6 月

缩略语表

缩写	英文名称	中文名称
表面活性剂类		
ABS	Alkyl benzene sulfonates	烷基苯磺酸盐
AEO	Alcohol ethoxylates	脂肪醇聚氧乙烯醚
AES	Alcohol ether sulfates	醇醚硫酸盐（脂肪醇聚氧乙烯醚硫酸盐）
AGS	Alkyl glyceryl ether sulfonates	烷基甘油醚磺酸盐
AOS	Alpha olefin sulfonates	α-烯烃磺酸盐
AOT	Aerosol OT	磺基琥珀酸（二）酯盐
APEO	Alkylphenol ethoxylates	烷基酚聚氧乙烯醚
APG	Alkyl polyglucosides	烷基葡萄糖苷
AS	Alkyl sulfates	烷基硫酸盐（脂肪醇硫酸盐）
FAS	Fatty alcohol sulfates	脂肪醇硫酸盐
FMEE	Fatty alcohol methyl ester ethoxylates	脂肪酸甲酯乙氧基化物
LAS	Linear alkylbenzene sulfonates	直链烷基苯磺酸盐
MES	Methyl ester sulfonates	（脂肪酸）甲酯磺酸盐
PS	Petroleum sulfonates	石油磺酸盐
SAS	Secondary alkane sulfonates	仲链烷磺酸盐
SDS	Sodium dodecyl sulfates	十二烷基硫酸钠
相关产品		
CMC-Na	Carboxymethylcellulose sodium	羧甲基纤维素钠
EO	Ethylene oxide	环氧乙烷
FWA	Fluorescent whitening agent	荧光增白剂
NP	Nonyl phenol	壬基酚
OP	Octyl phenol	辛基酚
PEG	Polyethylene glycols	聚乙二醇
PO	Propylene oxide	环氧丙烷
PVP	Polyvinyl pyrrolidone	聚乙烯吡咯烷酮
Span		失水山梨醇脂肪酸酯
STPP	Sodium triphosphate	三聚磷酸钠
Tween		失水山梨醇脂肪酸酯乙氧基化物

缩写	英文名称	中文名称
	相关术语	
BOD	Biochemical oxygen demand	生化需氧量
COD	Chemical oxygen demand	化学需氧量
CGC	Critical gel concentration	临界凝胶浓度
cmc	Critical micelle concentration	临界胶束浓度
EOR	Enhanced oil recovery	提高石油采收率
HLB	Hydrophile-lipophile balance	亲水亲油平衡
HPLC	High-pressure liquid chromatograph	高压液相色谱
IR	Infra-red	红外
Krafft 点	Krafft Point	临界溶解温度
LD_{50}	Lethal dose 50	半致死量
LSDA	Lime soap dispersing agents	钙皂分散剂
LSDP	Lime soap dispersing power	钙皂分散力
MAC	Maximum addition concentration	最大添加浓度
MS	Mass spectrum	质谱
NMR	Nuclear magnetic resonance	核磁共振
TLC	Thin-layer chromatograph	薄层色谱
UV	Ultra-violet	紫外

目录

基础篇 / 1

基础篇

第1章 绪论

1.1 表面活性剂发展简史

1.1.1 表面活性剂工业的兴起与演变

表面活性剂是一种功能性精细化学品,目前已发展成为精细化工的一个重要门类,在日用化学品、众多工业技术领域(食品、纺织、印染、皮革、造纸、涂料、农药、石油开采、矿产开发、工业清洗)以及高新技术领域(纳米材料制备等)具有广泛的应用。

最早的表面活性剂应当是肥皂。肥皂从何时起源现阶段还难以考证。一种说法是古人在进行祭祀活动时,从锅中溢出的油脂遇到锅下的草木灰,形成了最早的肥皂,并随着雨水冲至河边,人们无意中发现用这种物质洗衣服具有很好的清洁效果。于是在公元前 2500 年左右,在美索不达米亚等地区人们已懂得用油脂与草木灰液混合加热制取肥皂,用于洗涤羊毛、衣服等。公元前 2200 年,已有记载肥皂用于医药。到公元前 600 年,埃及人懂得了用动植物油与一种产于尼罗河谷的名叫 Trona 的石碱制造肥皂。此后,德国人还用山羊油与山羊毛灰反应制成浆状物或固体物,用于洗头发及美容等。到公元 7 世纪,阿拉伯人发明了用生石灰作为苛性碱的原料,这样,制造出来的硬皂在外观或性能上都比较接近于现在的产品。后来肥皂生产技术逐渐扩大到意大利、西班牙、法国等地中海地区。起初,肥皂制造中心出现于地中海地区的阿利坎特、马拉加、塞维利亚,后来又传到威尼斯、热那亚,并采用了"百合花"(Lilies)、"松果"(Pine cones)等商标。可以说,在中世纪的欧洲,已经出现了商品肥皂。16 世纪,法国马赛成为当时的肥皂制造中心,至今还有"马赛皂"的名字。随着化学科学的发展,到 18 世纪末叶出现了三个关键性技术突破,即路布兰制碱法、油脂精炼脱色和进口廉价油脂运输系统,促使肥皂生产进入科学化技术时代。

20 世纪初,鉴于肥皂的碱性及不耐硬水,特别是第一次世界大战导致的油脂短缺,迫使人们开始寻找肥皂的代用品,随后于 20 世纪 30 年代在德国诞生了化学合成的"表面活性剂"以及用表面活性剂配制的"合成洗涤剂"。其中的表面活性剂具有与肥皂类似的分子结构和性能。首先是 1917 年,德国巴斯夫(BASF)公司开发了烷基萘磺酸盐,产品具有较强的润湿性及发泡能力,但由于烷基链偏短去污能力差,不适合用于洗涤。此后,德国人 Böhme 开发了蓖麻油脂肪酸丁酯磺酸盐表面活性剂,其润湿性优良,但去污功能亦不理想。1928 年,H. Bertsch 等用脂肪醇进行硫酸化,制得了第一种合成的洗涤活性物脂肪醇硫酸盐,但由于脂肪醇的制取(当时采用金属钠还原制氢法)成本太高,未能大规模生产。后来德国的 Hydrierwerke AG 公司从天然鲸鱼油制得了质量较好的油醇和十八醇,之后又推广到十六醇和十二醇,尤其是该公司的 W. Schrauth 开发的脂肪酸酯高压加氢还原制备脂肪醇工艺,显著降低了脂肪醇的生产成本,从而推动了脂肪醇硫酸盐的大规模工业化生产，用其制成的洗涤产品开始出现于市场，例如德国 Henkel 公司于 1932 年推出的 Fewa 牌、美国 PG 公司于 1933 年推出的 Dreft 牌等。脂肪醇硫酸盐以其去污性能强、泡沫丰富而用于洗衣、洗发及餐具洗涤等多个方面，由于原料来自天然产物，至今仍在广泛使用。同期用天然油脂为原料制成的表面活性剂种类也不断扩充，例如，1929 年出现了 Igepon 类的脂肪酸缩合物，20 世纪 30 年代诞生了脂肪醇、脂肪酸、脂肪胺的聚氧乙烯醚（非离子型）产品。第二次世界大战后，以四聚丙烯为原料制备的支链十二烷基苯磺酸钠（ABS）的生产技术开发成功，该产品具有良好的去污能力，成为合成洗涤剂的主要活性物，市场需求量激增。据统计，到 1959 年，ABS 几乎占到西方国家所有合成表面活性剂需求量的 65%左右，而肥皂在合成洗涤剂中仅用作泡沫调节剂。1953 年美国用于织物洗涤的合成洗涤剂的需求量超过了洗衣皂，日本则于 1963 年起合成洗涤剂消耗量超过了洗衣皂。

然而 20 世纪 60 年代国际上发现 ABS 由于含有支链结构，使用后不易被微生物降解，从而导致泡沫涌塞下水道或积浮江河，造成环境公害。为了解决这一环境问题，人们开发了软性的易生物降解的直链烷基苯磺酸钠（LAS）。LAS 很快取代了 ABS，成为合成洗涤剂的主要活性物。迄今为止 LAS 仍是世界上产量最大的单一表面活性剂品种。而以 LAS 取代 ABS 也是人类历史上为了环境安全而实现产品更新换代的先例。20 世纪 70 年代以来，随着非离子型表面活性剂脂肪醇聚氧乙烯醚的成本下降，非离子型表面活性剂的品种和产量都获得了较大的发展，其工业用途也日趋广泛。目前，包括脂肪醇硫酸钠、脂肪醇聚氧乙烯醚以及脂肪醇聚氧乙烯醚硫酸盐在内的脂肪醇系产品需求量已经达到了总表面活性剂需求量的 40%以上，并且仍在上升。同时，作为织物柔软剂、抗菌剂、抗静电剂的阳离子型表面活性剂以及两性离子型表面活性剂，也获得了快速的发展。

石油和天然油脂无疑是表面活性剂的主要原料来源。石油不可再生，因此利用可再生"绿色"原料开发生态安全、无环境污染、生物降解完全、功能性强、化学稳定性及热稳定性良好而成本低的产品成为新的趋势。在这方面，脂肪酸甲酯磺酸盐（MES）和烷基葡萄糖苷（APG）是两个重要的里程碑。此外，双子（Gemini）表面活性剂、高分子表面活性剂、仿生表面活性剂、反应型表面活性剂、元素表面活性剂、生物表面活性剂以及开关和刺激-响应型智能表面活性剂等业已成为新的发展方向。

在中国，使用草木灰碱或天然植物皂荚中的皂苷来洗涤衣服已有 2000 多年的历史。据考证"肥皂"一词在明代（400 多年前）的小说中即已出现，表明商品肥皂可能很早即由欧洲引入我国。我国的肥皂工业起步于 20 世纪初的上海。首先是在鸦片战争时期英国人将肥皂带到了中国，被称为"洋碱"，受到人们的喜欢，于是外国资本开始在中国设厂制造肥皂，随后民族资本也开始设厂，地点主要在沿海一带和长江沿线的大城市，如上海、天津、大连、苏州、沈阳、武汉、重庆、成都等地。

1949 年以前，我国的洗涤用品仅有肥皂。由于战乱和生产力低下，1949 年我国人均年肥皂消耗量仅有 60g。1958 年以后，我国陆续在上海等地建立了烷基苯磺酸盐工厂和非离子型表面活性剂生产工厂，20 世纪 60 年代在大连、上海等地建立了阳离子型表面活性剂工厂，1978 年，我国开始生产甜菜碱型两性离子型表面活性剂 BS-12。改革开放以来，通过引进技术和设备，我国表面活性剂和合成洗涤剂工业获得了快速发展。1985 年，我国用表面活性剂配制的合成洗涤剂的消耗量首次超过了洗衣皂。2018 年我国表面活性剂总产量达到了 420 万吨，约占世界总产量的 20%，合成洗涤剂总产量达到近 1400 万吨，人均年消费量达到 9.5kg。目前我国表面活性剂/合成洗涤剂工业已经跟上了世界发展的潮流，实现了高速可持续发展，能够满足人们日常生活以及工业和技术领域的需求。我国已经成为表面活性剂/合成洗涤剂生产大国，并正在向生产强国迈进。

1.1.2　世界表面活性剂工业和科学现状

从原料来看，表面活性剂主要基于石油衍生物和天然油脂衍生物两大类原料。前者主要包括烷基苯、烷基酚、α-烯烃、合成脂肪醇、环氧乙烷和环氧丙烷等，后者主要包括由椰子油、棕榈油、棕榈仁油衍生的天然脂肪酸、脂肪醇、脂肪酸甲酯以及脂肪胺等。近年来，基于天然油脂衍生物原料的表面活性剂发展更快。据统计和预测，2020 年全球表面活性剂总产量将达到 2530 万吨，市场销售额 420 亿美元，人均年消耗量 3.75kg，近五年年均增长 4.0%，其中亚太地区和南美地区的增长率高于其它地区。

从用途来看，家用表面活性剂超过了整个表面活性剂用量的一半，包括家用洗涤用品 44.6%，个人护理用品 10.8%；其余为工业用表面活性剂，其中工业清洗 6.7%，食品加工 5.8%，油田化学品 4.3%，农用化学品 3.5%，纺织化学品 2.2%，其它工业领域合计 22.1%。

就品种和结构而言，阴离子型表面活性剂和非离子型表面活性剂仍占据主导地位，其中阴离子型品种占到 46% 左右，非离子型品种占到 31% 左右。值得注意的是，由于具有多功能性，两性离子型表面活性剂近年来的发展速度相对较快。另一个值得关注的现象是，具有良好生物兼容性的所谓生物结构表面活性剂（bio-surfactants）近年来获得了较快的发展，具体品种包括脂肪酸甲酯磺酸盐（MES）、烷基糖苷（APG）、山梨醇酯和蔗糖酯等。2015 年，它们分别占到生物结构表面活性剂总量的 33%、25%、8% 和 34%。

尽管全世界表面活性剂品种已超过了 16000 个，但销售量巨大的主要品种并不多，目前仍以直链烷基苯磺酸钠（LAS）、脂肪醇聚氧乙烯醚（AEO）、脂肪醇聚氧乙烯醚硫酸钠（AES）、脂肪醇硫酸钠（FAS）等为主；其次为烯基磺酸钠（AOS）、仲烷基硫酸钠（SAS）等。值得关注的是，近年来生物结构表面活性剂包括 APG、MES 等的占比明显增加。此外，得益于脂肪醇加工工艺的进步和成本降低，脂肪醇系表面活性剂的发展速度高于烷基苯磺酸钠。

家用洗涤用品是表面活性剂的最大用户，消耗了约 50% 的表面活性剂。具体包括五大系列，即织物洗涤用品、厨房洗涤用品、居室洗涤用品、盥洗用品和个人清洁护理用品等。目前普通洗衣粉仍是产量最大的品种，LAS 由于适用于粉状洗涤剂，仍是产量最大的单一表面活性剂。液体洗涤剂的规模仅次于粉状洗涤剂，促进了 AES 和 AEO 等醇系表面活性剂的发展。近年来，为了节能环保和可持续发展，限磷、禁磷、推广浓缩粉和加酶洗涤剂，以及提倡使用可再生原料衍生的表面活性剂成为新的发展方向。而在工业应用领域，由于具体应用性能各不相同，品种众多、百花齐放成为基本趋势。展望未来，表面活性剂工业总体将向着绿色化、高质化、高值化和精细化方向不断发展。

随着表面活性剂工业的发展，表面活性剂科学的基础研究也越来越深入，已由传统的界面化学进入分子界面化学，新的设备和研究方法不断涌现。近年来，表面活性剂溶液化学、溶液中的自组装和界面自组装、新型智能型表面活性剂分子设计和合成、表面活性剂的新型合成方法，以及表面活性剂在纳米技术领域和生命科学领域中的应用等研究，取得了突飞猛进的发展。通过广泛深入的基础研究，将进一步丰富表面活性剂科学的理论，从而为表面活性剂工业提供性能更好、成本更低的新产品。

1.2　表面活性剂的分子结构与分类

1.2.1　表面活性剂分子的双亲结构

表面活性剂（surfactants）属于双亲化合物，即其分子中包括了一个长链疏水基团和一个亲水基团，如图 1-1 所示。亲水基团倾向于溶于水中，但受到疏水基团的阻碍；而疏水基团倾向于溶于油中或者脱离水相，于是整个分子会自发地吸附到水/空气界面和油/水界面，形成定向单分子层，亲水基团和疏水基团各得其所，此时自由能最低。表面活性剂在界面的定向吸附导致水的表（界）面张力下降，因而称表面活性剂具有表面活性（surface activity）。

一般地，表面活性剂分子的两个基团大小或尺寸是不对称的。疏水基通常是 $C_{10} \sim C_{20}$ 的烷基链，而亲水基为球状（离子型）或链状（非离子型）。在分子分散状态时，表面活性剂的溶解度是比较低的，但在某一临界浓度以上，则分子相互缔合形成胶束（micelle）时，溶解度显著增加。而在溶液中，分子分散的表面活性剂（单体）和胶束共存。

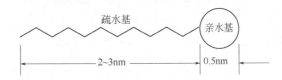

图 1-1　表面活性剂的分子结构示意图

疏水基可以有许多不同结构；亲水基也有各种不同原子团，可以位于疏水基链末端，也可移向中间任一位置，可大可小，也可以有几个亲水基。现分别按疏水基、亲水基及连接方式三部分加以说明。

（1）疏水基

表面活性剂的疏水基主要为烃类，包括饱和烃和不饱和烃，结构上有直链、支链、环状等，来自油脂化学制品或石油化学制品。其它疏水基还有脂肪醇、烷基酚、含氟或硅以及其它元素的原子团、含萜类的松香化合物、高分子聚氧丙烯化合物等。

（2）亲水基

亲水基的种类很多，有离子型（阴离子、阳离子、两性离子）及非离子型两大类。前者在水溶液中能离解为带电荷的表面活性离子和平衡离子（反离子），而后者仅具有极性而不能在水中离解。两者在水溶液中的溶解度-温度关系正好相反，离子型表面活性剂的水溶性随温度升高而增加（Krafft 点现象），而非离子型表面活性剂的溶解度随温度升高而下降（浊点现象）。

主要的亲水基有下列几种：

磺酸盐　　　　　　　　　　$RSO_3^- M^+$

硫酸盐　　　　　　　　　　$RSO_4^- M^+$

羧酸盐	$RCOO^-M^+$
磷酸盐	$RPO_4^-M^+$
胺　盐	$R_xH_yN^+X^-$（$x=1{\sim}3$，$y=3{\sim}1$）
季铵盐	$R_4N^+X^-$
甜菜碱	$RN^+(CH_3)_2CH_2COO^-$
磺基甜菜碱	$RN^+(CH_3)_2CH_2CH_2SO_3^-$
聚氧乙烯	$R{-}OCH_2CH_2(OCH_2CH_2)_n{-}OH$
蔗　糖	$ROC_6H_7O(OH)_3{-}O{-}C_6H_7(OH)_4$
聚　肽	$RNH{-}CHR{-}CO{-}NH{-}CHR'{-}CO{-}\cdots COOH$
聚缩水甘油基	$R{-}[OCH_2CH(CH_2OH)CH_2]_n{-}OCH_2CH(CH_2OH)CH_2O$

（3）连接方式

表面活性剂分子中的疏水基团和亲水基团需要连接在一起。连接方式有两种，一种是直接连接，另一种是借助于中间药剂作媒介而连接。直接连接就是通过疏水基物料与无机或有机化学剂直接反应而成，例如脂肪酸与氢氧化钠中和形成肥皂。然而有些疏水基不能与亲水基直接连接，例如正构烷烃很难发生磺化反应，但在氯气与 SO_2 作用下变成烷基磺酰氯 RSO_2Cl 后，就容易与氢氧化钠反应生成烷基磺酸钠。这里卤素就起了连接作用。有些连接剂本身就是亲水基的一部分，例如，AES 中的环氧乙烷（EO）基团，既连接—SO4 与 R，而本身又是亲水基。其它还有醚氧（—O—），亚氨基（—NH—），烯基（$>C{=}C<$），酰胺基（—CON<，—CONH—），二氧化硫（—SO₂—），甲酯基（—COOCH₃）等。

1.2.2　表面活性剂的分类

表面活性剂的种类很多，需要进行适当的分类。分类方法有多种，例如：i.根据用途分类，包括乳化剂、润湿剂、发泡剂、分散剂、凝聚剂、洗涤剂、破乳剂、抗静电剂等，缺点是仅突出某种用途，没有显示表面活性剂的化学结构。ii.根据溶解性分为水溶性和油溶性两大类，但油溶性表面活性剂数量不多，难以形成大类。iii.根据化学结构、亲水基和疏水基的连接方式以及性能分类，大类中还可分成许多小类，例如国际标准（ISO）法就是属于这一类，该分类方法比较合理，但分类极为复杂烦琐，且与用途的联系很少。iv.根据表面活性剂在水溶液中是否离解分成阴离子、阳离子、两性离子与非离子四大类，该分类法为大家公认而常用，也能反映出化学结构与性能的一些关系，能顾及用户的需要。因此，本书将采用这一分类法对表面活性剂进行分类。除此之外，本书将另列一类特种表面活性剂，把高分子表面活性剂、元素表面活性剂、生物表面活性剂、双子表面活性剂、反应型表面活性剂、开关和刺激-响应型表面活性剂等包括在内。

（1）阴离子型表面活性剂（anionic surfactants）

阴离子型表面活性剂（结构见图 1-2）是表面活性剂中的一个大类，几乎占总用量的60%~75%。这是因为它原料易得，加工简单，成本较低，性能又好，其它表面活性剂很难与之竞争。尽管近年来非离子型表面活性剂（聚氧乙烯型）由于制造成本降低、适用面增加而发展较快，导致阴离子型表面活性剂消费量有所下降，但阴离子型仍占首位。数千年来，应用最广的阴离子型表面活性剂是脂肪酸钠盐——肥皂。但由于肥皂不耐硬水，不耐盐和酸，使用受到限制。自从土耳其红油——磺化蓖麻油发明后，各种磺酸盐、硫酸盐因为能够克服肥皂的缺点而得到了广泛的推广。

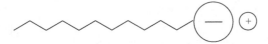

图 1-2　阴离子型表面活性剂结构示意图

阴离子型表面活性剂一般由链长为 $C_{10}\sim C_{20}$ 的烃链与羧酸、磺酸、硫酸、磷酸等亲水基所组成，在水溶液中带有阴离子电荷。另外，带正电荷的金属离子或有机离子与其平衡，称为反离子。一般织物或硬表面常带负电荷，因此，使用阴离子表面活性剂时，表面活性离子吸附于织物表面后易于发挥润湿、去污作用，并有较好的稳定性。阴离子型表面活性剂中最重要的产品是磺酸盐、硫酸盐，包括最常用的直链烷基苯磺酸盐、脂肪醇硫酸盐、脂肪醇聚氧乙烯醚硫酸盐，以及烷基磺酸盐、烯烃磺酸盐、甲酯磺酸盐、琥珀酸酯磺酸盐、石油磺酸盐、木质素磺酸盐等。因此，磺化、硫酸化技术与设备的发展与进步，对表面活性剂工业极为重要。表 1-1 列出了主要阴离子型表面活性剂的名称、化学式和品牌或代号（缩写）。

表 1-1　主要阴离子型表面活性剂的名称、化学式和品牌或代号（缩写）

名称	化学式	品牌或代号
羧酸盐（肥皂）	RCH_2COOM $R = C_{12}\sim C_{18}$； $M = Na^+, K^+, NH_4^+, Ca^{2+}, Mg^{2+}, HN^+(CH_2CH_2OH)_3, (CH_3)_2CHN^+H_3$	
硫酸酯盐	$ROSO_3M$	FAS（AS）
脂肪醇硫酸盐或烷基硫酸盐	$ROSO_3M$ $R = C_{12}\text{–}C_{18}$；　$M = Na^+, K^+, NH_4^+, {}^+NH(CH_2CH_2OH)_3$	(K_{12}) SDS（当 $R = C_{12}$ 时）
硫酸化油	$R{-}CH{-}COOR$ 　　　　$|$ 　　　OSO_3Na	
仲烷基硫酸盐	RCH_2CHCH_2R' 　　　　$|$ 　　　OSO_3Na	Teepol
烷基甘油醚硫酸盐	$ROCH_2CHCH_2OSO_3M$ 　　　　$|$ 　　　OH	
醇醚硫酸盐	$RO(CH_2CH_2O)_nSO_3M$ $R = C_{10}\sim C_{15}$；　$n = 1\sim 3$；　$M = Na^+, K^+, NH_4^+$ 等	AES, ES
酚醚硫酸盐	$R{-}\phi{-}O(CH_2CH_2O)_nSO_3M, R = C_8\sim C_9$	PES
磺酸盐		
烷基磺酸盐	$RSO_3M, R = C_{12}\sim C_{18}$	FAS
烯烃磺酸盐	$H_3C(CH_2)_mCH{=}CH(CH_2)_nSO_3Na$ 　　　　　　$+$ $R{-}CH_2{-}CH{-}(CH_2)_xSO_3Na$ 　　　　　$|$ 　　　　OH $n+m = 9\sim 15$；　$n = 0,1,2$；　$R = C_{7\sim 13}$；　$x = 1,2,3$	AOS

续表

名称	化学式	品牌或代号
脂肪酸甲酯磺酸盐	$R-\underset{\underset{SO_3Na}{\vert}}{CH}-COOCH_3$，$R=C_{10}\sim C_{16}$	MES
仲烷基磺酸盐	$\underset{R^2}{\overset{R^1}{\diagup}}CH-SO_3Na$，$R^1+R^2=C_{11}\sim C_{17}$	SAS
烷基苯磺酸盐	$R-C_6H_4-SO_3M$，$R=C_{10}\sim C_{13}$	LAS（直链）ABS（支链）
烷基萘磺酸盐	$R-C_{10}H_6-SO_3M$，$R=C_4\sim C_6$	
油酰基甲基牛磺酸盐	$R CONCH_2CH_2SO_3Na$ 　　　$\vert$ 　　　CH_3	Igepon T（209）
脂肪酸亚乙基磺酸盐	$R COOCH_2CH_2SO_3Na$，$R=C_9\sim C_{13}$	Igepon A
磺基琥珀酸酯盐	$R OOCCH_2-\underset{\underset{SO_3Na}{\vert}}{CH}COOR$ 双酯磺酸盐（或单酯磺酸盐、羧酸盐，或脂肪醇聚氧乙烯醚单酯磺酸盐、羧酸盐）	AOT
烷基甘油醚磺酸盐	$R OCH_2CH(OH)CH_2SO_3M$，$R=C_{12}H_{25}$	
石油磺酸盐		PS
木质素磺酸盐		LS
磷酸酯盐	$\underset{O}{\overset{R^1O}{\diagdown}}\overset{ONa(R^2)}{\underset{\diagup}{P\diagup}}ONa$　（单烷基或二烷基酯盐）	

（2）阳离子型表面活性剂（cationic surfactants）

阳离子型表面活性剂（结构见图 1-3）含有一个或两个长烃链疏水基，并与一个或两个亲水基相连。在水溶液中离解为带有表面活性的阳离子和平衡阴离子。阳离子型表面活性剂的亲水基部分大多是含氮化合物（胺或季铵），少数是含磷、砷和硫的化合物。含氮化合物中，伯胺、仲胺以及叔胺通过与无机酸或有机酸中和形成的盐称为胺盐，而叔胺通过季铵化形成的化合物称为季铵盐。还有一大类是杂环氮化合物。它们是烷基吡啶、咪唑啉、玛富啉的盐类。阳离子型表面活性剂除个别情况如以酸性溶液洗涤羊毛外，很少直接用于洗涤去污。但如果在含阴离子的洗涤液中加入少许游离脂肪胺（如甲基双硬脂酰胺），则具有增强洗涤的作用。阳离子型表面活性剂之所以受到关注，是因为 1938 年人们发现了它具有杀菌功能。后来其用途日益扩大，发展极快，重要性也越来越明显。现已广泛用作杀菌剂、织物柔软剂、头发调理剂、抗静电剂、防锈剂、防火剂、染料固色剂、采矿浮选剂、润滑剂、沥青乳化剂、化妆品发型固定剂、涂料中颜料分散剂，以及铀矿萃取剂等。表 1-2 列出了主要阳离子型表面活性剂的名称、化学式和品牌或代号（缩写）。

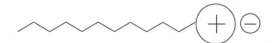

图 1-3　阳离子型表面活性剂结构示意图

（3）两性离子型表面活性剂

两性离子型表面活性剂，结构见图 1-4，同一分子上有一个阴离子基团和一个阳离子基团，在水溶液中它们形成分子内盐。根据介质 pH 值的大小，它可以呈阴离子性质（碱性）或阳离子性质（酸性），在等电点为不带净电荷的中性，类似于非离子型表面活性剂，此时在水中溶解度相对较小。两性离子型表面活性剂虽然在世界总表面活性剂产量中占比很小（约1%），但由于其优良的抗硬水性、多功能性以及与其它表面活性剂（阴离子型、阳离子型、非离子型）混合时表现出优良的相溶性和协同效应，两性离子型表面活性剂在市场上的位置越来越明显，发展速度相对较快。

表1-2　主要阳离子型表面活性剂的名称、化学式和品牌或代号（缩写）

序号	名称	化学式	品牌或代号
1	胺盐（水溶性差，无杀菌力）		
	烷基伯胺盐	$RNH_3^+X^-$，$R=C_{12}\sim C_{18}$，$X=COO^-$，Cl^-，Br^-，SO_4^{2-}，PO_4^{3-}	
	烷基仲胺盐	$R_2NH_2^+X^-$	
	烷基叔胺盐	$R_3NH^+X^-$	
2	季铵盐（有杀菌力）	$R-\overset{\overset{CH_3}{\|}}{\underset{\underset{CH_3}{\|}}{N^+}}-CH_3X^-$	QAC
3	吡啶盐（纤维防水剂）	$R-\overset{+}{N}\underset{X^-}{}$ ，$R-\overset{+}{N}HX^-$	
4	咪唑啉盐（柔软剂，破乳剂，除锈剂等）	$\left[R-\overset{\overset{R'}{\|}}{\underset{\underset{R''}{\|}}{\text{咪唑环}}}\right]^+ X^-$	
5	吗啉盐	$O\overset{+}{\underset{}{N}}\overset{R}{\underset{R'}{}} X^-$	

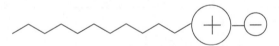

图1-4　两性离子型表面活性剂结构示意图

两性离子型表面活性剂的分类相对比较混杂。一种分类法是根据阴离子的类别分成羧酸型、磺酸型、硫酸型、磷酸型等。另一种是根据它对pH的敏感性分成pH敏感型与pH不敏感型。实际上，两性离子型表面活性剂的碱性部分（氨基或季铵基）与酸性部分（羧酸、磺酸、磷酸）都反映出化合物的特性与功能，在实用上往往参考碱性基官能团来称呼。为此本书按阳离子部分进行分类，再在每类中根据其阴离子部分加以区别。表1-3列出了常用的两性离子型表面活性剂的名称、化学式和品牌或代号（缩写）。

（4）非离子型表面活性剂

非离子型表面活性剂（结构见图1-5）在水溶液中不能离解为离子，呈中性分子状态，因此化学稳定性高，基本不受水相中酸、碱、盐的影响。非离子型表面活性剂耐硬水性强，在固体表面上可强烈吸附，与其它表面活性剂的相容性好，可与阴离子型、阳离子型、两性离子型表面活性剂混合使用，并可以在有机溶剂中溶解。非离子型表面活性剂的亲水基通常为醚、酯、羟基、胺和酰胺等。表 1-4 列出了主要类别和一些典型品种。

表 1-3　常用两性离子型表面活性剂的名称、化学式和品牌或代号（缩写）

序号	名称	化学式	品牌或代号
1	氨基酸型	阳离子：氨基；阴离子：羧酸	
	烷基氨基丙酸盐	$RN^+H_2CH_2CH_2COO^-$	
	烷基亚氨基二丙酸盐	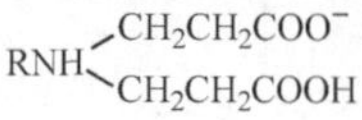 $RNH\begin{array}{l}CH_2CH_2COO^-\\CH_2CH_2COOH\end{array}$	
2	甜菜碱型		
	羧基甜菜碱	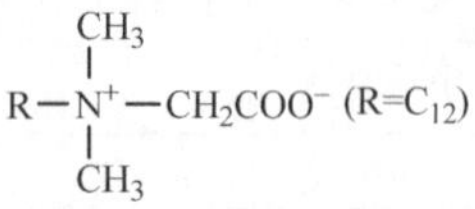 $R-\overset{\overset{CH_3}{\vert}}{\underset{\underset{CH_3}{\vert}}{N^+}}-CH_2COO^-\ (R=C_{12})$	BS-12
	烷基酰胺甜菜碱	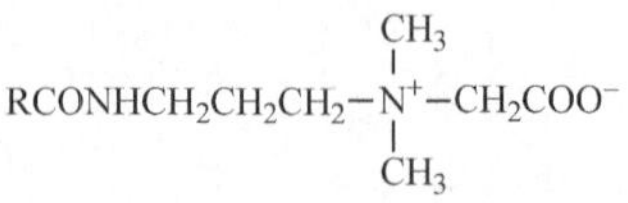 $RCONHCH_2CH_2CH_2-\overset{\overset{CH_3}{\vert}}{\underset{\underset{CH_3}{\vert}}{N^+}}-CH_2COO^-$	
	咪唑啉甜菜碱	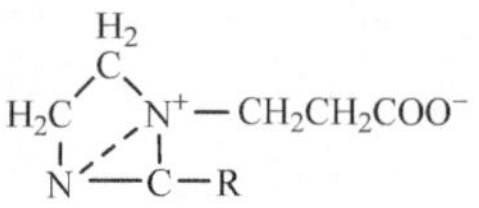 $\begin{array}{c}H_2C\!-\!N^+\!-\!CH_2CH_2COO^-\\ \vert\quad\ \ \Vert\\ N\!-\!C\!-\!R\end{array}$	
	磺基甜菜碱	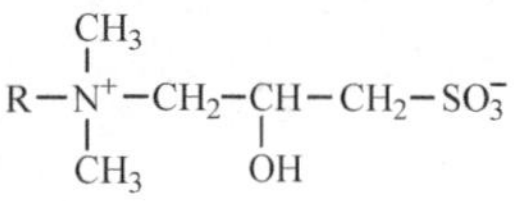 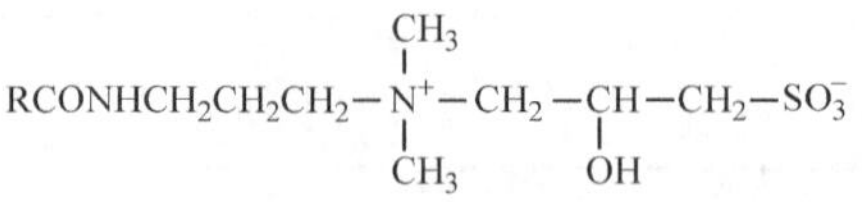 $R-\overset{\overset{CH_3}{\vert}}{\underset{\underset{CH_3}{\vert}}{N^+}}-CH_2-\underset{\underset{OH}{\vert}}{CH}-CH_2-SO_3^-$ $RCONHCH_2CH_2CH_2-\overset{\overset{CH_3}{\vert}}{\underset{\underset{CH_3}{\vert}}{N^+}}-CH_2-\underset{\underset{OH}{\vert}}{CH}-CH_2-SO_3^-$	
3	咪唑啉型	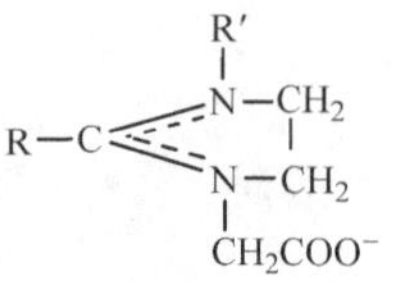 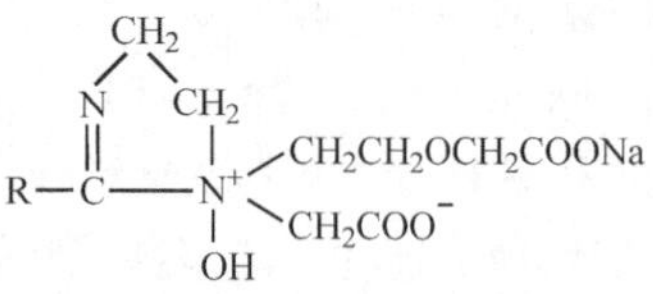 $R-C\overset{\overset{R'}{\vert}}{\underset{\underset{CH_2COO^-}{}}{\overset{N-CH_2}{\underset{N-CH_2}{}}}}$ $R-C\overset{CH_2}{\underset{\underset{OH}{\vert}}{\overset{N}{\underset{N^+}{}}}}\overset{CH_2}{\underset{CH_2COO^-}{\overset{CH_2CH_2OCH_2COONa}{}}}$	
4	磷酸酯型	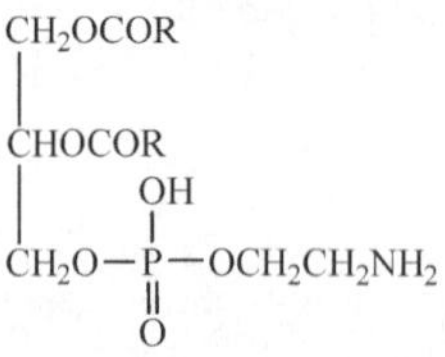 $\begin{array}{l}CH_2OCOR\\CHOCOR\\CH_2O-\underset{\underset{O}{\Vert}}{\overset{\overset{OH}{\vert}}{P}}-OCH_2CH_2NH_2\end{array}$	脑磷脂

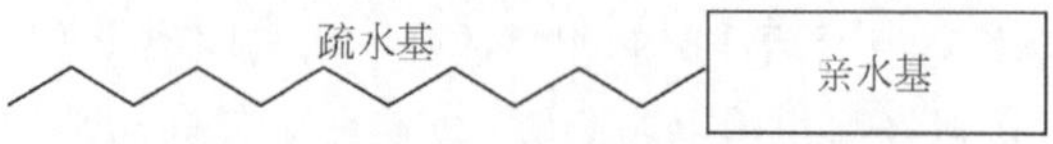

图 1-5　非离子型表面活性剂结构示意图

表 1-4　常用非离子型表面活性剂的名称、化学式和品牌或代号（缩写）

序号	名　称	化学式	品牌或代号
1	聚氧乙烯（聚乙二醇）型		
	脂肪醇聚氧乙烯醚（醇醚）	$RO(C_2H_4O)_nH$, $R = C_8 \sim C_{20}$, $n = 1 \sim 100$	AEO
	烷基酚聚氧乙烯醚（酚醚）	$R\!-\!\bigcirc\!-\!O(C_2H_4O)_nH$, $R = C_{10} \sim C_{20}$, $n = 6 \sim 20$	PEO
	脂肪酸聚氧乙烯酯	$RCOO(C_2H_4O)_nH$, $R = C_8 \sim C_{20}$, $n = 1 \sim 100$	
	脂肪胺乙氧基化物	$RN\big\langle{}^{(C_2H_4O)_xH}_{(C_2H_4O)_yH}$	
	脂肪酰胺乙氧基化物	$RCONH(C_2H_4O)_nH$	
	多元醇脂肪酸酯乙氧基化物	$R\!-\!COO\!-\!\boxed{失水山梨醇}$ 带 $O\!-\!(CH_2CH_2O)_xH$、$O\!-\!(CH_2CH_2O)_yH$、$O\!-\!(CH_2CH_2O)_zH$	Tween
2	多元醇酯型（大多为油溶性）		
	脂肪酸单甘油酯	$HO\!-\!CH\big\langle{}^{CH_2OCOR}_{CH_2OH}$	单甘酯
	季戊四醇酯	$H_2COH\!-\!C(CH_2OH)(CH_2OH)\!-\!CH_2OCOR$	
	失水山梨醇脂肪酸酯	$HO\!-\!CH\!-\!CH_2$ 环状结构 $CH\!-\!CH_2\!-\!OCOR$	Span
	糖酯（糖可以是戊糖、己糖、葡萄糖、双糖或多糖等）	蔗糖酯结构式	蔗糖酯
3	烷基糖苷	糖苷结构式，$R = C_8 \sim C_{16}$, $n = 1.1 \sim 3$	APG
4	烷醇酰胺	$RCONH(C_2H_4O)_2H$	6501
5	PO-EO 嵌段共聚物		聚醚
	整嵌型	$RO(EO)_n(PO)_m$ $RO(PO)_m(EO)_n$ $HO(EO)_a(PO)_b(EO)_cH$	
	杂嵌型	$RO(EO)(PO)(PO)(EO)(EO)(PO)(PO)(EO)\cdots$	

续表

序号	名　称	化学式	品牌或代号
6	氧化胺	$\begin{array}{c}CH_3\\|\\R-N\rightarrow O,\ R=C_{12}\sim C_{16}\\|\\CH_3\end{array}$	

（5）特种表面活性剂

除了上述表面活性剂以外，还有一些表面活性剂因其结构或性能比较特殊，且兼有阴离子、阳离子、非离子、两性离子特征，因此，将它们归于另一大类，称为特种表面活性剂，主要有下列品种。

① 高分子表面活性剂

这类表面活性剂的共同点是分子量远高于常规表面活性剂，一般在 2000～900 万之间。它们降低水的表面张力的能力不大，通常只能降低几个 mN/m，但不少品种具有分散、凝聚、增稠、增溶或稳定乳液、泡沫的作用。

a. 合成高分子表面活性剂（聚合皂）　包括聚乙烯醇、聚丙烯酸盐、聚丙烯酰胺、以聚乙烯吡啶为主链的聚合物、聚乙烯吡咯烷酮、顺丁烯二酸共聚物，以及苯酚-甲醛聚合物及其聚氧乙烯醚等。

b. 部分合成的高分子表面活性剂羧甲基纤维素醚（CMC）　包括羧甲基淀粉（CMS）、阳离子淀粉、乙基纤维素、羟乙基纤维素、乙基羟乙基纤维素、藻朊酸丙二醇酯、木质素磺酸盐等。

c. 天然高分子表面活性剂　包括阿拉伯树胶、皂苷、藻朊酸钠、蛋白质（卵蛋白、大豆蛋白、牛乳酪蛋白）、脂蛋白、明胶等。

上述有些高分子表面活性剂也可以分成阴离子型、阳离子型、两性离子型和非离子型等类型。

② 元素表面活性剂

所谓元素表面活性剂，是指碳氢链上的 H 或 C 原子被其它元素所取代而形成的表面活性剂，它们通常显现出与普通表面活性剂不同的性能。具体包括：（ⅰ）含氟表面活性剂；（ⅱ）含硅表面活性剂；（ⅲ）含硒、含硼等表面活性剂。

③ 冠醚表面活性剂

冠醚表面活性剂属于结构特殊的表面活性剂，多为聚氧乙烯的环状衍生物，能与多价金属离子络合，用作相转移催化剂、萃取剂等，如图 1-6 所示的 1,10-二氮杂-5-烷基-18-冠醚-6。

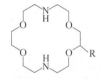

图 1-6　一种冠醚表面活性剂的结构示意图

④ 生物表面活性剂

由酵母、细菌等微生物作用于培养液，生成的有特殊结构的表面活性剂。包括：（ⅰ）糖脂系，如鼠李糖脂、海藻糖脂、槐糖脂等；（ⅱ）酰基缩氨酸系，如硫放线菌素、脂缩氨酸等；（ⅲ）高分子生物表面活性剂，如黄原胶等。

其它还有非微生物产生的生物表面活性剂，如多糖蛋白质、胆汁、磷脂等，这些在生物体内大量存在。

⑤ Gemini 表面活性剂

1971 由 Bunton 首次报道，中文名称为"双子"表面活性剂，亦称"孪连""双生""双联""偶联"表面活性剂等。结构上由两个常规表面活性剂分子通过连接基团连接在一起，即二聚表面活性剂，如图 1-7 所示。目前以对称型为主，多为阳离子型，也有不对称型。

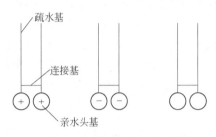

图 1-7　Gemini 表面活性剂的结构示意图

⑥ 反应型表面活性剂

这类表面活性剂可以参与化学反应，最典型的是聚合反应。因此分子结构中含有反应基团如双键等，如图 1-8 所示，在使用后通过反应使其失效。

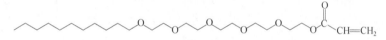

图 1-8　一种反应型表面活性剂的结构示意图

⑦ 开关型或刺激-响应型表面活性剂

这类表面活性剂含有刺激-响应基团，通过外界或环境条件的触发，可以使表面活性剂在有表面活性和无表面活性之间可逆转换。目前已经出现的触发机制包括 pH、温度、光、CO_2/N_2、氧化-还原等。图 1-9 给出了一种 CO_2/N_2 开关型表面活性剂的结构，在水中鼓入 CO_2 气体时，烷基脒结合一个碳酸氢根离子，转变为阳离子型头基；而当向水中鼓入 N_2 时，则其返回到烷基脒结构，失去表面活性。

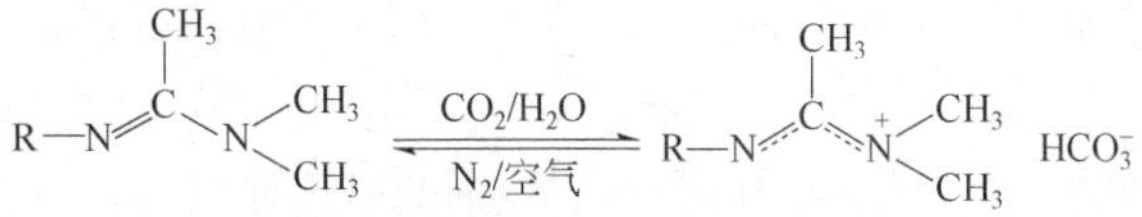

图 1-9　一种 CO_2/N_2 开关型表面活性剂的结构和反应原理示意图

第 2 章　原料及其制备

表面活性剂分子由亲油基团和亲水基团两部分所组成。本章主要讨论表面活性剂的亲油基部分，以及用于制备非离子型表面活性剂的原料环氧乙烷和环氧丙烷等的合成。合成所用原料主要为来源于动植物油脂的油脂化学品和来源于石油、天然气的化学制品，也包括来自淀粉、糖或蛋白质及其水解产物的原料。图 2-1 给出了从油脂化学品和石油、天然气原料制取各种表面活性剂的路线和途径。

2.1　油脂化学原料

2015 年全球油脂产量达到了 2.05 亿吨，其中棕榈油占总产量的 31%，其次为大豆油（24%）、菜籽油（13%）、葵花籽油（7%）以及其它小油种（25%）。我国每年约消耗 600 万吨棕榈油，已经成为全球最大的棕榈油进口国，其中大部分用于食品行业，用于油脂化工和香皂行业的分别仅占 15% 和 13%。

由图 2-1 可见，以天然油脂为原料，可以制取除直链烷基苯磺酸盐以外的各类表面活性剂。因此天然油脂是制取表面活性剂的主要原料。相对石油、天然气化学原料，天然油脂由于其天然性和可再生性，是更为绿色安全的原料，近年来越来越受到表面活性剂行业的重视。

2.1.1　脂肪酸

（1）油脂中脂肪酸的组成

根据油脂中脂肪酸的组成，可将油脂分成三类：（ i ）月桂酸（C_{12}）和肉豆蔻酸（C_{14}）含量高的植物油；（ii）含有油酸、亚油酸、亚麻酸（C_{16} 不饱和）的植物油；（iii）含有棕榈酸（C_{16}）和油酸的动物油。其中第一类油脂是制取表面活性剂的最重要原料。表 2-1 给出了常用动植物油脂的脂肪酸组成。

据不完全统计，2014 年我国脂肪酸总产量达到了 123.2 万吨，其中主要为硬脂酸（57%），其次为皂粒（25.5%），椰子油酸、棉籽油酸及其它脂肪酸占 16.64%，不饱和的油酸为 2000t，仅占 0.16%。我国脂肪酸生产企业主要集中于华东地区，产能超过了全国的 85%，目前对进口原料的依赖性很强。

（2）油脂水解

通常，油脂并不能直接用于制备表面活性剂，需要对其进行加工，以得到合适的衍生物，如脂肪酸、脂肪酸甲酯等。工业上通过油脂水解或醇解工艺获得脂肪酸和脂肪酸酯类衍生物。

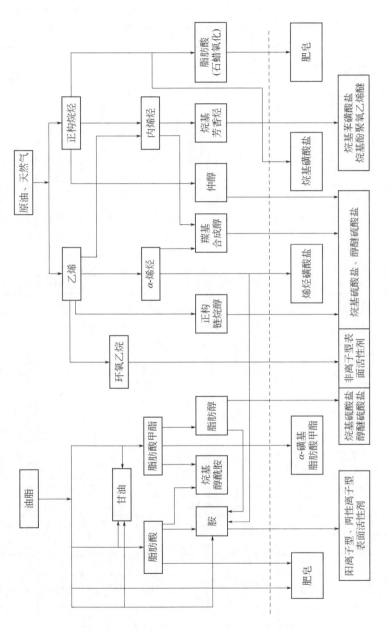

图 2-1　制备表面活性剂的各种路线和途径

表 2-1　常用动植物油脂的脂肪酸组成（质量分数/%，平均值）

脂肪酸名称及分析值		分子式	油脂							
			蓖麻油	椰子油	棕榈仁油	棕榈油	花生油	棉籽油	大豆油	向日葵油
饱和酸	己酸	$C_6H_{12}O_2$		0.5	0.5					
	辛酸	$C_8H_{16}O_2$		8	4					
	癸酸	$C_{10}H_{20}O_2$		7	5					
	月桂酸	$C_{12}H_{24}O_2$		48	50					
	豆蔻酸	$C_{14}H_{28}O_2$		17	15	2		1	微量	微量
	豆蔻酸异构体	C_{15} 范围								
	棕榈酸	$C_{16}H_{32}O_2$	2	9	7	42	10	21	8	6
	棕榈酸异构体	C_{17} 范围								
	硬脂酸	$C_{18}H_{36}O_2$	1	2	2	5	3	2	4	4
	花生酸	$C_{20}H_{40}O_2$			痕量		3	0.5	0.5	0.5
	花生酸异构体	C_{20} 范围								
	山萮酸	$C_{22}H_{44}O_2$					20			0.5
	二十四酸	$C_{24}H_{48}O_2$			痕量	2				
不饱和酸	月桂烯酸	$C_{12}H_{22}O_2$								
	豆蔻烯酸	$C_{14}H_{26}O_2$								
	棕榈烯酸	$C_{16}H_{30}O_2$		0.2	0.5		痕量	0.5	0.5	痕量
	油酸	$C_{18}H_{34}O_2$	7	7	15	41	29	28		
	顺-9-二十碳烯酸	$C_{20}H_{38}O_2$								
	芥酸	$C_{22}H_{42}O_2$								
	蓖麻油酸	$C_{18}H_{34}O_3$	87							
	亚油酸	$C_{18}H_{32}O_2$	3	1.3	1	10	30	45	53	61
	亚麻酸	$C_{18}H_{30}O_2$						1	6	痕量
	花生四烯酸	$C_{20}H_{32}O_2$								
	鲸鱼酸	$C_{22}H_{34}O_2$								
分析值	油脂中甘油含量/%		8.8~9.8	13.2~13.5	12.2~12.8	5.5~10.0	8.7~9.9	10.6	10.2	10~12
	碘值（韦氏）/(g/100g)		81~91	7.5~10.5	14~23	44~54	84~100	99~113	120~141	126~136
	皂化值/(mg kOH/g)		177~187	250~264	245~255	195~205	188~195	189~198	189~195	186~194
	熔点/℃		−10	23~26	24~26	30~40	−2	−2~+2	−23~−20	−15
	凝固点/℃		−15	20~24	20~28	40~47	26~32	30~37	20~21	16~20

脂肪酸名称及分析值		分子式	油脂							
			亚麻油	高芥酸菜油	低芥酸菜油	牛油	羊油	猪油	鲸蜡油	鲱鱼油
饱和酸	己酸	$C_6H_{12}O_2$								
	辛酸	$C_8H_{16}O_2$								
	癸酸	$C_{10}H_{20}O_2$							3	
	月桂酸	$C_{12}H_{24}O_2$				0.5		痕量	16	
	豆蔻酸	$C_{14}H_{28}O_2$		0.5	0.5	3	2	1	13	7
	异构体	C_{15} 范围				1		痕量	1	0.5
	棕榈酸	$C_{16}H_{32}O_2$	5	2	4	25	25	28	9	14

脂肪酸名称及分析值		分子式	油脂							
			亚麻油	高芥酸菜油	低芥酸菜油	牛油	羊油	猪油	鲸蜡油	鲱鱼油
饱和酸	异构体	C_{17} 范围				2		1.5	2	2
	硬脂酸	$C_{18}H_{36}O_2$	4	1	1	19	27	13	2	1
	花生酸	$C_{20}H_{40}O_2$	微量	0.5	0.5					
	异构体	C_{20} 范围				1		2		
	山萮酸	$C_{22}H_{44}O_2$		1	1					
	二十四酸	$C_{24}H_{48}O_2$	痕量	1						
不饱和酸	月桂烯酸	$C_{12}H_{22}O_2$							4	
	豆蔻烯酸	$C_{14}H_{26}O_2$				0.5		0.2	12	1
	棕榈烯酸	$C_{16}H_{30}O_2$		痕量	痕量	3		3	14	10
	油酸	$C_{18}H_{34}O_2$	22	15	60	40	41	46	17	14
	顺-9-二十碳烯酸	$C_{20}H_{38}O_2$		7	2			7		
	芥酸	$C_{22}H_{42}O_2$		50	2					
	蓖麻油酸	$C_{18}H_{34}O_3$								
	亚油酸	$C_{18}H_{32}O_2$	17	15	20	4	4	6		3
	亚麻酸	$C_{18}H_{30}O_2$	52	7	9	1		0.8		0.5
	花生四烯酸	$C_{20}H_{32}O_2$				0~0.5		0~1		2.5
	鲸鱼酸	$C_{22}H_{34}O_2$								22
分析值	油脂中甘油含量/%		10.4~10.5	9~9.7	10~12	10.2		10.5~10.6	1.5~3.5	8~10
	碘值（韦氏）/(g/100g)		155~205	97~108	110~120	40~48		53~57	70	123~142
	皂化值/(mg KOH/g)		188~196	170~180	180~190	190~202		190~202	140~144	179~194
	熔点/°C		−20	−9	−5	40~48		33~46		
	凝固点/°C		19~21	11~15	11~15	39~43		32~43		23~27

1）油脂水解的机理及水解动力学

在高温和加压条件下，油脂与水反应生成脂肪酸和甘油，称为水解，反应式为：

$$
\begin{array}{c}
CH_2OCOR^1 \\
|\\
CHOCOR^2 \\
|\\
CH_2OCOR^3
\end{array}
+\ 3H_2O \longrightarrow
\begin{array}{c}
CH_2OH \\
|\\
CHOH \\
|\\
CH_2OH
\end{array}
+\
\begin{array}{l}
R^1COOH \\
R^2COOH \\
R^3COOH
\end{array}
\tag{2-1}
$$

一般认为，油脂水解是分阶段进行的。即油脂先与一分子水作用生成甘油二酯，然后甘油二酯再水解生成单甘酯，最后甘油单酯再与水作用完成水解反应。反应的每一个阶段均为双分子反应，具体反应过程如下：

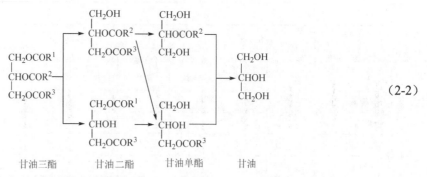

$$(2-2)$$

甘油三酯　　甘油二酯　　甘油单酯　　甘油

油脂水解时各组分浓度的变化如图 2-2 所示。由图可见，随着水解过程的进行，油脂含量逐渐减少，甘油二酯含量首先迅速增加，然后，由于生成甘油单酯而逐渐降低。甘油单酯含量的变化类似于甘油二酯。游离脂肪酸含量则随着反应的进行而逐渐增加。游离甘油只有在中间产品甘油单酯和甘油二酯分解后才会迅速增加。

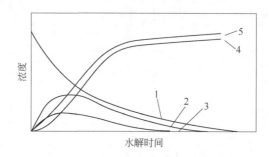

图 2-2　油脂水解时各组分浓度的变化

1—油脂；2—甘油二酯；3—甘油单酯；4—甘油；5—脂肪酸

影响油脂水解速度的因素有：原料油脂的化学性质（脂肪酸组成、油脂分子中脂肪酸基团的分布）、催化剂和温度等。甘油三酯水解时，处于油-水界面的油脂分子的极性酯基朝向水一侧，占有一定的表面积，而非极性的烃基则垂直于界面伸入油相。含有不饱和脂肪酸基团的三甘酯，其酯基和双键均亲水，因此在水的表面上占有较大的面积。例如，一分子硬脂酸甘油酯在界面所占面积为 $0.66nm^2$，而一分子油酸甘油酯所占面积增加到 $1.32nm^2$。前者是后者的 1/2，因此水解时前者在单位油-水界面上排列的分子数比后者要多，这意味着饱和脂肪酸甘油酯的水解速度高于碳链长度相同的不饱和脂肪酸的水解速度。另外，随着脂肪酸分子量的减小，相应的甘油三酯在水中的溶解度增大，因此水解速度也增大。

H^+ 和 OH^- 都是油脂水解的催化剂。因此，往油-水体系中加入能产生 H^+ 或 OH^- 的物质，或者给体系提供某种条件，使体系内的 H^+ 或 OH^- 浓度增加，都能加快水解反应的速度。

油和水在低温下是互不相溶的，两者混合形成非均相体系。通过机械搅拌、升高温度和加入乳化剂等，均可增加两相的接触面积，从而加速水解反应。

一般认为，水在油脂中的溶解度比在脂肪酸中小。但在高温下，油脂迅速地水解为脂肪酸和甘油，因此很难确定水在油脂中的溶解度。已知在 100℃ 以下，水在油脂和脂肪酸中的溶解度都很小。例如，61.8℃ 时，棕榈酸中仅能溶解 1.25% 的水；68.7℃ 和 92.4℃ 时，硬脂酸中可分别溶解 0.92% 和 1.02% 的水；而在 150℃ 时，水在脂肪酸中的溶解度可增加到 3%～7%；243℃ 时达到 11%～23%。因此可以预见，温度升高有利于提高水在油脂中的溶解度，水-油间的接触

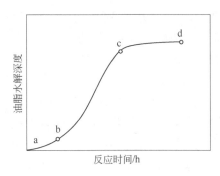

图 2-3　油脂水解的动力学过程

更佳，水解反应速度加快。此外，水在高温下更易离解，能生成更多的 H^+ 和 OH^-。例如，25℃ 时水的离子积为 1.04×10^{-14} mol/L，而在 200℃ 时的离子积可达 46×10^{-14} mol/L。在这样高的 H^+ 和 OH^- 浓度下，无需加入催化剂，油脂就能获得高的水解速率。

关于油脂水解的反应热说法不一。有的认为水解反应热为零。即升高温度，可提高反应速度，但不影响油脂水解深度。事实也确实如此。

图 2-3 中的 S 形曲线表示了油脂水解的动力学过程。反应初期（ab 段），水解速度低。反应进行一段时间后，体系中累积了一定数量的甘油单酯和甘油二酯，它们是具有表面活性的，因此油-水间发生乳化，使两相间的接触面积增加，使得水解速率加快（bc 段）。随着水解产物中游离甘油和游离脂肪酸浓度的增加，水解反应速率下降（cd 段），水解反应的逆过程——酯化的速度渐渐增加。最后二者达到平衡，水解深度不再增加。

反应中加入大量的水或移走部分产物，使反应分阶段进行，或油、水连续逆流操作，均可使反应平衡向水解方向移动，从而增加油脂水解的深度。

2）水解工艺

① 特维屈尔法（常压法）

1897 年，E. Twitchell 首先发明了油脂常压水解法。在预处理过的油脂中加入 Twitchell 催化剂（磺酸型分解剂）和硫酸，然后与水一起沸煮，水解 2~3 次，总沸煮时间为 18~27h，分解剂用量通常为油脂的 0.5%~1%，硫酸加入量为分解剂的一半，水解率可达 96%。

该法的缺点是：油脂需要预处理，且水解率较低，水解用汽量大，脂肪酸色泽深，甘油水浓度低、质量差。目前已不采用。

② 压热釜法（中压法）

在油脂中加入油量 0.5%~1% 的催化剂氢氧化钠、氧化钙、氧化锌（最适用）或氧化镁，在 0.8~1.3MPa、170~190℃ 条件下水解 2~3 次、总时间 10~13h，水解率可达 96% 以上。

提高压力至 1.05~1.3MPa，不用催化剂，适当延长水解时间，水解率也可达到 96% 以上。在 2.0~3.5MPa、200~240℃ 下，不加催化剂，分批水解两次，或者在 2~3 个釜中逆流连续水解，水解率可达 97% 以上。

与特维屈尔法相比，分批压热釜法油脂水解率高，甘油水浓度大，脂肪酸质量好，在蒸发前仅需进行简单的处理。反应中不使用催化剂，可以省掉除去金属皂的工艺，避免了硫酸对设备的腐蚀和废酸水的处理，进一步提高了甘油水的质量。该工艺适合热敏性油脂的水解，但仍属于间歇式操作。

③ 高压连续水解法

油脂和水逆流进入水解反应釜，在 5.0~6.0MPa 和 250~260℃ 下进行连续水解。这是目前最先进的油脂水解工艺。图 2-4 为油脂水解流程和装置示意图。

水解塔材质为不锈钢，直径 0.5~1.2m，高度 18~24m。油脂和水分别用高压泵打入水解塔的下部和上部。加入的水量占油量的 40%~60%，它们通过上部换热器顶部的一个特制多孔金属板分散成均匀的水滴。油脂则进入位于塔下部的环形分布器，被分散到反应混合物中。

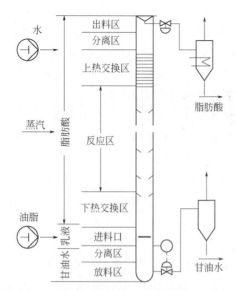

图 2-4   油脂高压连续水解流程和装置示意图

在重力作用下，生成的脂肪酸汇聚到塔顶，甘油水则流向塔底。加入的新鲜水与脂肪酸在上热交换区进行直接换热。水被加热，脂肪酸得到冷却。在上热交换区，水被分散成小水滴，进入反应区。反应区用直接蒸汽加热，维持 240~260℃。在这样的水解条件下，水在油相中的溶解度可达 23%左右。进入的油脂在下热交换区底部与流下的甘油水进行热交换，然后进入反应区。水解产物脂肪酸和甘油水分别从塔顶和塔底流入各自的卸料罐。脂肪酸中溶解的水分可在卸料罐中蒸发除去。

这种高压水解工艺，水解时间仅需 2~3h，水解率可达 98%~99%，甘油水浓度可达到 15%~20%。该法适用于饱和油脂以及碘值小于 140（g/100g）的不饱和油脂。在水解不饱和度较高的油脂时，将油脂预先进行脱气处理可提高脂肪酸的质量。值得注意的是，蓖麻油在高温、高压下会脱水，不饱和度太高的油脂水解后会生成具有共轭双键的脂肪酸，高温下易发生聚合。因此，这些油脂适用前述的常压或中压水解方法。

欲得到质量好、得率高的蒸馏脂肪酸，油脂在水解前需进行预处理，如酸炼、脱色等。

油脂高压连续水解反应时间短，水解率高，蒸汽耗量低，甘油水浓度高、质量好，设备占地面积小，是技术上最先进的油脂水解工艺。目前大型油脂化工厂主要采用这种方法生产脂肪酸。

④ 酶法水解

脂肪酶可以将油脂水解成脂肪酸和甘油，反应在常压及 26~46℃下进行。反应条件温和，能耗低，特别适合于不饱和度大、具有共轭双键脂肪酸的油脂，以及蓖麻油的水解，其水解率可达 98%。

脂肪酶来源不同，水解能力也不一样。脂肪酸在三甘酯中所处的位置是不一样的，有些脂肪酶在水解时具有一定的位置选择性（专一性）。水解液的 pH 值和温度也会影响油脂水解的进程。油脂的酶法水解是未来的发展方向，但目前的工业化进程尚未完成。提高脂肪酶的活力、实现酶的固定床化等，有助于加快酶法水解的工业化进程。

3）脂肪酸的分离

① 蒸馏分离法

将水解得到的粗脂肪酸进行蒸馏，可以除去其中的甾醇、磷脂、聚合物、未水解油脂和降解产物等。蒸馏可在 0.2~1kPa 和 260℃以下进行。为降低脂肪酸的沸点，蒸馏釜中可通入过热蒸汽。为防止和减少不饱和脂肪酸的聚合和降解，蒸馏时除了保证达到足够高的真空度外，还需尽量缩短脂肪酸在蒸馏釜中的停留时间。表 2-2 列出了一些工业脂肪酸的质量指标。

天然脂肪酸为偶碳的同系物，相邻两种脂肪酸的沸点差为 15~20℃。因此可用分馏塔将其切割成单碳脂肪酸。工业产品中脂肪酸的纯度可达 99%。

表 2-2 一些工业脂肪酸的质量指标

产品	碳链分布											碘值/(g/100g)	酸值/(mg KOH/g)	凝固点/°C
	C_8	C_{10}	C_{12}	C_{14}	C_{16}	$C_{16'}$	C_{17}①	C_{18}	$C_{18'}$	$C_{18''}$	$C_{18'''}$			
椰子油酸	6	6	48	18	10			2	8	1		6~10	265~275	22~26
棕榈仁油酸	4	5	50	15	7			2	15	1		15~22	245~255	24~28
牛油酸			3	26	2	2		17	44	3	1	48~60	203~208	39~43
氢化牛油酸				2	28		2	63	1			<2	201~208	58~60
工业油酸			1	3	5	6	1	2	70	10	0.5	88~96	199~204	4~7
工业硬脂酸（C_{16}/C_{18}）			1	2	45		2	47	1			0.3~1.0	207~210	54~55
豆油酸				2	15			5	25	45	7			

① 相当于 C_{17} 馏分。

② 乳化分离法（表面活性剂分离法或润湿分离法）

油酸和硬脂酸的沸点差很小，因此采用蒸馏法难以将两者分开。一种可行的分离方法是乳化分离法。将饱和脂肪酸和不饱和脂肪酸的混合物冷却至浆状结晶，加入一定量的水，水中含有润湿剂十二烷基硫酸钠（0.5%~1%），然后加入 2% 的 $MgSO_4$。表面活性剂溶液能将结晶的固体组分悬浮在液体组分中，形成一个分散体系。经离心分离，油酸作为轻相分出，而含有固体成分的水悬浮体则作为重相分出。加热水悬浮液，饱和脂肪酸与表面活性剂溶液分层。表面活性剂溶液可以回用。分出的油酸和硬脂酸经水洗、干燥后可作为产品出售。据介绍，在这一过程中，使用某些非离子型表面活性剂和聚合胶可以改进分离效果。

乳化分离法安全可靠，分离效果好，在油酸生产和中性油脂分离中得到了广泛应用。

③ 结晶分离法

a. 自然结晶分离法　将熔化的脂肪酸冷却到一定温度，然后用布包裹后进行压榨，使饱和脂肪酸和不饱和脂肪酸分开。具体生产工艺可根据原料和生产产品的品种确定。国内有工厂采用这种方法生产硬脂酸和油酸，尤其可生产极低饱和酸含量的油酸产品。

b. 溶剂结晶分离法　在有机溶剂中，饱和脂肪酸的溶解度低于不饱和脂肪酸。用于分离脂肪酸的有机溶剂有：甲醇、丙酮和丙烷等。例如，将牛油脂肪酸溶解在 90% 的甲醇中，使其浓度达到 30%，再将混合物冷却至 -12°C，真空过滤结晶料浆。蒸馏除去滤液中的甲醇，可得到浊点为 1~8°C 的工业级油酸。溶剂结晶分离法由于使用的溶剂沸点低，易燃易爆，危险性较大，实际上很少应用。

2.1.2　脂肪酸甲酯

脂肪酸甲酯是制取表面活性剂的重要原料和前体。例如脂肪酸甲酯经磺化即得到 MES，脂肪酸甲酯可以直接乙氧基化得到非离子型表面活性剂，而脂肪酸甲酯更是加氢法制备脂肪醇的前体。目前制取脂肪酸甲酯的工艺主要有油脂酯交换法（醇解）和脂肪酸直接酯化法。

（1）酯交换法（醇解）

将甘油三酯与甲醇反应，置换出甘油，得到脂肪酸甲酯，称为酯交换法，反应式如下：

$$\begin{array}{c} CH_2OCOR \\ | \\ CHOCOR \\ | \\ CH_2OCOR \end{array} + 3CH_3OH \xrightarrow{\text{催化剂}} 3RCOOCH_3 + \begin{array}{c} CH_2OH \\ | \\ CHOH \\ | \\ CH_2OH \end{array} \qquad (2\text{-}3)$$

酯交换催化剂有酸性和碱性两种。使用 H_2SO_4 或无水 HCl 等酸性催化剂，反应时间长，温度高，工业上通常不采用。工业上常用的碱性催化剂有甲醇钠、氢氧化钾、氢氧化钠和无水碳酸钠等。

酯交换反应既可在加压（9.0MPa）、高温（240℃）下反应，亦可在 50~70℃、常压下进行。工艺流程有间歇和连续两种。图 2-5 为一种常压连续生产流程。三甘酯、甲醇和碱性催化剂分别从贮槽 V_1、V_2 和 V_3 经 P_1 泵计量后进入第一反应循环系统。新鲜物料和循环物料在离心泵 P_2 中充分混合，通过反应器 E_1。反应温度 90~110℃，压力 0.3~0.4MPa，这样可避免甲醇蒸气进入循环线路。选择合适的停留时间、反应压力和反应温度可加快反应速度。反应混合物在静态分离器 V_4 中分层，上层物料循环，下层物料包括甲酯、未转化的油脂和反应中生成的甘油，经离心机 S_1 将甘油和脂肪物分开，脂肪物进入第二反应循环系统。一定量的甲醇和催化剂由 P_1 泵计量进入第二反应循环系统，油脂在该系统内完成酯化反应。第二反应循环系统中的物料连续地流入蒸发室 V_5，蒸出的未反应甲醇与从 V_7（低脂肪物含量甘油的甲醇蒸发器）蒸出的甲醇汇合，经冷凝器 E_3 冷凝后流入贮槽 V_8 中。

连续酯化法改进了甘油的分离方法，因此甘油中的脂肪物含量低，对甘油的处理较为有利。此外，由于在第二反应循环系统中生成的甘油已在 S_1 中分出，使反应平衡迅速移向反应方程式（2-3）的右边，于是经过第二反应循环系统后反应产率增加。

酯交换工艺的甘油浓度比油脂水解高得多，可达 70% 以上。因此工业上通常采用酯交换法制取脂肪酸甲酯。

（2）直接酯化法

脂肪酸与甲醇直接酯化即得到脂肪酸甲酯：

$$RCOOH + CH_3OH \xrightleftharpoons{\text{催化剂}} RCOOCH_3 + H_2O \qquad (2\text{-}4)$$

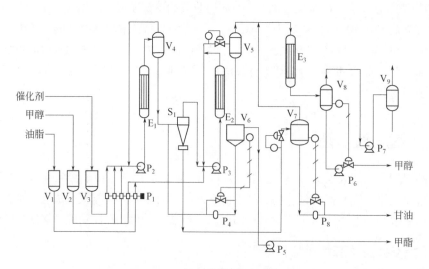

图 2-5 常压甲酯连续生产流程

V—容器；P—泵；E—反应器（换热器）；S—离心机

采用间歇法反应压力较低，温度在 200~250℃，甲醇与脂肪酸的摩尔比为(3~4)∶1。采用板式塔连续反应工艺，压力为 1.0MPa，温度为 240℃，甲醇与脂肪酸的摩尔比可降至 1.5∶1。工业上常用的催化剂有浓硫酸、对甲苯磺酸、BF_3 和强酸性阳离子交换树脂等。直接酯化法也可采用碱性催化剂。

该法使用的脂肪酸一般由油脂水解得到。一般不能由合适的甘油三酯通过酯交换制取的甲酯，如油酸甲酯等，可采用此法制取。

（3）工业脂肪酸甲酯的质量与应用

脂肪酸甲酯主要用来生产脂肪醇、烷基醇酰胺、α-磺基脂肪酸酯和肥皂等产品。酯交换法得到的甲酯不经蒸馏可直接用来制造肥皂。当甲酯用作磺化或制取烷基醇酰胺的原料时，必须进行蒸馏处理。制取烷基醇酰胺时，对甲酯的酸值没有要求，但生产 α-磺基脂肪酸酯时，甲酯必须进行低压加氢，将双键饱和，使其碘值小于 0.5（g/100g），甚至 0.1（g/100g）。商品甲酯的酸值必须小于 1mg KOH/g。表 2-3 列出了常用的几种工业脂肪酸甲酯的质量指标。

表 2-3   几种工业脂肪酸甲酯的质量指标

产品	碘值/(g/100g)	皂化值/(mg KOH/g)	冻点/℃
椰子油脂肪酸甲酯（C_8~C_{18}）	8~12	245~265	约-8
棕榈仁油脂肪酸甲酯（C_{12}~C_{18}）	14~20	230~240	约 0.5
牛油脂肪酸甲酯	45~53	193~199	12~14
氢化牛油脂肪酸甲酯	2	193~199	约 28
油酸甲酯	84~92	192~197	浊点约-12
棕榈酸/硬脂酸甲酯	2	195~200	约 27
大豆油脂肪酸甲酯	115~135	189~195	约-6

2.1.3   脂肪醇

脂肪醇是一种非常重要的化工原料，广泛用于表面活性剂、日用化学品、增塑剂以及医药等工业部门。脂肪醇来源于天然动植物油脂和化学合成，其中来自动植物油脂的脂肪醇约占脂肪醇全部产量的 60%，一般称为天然脂肪醇。2014 年我国天然脂肪醇的产能达到了 70.5 万吨，实际生产 30 万吨，而进口量达到了 26 万吨，全年消费量为 56 万吨。可见国内产品面临着进口产品的冲击。另外，原料依赖进口也是导致国内脂肪醇缺乏竞争力的原因之一。随着醇系表面活性剂的发展，尤其是 APG 等新型表面活性剂的发展，表面活性剂行业对脂肪醇的需求越来越大。

W. Schrauth 发现，脂肪酸及其酯在高温、高压和催化剂存在下加氢可制得脂肪醇。1931年，德国在 Hydriewerke 工厂实现了工业化，用这种方法制得了偶数碳的饱和脂肪醇。1955 年汉高公司研究成功了由不饱和植物油和油酸甲酯制取不饱和醇的技术。反应在高温、高压和含锌催化剂存在下进行，并在 20 世纪 60 年代初用于工业生产。目前制取天然脂肪醇的方法主要有以下几种。

（1）金属钠还原法

首先将含有不饱和脂肪酸的植物油转变成脂肪酸乙酯，然后脂肪酸乙酯经蒸馏提纯后，与作为"氢给体"的低分子醇如丁醇、环己醇混合，加入金属钠悬浮液（将熔融金属钠很好地分散在惰性溶剂如苯、甲苯或二甲苯中）。乙酯在常压下被还原成相应的醇钠，经加水分解、洗涤、干燥和蒸馏得到脂肪醇。反应式如下：

$$RCOOC_2H_5 + 4Na + 2R'OH \longrightarrow RCH_2ONa + 2R'ONa + C_2H_5ONa$$

$$\xrightarrow{4H_2O} RCH_2OH + 2R'OH + C_2H_5OH + 4NaOH \tag{2-5}$$

此法的优点是反应条件温和，反应过程中双键不会发生变化，没有副产物烃生成，所得脂肪醇纯度高。缺点是反应混合物的加工处理比较复杂，尤其是金属钠的处理，以及处理过程中用到大量溶剂，具有很大的危险性，因此目前工业生产中不采用。

（2）催化高压加氢法

脂肪酸或脂肪酸酯在高压下加氢可还原生成脂肪醇。反应式为：

$$RCOOCH_3 + 2H_2 \longrightarrow RCH_2OH + CH_3OH \tag{2-6}$$

$$RCOOH + 2H_2 \longrightarrow RCH_2OH + H_2O \tag{2-7}$$

如果采用甘油三酯作为初始原料，则在加氢条件下甘油会转化成异丙醇和丙二醇，且氢气和催化剂的用量比甲酯加氢要大，总体不太经济。脂肪酸也可以高压加氢，但加氢温度需要达到300℃左右，比相应的甲酯加氢高50~150℃。高温使得部分醇转化成了烷烃，降低了反应的选择性。此外，脂肪酸加氢设备要选用耐腐蚀材料，催化剂也要耐酸。为避免这些缺点，工业上一般采用脂肪酸酯加氢工艺。

① 脂肪酸（酯）加氢制醇反应机理

脂肪酸（天然的或合成的）甲酯在20~30MPa及200~350℃条件下，用Cu-Cr、Cu-Zn、Zn-Cr或Al-Zn-Cr、Cu-Cr-Ni作催化剂进行加氢，可制得高碳的脂肪伯醇和甲醇，甲醇可循环回用。

脂肪酸酯的加氢反应机理，第一步可能是酯加氢生成半缩醛：

$$RCOOR' + H_2 \longrightarrow RCH{\overset{\displaystyle OH}{\underset{\displaystyle OR'}{\Big\langle}}} \tag{2-8}$$

第二步，半缩醛再加氢转化成两分子脂肪醇：

$$RCH{\overset{\displaystyle OH}{\underset{\displaystyle OR'}{\Big\langle}}} + H_2 \longrightarrow RCH_2OH + R'OH \tag{2-9}$$

半缩醛加氢也可生成醚：

$$RCH{\overset{\displaystyle OH}{\underset{\displaystyle OR'}{\Big\langle}}} + H_2 \longrightarrow RCH_2OR' + H_2O \tag{2-10}$$

醚进一步还原生成醇及烷烃：

$$RCH_2OR' + H_2 \longrightarrow RCH_2OH + R'H \tag{2-11}$$

② 脂肪酸（酯）加氢催化剂

催化加氢制备高碳脂肪醇，催化剂的选择十分重要。催化剂常用的金属元素有Cu、Cr、Cd、Zn和Al等。含有两种金属氧化物的催化剂称为二元催化剂，含有多种金属元素氧化物的称为多元催化剂。这些催化剂多采用沉淀法制备，也有采用浸渍法制备的。每种催化剂均有一个最佳的加氢条件。一般反应压力增加，醇的得率增加，产品的质量也要好一些。反应温度一般在 240~300℃。反应时间与催化剂的种类、制备方法和反应条件有关。超过最佳反应时间，则副反应增加。

在高碳脂肪醇生产中，经常使用 Cu-Cr-O 催化剂。Cu 和 Cr 抑制脱羧基和脱水反应的效果较好，在最佳催化加氢条件下，烃类的生成量很少，一般为 1%~2%。但如果温度超过 300℃，则副反应加剧，生成大量烃类。金属 Zn 和 Al 抑制上述两个副反应的效果亦较好，因此在常用的 Cu-Cr-O 催化剂中添加 Zn 或 Al，使其成为 Cu-Cr-Al-O、Cu-Cr-Zn-O 或 Cu-Cr-Al-Zn-O 等多元催化剂，会取得更好的效果。

制备不饱和高碳脂肪醇时，Cu-Cr-O、Cu-Zn-O、Cu-Ni-Mo-O 等催化剂就不适用了。有时使用镉的氧化物以及在镉的氧化物中添加 Fe、Co、Ni、Cr、Mo、Pb、Zn、Cu、Al 和 Mn 等金属作催化剂。Zn-Al-O 催化剂对不饱和双键的加氢活性低，又可抑制生成烃的副反应，是制取高碳不饱和脂肪醇的有效催化剂。通常延长反应时间，副产物的生成量增加，不饱和双键的保持度降低。加大反应压力，醇的得率提高，副产物生成量减少，碘值降低。此外，Cu-Zn-Al-Ba-O、Fe-Zn-Al-O、Cu-Zn-Al-O 等催化剂亦可用于制取不饱和醇。

③ 流动床催化加氢法

图 2-6 为流动床催化加氢流程。悬浮在甲酯中的 2% Cu-Cr 催化剂与氢气分别预热后从立式反应器底部进入。加氢压力 25~30MPa、反应温度 250~300℃。氢气还兼有搅拌作用，所以氢与酯的摩尔比高达 20。反应完成后，混合物从反应器顶部流出，经换热器冷却，进入分离器分成气、液两相。气体循环回到反应器；液相部分进入甲醇蒸发设备，回收甲醇。除去甲醇后的粗醇进入过滤机滤除催化剂。在 200℃ 用 NaOH 除去粗醇中的脂肪酸酯，再蒸馏纯化脂肪醇。中毒的催化剂常滞留在反应器的内壁上，应定期清除。

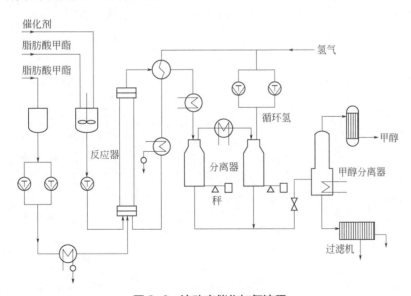

图 2-6　流动床催化加氢流程

④ 固定床催化加氢法

图 2-7 为典型的固定床催化加氢流程。流程中有一个或几个依次相连的固定床反应器，床

中装有固定的颗粒状催化剂。反应压力 20~30MPa，反应温度 200~250℃。脂肪酸甲酯与氢气混合，经换热器和预热器加热后从反应器顶部进入。加氢反应可在气相或液相中进行。从反应器底部流出的混合物，经换热器和冷却器换热、冷却后进入分离器，分成气相和液相。气相经压缩后循环使用，如果氢气要净化，则进入净化设备进行处理。分离器中分出的液相卸压后进入闪蒸室，分出甲醇。甲醇无需精制就可重复使用。制得的脂肪醇纯度较高，可直接使用。经分馏塔处理可得到窄馏分产品。

采用含铜催化剂，产品纯度高，未氢化的酯和烃含量低。例如产品（C_{12}~C_{14} 醇）为 70%月桂醇和 30%豆蔻醇的馏分中，烃含量< 0.5%，酸值<0.1（mg KOH/g），皂化值<0.5（mg KOH/g）。

本工艺中，催化剂的寿命可达 3~5 个月，催化剂消耗量约为 0.7%（以醇计）。使用含锌催化剂，催化剂寿命可达 2 年，催化剂消耗量为 2kg/t 醇。产品中的双键保持度高。例如由碘值为 84~92g/100g 的油酸甲酯可制得碘值为 80~90g/100g 的工业油醇。碘值为 110~130g/100g 的豆油和碘值为 150~170g/100g 的亚麻油可制得碘值为 110~170g/100g 的不饱和醇。

⑤ 脂肪酸氢解制醇

德国鲁奇公司改进的脂肪酸加氢制取脂肪醇工艺，采用了悬浮加氢流程，如图 2-8 所示。悬浮在脂肪醇中的催化剂料浆从反应器底部送入，而脂肪酸及氢气从反应器上部送入。由于二者混合方式的改变，进入反应器的脂肪酸迅速与脂肪醇酯化生成酯，然后酯加氢变成醇。反应过程为：

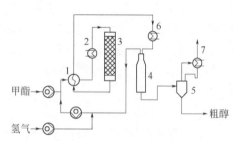

图 2-7 固定床催化加氢流程

1,2,6,7—换热器；3—反应器；4—分离器；5—闪蒸室

酯化反应：$\qquad$ RCOOH + R'CH$_2$OH $\longrightarrow$ RCOOCH$_2$R' + H$_2$O $\qquad$ (2-12)

氢化反应：$\qquad$ RCOOCH$_2$R' + 2H$_2$ $\longrightarrow$ R'CH$_2$OH + RCH$_2$OH $\qquad$ (2-13)

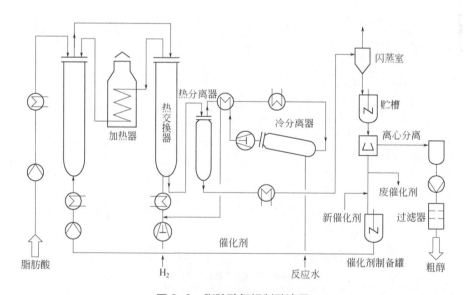

图 2-8 脂肪酸氢解制醇流程

反应在液相中进行。反应压力 30.0~32.5MPa，反应温度为 300~320℃，催化剂为 Cu-Cr

（-Ba-W），催化剂加入量约为脂肪醇的 5%。设计的反应器应能使反应物料在反应器内进行适度循环，以加快酸与醇的酯化反应。反应器中氢化速度较慢，为提高醇的产率，反应物料需在反应器中停留较长时间，约 30 min 左右。氢在高压下溶解在液相中，扩散到催化剂表面，发生氢化反应。反应中氢与酸的摩尔比为 7∶1。在氢化条件下，烷基链中的双键被饱和。经换热器冷却后的反应混合物在一个两级冷却-膨胀的热分离器中进行分离。分出的气相中含有氢、低沸点脂肪醇和水，经冷凝、冷却后除去醇和水，氢气回用。热分离器中得到的液体产品进入放料罐，经贮罐进入离心分离器，除去废催化剂，再经过滤器除去清液中残留的催化剂。粗脂肪醇清液进入蒸馏塔精制。在 80%使用过的催化剂中加入 20%新鲜催化剂，再和脂肪醇混合送入反应器，一部分废催化剂排出。本法中得到的脂肪醇酸值< 0.1mg KOH/g，皂化值 2~7mg KOH/g，烃含量< 1%。

（3）脂肪醇的酶法合成

脂肪醇最初是由鲸油或鲸蜡分解制取的。现已证实，这些油或蜡中的脂肪醇是由生物体内的脂肪酸还原而成的，酶很可能参与了这一反应。脂肪醇如能采用酶法合成，其优越性将是十分明显的，但目前尚未出现相关工艺。

（4）工业脂肪醇的组成及应用

表 2-4 中给出了几种工业级脂肪醇的规格。其中椰油醇可根据需要切割成不同的馏分，它是制取非离子型表面活性剂和胺的主要原料。十六/十八醇可作为脂肪胺和化妆品的原料。不饱和脂肪醇制取的表面活性剂具有多种特殊性能，可广泛用于各个工业部门。不饱和醇亦可作化妆品、制药和增塑剂的原料。

表 2-4　一些工业级脂肪醇的规格

	质量分数%								碘值/(g/100g)	羟值/(mg KOH/g)	凝固点/°C	闪点/°C	相对密度 $D_4(t/°C)$
	C_6	C_8	C_{10}	C_{12}	C_{14}	C_{16}	C_{18}	C_{20}					
椰子油脂肪醇（C_8~C_{18}）	0.5	5~8	5~7	44~50	14~20	8~10	8~12		<0.5	280~290	15~18	125	0.83（25）
椰子油脂肪醇（C_{12}~C_{14}）			0~2	70~75	25~30	0~2			<0.3	285~293	17~23	134	约 0.83（25）
椰子油脂肪醇（C_{12}~C_{16}）			0~3	60~64	21~25	10~12	<3		<0.5	280~290	18~22	130	0.83~0.84（25）
椰子油脂肪醇（C_{12}~C_{18}）			0~3	48~58	19~24	9~12	10~13		<0.5	265~275	18~23	132	0.83（25）
十六/十八醇				0~3	约 50	约 50	0~3		<0.5	215~220	48~52	165	0.82（60）
牛油醇			0~2	4~7	25~35	60~70	0~2		<1.0	210~220	48~51	173	0.82（60）
油醇/十六醇（50/55）			0~2	2~7	25~35	55~75	0~2		50~55	210~220	28~34	165	0.83~0.84（40）
油醇（92/96）					2~8	90~97	0~2		92~96	200~210	<4	180	0.83~0.84（40）

2.1.4　脂肪酰胺及脂肪胺

脂肪酰胺及脂肪胺主要从油脂及其衍生物制取。脂肪胺包括伯胺、仲胺和叔胺。高碳的酰胺可用来制取表面活性剂。烷基醇酰胺是一种重要的非离子型表面活性剂,将在第 5 章"非离子型表面活性剂"中详述。脂肪伯胺可直接用于浮选及道路建筑,亦可用于制取非离子型表面活性剂。长链的二烷基胺主要用来制取织物柔软剂。烷基二甲基叔胺是制取季铵盐、甜菜碱和氧化胺等表面活性剂的主要原料。长链烷基叔胺还用作相转移催化剂。烷基多胺可用于浮选和道路建筑中。可见各种脂肪胺的用途十分广泛。

目前全球脂肪胺年产量为 70 万吨左右,其中 60%以上为叔胺。国内脂肪胺的市场容量在 3~5 万吨,远小于现有的产能,其中单长链烷基二甲基叔胺达到 80%以上。由于市场对两性表面活性剂和阳离子型表面活性剂的需求量增长较大,市场对叔胺的需求年均增长 5%~8%。

(1)脂肪酰胺

脂肪酰胺的主要合成方法是铵盐脱水法。这也是制取脂肪酰胺最简单的一种方法。其过程包括脂肪酸和氨作用生成铵盐,然后铵盐脱水生成脂肪酰胺两步:

$$RCOOH \xrightarrow{NH_3} RCOONH_4 \xrightarrow{-H_2O} RCONH_2 \qquad (2\text{-}14)$$

工业生产中这两个反应可同时发生,反应温度 180~190℃。连续除去反应过程中生成的水,可使脂肪酰胺的产率接近理论值。

另一种制取脂肪酰胺的方法是用油脂氨解,即将甘油三酯与氨反应,产品为脂肪酰胺和原料甘油三酯以及甘油的混合物:

$$\begin{array}{l} CH_2OCOR \\ | \\ CHOCOR \\ | \\ CH_2OCOR \end{array} + 3NH_3 \ \rightleftharpoons \ 3RCONH_2 + \begin{array}{l} CH_2OH \\ | \\ CHOH \\ | \\ CH_2OH \end{array} \qquad (2\text{-}15)$$

如果采用脂肪酸甲(乙)酯进行氨解,则可制得纯度较高的脂肪酰胺:

$$RCOOR' + NH_3 \ \rightleftharpoons \ RCONH_2 + R'OH \qquad (2\text{-}16)$$

这也是一个可逆反应,不过当氨大大过量并及时除去反应中生成的醇时,氨解反应就会比较完全。在非水介质中进行这一反应,可用氯化铵作催化剂。在 1.0~3.4MPa、100~180℃、过量氨存在下反应几小时,即可将高碳脂肪酸酯转化成酰胺。使用甘油三酯氨解时,亦可用氯化铵作催化剂,另加乳化剂,在 20~40℃、0.8~1.2MPa 条件下反应,可制得脂肪酰胺。将液氨和油脂在加压釜中,于 100~150℃下反应 0.5~1h,亦可制取混合脂肪酰胺,过滤结晶酰胺,使其从反应混合物中分出,经液氨洗涤、干燥即可得到酰胺产品。

脂肪酰胺亦可采用脂肪酰氯或酸酐与氨反应、脂肪酸与尿素或低分子酸的酰胺反应,及脂肪腈与水反应制取。

(2)脂肪腈

① 脂肪酸制腈

脂肪腈是合成脂肪胺的重要原料。工业上采用脂肪酸在催化剂存在下,于 300~375℃下与氨反应的方法制取:

$$R-\overset{\displaystyle O}{\underset{}{C}}-OH + NH_3 \xrightarrow[-H_2O]{催化剂} \left[R-\overset{\displaystyle O}{\underset{}{C}}-NH_2 \right] \xrightarrow{-H_2O} RCN \qquad (2\text{-}17)$$

反应过程中首先形成酰胺,然后酰胺脱水生成腈。酰胺的脱水较快,控制着整个反应的进程。整个反应是吸热的,反应所需热量为 500kJ/mol(298K)。

　　制腈反应中使用的催化剂有磷化物、二氯化锌、脂肪酸锌盐或钙盐和金属氧化物等。工业上使用的催化剂主要有氧化铝和氧化锌两种，尤以前者的效果较好。使用这两种催化剂，脂肪酸的转化率和产品的选择性均在 99% 以上。

　　目前工业上主要采用间歇式和半连续式的流程。此外还有连续流程、常压一步法流程、气相法制饱和脂肪腈流程和加压流程等。

　　② 油脂制腈

　　油脂在催化剂存在下与氨反应得到脂肪腈和高浓度甘油。这是德国 Hoechst 公司开发的工艺，1986 年建成了年产 4000t 的装置。其化学反应式为：

$$\begin{matrix} CH_2OCOR \\ | \\ CHOCOR \\ | \\ CH_2OCOR \end{matrix} + 3NH_3 \xrightarrow{\text{催化剂}} 3RCN + \begin{matrix} CH_2OH \\ | \\ CHOH \\ | \\ CH_2OH \end{matrix} + 3H_2O \qquad (2\text{-}18)$$

　　工艺流程如图 2-9 所示。该反应可在两个反应器中进行。在第一个反应器中先氨解出甘油，然后在第二个反应器中制成脂肪腈。目前这两个反应可在一个反应器中完成。

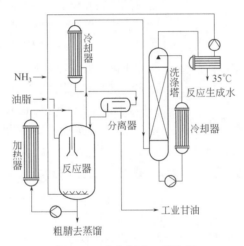

图 2-9　油脂制腈工艺流程

　　油脂和催化剂先加入反应器。开动循环泵，使物料通过外加热器升温到反应温度。然后通入氨，进行反应。罐顶气相部分进入冷却器冷凝。冷凝液在分离器中分出甘油水，油相则回到反应器。未冷凝的气相进入洗涤塔，用新鲜油脂洗涤后循环回到反应器。每批反应得到的粗腈用蒸馏的方法进行精制。

　　油脂制腈的催化剂一般可选用各种金属的磺酸盐或羧酸盐，例如十二烷基苯磺酸锌，二价有机锡的二磺酸盐。催化剂可采用金属氧化物与酸中和或金属离子与碱金属盐进行离子交换的方法制取。催化剂可以盐的形式加入或在反应器中直接生成。催化剂的加入量（以油脂计）为：间歇法 1%~10%，连续法 10%~30%。

　　油脂和氨在 0.2~0.4MPa、230~240℃ 催化氨解 4h，脂肪腈的得率可达 92%~94%，甘油回收率为 90%。

　　本法可直接以未精炼过的油脂为原料，一次反应制得高质量的脂肪腈和高浓度的甘油，工艺流程简单，设备无腐蚀，投资省，能耗低，其效果明显优于脂肪酸制腈法。

（3）脂肪伯胺

① 脂肪腈法

脂肪腈在雷尼镍（Raney Ni）或其它催化剂存在下加氢还原，产物主要为伯胺，同时有少量仲胺和叔胺生成。反应式如下：

$$RCN + 2H_2 \xrightarrow{\text{Ni}} RCH_2NH_2 \tag{2-19}$$

$$2RCN + 4H_2 \xrightarrow{\text{Ni}} (RCH_2)_2NH + NH_3 \tag{2-20}$$

$$3RCN + 6H_2 \xrightarrow{\text{Ni}} (RCH_2)_3N + 2NH_3 \tag{2-21}$$

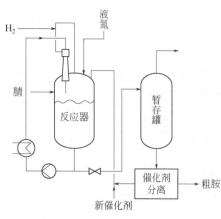

由不饱和腈制不饱和胺，加氢催化剂一般使用雷尼钴。反应过程中加入水、氨或氢氧化钠（钾）能抑制仲胺和叔胺的生成。胺中加入氢氧化钠会生成残渣，故对其加入量应予以限制。使用由氧化钴还原而成的钴、雷尼钴、钴-氧化锰-氧化钠等催化剂，以及采用使反应产物在反应器内循环的连续法，亦可抑制副产物的生成。通过研究催化剂的制备方法、用量、氨压、氢压、水分、氢氧化钠含量和温度等，对制取饱和伯胺和不饱和伯胺转化率和选择性的影响，得到的优化反应参数为，镍加入量 0.4%~0.8%，反应压力 1.5~6.0MPa，反应温度 120~150℃，加水量 0.5%~1%，氨分压 1.2~2.4MPa，氢氧化钠加入量 0.18%，搅拌转

图 2-10　伯胺生产工艺流程

速 100r/min。在这些条件下，转化率可接近 100%，选择性为 94%~97%。图 2-10 为伯胺生产的工艺流程。该流程中催化剂采用雷尼镍或负载镍，氢压为 3.0MPa，用氨来抑制仲胺的生成，反应温度 120℃。

② 其它方法

脂肪酸、氨和氢在催化剂的作用下可直接制取伯胺：

$$RCOOH + NH_3 + 2H_2 \xrightarrow{\text{催化剂}} RCH_2NH_2 + 2H_2O \tag{2-22}$$

反应温度 300℃，压力 20.0~40.0MPa。

脂肪醇和氨在催化剂存在下，于 380~400℃、12.0~17.0MPa 下反应亦可制得伯胺。反应式为：

$$ROH + NH_3 \xrightarrow{\text{催化剂}} RNH_2 + H_2O \tag{2-23}$$

这种方法由于需要高温、高压，工业上没有采用。

高碳醇与氨在氢气和催化剂存在下也能生成伯胺，反应温度和压力可分别降至 150℃ 和 10.0MPa。

（4）脂肪仲胺

① 脂肪腈法

脂肪腈加氢制取伯胺时会副产一定量的仲胺。生成仲胺时释放出氨。氨的生成可抑制仲胺的进一步生成。如及时地将氨从反应器中除去，则可增加仲胺的生成量。工业上一般采用二步法来合成仲胺。首先不加入控制反应选择性的添加物，在低温、高氢压下生成伯胺，然后在高温、低氢压下（或无氢气）下脱氨。图 2-11 为相应的流程图。

催化剂采用雷尼镍或负载镍（Ni/SiO₂）。第一步的反应温度 160~180℃、氢压 2.0~2.5MPa。第二步反应温度 200℃、氢压 0.5MPa。

② 其它方法

用氯代烷和氨密封反应，产物主要为仲胺。

高碳醇和氨在 Ni-Co 催化剂存在下反应，可生成仲胺。

脂肪腈在过量伯胺和催化剂存在下加氢，可制得非对称型仲胺。

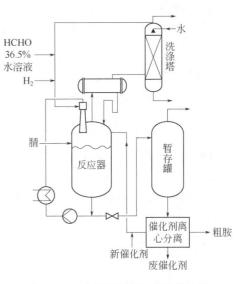

图 2-11 由脂肪腈制取仲胺的流程

（5）脂肪叔胺

① 对称型叔胺 R₃N 的制备

R₃N 中三个烷基相同，故称对称型叔胺。它可用作萃取各种金属离子的萃取剂和相转移催化剂。制取方法有以下几种：

（ⅰ）脂肪腈与仲胺在催化剂存在下加氢：

$$RCN + (RCH_2)_2NH + 2H_2 \xrightarrow{Ni} (RCH_2)_3N + NH_3 \qquad (2\text{-}24)$$

（ⅱ）脂肪腈与脂肪醇在催化剂存在下加氢：

$$2RCN + RCH_2OH + 4H_2 \xrightarrow{Ni} (RCH_2)_3N + NH_3 + H_2O \qquad (2\text{-}25)$$

（ⅲ）仲胺与脂肪醇在催化剂存在下加氢：

$$(RCH_2)_2NH + RCH_2OH \xrightarrow[\text{催化剂}]{H_2} (RCH_2)_3N + H_2O \qquad (2\text{-}26)$$

② 单长链烷基二甲基叔胺[RN(CH₃)₂]的制取

RN(CH₃)₂ 中只有一个长链烷基，属于非对称型叔胺。它是制取阳离子型、两性离子型和非离子型表面活性剂的重要原料。它的制取方法很多，分别介绍如下。

a. 甲醛甲酸法 甲醛甲酸法又名 Leuchart 法，它是伯胺在常压下和甲酸、甲醛发生的一种反应。反应式如下：

$$RNH_2 + 2HCHO + 2HCOOH \xrightarrow[50\sim80℃]{\text{常压}} R\!-\!\overset{\displaystyle CH_3}{\underset{\displaystyle CH_3}{N}} + 2H_2O + 2CO_2 \qquad (2\text{-}27)$$

早期曾使用这种方法制取 RN(CH₃)₂，由于叔胺产率低，又会污染环境，现在已被淘汰。

b. 甲醛催化加氢法 在加压条件下，伯胺与甲醛和氢气反应：

$$RNH_2 + 2HCHO + 2H_2 \xrightarrow[\text{加压}]{Ni} R\!-\!\overset{\displaystyle CH_3}{\underset{\displaystyle CH_3}{N}} + 2H_2O \qquad (2\text{-}28)$$

其反应过程为：

$$RNH_2 \xrightarrow{HCHO} R-N\begin{smallmatrix}CH_2OH\\H\end{smallmatrix} \xrightarrow[-H_2O]{H_2/催化剂} R-N\begin{smallmatrix}CH_3\\H\end{smallmatrix} \xrightarrow[-H_2O]{HCHO, H_2/催化剂} R-N\begin{smallmatrix}CH_3\\CH_3\end{smallmatrix} \qquad (2-29)$$

反应过程中的副反应：

$$2RNH_2 \xrightarrow[-NH_3]{催化剂} \begin{smallmatrix}R\\R\end{smallmatrix}NH \xrightarrow[-H_2O]{HCHO, H_2/催化剂} \begin{smallmatrix}R\\R\end{smallmatrix}N-CH_3 \qquad (2-30)$$

这是目前工业上采用的一种方法。催化剂可采用镍、钴和贵金属等，助催化剂可采用醋酸和磷酸。催化剂镍的加入量一般为 0.4%，氢气压力为 3.0MPa，反应温度为 100℃。间歇反应时叔胺得率可在 95% 以上。适当改变条件，该方法也可用于制取双烷基一甲基叔胺。

c. 脂肪腈与二甲胺的催化加氢脱氨法　上述两种方法都是以伯胺为原料，而伯胺则是以脂肪腈为原料制取的，因而近年来开发了脂肪腈直接与二甲胺反应制取叔胺的新工艺。其反应式如下：

$$RCN + (CH_3)_2NH + H_2 \xrightarrow{催化剂} R-N\begin{smallmatrix}CH_3\\CH_3\end{smallmatrix} + NH_3 \qquad (2-31)$$

采用本法制取叔胺有两种工艺路线。一种是用 Ni 作催化剂，低压间歇操作。Ni 的加入量为 0.4%，氢压力 0.5MPa，反应温度 200℃，二甲胺每小时加入 20%，叔胺得率可达 90% 以上。另一种是高压、固定床连续工艺流程，催化剂采用 Cu-Cr，操作压力 20.0MPa，胺∶腈=3∶1，胺与腈的混合物预热至 150℃进入反应器，胺的摩尔收率可达 95%，叔胺的收率可达 92%，流程见图 2-12。

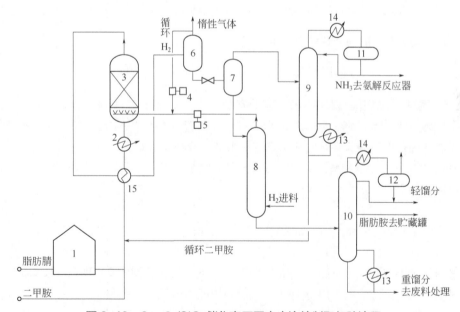

图 2-12　Cu-Cr/SiO₂ 催化高压固定床连续制取叔胺流程

1—贮罐；2—预热器；3—胺化反应器；4—H₂ 循环压缩机；5—H₂ 进料压缩机；
6—高压分离器；7—低压分离器；8—解吸塔；9—NH₃、二甲胺分离器；10—纯化塔；
11—液氨受器；12—轻馏分受器；13—加热器；14—冷凝器；15—换热器

d. 脂肪醇直接胺化法　这是 20 世纪 80 年代发展起来的一种工业生产方法。目前国内外工业装置已很多。该方法以脂肪醇为原料，在催化剂存在下和二甲胺反应直接制得叔胺。总反应式为：

$$ROH + (CH_3)_2NH \xrightarrow{\text{催化剂}} R-N\begin{smallmatrix}CH_3\\ \\CH_3\end{smallmatrix} + H_2O \quad (\Delta H = -254 kJ/mol) \tag{2-32}$$

根据 Kliger 等的研究，相关反应机理如下：

主反应：

$$RCH_2CH_2OH \xrightarrow{-H_2} RCH_2CHO \rightleftharpoons RCH_2CHN\begin{smallmatrix}CH_3\\ \\CH_3\end{smallmatrix}$$

$$\xrightarrow{-H_2O} RCH=CHN\begin{smallmatrix}CH_3\\ \\CH_3\end{smallmatrix} \xrightarrow{+H_2} RCH_2CH_2N\begin{smallmatrix}CH_3\\ \\CH_3\end{smallmatrix} \tag{2-33}$$

副反应包括：

醛脱羧基：

$$RCH_2CHO \longrightarrow RCH_3 + CO \tag{2-34}$$

醇醛缩合：

$$2RCH_2CHO \longrightarrow RCH_2CH-CHCHO \xrightarrow[+H_2]{-H_2O} RCH_2CH_2-CHCHO \tag{2-35}$$

胺的歧化：

$$2(CH_3)_2NH \longrightarrow (CH_3)_3N + CH_3NH_2 \tag{2-36}$$

双烷基-甲基叔胺的生成：

$$2RCH_2CH_2OH + CH_3NH_2 \longrightarrow \begin{smallmatrix}RCH_2CH_2\\ \\RCH_2CH_2\end{smallmatrix}NCH_3 + 2H_2O \tag{2-37}$$

在反应过程中，醇先脱氢生成醛，醛再和胺反应生成中间体羟基叔胺，然后中间体脱水、加氢得到主产物烷基二甲基叔胺。

此外，在生成烷基二甲基叔胺的同时，还会发生醛脱羧基、醛醇缩合、二甲胺歧化和生成二烷基一甲基叔胺等副反应。为了提高烷基二甲基叔胺的得率，必须选择脱氢、加氢性能好，并能抑制副反应发生的催化剂。

胺化中使用的催化剂有 Cu-Cr、Cu-Ni 等复合型催化剂。一般以 Cu 为主的催化剂，在常压、200°C 下反应，产物多为脱氢产物醛、羟基胺和烯胺。催化剂中加入 Ni、Cr 等金属组分，可增加催化剂的加氢能力。Cu-Ni 催化剂与 Cu-Cr 和雷尼镍相比，在低温时生成烷基二甲基叔胺的活性和选择性要好得多，其中 Cu：Ni=4：1 时活性最高。研究表明，催化剂整体组成和表面组成不一定相同，有时表面组成的微小变化会大大影响反应活性。催化剂表面的 Ni 原子处于 Ni^{3+} 时，副产物二烷基甲基叔胺的生成量减少。因此，开发活性高、选择性好和寿命长的催化剂，可提高产品收率，改进产品质量，降低产品成本。

工业上脂肪醇胺化制烷基二甲基叔胺有两种工艺形式。一种是反应釜式工艺，如图 2-13（a）所示。最简单的反应釜是有盘管及夹套加热、带搅拌的反应釜（stirred tank reactor），醇和催化剂可先在配料罐中混合后压入反应釜，开动氢气循环压缩机以循环氢气，反应液升温，在 140~220°C 范围内，催化剂被活化，然后加入二甲胺进行胺化。被循环气带出的物料（包括反应中生成的水）在第一冷凝器中冷凝。冷凝液分层后，上层油相返回胺化反应器，下层含有二甲胺的水相送去回收二甲胺。第一冷凝器分出的气体经第二冷凝器冷凝后进入分离器，分出的水相送去回收二甲胺。分离器上部主要由氢气和二甲胺组成的气相经循环压缩机压缩后与补充的二甲胺、氢气一起通过气体分布管进入胺化反应器。按反应实际需要控制混合器中 H_2 与二甲胺的比例以及二甲胺的浓度，并维持一定的反应温度，直至醇全部转化。反应结束后，滤去反应液中的催化剂，并压至蒸馏釜中进行蒸馏，塔顶部产品即为成品叔胺。

更好的反应器是采用外循环加热的环路反应器。环路反应器主要由主反应器、高气液比循环泵、外循环加热器和核心部件混合器组成。国际上主要有以瑞士 BUSS 公司为代表的文丘里式混合环路反应器，和以意大利 PRESS 公司为代表的气液接触喷雾式混合环路反应器（spray loop reactor）。环路反应装置比传统的搅拌釜装置反应时间缩短 50%，反应选择性提高 1%。外循环加热的环路反应器操作要求高，适合于产量较大的工厂；而间歇式搅拌釜胺化流程投资少，操作要求不高，适合于中小企业生产。

醇和二甲胺反应亦可采用固定床反应器。固定床和搅拌釜两种流程的叔胺选择性都能达到 95% 左右，产品质量和收率都较好。但固定床流程投资大，操作要求高，适合于产量较大的工厂。

③ 双长链烷基叔胺的制取

双长链烷基一甲基叔胺也是制备阳离子型表面活性剂的重要中间体，它可由伯胺制取。其反应过程为：

$$2RNH_2 \xrightarrow[-NH_3]{\text{催化剂}} \begin{matrix} R \\ | \\ R \end{matrix}NH \xrightarrow[HCHO + H_2]{\text{催化剂}} \begin{matrix} R \\ | \\ R \end{matrix}N-CH_3 + H_2O \qquad (2\text{-}38)$$

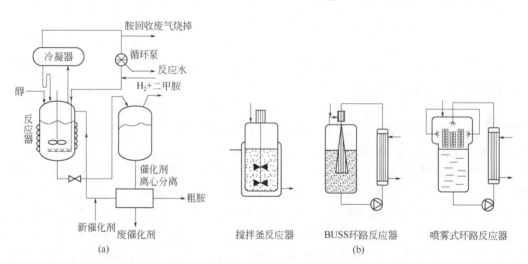

图 2-13　脂肪醇一步法制取叔胺流程（a）和商用反应器的结构（b）

亦可由脂肪醇与一甲胺直接胺化合成。其反应式为：

$$2ROH + CH_3NH_2 \xrightarrow[\triangle]{\text{催化剂}} \begin{matrix} R \\ | \\ R \end{matrix}N-CH_3 + 2H_2O \qquad (2\text{-}39)$$

这一反应实际上分两步进行。首先 1mol 醇和 1mol 一甲胺反应生成仲胺：

$$ROH + CH_3NH_2 \longrightarrow R-\underset{H}{\underset{|}{N}}-CH_3 + H_2O \qquad (2\text{-}40)$$

然后仲胺再与醇反应生成双烷基叔胺：

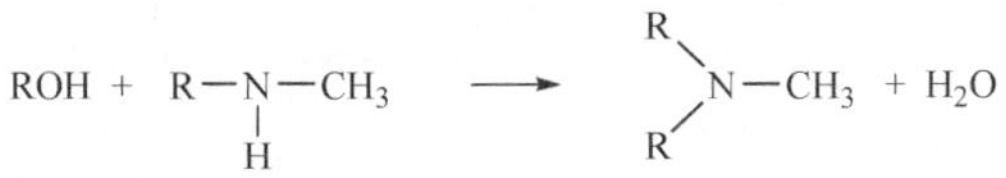

$$ROH + R-\underset{\underset{H}{|}}{N}-CH_3 \longrightarrow \underset{\underset{R}{|}}{\overset{\overset{R}{|}}{N}}-CH_3 + H_2O \qquad (2\text{-}41)$$

显然，脂肪醇与一甲胺的摩尔比应为 2：1。脂肪醇量不足，则反应产物中会存在相当量的长链烷基一甲基仲胺。用本法制取双十八烷基一甲基叔胺，纯度可达 98%以上，收率亦可达到 92%~95%。

反应中使用的催化剂一般为加氢脱氢型的，如 Cu-Cr、雷尼镍、Cu-Ni 等金属催化剂或乙酰丙酮镍、乙酰丙酮铜、硬脂酸镍、硬脂酸铜等络合催化剂。

由于双长链烷基一甲基叔胺比单长链烷基二甲基叔胺多一个长链烷基，沸点大大增加。例如，在 0.4kPa 残压下蒸馏双十八烷基一甲基叔胺，当气相温度为 290℃ 时，液相温度达 300~320℃，馏出液中叔胺含量明显低于粗叔胺中的含量，说明产品在蒸馏过程中发生了分解。因此产品的纯化应采用物理的方法，例如使用液-液萃取法效果较为满意。

④ 制取叔胺的其它方法

用伯胺和环氧乙烷或环氧丙烷反应，可以制得带烷醇基的叔胺：

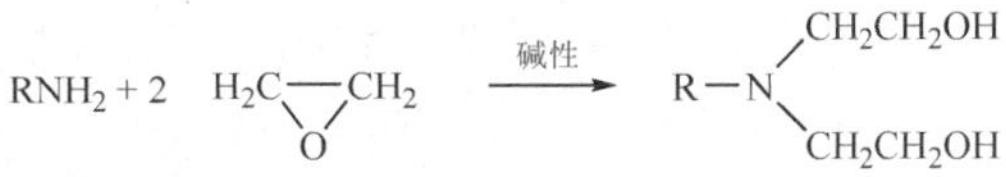

$$RNH_2 + 2\ H_2C\!\!-\!\!CH_2 \xrightarrow{\text{碱性}} R-\underset{\underset{CH_2CH_2OH}{|}}{\overset{\overset{CH_2CH_2OH}{|}}{N}} \qquad (2\text{-}42)$$

此外，用低级胺和脂肪酸反应也能得到酯胺：

$$RCOOH + (CH_3)_2NCH_2CH_2OH \longrightarrow RCOOCH_2CH_2N(CH_3)_2 + H_2O \qquad (2\text{-}43)$$

这种产品成本较低，性能较好，可用来制取纤维柔软整理剂。

2.2　石油、天然气化学原料

除天然油脂外，石油和天然气化学制品是表面活性剂的另一大原料来源。基本原料包括低碳烯烃、高碳烯烃、苯、正构烷烃等。从它们可以进一步衍生出烷基苯、烷基酚、脂肪醇、脂肪胺、脂肪酸、环氧乙烷、环氧丙烷等，成为制取各种表面活性剂的原料。

2.2.1　正构烷烃

由石油加工得到的液体或固体石蜡，其组成为正构烷烃，利用它们可以得到如图 2-14 所示的表面活性剂原料。

烷基苯是最重要的表面活性剂原料，但早期的烷基苯来源于四聚丙烯，因具有支链结构而不能生物降解，于 20 世纪 60 年代前后被直链烷基苯所取代。因此，对来源于石油馏分的烷烃，只有直链的正构烷烃才能作为原料，需要将其与支链烷烃以及环烷烃、芳烃等异构体分开。

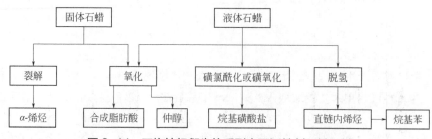

图 2-14　正构烷烃衍生的系列表面活性剂及其原料

分子量大的固态烃类称为固体石蜡,分子量较小的液态烃类称为液体石蜡。对固体石蜡,可采取溶剂脱蜡、压榨制蜡和发汗制蜡的方法制取。来自煤油和柴油馏分的液体石蜡,可采用沸石分子筛吸附或尿素络合的方法将其从这些馏分中分离出来。作为表面活性剂原料,合适的烷烃碳原子数为 C_{10}~C_{18}。分离 C_{10}~C_{14} 正构烷烃,一般采用沸石分子筛吸附分离法;而分离 C_{12}~C_{18} 正构烷烃,可采用尿素络合法。

(1) 尿素络合法

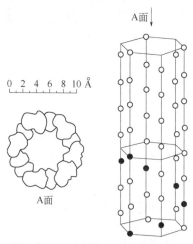

图 2-15　尿素络合的六面体结构

尿素为白色四面体结晶,熔点为 130℃。它与直链的脂肪族化合物作用可生成六面体结晶。尿素在生成络合物时,由四面体转化成六面体,其中尿素以螺旋状的方式构成络合物的框架,每个晶粒中含有六个分子的尿素,它们各占棱柱的一个边,如图 2-15 所示。每六个黑点构成螺旋的螺距为 1.1nm。从上往下看,很像一个生的炸麻花,它的直径为 0.82nm。脂肪族化合物被包含在这个棱柱中。尿素框架的自由空间最宽处约为 0.6nm,最窄处为 0.5nm,因此,只有分子直径小于 0.5nm 的正构烷烃才能进入尿素晶格并与尿素形成结晶络合物。一些分子直径较大的支链烃、芳香烃和环烷烃则不能进入这样的晶格,从而可以将它们与正构烷烃分开。

尿素与正构烷烃的络合是一个可逆的物理化学过程:

$$正构烷烃 + m\ 尿素 \rightleftharpoons 络合物 \tag{2-44}$$

式中,m 的数值和正构烷烃碳原子数 n 的关系可用下式表示:

$$m = 0.692n + 1.49 \tag{2-45}$$

一般络合 1g C_7~C_{16} 正构烷烃约需尿素 2.5g,对 C_{16} 以上的正构烷烃,则需 3~4g 以上的尿素。

络合反应一般都在溶剂中进行。工业上常采用异丙醇、甲乙酮、二氯甲烷作溶剂。溶剂应对络合物有较大的溶解度,但不与尿素络合。为促进络合物的生成,可加入活化剂如水、甲醇或乙醇。用煤油馏分作原料时,络合温度为 15~20℃,络合物分解温度为 70~90℃。

用尿素络合法制得的正构烷烃,纯度不高,其中芳烃、环烷烃和异构烃含量较多。如需制得高纯度的正构烷烃,需进行二次络合。

（2）分子筛吸附分离法

分子筛是一种具有四面体骨架结构的硅铝酸盐，其基本分子结构是硅氧（SiO_4）四面体和铝氧（AlO_4）四面体，它们通过共用氧原子相互连接，形成三维网状结构。其化学组成通式为：

$$M_{2/n}O \cdot Al_2O_3 \cdot xSiO_2 \cdot yH_2O$$

式中，M 为分子筛中的金属阳离子；n 为金属阳离子的价数；x 为 SiO_2 的物质的量；y 为结晶水的物质的量。

分子筛是具有均匀微孔、其孔径与一般分子大小相当的一类吸附剂或薄膜类物质。利用其有效孔径，可用来筛分大小不同的流体分子。

具有分子筛作用的物质很多。例如，天然及合成的沸石、碳分子筛等，其中应用最广的为沸石。有些沸石，由于孔径甚小，没有筛分分子的作用；有些沸石，虽然孔径较大，但由于其热稳定性差，在工业上没有实用价值。因此并不是所有的沸石都能作为分子筛使用的，能筛分分子大小的沸石称为"沸石分子筛"。

5A 分子筛孔径 0.49~0.56nm，适合吸附 C_3~C_{14} 正构烷烃。用分子筛从煤油和轻柴油馏分中制取 C_{10}~C_{14} 和 C_{13}~C_{18} 正构烷烃，是 20 世纪 50 年代末到 60 年代发展起来的炼油技术。用它可生产国防上所必需的低凝固点、高相对密度的航空煤油和低凝固点的柴油，以及重要的化工原料液体石蜡，即 C_{10}~C_{18} 正构烷烃。高纯度的 C_{10}~C_{14} 和 C_{13}~C_{18} 正构烷烃是制取易于生物降解的直链烷基苯磺酸钠以及烷基磺酸钠的原料。

工业上采用的分子筛脱蜡过程有多种形式。按吸附质的物相状态可分为液相法和气相法；按吸附剂床层的状态可分为固定床法、移动床法、模拟移动床法和流化床法；按脱附剂的种类可分为水蒸气脱附法、戊烷脱附法、氨脱附法等。

图 2-16 为美国环球油品（UOP）公司研究成功的液相模拟移动床分子筛脱蜡流程——Molex过程。这一过程最初用来分离汽油中的正构烷烃，现已用来分离煤油馏分中的 C_{10}~C_{15} 正构烷烃。在这一过程中，分子筛处于静置的固定床中，但沿床层所开的物料进出口的部位在不断地顺次转换，也就是说，进料、脱附剂、正构烷烃+脱附剂、非正构烷烃+脱附剂等四种物料在吸附剂床层的进口和出口，都按吸附剂床层中的物料组成不同而顺次改变位置，使固定的吸附剂床层中的物料流动情况，完全按照移动床的情况进行，吸附质和脱附剂都处于液相状态，故称该过程为"液相模拟移动床分子筛脱蜡"。

例如，当原料煤油在吸附塔的第 9 段进入时，脱附剂在第 2 段进入，抽出液（正构烷烃+脱附剂）在第 5 段流出，抽余液（非正构烷烃+脱附剂）在第 12 段流出。塔中各段分子筛进行相应的吸附、冲洗和脱附操作。各段中的物料组成沿轴向发生有规律的变化。

把装置上固定不动的许多进、出料管线固定连接到间隔相等的喷嘴和床层内部的分配器上，由一个分配液流的装置（如回转阀）在固定的时间间隔内，使各种工艺物料同步向下移动到下一个最邻近的管线上。例如：进料由第 9 段移到第 10 段，脱出液由第 5 段移到第 6 段，脱附剂由第 2 段移到第 3 段，抽余液由第 12 段移到第 1 段。这样，就相当于分子筛床按液体流向相反的方向向上移动了一个床层。回转阀的工作原理类似于一个多头的阀门，一边与连续流动的物料（进料煤油、脱附剂、脱出液和抽余液）的管线相连，另一边与各床层相连，各种物料在各自的工艺管线中流动，隔一定时间间隔后，回转阀移动一格，此时每一股工艺物料也同时随之转换到邻近的下一根管线。一台液体循环泵连接在床层最底部和最顶部，即整个床层没有顶部或底部，相当于一个环形的床层。

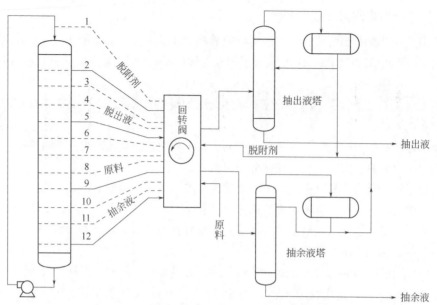

图 2-16　液相模拟移动床分子筛脱蜡流程示意图

制取 $C_{10}\sim C_{15}$ 正构烷烃，脱附剂采用"60%正戊烷+40%异辛烷"，典型的操作条件为温度 177℃，压力 2.5MPa。

Molex 装置流程简单、操作方便、稳定。脱附剂用量少，且可循环使用，消耗低。吸附剂分子筛的寿命可长达 10~15 年，无须再生。该过程的产品组成稳定，正构烷烃回收率可达 96% 以上，纯度在 99%左右。

Molex 装置中使用的原料，需进行加氢处理，以除去其中的含硫、含氮、含氧化合物以及其它一些杂质。这样，可保护分子筛，延长分子筛的使用寿命，并将正构烷烃的回收率保持在较高水平。回转阀是一种可靠的液流控制设备，不得发生渗漏现象，需定期检修，更换垫圈。

（3）蒸馏和结晶分离法

这是一种分离高碳正构烷烃的方法。先从烃类混合物中蒸馏出所需的长链正构烷烃，用溶剂如甲乙酮稀释馏出液，然后冷却、分步结晶，分离出不同碳数的正构烷烃。C_{20} 正构烷烃 5.6℃ 时开始结晶，-13.3℃ 时可全部结晶。C_{19} 正构烷烃开始结晶的温度为 0℃，全部结晶温度为 -18.9℃。因此，设定结晶温度为-17.8℃ 时，可回收所有 C_{20} 和 C_{20} 以上的正构烷烃、93% C_{19} 正构烷烃、59% C_{18} 正构烷烃和 26% C_{17} 正构烷烃，基本上不含 C_{16} 和 C_{16} 以下的正构烷烃。在 -40℃ 时结晶，可回收 50% C_{14} 正构烷烃，此时已是溶剂分步结晶的经济极限。分步结晶法回收正构烷烃的上限为 C_{30} 正构烷烃，因为此时它已是微晶态蜡。

（4）正构烷烃的精制

用尿素脱蜡法和分子筛脱蜡法制得的液体石蜡含有芳烃等杂质，必须进行补充精制。精制的方法有：磺化法（使用硫酸、发烟硫酸和三氧化硫）精制、加氢或深度加氢法精制、分子筛吸附分离精制和选择性溶剂抽提精制等。

磺化法如果使用硫酸和发烟硫酸，一般为多段式的，处理后有大量废酸生成，而用三氧化硫精制则只产生少量酸渣。深度加氢精制法液蜡收率高，如利用催化重整装置得到的氢气，则最为经济。正构烷烃中芳烃的初始浓度越高，则萃取剂用量越大，因此，采用抽提法精制是不经济的。采用分子筛吸附分离精制，虽然费用较大，但工艺流程简单，操作方便，效果显著，也无三废危害，已为国内一些水蒸气脱附的分子筛脱蜡装置所采用。将正构烷烃加热到290~300℃，经 10X 分子筛精制处理，精蜡收率可达 96.5%~98%。表 2-5 给出了分子筛脱蜡正构烷烃精制前后的质量指标。

表2-5 分子筛脱蜡正构烷烃质量指标

项目		氢脱附	Molex	水蒸气脱附
正构烷烃		C_{10}~C_{18}	C_{10}~C_{18}	C_{10}~C_{14}
正构烷烃收率（质量分数）/%	精制前	97~98	96~98	
	精制后	98.0~99.5	—	96.5~98
正构烷烃质量分数/%	精制前	—	98.5	>96
	精制后	97.5~99.0	—	98
芳烃含量（体积分数）/%	精制前	0.6~0.8	0.3	0.6~0.8
	精制后	0.01	—	0.2~0.4
硫含量/(mg/kg)		—	1	<5
溴值/(g/100g)		—	0.015	0.30

2.2.2 直链单烯烃

（1）方法概述

高碳直链单烯烃是制取脂肪醇、脂肪酸、烷基苯、烷基磺酸盐和 α-烯烃磺酸盐的原料。而脂肪醇和烷基苯可分别用于合成醇系表面活性剂和烷基苯磺酸盐。因此，高碳直链单烯烃是制备表面活性剂的极为重要的原料。

工业上制取高碳直链单烯烃的方法有乙烯低聚法、蜡裂解法、C_{10}~C_{13} 正构烷烃氯化脱氯化氢法和正构烷烃脱氢法等。

乙烯低聚法是 20 世纪 50 年代初德国人 K. Ziegler（齐格勒）发现的。该法以烷基铝为中间体，使乙烯聚合为直链单烯烃。20 世纪 60 年代建立了生产装置。美国 Shell 化学公司经过多年研究，用镍络合物作催化剂通过乙烯低聚制取 α-烯烃，然后将 C_4~C_{10} 和 C_{20} 以上 α-烯烃通过异构化、歧化转化为洗涤剂用 C_8~C_{14} 内烯烃。该技术于 1977 年工业化。由于反应条件温和，产品杂质含量少，且全部产品可用来制取洗涤剂，该技术具有很强的竞争力，开创了乙烯低聚的新局面。

蜡裂解法使用 C_{20}~C_{30} 正构烷烃为原料，在高温下将其裂解成 C_2~C_{20} 的 α-烯烃。经分馏精制可得到生产烷基苯磺酸钠所需的 C_{10}~C_{14} α-烯烃。液态烯烃中 C_6~C_{10} 约占 53%，C_{11}~C_{15} 约占 27%，C_{16}~C_{19} 约占 16%。可见裂解产物中绝大部分是用于生产洗涤剂以外的产品。裂解过程中还会生成直链内烯烃、支链烯烃、二烯烃、烷烃和芳烃等杂质。这些杂质会降低 α-烯烃的质量，不利于 α-烯烃的进一步加工。我国过去建立了一些蜡裂解装置，主要用来制取洗涤剂用烷基苯，但现在已淘汰。

德国 Hüls 公司在 1964 年建成了烷烃氯化脱氯化氢装置。C_{10}~C_{13} 正构烷烃在 120℃ 下氯化，氯化产物在催化剂铁存在下脱氯化氢，得到单烯烃含量为 20%~30% 的混合物，然后用 HF 作催化剂与苯反应制得质量较好的烷基苯。但这种方法没有得到进一步的发展。

正构烷烃脱氢法由美国环球油品（UOP）公司研发成功，1968年实现工业化，目前全世界包括我国在内，已有很多装置在运转。UOP的脱氢装置采用选择性催化剂，将高纯度的C_{10}~C_{14}正构烷烃脱氢，得到双键在碳链内部任意分布的内烯烃产品。为抑制副反应，提高直链单烯烃的收率，脱氢反应的转化率被控制在较低的水平。催化剂几经改进，在维持单烯烃选择性90%的水平下，已使烷烃转化率由原来的10%提高到了13%~15%。将脱氢后的产物进行选择性加氢，可将副产物二烯烃转化成单烯烃，从而进一步提高单烯烃的收率。我国已经实现了相关催化剂的国产化，催化剂的性能已达到先进水平，脱氢工艺也已达到了较高水平。

目前，UOP公司的正构烷烃脱氢法和Shell化学公司的乙烯低聚法是制取洗涤剂用高碳烯烃的较好方法。下面主要介绍这两种方法。

（2）长链正构烷烃脱氢法

① 长链正构烷烃脱氢制取正构单烯烃的反应

$$C_nH_{2n+2} \underset{458~480^\circ C}{\overset{催化剂}{\rightleftharpoons}} C_nH_{2n} + H_2 \quad (\Delta H=125.6kJ/mol) \tag{2-46}$$

选择合适的催化剂和反应条件，可得到质量好、收率高的正构单烯烃。

长链正构烷烃脱氢过程中发生的各种反应可归纳如下：

$$正构烷烃 \rightleftharpoons 异构烷烃 \xrightarrow{-H_2} 异构单烯烃 \xrightarrow{-H_2} 异构双烯烃$$
$$\xrightarrow{-H_2} 正构单烯烃 \xrightarrow{-H_2} 正构双烯烃 \xrightarrow{-H_2} 芳烃 \qquad 裂解 \tag{2-47}$$

② 长链正构烷烃脱氢催化剂

脱氢是加氢的逆过程。催化剂既能增加正反应速度，也能提高逆反应速度，从而缩短达到平衡所需要的时间。但从热力学看，这两个反应对温度和压力的要求是不同的。脱氢反应要求在较高的温度和较低的压力下进行。温度升高，分子的热运动加剧，分子发生变形，原先"躲"在烷烃分子内部的碳原子有机会暴露在外，和催化剂的活性中心相接触。但过多的接触可能导致副反应加剧，如深度脱氢。因此，只有在合适的温度下，使催化剂的活性中心与暴露在烃分子外部的氢作用，使氢原子以均裂或异裂的方式脱出才能获得单烯烃。

脱氢催化剂应有选择性地加速单烯烃的生成，尽可能抑制副反应，从而提高单烯烃的选择性。单烯烃的选择性可用下式表示：

$$选择性 = \frac{转化成单烯烃所消耗原料烷烃物质的量}{转化掉的原料烷烃物质的量} \times 100\% \tag{2-48}$$

实际生产中，烷烃的单程转化率为10%~15%，单烯烃的选择性在90%左右。

正构烷烃脱氢过程中使用固体催化剂。金属和金属氧化物都可用作催化剂的活性组分。铂族元素铂、钯、钌、铑、铱、锇等金属元素都可用于脱氢催化剂的制备，但通常采用铂。工业上采用很好地分散在γ-Al_2O_3上的Pt、Sn、Li催化剂。Pt的常用量为0.3%~0.6%，典型值为0.375%。Pt的活性中心过多、过密，会加速副反应，降低选择性。催化剂中还需要加入碱金属如铯、铷、钾、钠、锂，或碱土金属如钙、锶、钡、镁等，它们通常以相对稳定的化合物如氧化物或硫化物的形式存在于催化剂中，可以中和浸渍铂、锡组分时带入的酸，使催化剂不含酸性中心，减少异构化、脱氢环化和裂解等副反应。这些元素中以锂和钾的化合物效果最好，其氧化物的加入量在 0.05%~2.5%，锂的典型加入量为 0.48%。

③ 正构烷烃脱氢工艺及条件选择

图 2-17 为 UOP 公司正构烷烃脱氢工艺流程。新鲜的烷烃、循环烷烃和氢组成的混合物经进料/反应流出物换热器预热、原料加热炉加热后进入脱氢反应器。气相混合物在高空速、低压和高温的条件下通过固定的催化剂床层。反应流出物通过进料/反应流出物换热器和冷却器，然后进入分离器，分出纯度为 96%（摩尔分数）的氢气，部分氢气循环返回脱氢反应器，剩余部分作为纯氢排出装置；液相用泵送到汽提塔，汽提塔顶排出的轻质气体和液体可作为燃料使用。汽提塔底流出物是正构烷烃和正构烯烃的混合物。催化脱氢正构烷烃的转化率低，正构单烯烃的选择性很高，因此可直接和苯在氟化氢催化剂存在下发生烷基化反应，未反应的烷烃通过蒸馏、氧化铝处理除去氟化物后循环回到脱氢装置；或脱氢产物经烷烃和烯烃分离装置，制得高纯度的正构单烯烃，正构烷烃循环回用。

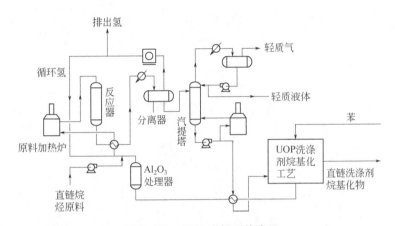

图 2-17　UOP 脱氢工艺流程

（3）乙烯低聚法

20 世纪 50 年代初，齐格勒发现了乙烯低聚制取 α-烯烃的方法。60 年代后期海湾石油公司（Gulf Oil Company）和乙基公司（Ethyl Corp.）相继建成了生产直链 α-烯烃的装置，均采用乙烯、铝和氢为原料，合成工艺可分为五步：第一步为制备三乙基铝；第二步为有控制地将乙烯加成在三乙基铝上，即所谓"链增长反应"；第三步为"置换反应"，即用乙烯置换出在铝原子上生成的直链烯烃；第四步为回收三乙基铝，先使其生成络合物，然后予以分解；第五步为将烯烃分离成目的馏分。流程简图见图 2-18。

在第一步中，可用二乙基铝氢化物和乙烯反应，或用金属铝直接与氢和乙烯反应，制成三乙基铝。

二乙基铝氢化物一般采用高纯铝在较高温度下与三乙基铝和氢进行反应制取：

$$Al + 3/2\,H_2 + 2Al(C_2H_5)_3 \longrightarrow 3Al(C_2H_5)_2H \tag{2-49}$$

然后二乙基铝再和乙烯反应，生成三乙基铝：

$$3Al(C_2H_5)_2H + C_2H_4 \longrightarrow 3Al(C_2H_5)_3 \tag{2-50}$$

合并以上两个反应式，得到如下反应方程式：

$$Al + 3/2H_2 + 3C_2H_4 \longrightarrow Al(C_2H_5)_3 \tag{2-51}$$

第二步是有控制地将乙烯加成在三乙基铝上，实现链增长，生成分子量较高的直链三烷基铝化合物：

$$Al(C_2H_5)_3 \; + \; nC_2H_4 \longrightarrow Al \begin{matrix} -CH_2CH_2R^1 \\ -CH_2CH_2R^2 \\ -CH_2CH_2R^3 \end{matrix} \qquad (2\text{-}52)$$

第三步为乙烯在加热或催化剂存在下置换出链增长产物中的烯烃：

$$Al \begin{matrix} -CH_2CH_2R^1 \\ -CH_2CH_2R^2 \\ -CH_2CH_2R^3 \end{matrix} + 3C_2H_4 \underset{(\text{或加热})}{\overset{Ni}{\rightleftharpoons}} Al(C_2H_5)_3 + \begin{matrix} R^1-CH=CH_2 \\ R^2-CH=CH_2 \\ R^3-CH=CH_2 \end{matrix} \qquad (2\text{-}53)$$

这是一个可逆反应。此外，在反应条件下 α-烯烃常会发生异构化反应。还原型催化剂可加速可逆反应和异构化反应。置换反应中最好使用镍催化剂，其用量大致为链增长产物的 0.001%~0.1%。置换反应最好在 90~125℃ 下进行。

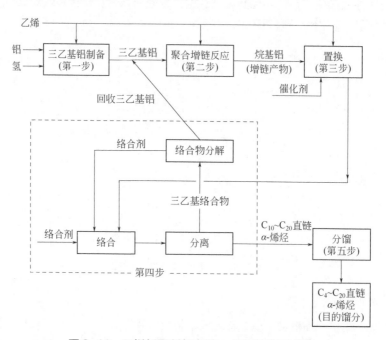

图2-18　乙烯低聚制备直链α-烯烃流程示意图

无催化剂的置换反应需要较高的温度，从而会生成相当数量的内烯烃和支链烯烃。也有采用丙烯和丁烯来置换三烷基铝上的烷基的。

用乙烯来置换链增长产物中的烷基，所得到的直链α-烯烃是一个分子量范围很宽的混合物（C_4~C_{20} 烯烃），同时还含有三乙基铝。

第四步是三乙基铝的回收。从经济角度出发，三乙基铝应予以回收，再供链增长反应使用。但三乙基铝的沸点和 1-十二烯的沸点非常接近，因此不能使用分馏的方法予以分离。工业上采用加入络合剂的方法，使其与三烷基铝生成络合物，然后络合物与烯烃分离，再将络合物分解，回收络合剂和三乙基铝。可用的络合剂包括碱金属氰化物、四烷基铵卤化物、磷化物、碱金属叠氮化合物，以及含氧、硫、硒、氮、磷或砷等路易斯基团的聚合物。

最后第五步为采用一般的蒸馏设备，根据需要将所得混合烯烃切割成不同要求的目的馏分。

在具体操作工艺上，又衍生出高温一步法、低温两步法以及为提高 C_{12}~C_{18} α-烯烃收率的控制峰值法。

通常，链增长反应在低温下比较温和，随着温度的升高，链增长反应速度加快。同时，置换反应需要较高的温度。因此高温一步法将体系的温度设置得较高，在 150~200℃，乙烯压力约为 25MPa，这使得链增长反应和置换反应同步发生，由于温度较高，产物中 C_{20} 以上的 α-烯烃含量较多，产物的碳链分布也比较宽。

低温两步法是在较低的温度下（90~120℃，乙烯压力 10MPa）进行链增长反应，然后在高温条件下（260~310℃，乙烯压力 1.0~2.0MPa）进行置换反应。所得 α-烯烃产物碳链分布较窄，C_{20} 以上馏分少。缺点是大量催化剂需要回收，回收系统较为复杂，投资大。

控制峰值法就是一步法和两步法的结合。首先采用两步法中的低温链增长反应，所得烷基铝与一步法中得到的低分子量 α-烯烃进行置换，然后将高碳烯烃与低分子烷基铝分离，低分子烷基铝循环到两步法中的低温链增长反应。图 2-19 为流程示意图。

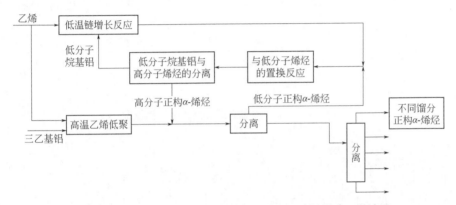

图 2-19　乙烯低聚制备 α-烯烃的两步法和一步法结合工艺流程

（4）蜡裂解法

烃类的裂解有热裂解和催化裂解两种。工业上通常采用热裂解的方法制取高碳正构 α-烯烃。在高温、无催化剂时，烃的裂解是以自由基的方式进行的。因此，烷烃裂解可生成分子量较小的烯烃、烷烃和氢。生成的烯烃在高温下可进一步发生反应，生成二烯烃、环烷烃和芳烃。正构烷烃中如含有芳烃和环烷烃等杂质，则在裂解过程中会发生各种各样的副反应，如聚合、环化、缩合、歧化和裂解等，将严重影响 α-烯烃的收率和质量。

蜡裂解制取 α-烯烃包括气化、裂解、冷却、分离和分馏等几个过程，如图 2-20 所示。

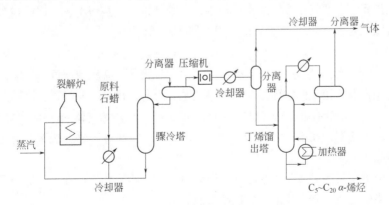

图 2-20　蜡裂解制备 α-烯烃的工艺流程

（5）Shell 高碳烯烃法

Shell 高碳烯烃法是由 Shell 化学公司开发的利用乙烯低聚制备洗涤剂用烯烃的一种方法。乙烯低聚即齐格勒（Ziegler）法制取的 α-烯烃碳链分布太宽，其中有很大一部分不能用来制取洗涤剂。而 Shell 高碳烯烃法成功地将利用价值较低的高碳和低碳 α-烯烃，转化为适用于制备洗涤剂的内烯烃。1977 年建成了年产 6 万吨的 $C_{12} \sim C_{18}$ α-烯烃和 18 万吨洗涤剂用醇装置。

Shell 高碳烯烃法包含两个主要技术：一个是乙烯低聚合成 α-烯烃，这一过程与齐格勒法相似，但使用了不同的催化剂；另一个就是将高碳和低碳烯烃通过异构化、歧化转变为价值较高的洗涤剂用内烯烃。其工艺过程原理和流程示意图分别如图 2-21 和图 2-22 所示。

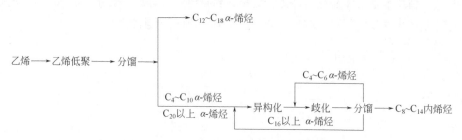

图 2-21　Shell 高碳烯烃法工艺过程原理

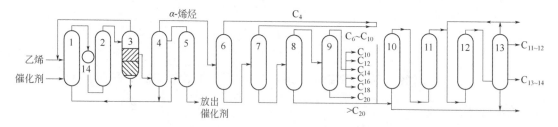

图 2-22　Shell 高碳烯烃法工艺流程示意图

1—低聚反应器；2—低聚反应器；3—分离器；4—洗涤塔；5—溶剂回收塔；
6—C_4 蒸馏塔；7—$C_6 \sim C_{10}$ 蒸馏塔；8—$C_{10} \sim C_{20}$ 蒸馏塔；9—$C_{10} \sim C_{18}$ 精馏塔；
10—净化床；11—异构化床；12—歧化反应器；13—分馏塔；14—冷却器

① 乙烯低聚

乙烯低聚除了采用三乙基铝为催化剂的齐格勒法外，还可采用均相的过渡金属催化剂。这种可溶的催化剂系统有四氧化钛和二氯烷基铝、四苄基锆和烷基倍半氯化铝或与有机磷配位体相结合的有机镍化合物。Shell 化学公司采用镍催化乙烯低聚：

$$n\mathrm{CH_2} = \mathrm{CH_2} \xrightarrow{\text{Ni}} \mathrm{CH_3CH_2(CH_2CH_2)}_{n-2}\mathrm{CH} = \mathrm{CH_2} \qquad (2\text{-}54)$$

催化剂为溶解于有机溶剂的金属镍络合物，由二价镍盐、有机磷配位体、氢化硼还原剂以及 1,4-丁二醇极性有机溶剂配制而成。这种溶剂基本上与 α-烯烃不相混溶。将乙烯和催化剂加入反应器中，形成一个含有催化剂（包括溶剂）、低聚产品和乙烯气体的三相混合物，它们连续通过四个串联的反应器，在反应温度 80~120℃、压力 7~14MPa 下进行低聚，反应热由各反应器间的冷却器除去。

这里的乙烯低聚反应类似于乙烯非均相催化聚合的齐格勒催化过程。烯烃分子与催化中心金属镍原子 π 络合后进行特定反应，实现链增长。

乙烯低聚后的产物进入分离器，与催化剂溶液和过量的乙烯气体分离。分出的催化剂溶液和过量的乙烯气体回用，产品进一步用新鲜溶剂洗涤，除去残存的催化剂，并通过蒸馏回收溶解在产品中的乙烯，供循环回用。

② 分馏

洗涤后的产品进入一组蒸馏塔，分馏得到不同碳链长度的 α-烯烃。其中 $C_{12} \sim C_{18}$ α-烯烃的产率约为原料乙烯的 25%，可根据需要切割成不同的馏分。$C_4 \sim C_{10}$ 和 C_{20} 以上的 α-烯烃合并后进入异构化床。通过异构化使 α-烯烃变成内烯烃。

③ 异构化

原料进入异构化床前，先通过净化床除去残留在 α-烯烃中的催化剂及溶剂。净化后的 α-烯烃进入异构化床，使 α-烯烃变成内烯烃：

$$RCH=CH_2 \longrightarrow R^1CH=CHR^2 \text{（包括所有异构体）} \tag{2-55}$$

反应按分步机理进行，从而使双键由 α 位置转入各内部位置，并趋于平衡。双键在整个分子内各个位置上的分布符合统计学规律。

异构化反应温度 80~140℃、压力 0.3~1.5MPa。催化剂一般可采用金属钠、磷酸、氧化铝、氧化镁或氧化钴等。为使 α-烯烃的异构化趋于平衡值，流程中采用了三组异构化床。当第一组床接近失活时，停止使用，另装新催化剂备用。原第二组床升为第一组床，原备用床作为第二组床。

α-烯烃也能进行歧化，但歧化速度慢，而且歧化时会生成乙烯及分子量较高的物质，影响乙烯的转化率和歧化催化剂的寿命。所以，歧化前要将 α-烯烃异构化成内烯烃。

④ 歧化

高碳和低碳的内烯烃在歧化反应器反应，可生成适合制取洗涤剂的内烯烃。可以认为，歧化反应时烯烃分子在双键上裂开，然后重新组合，生成所需链长的内烯烃。反应式如下：

$$\begin{matrix} R^1CH=CHR^2 \\ + \\ R^3CH=CHR^4 \end{matrix} \longrightarrow \begin{cases} R^1-CH=CH-R^3 + R^1-CH=CH-R^4 \\ \\ R^2-CH=CH-R^3 + R^2-CH=CH-R^4 \end{cases} \tag{2-56}$$

$C_4 \sim C_{10}$ 和 C_{20} 以上的 α-烯烃，一次通过歧化反应器，可得到 $C_8 \sim C_{14}$ 内烯烃 10%~15%。歧化产物分馏后，$C_4 \sim C_6$ 烯烃回入歧化反应器，C_{16} 以上烯烃进入净化床和异构化床后，再回入歧化反应器。目的产品为 $C_8 \sim C_{14}$ 内烯烃，经羰基合成可以得到洗涤剂用醇，商品代号为 Neodol。产品醇对乙烯的收率为 75%。

歧化催化剂中一般采用钼、钨、铼等的氧化物，如 WO_3、Re_2O_7、MoO_3 和 WCl_6 等。反应温度 130℃ 左右，压力 0.3~1.5MPa。

（6）α-烯烃性能及质量比较

各种不同方法制得的 $C_{14} \sim C_{16}$ 烯烃的质量数据列于表 2-6 中。由表 2-6 可见，Shell 高碳烯烃法制得的烯烃中，α-烯烃含量最高，烷烃含量最低，是现有方法中一种制取高质量烯烃的方法。蜡裂解法得到的烯烃中，烯烃含量不高，烷烃和二烯烃含量较高，使其应用受到一定的限制，不适合于制取 α-烯烃磺酸盐（AOS）。上述各种方法制得的 α-烯烃和内烯烃，都可作为羰基合成制取脂肪醇的原料。采用合适的馏分，亦可用来合成烷基苯。

表2-6 不同方法制得的烯烃（C_{14}~C_{16}）性能数据

组 分/%	Shell 高碳烯烃法	齐格勒法（海湾公司）	改良齐格勒法（乙基公司）	蜡裂解法（Chevron 公司）	脱氢法[①]
正构α-烯烃	96.1	96.1	80~85	—	—
亚乙烯基	2.2	2.0	10~16	—	—
内烯烃	1.7	0.5	4~5	—	91.5
单烯烃	99.9	98.7	99.5	89~93	>95[②]
二烯烃	—	—	—	5	—
烷烃	0.1	1.3	0.5	2	—

① C_{10}~C_{14} 内烯烃。
② 总烯烃含量。

2.2.3 脂肪醇

以石油化学制品为原料生产的脂肪醇在脂肪醇总产量中占有较大的比重。制取方法主要有烯烃羰基合成法、齐格勒法和正构烷烃液相氧化法。

以乙烯为原料，采用齐格勒法合成的α-烯烃，可经羰基合成制取脂肪醇，亦可采用齐格勒法直接合成脂肪醇。齐格勒法在 1962 年建成工业装置并投产，产品的商品名为"Alfol"醇，其中有一种改良的齐格勒法，用这种方法制得的脂肪醇碳数分布较窄。

（1）羰基合成法

烯烃与合成气（H_2/CO）在催化剂存在下加成制醛的反应，称为羰基合成（OXO Synthesis）：

$$RCH=CH_2 + CO + H_2 \longrightarrow RCH_2CH_2CHO + R-\underset{\underset{CH_3}{|}}{CH}-CHO \tag{2-57}$$

产物进一步加氢即可得到具有工业价值的醇：

$$RCH_2CH_2CHO \xrightarrow{+H_2} RCH_2CH_2CH_2OH \tag{2-58}$$

$$2RCH_2CH_2CHO \xrightarrow{-H_2O} RCH_2CH_2CH_2=\underset{\underset{CH_2R}{|}}{C}-CHO \xrightarrow{+2H_2} RCH_2CH_2CH_2\underset{\underset{CH_2R}{|}}{CH}CH_2OH \tag{2-59}$$

习惯上将上面的整个过程称为羰基合成过程（OXO Process）。反应式（2-59）所得的双烷基链醇称为 Guerbet（居贝特）醇，具有很重要的工业应用价值。

目前，工业上采用的羰基合成工艺有多种。但一般由以下几个部分组成：（i）氢甲酰化反应；（ii）催化剂的分离和循环使用；（iii）醛的精制；（iv）醛加氢制醇。如图 2-23 所示。

实际羰基合成过程有传统的高压法、中压法和低压法。表 2-7 给出了三种不同工艺的工艺参数和产品收率状况，可见低压法的优势较为明显。

（2）齐格勒法

齐格勒（Ziegler）法合成脂肪醇由四个步骤组成，即：（i）三乙基铝的制备；（ii）链增长生成三烷基铝；（iii）三烷基铝氧化成醇化铝；（iv）醇化铝水解得到醇。其中前两个步骤与齐格勒法制备α-烯烃相同［见反应式（2-49）~式（2-52）］。氧化得到醇化铝的反应式为：

$$\begin{array}{c} C_2H_4R^1 \\ | \\ Al-C_2H_4R^2 + 3/2O_2 \\ | \\ C_2H_4R^3 \end{array} \longrightarrow \begin{array}{c} OR^4 \\ | \\ Al-OR^5 \\ | \\ OR^6 \end{array} \tag{2-60}$$

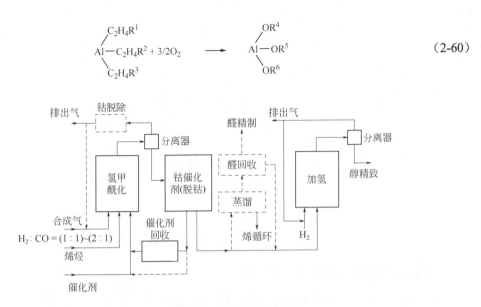

图 2-23　碳基合成原理和路线图

注：图中虚线部分表示生产某些产品时可不使用这种操作

表 2-7　高压、中压和低压羰基合成制备脂肪醇的工艺比较

项目	高压法	Shell 中压法	UCC 低压法
催化剂	$HCo(CO)_4$	$HCo(CO)_3P(n\text{-}Bu_3)$	$HRh(CO)(PPh_3)_3$
温度/°C	110~180	160~200	100±10
压力/MPa	20~35	5~10	1.6~1.8
催化剂浓度钴(金属/烯烃)/%	0.1~1.0	0.6	0.02~0.04
空速/h^{-1}	0.5~1.0	0.1~0.2	约 1.0
生成的烃的质量分数/%	2~3	10~15	2
高沸物的质量分数/%	3~10	1	<3
主反应产物	醛	醇	醛
产品的正构体与异构体比	(3~4)∶1	8∶1	(10~12)∶1
正构产品收率[1]/%	67	67	76

① 以转化烯烃计。

醇化铝水解得到醇的反应式为：

$$\begin{array}{c} OR^4 \\ | \\ Al-OR^5 \\ | \\ OR^6 \end{array} + 3H_2SO_4 \longrightarrow Al_2(SO_4)_3 + \begin{array}{c} R^4OH \\ R^5OH \\ R^6OH \end{array} \tag{2-61}$$

美国大陆油品公司用这种方法生产的脂肪醇，商品名为"Alfol"醇，具体流程见图 2-24。产品脂肪醇碳数分布符合泊松（Poisson）分布（C_2~C_{20}）。为制得馏分较窄的脂肪醇，人们又开发了一种改良的齐格勒法。其中烷基铝的制备与齐格勒法相同，不同的是用 C_6~C_{10} α-烯烃与链增长产物进行置换，得到两种产物：C_{12}~C_{20} 烯烃和低碳烷基铝。后者再与乙烯进行第二次链增长反应，又生成 C_2~C_{20} 烷基铝。然后与由 C_{12}~C_{20} 烯烃中分出的 C_{12}~C_{16} 烯烃进行交换，得到 C_6~C_{10} α-烯烃和 C_{12}~C_{16} 烷基铝，再经氧化、水解、分馏、精制，得到 C_{10}~C_{16} 脂肪醇。改良的齐格勒法生产的洗涤剂用醇得率大大提高，不过工艺流程偏长，生产成本较高。

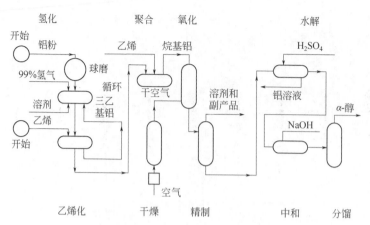

图 2-24 Alfol 醇生产工艺流程

（3）正构烷烃液相氧化法制仲醇

以正构烷烃为原料，通过液相氧化法制取仲醇的技术是由苏联开发的，装置于 1959 年投产。后来，美国和日本分别于 1964 年和 1972 年建成了工业生产装置。日本触媒公司生产的仲醇商品名为"Softanol"。国内对这种方法也进行了研究。

对正构烷烃用空气进行液相氧化，属于生成氢过氧化物的链式自由基反应。首先是烷烃与氧作用，导致脱氢或与另一自由基反应生成烷基自由基：

$$RH + O_2 \longrightarrow R\cdot + HO_2\cdot \tag{2-62}$$

$$RH + X\cdot \longrightarrow R\cdot + HX \tag{2-63}$$

然后烷基自由基与氧作用生成过氧自由基。过氧自由基与烃分子相遇生成氢过氧化合物，并生成新的烷基自由基：

$$R\cdot + O_2 \longrightarrow RO_2\cdot \tag{2-64}$$

$$RO_2\cdot + RH \longrightarrow ROOH + R\cdot \tag{2-65}$$

反应第一步进行得过于缓慢，因此自由基的生成基本上按第三和第四步反应循环连锁地进行。氢过氧化物相对来说是很不稳定的，它易于分解：

$$ROOH \longrightarrow RO\cdot + \cdot OH \tag{2-66}$$

生成的 RO· 与烷烃作用得到脂肪醇。

$$RO\cdot + RH \longrightarrow ROH + R\cdot \tag{2-67}$$

在反应过程中加入硼酸，可与生成的醇发生酯化反应生成硼酸酯，从而防止醇被进一步氧化成脂肪酸，而且还能促使过氧化物分解，从而使反应过程定向地生成脂肪醇。将硼酸酯水解、精制分离即得到仲醇产品。

图 2-25 为美国 Esso 公司的仲醇生产工艺流程。该工艺过程包括氧化、烷烃回收、碱处理和加氢精制等工序。$C_{12} \sim C_{15}$ 正构烷烃在 160℃ 下进行液相氧化。催化剂为偏硼酸（HBO_2），也可直接使用正硼酸（H_3BO_3）。为提高氧化产物中醇的选择性，烷烃的氧化转化率应控制在 20%以下。定量加入硼酸，使氧化生成的仲醇及时酯化。未反应的烷烃和低沸点副产物酮等可经闪蒸从硼酸酯中分出，用稀碱液洗涤后与新鲜的原料一起加氢，再循环至氧化工序。闪蒸残余物主要是仲醇的硼酸酯，烷烃含量在 1%以下。水解硼酸酯，得到硼酸和脂肪醇。硼酸回收后循环使用。粗脂肪醇在高温下用浓氢氧化钠液处理，除去副产的羧基化合物，再在 160~182℃ 下

用镍催化剂加氢除去能产生色泽和气味的杂质。粗醇经上述处理后，蒸去轻馏分和高沸点的二元醇，得到醇含量为 98.8%、羰基化合物含量为 1.2%的产品。

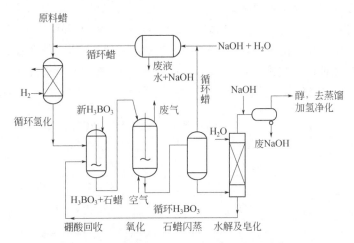

图 2-25　美国 Esso 公司仲醇生产工艺流程

目前采用这种工艺生产的仲醇广泛地用于制备非离子型表面活性剂。美国联合碳化物公司的仲醇乙氧基化物，商品名称为"Tergitol-S"，其疏水基链长为 C_{11}~C_{15}。日本触媒公司的仲醇乙氧基化物称为"Softanol-30"，以此作为基本产品，制取高乙氧基化度的产品或其硫酸盐。

仲醇的乙氧基化物生物降解性好、倾点低、黏度低、易于泵送；溶解度大、胶凝范围窄、抗硬水性好，具有良好的润湿力和去污力；消泡性能好、易于漂洗；对皮肤的刺激性小，易于和其它物质相混合。由于仲醇的乙氧基化物性能优良，可在洗涤用品、化学特制品、塑料、皮革和纺织品等领域中用作洗涤剂、乳化剂、润湿剂、匀染剂、扩散剂和增塑剂。通常仲醇的成本低于伯醇，并可与烷基酚相竞争。仲醇乙氧基化物的使用性能与烷基酚乙氧基化物接近，在润湿性和泡沫性方面，特别是在生物降解性方面更有其优越性。

2.2.4　烷基苯

（1）烷基苯的异构体及物理化学性质

烷基苯的结构式为 $R-C_6H_5$，即苯环上的一个氢原子被烷基取代后形成的产物。当烷基碳原子数为 8~15 时，相应的烷基苯经磺化、中和即可得到烷基苯磺酸盐阴离子型表面活性剂。洗涤剂中使用的烷基苯，侧链烷基的碳原子数为 10~15，平均碳原子数约为 12，相应的烷基苯磺酸钠是目前阴离子型表面活性剂中产量最大的一种，也是所有表面活性剂中产量最大的品种。

早期的烷基苯，其烷基来源于四聚丙烯，具有支链结构，被称为"硬性烷基苯"，相应的四聚丙烯烷基苯磺酸盐生物降解性差，已于 20 世纪六七十年代被直链烷基苯磺酸盐取代。后者的烷基来源于正构烷烃，通过尿素或分子筛络合从煤油成分中提取。相应的烷基苯被称为"软性烷基苯"。习惯上将直链烷基苯磺酸盐简称为 LAS（linear alkylbenzene sulfonate）。

烷基苯通常由氯代烷或者烯烃与苯缩合得到，相应的反应称为烷基化反应，亦称傅-克（Friedel-Crafts）反应。氯代的位置或者烯基的位置是随机的，因此烷基苯有许多同分异构体。苯环连在烷基链的末端碳原子上时，称为 1-苯基烷（伯位苯基烷），与第二个碳原子相连的称为2-苯基烷（仲位苯基烷）。对一个十二烷基苯，依次类推，分别还有3-、4-、5-、6-苯基烷。其中仲位的2-、3-苯基烷称为外异构物，仲位的4-、5-、6-苯基烷称为内异构物。表2-8~表2-11列出了烷基苯及其异构体的一些性质。

由表2-8~表2-11可知，伯位烷基苯的沸点要比5-、6-、7-、8-仲位烷基苯高23℃左右；制取烷基苯的方法不同，烷基化条件不同，产物中异构体分布也不一样。在性能方面，2-苯基烷制成的烷基苯磺酸钠表面活性较其它位要差，3-、4-苯基烷制成的产品性能较好。脱氢法烷基苯中2-苯基烷含量较低，可磺化物含量高，而副产物二烷基茚满、二烷基萘满含量低，质量好。

表2-8　C_{10}~C_{15}直链烷基苯异构物的沸点（101.3kPa）

烷基苯异构物	沸点/℃	烷基苯异构物	沸点/℃
5-苯基十烷	274.7	4-苯基十三烷	321.6
4-苯基十烷	276.3	3-苯基十三烷	325.0
3-苯基十烷	280.0	2-苯基十三烷	330.6
2-苯基十烷	286.2	1-苯基十三烷	341.3
1-苯基十烷	297.9	7-苯基十四烷	331.8
6-苯基十一烷	290.2	6-苯基十四烷	332.3
5-苯基十一烷	290.2	5-苯基十四烷	333.4
4-苯基十一烷	291.8	4-苯基十四烷	335.2
3-苯基十一烷	295.6	3-苯基十四烷	338.5
2-苯基十一烷	301.6	2-苯基十四烷	343.7
1-苯基十一烷	313.2	1-苯基十四烷	354.0
6-苯基十二烷	304.5	8-苯基十五烷	345.0
5-苯基十二烷	305.1	7-苯基十五烷	345.0
4-苯基十二烷	307.2	6-苯基十五烷	345.6
3-苯基十二烷	310.7	5-苯基十五烷	346.7
2-苯基十二烷	316.5	4-苯基十五烷	348.6
1-苯基十二烷	327.6	3-苯基十五烷	351.7
7-苯基十三烷	318.6	2-苯基十五烷	356.8
6-苯基十三烷	318.6	1-苯基十五烷	366.0
5-苯基十三烷	319.6		

表2-9　烷基苯的部分物理常数

烷基链碳数	1-苯基烷沸点/℃		氯化法烷基苯（无1-苯基烷时）		
			沸点/℃		n_D^{20}
	101.3kPa	2.67kPa	101.3kPa	2.67kPa	
C_9	282.0	158.0			
C_{10}	297.9	171.7	267~272	148~156.5	1.4835
C_{11}	313.2	185.0	280.5~287.0	164.5~170.5	1.4848
C_{12}	327.6	190.0	297~304	178~183	1.4828
C_{13}	341.2	210.0	306~311	189~195	1.4815
C_{14}	354.0	222.0			
C_{15}	366.0	234.0			

表 2-10 洗涤剂用直链烷基苯的典型物理性质

性质	氯化法（大陆油品公司）Nalkylene 550	脱氢法（UOP 公司）	裂解法（Shell 公司）
分子量（平均）	243	242	243
相对密度	$0.865(d_{15.5}^{15.5})$	0.862	$0.869(d_{15.5}^{15.5})$
溴值/(g/100g)	0.03	0.03	0.03
闪点/℃	>150	140	146
可碘化物/%	>97.5	>98	98.7
色泽（赛氏）	30	30	30
气味		无	
折射率 n_D^{20}	—	1.4835	1.4865
馏程/℃	290~324	284.5~296.5	283~313
2-苯基烷/%	—	15	
黏度/mPa·s（37.8℃）	42	—	

表 2-11 不同反应条件下的烷基苯异构体的分布

烷基化剂	催化剂	反应温度/℃	烷基苯异构体			
			2-φ	3-φ	4-φ	内异构物
氯代十二烷	$AlCl_3$	65	30	19	17	34
1-十二烯	$AlCl_3$	45	31	19	16	33
1-十二烯	$AlCl_3$	10	46	21	14	19
C_{15} 内烯烃	$AlCl_3$	45	25	15	11	49
C_{15} 内烯烃	HF	10	10	12	16	62

注：由氯化烷脱氯化氢制得。

（2）烷基苯的生产方法及其发展

第二次世界大战前不久，催化裂化制取高辛烷值汽油的方法问世。在这一反应过程中有大量丙烯生成，丙烯的四聚物和五聚物在催化剂存在下与过量的苯反应，生成了第一代洗涤剂用烷基苯。

$$C_{12}H_{24} \text{ 或 } C_{15}H_{30} + \text{（苯）} \xrightarrow[\text{或 HF}]{AlCl_3} C_{12}H_{25}\text{（苯）} \text{ 或 } C_{15}H_{31}\text{（苯）} \qquad (2\text{-}68)$$

四聚物 五聚物   十二烷基苯   十五烷基苯

这为丙烯的利用开辟了新的途径。在实际生产中有两种烷基苯。一种为平均碳原子数为 12 的四聚丙烯烷基苯；另一种为平均碳原子数为 15 的十五烷基苯，它们是用丙烯的四聚和五聚馏分制取的。

在烷基化过程中，丙烯聚合物会发生断链、异构化等副反应，生成各种支链烯烃和支链饱和烃，产物极为复杂，加之丙烯聚合物本身异构体较多，因此用这种方法制取的烷基苯支链度高，异构体多。然而用丙烯聚合物制取的烷基苯磺酸钠表面活性好，因此在第二次世界大战后，四聚丙烯烷基苯的产量迅速增长。

但是，四聚丙烯烷基苯磺酸钠生物降解性很差，大量使用后积滞在河流中产生大量泡沫，影响水生生物生长。基于环境保护压力，在 1965 年夏以后，许多国家相继停止了四聚丙烯的生产，转而生产生物降解性能好的直链烷基苯。

生产直链烷基苯的关键是要有直链的烯烃或者卤代烷。而正构烷烃氯化、正构烷烃氯化脱氯化氢、正构烷烃脱氢制内烯烃、长链正构烷烃裂解制α-烯烃、乙烯低聚制α-烯烃等技术，为直链烷基苯的生产提供了可靠的原料，如图 2-26 所示。

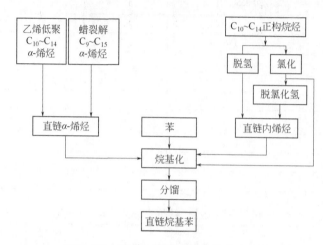

图 2-26　工业上直链烷基苯的生产方法

采用齐格勒法由乙烯低聚得到的直链α-烯烃与苯反应生产烷基苯，技术成熟，但有许多非洗涤剂用组分要加以利用，在经济上并不有利。

用蜡裂解得到的α-烯烃生产直链烷基苯与乙烯低聚法一样，除 $C_9 \sim C_{15}$ α-烯烃外，尚有许多其它产品需要综合利用。而为了得到高质量的产品，需要在裂解前对原料蜡进行处理，以降低其含油量。这条路线在西欧有一定的生产能力。

利用分子筛分离或尿素脱蜡法可以获得大量高质量的 $C_{10} \sim C_{14}$ 正构烷烃，这使氯化法制取烷基苯在 20 世纪 60 年代中期获得了很大发展。美国大陆油品公司的巴尔的摩厂建成了规模最大和建厂最早的氯化法烷基苯装置，生产能力达 9 万吨/年。意大利于 1968 年在撒丁岛建立了年产 6 万吨的工厂。但该法存在明显的缺点，如生产过程中需要使用大量氯气，反应后又全部生成 HCl，需回收利用；反应过程中 HCl 对设备腐蚀严重；二氯代烷与苯缩合生成茚满和萘满（DTI）以及二苯烷等副产物：

$$\text{RCH}_2-\underset{\underset{\text{Cl}}{|}}{\text{CH}}\text{CH}_2\underset{\underset{\text{Cl}}{|}}{\text{CH}}-\text{CH}_2\text{R}' + \bigcirc \xrightarrow{\text{AlCl}_3} \qquad \qquad \qquad + 2\text{HCl} \tag{2-69}$$

（1,3-二烷基茚满）

$$\text{RCH}_2-\underset{\underset{\text{Cl}}{|}}{\text{CH}}\text{CH}_2\text{CH}_2\underset{\underset{\text{Cl}}{|}}{\text{CH}}-\text{CH}_2\text{R}' + \bigcirc \xrightarrow{\text{AlCl}_3} \qquad \qquad \qquad + 2\text{HCl} \tag{2-70}$$

（1,4-二烷基萘满）

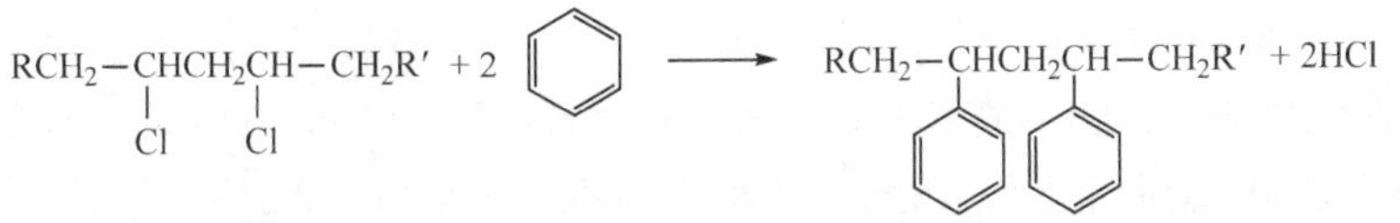

$$RCH_2-\underset{\underset{Cl}{|}}{CH}CH_2\underset{\underset{Cl}{|}}{CH}-CH_2R' + 2\,\bigcirc \longrightarrow RCH_2-CHCH_2CH-CH_2R' + 2HCl \tag{2-71}$$

这些副产物显著影响烷基苯的质量，致使烷基苯的质量不如后来发展起来的脱氢法烷基苯，因此氯化法制取烷基苯工艺后来被淘汰。

德国 Hüls 公司于 1964 年采用正构烷烃氯化+脱氯化氢的方法生产烷基苯。采用这条路线生产烷基苯的很少，也已被淘汰。

1968 年，第一套正构烷烃脱氢生产内烯烃制取烷基苯装置投产。尽管本法与氯化法相比投资较大、技术要求较高，但本法生产的烷基苯中 2-苯基烷含量低，可磺化物含量高，二烷基茚满、二烷基萘满含量低，烷基苯质量好；生产过程中不使用氯气，避免了生产过程中的氯化氢腐蚀问题和副产盐酸的利用问题，因此成为目前国际上生产烷基苯的主流方法。

（3）烯烃与苯的烷基化

① 反应机理

烯烃与苯的烷基化，可采用路易斯酸 $AlCl_3$ 或质子酸 H_2SO_4、HF 和固体酸作催化剂，也可使用树脂。当催化剂为路易斯酸时，它可使本身所含的少量 HCl 极化：

$$HCl + AlCl_3 \rightleftharpoons H^{\delta+}-AlCl_4^- \tag{2-72}$$

然后再与烯烃作用生成正碳离子：

$$RCH=CH_2 + H^{\delta+}-AlCl_4^- \rightleftharpoons R\overset{+}{C}HCH_3\cdots AlCl_4^- \tag{2-73}$$

正碳离子与苯的反应是先生成 π 络合物，再转变成 σ 络合物，放出质子变成目的产物烷基苯。

催化剂为质子酸时，烯烃在催化剂作用下极化，生成正碳离子：

$$RCH=CH_2 + H^+ \rightleftharpoons R\overset{+}{C}H-CH_3 \tag{2-74}$$

然后以相同的历程生成烷基苯。

烯烃与苯的烷基化亦会发生烷基化前正碳离子的异构化，和烷基化后烷基苯的异构化。如图 2-27 所示，烷基化剂（Ⅰ）首先变成正碳离子（Ⅱ），与苯反应生成烷基苯（Ⅲ），但正碳离子可以重排，产物烷基苯亦可以异构化，于是生成了烷基苯的异构体（Ⅳ）和（Ⅴ）。表 2-12 给出了苯与 1-十二烯在不同催化剂存在下的烷基化结果。

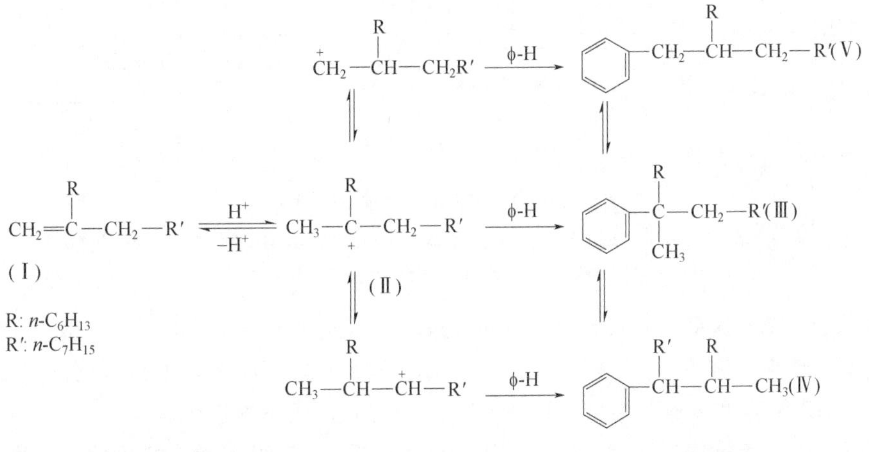

图 2-27　苯与 2-己基-1-癸烯的烷基化历程（图中 φ 代表苯环）

由表中可知，采用 HF 催化，所得产品中 2-苯基-十二烷含量较低。国外苯与 α-烯烃的烷基化大多采用 HF 作催化剂，HF 液体在烷基化过程中能把高分子副产物，如多环芳烃等萃取出来。国内的试验结果亦表明，HF 催化与 $AlCl_3$ 催化相比烷基苯得率高，质量好。

表 2-12　苯与 1-十二烯的烷基化数据

项目		催化剂		
		HF	$AlCl_3$	H_2SO_4（98%）
催化剂用量/mol		50	0.1	5
苯/mol		50	10	1.5
1-十二烯/mol		5	2	0.15
产物异构体质量分数/%	1-苯基-十二烷	0	0	0
	2-苯基-十二烷	20	32	41
	3-苯基-十二烷	17	22	20
	4-苯基-十二烷	16	16	13
	5-苯基-十二烷	23	15	13
	6-苯基-十二烷	24	15	13

② 工艺流程

图 2-28 为以 HF 作催化剂，正构烷烃脱氢得到的烷、烯烃混合物与苯的烷基化工艺流程。

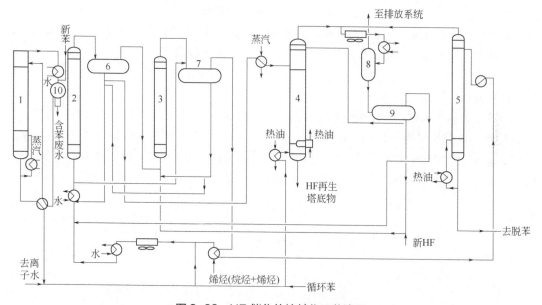

图 2-28　HF 催化的烷基化工艺流程

1—苯干燥塔；2—第一烷基化反应器；3—第二烷基化反应器；4—HF 再生塔；5—HF 提馏塔；
6—第一分层器；7—第二分层器；8—HF 提馏塔排放罐；9—HF 沉积槽；10—苯干燥塔受器

新鲜苯进入苯干燥塔中共沸脱水，塔底出来的干苯经换热冷却后进入反应系统。干苯经定量注水与脱苯塔来的循环苯、脱氢工序来的烷烯混合物混合，再与第一分层器分出的循环 HF、含有 HF 的苯液混合并冷却至 38℃后，由第一烷基化反应器下部进入。

烷基化在两只串联的反应器中进行，反应器为筛板塔。产物从第一反应器上部流入第一分层器静置分层。上层物进入第二反应器，进一步进行烷基化。下层混合液大部分回入第一反应器，小部分则抽出，进入 HF 再生塔，回收 HF 并除去焦油。

进入第二反应器的物料除第一分层器分出的上层物，还有 HF 再生塔的再生 HF 和第二分层器中分出的下层 HF 液。物料在第二反应器中进行补充反应，停留时间较短。

产物由第二反应器的顶部进入第二分层器。下层 HF 混合液大部分回入第二反应器，小部分进入第一反应器，以补充从第一分层器因抽出一小部分进入 HF 再生塔而缺少的 HF 量。第二反应器缺少的 HF，则由 HF 再生塔及提馏塔回收的 HF 补充，并补充一些新鲜 HF。

将从第二分层器分出的上层液（含有 5%HF 的烃混合物）送入 HF 提馏塔。塔顶为苯和少量的 HF 蒸气，与 HF 再生塔的塔顶蒸气合并后进入 HF 冷凝分离系统。脱去 HF 的烃混合物进入脱苯塔脱苯，然后脱烷烃和精馏。

典型的烷基化工艺数据如下：烷基化反应温度 38℃，第一、二反应器的塔顶压力分别为 0.85MPa 和 0.75MPa。苯干燥塔的塔顶、塔底的压力和温度分别为 0.149MPa、0.154MPa 和 93℃、99℃。HF 再生塔的塔顶、塔底的压力和温度分别为 0.36MPa、0.374MPa 和 66℃、204℃。HF 提馏塔的塔顶、塔底的压力和温度分别为 0.36MPa、0.23MPa 和 110℃、184℃。苯与烯烃的摩尔比为 10：1。HF 与烃混合物的体积比为 2：1。无水 HF 对碳钢设备是不会腐蚀的，但当含水量超过 0.5%时，对碳钢设备的腐蚀率急剧增大。因此对进入装置的 HF 要经过脱水处理。新鲜苯经苯干燥塔脱水至含水量在 20mg/kg 以下，可防止对设备的腐蚀。但如水分太低，物料在流动中产生的静电荷不易消除，对分层不利。因此苯干燥后采用定量注水的措施，使分层时 HF 中的含水量在 0.3%左右，这样既可保护设备，又能使烷基化操作正常进行。

美国 UOP 公司在 1990 年开发了 Detal 固定床烷基化工艺，1995 年有工业装置投入运转。催化剂采用固定化的酸性催化剂，这样避免了 HF 处理装置和减少了一些工艺上的特殊要求，从而简化了工艺，节省了投资。对于脱氢产物中的双烯和一些杂质，特别是芳烃，会影响到催化剂的性能和烷基苯的质量。UOP 公司已采用 Define 工艺将脱氢产物中的双烯加氢转化成单烯烃，并采用脱芳技术除去脱氢产物中的芳烃。这样，既改善了 Detal 催化剂的稳定性，也降低了烷基化反应的温度，其结果是烷基苯的线性度（直链率）增加 2%，每吨烷基苯的正构烷烃消耗降低 0.05t，2-苯基烷的含量大于 25%。用它制得的 LAS，色泽较 HF 法更浅，用其配制的液洗产品浊点较 HF 法低。目前，脱氢法烷基化后精馏得到的烷基苯，无需进行任何处理就能满足制取洗涤剂的要求。

2.2.5 烷基酚和烷基萘

（1）烷基酚

烷基酚是生产非离子型表面活性剂的重要原料。这类产品中较重要的有辛基酚、壬基酚和十二烷基酚。其它一些烷基酚，例如丁基酚、二丁基酚、戊基酚、二戊基酚、二壬基酚和双十二烷基酚等，也可作为生产表面活性剂的原料。

烷基酚可由苯酚与烯烃或醇反应制取。如不用催化剂，一般得率甚低。烷基化催化剂有 BF_3、三氟化硼络合物、氯化铝、活性白土以及硫酸、硼酸、草酸、甲苯磺酸等酸类，亦可采用阳离子交换树脂，其中以 BF_3 使用最广。三氟化硼催化的优点是活性高，反应温度较低，且能保持烯烃的原来结构。烷基化反应按如下方式进行：

$$
\begin{array}{ccccc}
\text{苯酚} & + & \text{烯烃} & \rightleftharpoons & \text{单烷基酚} \\
\text{单烷基酚} & + & \text{烯烃} & \rightleftharpoons & \text{二烷基酚} \\
\text{二烷基酚} & + & \text{苯酚} & \rightleftharpoons & \text{单烷基酚}
\end{array}
\tag{2-75}
$$

实例：苯酚先在 130℃ 下真空干燥，然后和 BF_3 一起加入反应釜中。在 45~50℃、搅拌下加入用 $CaCl_2$ 干燥过的四聚丙烯，其加入量为苯酚重量的 1.6 倍，BF_3 用量为总投料量的 0.5%~0.8%。烯烃加完后，混合物继续保温搅拌数小时。然后加水升温至 70~80℃，保温、静置分层。用水洗涤上层产物至中性，将混合物升温至 130℃，除去未反应的烯烃和苯酚，并在减压下蒸馏提纯。回收的烯烃、苯酚和二烷基酚回用。

适当增加 BF_3 用量，增加苯酚与 BF_3 的预混合时间，加大苯酚与烯烃的投料比，加快烯烃的投料速度，增加反应时间，反应中保持无水和无过氧化物，以及将反应温度控制在 70℃ 等，均可提高烷基酚的收率。产物中对位单烷基酚的含量在 90% 以上。

采用活性白土作催化剂时，对烯烃的烷基化温度为 120~180℃。对脂肪醇和苯酚，则温度应在 160℃ 左右。

酚与空气接触会氧化，使色泽加深。温度愈高色泽加深愈快。设备、管道和贮罐的材质对酚的色泽亦有影响。因此，凡与烷基酚接触的材料，都要选用不锈钢或用酚醛树脂衬里的碳钢罐。此外，烷基酚在贮存和运输时，须用氮气之类的惰性气体覆盖。

20 世纪 60 年代中期以前，烷基酚中的烷基链为支链，用它制成的表面活性剂生物降解性差。60 年代中期以后用直链烷基酚代替了部分支链烷基酚。二者制成的表面活性剂性能相似，但直链的生物降解性好。

（2）烷基萘

丁基萘、戊基萘、壬基萘和十二烷基萘等产品可采用合适碳链长度的氯代烷或烯烃作烷基化剂，与萘进行烷基化反应，其反应情况与苯和氯代烷或烯烃的烷基化相似。由于萘分子中有两个芳香环，可生成二烷基化产物，如二丁基萘、二戊基萘、二壬基萘和双十二烷基萘等。

2.2.6　脂肪胺

目前，工业上制取脂肪胺主要采用油脂化学原料。当然，采用从石油及其衍生物制得的脂肪酸和脂肪醇，亦可制取脂肪胺。这里仅介绍以 α-烯烃为原料制取烷基二甲基叔胺的方法。

以 α-烯烃为原料制取烷基二甲基叔胺的基本反应如下：

① 氢溴化反应

$$
RCH = CH_2 + HBr \xrightarrow{\text{过氧化物}} RCH_2CH_2Br \ (\Delta H = -75.4 kJ/mol)
\tag{2-76}
$$

② 胺化反应

$$
RCH_2CH_2Br + (CH_3)_2NH \longrightarrow RCH_2CH_2\overset{\displaystyle CH_3}{\underset{\displaystyle CH_3}{N}} \cdot HBr
\tag{2-77}
$$

③ 中和反应

$$
RCH_2CH_2\overset{\displaystyle CH_3}{\underset{\displaystyle CH_3}{N}} \cdot HBr + NaOH \longrightarrow RCH_2CH_2\overset{\displaystyle CH_3}{\underset{\displaystyle CH_3}{N}} + NaBr + H_2O
\tag{2-78}
$$

溴代烷与二甲胺的胺化反应在液相中进行，反应温度 140~150℃，压力 2.0~7.0MPa，停留时间 10min~2h 以上。二甲胺与溴代烷的投料比为 (6~10)：1。胺化反应为吸热反应。

胺化后的液体经降压后与过量的氢氧化钠稀溶液充分混合，使溴化氢转化为水溶性的溴化钠。脱去二甲胺后的溴化钠溶液进入溴回收装置。

1977 年美国乙基公司解决了溴的回收问题，建立了生产装置。

由于 α-烯烃原料便宜，产品成本较低。但是由于工艺流程较长，溴化钠需回收利用，且产品质量比脂肪醇直接胺化法低，因而限制了这一工艺路线的发展。

2.2.7 烯烃的环氧化物

（1）环氧乙烷

环氧乙烷的用途十分广泛，但在表面活性剂洗涤剂行业，主要用于制备非离子型表面活性剂。

1）物理化学性质

环氧乙烷的分子式为 C_2H_4O，分子量为 44.05，在低温下是具有乙醚味的无色透明液体，能与水按任何比例混合。环氧乙烷沸点为 10.5℃，常温下为气态，其液态不会爆炸，气体既易燃又易爆；在空气中的爆炸浓度范围为 3%~100%。表 2-13 给出了环氧乙烷的某些物理性质及热化学性质数据。

表 2-13 环氧乙烷的物化性能数据

沸点(101.3kPa)/℃	10.5（10.7）	黏度/mPa·s	0.32
凝固点/℃	−112.5	表面张力(20℃)/(mN/m)	24.3
熔点/℃	−112.51		
闪点(开杯)/℃	<18	蒸气生成热/(kJ/mol)	71.2
着火温度(0.101MPa 空气中)/℃	429	液体生成热/(kJ/mol)	96.3
自燃温度(0.101MPa)/℃	571	汽化热/(kJ/mol)	25.5
临界温度/℃	195.8	溶解热/(kJ/mol)	6.28
临界压力/MPa	7.17	聚合热/(kJ/mol)	92.1
密度(20℃)/(g/cm³)	0.8697	比热容(液态)/[J/(g·℃)]	1.95
折射率 (n_D^{20})	1.3597	比热容(气态，34℃，101.3kPa)/[J/(g·℃)]	1.1

环氧乙烷具有很强的化学反应能力，这与其分子结构有关。图 2-29 表示了环氧乙烷分子中的键长和键角。每一个 CH_2 基在一个与环的平面相垂直的平面上展开，其 C—O—C 键角要比二甲醚的 C—O—C 键角约小 50°，C—C 键长度介于普通单键 1.55Å 和普通双键 1.35Å 之间。由于环受到较大的张力，容易破裂而发生各种化学反应（10Å = 1nm）。

① 亲核开环反应

这是环氧乙烷的最重要的反应，其通式如下：

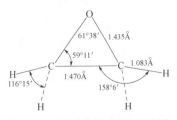

图 2-29 环氧乙烷的键长和键角

$$\underset{O}{CH_2-CH_2} + XY \longrightarrow \underset{OX\quad Y}{CH_2-CH_2} \tag{2-79}$$

式中，X 和 Y 代表水、醇、氢卤酸、氨及格林尼亚试剂等物质，反应可按 S_N1 或 S_N2 的机制进行。

a. 与水反应生成乙二醇　这是工业上制取乙二醇的方法：

$$\underset{O}{CH_2-CH_2} + HOH \longrightarrow \underset{OH\quad OH}{CH_2-CH_2} \tag{2-80}$$

b. 与醇反应生成醇的乙二醇醚

$$\underset{O}{CH_2-CH_2} + ROH \xrightarrow[OH^-]{H^+} \underset{OR\quad OH}{CH_2-CH_2} \tag{2-81}$$

式中，R 为烷基，如甲基、乙基或长链烷基等。低碳醇的醚是很好的溶纤剂。高碳醇（$C_{10}\sim C_{15}$）的聚氧乙烯醚是很好的非离子型表面活性剂。

c. 与氢卤酸反应，生成卤醇

$$\underset{O}{CH_2-CH_2} + HCl \longrightarrow \underset{Cl\quad OH}{CH_2-CH_2} \tag{2-82}$$

d. 与氢氰酸反应

$$\underset{O}{CH_2-CH_2} + HCN \longrightarrow \underset{CN\quad OH}{CH_2-CH_2} \tag{2-83}$$

e. 与硫化氢反应

$$\underset{O}{CH_2-CH_2} + H_2S \xrightarrow[FeS]{200℃} \underset{SH\quad OH}{CH_2-CH_2} \tag{2-84}$$

f. 与氨反应生成醇胺

$$\underset{O}{CH_2-CH_2} + HNH_2 \longrightarrow \begin{cases} HOCH_2CH_2NH_2 & 单乙醇胺 \\ (HOCH_2CH_2)_2NH & 二乙醇胺 \\ (HOCH_2CH_2)_3N & 三乙醇胺 \end{cases} \tag{2-85}$$

g. 与苯反应

$$\underset{O}{CH_2-CH_2} + C_6H_6 \xrightarrow[AlCl_3]{0\sim5℃} \underset{C_6H_5\quad OH}{CH_2-CH_2} \tag{2-86}$$

h. 与苯酚反应

$$\underset{O}{CH_2-CH_2} + OH\!\!-\!\!\bigcirc \longrightarrow \bigcirc\!\!-\!\!O\underset{CH_2-CH_2}{\quad}OH \tag{2-87}$$

i. 与格氏试剂反应，得到伯醇

$$\underset{O}{CH_2-CH_2} + RMgX \longrightarrow \underset{R\quad OMgX}{CH_2-CH_2} \xrightarrow{HOH} \underset{R\quad OH}{CH_2-CH_2} + Mg\underset{X}{\overset{OH}{<}} \tag{2-88}$$

j. 与丙二酸酯类物质反应生成 β-二羰基化合物

$$2CH_2\!\!-\!\!CH_2 + CH_2(COOCH_2CH_3)_2 \longrightarrow \begin{array}{c} H_2C\!-\!CH_2 \quad CO\!-\!O \\ | \qquad | \quad C \quad | \\ O\!-\!CO \quad CH_2\!-\!CH_2 \end{array} + 2CH_3CH_2OH \tag{2-89}$$

k. 与三乙基铝反应生成等物质的量的 1-丁醇和 2-丁醇

② 异构化反应，生成乙醛

$$CH_2\!\!-\!\!CH_2 \xrightarrow[\substack{或170\sim320^oC\\氧化铝}]{500^oC} CH_3CHO \tag{2-90}$$

③ 在高温下发生深度氧化反应

$$CH_2\!\!-\!\!CH_2 + O_2 \longrightarrow CO_2 + H_2O \tag{2-91}$$

在 Pt 存在下将氧气通入环氧乙烷的水溶液中，可得到羟基乙酸：

$$CH_2\!\!-\!\!CH_2 + O_2 \longrightarrow HOCH_2COOH \tag{2-92}$$

④ 在镍催化剂存在下，环氧乙烷加氢还原生成乙醇

$$CH_2\!\!-\!\!CH_2 + H_2 \longrightarrow CH_3CH_2OH \tag{2-93}$$

⑤ 羰基化反应

在钴催化剂存在下，70℃ 和 10.0MPa 下，它能和一氧化碳、水反应，生成羟基丙酸乙二醇酯：

$$CH_2\!\!-\!\!CH_2 + H_2O + CO \longrightarrow HOCH_2CH_2OCOCH_2CH_2OH \tag{2-94}$$

⑥ 聚合反应

在催化剂作用下，环氧乙烷能自发二聚生成二氧六环：

$$2\,CH_2\!\!-\!\!CH_2 \longrightarrow O\begin{array}{c}CH_2\!-\!CH_2\\CH_2\!-\!CH_2\end{array}O \tag{2-95}$$

除了上述反应外，环氧乙烷还会发生开环，但不会导致环氧乙烷环的氧上附加质子的亲电加成反应，以及开环后形成新的环状产物的环化反应。

环氧乙烷属于高度危险品，在空气中的爆炸浓度范围很广，所以在灌装环氧乙烷时必须仔细地排除容器中的空气。

防止环氧乙烷爆炸最可靠的方法是用氮气、二氧化碳或甲烷稀释它的蒸气，使环氧乙烷在各种稀释剂中的气体浓度保持在爆炸极限以下，详见表 2-14。

环氧乙烷的毒性并不高。对于鼠类 $LD_{50}=0.33g/kg$。人长时间暴露在很低浓度的环氧乙烷环境中，会使嗅觉器官麻痹，常常引起恶心和呕吐，同时可能伴有头痛、呼吸困难、腹泻、血液组成改变及失眠等症状。高浓度的环氧乙烷气体会刺激鼻、喉咙和眼睛，并可能引起肺水肿。美国工业卫生规范中规定，8h 正常工作日环境中环氧乙烷的浓度需小于 $50cm^3/m^3$。连续与液体环氧乙烷接触会引起皮肤烧伤。与 40%~80%浓度的环氧乙烷水溶液接触，易产生疱疹。环氧乙烷液体及其溶液如溅入眼睛，应立刻用大量的水冲洗，然后就医。

表 2-14　环氧乙烷在各种稀释剂中的爆炸极限

稀释剂	爆炸浓度下限/%	稀释剂	爆炸浓度下限/%
氢气	75	乙烷	93
氮气	75	丙烷	95
二氧化碳	82	丁烷	97
甲烷	85		

2）环氧乙烷生产方法

环氧乙烷的工业生产方法有两种，即氯醇法和直接氧化法，目前前者已被淘汰，工业上主要采用直接氧化法。根据氧化剂的不同，直接氧化法又分为空气氧化法和氧气氧化法。随着科学技术的进步，近年来不少国家正在探索和研究一些新的合成方法，但大多数还处于试验阶段。

法国化学家伍尔兹最早探索了乙烯直接氧化制取环氧乙烷的方法。1931 年，法国的莱费特（Lefort）实现了乙烯在银催化剂上直接氧化制备环氧乙烷的工艺。1937~1958 年间，世界上相继建立了空气氧化和氧气氧化生产环氧乙烷的装置。1960 年以后，氧气氧化法生产装置日益增多，因为氧气氧化法强化了生产过程，降低了乙烯消耗定额，且廉价的纯氧易于制得。至 1975 年，世界上氧气氧化法生产环氧乙烷的能力超过了空气氧化法。

① 基本原理

乙烯和氧在银催化剂上催化氧化制取环氧乙烷的反应为：

$$CH_2{=}CH_2 + \frac{1}{2}O_2 \xrightarrow[Ag]{250^{o}C} \underset{O}{CH_2{-}CH_2} \quad (\Delta H = -105.5 kJ/mol) \qquad (2\text{-}96)$$

这一反应属于气-固催化反应，对它的反应机理已进行了广泛的研究。目前认为，在适宜的温度和合适的助催化剂配合下，在催化剂表面的吸附分子氧使乙烯分子氧化成环氧乙烷，同时生成一个吸附原子氧：

$$O_2(吸附) + CH_2{=}CH_2 \longrightarrow \underset{O}{CH_2{-}CH_2} + O(吸附) \qquad (2\text{-}97)$$

生成的吸附原子氧则将乙烯深度氧化成二氧化碳和水：

$$6O(吸附) + CH_2{=}CH_2 \longrightarrow 2CO_2 + 2H_2O \qquad (2\text{-}98)$$

于是总的平衡反应式为上二式的加和：

$$7CH_2{=}CH_2 + 6O_2(吸附) \longrightarrow 6\underset{O}{CH_2{-}CH_2} + 2CO_2 + 2H_2O \qquad (2\text{-}99)$$

可见，如果生成的环氧乙烷在反应中不被进一步氧化，并且吸附原子氧不会快速结合成氧气分子［反应 $2O(吸附) \longrightarrow O_2$ 进行得很慢］，则按上述机理，乙烯直接氧化制取环氧乙烷的理论选择性极限值为 6/7，即 85.7%。实际生产中选择性一般都小于 80%。

另外，乙烯氧化过程中还会发生一系列副反应：

$$CH_2{=}CH_2 + 3O_2 \xrightarrow{200^{o}C} 2CO_2 + 2H_2O \quad (\Delta H = -1322.6 kJ/mol) \qquad (2\text{-}100)$$

$$\underset{O}{CH_2{-}CH_2} + \frac{5}{2}O_2 \longrightarrow 2CO_2 + 2H_2O \quad (\Delta H = -1316.3 kJ/mol) \qquad (2\text{-}101)$$

$$CH_2{=}CH_2 + \frac{1}{2}O_2 \longrightarrow CH_3CHO \qquad (2\text{-}102)$$

$$CH_2=CH_2 + O_2 \longrightarrow 2CH_2O \tag{2-103}$$

$$\underset{O}{CH_2-CH_2} \longrightarrow CH_3CHO \tag{2-104}$$

其中醛的形成会显著影响环氧乙烷的质量，导致非离子型加成物的颜色加深。

② 工艺流程

直接氧化法生产环氧乙烷的流程有多种，其中空气氧化法的历史较长。美国 Shell 化学公司开发的氧气氧化法，在技术上较为先进，其工艺流程如图 2-30 所示。

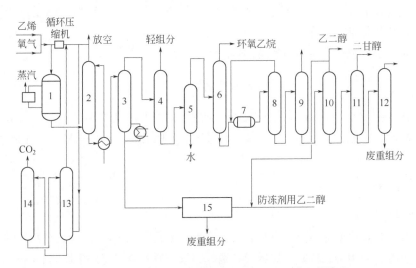

图 2-30　氧气氧化法生产环氧乙烷及乙二醇工艺流程

1—氧化反应器；2—环氧乙烷吸收塔；3—环氧乙烷解吸塔；4—轻组分分离塔；5—脱水塔；6—环氧乙烷精馏塔；
7—水合反应器；8—第一脱水塔；9—第二脱水塔；10—乙二醇精制塔；11—二甘醇精制塔；12—三甘醇精制塔；
13—二氧化碳吸收塔；14—二氧化碳解吸塔；15—乙二醇回收设备

原料乙烯、氧气和循环气经预热后进入列管式固定床氧化反应器（1），在沸腾冷却系统中除去反应中放出的大量热，并严格控制反应温度。反应气体经换热器冷却后进入环氧乙烷吸收塔（2），用循环水喷淋洗涤，吸收环氧乙烷。未吸收的气体出吸收塔后，除极少量放空外，其余分成两路：一路经循环压缩机直接返回氧化反应器；另一路经二氧化碳吸收塔（13）除去副反应产物二氧化碳，再经循环压缩机返回至氧化反应器（1）。从吸收塔（13）出来的吸收液，进入二氧化碳解吸塔（14），解吸出二氧化碳。离开解吸塔（14）的贫吸收液经换热器降温后，送至二氧化碳吸收塔循环使用。解吸出的二氧化碳可放空或回收利用。

吸收塔（2）中的环氧乙烷水溶液进入环氧乙烷解吸塔（3）。经解吸后的环氧乙烷及少量其它气体进入轻组分分离塔（4），除去挥发性组分。塔釜液经脱水塔（5）除去水分后，在环氧乙烷精制塔（6）进一步提纯精制。从塔顶得到纯度为 99%以上的环氧乙烷产品。塔釜液中的环氧乙烷送至水合反应器，制取乙二醇。

相关的工艺条件为：氧化反应器的操作压力和温度分别为 1.8~2.2MPa 和 230~240℃。氧气氧化法的原料组成与空气氧化法不同，它用甲烷作稀释剂，这样可将氧气的浓度提高到 8%~10%。原料气中的乙烯浓度为 12%~30%。甲烷的浓度在 50%左右。甲烷基本上是惰性的，加入甲烷可以增加气体的热容，利于除去反应热；还可以使气体混合物的爆炸极限变窄，以提高氧的允许浓度，有利于反应的进行；加入甲烷还可以适当提高反应的选择性。

在工业生产中，二氧化碳的浓度一般控制在 8%左右。一定量二氧化碳的存在，可在一定程度上抑制副反应的发生。此外，二氧化碳的热容较大，可提高反应器的热稳定性。但二氧化碳的含量不能太高，否则会影响反应的转化率和选择性。

反应器中乙烯的单程转化率为 8%左右，转化成环氧乙烷的选择性为 75%~81%。气体在反应器中的停留时间为 1.1s。为了抑制副反应，原料气中还加入 1cm^3/m^3（1ppm）的 1,2-二氯乙烷。

催化剂的活性组分是银，适当加入一些碱土金属和碱金属离子，如锂、钾、钠、钙、钡、铷、铯等离子作助催化剂，可提高银催化剂的选择性。Shell 化学公司用 α-氧化铝作载体，使用络合浸渍工艺制取的银含量为 10%左右的催化剂，性能稳定，选择性高，寿命长，每吨催化剂每小时环氧乙烷的得率为 0.15t。

此外，副产物二氧化碳可用热碳酸钾溶液吸收。反应式为：

$$K_2CO_3 + CO_2 + H_2O \underset{解吸}{\overset{吸收}{\rightleftharpoons}} 2KHCO_3 \tag{2-105}$$

吸收操作温度 105~115℃，压力 2.0MPa，碳酸钾溶液的浓度 30%。得到的产品环氧乙烷尚需进行提纯精制。在氧化部分生成的环氧乙烷被吸收到吸收剂中，然后进入提纯部分，精制得到成品环氧乙烷。

（2）环氧丙烷

1）物理化学性质

环氧丙烷亦是重要的有机化工产品之一。它主要用来制取聚氨酯、丙二醇和环氧树脂。在表面活性剂行业主要用于与环氧乙烷嵌段共聚，制取一系列具有特殊用途的非离子型表面活性剂。在丙二醇醚和异丙醇胺清洗剂产品中亦有一定的使用量。

环氧丙烷是具有醚味的无色液体。它有两种异构体：右旋异构体 $[\alpha]_D^{12}$ +12.72° 及左旋异构体 $[\alpha]_D^{12}$ −8.26°。环氧丙烷的理化性质如表 2-15 所示。

表 2-15 环氧丙烷的理化性质

分子量	58.08	燃烧热（恒容）/(kJ/mol)	1886±2.5
沸点（0.101MPa）/℃	33.9	水中溶解度（质量分数）（20℃）/%	40.5
在空气中的爆炸极限（0.101MPa）		水在环氧丙烷中的溶解度（质量分数）（20℃）/%	12.8
上限（体积分数）/%	21.5	折射率 n_D^{20}	1.3657
下限（体积分数）/%	2.1	密度 d^{20}/(g/cm^3)	0.8304
凝固点/℃	−104.4		

环氧丙烷的化学性质与环氧乙烷极为相似，但其反应活性稍低。在许多情况下可代替环氧乙烷使用。

2）环氧丙烷生产方法

环氧丙烷的制取方法较多，尚有不少方法处于研究阶段。将其归纳，大致可分为三类：第一类为丙烯与卤素反应的氯醇法；第二类为丙烯与有机过氧化物间进行共氧化的过氧化物液相氧化法；第三类为丙烯或丙烷直接氧化法。

① 氯醇法

氯醇法是环氧丙烷的传统合成法，目前仍是工业上制取环氧丙烷的主要方法。其生产工艺和原理与氯乙醇法制取环氧乙烷相同。丙烯与次氯酸（氯气与水作用生成次氯酸）作用生成氯丙醇，然后氯丙醇与碱作用（皂化）生成环氧丙烷。

$$HOH \ + \ Cl_2 \ \rightleftharpoons \ HOCl \ + \ HCl \tag{2-106}$$

$$CH_3-CH_2=CH_2 + HOCl \rightleftharpoons \underset{\underset{Cl \quad OH}{|\quad\ |}}{CH_3-CH-CH_2} \tag{2-107}$$

$$\underset{\underset{Cl \quad OH}{|\quad\ |}}{CH_3-CH-CH_2} + NaOH \longrightarrow \underset{\underset{O}{\diagdown\diagup}}{CH_3-CH-CH_2} + NaCl + H_2O \tag{2-108}$$

$$2\underset{\underset{Cl \quad OH}{|\quad\ |}}{CH_3-CH-CH_2} + Ca(OH)_2 \longrightarrow 2\underset{\underset{O}{\diagdown\diagup}}{CH_3-CH-CH_2} + CaCl_2 + 2H_2O \tag{2-109}$$

与氯醇法制备环氧乙烷过程类似，反应过程中还会发生一系列副反应，如生成二氯丙烷、丙二醇以及醛等。

生产数据表明，生产 1t 环氧丙烷需消耗 0.9t 丙烯和 1.45t 氯气，副产 0.11~0.20t 二氯丙烷、2.1t 氯化钙，并产生废水 43t 以上。废水中含有丙二醇和卤代烷。因此，本工艺生产过程中使用的氯气全部转化成了氯化钙废水，这是本工艺的明显缺点，即三废多、工艺流程长。

② 过氧化物液相氧化法

用丙烯与有机过氧化物间进行共氧化，可以制得环氧丙烷。由于采用不同的过氧化物，本法又衍生出一系列不同的方法。

用过羧酸和丙烯反应时，反应式为：

$$RCOOOH \ + \ CH_3-CH=CH_2 \longrightarrow \underset{\underset{O}{\diagdown\diagup}}{CH_3-CH-CH_2} + RCOOH \tag{2-110}$$

目前已有过乙酸与丙烯作用制取环氧丙烷的装置。本工艺过程的建立在于制取廉价的过氧化氢和副产物羧酸的利用。

丙烯在催化剂存在下，与有机氢过氧化物反应制取环氧丙烷，称为奥克兰（Oxirane）法，其中氢过氧化物用异丁烷或乙基苯为原料制成。用异丁烷作原料的反应过程为：

$$2\underset{\underset{CH_3}{|}}{\overset{\overset{CH_3}{|}}{H_3C-C-H}} + \frac{3}{2}O_2 \longrightarrow \underset{\underset{CH_3}{|}}{\overset{\overset{CH_3}{|}}{H_3C-C-O-OH}} + \underset{\underset{CH_3}{|}}{\overset{\overset{CH_3}{|}}{H_3C-C-OH}} \tag{2-111}$$

$$\underset{\underset{CH_3}{|}}{\overset{\overset{CH_3}{|}}{H_3C-C-O-OH}} + CH_3-CH=CH_2 \longrightarrow \underset{\underset{O}{\diagdown\diagup}}{CH_3-CH-CH_2} + \underset{\underset{CH_3}{|}}{\overset{\overset{CH_3}{|}}{H_3C-C-OH}} \tag{2-112}$$

由反应式可见，理论上生产 1mol 环氧丙烷可得到 2mol 叔丁醇。实际上叔丁醇的得率比理论值高，约为环氧丙烷的三倍多。

如果用乙基苯作原料制取氢过氧化物，反应过程为：

$$C_6H_5CH_2CH_3 \ + \ O_2 \longrightarrow C_6H_5CH(OOH)CH_3 \tag{2-113}$$

$$C_6H_5CH(OOH)CH_3 + CH_3-CH=CH_2 \longrightarrow \underset{\underset{O}{\diagdown\diagup}}{CH_3-CH-CH_2} + C_6H_5CH(OH)CH_3 \tag{2-114}$$

$$C_6H_5CH(OH)CH_3 \longrightarrow C_6H_5CH=CH_2 \ + \ H_2O \tag{2-115}$$

按反应式，生产 1t 环氧丙烷，可得到 1.8t 苯乙烯。实际上生产 1t 环氧丙烷约联产 2.8t 苯乙烯。

奥克兰法联产物数量大,因此产品的成本取决于联产物的出路。

用丙烯、氧气和乙酸一起反应,生成丙二醇乙酸单酯,再通过多相催化剂进行裂解,也能制取环氧丙烷,该方法成本最低,但副产乙酸、丙醛和丙酮等。

③ 其它方法

丙烯直接氧化制取环氧丙烷,无论采用催化还是非催化气相氧化,其工艺与制取环氧乙烷相似。但环氧丙烷收率不大于 40%,大部分的转化率(以丙烯计)均低于 25%。副产物主要为丙烯醛,或者乙醛、甲醛以及二氧化碳和一氧化碳等。显然,直接氧化法收率低,有大量副产物要处理。因此,该法尚需进一步研究。

2.2.8 合成脂肪酸

尽管脂肪酸大都来源于天然油脂,但历史上由于农业歉收或者战争导致油脂短缺,也迫使人们研究从石油化学原料制取脂肪酸,这就是合成脂肪酸。我国 20 世纪 80 年代前建有多套装置,生产的合成脂肪酸主要用于制造肥皂。后来由于环境污染严重以及天然油脂产量的增加,合成脂肪酸技术基本被淘汰。

(1)石蜡氧化法

以馏程为 350~420°C(C_{21}~C_{28})或 320~450°C 的石蜡为原料,添加相当于石蜡量 0.2% 的高锰酸钾或相应的锰盐和钾(钠)盐为催化剂,在 130°C 热激发,然后在 110°C 下与空气接触进行氧化,直至氧化蜡的酸值达 70~80mgKOH/g。将反应产物用碱皂化,生成钠盐溶液,静置、保温分出部分不皂化物。再在 1.8~2.0MPa 和 180°C 的条件下继续分出一部分不皂化物(称热压分离,有些工厂没有采用),最后将皂液在管式炉中加热至出口温度 320~360°C,进行闪蒸,将增溶于皂液中的不皂化物脱出。不皂化物处理后可重新氧化。脱去不皂化物的干皂溶于水中,用硫酸酸化,得到粗脂肪酸。除去硫酸根后,按产品需要分割成不同馏分的脂肪酸产品,蒸馏残渣可用来制造铸造用的黏结剂。

生产 1 万吨 C_{10}~C_{20} 皂用酸,可代替 11000t 动植物油脂,用来生产 2 万吨洗衣皂。也可将 C_{10}~C_{20} 酸切割成馏程更窄的馏分,而且可得到奇偶碳数的脂肪酸,适合各种不同用途。另外,一个年产 1 万吨 C_{10}~C_{20} 皂用酸的装置,还会联产许多副产品,品种和数量如表 2-16 所示。这些联副产品有些可以直接利用,有些可以经进一步加工后使用。这些化工产品中的极大部分都可替代油脂使用。因此,对于油脂短缺的国家,发展石蜡氧化制取合成脂肪酸工业的重要性是不言而喻的。

表 2-16 年产 1 万吨 C_{10}~C_{20} 皂用合成脂肪酸装置联产副产品的品种和数量

品种	数量/t	品种	数量/t
C_1~C_4 水溶性酸(酸值 200mgKOH/g 左右)	5000	蒸馏残渣	1200~1600
C_5~C_9 酸	800~1600	脂肪醇	800~1000
大于 C_{20} 酸	300~500		

与天然脂肪酸相比,石蜡氧化法所得的脂肪酸异构酸和不皂化物含量较高。不皂化物为醇、醛、酮等化合物,这些化合物臭味较大。因此,合成脂肪酸及其制品如洗衣皂总是带有一点难

闻的臭味，且酸的馏分越低，臭味越重。此外，在生产过程中有大量废气、废水产生，需要进行处理，否则会严重污染环境。

（2）烯烃羧基化

直链α-烯烃在催化剂存在下与 CO 和水反应可得到羧酸。

$$RCH=CH_2 + CO + H_2O \longrightarrow \begin{cases} RCH_2CH_2COOH \\ RCH-COOH \\ \quad\quad CH_3 \end{cases} \tag{2-116}$$

如果用醇代替反应式中的水，则得到脂肪酸酯。这种方法能使烯烃一步转化为脂肪酸或脂肪酸酯，比先由烯烃制醇、醛，然后再碱氧化的方法简单得多。

这一反应通常在高温（150~200℃）、高压（15~25MPa）下进行。催化剂为羰基钴、羰基镍。使用羰基钴-吡啶络合催化体系，由α-烯烃和 CO、水或醇可合成含量 90%的直链羧酸或羧酸酯。

用α-烯烃或异构烯烃在酸性催化剂存在下，于 0.1~5.0MPa、–20~80℃ 下与 CO 和水反应，可得到叔羧酸：

$$烯烃 + CO + H_2O \longrightarrow R^1-\overset{R^2}{\underset{R^3}{C}}-COOH \tag{2-117}$$

叔羧酸是天然油脂中没有的脂肪酸，它在涂料、航空润滑脂方面有其独特的用途。国外已有年产万吨以上的装置。

（3）烷基铝的氧化

用齐格勒法制备脂肪醇时，形成的三烷基铝经氧化可得到脂肪酸：

$$Al\overset{R}{\underset{R}{-R}} \xrightarrow{[O]} Al\overset{OR}{\underset{OR}{-OR}} \xrightarrow{O_2} RCOOH + H_2O + Al_2O_3 \tag{2-118}$$

在从三烷基铝氧化到三烷醇铝的过程中，三个烷基的氧化是分步进行的，其反应速度依次递减。第一阶段（即第一个 R 被氧化）反应剧烈，可用含氧很低的气体进行氧化，然后逐步提高含氧量，最后用纯氧，在 30~60℃ 温度范围内将烷醇铝进一步氧化为脂肪酸。

（4）α-烯烃羧基化制脂肪酸

用蜡裂解得到的 C_{12}~C_{16} 烯烃作为羧基化原料，以八羰基钴为催化剂进行羧基合成。合成产物在 40~60℃ 下用空气催化氧化或非催化氧化。从氧化产物中分离出来的脂肪酸指标为酸值 234mg KOH/g、酯值 4.0mg KOH/g、羰值 3.5mEq/kg、碘值 1.5g/100g。正构酸与异构酸的比例为 2:1。

目前，自然界没有的各种低碳酸一般采用合成方法制取。

第3章 阴离子型表面活性剂

3.1 概述

　　阴离子型表面活性剂，是指在水中能离解出具有表面活性的阴离子的一类表面活性剂。根据亲水基种类的不同，阴离子型表面活性剂通常分为羧酸盐型、磺酸盐型、硫酸（酯）盐型和磷酸（酯）盐型等。

　　羧酸盐型的亲油基主要来源于天然油脂衍生物如脂肪酸。磺酸盐型的亲油基则主要来源于石油化学制品，如正构烷烃、α-烯烃、直链烷基苯等。根据亲油基结构的不同，磺酸盐型又可分为烷基磺酸盐、α-烯烃磺酸盐、直链烷基苯磺酸盐等。硫酸（酯）盐和磷酸（酯）盐型的亲油基则主要由脂肪醇提供。这些原料在第2章中已有系统的阐述。

　　在表面活性剂工业中，阴离子型表面活性剂是发展得最早、产量最大、品种最多、工业化最成熟的一类。阴离子型表面活性剂中产量最大、应用最广的是磺酸盐型，其次是硫酸盐型。Sisley在《表面活性剂大全》中列出了60多种阴离子型表面活性剂，其中只有7种不属于磺化或硫酸化产物。20世纪60年代以后，由于各种膜式磺化反应器的成功研制，和气体三氧化硫作为磺化/硫酸化剂的工艺日臻完善，磺酸盐和硫酸盐系列表面活性剂的制造成本进一步降低，产品质量进一步提高。近几十年来，虽然醇系表面活性剂，特别是醇系非离子型表面活性剂，得到了迅速发展，但阴离子型表面活性剂仍然占据着主导地位。

　　依据亲油基链长的不同，阴离子型表面活性剂可以是水溶性的，水中分散的，也可以是油溶性的。在水溶液中，它们存在一个临界溶解温度，即Krafft点（详见第7章），当温度高于临界溶解温度时，其水溶性急剧增加。通常临界溶解温度随亲油基碳数的增加而提高。从应用来看，低Krafft点是人们所期望的，因此亲油基链长是有上限的。目前，阴离子型表面活性剂是润湿剂、家用洗涤剂、工业清洗剂和干洗剂的重要组分。

3.2 羧酸盐型表面活性剂

3.2.1 脂肪酸盐

　　脂肪酸的碱金属盐、碱土金属盐、高价金属盐、铵盐和有机胺盐统称为脂肪酸盐，也称为皂。其化学通式为$RCOOM_{1/n}^{+}$，n为反离子的价数。在水中使用的通常是一价反离子的脂肪酸碱金属盐和铵盐，如脂肪酸钠（RCOONa）、脂肪酸钾（RCOOK）。其亲油基通常为 C_{12}~C_{18} 脂肪酸。C_{10} 以下的脂肪酸皂在水中的溶解度过大，基本表面活性差；C_{20} 以上的脂肪酸皂在水中溶解度太低，但可用于非水体系如润滑油，或在干洗溶剂中作为清洗剂。

脂肪酸钠（钠皂）通常由天然油脂经氢氧化钠皂化制得，也可以由脂肪酸与碱中和而得，它是块状肥皂和香皂的表面活性组分，俗称硬皂。它可制成块状、棒状、粒状、片状等洗涤制品和盥洗卫生用品，有良好的泡沫性能和洗涤性能。

脂肪酸钾通常也由天然油脂用氢氧化钾皂化制得或脂肪酸中和而得，钾皂在水中的溶解度较钠皂高，俗称软皂，常用来制取液体皂，也可用作硬表面清洗剂的组分。钾皂也有良好的泡沫性能和洗涤能力，但刺激性比钠皂稍大。

用于制皂的油脂主要有牛脂和椰子油。牛脂（动物脂肪）酸皂的主要组成是：油酸皂 40%~45%，棕榈酸皂 25%~30%，硬脂酸皂 15%~20%；椰子油脂肪酸皂的主要组成是：月桂酸皂 45%~50%，肉豆蔻酸皂 16%~20%，棕榈酸皂 8%~10%，油酸皂 5%~6%，小于 C_{12} 的脂肪酸皂 10%~15%。

水溶性脂肪酸盐能与硬水中的钙、镁等多价离子发生复分解反应形成皂垢：

$$\text{RCOONa} + \text{Ca}^{2+}(\text{或Mg}^{2+}) \rightleftharpoons (\text{RCOO})_2\text{Ca(Mg)} \downarrow + 2\text{Na}^+ \qquad (3\text{-}1)$$

因此脂肪酸钠皂或钾皂不耐硬水，在硬水中使用肥皂时，为了增加其洗涤效果，需要在肥皂中添加所谓的钙皂分散剂，它们能将上述皂垢增溶、分散，防止它们沉淀。皂类表面活性剂在 pH 值低于 7 时会形成水不溶性的游离脂肪酸：

$$\text{RCOONa} + \text{H}^+ \rightleftharpoons \text{RCOOH} + \text{Na}^+ \qquad (3\text{-}2)$$

因此它只能在中性和碱性条件下使用。

除常规肥皂外，一些脂肪酸盐具有特定的功能。例如，硬脂酸锂是制造多功能高级润滑脂的稠化剂，用它制造的润滑脂可在飞机、汽车的发动机和军械中使用。

多价金属皂一般不溶于水，在洗涤制品中极少应用，但硬脂酸钡在金属加工中可用作干燥润滑剂、防水剂；硬脂酸镉可用作氨基甲酸酯等增强聚合物的脱模剂和熟化活化剂；硬脂酸镍可用作叔胺生产的催化剂；硬脂酸铝可用作涂料、油墨和聚氯乙烯的颜料悬浮分散剂，还可用作润滑脂的稠化剂、润滑剂等。

脂肪酸的有机胺皂如脂肪酸的二乙醇胺皂、三乙醇胺皂、吗啉皂大多呈油溶性，可用作乳化剂和润湿剂。三乙醇胺皂常在非水溶剂中用作乳化剂。

工业上脂肪酸皂的制造方法主要有以下三种。

① 油脂和脂肪酸甲酯的皂化

油脂直接用 NaOH 皂化，反应方程式如下：

$$\begin{array}{l}\text{RCOOCH}_2 \\ | \\ \text{RCOOCH} \\ | \\ \text{RCOOCH}_2\end{array} + 3\text{NaOH} \rightleftharpoons 3\text{RCOONa} + \begin{array}{l}\text{CH}_2\text{OH} \\ | \\ \text{CHOH} \\ | \\ \text{CH}_2\text{OH}\end{array} \qquad (3\text{-}3)$$

脂肪酸甲酯的皂化反应式如下：

$$\text{RCOOCH}_3 + \text{NaOH} \longrightarrow \text{RCOONa} + \text{CH}_3\text{OH}\uparrow \qquad (3\text{-}4)$$

反应过程中，甲醇被蒸发出来，制得的肥皂纯度高。

② 脂肪酸中和制皂

脂肪酸钠（或钾）等碱金属皂可以用脂肪酸中和的方法制取。脂肪酸与较弱的碱，如氨或胺反应亦可制取铵皂、二乙醇胺皂、三乙醇胺皂、吗啉皂等。

$$RCOOH + KOH \longrightarrow RCOOK + H_2O \tag{3-5}$$

$$RCOOH + NH_4OH \longrightarrow RCOONH_4 + H_2O \tag{3-6}$$

$$RCOOH + N(CH_2CH_2OH)_3 \longrightarrow RCOONH(CH_2CH_2OH)_3 \tag{3-7}$$

某些碱土金属皂亦可用中和法制取，如：

$$2RCOOH + CaO \longrightarrow (RCOO)_2Ca + H_2O \tag{3-8}$$

③ 复分解法制皂

由碱金属皂通过复分解反应，可制取碱土金属皂或高价金属皂，例如：

$$2RCOONa + ZnCl_2 \longrightarrow (RCOO)_2Zn + 2NaCl \tag{3-9}$$

$$2RCOOK + BaCl_2 \longrightarrow (RCOO)_2Ba + 2KCl \tag{3-10}$$

3.2.2　亲油基通过中间键与羧基连接的表面活性剂

在肥皂的亲油基与羧基间引入中间键，可增加其亲水性能，提高表面活性剂的抗硬水能力。在这类产品中，梅迪兰（Medialan）和雷米邦（Lamepon）是两个重要的商品。

此类表面活性剂的早期专利是脂肪酰氯与天冬氨酸在稀碱水溶液中进行缩合：

$$RCOCl + H_2N-\underset{CH_2COOH}{CHCOOH} \xrightarrow{NaOH} RCONH\underset{CH_2COONa}{CHCOONa} + NaCl + H_2O \tag{3-11}$$

生成的烷基酰基天冬氨酸钠，在丝光处理浴中可作为润湿剂。

另一个早期专利是用 N-β-羟乙基-甘氨酸与脂肪酰氯缩合，产品具有耐酸性和抗硬水性，可以用作洗涤剂和润湿剂。反应式如下：

$$RCOCl + HOCH_2CH_2NHCH_2COOH \xrightarrow{NaOH} RCON\underset{}{\overset{CH_2CH_2OH}{|}}-CH_2COONa + NaCl + H_2O \tag{3-12}$$

第二次世界大战期间德国研制了商品名叫梅迪兰的产品，其化学名称为 N-脂肪酰基肌氨酸钠，其合成反应式如下：

$$RCOCl + CH_3NHCH_2COOH \xrightarrow{NaOH} RCON\underset{}{\overset{CH_3}{|}}CH_2COONa + NaCl + H_2O \tag{3-13}$$

其中的脂肪酰基可来自椰子油或油酸、合成脂肪酸等。N-月桂酰肌氨酸钠（N-lauroyl sarcoside）（R=C$_{11}$H$_{23}$）可用于牙膏中。德国 I.G.公司生产的此类表面活性剂是由油酸制取的，其商品名为梅迪兰-A，化学名称为 N-油酰基肌氨酸钠，反应式如下：

$$C_{17}H_{33}COCl + CH_3NHCH_2COOH \xrightarrow{NaOH} C_{17}H_{33}CON\underset{}{\overset{CH_3}{|}}CH_2COONa + NaCl + H_2O \tag{3-14}$$

用多肽混合物代替氨基酸与脂肪酰氯缩合，可制成 N-烷酰基多肽（acylated polypeptides）。用油酰氯与脱脂皮屑等废蛋白的水解产物缩合制得的表面活性剂，商品名为雷米邦-A。其化学名称为 N-油酰基多缩氨基酸钠或 N-油酰基多肽。雷米邦-A 的合成反应式如下：

$$C_{17}H_{33}COCl + H\left(N-CH-C\right)_n ONa \xrightarrow[60℃]{NaOH} C_{17}H_{33}C\left(N-CH-C\right)_n ONa \tag{3-15}$$

其中，R'和 R"可为 H 或蛋白的水解产物（多肽）中的低分子烷基，n=1~6。该产品在毛纺、丝绸、合成纤维和印染工业中可作为洗涤剂、乳化剂、扩散剂使用。此外也可用作金属清洗剂。它的多肽部分化学结构与蛋白质相似，对皮肤刺激性低，有良好的保护胶体及乳化性能，适用于发用品和香波，亦可用于护肤化妆品。用它洗涤蛋白质类纤维如丝、毛织品，洗后柔软，富有光泽和弹性。此外，雷米邦-A 乳化力强，每 22 份雷米邦-A 可以乳化 1000 份植物油，是良好的乳化剂，并有很强的钙皂分散力。雷米邦-A 在中性和碱性介质中稳定，在碱性介质中有更佳的去污力，但在 pH 值小于 5 时有沉淀析出。雷米邦-A 吸湿性强，通常不宜制成粉状产品，其产品常为黄棕色黏稠液体，活性物含量为 32%~40%。

工业上，雷米邦-A 的脂肪酰基可由工业油酸、糠油酸或椰子油酸衍生而来。其多肽部分可来自未着色的铬鞣皮屑、蚕蛹、蚕丝、猪毛、鸡毛、骨胶、豆饼等。不同的原料其蛋白质和杂质的含量及结构均不相同，因此处理方法亦不同，要求处理后的废蛋白干燥无异味。蛋白水解的方法很多，可以用碱水解，也可以用酸水解，亦可以用酶作催化剂进行温和水解。

3.3 磺酸盐型表面活性剂

3.3.1 烷基苯磺酸盐

烷基苯磺酸盐是阴离子型表面活性剂中最重要的一个品种，也是我国合成洗涤剂中最主要的活性物。烷基苯磺酸钠去污力强，发泡和稳泡性能好，在酸性、碱性和某些氧化物（如次氯酸钠、过氧化物等）溶液中稳定性好，是优良的洗涤剂和泡沫剂。自 20 世纪六七十年代以直链烷基取代四聚丙烯十二烷基（支链）以来，其原料来源充足，成本低，制造工艺成熟，尤其适合喷雾干燥成型制备洗衣粉，并广泛用于各种工业用清洗剂。因此，迄今仍是世界上单产最高的表面活性剂，受到使用者的欢迎和生产者的重视。近几十年来，尽管合成洗涤剂生产技术和产品结构发生了很大变化，但是无论是现在还是可预见的未来，烷基苯磺酸盐仍将是合成洗涤剂活性物的主要品种之一。

（1）烷基苯磺酸盐结构与性能的关系

烷基苯磺酸钠的通式为：$C_nH_{2n+1}C_6H_4SO_3Na$，其中苯环（C_6H_4）可以连接在烷基链上的任意一个碳原子上，磺基连接在苯环上，与烷基成对位或邻位。早期的烷基苯磺酸盐（alkyl benzene sulfonate，缩写为 ABS）产品，烷基链由四聚丙烯构成，因生物降解性差，在 20 世纪 60 年代中期，逐步被以正构烷烃为原料的直链烷基苯磺酸盐（linear alkylbenzene sulfonate，缩写为 LAS）取代。

烷基苯磺酸钠通常不是单一纯化合物，选择不同的原料和工艺路线时，其组成有所差异，相应地，表面活性和胶体性质亦有所不同。烷基苯磺酸盐的烷基碳原子数、烷基链的支化、苯环在烷基链上的位置、磺酸基在苯环上的位置及数目，以及磺酸盐的反离子种类等，对其性能均有影响，掌握和认识结构与性能的关系，对原料的选择，工艺路线的确定及其应用均具有实际指导意义。

① 烷基链长的影响

通常，苯环上的烷基链长达到 C_8 以上时，LAS 才具有表面活性，而且表面活性随烷基链碳原子数的增加而增大。当烷基链长超过 C_{18} 时，由于溶解度的关系，其表面活性以及应用性能均明显下降，如图 3-1~图 3-4 所示。

研究发现，烷基链较短时，溶解性和润湿性较高，但去污力较差。而碳链过长时，其在水中的溶解度过低，致使表面活性和去污力下降。但长链烷基苯磺酸盐可作为油溶性表面活性剂，用作干洗剂的活性物或润滑油添加剂。

碳链长度对 LAS 的临界胶束浓度（cmc）有显著的影响。如图 3-2 所示，LAS 的 cmc 随烷基链碳数的增加而下降，在 C_{13}~C_{14} 时达到最低，随后因水溶性变差而上升。在发泡性能方面，以 C_{14} 发泡力为最好，C_{10}~C_{14} 泡沫稳定性均良好。在润湿性能方面，以低碳烷基为好，不过它们的去污力差。就去污力而言，烷基链长小于 C_9 和大于 C_{14} 时均显著降低，以 C_{12} 的 LAS 为最好，如图 3-3 和图 3-4 所示。

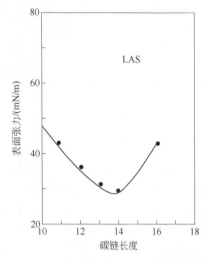

图 3-1　LAS 碳链长度与表面张力的关系

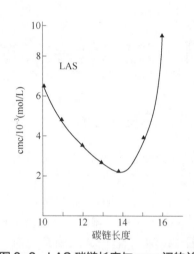

图 3-2　LAS 碳链长度与 cmc 间的关系

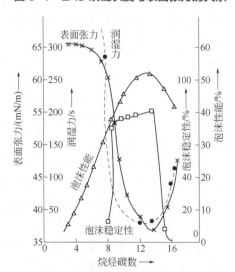

图 3-3　LAS 碳链长度与表面张力、润湿力、
泡沫性能的关系

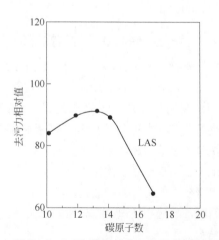

图 3-4　LAS 碳链长度与去污力的关系

通常，烷基链愈长，LAS 的抗污垢再沉积力愈高，但仍不如肥皂，因此在洗涤剂配方中需要加入抗污垢再沉积剂如 CMC（羧甲基纤维素钠盐）或 PVP（聚乙烯吡咯烷酮）等来弥补。

② 烷基链分支的影响

当苯环连接在烷基链的非末端碳原子上时，烷基链被分割成两个支链。当烷基链的总碳原子数相同而烷基链的分支状况不同时，烷基苯磺酸盐的表面活性亦有差异。如图 3-5 所示，直链烷基苯磺酸盐的 cmc 图中◉比支链的低，但支链烷基苯磺酸盐降低表面张力的效能大（γ_{cmc} 低）。支链烷基苯磺酸盐有良好的发泡力和润湿力，例如 C_{14} 的 ABS 发泡力和润湿力高于 LAS。而 LAS 的去污力稍优于 ABS，特别是在高温下洗涤时更是如此。LAS 与 ABS 相比，粉体较干爽，不易吸潮。烷基链端有季碳原子时，生物降解性显著降低。因此 LAS 与 ABS 相比，最突出的优点是生物降解性好。不同结构的烷基苯磺酸盐的生物降解率见表 3-1。

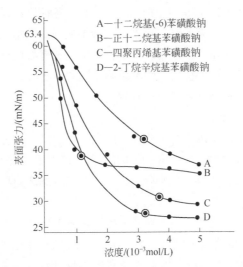

A—十二烷基(-6)苯磺酸钠
B—正十二烷基苯磺酸钠
C—四聚丙烯基苯磺酸钠
D—2-丁烷辛烷基苯磺酸钠

图 3-5 十二烷基苯磺酸钠烷基链支化度与表面张力、临界胶束浓度的关系

表 3-1 不同烷基链支化度的烷基苯磺酸盐的生物降解率

烷基苯结构骨架	生物降解率/%	烷基苯结构骨架	生物降解率/%
n-C_{12}（直链）	100	C—C—C—C—C_5（带季碳）	0
n-C_9—C（部分侧链）	85	C—C—C—C_4	0
C—C—C—C_2—C	<10		

③ 烷基链数目的影响

苯环上有几个短链烷基时，润湿性增加而去污力下降，当其中一个烷基链增长时去污力就有改善。因此，作为洗涤剂活性组分的烷基苯磺酸盐，其烷基部分应为单烷基，避免在一个苯环上带有两个或多个烷基。

④ 苯基与烷基结合位置的影响

烷基苯磺酸盐的苯基可以结合在烷基链的任何一个位置上,如果烷基链为正-十二烷基,苯环可以结合在1~6位碳原子上而有六种位置异构体。各种异构体的分布因所选用的烷基化原料及生产工艺的不同而异。

一般说来,苯基愈靠近烷基链的末端,烷基苯的沸点愈高。1-位和2-位烷基苯磺酸盐在冷水中的溶解性差,尤其是1-位烷基苯磺酸盐,其Krafft点高于60℃,不过它在洗涤剂用的LAS中含量不高。3-位和4-位烷基苯磺酸盐在水中的溶解性最好。混合异构体之间有互相促进溶解的作用。烷基苯磺酸盐的去污力与其在水中的浓度有关,在低浓度时,3-烷基苯磺酸钠的去污力最好,2-位次之,其余依次为4-位、5-位、6-位。1-位烷基苯磺酸钠因其在水中溶解度的限制,去污力较低,仅在高温洗涤中显示出较好的去污力。当表面活性剂浓度提高时,各种异构体的去污力都明显提高,当浓度达到0.2%以上时,除1-位外,各种位置异构体在去污力方面的差别是很小的。随着苯基向链中心位置移动,烷基苯磺酸钠的泡沫力增大,5-烷基苯磺酸钠的泡沫力最大,而6-位泡沫力迅速下降。润湿力以苯基在烷基链的奇数位置为好,且愈靠近中心位置润湿力愈好。苯基愈接近链的中心位置,烷基苯磺酸钠的生物降解性愈差,而各种位置异构体的混合物的生物降解性优于任何一种单一位置异构体。

⑤ 磺酸基位置及数目的影响

烷基是邻、对位定位基,又因为烷基的位阻效应,所以磺化产物以对位为主。实际生产中产物的典型组成为:对位占90%,邻位占8%~9%,间位仅占1%。磺酸基在对位的烷基苯磺酸钠的cmc值较邻位低,且去污力强,生物降解性好,但二者泡沫力相似。因此工业产品的组成是较为理想的。

在磺化过程中,如果三氧化硫过量,可能导致在苯环上连接两个磺酸基团,形成烷基苯二磺酸盐,如图3-6(a)所示。烷基的深度脱氢(形成二烯烃)可能导致形成二苯烷,磺化后得到烷基二苯二磺酸盐,如图3-6(b)所示。由于磺酸基数目增加,亲水性大大增加,破坏了原有的亲水-亲油平衡,这两种产物去污力显著下降。此外,因极性基团数目的增加,cmc也会增大,表面活性降低。因此,在表面活性剂制造中应避免生成二磺酸和多磺酸。

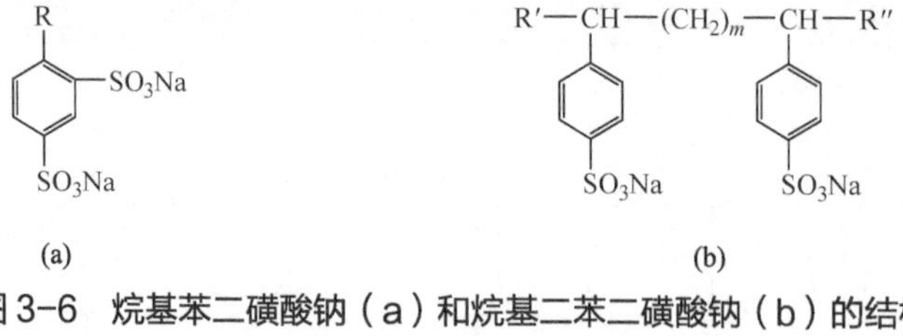

图3-6　烷基苯二磺酸钠(a)和烷基二苯二磺酸钠(b)的结构

R′和R″为H或烷基;m为正整数

综上所述,就烷基苯磺酸钠的结构而言,作为洗涤剂活性物组分,应取C_{10}~C_{13}(平均C_{12})或C_{11}~C_{14}(平均C_{13})的直链烷基,苯环最好连接在烷基链的3-位或4-位,磺酸基最好为对位的单磺酸盐,以保证中和后的LAS具有良好的洗涤性能。

除化学结构对LAS的性能有影响之外,外界条件如水的硬度、洗涤温度、助剂、添加剂等对其使用性能也都会有一定的影响。

（2）烷基苯磺化反应机理、热力学和动力学以及副反应

烷基苯可以用浓硫酸、发烟硫酸和三氧化硫（SO_3）等磺化剂进行磺化，反应式如下：

$$R-\langle\rangle + H_2SO_4 \rightleftharpoons R-\langle\rangle-SO_3H + H_2O \tag{3-16}$$

$$R-\langle\rangle + H_2SO_4 \cdot SO_3 \rightleftharpoons R-\langle\rangle-SO_3H + H_2SO_4 \tag{3-17}$$

$$R-\langle\rangle + SO_3 \longrightarrow R-\langle\rangle-SO_3H \tag{3-18}$$

磺化是放热反应。浓硫酸磺化反应热最小，$\Delta H = -48kJ/mol$；发烟硫酸磺化反应热居中，$\Delta H = -112kJ/mol$；SO_3 磺化反应热最大，$\Delta H = -170kJ/mol$。

用浓硫酸作磺化试剂，反应中生成的水使硫酸浓度降低，反应速度减慢，转化率低，因此通常不用浓硫酸作磺化剂。用发烟硫酸作磺化剂，生成硫酸，该反应亦是可逆反应，为使反应向右移动，需加入过量的发烟硫酸，结果产生大量废酸需要处理。用 SO_3 作磺化剂，反应可按化学计量定量进行，没有其它物质生成，最符合原子经济学，是最先进的工艺。

关于烷基苯的磺化反应机理，一般认为，烷基苯的磺化为亲电取代反应。苯环为一个 π 键共轭体系，而烷基是供电子基，苯环上邻位和对位上的电子云密度增加，因此亲电取代反应易在邻位和对位上发生。由于苯环上的烷基链较长，对邻位的磺化构成较大的空间障碍，故产物中的磺酸基主要连接在对位。

磺化时亲电试剂（X^+）与芳烃（ArH）结合，先生成 δ-络合物中间体，然后络合物中消除一个质子得到所需产物。反应式为：

$$Ar-H + X^+ \longrightarrow \left[Ar\overset{X}{\underset{H}{\langle}}\right]^+ \longrightarrow Ar-X + H^+ \tag{3-19}$$

以浓硫酸、发烟硫酸和 SO_3 作为磺化剂时，亲电体实质可以是 SO_3，也可以是 $H_2S_2O_7$ 或 SO_3H^+。磺化研究中必须考虑能产生亲电体的试剂之间的平衡，也要考虑那些能导致 δ-络合物产生、消去的试剂之间的平衡。

用 SO_3 作磺化剂时，SO_3 为亲电试剂。硫原子与两个氧原子形成配位键，硫原子因缺乏电子而呈正电性 δ^+，与硫成共价键的氧原子因外层电子的偏移而呈负电性 δ^-，SO_3 分子中的硫原子易接受电子，使 SO_3 成为强亲电试剂：

$$SO_3 \longleftrightarrow \overset{O}{\underset{O}{\overset{|}{\underset{|}{\delta^+S}}}}=O^{\delta^-}$$

SO_3 进攻苯环，1mol 烷基苯先与 2mol SO_3 快速反应，生成焦磺酸，焦磺酸再与烷基苯反应，生成烷基苯磺酸：

$$R-\langle\rangle + 2SO_3 \xrightarrow{快} R-\langle\rangle-S_2O_6H \text{（焦磺酸）} \tag{3-20}$$

$$R-\langle\rangle-S_2O_6H + R-\langle\rangle \xrightarrow{慢} 2R-\langle\rangle-SO_3H \tag{3-21}$$

由于是强放热反应，根据范托夫方程，温度升高，平衡常数 K_p 下降，对烷基苯的转化不利；

但温度太低，产物磺酸的黏度增加，对传质和传热不利，亦会影响到产物的质量。可见用 SO_3 磺化烷基苯时，反应放热量大、反应速度极快，产物黏度高，如控制不慎，会造成局部过热，副反应增加，产物质量下降。因此，对 SO_3 磺化烷基苯的反应，工艺重点是如何缓和反应，确保及时移走反应热，防止副反应发生。

第一步反应是 1mol 烷基苯与 2mol SO_3 反应，因此反应速度与 SO_3 浓度的平方成正比。因此降低气体中的 SO_3 浓度、严格控制 SO_3 与烷基苯的摩尔比、控制适当的反应温度、强化反应物料的传质和传热过程，是确保反应顺利完成和产品质量的关键。

在烷基苯的磺化过程中，由于磺化剂的不同，被磺化的物料质量和性质的不同，以及工艺、设备的影响，可能还伴随着一些副反应，主要的副反应有以下几种。

① 砜的生成

用浓硫酸、发烟硫酸或三氧化硫（SO_3）作磺化剂，都可能生成砜。砜是黑色有焦味的物质。砜的生成不仅使不皂化物增加，而且对色泽影响很大。反应生成砜所需要的活化能高于生成磺酸的活化能，因此高温或局部过热会促进砜的生成，高浓度的氢离子也可促进砜的生成。用 SO_3 作磺化剂，生成砜的反应式如下：

$$R\text{—}\bigcirc\text{ } + \text{ } 2SO_3 \longrightarrow R\text{—}\bigcirc\text{—}SO_2OSO_3H \tag{3-22}$$

$$R\text{—}\bigcirc\text{—}SO_2OSO_3H + R\text{—}\bigcirc \longrightarrow R\text{—}\bigcirc\text{—}SO_2\text{—}\bigcirc\text{—}R (砜) + H_2SO_4 \tag{3-23}$$

砜是不皂化物，用 SO_3 磺化时，砜约占不皂化物（未磺化油）的 25%~33%（质量分数），在老化阶段或其它阶段也不能把已生成的砜除去。

烷基结构对砜的生成也有影响，在相同条件下，用 SO_3 作磺化剂时，砜的生成量按以下顺序减少：苯>甲苯>对二甲苯>十二烷基苯。

改进工艺条件和设备，控制反应温度不要过高，防止反应物在磺化器内停留时间过长，都有助于降低砜的生成量。

② 磺酸酐的生成

SO_3 磺化中，如果 SO_3 过量，SO_3 通入速度过快，或反应温度过高，都会生成磺酸酐：

$$R\text{—}\bigcirc\text{ } + \text{ } 2SO_3 \longrightarrow R\text{—}\bigcirc\text{—}SO_2OSO_3H \tag{3-24}$$

$$R\text{—}\bigcirc\text{—}SO_2OSO_3H + R\text{—}\bigcirc\text{—}SO_3H \longrightarrow R\text{—}\bigcirc\text{—}SO_2OSO_2\text{—}\bigcirc\text{—}R + H_2SO_4 \tag{3-25}$$

磺酸中如含有酸酐，则在中和过程中产物易发生返酸现象。磺酸酐虽可在老化阶段转化成磺酸：

$$R\text{—}\bigcirc\text{—}SO_2OSO_2\text{—}\bigcirc\text{—}R + R\text{—}\bigcirc\text{ } + H_2SO_4 \longrightarrow 3R\text{—}\bigcirc\text{—}SO_3H \tag{3-26}$$

但采用 SO_3 作磺化剂时，为避免磺酸酐的存在，在磺化、老化之后，还需要通过水解工艺分解尚存的磺酸酐：

$$R\text{—}\bigcirc\text{—}SO_2OSO_2\text{—}\bigcirc\text{—}R \text{ } + \text{ } H_2O \xrightarrow{H^+} 2R\text{—}\bigcirc\text{—}SO_3H \tag{3-27}$$

③ 多磺酸的生成

在苯环上引入两个或两个以上的磺酸基，生成二磺酸或多磺酸的现象，叫作多磺化或过磺化。一般来说，长链烷基苯不易发生过磺化，因为烷基苯的苯环上接入一个磺酸基后降低了苯环上的电子云密度，使苯环钝化了。磺酸基是间位定位基，烷基是邻位和对位定位基，两个效应的叠加使第二个磺酸基连接在烷基的邻位上：

$$R \text{—} \bigcirc \text{—SO}_3\text{H} + \text{SO}_3 \longrightarrow R \text{—} \bigcirc \text{—SO}_3\text{H}, \text{SO}_3\text{H} \tag{3-28}$$

然而由于烷基链的空间位阻效应，这一位置不易受第二个磺化剂的进攻。因此只有当磺化剂用量过高、反应时间过长或反应温度过高时，才有可能发生过磺化。

当烷基苯中有高沸物二苯烷时，磺化过程中每个苯环上都可以被磺化，产生烷基二苯二磺酸：

$$\text{CH}_3(\text{CH}_2)_p\text{CH} \text{—}(\text{CH}_2)_q\text{CH} \text{—}(\text{CH}_2)_m\text{CH}_3 + 2\text{SO}_3 \longrightarrow \text{CH}_3(\text{CH}_2)_p\text{CH} \text{—}(\text{CH}_2)_q\text{CH} \text{—}(\text{CH}_2)_m\text{CH}_3 \tag{3-29}$$

式中，p、q 和 m 可为 0 或正整数。烷基苯二磺酸或烷基二苯二磺酸的中和产物表面活性比单烷基苯磺酸盐差，因此在磺化时要避免过磺化，避免烷基苯中含有二苯烷。

④ 氧化反应

芳烃的苯环能被浓硫酸一类的氧化剂氧化，并且氧化反应随着苯环上烷基链的增加和温度的升高而加剧。氧化产物通常为黑色的醌类化合物。例如多烷基苯磺化时将生成黑色的脂环族不饱和环二酮类化合物。

苯环上的烷基链较苯环易于氧化，并常伴有氢转移、链断裂、放出质子及环化等反应，生成黑色难漂白的产物。叔碳的烷基链被氧化时，会生成焦油状的黑色硫酸酯。

⑤ 逆烷基化反应和脱磺反应

烷基苯磺酸在强酸中受热易发生逆烷基化反应，即烷基脱除，生成烯烃，使磺化产物带有烯烃气味。用浓硫酸或发烟硫酸作磺化剂时，逆烷基化反应比 SO_3 作磺化剂要严重。反应式如下：

$$R \text{—} \bigcirc \text{—SO}_3\text{H} \xrightarrow{\text{H}^+} \bigcirc \text{—SO}_3\text{H} + R'\text{CH}\!=\!\text{CHR}'' \tag{3-30}$$

式中，R' 为烷基，R'' 为烷基或 H，（$R'+R''+C_2$）的碳数=烷基 R 的碳数。烷基苯磺酸在强酸中受热也可能发生脱磺基反应：

$$R \text{—} \bigcirc \text{—SO}_3\text{H} + \text{H}_3^+\text{O} \Longleftrightarrow R \text{—} \bigcirc + \text{H}_2\text{O} + \text{H}_2\text{SO}_4 \tag{3-31}$$

脱烷基、脱磺基的副反应都会导致产物中不皂化物含量增加，色泽加深，气味变坏。

综上所述，烷基苯的磺化反应中，副反应主要是工艺条件过于剧烈、物料混合不均匀、发生局部过热或反应时间过长以及烷基苯中的杂质所致。副反应的存在不仅使原料消耗增加，而且使产物色泽加深，气味变差，不皂化物含量增高。不过，在磺化中使用质量好的烷基苯，采取适当的工艺条件，严格操作，完全可将副产物控制在较低水平。

（3）烷基苯的膜式磺化工艺流程、主要设备和工艺条件

工业上早期采用的磺化工艺为主浴式发烟硫酸磺化工艺。将烷基苯与发烟硫酸按一定的比例，进入磺化泵混合反应，反应混合物经过石墨冷却器除去反应热，大部分循环至反应泵，使反应物温度控制在 30~35℃，一部分反应物经老化后在另一个混合泵中加水使废酸稀释至76%~78%，经一个石墨冷却器冷却后，大部分循环，控制分酸温度为 50~55℃，小部分进入分酸器，静置分层，上层为烷基苯磺酸，下层为废酸。反应混合泵和分酸泵采用耐腐蚀的陶瓷泵。该工艺简单，投资少，但由于产生大量废酸难以处理和利用，现已淘汰。

自 20 世纪 60 年代中期以来，国外开发了多种实用的 SO_3/空气连续磺化装置，特别是降膜式磺化反应装置和工艺，使 SO_3/空气连续磺化工艺得到了迅速发展和普遍应用。其优点是，反应过程中基本上不产生废酸，免去了分酸工艺，减少了废酸液的处理；反应得到的烷基苯磺酸中硫酸含量低，中和时耗碱量少，产品无机盐含量低，因而单体质量好，可用来配制液体洗涤剂；生产过程中硫的利用率高，生产成本低；有些 SO_3 磺化装置的适应性好，可用于多种有机原料的磺化和硫酸化，如高碳脂肪酸甲酯和 α-烯烃的磺化，以及脂肪醇和脂肪醇聚氧乙烯醚的硫酸化。但 SO_3/空气磺化工艺设备复杂，投资较高，工艺条件及操作要求比较严格。

以 SO_3 作磺化剂，早期的反应器为釜式和罐组式，后来发展到降膜式反应器。釜式反应器类似于普通反应器，带有夹套和盘管冷却，但 SO_3 磺化反应速度特别快，而釜式反应器中物料停留时间长，易返混，从而导致过磺化。为了克服这些缺点，人们对单釜反应工艺进行了改进，采用 4~6 个反应器进行多釜串联，在每一个反应器中按一定比例通入 SO_3 气体，并加快物料的流速，有效防止了物料的返混，对烷基苯和脂肪酸甲酯的磺化达到了较好的效果。但由于物料的平均停留时间仍较长（90min），易于发生副反应，对 α-烯烃等其它物料的磺化并不适合，因而被后来发展的降膜式磺化工艺取代了。

降膜式磺化反应器又可分为两种类型：早期出现的是内、外管的双膜式，后来又发展到多管式。虽然磺化反应装置类型各不相同，但 SO_3 磺化工艺流程基本相同，可分为三个部分：SO_3/空气发生系统、磺化反应系统和尾气净化系统。

1) SO_3/空气发生系统

该系统包括空气干燥装置和 SO_3 发生装置两部分。气体 SO_3 的制取主要有液体 SO_3 蒸发、发烟硫酸蒸发和燃硫法三种。洗涤剂生产厂基本采用燃硫法。

① 稳定的液体 SO_3 蒸发

SO_3 有 α、β 和 γ 三种异构体，在室温下只有 γ-SO_3 呈液态。在不同温度下三种异构体可互相转化，少量水的存在可使 γ-SO_3 转化成 α-SO_3 或 β-SO_3。三种异构体中只有 α 型是稳定的，β和 γ 型都是不稳定的。工业液体 SO_3 的熔点为 16.8℃，沸点为 44.8℃，而 α 型异构体的熔点为62℃，然而 α 型并不从液相中结晶出来。在 1 个大气压下，32~44.5℃ 范围内液体 SO_3 是相对稳定的。低于 32℃ 时 β 型开始结晶，并存在由 β 型转变成 α 型的可能性，要使 α 型熔化必须将压力增加至 2.5 个大气压。如果温度降至 16.5℃，γ 型将结晶出来。为防止在低于 32℃ 时从液体 SO_3 中形成 β 型结晶，需要加入稳定剂如三氟化硼、五氧化二磷、氯化氧磷等。

使用时将稳定的液体 SO_3 从高位槽中经膜式计量泵计量，再经过滤器除去机械杂质后，送至非常精确地控制蒸发温度的蒸发器内，蒸出的 SO_3 气体经过滤器除去酸雾，并用干燥空气稀释至规定气浓。

此法操作和设备都比较简便，但贮运和管理必须十分小心。液体 SO_3 蒸发后，留下的含有

稳定剂的残液和蒸发残渣有毒，处理比较困难。与燃硫法生产气体 SO_3 相比，液体 SO_3 的原料成本比较高。因此本工艺仅适用于实验室小试研究。

② 发烟硫酸蒸发

把 65% 发烟硫酸装入蒸馏釜，加热到约 250℃ 可获得气体 SO_3。蒸馏釜顶部要有良好的保温层，防止热量损失，在 250℃ 下 SO_3 从顶部蒸出，残留的硫酸溢流至低位贮槽。蒸出的气体 SO_3 通过回流冷凝柱，将气流中的液体 SO_3 除去。气体 SO_3 在回流柱的顶部与干燥空气混合器相连接，在混合器中使 SO_3 稀释至规定气浓。

这种方法与燃硫法相比，设备停、开车所需时间短，操作简单容易。但 SO_3 成本高于燃硫法，而且蒸发后残留大量浓硫酸，需设法返回给发烟硫酸供应厂商。65% 发烟硫酸在贮运、管理、使用等各个环节均需格外小心，以防发生重大伤害事故。

③ 燃硫法

硫酸厂一般采用硫铁矿生产 SO_3，而洗涤剂厂是用硫黄为原料，采用燃硫法来生产 SO_3。硫黄在过量干空气中直接燃烧生成 SO_2，硫的起燃温度约为 246℃。SO_2 经钒催化氧化转化成 SO_3。反应式如下：

$$S + O_2 \longrightarrow SO_2 \quad (\Delta H = -9282\text{kJ/kg S}, \ 25℃) \qquad (3\text{-}32)$$

$$SO_2 + \frac{1}{2}O_2 \xrightleftharpoons[\quad]{V_2O_5} SO_3 \quad (\Delta H = -1527\text{kJ/kg S}, \ 427℃) \qquad (3\text{-}33)$$

温度升高，SO_2 转化成 SO_3 的反应速率增大，但由于这一反应是放热反应，反应的平衡常数随温度的升高而减小，即温度升高，SO_2 的平衡转化率下降。例如，600℃ 下 SO_2 的平衡转化率约为 60%~70%，430℃ 时的平衡转化率可达 98.4%。为使反应向右移动，提高 SO_2 的平衡转化率，在转化塔中采用多层固定床催化剂，且通过各层之间的换热器或在各层之间通入新鲜冷干燥空气，使进入下一层床层的气体温度下降。转化反应通常在稍高于大气压的条件下进行，最终出塔温度在 415~430℃ 左右。

在燃硫和转化两个操作中都需利用干燥空气中的氧气。气体 SO_3 在进入磺化装置之前，也需用干燥空气稀释至规定的气浓。因此，以 SO_3/空气作磺化剂时必须配置有空气干燥系统。

SO_3/空气发生系统分三部分：空气干燥；硫黄燃烧生成 SO_2；SO_2 催化氧化转化成 SO_3。图 3-7 为 SO_3/空气发生系统的工艺流程。

a. 空气干燥　空气中的水分会与 SO_3 结合生成硫酸，硫酸吸收 SO_3，在温度较低时会形成发烟硫酸雾滴，夹带入磺化反应器，会使局部反应过于激烈，副反应增加，导致产品色泽加深。因此必须除去空气中的水分。

空气干燥过程如下 [图 3-7 (i)]：工艺空气经过滤器（1）进入压缩机（2），以获得能够克服包括尾气净化系统在内的整个工艺过程中阻力的压力。空气压力视磺化设备类型的不同而不同，通常为表压 0.05~0.12MPa。压缩空气进入冷却器（5），用水及 -2~0℃ 的乙二醇/水混合物冷却到 3~5℃，使空气中的水分降到 3~5g H_2O/m^3 以下。3~5℃ 的空气经计量仪计量后进入两个交替工作的硅胶（或氧化铝）干燥器（10），经吸附脱水后空气的露点可达 <-60℃。硅胶干燥器一个用于吸附操作，另一个则用于通过回收余热得到的热空气，或由风机（9）引入的经热交换器（8）由蒸汽加热得到的热空气进行脱附除水再生。当床层出口温度达 105℃ 时，绝大部分的吸附水被除去。当出口温度达 120℃ 时，为深度脱水状态。出口温度升至 135℃ 时，脱附结束。由风机（9）和冷却器（7）对硅胶床层进行循环冷却，直至床层出口温度降至 32℃，处于备用状态。

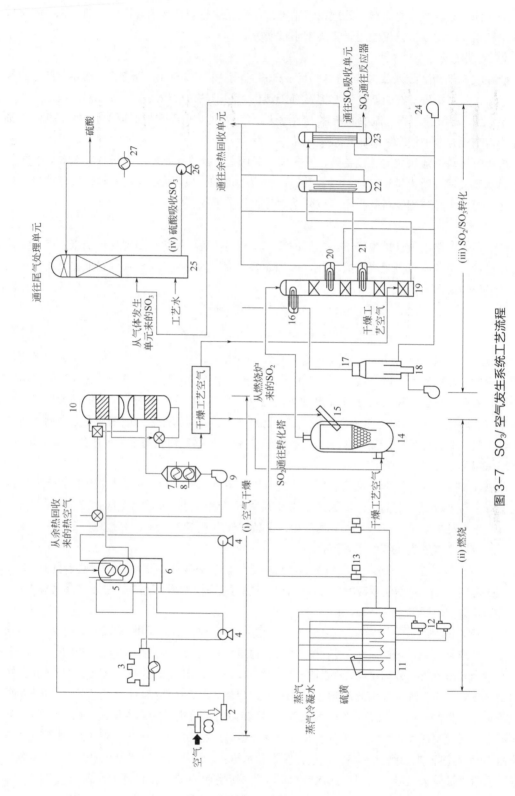

图3-7 SO₃/空气发生系统工艺流程

b. 硫黄燃烧生成 SO_2　流程如图 3-7（ii）所示。原料为液体硫黄时可直接卸入液硫贮罐中。如果原料为固体硫黄，则需过筛除去大块物质后进入熔硫罐（11），由熔硫罐下部的蒸汽盘管加热熔融，罐顶装有排气罩，以改善操作环境。熔硫罐温度为 140~150℃。熔硫罐和液硫管道均用 0.4MPa 表压的蒸汽加热、保温，以确保液硫温度恒定。在该温度下，液硫的黏度最低。液硫经过滤器（12）、计量泵（13）后进入燃硫炉（14）。亦有液硫经高位槽、过滤器和计量泵后进入燃硫炉的。

燃硫炉有立式和卧式两种。立式炉又有两种不同的类型。图 3-7 中为立式炉中的一种。它由钢制圆筒内衬绝热砖和耐火砖、中间下部堆放有大小两种直径不同的耐火球构成。（15）为燃硫点火器。液硫和助燃干空气逆向进入，液硫沿耐火球向下流动，气化并燃烧。燃硫炉出口温度一般维持在 600~750℃，出口气体中的 SO_2 体积分数通常为 6%~7%。

另一种立式炉的外壳与上面的相似，中间上半部为由支撑干耐火拱顶上的耐火砖制成的方格形构件，下半部（即拱顶以下）作为补充燃烧空间。液硫及助燃空气从炉顶部进入，硫沿方格形构件向下流动、气化并燃烧。在方格形构件中未能燃烧的硫蒸气与从炉下部进入的另一路助燃空气混合，在下半部燃烧空间内得以燃烧。含 SO_2 的气体从燃硫炉下部的一侧排出。

卧式炉由一卧式钢制圆筒内衬耐火砖和绝热砖构成。在炉子的前半部设置一耐火砖方格形构件。助燃空气从炉子的一端低于耐火砖方格形构件处进入。燃硫炉的后半部分进一步细分为若干个具有顶部或底部空气折流板的小室。这些小室有助于硫黄蒸气的充分燃烧。液硫和空气在方格形构件中相互对流。火热的砖块使向下流动着的液硫气化并燃烧，并在后面的几个小室中燃烧完全。

c. SO_2 转化为 SO_3　流程如图 3-7 中（iii）所示。由燃硫炉出来的气体经冷却器（16）（有的将冷却器设置于燃硫炉和转化塔之间）冷却至 430℃ 左右，进入转化塔（19）。在开车时可由预热炉（17）得到的热空气将转化塔升至所需温度。一般在 3h 内可将塔内的催化剂预热至 400℃。

转化塔（19）可用不锈钢或碳钢制造，塔中有四个（或三个）催化剂床层。在每层催化剂层上、下各有一层石英碎石，以利于均布气体和防止催化剂掉落。最上面的第一层气体进口温度为 410~445℃，出口温度应不超过 610℃。中间冷却器（20）可将 610℃ 的气体冷却至 440℃，然后气体进入第二层。第二层的出口温度可升至 490℃。气体经中间冷却器（21）或采用补充干燥空气的办法进行冷却后进入第三层。SO_2 经第一、第二层后转化率可达 92%~95%。第三、第四层的进口温度在 430~440℃ 之间。第三、第四层间可引入干燥空气进行冷却。经上述处理后 SO_2 的最大转化率可达 98.5%。

V_2O_5 催化剂有高温型和低温型两种。前者（如 S107-1H）在温度高于 480℃ 时，SO_2 的转化率相对较高。后者（如 S101-2H）在温度低于 480℃ 时，SO_2 的转化率较高。为提高 SO_2 的转化率，通常第一层采用高温型，其余各层采用低温型。

由转化塔出来的气体温度可高达 415~430℃，经冷却器（22）和（23）将其冷却至 50℃。此时，有少量烟酸雾滴析出，可将其收集于换热器下方的小贮罐中。气体部分再通过除雾器除雾，以保证磺化反应正常进行。

d. SO_3 吸收　在装置预热、燃硫炉点火后 SO_2 的转化率逐渐升高。约经 0.5h，转化率可达 98%、98.5%。此期间的 SO_3 气体实际上是 SO_2、SO_3、空气的混合气体，不能用来生产优质的磺酸，应导入硫酸（98%）吸收塔（25）吸收 SO_3，再在尾气处理单元中除去 SO_2。

停车时，SO_3 气体亦可进入吸收塔（25）用硫酸吸收 SO_3。亦可用烷基化物循环经过膜式磺化反应器来除去 SO_3，所生成的产物进入头尾酸贮罐，然后在正常磺化期间，将其掺入进入磺化反应器的有机物料中。这种方法仅适用于产物为稳定性好的磺酸的场合。如硫酸化产物为酯，以采用 H_2SO_4 吸收塔为好。

2）磺化反应系统

① SO_3/空气磺化反应特性和磺化反应器的设计要求

由磺化反应机理知道，1mol 的烷基苯首先与 2mol 的 SO_3 反应，生成焦磺酸（酸酐）

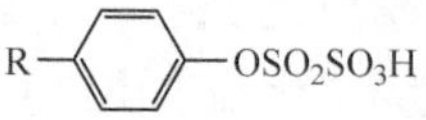

R—⟨benzene⟩—OSO_2SO_3H。这一反应极为迅速，几乎是瞬间的，且放出大量的反应热。随后焦磺酸与烷基苯继续反应转化成烷基苯磺酸，这一步进行得较慢。此外，在主反应之外还存在一些副反应。同时，磺化反应的后期有机相的黏度会急剧增加，尤其是当转化率在 70% 以上时，烷基苯磺酸分子彼此间可通过氢键缔合成大分子，如图 3-8（a）所示，导致黏度急增（与反应初期的有机相黏度相比，增加 50~100 倍），使反应后期的传质、传热更为困难，副反应易于发生。这与用发烟硫酸磺化时不同，因混酸中有小分子硫酸存在，磺酸分子按图 3-8 中（b）形式缔合，缔合度较低，黏度增加较少。因此，用 SO_3/空气作磺化剂时，控制反应速率、迅速有效地移走反应热、控制有机相反应温度是至关重要的。解决这一问题有两个主要途径。一种途径是用干空气稀释 SO_3，使其在空气中的浓度降低，从而减缓 SO_3 向有机相的扩散速度，降低反应速率，亦即降低有机相温度的升高。SO_3 气体的浓度视处理的物料而不同，通常在 3%~7% 之间变化。热敏程度高的原料（如 α-烯烃）和中间产物（如脂肪醇聚氧乙烯硫酸酯）等需要采用较低的气浓。而热稳定性较好的高质量的烷基苯则可采用高至 7% 的气浓。降低有机相温度的另一种途径是设法有效地除去反应热，为此反应器要有足够大的冷却面积。反应后期物料黏度极高，而

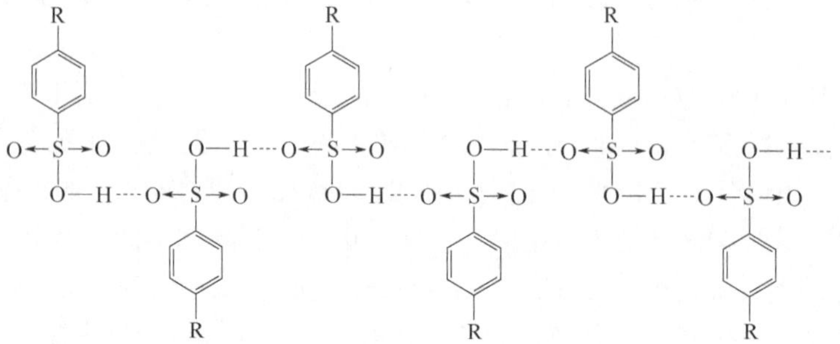

(a) SO_3/空气磺化工艺，烷基苯磺酸分子间高度缔合

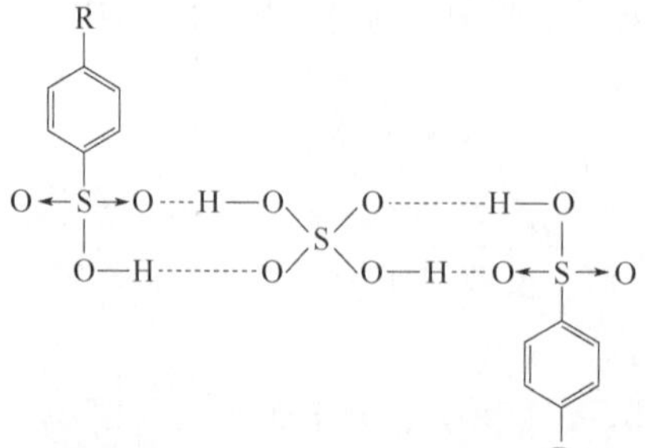

(b) 发烟硫酸磺化工艺，存在硫酸分子时磺酸的缔合

图 3-8　不同磺化工艺过程中磺酸的缔合

黏度受温度的影响又大。因此，不能用降低冷却介质的温度的办法来改善冷却效果。

较为理想的磺化反应器的设计要求如下：

（i）降低 SO_3 在混合气中的浓度，以减缓磺化反应速率，保证有机相和气/液界面层温度尽可能处于合适的范围。

（ii）冷却面积足够大，冷却面积与反应总体积的比率要高，能及时移走反应热。为使产物保持适当的黏度，所用冷却水的温度不宜过低。

（iii）采用 SO_3 与有机物料并流流动的方式，使 SO_3 向有机物料的扩散随着未反应有机物料的减少而同步减少。这种"活塞流"可减少有机物料的返混，且使有机相的气/液界面与其本体相之间能产生良好的局部混合，有效地减少和避免了已反应物料与新鲜的浓度较高的 SO_3/空气混合物的接触，起到了抑制副反应的作用。

（iv）有机物料的返混会使副反应增加，应尽量避免。但温度较高的液体界面与周围物料间的微混合，有助于抑制过热部分的形成，从而抑制副反应的发生。

（v）在保证反应充分的条件下，物料在反应系统中的停留时间要尽可能短，这样亦可减少副反应的发生。停留时间短的反应器更适应处理多种有机物料。

（vi）反应器结构简单，操作简易、可靠。

② SO_3/空气磺化反应器的主要类型

根据上述要求，目前世界各国使用的 SO_3/空气磺化反应器主要有六种。其中五种是降膜式反应器（falling film reactor，缩写 FFR）。其主要反应区域是一个垂直放置的截面为圆形的细长反应管，通过头部的适当装置使有机物料在管壁上形成均匀的液膜。SO_3/空气在管子中心快速通过，SO_3 径向扩散至有机物料表面立刻发生磺化反应。降膜式反应器增大了物料的气-液界面，减少了物料返混。在五种降膜式反应器中依照反应管的数目或有机物料的成膜数量，工业化装置主要有两类：一类是多管降膜反应器（MT-FFR），它是由多个单管组合起来的；另一类是双膜降膜反应器，它是由两个同心而不同直径的反应管组成的，在内管的外壁和外管的内壁形成两个有机物料的液膜，SO_3 在两个液膜之间通过。如果在 SO_3/空气与液膜之间通入干燥工艺空气作保护风或缓冲层，则可降低沿反应器高度磺化反应温度分布的峰值，这类反应器也称为等温反应器。除了降膜式反应器外，还有 Chemithon 公司开发的喷射冲击式反应器（jet reactor）。表 3-2 中列出了目前各国主要使用的 SO_3/空气磺化反应系统类型。

表 3-2 SO_3/空气磺化反应器的主要类型

设备制造商	反应系统名称	反应器类型
Ballestra	Sulphurex F	MT-FFR 多管降膜式反应器
Mazzoni	Sulpho Film Reactor	MT-FFR 多管降膜式反应器，通平衡风
M.M.	MM-FFR	FFR 双膜降膜式反应器
Chemithon	Chemithon FFR	FFR 双膜、短降膜、有换热回路
日本狮王油脂公司 上海白猫有限公司	T.O.型	FFR 双膜、短降膜、通二次风、有急冷循环回路
Chemithon	Chemithon Jet Impact	Jet R 喷射冲击式反应器

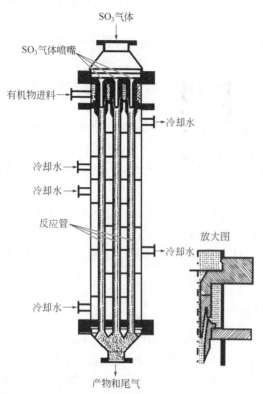

SO₃气体

SO₃气体喷嘴

有机物进料→

冷却水

冷却水
冷却水

反应管

放大图

冷却水

冷却水

产物和尾气

图 3-9　Ballestra 多管降膜式反应器（MT-FFR）

a. Ballestra 多管降膜式反应器（MT-FFR）整个反应器的形式与管壳式换热器颇类似，如图 3-9 所示。若干根相互平行的内径为 25.0mm 的不锈钢管垂直排列于壳体内，管长约 6m，分上下两段冷却。有机物料分配器在反应器的头部，头部结构见图 3-9 右侧放大图。它包括液体进料室和环形狭缝。有机物料（烷基苯）通过液体进料室从若干个相同的环形狭缝流出，在每根反应管的内壁上形成有机液膜。以管子周边长度计有机物料的进料量为 0.4kg/(h·mm)（烷基苯）。狭缝缝隙的宽度可通过垫片加以调整，使每根管的流量误差在 ±2.5%以内（例如±1%）。

反应器头部无 SO₃/空气的均布装置。每根反应管中 SO₃/空气的进入量是通过气体和液膜间的"自我补偿"作用（亦称气、液自动平衡）来调整、均布的。当气体以一定的流速通过一个长度固定的管子时，会产生一定的压力降，而压力降的大小是与管壁的状态有关的。在磺化反应中，SO₃/空气以 30m/s 的速率通过 6m 长、具有烷基苯液膜的管子时，压力降达 0.25kPa，这是因为高转化率时黏度增大。黏度增加，液膜增厚，气体流动的自由空间减小，压力降增加。反应器中气体有一个共同的进料室和一个共同的出料室，因此每根管的总压力降是恒定的。假定在反应开始时各反应管 SO₃/空气的流量相同，但随着反应的进行，可能出现某些反应管内转化率高一些，另一些反应管内转化率低一些。转化率高的反应管内液膜黏度高、膜较厚、阻力大、压力降大；转化率低的反应管内液膜黏度低、膜较薄、阻力小、压力降小。在总压力降相同的条件下，前者的 SO₃/空气流量减少，后者的流量增加。这种"自我补偿"作用使每根管中的烷基苯达到相同的转化率。

如果某根管子中液体的流量发生少量波动，采用上面同样的方法进行分析可知，液体流量增大会导致 SO₃/空气流量增大，液体流量减少会导致 SO₃/空气流量减少，使烷基苯与三氧化硫（SO₃）之间的摩尔比保持在恒定值。

这里要说明的是上述的"自我补偿"或"气、液自动平衡"作用只有在反应器中每根管子的液流量基本达到规定要求，且每根管子的冷却状态基本相同，以及管子内径不大于 25.0mm 时才有效。如管内径大于 25mm，膜厚的变化对气体流动的自由空间的影响就相对较小了。

Ballestra MT-FFR 的反应管的数目是由处理量决定的。每小时生产 3t 洗涤剂活性物的磺化反应器，以周边进料量 0.4kg/(h·mm)烷基苯计，需要反应管 70 根。

b. Mazzoni 多管降膜式反应器　Mazzoni 多管降膜式反应器的设计与 Ballestra MT-FFR 相类似，也是内径 25mm、长 6m 的不锈钢反应管平行垂直排列于壳体中。在壳体内冷却水分两段：上段和下段，不同的是每根反应管都有各自的冷却套管。如图 3-10（a）所示。Mazzoni 的设计与 Ballestra 的主要不同之处在于，前者具有 SO₃/空气反应气体和有机物料的分配装置，并通入

"平衡风"，如图 3-10（b）所示。Mazzoni 反应器中每一根反应管的上部都装有一个文丘里节流器，SO₃/空气首先进入反应管上部的空室内，然后由文丘里节流器进入反应管。节流器长415mm、直径 13.88mm，通过该节流器，总压力降为40kPa。在操作条件下，每根反应管本身的压力降约为 25kPa。每根管安装的节流器是相同的，因此每根管的总压力降也是相同的，为40kPa，从而保证进入每根管子中的 SO₃/空气的量是相同的。此外，在 Mazzoni 的设计中，有机物料先进入反应器头部的中室内，再通过静态的玛瑙喷嘴进行分配，使每根管的液流恒定。另外，Mazzoni 装置设计的一个特点是通入"平衡风"（即保护风）。"平衡风"即干燥空气先进入反应器头部的一个低位室，然后再进入反应管内。平衡风对管壁施以压力，并在 SO₃/空气与液膜之间形成一个隔层，使反应管上部的反应速率减缓，使得反应器上部反应温度的峰值降低并下移，即使反应管上各处的反应速率趋于均衡。

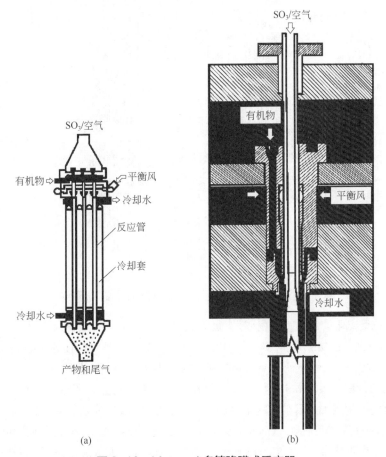

图 3-10　Mazzoni 多管降膜式反应器

c. M.M.双膜（缝隙）降膜式反应器　Meccaniche Moderne 公司的反应器是 20 世纪 70 年代初投入市场的第一种降膜式磺化反应器，它是由 Allied 化学公司的降膜式磺化反应器直接派生出来的。小型的 M.M.反应器是由一个长 6m、直径 35mm 的单根管子构成的单管降膜式反应器。M.M.反应器不是靠增加管数，而是靠增大管径来增加生产能力的。反应器采用两根长 6m、直径不同的同心圆管组成。有机物料从上而下流动，在内管的外壁和外管的内壁形成两个液膜，SO₃/空气在两个同心圆管形成的环形空间中由上而下与有机液膜并流流动。为除去反应热，在内管的内壁和外管的外壁通入冷却水。M.M.-FFR 的结构如图 3-11 所示，可称为双膜（或缝隙）降膜式反应器。

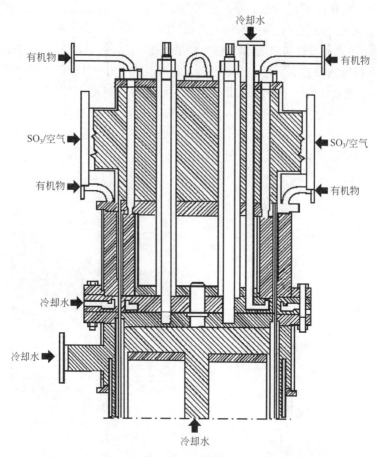

图 3-11　M.M.双膜（缝隙）降膜式反应器结构示意图

M.M.-FFR 反应器的反应管长度亦为 6m，烷基苯的周边进料量亦为 0.4kg/（h·mm）。生产能力为 2.5t/h LAS 的 M.M.反应器，其内管外径为 665mm，外管内径为 700mm。生产能力为 4t/h LAS 的反应器，其内管外径为 993mm，外管内径为 1028m。两种不同生产能力的反应器内、外管的间隙相同，都为 17.5mm。随着反应器直径的增大，对分布环的机械加工精度要求愈来愈高，设备投资比例增加。目前市场上生产能力最大的 M.M.反应器是 4t/h LAS。

d. Chemithon 降膜式反应器　Chemithon FFR 包括一个长约 2m 的短降膜部分和一个带有换热器和循环泵的急冷环路部分。如图 3-12 所示。它的短降膜部分与 M.M.公司的 FFR 相似，由两个同心圆管组成。有机物料经两个狭缝分布于内、外两个圆管的外、内壁上，形成两个自上而下流动的液膜。内、外两个反应面都有冷却夹套。液膜底部的烷基苯磺酸温度约 75℃。离开液膜的磺酸立即被大量循环冷磺酸（40~50℃）迅速冷却，并一起进入一个高效的（99.8%）气液分离器（12），磺酸从尾气流中分离出来。从（12）中分离出的磺酸经循环泵（13）和管壳式换热器冷却后分成两路，一部分去老化、水解，其余部分作为循环冷磺酸进入循环酸入口（3）。

有机物料在降膜部分停留的时间很短，约 10~15s，但磺化反应实际上在膜式反应器的底部已基本完成。在循环回路中物料停留时间比较长，可控制在 5~15min 之间。急冷循环回路可起补充磺化的作用。Chemithon FFR 中降膜部分是停留时间很短的活塞流式反应器，而带冷却器和循环泵的急冷回路部分是停留时间比较长的全混式反应器。

对 Chemithon FFR 而言，烷基苯的周边进料量也为 0.4kg/(h·mm)，生产能力为 2.5t/h LAS 的装置，反应器外管直径为 914.4mm，内管直径为 900mm，两个管间的间隙仅为 7.2mm。Chemithon 反应器中 SO₃ 空气的流速约为 M.M.反应器的 2 倍。SO₃ 径向扩散率也约为其它反应器的 2 倍。

e. Chemithon 喷射冲击式反应器　Chemithon Jet R 结构如图 3-13 所示，用一喷射冲击式反应器代替 Chemithon FFR 的短降膜部分，急冷循环回路部分（图 3-13 的方框部分）与 Chemithon FFR 相同。

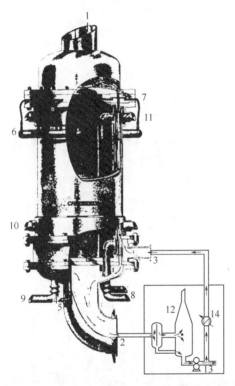

图 3-12　Chemithon 双膜（缝隙）降膜式反应器示意图

1—SO₃ 入口；2—磺酸排料口；3—循环酸入口；4—内膜烷基苯导管入口；5—内膜烷基苯分布器；6—外膜烷基苯导管入口；7—外膜烷基苯分布器；8—内膜冷却水入口；9—内膜冷却水出口；10—外膜冷却水入口；11—外膜冷却水出口；12—气液分离器；13—循环泵；14—冷却器（方框内为冷却循环回路）

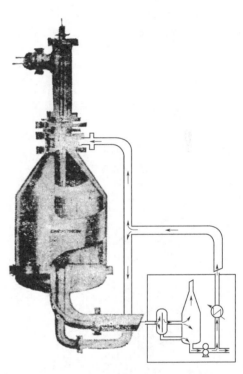

图 3-13　Chemithon 喷射冲击式磺化反应系统

喷射冲击式反应器先把进料烷基苯雾化，形成巨大的气-液界面，以利于与 SO₃/空气进行反应。雾化的有机物与由上、下进入的两股冷的循环物料混合，急冷降温，并沿反应器的内、外壁向下流至底部，离开冲击式反应器进入气液分离器，使有机磺酸与气体分离。在被急冷以前，有机物的雾滴会达到很高的温度，导致生成的烷基苯磺酸的色泽要比采用降膜式反应器深。所以，冲击式反应器仅适合生产对色泽要求不高的工业用表面活性剂，如石油磺酸盐。在洗涤剂工业中，也可用于烷基苯的磺化，但不适合于其它有机物的磺化及硫酸化。

　　f. T.O.反应器　T.O.反应器是日本狮王油脂公司在 20 世纪 70 年代为磺化α-烯烃而开发的降膜式磺化技术。20 世纪 70 年代末，国内也开发成功了类似装置。T.O.反应器属于双膜（缝隙）式降膜反应器，反应区是由两个同心圆管组成的环形区域，与 Chemithon FFR 相类似，反应器长仅 2m。反应管的内、外管直径根据生产能力的不同可在 0.3~1m 之间选择。两个同心管的环隙宽度在 5.5~30mm 之间（国内的为 8mm）。它也具有一个急冷循环回路，与 Chemithon 的装置相似。T.O.反应器的主要特点是：

　　（i）反应器头部结构特殊，在有机液膜和 SO₃/空气之间导入一干燥空气的气帘（平衡风），即通入"二次风"把有机物料与 SO₃ 隔开，其作用与 Mazzoni 反应器中的平衡风相同，因此在降膜反应管中实现了等温反应。

　　（ii）T.O.磺化反应器头部采用一个多孔板（非连续槽式）或狭缝分布器使有机物料均匀成膜。其头部结构如图 3-14 所示，有机液体物料和 SO₃ 气体及"二次风"（干燥空气）在反应器中的分布如图 3-15 所示。

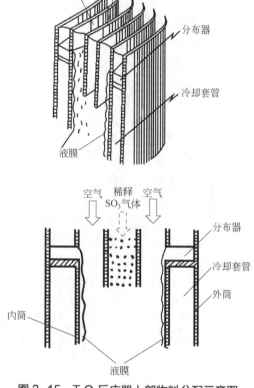

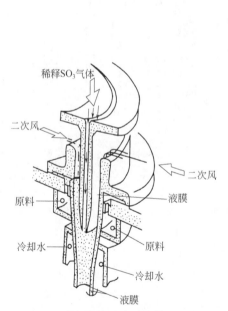

图 3-14　带二次风的 T.O.型缝隙降膜式
　　　　　反应器的头部结构

图 3-15　T.O.反应器上部物料分配示意图

　　（iii）采用循环急冷方式降低出口磺酸的温度，并在温和条件下延长了反应时间。从反应器出来的尾气经除雾后可以部分回流到反应器作为二次风使用。

　　T.O.反应器的结构比较复杂，但安装、维修和操作并不十分复杂，特别适合于热敏性物料的处理，如α-烯烃的磺化、醇和醇醚的硫酸化。

③ 各种磺化反应器的比较

（ⅰ）各种反应系统均采用干燥空气稀释 SO_3 以降低反应速率，减少副反应。

（ⅱ）所有降膜式反应器，包括 Chemithon 的喷射冲击式反应器，均采用 SO_3/空气与有机原料并流流动的方式进行反应。

（ⅲ）所有磺化反应器的表面积/反应器体积的比值均高，所以冷却效果好。所有降膜式和喷射冲击式反应器，在反应器上部的有机相均有温度的峰值出现，但 T.O.反应器和 Mazzoni 反应器的温度峰值不太明显，在整个反应器上的反应较为均衡。这类反应器适用于多种有机物料的磺化和硫酸化。

（ⅳ）单纯的降膜式反应器，物料的停留时间最短，约 30s。带有急冷环路的几种反应器，其停留时间约为 2~5min。

（ⅴ）在降膜式反应器中，由于气液相互作用会引起表面波动，发生局部混合。

（ⅵ）降膜式反应器的结构比较复杂，尤其是头部的有机物料分布系统。因此降膜式反应器的技术要求较高，对操作、维护均有一定的要求。但只要精心维护、认真操作，就能获得高的生产效率，并生产出优质的产品。

（ⅶ）各种类型的降膜式反应器的操作条件，如进料速率、SO_3 气体浓度、气速、有机物料液膜厚度和 SO_3 向液膜的扩散速度等基本相同。只有带急冷回路的 T.O.型和 Chemithon 降膜式反应器，其 SO_3 向有机相的扩散速度比其它类型的降膜式反应器高一倍。

在使用不同类型降膜式反应器的生产过程中，有机原料的质量和生产操作水平对产品质量的影响，远大于磺化反应器类型对产品质量的影响。

3）尾气净化系统

由磺化反应器中排出的尾气除空气外，还夹带少量酸雾、痕量 SO_3 气体以及在转化塔中未能转化的 SO_2 气体，这些有害物质必须除去。排放的尾气需达到下列指标：$SO_2 < 5mg/m^3$；$SO_3/H_2SO_4 < 10mg/m^3$；有机酸 $< 20mg/m^3$。

① 尾气净化工艺流程

Ballestra 磺化系统尾气净化的工艺流程如图 3-16 所示。尾气首先进入静电除雾器（3）的底部，在强电场的作用下除去酸雾，特别是有机酸雾。除雾器（3）的高压电场由变压器（4）产生，为防止酸雾积聚于绝缘子上影响绝缘性能，需在该处通入热空气，该热空气由风机（1）经空气加热器（2）产生。脱出的雾滴收集在（3）的底部，除雾后的气体从 SO_2 吸收塔（6）

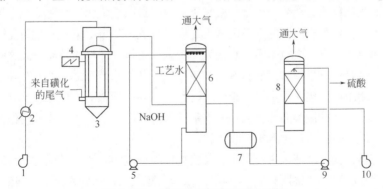

图 3-16　尾气净化工艺流程示意图

1—风机；2—空气加热器；3—静电除雾器；4—变压器；5—循环泵；6—SO_2 吸收塔；
7—亚硫酸盐罐；8—亚硫酸盐氧化塔；9—循环泵；10—风机

的下部进入。SO$_2$ 吸收塔（6）为装有 25mm 拉西环的填料塔，NaOH 稀水溶液经循环泵（5）在吸收塔内循环。

SO$_2$ 气体与 NaOH 水溶液迅速反应（pH 值为 10~12 以上）生成亚硫酸钠：

$$2NaOH + SO_2 \longrightarrow Na_2SO_3 + H_2O \tag{3-34}$$

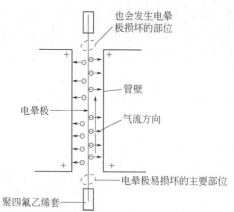

图 3-17 静电除雾器净化污染物原理图

其中痕量的 SO$_3$ 气体亦被 NaOH 吸收，中和成 Na$_2$SO$_4$。亚硫酸钠溶液由吸收塔下部流出进入储罐（7），再经循环泵（9）在氧化塔（8）内循环，由空气（有时需加入 NaOCl）氧化成 Na$_2$SO$_4$。

② 尾气净化的主要设备和工艺条件

a. 静电除雾器（ESP）　静电除雾器的原理见图 3-17，静电除雾器的结构示意见图 3-18。静电除雾器是由若干根积集管垂直地平行排列于一壳体中。每一根积集管的中央悬挂一根作为电晕极的钢丝，它的两端有聚四氟乙烯套保护。电晕极是阴极，积集管的管壁是阳极，在两个电极之间产生静电场。

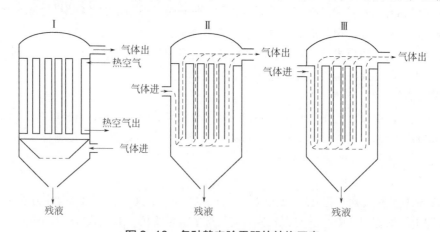

图 3-18　各种静电除雾器的结构示意

"…"表示气流（旋风效应未表示出来），绝缘子和电晕极均未画出

含污染物的气流需均匀地分配于每一根积集管中。进入积集管的气流受到电晕极和积集管间静电场的作用，在电晕极周围的环形区域内足以把气流中的自由电子加速到高能状态。高能自由电子使气体电离，产生由电晕极（负极）向管壁（正极）迁移的负离子。这些负离子拦截并附聚于气流中夹带的有机磺酸液滴和 SO$_3$ 与干空气中的少量水形成的 SO$_3$/H$_2$SO$_4$ 酸雾上，两者在强电场的作用下向正极（积集管的管壁）迁移，聚结在管壁上，靠重力下落，积集在静电除雾器的下部。管壁上的液膜亦能吸收除去少量的 SO$_2$。痕量 SO$_3$ 和多数未被除去的 SO$_2$ 由静电除雾器的顶部随气流排出，进入碱吸收塔。

由静电除雾器得到的残液主要取决于有机物料的种类和质量。以烷基苯为原料的残液量约为原料量的 0.1%~0.2%（质量分数，余同）。以脂肪醇聚氧乙烯醚为原料时残液量要多一些，约为原料量的 0.2%~0.3%。

积集管的管径为 160~170mm，管长为 2~3m。电晕极的直径为 2~3mm，电晕极可采用低碳钢、316 不锈钢、耐酸镍合金等材质。静电除雾器的操作条件是电压 16~25kV，电流 30~70mA。积集管中的气流流速为 0.3~0.4m/s。

静电除雾器的结构要保证尾气能均匀地分配于各个积集管中，如果分配不匀，进入某些积集管中的气流量过大，会造成这些管的负载过高，使除雾效率降低。

底部的电晕极最易损坏，其次为上部，如图 3-17 所示。为避免电晕极断裂，应采取如下措施：在安装时应保证电晕极在积集管的正中；保证气体分布均匀；对管壁用介质进行清洗，减少积聚；增加电晕极上聚四氟乙烯涂层的面积；每年对电晕极进行检查、更换。

b. SO_2 吸收塔　气体 SO_2 在碱性条件下（pH 值为 8~9），生成亚硫酸钠的反应可在瞬间进行。因此，操作中稀 NaOH 吸收溶液的 pH 值要保持在 10~12 以上，无机盐含量控制在 10% 以下，以避免其从溶液中析出。

吸收塔内的填料为 25mm 直径的拉西环或由玻璃纤维增强塑料制成，填料可分两段装填。吸收液用循环泵循环。循环碱液要很好地分布在整个填料层的截面上，塔顶装有除沫器。设计填料层高度时要考虑到磺化开车时尾气中 SO_2 含量较高的情况。如果静电除雾器除雾效率不高，有机磺酸雾进入吸收塔，将影响吸收塔的正常工作。

从吸收塔中流出的亚硫酸盐与硫酸盐溶液，可掺和到喷雾干燥前的合成洗涤剂料浆中，亦可将其送入氧化塔转化成硫酸钠溶液。

4）Ballestra MT-FFR 磺化工艺流程和主要工艺条件

① 磺化工艺流程

Ballestra 多管降膜式反应器是国内应用最多的磺化反应器，其工艺流程如图 3-19 所示。SO_3/空气混合物经除雾器（1）后进入磺化反应器（3）。有机原料（例如烷基苯）由定量进料泵（10）[正常运转时亦可由泵（10）从开停车暂存罐（8）中抽取相当于烷基苯进料量 1% 的物料]通过静态混合器（9）进入液体进料室，经头部的环形狭缝均匀地分布于每根管的管壁而形成均匀的液膜。SO_3 与烷基苯液膜自上而下并流并发生反应。冷却水经循环泵（2）分上、下两段泵入

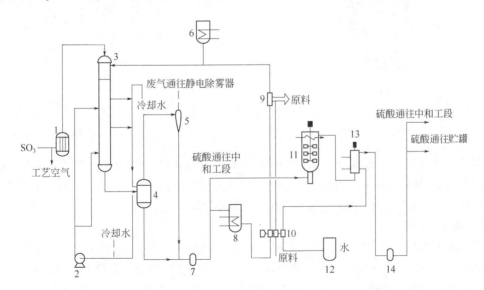

图 3-19　Ballestra 多管降膜式反应器磺化工艺流程图

1—除雾器；2—循环泵；3—多管膜式反应器；4—气液分离器；5—旋风分离器；6—应急原料罐；7—输送泵；
8—开停车暂存罐；9—静态混合器；10—进料泵；11—老化釜；12—工艺水罐；13—水解器；14—输送泵

冷却器中。生成的磺酸由反应器（3）的下部进入气/液分离器（4），分出的气体由（4）的顶部进入旋风分离器（5）。从（5）的顶部流出的气体进入尾气净化系统（见图3-16）。

当发生突然停电等事故时，流程中设有自动关闭 SO₃ 进入管道和自动打开（6）下面阀门的装置，靠（6）中的压力，烷基苯进入反应器，防止了物料的过磺化。

由气液分离器（4）和旋风分离器（5）分出的磺酸，经输送泵（7）进入老化釜（11）。老化釜是一个具有塞流特性，并附有搅拌器、冷却夹套和冷却蛇管的设备，其结构如图3-20所示。物料在老化釜中补充磺化约 20~30min。

物料从老化釜（11）顶部流出，进入水解器（13）的底部。水解器（13）具有搅拌装置和冷却夹套，其结构如图3-21所示。水解水由定量进料泵（10）从工艺水罐（12）打入水解器底部。酸酐在水解器中水解，转变成磺酸。物料从（13）上部的磺酸出口流出，由输送泵（14）送往中和部分。

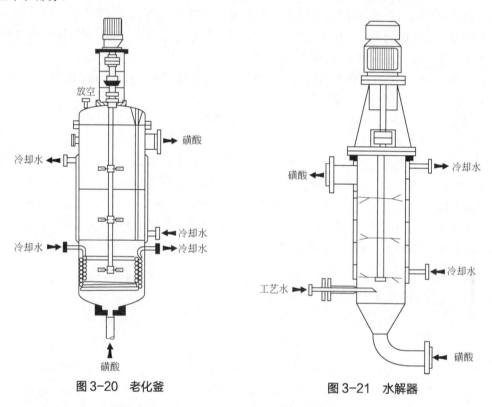

图3-20　老化釜　　　　　　　图3-21　水解器

磺酸在环境温度下黏度高，为便于输送（如从贮罐送到中和部分）需将其温度保持在30~35℃，贮罐的伴热源可采用循环温水体系。磺酸的贮存期通常不超过 2 个月。磺酸的温度在 40~45℃，可用普通泵（如离心泵、正压排液泵等）输送。

② 磺化工艺条件

烷基苯用 SO₃/空气磺化的主要工艺条件为：SO₃/烷基苯（摩尔比）为 1.05：1，SO₃ 气的体积分数为 4%~7%。SO₃ 气浓较低时产物色泽浅，其中的 H₂SO₄ 和砜的含量低，但需适当增加老化时间；维持良好的冷却条件，确保磺化反应温度维持在 50℃ 左右；老化釜应具有塞流特性，在 40~50℃ 下老化 20~30min；通常需加产物量 1%的水，使磺酸酐完全水解。

（4）烷基苯磺酸的中和

1）中和原理与单体的特性

SO_3 磺化得到的烷基苯磺酸国标优级品的指标为：磺酸 $\geqslant 97\%$，游离油 $\leqslant 1.5\%$，$H_2SO_4 \leqslant 1.5\%$。SO_3 磺化产物中磺酸含量较高，硫酸含量低。因此，磺化产物的中和包括烷基苯磺酸的中和与硫酸的中和两部分，反应式如下：

$$R \!-\!\!\langle \text{benzene} \rangle\!-\! SO_3H + NaOH \longrightarrow R \!-\!\!\langle \text{benzene} \rangle\!-\! SO_3Na + H_2O \tag{3-35}$$

$$H_2SO_4 + 2NaOH \longrightarrow Na_2SO_4 + 2H_2O \tag{3-36}$$

中和反应放出的热量包括中和热和强酸、强碱的稀释热，所以中和是个强放热反应。烷基苯磺酸和硫酸与氢氧化钠的中和热分别为 $-61.4kJ/mol$ 和 $-112.0kJ/mol$（不包括稀释热和溶解效应）。烷基苯的磺化产物用 50% 的 NaOH 溶液中和时，热焓实验值约为 $-100kJ/mol$。磺化产物中所含的硫酸量愈多，放热量愈大。中和所用的碱溶液浓度愈低放热量愈小。因此，中和设备需采用冷却装置以除去反应热。

烷基苯磺酸与 NaOH 溶液之间的反应是一个瞬间的强烈放热反应。但因烷基苯磺酸的黏度很大，又具有表面活性，所以中和过程中会伴随着出现胶体化学变化。为使磺酸与碱液充分接触（均质）迅速反应，中和装置中搅拌混合的效果要好。

烷基苯磺酸也可以用碳酸钠中和。用碳酸钠中和时，磺酸和硫酸的中和热分别为 $-12.6kJ/mol$ 和 $-25.2kJ/mol$。放热量比用氢氧化钠中和时低。凡用喷雾干燥法生产合成洗涤剂的工厂都采用氢氧化钠溶液作中和剂，碱液浓度可为 50%、40%、30% 或 20%；而用附聚成型法生产合成洗涤剂的工厂，大多用碳酸钠作中和剂。

烷基苯磺酸中和后的产物称为单体。SO_3 磺化法得到的单体中 Na_2SO_4 含量（质量分数）一般为 $1\%\sim1.5\%$，不皂化物 $<3\%$，活性物含量可以在 $40\%\sim60\%$ 范围内调整，余量是水。因单体中含有大量水，贮存和运输不便，所以使用者常购买烷基苯磺酸，自行中和成 LAS。

单体是非牛顿型假塑性流体，其表观黏度随剪切速率而变化。剪切速率增高时，单体的表观黏度明显下降。在高剪切均质器中，单体黏度将减至最小。因此，许多中和设备都采用高剪切均质器，以利于传质和反应。

不同磺化设备生产的直链烷基苯磺酸，用氢氧化钠中和所得到的单体规格见表 3-3。

表 3-3 不同磺化设备制得的 LAS 单体规格

设备名称	未磺化物含量/%	硫酸盐含量/%	活性物浓度/%	Klett 色度
Ballestra 多管降膜式	0.9~1.2	1.0~2.0	60~70	30
Chemithon 降膜式	1.1	1.3	60~70	26
Chemithon 喷射冲击式	1.5	2.5	60~70	40
M.M.降膜式	1.0	0.8	≤70	20
Mazzoni 多管降膜式	1.0	1.0	45	20
T.O.降膜式	1.0	2.0	50	17

2）中和设备与工艺

① 釜式半连续中和工艺

釜式半连续中和工艺，进料是连续的，出料是间歇的。流程见图 3-22。它由一个中和釜和

1~2 个调整釜组成。中和釜内装有涡轮式搅拌器,转速为 180~200r/min。釜中间有导流筒,物料经搅拌后由四周翻入导流筒内,使物料上下循环翻动。中和釜内有冷却盘管,釜外有冷却夹套。氢氧化钠和磺酸的进入管置于筒内下部。磺酸由磺化工序连续稳定进入。

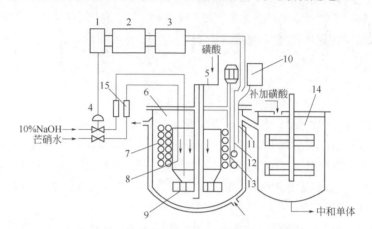

图 3-22 釜式半连续中和工艺流程示意图

1—电气转换器;2—PID 调节器;3—工业 pH 计;4—气动薄膜阀;5—磺酸进口;6—连续中和釜;7—冷却盐水罐;8—导流筒;9—涡轮式搅拌器;10—KCl 饱和溶液;11—甘汞电极;12—锑电极;13—清洗刷;14—调整锅;15—流量计

在中和过程中,工业上用自动 pH 计和气动薄膜阀控制碱液的加入量。中和要始终在碱性条件(pH = 7~9)下进行。中和温度在 40~50℃。中和温度高,产物色泽深,中和温度过低时产品黏度太大,流动性不好。半连续中和可控制在 35~45℃。连续中和控制在 50~60℃。为增加单体的流动性,亦可加入一定量的芒硝(硫酸钠)水。单体由中和釜溢流到调整釜中,调整釜内装有桨式搅拌器。为增强物料的混合,釜壁上装有挡板。调整釜一般不需冷却。当调整釜中的物料累积到大半釜后加入少量的磺酸或碱液,将 pH 值调整到 7~8。

一般可在调整釜内加入单体质量 1%~2% 的次氯酸钠进行漂白。漂白后可加入硫代硫酸钠,除去多余的次氯酸钠。如果单体的着色是由铁离子造成的,可加入三聚磷酸钠,用络合的方法除去。如果单体色浅,则不需漂白。

釜式半连续中和设备简单,操作容易,装置弹性大,效率高。由于 SO₃ 磺化得到的磺酸在中和时放热量较低,中和釜内亦可不设置蛇管,仅在夹套中通入温度较低的冷却水,用较低温度的碱液进行中和就可将中和温度控制在 50℃ 以下。半连续中和的缺点是物料在釜内停留时间长,开口操作,搅拌时易夹带进空气,单体疏松,流动性差。

② 连续中和工艺

目前 SO₃ 磺化成套设备中大多采用环路型的循环连续中和工艺。中和部分主要由高剪切力的均质器、管壳式换热器(冷却)和循环泵组成。循环泵的流量大约为单体出料量的 20 倍。已冷却过的物料温度为 50℃,循环至均质器。磺酸在均质器中中和后,物料温度升至 55℃。循环物料可使中和温度保持在 50~55℃。中和用碱的浓度如为 40%~50%,可将其稀释至 10%~20% 再加入反应体系中,以便用来精确地调整碱液的用量。生产中 95% 的用碱量进入均质器进行中和,其余 5% 则用来调整单体的 pH 值。

典型连续中和流程介绍如下。

a. Ballestra 两级中和流程(Neutrex) 工艺流程如图 3-23 所示。在第一中和反应器中,中和反应完成 95%,反应在强碱性条件下进行。在第二中和反应器中完成反应,并将 pH 值调整到合适的范围。第一级中和由带搅拌的在线混合器（第一中和器）、管壳式换热器（冷却器）和循环泵（6）组成一个循环环路。95%的磺酸、全部碱液和工艺水进入第一中和反应器，在搅拌下混合、反应。中和是在碱过量5%的条件下进行的。从（7）上部流出的物料一部分经pH控制单元（8）进入第二中和反应器（9）的底部，其余部分由循环泵（6）送入冷却器（5），冷却后循环至（7）的下部，与原料磺酸和碱液汇合。

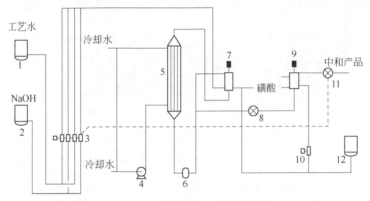

图3-23　Ballestra两级中和工艺流程（Neutrex）

1—进料罐；2—NaOH进料罐；3—进料泵；4—循环泵；5—冷却器；6—循环泵；7—第一中和反应器；
8,11—pH控制单元；9—第二中和反应器；10—进料泵；12—缓冲液进料罐

第二级中和在第二中和反应器（9）中完成。（9）是一个小型的带冷却夹套的搅拌釜式反应器，在此加入5%的磺酸，与由一级中和来的碱性单体反应。产品由（9）的上部经pH控制单元流出。在第二级中和时，除了磺酸连续计量外，也可能需要加入额外量的碱以调整pH值。

b. Mazzoni中和工艺　工艺流程如图3-24所示。它的循环环路主要由三级中和反应器（5）（均质器）、单体冷却器（7）（管壳式换热器）和循环泵（6）组成。三级中和反应器结构见图3-25，它是一个具有高剪切力旋转并附有挡板的均质器。占碱液总量90%~95%的碱先进入反应器（5），其余5%~10%的碱液由pH控制单元（9）控制后进入反应器（5）。单体的循环量与出

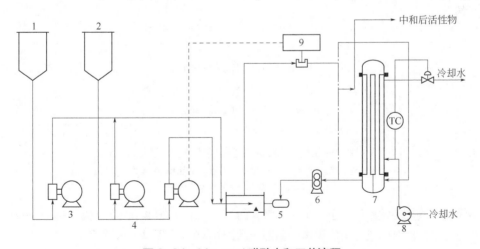

图3-24　Mazzoni磺酸中和工艺流程

1—工艺水进料罐；2—NaOH进料罐；3,4—计量泵；5—三级中和反应器
6—循环泵；7—单体冷却器；8—循环泵；9—pH控制单元

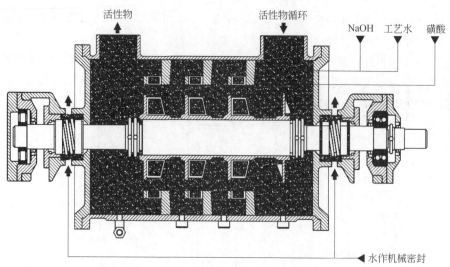

图 3-25　Mazzoni 三级中和反应器

料量之比为 (10~15)∶1，物料在循环环路中的停留时间为 5min。循环环路的压力视原料和单体浓度而有所不同，一般控制在 0.1~0.3MPa 之间。

3.3.2　α-烯烃磺酸盐（AOS）

α-烯烃与 SO_3 在适当的条件下反应，然后中和、水解，得到具有表面活性的阴离子型混合物，商品名为 α-烯烃磺酸盐（alpha olefine sulfonates，缩写为 AOS）。AOS 的化学组成很复杂，其主要成分有：烯基磺酸盐（alkenyl sulfonate）、羟烷基磺酸盐（hydroxy alkane sulfonate）和少量的二磺酸盐，如图 3-26 所示。但各种磺酸盐的相对数量和异构体的分布随工艺条件和投料量的不同而变化。

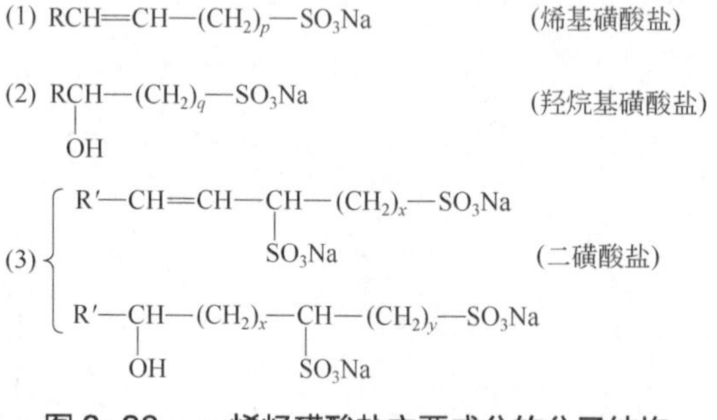

$$(1)\ RCH\!\!=\!\!CH\!\!-\!\!(CH_2)_p\!\!-\!\!SO_3Na \qquad\qquad (烯基磺酸盐)$$

$$(2)\ \underset{\underset{OH}{|}}{RCH}\!\!-\!\!(CH_2)_q\!\!-\!\!SO_3Na \qquad\qquad (羟烷基磺酸盐)$$

$$(3)\begin{cases} R'\!\!-\!\!CH\!\!=\!\!CH\!\!-\!\!\underset{\underset{SO_3Na}{|}}{CH}\!\!-\!\!(CH_2)_x\!\!-\!\!SO_3Na \qquad (二磺酸盐)\\[2mm] R'\!\!-\!\!\underset{\underset{OH}{|}}{CH}\!\!-\!\!(CH_2)_x\!\!-\!\!\underset{\underset{SO_3Na}{|}}{CH}\!\!-\!\!(CH_2)_y\!\!-\!\!SO_3Na \end{cases}$$

图 3-26　α-烯烃磺酸盐主要成分的分子结构

注：R 为正构烷基；p=0 或 1~(n-3) 的正整数，n 为烯烃的碳数；q=2 或 3；
R'为正构烷基；x、y 为 0 或正整数

α-烯烃磺酸盐的发展经历了一个相当漫长的过程，早在 20 世纪 30 年代，F. Guenther 等通过 α-烯烃直接磺化转化成有用的表面活性剂产品。50~60 年代日本狮王油脂公司对 AOS 进行了大量研究。1975 年改进了磺化工艺，使用 T.O.反应器使 AOS 的工业化生产得以很好地实现。80 年代，日本狮王油脂公司开发出了以 AOS 为主要活性组分的洗衣粉，名为 TOP 粉，并进入日本洗衣粉市场。1965~1975 年，美国对 AOS 进行了大量开发工作，之后有人提出 α-磺内酯是

致癌物质，对 AOS 的使用提出质疑。1982 年英国皇家延顿研究中心对 AOS 进行了两年动物喂养实验，美国乙基公司也进行了 AOS 的毒理实验，结论是 AOS 在正常用量下不会造成环境公害，也不会对人体健康产生明显影响。AOS 的急性毒性和慢性毒性数据表明，AOS 在个人保护用品和家用洗涤剂中使用是安全的。1982 年后，AOS 在美国得到了进一步的开发和应用，我国 AOS 的合成与应用始于 20 世纪 90 年代，现在也有一定的生产量。

（1）α-烯烃磺化机理

$C_{12} \sim C_{18}$ α-烯烃是制造 AOS 最合适的原料。SO_3 与 α-烯烃的反应速度是与烷基苯反应速度的 100 倍，反应热比烷基苯的磺化高 30%，达到 210kJ/mol，因而 α-烯烃的磺化非常剧烈，导致反应温度升高，产物分解，产生大量的副产物，反应难以顺利进行。为使 α-烯烃的磺化趋于缓和，早期的间歇磺化工艺中，采用 SO_3 与路易斯碱如二氧六环的络合物作为磺化试剂；或者用惰性溶剂如液体 SO_2 或低碳氯代烃稀释，使磺化反应易于控制。这些间歇工艺由于成本高，工业化价值不大。后来，采用具有保护风的降膜式磺化反应器，如 T.O.反应器，对 α-烯烃进行连续磺化，获得了成功，制得了优质的 AOS，实现了工业化生产。

在 α-烯烃磺化反应中，可以认为 SO_3 首先加成于 α-烯烃的末端碳原子上，形成两性离子中间体，当有路易斯碱存在时，对正碳离子有稳定作用，存在着两性离子中间体与 β-磺内酯的平衡。β-磺内酯容易异构化成 γ-磺内酯，γ-磺内酯又可以进一步异构化生成 δ-磺内酯。据报道，老化时间在 $2 \sim 5$min 以内 β-磺内酯异构化成 γ-磺内酯，过长则生成 δ-磺内酯，而 δ-磺内酯要求比较苛刻的水解条件。因此，老化温度需要控制在一定范围内。当没有路易斯碱存在时，两性离子中间体的正碳离子会向碳链内部转移，异构化，如图 3-27 中 C 式所示。因此，不用复合剂时，SO_3 与烯烃反应所生成的烯基磺酸盐的双键分布是随机的。一系列两性离子中间体都是不稳定

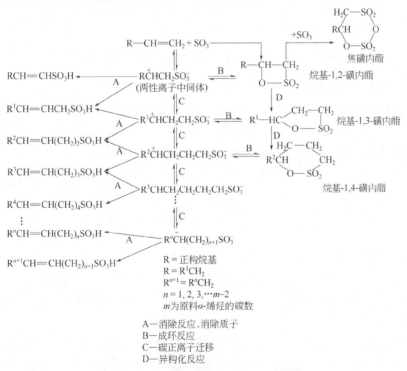

图 3-27 α-烯烃的 SO_3 磺化反应机理

的，它有两种可能的反应方式，一种是消去质子，生成双键随机分布的烯基磺酸，如 A 式所示；另一种是成环，生成一系列烷基磺内酯，如：1,2-磺内酯（β-磺内酯）、1,3-磺内酯（γ-磺内酯）、1,4-磺内酯（δ-磺内酯），如 B 式所示。从空间效应考虑。生成的β-磺内酯是四元环，环的张力大，很不稳定，因而很容易异构化成五元环的γ-磺内酯，继而生成六元环的δ-磺内酯，如 D 式所示，但不会异构化成更大的环状磺内酯。

以 SO₃/空气磺化直接生成的磺内酯与烯基磺酸的典型比例为(70∶30)~(60∶40)。研究发现，SO₃与α-烯烃在等摩尔或 SO₃过量时有少量焦磺内酯生成，即β-磺内酯与 SO₃反应生成环状焦磺酸酯，并有二磺酸生成。内烯烃磺化时二磺酸的生成量更大。

Mori 及 Okumura 提出，烯烃磺化的第一步就会生成β-磺内酯，在反应中还会有八元环的二磺内酯生成，如图 3-28 所示。这些磺内酯需要通过水解才能被碱中和。

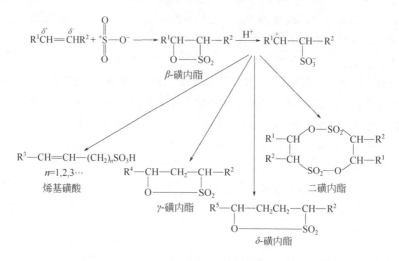

图 3-28　α-烯烃 SO₃ 磺化过程中各种磺内酯的形成

（2）α-烯烃磺化产物的中和与水解

磺化产物中约含 50%的烯基磺酸，它与碱中和生成烯基磺酸盐：

$$RCH{=}CH(CH_2)_nSO_3H \ + \ NaOH \longrightarrow RCH{=}CH(CH_2)_nSO_3Na \tag{3-37}$$

磺化生成的副产物二磺酸亦可被碱中和，生成烯基二磺酸盐：

$$R'CH{=}CH{-}(CH_2)_p{-}\underset{\underset{SO_3H}{|}}{CH}{-}(CH_2)_q{-}SO_3H + 2NaOH$$

$$\longrightarrow R'CH{=}CH{-}(CH_2)_p{-}\underset{\underset{SO_3Na}{|}}{CH}{-}(CH_2)_q{-}SO_3Na \tag{3-38}$$

式中，R′为正构烷基；p、q 为 0 或适当的正整数。

然而，磺化产物中磺内酯需水解后才能被碱中和，因此中和α-烯烃磺化产物时，碱约需过量 1.5%~2%。这样，在中和了烯基磺酸之后，磺内酯能在高温、碱性条件下进行水解的同时完成中和过程。

磺内酯水解时发生亲核取代反应和消除反应。γ和δ磺内酯水解遵循 S_N2-E1 机理进行，主要是碳氧键断裂开环，生成 3-位或 4-位羟烷基磺酸或相应的烯基磺酸。在碱性条件下水解，硫-氧键可能遵循 S_N2-E2 机理断裂，发生少量开环。磺内酯的水解，特别是碱性水解时，取代反应占优势；在酸性条件下则有利于消除反应。以 γ-磺内酯为例，水解产物中含 3-羟基-烷基磺酸 65%~75%，其余为烯基磺酸异构物。当在酸性条件下水解时，生成的烯基磺酸约占 80%。水解温度升高时，选择性增加。在 100℃ 以上时，发生热脱水作用，羟烷基磺酸盐转化成烯基磺酸盐。烷基磺内酯的水解及中和反应式如图 3-29 所示。

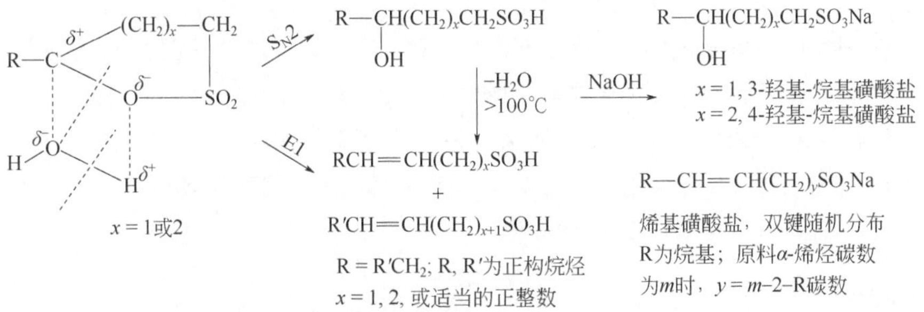

图 3-29　烷基磺内酯的水解及中和反应式

　　根据羟烷基磺酸盐结构和性能的研究可知，α-羟烷基磺酸盐在水中的溶解性差，表面活性低，使用性能不好。为避免生成α-羟烷基磺酸盐，在磺化后需增加老化时间，使γ-磺内酯异构化成δ-磺内酯，表 3-4 给出了不同温度下γ-磺内酯和δ-磺内酯的水解速率常数和半衰期。可见δ-磺内酯的水解难以进行。为降低磺内酯的生成量，老化时间一般在 10min 以内，以 2~5min 为宜。

　　磺化过程中α-烯烃与 SO_3 作用生成β-磺内酯后，还可能与另一分子 SO_3 反应生成烷基焦磺内酯，焦磺内酯在老化过程中可以转化成烯基磺酸，经中和生成烯基磺酸盐。如果没有适当的老化过程，焦磺内酯在中和水解过程中会转化成性能差的 2-羟基磺酸盐。

表 3-4　γ-磺内酯和δ-磺内酯在不同温度下水解速率常数和半衰期的比较

水解温度/℃	半衰期 $t_{1/2}$/s		水解速率常数 k/s^{-1}	
	γ-磺内酯	δ-磺内酯	γ-磺内酯	δ-磺内酯
50	4800	—	1.44×10^{-4}	
60	2100	—	3.33×10^{-4}	
70	1200	—	5.78×10^{-4}	
110	—	4200	—	1.65×10^{-4}
130	29	900	2.4×10^{-2}	7.7×10^{-4}
150	10.5	174	6.6×10^{-2}	4.0×10^{-3}
170	4.6	46	1.5×10^{-1}	1.5×10^{-2}

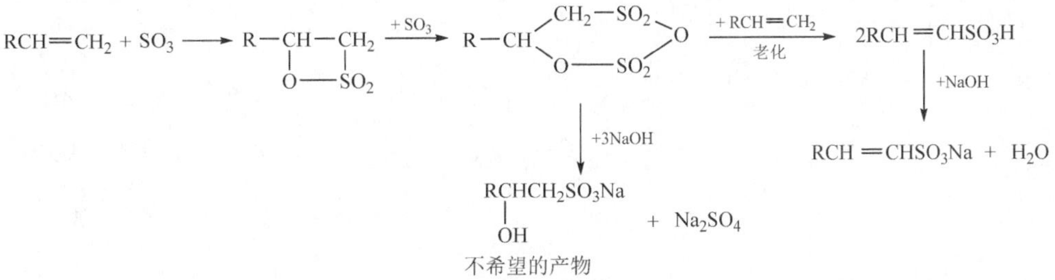

$$(3-39)$$

　　老化过程中烯基磺酸与羟烷基磺酸也可能脱水生成烷基磺二聚物。经过中和水解，此二聚物亦可生成目的产物烯基磺酸盐和羟烷基磺酸盐。二磺内酯在碱性条件下的水解生成物以烯基磺酸盐为主。

$$RCH=CH(CH_2)_n-SO_2 \qquad\qquad RCH=CH(CH_2)_nSO_3Na$$

$$\xrightarrow{\quad NaOH \quad}$$

（3-40）

烷基磺酸二聚物 $R'CH_2CH-(CH_2)_n-SO_3Na$

（式中带 O 桥、OH、SO$_3$H 等结构）

磺内酯在 150℃ 下用碱水解，产生大约 60%~70% 的羟烷基磺酸盐和 30%~40% 的烯基磺酸盐。工业生产中，水解是在塞流式连续反应器内于 170~180℃、0.5MPa 下进行的，反应时间约 30min。水解温度超过 180℃，产品颜色加深，并腐蚀设备。中和温度一般低于 100℃。中和水解后得到的产物约含 55%~65% 的烯基磺酸盐、25%~35% 的羟烷基磺酸盐和 5%~15% 的二磺酸盐。最终产品中的磺内酯含量可小于 10mg/kg。

（3）AOS 的制造工艺

原料 α-烯烃的结构和组成，以及许多操作因素如磺化剂的选用、反应物料的摩尔比、磺化温度、老化时间、加料顺序、水解方式等，都对最终产品的组成和性能有一定的影响。为制得优质 AOS，α-烯烃需符合表 3-5 所示的质量指标。

表 3-5　用于制备 AOS 的 α-烯烃的质量指标

名称	指标	名称	指标
α-烯烃质量分数/%	≥96.5	不饱和聚合物/(mg/kg)	≤10
内烯烃质量分数/%	≤3.0	水分/(mg/kg)	≤10
烷烃质量分数/%	≤0.5	外观	无色液体或白色固体，无沉淀物
醇(–OH)/(mg/kg)	≤50		

工业上各种类型的降膜式磺化器都可以用来磺化 α-烯烃，但效果最好的是 T.O.型反应器。无论采用哪一种磺化器，其产量均比加工烷基苯时低。AOS 的合成包括磺化、老化、中和、水解和漂白调整等工序，其工艺流程如图 3-30 所示。

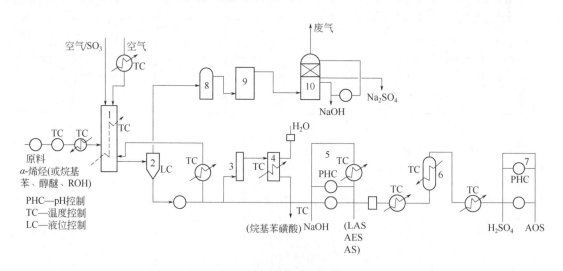

图 3-30　AOS 制备工艺流程示意图

1—T.O.反应器；2—气液分离器；3—老化器；4—水化器；5—中和系统；
6—酯水解器；7—pH 调整系统；8—雾滴分离器；9—静电除雾器；10—SO$_2$ 吸收塔

α-烯烃经计量升至一定温度后进入 T.O.反应器（1），进料温度与α-烯烃的熔点有关。SO_3 体积分数为 2.5%~4.0%的空气/SO_3 混合物的进入温度比烯烃略低，约为 27~38℃。在 SO_3 气体和α-烯烃液膜间通入用作保护风的干燥空气。磺化产物由（1）下部流出，进入气液分离器（2），分出的气体经雾滴分离器（8）和静电除雾器（9）除去酸雾，然后进入 SO_2 吸收塔（10）除去气体中的 SO_2。从分离器（2）底部流出的大部分粗磺化物由循环泵经冷却器冷却后，返回到磺化反应器（1）的下部，将膜式反应器下部的流出物迅速冷却至合适的温度。分离器（2）中流出的另一部分粗磺化物进入老化器（3），在 30~35℃ 间老化 3~10min，然后依次进入水化器（4）和中和系统（5）。中和时的加碱量由 pH 调整系统控制。中和后的产物经加热器升温后进入水解器（6），在 160~170℃ 和 0.8~1.0MPa 的压力下进行水解。水解后的产物冷却后进入 pH 调整系统，用 H_2SO_4 将 AOS 的 pH 值调整至合适的范围。如α-烯烃的质量好，AOS 可不进行漂白处理。

α-烯烃磺化工艺条件对产品质量的影响具有如下一些规律。

a. SO_3 与α-烯烃的摩尔比　C_{14} α-烯烃在 50℃ 下反应时，摩尔比为 1.05：1 时，单磺酸得率最高；小于 1.05：1 时，随摩尔比的增加单磺酸得率增加，二磺酸量几乎不增加。当摩尔比大于 1.05：1 时，随摩尔比的增加单磺酸得率下降，二磺酸得率提高。这表明，单磺化和二磺化是分阶段进行的，故反应过程中 SO_3 不宜过量太多。通常，SO_3 与烯烃的摩尔比为(1.05~1.08)：1。

b. 磺化反应温度和时间　C_{14} α-烯烃在 SO_3 与烯烃的摩尔比为(1.0~1.22)：1 时，50℃ 下反应转化率最大。膜式磺化器反应温度不要超过 93℃，否则副反应激增，产物色泽加深。适当提高反应温度和延长反应时间，可提高磺化转化率和减少β-磺内酯的生成。在磺化之后老化，可使β-磺内酯异构化成γ-磺内酯，焦磺内酯转化成烯基磺酸。这样，可减少 2-羟基磺酸的生成。老化工艺通常为 30~35℃，3~10min。

c. 中和与水解反应的温度和压力　磺内酯在塞流反应器内于 170~180℃、0.5MPa 下水解 30min 即可得到磺内酯含量低的产品。表 3-6~表 3-8 分别列出了 AOS 商品中活性物的组成、AOS 商品的组成以及生产 1000kg 这种 AOS 商品溶液的原料消耗和烯烃利用率。

表 3-6　AOS 商品中活性物的组成

活性物组成	商品牌号	
	AOS-1416	AOS-1618
链烯基磺酸盐质量分数/%	69	75
羟基链烷磺酸盐质量分数/%	26	17
二磺酸盐质量分数/%	5	8
平均分子量	315	349

表 3-7　AOS 商品的组成

组成	商品牌号	
	AOS-1416 溶液	AOS-1618 溶液
活性物质量分数/%	40	35
未磺化物质量分数/%	0.7	1.0
硫酸钠质量分数/%	2.0	2.0
氯化钠质量分数/%	0.6	0.6
水质量分数/%	56.8	61.4
γ-磺内酯含量/(mg/kg)	无（未测出，估计为 0.1）	无（未测出，估计为 0.1）
δ-磺内酯含量/(mg/kg)	<10	<10

表 3-8　生产 1000kg AOS 商品溶液的原料消耗和烯烃利用率

原料消耗		商品牌号	
		AOS-1416 溶液（1000kg）	AOS-1618 溶液（1000kg）
烯烃/kg		268	264
硫黄/kg	以 S 计	45[①]	37[②]
	以 SO$_3$ 计	113[①]	91[②]
氢氧化钠（100%）/kg		62	50
次氯酸钠（100%有效物）/kg		4	3.5
硫酸/kg		10	10
水/kg		544	600
烯烃利用率/%		97.0	95.5

① 用 1416 烯烃时 SO$_3$ 过量 8%（mol）。

② 用 1618 烯烃时过量 10%（mol）。

（4）AOS 的性能与用途

AOS 是一种高泡、水解稳定性好的阴离子型表面活性剂。AOS 商品通常为活性物含量 39%~40%的水溶液或活性物含量约 70%的浆状物，也有含量>90%的粉状商品。碳链长度以 C$_{14}$~C$_{16}$ 为主。AOS 具有优良的抗硬水能力，低毒、温和、刺激性低，在各种个人保护用品中的应用优于十二醇硫酸盐。在硬水中具有良好的去污力，生物降解性好，用途广泛。

① AOS 的物理化学性质

a. AOS 的溶解性　图 3-31 给出了不同碳数 AOS 的温度-溶解度曲线。由图可见随着 AOS 碳链长度增加，溶解度下降。但是它在比较宽的碳数范围（C$_{12}$~C$_{18}$）内都有比较好的溶解性。C$_{18}$ AOS 的临界溶解温度低于 40℃，C$_{17}$ AOS 的溶解度与 LAS 大致相同。

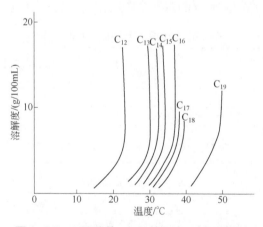

图 3-31　不同碳数 AOS 的温度-溶解度曲线

b. AOS 的表面活性　表 3-9 列出了一些 AOS 单组分和 LAS、烷基磺酸盐的表面活性数据，由不同硬度的水中每个吸附分子在溶液表面所占的面积可以看出，AOS 具有比较高的表面活性，并随碳链的增加每个分子所占的面积减小，即表面吸附分子排列趋于紧密。在比较高的硬度的水中表面活性较高。

不同链长的 AOS 的表面张力（γ）和临界胶束浓度（cmc）分别如图 3-32 和图 3-33 所示。

由图 3-32 可知 $C_{15}\sim C_{17}$ 的 AOS 的表面张力最低；而 LAS 和 AOS 最低表面张力对应的碳链长度分别为 C_{14} 和 C_{15}，且 LAS 和 AS（脂肪醇硫酸盐，也常用 FAS 作为缩写）碳链长度对表面张力的影响很大。由图 3-33 可以看出碳链长度对 AOS、LAS 和 AS 的 cmc 的影响，与对表面张力的影响有很大的相似性，$C_{15}\sim C_{18}$ 的 AOS，其 cmc 约为 $(1\sim 2)\times 10^{-3}mol/L$，与 LAS 和 AS 相比在比较宽的碳数范围内都具有较低的 cmc。综上所述可知，AOS 在较宽的碳数范围内具有较高的表面活性。

表 3-9 AOS 在空气-水界面上的分子面积（nm²）及其与 LAS 和单组分磺酸盐的比较
（水硬度，$Ca^{2+}/Mg^{2+}=3/2$，水硬度以 CaCO₃ 计）   单位：nm²/分子

表面活性剂	水硬度/(mg/kg)		
	0mg/kg	50mg/kg	125mg/kg
十二烷基-1-磺酸钠	0.591	0.351[①]	不溶[②]
羟烷基-1-磺酸钠	1.13	0.803[①]	0.548[②]
十二烯-1-磺酸钠	0.515	0.400[①]	0.332[②]
C_{14} AOS	0.428	—	0.399[②]
C_{16} AOS	0.349	—	0.287
C_{18} AOS	0.285	—	0.244
C_{20} AOS	—	—	0.215
LAS（C_{11}）	—	—	0.388
LAS（C_{13}）	—	—	0.247
烷基磺酸盐	—	0.413	0.328

① 为 150mg/kg 时的数值。

② 为 300mg/kg 时的数值。

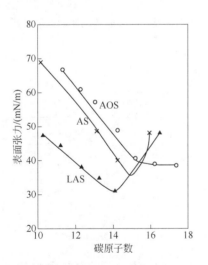

图 3-32 碳链长度与表面张力的关系

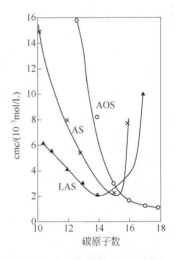

图 3-33 碳链长度与 cmc 的关系

c. AOS 的起泡力和润湿力 由图 3-34 可见，$C_{14}\sim C_{18}$ 的 AOS 都具有比较好的起泡力，AOS、AS 和 LAS 的最高起泡力的碳链长度分别为 $C_{14}\sim C_{16}$、C_{14} 和 $C_{11}\sim C_{13}$。这说明 AOS 在比较宽的碳数范围内都具有良好的起泡力，其起泡力可以和发泡剂脂肪醇硫酸酯盐类（AS）相媲美，且具有比 AS 更好的水解稳定性。

　　由图 3-35 可见，AOS 在 C_{14} 以上、LAS 在 C_{10} 以上，AS 在 C_{12}~C_{15} 均具有比较好的润湿性，这三类表面活性剂的最佳润湿力对应的碳链长度分别为 C_{14}~C_{17} AOS、C_{12} LAS 和 C_{13} AS。AOS 的润湿性虽稍逊于 LAS，但 AOS 在比较宽的碳数范围内都能保持良好的润湿力。

　　d. AOS 的去污性能及抗硬水能力

　　由图 3-36 可见，C_{15}~C_{18} AOS 的去污力优于 LAS 和 AS，且最佳去污力所对应的碳数范围较宽。图 3-37 给出了五种阴离子型表面活性剂的去污力与水硬度之间的关系。可见在低硬度（0~54mg/kg）水中，上述五种表面活性剂均具有良好的去污力，但在较高硬度水中（>100mg/kg），AOS 的去污力仅次于 AES。它们的抗硬水能力顺序为：AES>AOS>MES>AS>LAS。

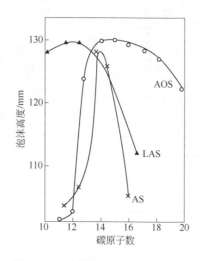

图 3-34　碳链长度与起泡力的关系

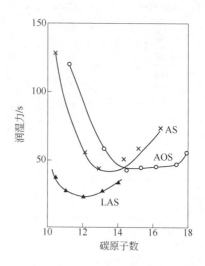

图 3-35　碳链长度与润湿力的关系

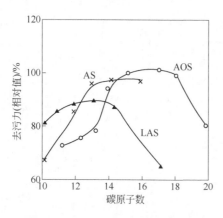

图 3-36　碳链长度与去污力的关系

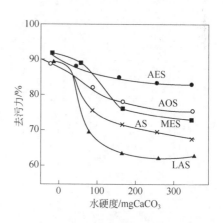

图 3-37　水硬度对去污力的影响

　　e. AOS 的生物降解性　图 3-38 给出了商品 AOS-1416 和 AOS 的单组分——C_{14} 羟基链烷磺酸盐的最终生物降解度曲线，并与葡萄糖和 C_{12} LAS 的最终生物降解度进行比较。从图 3-38 和图 3-39 可知，AOS 的生物降解速率和最终生物降解度均明显高于 LAS。AOS 在 5 天内可完全降解而消失，不会污染环境。而 LAS 在一个月之后，废水中仍残留约 30%的碳。因此，AOS

对环境有较高的安全性。

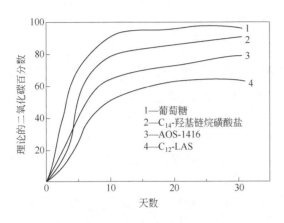

图3-38　AOS和几种表面活性剂的
最终生物降解度比较

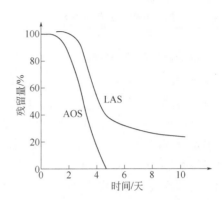

图3-39　AOS和LAS的生物
降解速率

f. AOS 的毒性和对皮肤及眼睛的刺激性　以田鼠为被试动物进行经口的急性毒性试验，AOS、LAS 和 AS 的 LD_{50} 值分别为 3.26g/kg、1.62g/kg 和 1.46g/kg，三者中 AOS 的数值最大，即毒性最低。以 AOS、AES 和 AS（十二烷基硫酸盐）三种表面活性剂对被试动物做涂敷试验，所得刺激性结果列于表 3-10。表 3-10 中数据表明 AOS 的浓度在 10%以下时对皮肤无刺激或仅有轻微刺激。有人对 AOS 进行了各种毒性试验，包括两年喂食和涂敷试验，所得结论是 AOS 温和，刺激性低，在正常范围内使用不会造成对人身或环境的毒害。但 AOS 在有次氯酸钠漂白剂存在时，可能产生能使皮肤过敏的磺内酯，这应在配方时予以注意。

表 3-10　几种表面活性剂的皮肤刺激性试验结果

被试物质的浓度/%	刺激试验结果		
	AOS	AES	AS
1.0	0.2	0.1	0.2
5.0	0.3	—	—
10.0	0.5	—	—
20.0	2.9	—	—
28.0	—	5.0	—
30.6	—	—	5.2
36.8	4.5	—	—

注：0.4 或低于 0.4 无刺激；0.5 轻微刺激；2.9~4.5 中等刺激；5.0~5.2 强刺激。

② AOS 的用途

由于 AOS 性能优良，尤其是在硬水中和有肥皂存在时具有很好的起泡力和优良的去污力，毒性和刺激性低，性质温和，在家庭和工业上均具有广泛的用途。适用于配制个人护理、卫生用品，如各种有盐的和无盐的香波、抗硬水的块皂、牙膏、浴液、泡沫浴等；手洗、餐具洗涤剂；各种重垢衣用洗涤剂，羊毛、羽毛清洗剂，洗衣用的合成皂、液体皂等家用洗涤剂，还可用来配制家用或工业用的硬表面清洗剂等。

工业上 AOS 主要用作乳液聚合用乳化剂、配制增加石油采收率的油田化学品、混凝土密度改进剂、发泡墙板、消防用泡沫剂等，还可用作农药乳化剂、润湿剂等。

3.3.3 烷基磺酸盐

烷基磺酸盐是–SO₃Na 直接连在烷基的碳原子上形成的磺酸盐，通式为 $RSO_3^-M_{(1/n)}^+$，M^+ 为碱金属或碱土金属离子，n 为离子的价数。烷基的碳数应在 C_{12}~C_{20} 范围内，以 C_{13}~C_{17} 为佳。在其同系物中以十六烷基磺酸盐的性能最好。

SO_3 不能直接磺化烷烃，因此烷基磺酸盐是通过磺氯酰化法，即 Reed 反应（1936 年专利），或者水-光磺氧化工艺制备的。磺酸基团主要连接在烷基链的仲碳原子上，因此所得产品称为仲链烷磺酸盐（secondary alkane sulfonate），缩写为 SAS。

烷基磺酸盐的合成技术尽管也经过了许多研究和发展，但迄今其在表面活性剂总产量中所占比重及其应用领域都远不及 LAS。

（1）磺氯酰化法

① 合成原理

直链烷烃与 SO_2 和 Cl_2 反应，生成磺酰氯的反应叫作 Reed 反应。烷基磺酰氯用 NaOH 中和后即得到烷基磺酸盐。反应式如下：

$$RH + SO_2 + Cl_2 \longrightarrow RSO_2Cl + HCl \tag{3-41}$$

$$RSO_2Cl + 2NaOH \longrightarrow RSO_3Na + NaCl + H_2O \tag{3-42}$$

Reed 反应是由紫外光、其它辐射或自由基引发剂引发的自由基反应。该反应历程如下：

链引发：
$$Cl_2 \xrightarrow{h\nu} 2Cl\cdot \tag{3-43}$$

链式反应：
$$Cl\cdot + RH \longrightarrow R\cdot + HCl \tag{3-44}$$

$$R\cdot + SO_2 \longrightarrow RSO_2\cdot \tag{3-45}$$

$$RSO_2\cdot + Cl_2 \longrightarrow RSO_2Cl + Cl\cdot \tag{3-46}$$

在上述自由基反应中，因仲碳自由基比伯碳自由基稳定，生成仲碳自由基的概率比伯碳自由基高，因此，伯碳氢与仲碳氢相对反应活性比约为 1：3，故反应产物中仲烷基磺酸盐的比例高于伯烷基磺酸盐。

在生成烷基单磺酰氯之后，单磺酰氯的烷基仍有可能再与氯自由基进行链式反应，可能生成烷基二磺酰氯，反应式如下：

$$RSO_2Cl + Cl\cdot \longrightarrow \cdot RSO_2Cl + HCl \tag{3-47}$$

$$\cdot RSO_2Cl + SO_2 \longrightarrow \cdot O_2SRSO_2Cl \tag{3-48}$$

$$\cdot O_2SRSO_2Cl + Cl_2 \longrightarrow R(SO_2Cl)_2 + Cl\cdot \tag{3-49}$$

在上述反应过程中，自由基可能因互相结合、与杂质结合或碰撞器壁而消失，称为链终止反应：

$$2Cl\cdot \longrightarrow Cl_2 \tag{3-50}$$

$$R\cdot + Cl\cdot \longrightarrow RCl \tag{3-51}$$

$$R\cdot + R\cdot \longrightarrow R-R \tag{3-52}$$

$$RSO_2\cdot + R\cdot \longrightarrow RSO_2R \tag{3-53}$$

$$RSO_2\cdot + Cl\cdot \longrightarrow RSO_2Cl \tag{3-54}$$

这些链终止反应，除消耗自由基外，也带来副产物如卤代烷、长链烃、砜等的形成。上式中的一卤代烷和烷基单磺酰氯亦可通过与自由基反应，生成二卤代烷或氯化磺酰氯等副产物：

$$RCl \cdot + Cl \cdot \longrightarrow \cdot RCl + HCl \tag{3-55}$$

$$\cdot RCl + Cl_2 \longrightarrow R(Cl)_2 + Cl \cdot \tag{3-56}$$

$$RSO_2Cl + Cl \cdot \longrightarrow \cdot RSO_2Cl + HCl \tag{3-57}$$

$$\cdot RSO_2Cl + Cl_2 \longrightarrow ClRSO_2Cl + Cl \cdot \tag{3-58}$$

原料中如有烯烃与氯发生加成反应，也会生成二卤代物。

综上所述，磺酰氯化反应中的副产物很多，如二磺酰氯、卤代烷、二卤代烷、氯代烷基磺酰氯和二烷基砜等。因此需选择适当的工艺条件和工艺流程来提高反应的选择性，减少副产物的生成。

② 工艺过程

磺氯酰化法制取烷基磺酸盐的工艺简述如下。

a.原料油处理　为减少副反应和加快反应速度，原料中的正构烷烃含量要大于 98%，芳烃含量应小于 0.06%，碘值小于 5g/100g，水分小于 0.03%。烷基链碳数为 $C_{13} \sim C_{17}$。

由尿素络合分离得到的重蜡油，芳烃和烯烃含量高，且有部分支链烃和环烷烃及含氧含氮化合物，需用发烟硫酸处理脱除芳烃等可磺化物，再经碱洗、水洗、干燥，得到合乎质量要求的原料。

b.磺氯酰化反应　磺氯酰化反应通常采用罐组式反应器，反应器内装有紫外线灯，用于引发自由基。该反应中使用的 SO_2 和 Cl_2 中氧气含量均需小于 0.2%，因为烷基自由基的氧化速度比磺氯酰化速度高得多，氧的存在会干扰磺氯酰化反应。

反应中 SO_2 和 Cl_2 按 1.1∶1（摩尔比）混合，经气体分布器进入反应器中，混合气体要尽可能均匀地分布在油中。反应中 SO_2 和 Cl_2 的理论摩尔比应为 1∶1。因 SO_2 在油中的溶解度高，故需适当提高 SO_2 在混合气体中的比例。

磺氯酰化反应是放热反应，为除去反应热和紫外灯管产生的热量，设有冷却系统，将反应温度控制在$(30 \pm 2)℃$。

磺氯酰化反应有氯化氢产生，腐蚀性强，反应设备需采用耐腐蚀材料制造，流程中设有气体吸收装置，用水吸收氯化氢气体。

磺氯酰化反应程度不同，所得产物的磺酰氯含量不一样。反应时间愈长，磺氯酰化程度愈高，产品中的副产物特别是二磺酰氯和多磺酰氯的含量愈高，产品质量愈差。磺氯酰化程度低的产品，单磺酰氯含量高，副产物少，产品质量好，但后处理和精制负荷会增大。生产中可以通过测定反应液相对密度的方法来控制磺氯酰化反应深度。按磺氯酰化反应程度（即磺酰氯含量）可把产品分为 M-80、M-50 和 M-30 三种。不同产品的化学组成、反应终点时的相对密度、质量及用途列于表 3-11 中。

c.脱气和皂化　磺氯酰化反应产物中溶解有一部分 HCl，还有未反应的 Cl_2 和 SO_2 气体，这些酸性气体需用压缩空气吹脱，使反应混合物中游离酸含量降至 1%以下。经吹脱后的反应混合物进入皂化釜中。加适量碱中和，在皂化反应过程中，反应液维持弱碱性。中和温度 98~100℃，依磺氯酰化程度不同，中和所用的 NaOH 浓度不同，中和 M-80、M-50 和 M-30 所用的 NaOH 溶液浓度分别为 30%、16.5%和 10%。

d.脱油和脱盐　烷基磺酰氯皂化后得到的烷基磺酸钠混合液中，含有的未反应的原料油和无机盐需予以除去。产物的磺氯酰化程度不同,脱油脱盐的条件有所差别。M-80 产物皂化后静置分层,下层浆状物用离心机分离脱盐。在 pH 值为 8~9 的上层清液中加入清液量 40%~50%的水,并一起加热到 102~105℃,保温。此时大部分加溶在活性物胶束中的原料油被释放出来,浮于上层。除去上层油后,下层溶液用水稀释至表面活性物含量 20%~25%出售;或再加热,急骤蒸发,脱出部分未反应的油和水,使不皂化物含量降至 5%以下,活性物含量可达 65%左右。

M-50 皂化后先静置分层,除去上层未反应的油。然后冷却,分去下层含有少量活性物的氯化钠溶液。剩余物在 65℃ 下用甲醇和水萃取,得到表面活性物的醇-水溶液,再蒸发除去醇和水,即为产品。

M-30 皂化后静置脱油,再冷冻降温脱盐,然后蒸发脱油,进一步除去不皂化物,得到合格产品。

表 3-11 不同磺氯酰化程度产品的组成

项目		产品名称		
		M-80	M-50	M-30
磺酰氯含量/%		70~80	45~55	30
磺酰氯组成	单磺酰氯含量/%	60	85	95
	二磺酰氯含量/%	40	15	5
未反应烷烃含量/%		30~20	55~45	70
烷基链上的氯含量/%		4~6	1.5	0.5~1.0
反应终点时的相对密度		1.02~1.03	0.88~0.90	0.83~0.84
质量		副产物多,质量差	比 M-80 好一些	副产物少,质量好
用途		印染用清洗剂	乳化剂,匀染剂,制造增塑剂	聚氯乙烯聚合乳化剂,制革用硝皮剂,泡沫剂,家用洗涤剂

(2)磺氧化法

正构烷烃在引发剂的作用下与 SO_2 和 O_2 反应,也可以得到烷基磺酸。这一反应称为磺氧化反应:

$$RH + SO_2 + O_2 \xrightarrow{\text{引发剂}} RSO_3H \tag{3-59}$$

磺酸中和后即得到烷基磺酸盐。在这一反应中,磺酸基几乎都连接在仲碳原子上,因此所得产品称为仲链烷磺酸盐(SAS)。

磺氧化工艺是继磺氯酰化工艺之后,于 20 世纪 40 年代出现的,在 50~70 年代,该工艺有了进一步研究和发展,并实现了工业化。

磺氧化反应也是自由基反应,该反应可用紫外线、γ射线、臭氧、过氧化物或其它自由基引发剂来引发,首先生成烷基自由基。烷基自由基与 SO_2 和 O_2 反应,生成过氧磺酰自由基,过氧磺酰自由基再与正构烷烃反应,生成过氧磺酸和新的烷基自由基,继续进行链式反应:

$$RH \xrightarrow{hv} R\cdot + H\cdot \tag{3-60}$$

$$R\cdot + SO_2 \longrightarrow RSO_2\cdot \tag{3-61}$$

$$RSO_2\cdot + O_2 \longrightarrow RSO_2O_2\cdot \tag{3-62}$$

$$RSO_2O_2\cdot + RH \longrightarrow RSO_2O_2H + R\cdot \tag{3-63}$$

过氧磺酸可用水分解,在 SO_2 存在下,过氧磺酸按下式分解:

$$RSO_2O_2H + H_2O + SO_2 \longrightarrow RSO_3H + H_2SO_4 \tag{3-64}$$

如果没有水存在，过氧磺酸可能分解为两个自由基，这两个自由基再分别与烷烃作用，生成磺酸和水以及新的烷基自由基，即每一个过氧磺酸分子分解将产生两个烷基自由基，从而大大加速了链式反应速度：

$$RSO_2O_2H \longrightarrow RSO_2O \cdot + \cdot OH \tag{3-65}$$

$$RSO_2O \cdot + RH \longrightarrow RSO_3H + R \cdot \tag{3-66}$$

$$OH \cdot + RH \longrightarrow H_2O + R \cdot \tag{3-67}$$

与磺氯酰化反应一样，磺氧化反应也是自由基反应，故磺氧化反应中同样存在若干种自由基终止反应，也同样存在生成二磺酸或多磺酸等的副反应。磺氧化转化率愈高，二磺酸含量愈高，产品质量愈差。因此，为保证产品中单磺酸的比例足够高，通常单程转化率控制在 5%以下，此时可得到二磺酸含量小于 18%的产物。

按上述磺氧化反应的自由基机理，仲碳原子比伯碳原子更易发生磺氧化反应。用紫外线作引发剂，对正庚烷进行磺氧化，产物组成为：1-正庚基磺酸为 2%，2-正庚基磺酸为 42%，3-正庚基磺酸为 38%，4-正庚基磺酸为 18%，即伯碳氢与仲碳氢相对反应活性比为 1 : 30。因此磺氧化反应所得产物为仲烷基磺酸。而在磺氯酰化反应中，伯碳氢与仲碳氢相对反应活性比为 1 : 3，产物中虽然以仲烷基磺酰氯居多，但最终产物仍应看成是仲烷基磺酸盐与伯烷基磺酸盐的混合物。

在正构烷烃的磺氧化反应中，如果用高压汞灯的紫外光引发自由基，用水作过氧磺酸的分解剂，这一工艺称为水-光磺氧化工艺。该工艺由 Hoechest A G 公司开发并实现了大规模工业生产。

在水-光磺氧化工艺中，烷烃的质量、紫外光波长、反应温度、反应混合气体的摩尔比和通入量、反应气体在液态烃中的分布状况，以及烷烃的单程转化率和加水量等因素，对反应均有影响。

水-光磺氧化对原料的要求为：正构烷烃的含量>98%，芳烃含量<50~100mg/kg，硫含量<10mg/kg，烷烃的平均分子量为 213~215。经尿素络合分离或分子筛吸附分离得到的正构烃中，芳烃含量在 0.4%~1%，尚需经加氢精制，或用发烟硫酸/气体三氧化硫处理以降低原料中芳烃、烯烃和含氧含氮化合物等杂质的含量。这些杂质的存在会使反应的诱导期增长，产品色泽加深。

水-光磺氧化是采用紫外光作自由基引发剂，在工业装置中使用 25kW 的高压汞灯，产生的光波长为 250~400nm。

磺氧化反应温度以 30~40℃ 为宜，温度过低时反应速度低，温度过高时 SO_2 在烃中的溶解度降低，同样影响反应速度，增加副反应。

按反应式计算，SO_2 与 O_2 的摩尔比为 2 : 1。

$$RH + 2SO_2 + O_2 + H_2O \longrightarrow RSO_3H + H_2SO_4 \tag{3-68}$$

因有一部分 SO_2 会溶解于反应体系中，故反应过程中 SO_2 的通入量应高于理论量，通常 $SO_2 : O_2$（摩尔比）控制在 2.5 : 1。反应开始前先通入一定量的 SO_2，使 SO_2 在烃中达到饱和状态，再按一定比例通入 SO_2 与 O_2 的混合气体。这样可缩短自由基反应的诱导期，在反应的起始阶段就能有较高的转化率。

磺氧化反应是气液两相的非均相反应，为保证气液充分接触，反应过程中需提高混合气的流速，增加气体的通入量，并使混合气体通过气体分布器均匀地分布到液态烃中。SO_2-O_2 的通入量很大，但一次通过磺氧化反应器的转化率并不高，大部分反应混合气体需经过气体循环系统压缩回用。这样，SO₂ 的利用率可达 95%。

分解烷基过氧磺酸需要加入水，加水量可根据磺酸产率来确定，一般为磺酸产率的 2~2.5 倍。

图 3-40 是 Hoechest A G 水-光磺氧化工艺流程图。磺氧化在反应器（1）中进行，年产 2.5 万吨 SAS 的磺氧化反应器容积为 60m³，用耐酸材料制成，反应器内装有 36 支功率 25kW 的高压汞灯。高压汞灯散发的热量由灯套管内的去离子水循环系统移去。附属于反应器部分的有三个循环系统，除高压汞灯冷却用的去离子水循环系统外，还有反应物料循环系统和反应混合气循环系统。

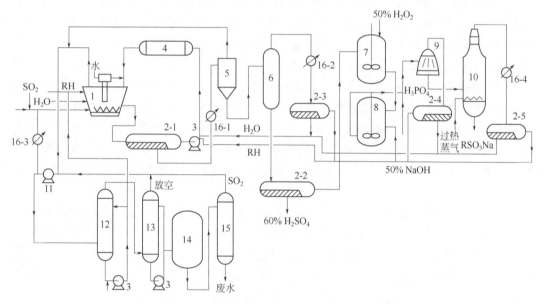

图 3-40　Hoechest A G 水-光磺氧化工艺流程
1—磺氧化反应器；2—沉降分离器；3—泵；4—冷却器；5—气液分离器；6—降膜蒸发器；
7—漂白罐；8—中和罐；9—蒸发器；10—汽提塔；11—升压机 12—烷烃洗涤塔；
13—水洗塔；14—中间贮罐；15—汽提塔；16—换热器/冷凝器

反应物料的循环过程为：液体物料在反应器（1）中停留 6~7min，从（1）的下部流入沉降分离器（2-1），分出上层油相，经泵（3）进入冷却器（4），将物料由 40℃ 冷至 20℃ 再返回到反应器中。

混合气的循环过程为：SO₂ 与 O₂ 混合后进入反应器（1）底部的气体分布器，均匀分布于液态烃中。但一次通过反应器的单程转化率很低，大部分未反应的混合气体离开（1）的顶部，经液环式升压机（11），再经换热器降温，循环进入反应（1）底部的气体分布器，重新参与反应。为避免循环气体中惰性气体的累积，有一部分循环气经升压机（11）升压后，进入烷烃洗涤塔（12），用正构烷烃吸收其中的 SO₂ 气体。吸收了 SO₂ 的烃经泵（3），进入反应器（1）。由（12）顶部出来的未被吸收的气体进入水洗塔（13），用水吸收剩余的 SO₂，惰性气体则由（13）顶部放空。饱和的洗涤水经中间贮罐（14），进入汽提塔（15），SO₂ 气体由汽提塔顶部进入升压机（11），经换热器（16）冷却后，循环回到反应器（1）。

由沉降分离器（2）下部分出的磺酸混合液组成为仲烷基磺酸 19%~23%，烷烃 30%~38%，硫酸 6%~9%，SO₂ 约 2%，其余是水。该混合液经换热器（16-1），加热至 95℃，进入气液分离器（5），从（5）中脱出的 SO₂ 进入混合气循环系统。液体物料由（5）进入降膜蒸发器（6），脱出物经冷凝器（16-2）进入沉降分离器（2-3），分出油和水，分别返回到反应器（1）。（6）的下部物料进入沉降分离器（2-2）。（2-2）的下层液为 60% 的硫酸，作为副产物排出。（2-2）的上层液为磺酸相，进入漂白罐（7），用 H_2O_2 漂白，然后进入中和罐（8），用 50% NaOH 溶液连续中和，进碱量用 pH 计调节、控制。中和料液中含 45% SAS 和 14% 正构烷烃。此料液可用泵送至蒸发器（9）。（9）底部热油温度为 320℃，顶部为 100℃。为防止 SAS 分解，在进入蒸发器的物料中加入少量磷酸。（9）的顶部蒸出物经冷凝器（16-3）进入分离器（2-4），分出的油和水分别返回到反应器（1）中。加热后的 SAS 呈熔融状态，从（9）的下部进入汽提塔（10）。汽提塔下部通入过热蒸汽，约 280℃，除去 SAS 中残留的正构烃。（10）的气相物料由顶部经冷凝器（16-4）进入分离器（2-5），分出油和水分别返回反应器（1）。汽提塔（10）下部的流出物 SAS 含量在 93%，此物料在 90℃ 下通过混合泵与水混合，可制成含 60% SAS 的膏状物（如 Hostapur SAS-60），或制成含 30% SAS 的透明液体（如 Hostapur SAS-30）。

用水-光磺氧化工艺制取 SAS，西欧的生产能力为 10 万吨/年，日本也有公司研究这一方法。此外，美国杜邦公司曾研究了用自由基作引发剂的磺氧化工艺；埃索研究发展工程公司研究了钴 60 辐射的磺氧化工艺；还有采用紫外光和臭氧作引发剂的磺氧化研究。国内也曾在上述几个领域内开展过研究，但目前尚没有工业化生产。

SAS 有很好的水溶性、润湿力和除油能力。其去污力与 LAS 相近，但发泡力稍低，很适合配制重垢液体洗涤剂。SAS 的毒性和对皮肤的刺激性低于 LAS，生物降解性好，与醇醚硫酸盐（AES）复配，可配制各种个人卫生盥洗制品。SAS 与 AOS 复配可制造各种粉状洗涤剂和轻垢洗涤剂。AES 和 AOS 都可以弥补 SAS 在硬水中泡沫性差的缺点。SAS 也适合于配制硬表面清洗剂。SAS 还可以作为乳化剂用于乳液聚合中。

（3）由 α-烯烃制取伯烷基磺酸盐

由 α-烯烃与亚硫酸氢钠通过自由基引发的双键加成，可以得到伯烷基磺酸盐。反应式为：

$$RCH{=\!\!=}CH_2 \ + \ NaHSO_3 \ \xrightarrow{\text{自由基引发剂}} \ RCH_2CH_2SO_3Na \tag{3-69}$$

该反应的自由基引发剂是溶解的氧，或紫外线、γ 射线，也可以用其它自由基引发剂。该反应是非均相反应。为使 α-烯烃和亚硫酸氢钠水溶液两相良好接触，通常需要一种共溶剂，如叔丁醇、2-丁酮。共溶剂的加入可以提高反应收率。反应收率亦与 α-烯烃的分子量有关。α-烯烃分子量增加，反应收率下降。

3.3.4　α-磺基单羧酸及其衍生物

分子量较低的 α-磺基单羧酸本身不具有表面活性，但通过酯化或酰胺化生成较高分子量的衍生物后，则具有较好的表面活性，例如 α-磺基乙酸十二烷基酯的钠盐。分子量较高的 α-磺基单羧酸包括 $C_{10} \sim C_{24}$ 的脂肪酸，都具有良好的表面活性。特别是月桂酸、棕榈酸、硬脂酸经酯化制成低碳醇酯，再通过直接磺化合成的 α-磺基高碳脂肪酸低碳醇酯的钠盐，是一类重要的阴离子型表面活性剂。

（1）α-磺基低碳脂肪酸高碳醇酯的合成

α-磺基低碳酸如 α-磺基乙酸、α-磺基丙酸、α-磺基丁酸可由多种不同的方法合成，其中

Strecker 反应可能是最方便、实用的方法。反应式如下：

$$ClCH_2COONa + Na_2SO_3 \longrightarrow \underset{SO_3Na}{CH_2COONa} + NaCl \tag{3-70}$$

如采用卤代酸酯与亚硫酸钾反应，则副产物会更少。

α-磺基乙酸、α-磺基丙酸和α-磺基丁酸与适当链长的醇进行酯化，生成的α-磺基羧酸酯具有良好的表面活性。磺基乙酸月桂醇酯钠盐可由磺基乙酸与月桂醇酯化，或用氯代乙酸月桂酸酯采用 Strecker 反应来制备，如式（3-71）~式（3-73）所示：

$$\underset{SO_3H}{H_2C-COOH} + C_{12}H_{25}OH \xrightarrow{NaOH} \underset{SO_3Na}{CH_2COOC_{12}H_{25}} + H_2O \tag{3-71}$$

$$ClCH_2COOH + C_{12}H_{25}OH \xrightarrow{H^+} ClCH_2COOC_{12}H_{25} + H_2O \tag{3-72}$$

$$ClCH_2COOC_{12}H_{25} + Na_2SO_3 \longrightarrow \underset{SO_3Na}{CH_2COOC_{12}H_{25}} + NaCl \tag{3-73}$$

Strecker 反应的典型工艺条件为：在 500g $ClCH_2COOC_{12}H_{25}$ 和 365g Na_2SO_3 中加入 500mL 水，在 CO_2 保护下加热、搅拌，于 140~150℃ 下反应 2h。α-磺基乙酸月桂醇酯钠盐便可从水溶液中分出，然后在异丙醇中重结晶纯化。油醇、十六醇和十八醇的磺基乙酸酯钠盐也可以用上述两种方法来制备。

磺基乙酸与椰子油脂肪醇进行酯化反应的工艺条件为：椰子油脂肪醇与等份的α-磺基乙酸混合加热，于 180℃ 下反应 18h，在氮气流下除去酯化生成的水。

磺基乙酸月桂醇酯在牙膏、香波、化妆品和条状洗涤剂中有特殊的用途。它与谷类糊精复配，可用于对碱敏感的皮肤所使用的洗涤剂配方中。磺基乙酸月桂醇酯钠盐对粗糙、皱裂或破损的皮肤可能具有恢复作用。

磺基乙酸与支链醇、长链醇或醇醚生成的酯都可以作为食品乳化剂。在 20 世纪 30 年代就有人报道了用磺基乙酸酯类表面活性剂作人造奶油防溅剂。如磺基乙酸胆甾醇酯钠盐、磺基乙酸单硬脂酸甘油酯钠盐、磺基乙酸单月桂酸甘油酯钠盐等，如图 3-41 所示。

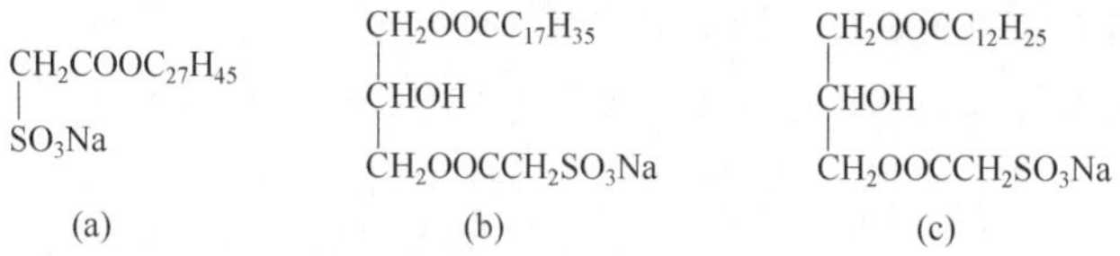

$$\underset{SO_3Na}{CH_2COOC_{27}H_{45}} \qquad \underset{CH_2OOCCH_2SO_3Na}{\overset{CH_2OOCC_{17}H_{35}}{\overset{|}{CHOH}}} \qquad \underset{CH_2OOCCH_2SO_3Na}{\overset{CH_2OOCC_{12}H_{25}}{\overset{|}{CHOH}}}$$

(a) (b) (c)

图 3-41　磺基乙酸胆甾醇酯钠盐（a），磺基乙酸单硬脂酸甘油酯钠盐（b）和磺基乙酸单月桂酸甘油酯钠盐（c）的结构

（2）α-磺基高碳脂肪酸的合成

碘值在 0.5g/100g 以下的 C_8~C_{22} 直链饱和脂肪酸及其酯，可用 SO_3 磺化制得色泽较浅的产品。长链饱和脂肪酸的熔点与黏度较高，磺化时必须用溶剂稀释才能使反应顺利进行。磺化剂有 SO_3 和氯磺酸等。SO_3 磺化历程如下：

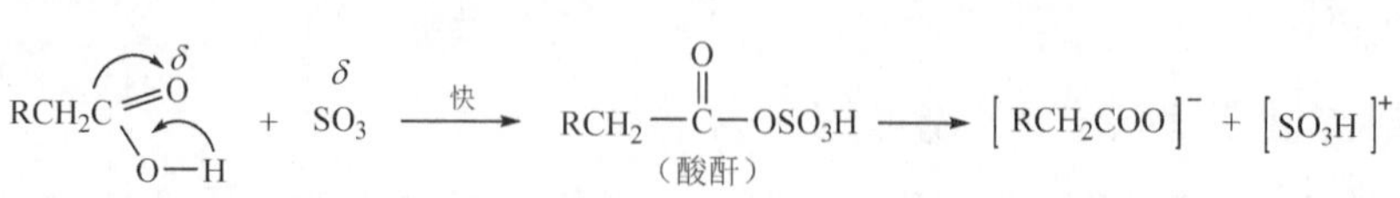

$$RCH_2C\overset{\delta}{\underset{O-H}{=}}O + \overset{\delta}{SO_3} \xrightarrow{快} RCH_2-\overset{O}{\underset{(酸酐)}{C}}-OSO_3H \longrightarrow [RCH_2COO]^- + [SO_3H]^+$$

$$\longrightarrow \left[\begin{array}{c} RCH \\ | \\ H \end{array} - C \underset{O}{\overset{\delta \atop O}{\Big\langle}} \right]^{-} + \left[SO_3H \right]^{+} \longrightarrow \begin{array}{c} RCHCOOH \\ | \\ SO_3H \end{array} \tag{3-74}$$

$$\underset{}{RCH_2COSO_3H} \xrightarrow[快]{SO_3} \underset{SO_3H}{RCHCOSO_3H} \xrightarrow{快} \underset{SO_3H}{RCHCOOH} + SO_3 \tag{3-75}$$

反应首先生成混合酸酐，混合酸酐使 α-位活化，通过重排生成 α-磺基脂肪酸；或另一分子 SO_3 进攻混合酸酐的 α-位碳原子，经重排后脱去一分子 SO_3 生成 α-磺基脂肪酸。磺化反应温度 60~65℃，常用的稀释溶剂为氯代烃，如四氯化碳。用 SO_3-二氧六环络合物也可以得到色泽较浅的产品。

合成中采用溶剂操作不便，亦不安全，生产成本高。目前，真正具有实用价值的还是 α-磺基脂肪酸甲酯盐。

（3）α-磺基脂肪酸甲酯（单）钠盐（MES）

以氢化牛油、椰子油或棕榈油为原料，与甲醇进行醇解反应（亦可先醇解，后加氢）制得脂肪酸甲酯，同时得到浓度较高的甘油。然后，饱和脂肪酸甲酯经磺化、中和得到的产品称为 α-磺基脂肪酸甲酯钠盐，亦称甲酯磺酸盐（methyl ester sulfonate），缩写为 MES。其通式为 $R–CH(SO_3Na)–COOCH_3$，亦可缩写为 α-SFMeNa（α-sulfo fatty acid methyl ester sodium）。产品中还含有副产物二钠盐 $R–CH(SO_3Na)–COONa$，缩写为 α-SFdiNa（α-sulfo fatty acid disodium salt）。这种方法虽然投资较大，但成本低，适合于大规模工业生产。

① 脂肪酸甲酯磺化机理和工艺条件的选择

MES 的合成原理可用下列两步反应式表示：

$$RCH_2COOCH_3 + SO_3 \longrightarrow \underset{SO_3H}{RCHCOOCH_3}（磺化）\tag{3-76}$$

$$\underset{SO_3H}{RCHCOOCH_3} + NaOH \longrightarrow \underset{\substack{SO_3Na \\ （目的产物）}}{RCHCOOCH_3} + \underset{\substack{SO_3Na \\ （少量副产物）}}{RCHCOONa}（中和）\tag{3-77}$$

人们对高碳脂肪酸甲酯的 α-位磺化机理进行了大量研究，普遍认为，反应历程如下：

$$\overset{O}{\overset{\|}{RCH_2COCH_3}} + SO_3 \underset{}{\overset{快}{\rightleftharpoons}} \overset{O}{\overset{\|}{RCH_2COSO_2OCH_3}}（络合）\tag{3-78}$$

$$\overset{O}{\overset{\|}{RCH_2COSO_2OCH_3}} + SO_3 \overset{快}{\rightleftharpoons} \underset{SO_3H}{\overset{O}{\overset{\|}{RCHCOSO_2OCH_3}}}（取代）\tag{3-79}$$

$$\underset{SO_3H}{\overset{O}{\overset{\|}{RCHCOSO_2OCH_3}}} \overset{慢}{\rightleftharpoons} \underset{SO_3H}{RCH} - \overset{O}{\overset{\|}{COCH_3}} + SO_3（重排）\tag{3-80}$$

SO_3 先和酯基上的氧络合，使 α-位的氢原子活化，然后另一分子 SO_3 使 α-位磺化，这两个反应都比较快。经重排后释放出一分子的 SO_3，生成 α-磺基脂肪酸甲酯。重排的反应速度较慢。

按磺化反应原理，SO_3 与甲酯的摩尔比为 1：1。但根据反应历程，为使 α-位磺化顺利进行，

SO_3 应适当过量。实际操作中，甲酯与 SO_3 的摩尔比为 $1：(1.1\sim1.5)$。

甲酯磺化过程中决定反应速度的一步是重排。因此，为了使反应顺利进行，必须延长反应时间。甲酯磺化通常采用带保护风的降膜式磺化反应器。采用这种磺化器，物料在反应器中的停留时间较短，为此，流出反应器的物料在经分离器分离气体后，再进入补充反应器进行老化。老化温度 $90\sim95℃$，在塞流状态下停留半小时。老化阶段的反应为：

$$RCHCOSO_2OCH_3 + RCH_2—COCH_3 \xrightarrow{慢} 2RCH—COCH_3 \qquad (3\text{-}81)$$

磺化产物如不经老化立即中和，会生成大量的 α-SFdiNa:

$$RCHCOSO_2OCH_3 + 2NaOH \longrightarrow RCHCOONa + CH_3OSO_3Na \qquad (3\text{-}82)$$

磺化产物经老化后色泽加深，需采用双氧水或次氯酸钠漂白。漂白时如条件控制不当，会使酯键水解，导致中和产品中 α-SFdiNa 增加。

改进的漂白技术是在加入甲醇的情况下用 H_2O_2 进行。甲醇的存在可以使磺化中间体与甲醇作用生成 MES 和硫酸甲酯，即可抑制甲酯的水解。

$$RCHCOSO_2OCH_3 + CH_3OH \longrightarrow RCHCOCH_3 + CH_3OSO_3H \qquad (3\text{-}83)$$

漂白过程中使用甲醇后，可降低中和时体系的黏度，有助于抑制因局部碱过剩而发生的碱性水解，减少了生成二钠盐的可能性，从而可得到高浓度的优质 MES。

② MES 的生产工艺

以脂肪酸甲酯作原料，在 T.O.反应器中用气体 SO_3 磺化制造 MES 的工艺流程如图 3-42 所示。

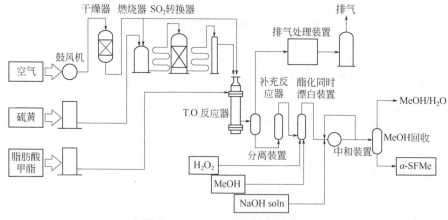

图 3-42 MES 工艺流程示意图

用干燥空气稀释的体积分数约为 $5\%\sim7\%$的 SO_3 气体进入 T.O.反应器的头部，脂肪酸甲酯经 T.O.反应器头部的分配器形成均匀的液膜。甲酯与 SO_3 的摩尔比为$(1：1.25)\sim(1：1.30)$。在甲酯液膜与 SO_3 气体之间通入保护风，磺化温度维持在 $80\sim85℃$。磺化产物由反应器下部导出，进入气液分离装置，分出的气体经排气处理装置后放空，由分离器下部出来的磺化产物进入补充反应器进行老化，老化温度约 90~95℃，老化时间约半小时。经老化的酸性产物用甲醇再酯化并进行第一次漂白。在该装置中加入 1%~1.5%（以活性物为 100 计）双氧水（40%水溶液）及适量甲醇，于 60~70℃ 下连续漂白 20~30min。经第一次漂白的产品进入中和装置，加入 NaOH。严格将 pH 值控制在 7.5~9，中和温度在 45℃ 以下，以减少甲酯的水解。中和产物进入汽提塔回收甲醇。塔底为产物 MES。如产品色泽较深，可进行第二次漂白。第二次漂白用 1.5%（以活性物为 100 计）NaOCl（13%）水溶液，于 50~70℃ 下漂白 2h。一般产品活性物含量为 30%，含 0.6%未磺化物，5% α-SFdiNa。制备高活性物含量的产品可采用真空干燥设备（如 tubro tube dryer）制成含量在 83%以上的粒状、粉状、针状产品。

③ MES 的性质和用途

MES 是由天然油脂衍生的一类阴离子型表面活性剂，该产品具有良好的生物降解性，对人类和环境安全，且具有许多优良的使用性能，简述如下。

a. 去污力　不同碳链长度（脂肪酸链）的 MES 中，以 C$_{16}$ 去污力为最强，其余依次是 C$_{18}$ 和 C$_{14}$。C$_{16}$ 和 C$_{18}$ 的去污力优于 LAS 和 AS，见图 3-43。

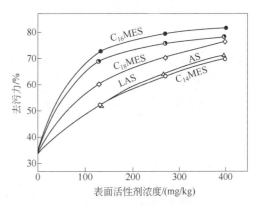

图 3-43　MES 的碳链长度与去污力

条件：表面活性剂 270mg/kg；碱剂：270mg/kg；去污仪：Terg-O-Tometer；人工皮脂污垢；水硬度：54mg/kg（以 CaCO$_3$ 计）洗涤 10min

由图 3-37 可知，MES 的去污力随着水硬度的增加，比 LAS、AS 下降得较少，且 MES 在高硬度水中仍具有很好的去污力。

在洗衣粉配方中用 MES 取代 1/3 LAS，则在低浓度、高硬度水中的去污力明显优于 LAS 的配方。

MES 是优良的钙皂分散剂。它与肥皂配合，可弥补肥皂不耐硬水，形成皂垢的缺点，并提高去污能力。MES 也是液体皂的重要组分。

b. 泡沫及润湿性能　MES 起泡能力好，与 LAS 相当。C$_{16}$ MES 的起泡力最高，C$_{18}$ 的 MES 起泡力中等。MES 在硬度较低的水中润湿性不好，在水硬度大于 120mg/kg 时与 LAS 相当。

c. 与酶的配伍性　近年来加酶洗涤剂的发展很快。研究表明，MES 对碱性蛋白酶和碱性脂肪酶活性的影响很小，而 LAS 和 AS 会显著降低酶的活性。这意味着 MES 适合于配制加酶洗涤剂。

d. 加溶性质　10mmol 的 MES 可加溶 4.0mmol 油酸，而 10mmol LAS 只能加溶 1.9mmol 油酸。MES 加溶量大意味着它的去油污能力优于 LAS。

e. 毒性和安全性　MES 的 LD$_{50}$ 值大于 5g/kg，属无毒物质。月桂基 MES 对皮肤的刺激性，与低刺激的月桂基醚磺基琥珀酸单酯二钠相当，这表明它对皮肤温和，不会引起皮肤过敏。MES 对鱼类在 24~96h 内的半致死浓度 LC$_{50}$ 为 290~350mg/L（C$_{12}$ MES），而 LAS 为 1~10mg/L，AS 为 5~20mg/L，AES 为 1~10mg/L。由此可见，它的毒性很低。MES 8 天后的初级生物降解率可达 99.5%以上，而 LAS 只有 90.7%。上述数据表明，MES 对环境影响甚小，是一种安全的表面活性剂。

基于上述优良性能，MES 在粉状、液体和硬表面清洗剂中具有很好的应用前景，尤其适用于加酶浓缩粉的制造。在磷矿浮选等工业领域中亦有应用。

MES 中的酯键在碱性介质中易于水解，但由于酯基附近存在磺基，大大减弱了酯的水解活性。在 pH 值为 3.5~9，温度 80℃ 时水解极少。如配入洗衣粉，由于 pH 值高，存放过程中二钠盐会增加，从而降低产品的性能，经研究发现当二钠盐含量小于活性物的 20% 时，性能的降低影响不大。为防止在洗涤和制造过程中 MES 水解成二钠盐，可采取如下措施：加入 NaHCO₃ 控制 pH 值；添加羧酸盐、硼酸盐等抑制水解；将 MES 和碱性助剂在喷粉塔内分别喷雾干燥等。

3.3.5 脂肪酸的磺烷基酯盐（Igepon A 系列）和脂肪酸的磺烷基酰胺盐（Igepon T 系列）

为了克服脂肪酸皂对硬水的敏感性和在酸性介质中的不溶解性，人们在 1930 年推出了脂肪酸的磺烷基酯衍生物，这就是商品 Igepon A 系列，代表性产物为油酰氧基乙磺酸钠，如图 3-44（a）。继而于 1931 年又合成出脂肪酸的磺烷基酰胺衍生物，这就是商品 Igepon T 系列。代表物为 N-油酰基-N-甲基牛磺酸钠，如图 3-44（b）。

$$CH_3(CH_2)_7CH{=\!=}CH(CH_2)_7{-}\overset{O}{\overset{\|}{C}}OCH_2CH_2SO_3Na \quad (a)$$

$$CH_3(CH_2)_7CH{=\!=}CH(CH_2)_7{-}\overset{O}{\overset{\|}{C}}{-}\overset{CH_3}{\overset{|}{N}}CH_2CH_2SO_3Na \quad (b)$$

图 3-44　油酸衍生的磺烷基酯（a）和磺烷基酰胺（b）的分子结构

Igepon T 系列表面活性剂的通式可写成 $R^1{-}CON(R^2){-}R^3SO_3M$，可见结构中有四个可变因素：$R^1$、$R^2$、$R^3$ 和 M。改变分子结构可满足乳化、泡沫、润湿和洗涤等不同应用的要求。

合成 Igepon A 和 Igepon T 所需的有机中间体分别为羟乙基磺酸钠（HOCH₂CH₂SO₃Na）和 N-甲基牛磺酸钠（CH₃NHCH₂CH₂SO₃Na），而亲油基部分可以由脂肪酸或脂肪酰氯提供。

（1）羟乙基磺酸钠和 N-甲基牛磺酸钠的合成

① 2-羟乙基磺酸钠的合成

工业上 2-羟乙基磺酸钠由环氧乙烷和亚硫酸氢钠水溶液反应制取。反应式为：

$$CH_2{-}CH_2 + NaHSO_3 \longrightarrow HOCH_2CH_2SO_3Na \tag{3-84}$$

工业级亚硫酸氢钠中含有亚硫酸钠和硫酸钠。当亚硫酸氢钠消耗完后，亚硫酸钠可与环氧乙烷反应：

$$Na_2SO_3 + CH_2{-}CH_2 + H_2O \longrightarrow HOCH_2CH_2SO_3Na + NaOH \tag{3-85}$$

这会使反应液的 pH 值急剧上升。

采用间歇法制备工艺时，在反应釜中将优质的工业级亚硫酸氢钠溶于水中，再将环氧乙烷通入该水溶液中。通水冷却，将反应温度控制在 60~80℃。将制得的羟乙基磺酸钠浓溶液在转鼓干燥器中干燥，得到粉状的羟乙基磺酸钠。

也可以采用塔式连续二步法制备工艺。在 pH 值为 5~8 的范围内将 SO₂ 和环氧乙烷交替地通入 NaOH 水溶液中，首先 NaOH 与 SO₂ 反应生成 NaHSO₃；然后环氧乙烷与 NaHSO₃ 反应生成羟乙基磺酸钠。其结果可使亚硫酸钠和硫酸钠的含量显著降低。如环氧乙烷通入过量，易发生下列反应：

$$n CH_2\!-\!CH_2 + H_2O \xrightarrow{OH^-} HO(CH_2CH_2O)_nH \tag{3-86}$$

$$CH_2\!-\!CH_2 + HOCH_2CH_2SO_3Na \longrightarrow HOCH_2CH_2OCH_2CH_2SO_3Na \tag{3-87}$$

② N-甲基牛磺酸钠的合成

工业上用羟乙基磺酸钠与甲胺反应制取 N-甲基牛磺酸钠：

$$CH_3NH_2 + HOCH_2CH_2SO_3Na \longrightarrow CH_3NHCH_2CH_2SO_3Na + H_2O \tag{3-88}$$

采用间歇法时，反应釜压力 4.86~6.18MPa，反应温度 200~250°C，反应时间 7h，甲胺过量 6~8mol。甲胺不足时易发生如下副反应：

$$CH_3NHCH_2CH_2SO_3Na + HOCH_2CH_2SO_3Na \longrightarrow CH_3N(CH_2CH_2SO_3Na)_2 + H_2O \tag{3-89}$$

蒸馏回收未反应甲胺后，即得到产物 N-甲基牛磺酸钠。

采用连续法时，将 25%的甲胺水溶液与 35%的羟乙基磺酸钠水溶液混合均匀，用高压泵送入氨化反应器。高压氨化反应器为 Cr-Mo 不锈钢管，物料在管道内预热至 150~160°C 进行氨化，然后进入直立圆筒状的主反应器，加热至 255~265°C，反应系统压力为 18.0~20.0MPa。连续流出的反应物在常压的薄膜蒸发器中蒸发，蒸出的过量未反应甲胺循环回用。除去甲胺后的溶液经真空吸滤除去少量焦化颗粒后，即可得到浓度为 25%~30%的淡黄色甲基牛磺酸钠溶液。

采用氯乙基磺酸钠与氨或甲胺反应，亦可生成牛磺酸钠或甲基牛磺酸钠，反应式如下：

$$ClCH_2CH_2SO_3Na + NH_3 \longrightarrow NH_2CH_2CH_2SO_3Na \tag{3-90}$$

$$ClCH_2CH_2SO_3Na + CH_3NH_2 \longrightarrow CH_3NHCH_2CH_2SO_3Na \tag{3-91}$$

（2）脂肪酰氯的合成

脂肪酰氯由脂肪酸与酰氯化试剂三氯化磷（PCl_3）、五氯化磷（PCl_5）、二氯亚砜（$SOCl_2$）、二甲酰氯（$ClCOCOCl$）、光气等反应制取。如 PCl_3 和脂肪酸的酰化反应方程式为：

$$3RCOOH + PCl_3 \longrightarrow 3RCOCl + H_3PO_3 \tag{3-92}$$

实验室常用二氯亚砜作酰化试剂，生成的副产物 SO_2 和 HCl 都为气体，使产物易于处理，但酰化效率不如 PCl_3，经济性不令人满意，在工业生产中较少采用。反应式如下：

$$RCOOH + SOCl_2 \longrightarrow RCOCl + SO_2\!\uparrow + HCl\!\uparrow \tag{3-93}$$

（3）脂肪酸磺乙基酯（Igepon A 系列）的合成

① 以脂肪酰氯为原料

以油酰氯为原料制取 Igepon A 的反应式如下：

$$C_{17}H_{33}COCl + HOCH_2CH_2SO_3Na \longrightarrow C_{17}H_{33}COOCH_2CH_2SO_3Na + HCl\!\uparrow \tag{3-94}$$

在室温下将等摩尔的油酰氯和干粉状的羟乙基磺酸钠，加入立式不锈钢反应釜中，搅拌、慢慢升温，控制反应体系中的泡沫量。将温度依次控制在 70~90°C、90~120°C 和 135~170°C。总反应时间为 1~5h。

反应物在不同的反应阶段呈现出不同的黏度，最后从能搅拌的蜡状物变成颗粒状物，再变成干粉状，搅拌愈来愈困难。在反应的最后阶段可以减压（或通入惰性气体）升温，使反应进行完全，并尽可能把 HCl 赶出，留存的痕量 HCl 可用 NaOH 中和。

用椰子油脂肪酸酰氯制得的产品,典型组成为:脂肪酸羟乙基磺酸酯钠盐 85%,氯化钠 1%,硫酸钠 0.25%,水 1%~3%,脂肪物质 10%。这种产品也可采用管式连续化工艺生产。

② 以脂肪酸为原料

脂肪酸与羟乙基磺酸钠制取 Igepon A 的反应式如下:

$$RCOOH + HOCH_2CH_2SO_3Na \longrightarrow RCOOCH_2CH_2SO_3Na + H_2O \tag{3-95}$$

工业上常采用过量的椰子油脂肪酸与浓的羟乙基磺酸钠在氯化锌存在下反应,反应温度 230~240℃。水和脂肪酸一起馏出,连续地分出水,脂肪酸回入反应器中。约 2.5h 后反应即可完成。为避免产品色泽加深,反应体系中应尽量排除空气。

(4)脂肪酸磺烷基酰胺(Igepon T 系列)的合成

① 以脂肪酰氯为原料

工业上常采用脂肪酰氯与甲基牛磺酸钠在碱性水溶液中反应制取。缩合反应式如下:

$$C_{17}H_{33}COCl + \overset{\overset{\displaystyle CH_3}{|}}{HNCH_2CH_2SO_3Na} \xrightarrow{NaOH} \overset{\overset{\displaystyle CH_3}{|}}{C_{17}H_{33}CONCH_2CH_2SO_3Na} + NaCl + H_2O \tag{3-96}$$

反应可在搪瓷釜中以间歇方式进行,或在泵式循环的连续缩合装置中进行。连续缩合工艺设备包括一个贮槽和一台循环泵,操作过程如下:在贮槽中加入一定量的 N-甲基牛磺酸钠、碱和水,开动循环泵,然后以一定的速度加入油酰氯,制得一定量的 N-油酰基 N-甲基牛磺酸钠。接着按比例连续加入 N-甲基牛磺酸钠、碱、水和油酰氯,成品连续流出。N-甲基牛磺酸钠的浓度为 8.5%,N-甲基牛磺酸钠与 NaOH 的摩尔比为 1:(1.26~1.30)。反应温度控制在室温至 60~80℃。这样制得的产品中活性物含量在 20% 左右,pH 值为 7.2~8.2。N-甲基牛磺酸钠的转化率可达 92%~94%,比间歇法的 87%~88% 高。连续法与间歇法相比,油酰氯水解量少,产品质量好,设备利用率高,不需要冷却和加热等设施。目前该类产品以椰油酰氯生产的 N-椰油酰基-N-甲基牛磺酸钠为主。

② 以脂肪酸作原料

脂肪酸与甲基牛磺酸钠在 220℃ 反应 10h,可制得 N-脂肪酰基 N-甲基牛磺酸钠。当脂肪酸与甲基牛磺酸的摩尔比由 1:1 增加到 1.5:1 和 2:1 时,甲基牛磺酸钠的利用率可由 82.6% 增加至 91.5%~94.5%,副反应产物大大减少。在上述反应中如采用酸性催化剂(或促进剂),如硼酸、苯基膦酸、磷酸、次磷酸及其盐类,可以缩短反应时间,降低反应温度,避免着色和减少不良气味。

(5)性质与用途

一些纯的脂肪酸磺烷基酯和脂肪酸磺烷基酰胺的物理性质和表面活性分别列于表 3-12 和表 3-13 中。

脂肪酸的磺烷基酯和磺烷基酰胺最初是作为纺织助剂使用的,特别是酰胺型产品对硬水不敏感,有良好的去污力、润湿力和纤维柔软作用,并且可在酸性条件下使用,所以在纺织工业中有广泛的用途。N-椰油酰基-N-甲基牛磺酸钠是酰胺型表面活性剂中最重要的一种,从表 3-12 和表 3-13 数据可以看出,它具有良好的使用性能,脂肪酸的磺烷基酯和磺烷基酰胺在各种形式的香波、泡沫浴等配方中都可应用,也可应用于重垢的精细纺织品洗涤剂、手洗和机洗餐具洗涤剂,特别适用于复合香皂和全合成香皂的配方。用于复合香皂配方中的磺烷基酯或磺烷基酰胺是由椰子油脂肪酸和牛油脂肪酸衍生的。

表 3-12 脂肪酸磺烷基酯钠盐和脂肪酸磺烷基酰胺钠盐的物理性质

物质名称		熔点/℃	Krafft 点 (1%)/℃	0.1%, 25℃		临界胶束浓度 /(mmol/L)
				表面张力(0.1%, 25℃)/(mN/m)	界面张力(0.1%, 25℃)/(mN/m)	
脂肪酸磺烷基酯钠盐	壬酸酯	240~242	<0	51.4	24.3	42.4
	月桂酸酯	216~218	80	46.6	20.7	6.4
	豆蔻酸酯	191~193	39	37.6①	9.5①	2.0
	棕榈酸酯	176~177	51	36.7	8.8①	不溶
	硬脂酸酯	169~170	59	35.1	7.8①	不溶
	油酸酯	146~148	<0	36.0	5.2	0.23
脂肪酸磺烷基酰胺钠盐	壬酰胺	224~225	<0	61.0	37.7	—
	月桂酰胺	207~208	<0	49.6	24.5	8.7
	豆蔻酰胺	201~203	23	41.0	13.6	1.82
	棕榈酰胺	187~188	43	40.4	12.0	0.43
	硬脂酰胺	171~173	58	37.8	10.3	不溶
	油酰胺	162~164	<0	39.3	10.9	0.29

① 在 35℃ 测定。

表 3-13 脂肪酸磺烷基酯钠盐和脂肪酸磺烷基酰胺钠盐的表面活性

物质名称		泡沫高度/mm		洗涤力 ΔR		润湿时间(0.1% 25℃)/s	钙离子稳定性 /(mg/kg)	钙皂分散力/%
		60℃ 0.25% 蒸馏水	0.05%+0.01%NTA +0.01%助剂水硬度:300mg/kg	60℃ 0.25% 蒸馏水	0.05%+0.01%NTA+ 0.01%助剂水硬度: 300mg/kg			
脂肪酸磺烷基酯钠盐	壬酸酯	60	47	29.4	27.5	>300	>1800	90
	月桂酸酯	223	165	34.9	28.1	10	410	13
	豆蔻酸酯	219	200	33.4	33.3	15	320	9
	棕榈酸酯	223	220	33.6	38.9	25①	300	7
	硬脂酸酯	194	183	38.9	40.3	>300①	280	9
	油酸酯	215	210	33.5	39.3	21	1700	9
脂肪酸磺烷基酰胺钠盐	壬酰胺	43	43	26.8	26.8	>300	>1800	90
	月桂酰胺	193	165	29.3	27.6	49	>1800	7
	豆蔻酰胺	225	210	33.0	30.7	16	>1800	3
	棕榈酰胺	192	213	30.6	32.3	36	>1800	6
	硬脂酰胺	190	163	31.9	34.2	98	>1800	6
	油酰胺	220	212	31.9	32.0	24	>1800	6

① 在 35℃ 测定。

3.3.6 琥珀酸酯磺酸盐

琥珀酸酯磺酸盐亦称磺基琥珀酸酯,按其结构可分为琥珀酸单酯磺酸盐和琥珀酸双酯磺酸盐两类。商品 Aerosol OT(渗透剂 OT)是最早问世的一种琥珀酸双酯磺酸盐,它是优良的工业用润湿剂、渗透剂,至今仍被广泛应用。自 20 世纪 80 年代中期以来,琥珀酸单酯磺酸盐的开发和应用得到了很大的发展。特别是脂肪醇聚氧乙烯醚和脂肪酸单乙醇酰胺,与马来酸酐生成的单酯经磺化后得到的产品,性能温和,对皮肤和眼睛的刺激性非常低,泡沫性能优良,在个人护理用品中的应用日益广泛。琥珀酸酯磺酸盐合成的工艺和设备并不复杂,没有三废产生,原料供应充足,生产成本较低,因此发展较为迅速,广泛用于日用化工、皮革、医药、印染、造纸等领域。

琥珀酸酯磺酸盐根据酯化反应时所用含羟基原料的不同,又可分为磺基琥珀酸烷基酯盐、磺基琥珀酸脂肪醇聚氧乙烯醚酯盐、磺基琥珀酸脂肪酰胺乙酯盐等。

(1)磺基琥珀酸烷基酯盐

① 酯化

C_8~C_{18} 脂肪醇与马来酸酐在催化剂存在下反应,生成琥珀酸单烷基酯或双烷基酯,反应式如下:

$$RCH_2OH + \begin{array}{c} HC-C \\ \| \quad \quad O \\ HC-C \end{array} \xrightarrow[\text{或无催化剂}]{\text{催化剂}} RCH_2OCCH=CHCOOH \quad \text{(单酯)} \tag{3-97}$$

$$2RCH_2OH + \begin{array}{c} HC-C \\ \| \quad \quad O \\ HC-C \end{array} \xrightarrow{\text{催化剂}} RCH_2OCCH=CHCOCH_2R + H_2O \tag{3-98}$$

上述反应是放热反应。生成单酯反应的催化剂有对甲苯磺酸、β-萘磺酸、H_2SO_4、硼酸、乙酸钠、醇钠等,或具有抗氧化性能的复合催化剂。反应亦可在无催化剂下进行。醇与酸酐的摩尔比为 1:(1.05~1.1),反应温度 60~70℃,反应时间 2~4h。酯化反应必须在无水条件下进行,少量的水分会使酸酐变成酸,而酸与羟基化合物的酯化需要较高的温度,且会使产物中双酯含量增加。

合成双酯时催化剂通常采用对甲苯磺酸,亦可以采用合成单酯时使用的催化剂,用量约为 0.5%,醇与酸酐的摩尔比为 2:1,反应温度需在 80℃ 以上。反应中可采取减压脱水,或加入甲苯、二甲苯等共沸脱水剂脱水,缩短酯化反应时间。

② 磺化

马来酸单酯的磺化通常采用 Na_2SO_3,反应式如下:

$$RCH_2OCCH=CHCOOH + Na_2SO_3 \longrightarrow RCH_2OCCH_2CHC-ONa \quad (SO_3Na) \tag{3-99}$$

单酯与 Na_2SO_3 的摩尔比为 1:1.05,Na_2SO_3 以饱和水溶液状态加入,反应体系的 pH 值维持在 6~8,反应温度 70~120℃,反应时间 2~4h。反应结束时加入 H_2O_2,使亚硫酸盐氧化成硫酸盐。

酯化时由于单酯的酯基和羧基的诱导效应,单酯中双键上电子云密度分布不均,导致磺酸基主要加成到与羧基相连的 α-碳原子上。

常用的产品是由月桂醇或椰油醇、硬脂醇衍生的单酯二钠盐。

双酯的磺化通常采用 $NaHSO_3$。酯与 $NaHSO_3$ 的摩尔比为 1:1.05。$NaHSO_3$ 以水溶液状态加入,充分搅拌,将反应体系的 pH 值维持在 6~8。反应温度控制在 95℃ 以下。反应结束时加入 H_2O_2,将未反应的 $NaHSO_3$ 氧化。反应产物中活性物含量为 30%~45%。Aerosol OT 是用 2-

乙基己醇作原料，采用上述工艺条件合成的，其结构式如下：

$$\underset{\underset{SO_3Na}{|}}{C_4H_9\overset{\overset{C_2H_5}{|}}{C}HCH_2OCCHCH_2COCH}\overset{\overset{C_2H_5}{|}}{C}HC_4H_9$$

磺基琥珀酸单烷基酯二钠盐常用于个人护理用品、盥洗卫生用品中。如在珠光调理香波中，磺基琥珀酸月桂酯二钠盐的添加量为 5%~8%（含量 40%的产品），磺基琥珀酸十八烷基酯二钠盐的添加量为 2%~3%（含量 40%的产品）。

（2）磺基琥珀酸脂肪醇聚氧乙烯醚酯二钠

用脂肪醇聚氧乙烯醚（环氧乙烷加成数为 2~3）代替脂肪醇，与马来酸酐进行酯化、磺化反应，可以得到刺激性低于磺基琥珀酸单烷基酯二钠的产品。表 3-14 中列出了磺基琥珀酸月桂基聚氧乙烯醚酯二钠[$C_{12}H_{25}O(CH_2CH_2O)_3COCH_2CH(SO_3Na)COONa$]（国内化妆品行业亦简称 MES），与脂肪醇聚氧乙烯醚硫酸钠（AES）以及脂肪醇硫酸钠（FAS）的刺激性试验结果。结果表明，刺激性顺序为 FAS>AES>琥珀酸酯 MES。琥珀酸酯 MES 基本上可认为是无刺激性的。

表 3-14　MES、AES、FAS 的刺激性试验数据

刺激试验	表面活性剂		
	琥珀酸酯 MES	AES	FAS
家兔点眼法	结膜轻度充血，20min 内消失	结膜充血，水肿，有少量分泌物	结膜充血，水肿，分泌物增多，角膜混浊
家兔耳壳皮内注射法	注射部位轻度充血 48h 内基本消失	注射部位红肿、充血，并有硬结和轻度坏死	注射部位红肿、充血，并有硬结和轻度坏死
家兔股四头肌法（刺激强度）	5 级	12 级	17 级

（3）磺基琥珀酸脂肪酰胺乙酯二钠

磺基琥珀酸脂肪酰胺乙酯二钠，是用脂肪酰单乙醇胺代替脂肪醇，与马来酸酐进行酯化、磺化反应得到的产物。其刺激性比琥珀酸酯 MES 更低。典型产物有十一烯酰胺、油酰胺和月桂酰胺的乙酯二钠，分别如下式中（a）、（b）和（c）所示：

$$\underset{\underset{SO_3Na}{|}}{C_{10}H_{19}\overset{O}{\overset{||}{C}}NHCH_2CH_2O\overset{O}{\overset{||}{C}}CH_2\overset{O}{\overset{||}{C}}HCONa} \qquad \underset{\underset{SO_3Na}{|}}{C_{17}H_{33}\overset{O}{\overset{||}{C}}NHCH_2CH_2O\overset{O}{\overset{||}{C}}CH_2\overset{O}{\overset{||}{C}}HCONa} \qquad \underset{\underset{SO_3Na}{|}}{C_{11}H_{23}\overset{O}{\overset{||}{C}}NHCH_2CH_2O\overset{O}{\overset{||}{C}}CH_2\overset{O}{\overset{||}{C}}HCONa}$$

(a) 　　　　　　　　　　　　　(b) 　　　　　　　　　　　　　(c)

产品（a）具有抗屑止痒作用，常用于洗发香波配方。（b）刺激性低，表面活性好，与 AES 以 3∶1 的比例复配，可使混合物的刺激性降到（b）的水平，可应用于婴儿香波、调理香波等个人护理用品中。

合成方法如下：

首先用油酸与单乙醇胺反应，生成油酰单乙醇胺：

$$C_{17}H_{33}COOH + NH_2CH_2CH_2OH \longrightarrow C_{17}H_{33}\overset{\overset{\displaystyle O}{\|}}{C}-NHCH_2CH_2OH \tag{3-100}$$

油酸在真空下加热到 100℃，按 1∶0.8（物质的量）加入适量的单乙醇胺，升温至 170℃ 反应 4~4.5h。当游离酸含量小于 1.5%后，降温至 60℃，投入余量的单乙醇胺，使油酸与单乙醇胺的比值达到 1∶1.1。同时加入催化剂甲醇钠 0.5%（以油酸量计），反应 2~2.5h。

如采用油酸甲酯在真空、催化剂存在下与单乙醇胺反应，反应时间缩短，且由于反应温度低，制得的产物色泽较浅。

然后，油酰单乙醇胺与马来酸酐反应，生成琥珀酸单油酰胺乙酯：

$$C_{17}H_{33}\overset{\overset{\displaystyle O}{\|}}{C}NHCH_2CH_2OH + \begin{array}{c} HC-C \\ \| \\ HC-C \end{array}\!\!\!\!O \xrightarrow[70~80℃]{催化剂} C_{17}H_{33}\overset{\overset{\displaystyle O}{\|}}{C}NHCH_2CH_2O\overset{\overset{\displaystyle O}{\|}}{C}CH=CHCOOH \tag{3-101}$$

二者的摩尔比为 1∶(1.04~1.10)，反应温度 70~80℃，催化剂乙酸钠用量 0.2~0.4%，在搅拌下反应 3h。最后，单酯再与 Na_2SO_3 反应生成目的产物：

$$C_{17}H_{33}\overset{\overset{\displaystyle O}{\|}}{C}NHCH_2CH_2O\overset{\overset{\displaystyle O}{\|}}{C}CH=CHCOOH + Na_2SO_3 \longrightarrow C_{17}H_{33}\overset{\overset{\displaystyle O}{\|}}{C}NHCH_2CH_2O\overset{\overset{\displaystyle O}{\|}}{C}CH_2\underset{\underset{\displaystyle SO_3Na}{|}}{C}HCOONa \tag{3-102}$$

二者的投料比（摩尔比）为 1∶(1~1.05)，反应温度 70~90℃，反应时间 2~4h，按产物中活性物含量为 30%计加入所需的水量。

脂肪酰单乙醇胺制备中不可避免地会生成酯酰胺和酯胺。这些水不溶物在以后的反应中不会接上亲水基，在产品中含量较高，会使后续产品浑浊、不透明，影响产品的质量。

（4）其它磺基琥珀酸酯盐

马来酸酐与其它含羟基化合物酯化后，再经磺化，可制得特殊品种的磺基琥珀酸酯盐。

① 磺基琥珀酸乙氧基化烷醇酰胺酯盐

它是烷基醇酰胺乙氧基化，再经酯化和磺化得到的产物，反应式如下：

$$RCONHCH_2CH_2OH + nCH_2\!\!-\!\!CH_2 \xrightarrow[130~160℃]{OH^-} RCONH(CH_2CH_2O)_{n+1}H \tag{3-103}$$

$$RCONH(CH_2CH_2O)_{n+1}H + \begin{array}{c} HC-CO \\ \| \\ HC-CO \end{array}\!\!\!\!O \xrightarrow[催化剂]{60~160℃} RCONH(CH_2CH_2O)_nCH_2CH_2O\overset{\overset{\displaystyle O}{\|}}{C}CH=CHCOOH$$

$$\xrightarrow{+Na_2SO_3} RCONH(CH_2CH_2O)_nCH_2CH_2O\overset{\overset{\displaystyle O}{\|}}{C}CH_2\underset{\underset{\displaystyle SO_3Na}{|}}{C}HCOOH \tag{3-104}$$

② 磺基琥珀酸硅氧烷酯盐

这类含硅特种表面活性剂的合成包括：(i) 硅氧烷二元醇与马来酸酐酯化；(ii) 封端基；(iii) 磺化。反应式如下：

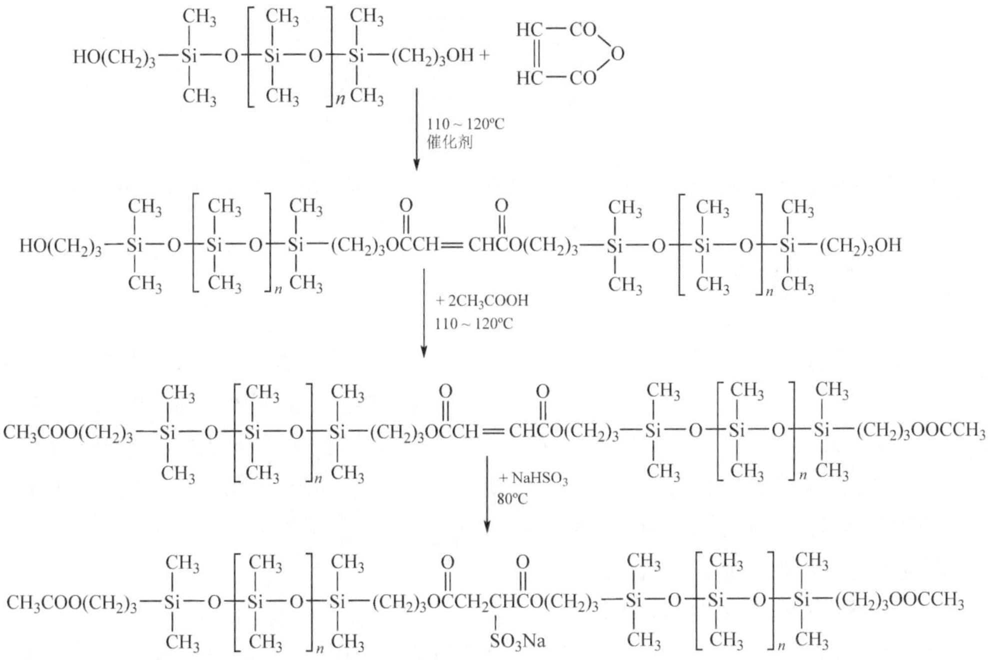

$$(3\text{-}105)$$

3.3.7　烷基萘磺酸盐

最简单和最早生产的烷基芳基磺酸盐是丙基萘磺酸钠。现在主要生产丁基萘磺酸盐，它的应用比丙基萘磺酸盐更为广泛。丁基萘磺酸钠俗称"拉开粉"，它具有很好的润湿、分散和乳化能力，在纺织和印染行业中常用作渗透剂和乳化剂。二丁基萘磺酸钠盐的化学式为：

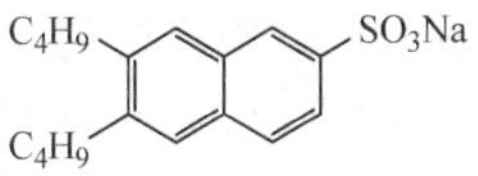

制取方法如下：在搪瓷反应釜中将正丁醇和萘混合，然后加入浓硫酸或发烟硫酸，在 25℃下进行磺化。酸加完后，继续搅拌半小时，然后升温至 45~55℃，搅拌 2~4h。静置分去下层废酸，上层为丁基萘磺酸。将分离得到的上层磺酸稀释，经 NaOH 溶液中和、NaClO 溶液漂白、过滤，得到丁基萘磺酸钠溶液。配以适量的芒硝，经干燥、粉碎即为成品。

低碳烷基的萘磺酸盐，以二取代物的表面活性较好。萘环上取代烷基的总碳数超过 10 时，磺酸盐的水溶性显著降低。单辛基萘磺酸盐去污力优于二丁基萘磺酸盐，但单辛基萘磺酸盐的溶解性差。二高碳烷基萘磺酸盐通常具有油溶性，特别是其碱土金属盐。例如，二壬基萘磺酸钡是有效的金属防锈剂。

另一种低碳烷基萘磺酸盐，是由亚甲基连接两个或多个萘环的一元或二元磺化产物。这类产品可由两种途径合成：一种是由萘、甲醛和硫酸一起加热制取；另一种是由萘磺酸与甲醛一起反应制得。这类表面活性剂的结构式为：

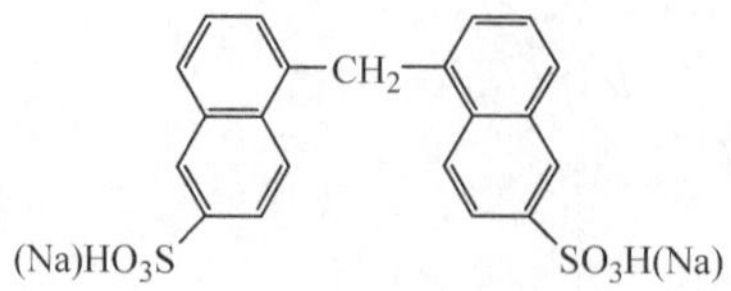

$$\text{(Na)HO}_3\text{S} \qquad \qquad \text{SO}_3\text{H(Na)}$$

磺基可能在 α-位或 β-位，也可能有三个或多个萘环通过亚甲基连接，得到低度缩合的聚合物。

3.3.8 石油磺酸盐

石油磺酸盐依其亲油基原料的来源，可分为两大类，一类烃基来源于天然石油馏分，通常是用发烟硫酸深度精制白油、脱臭煤油或润滑油时，回收得到的具有表面活性的副产物，这类表面活性剂称为天然石油磺酸盐，也就是通常所说的石油磺酸盐；另一类烃基来源于洗涤剂原料烷基苯合成中的副产物，如含二烷基苯或二苯烷等沸点较高的高沸物，或者来源于高碳烯烃与苯的缩合物，即为特殊使用目的而合成的高碳烷基苯，这类亲油基原料经磺化、中和后制得的表面活性产物，称为合成石油磺酸盐。

天然石油磺酸盐的制备过程如下：

沸点在 260℃ 以上，含 5%~30%可磺化芳烃的石油原料用磺化剂磺化。通常可采用 SO_3 作磺化剂，反应器可采用前面所述的膜式磺化反应器或喷射冲击式反应器。反应式为：

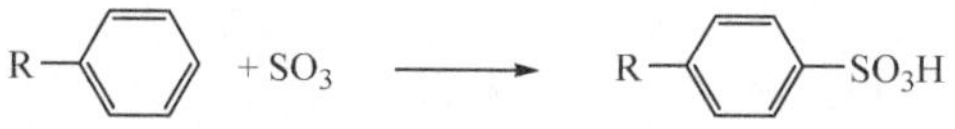

$$R\text{—}\bigcirc + SO_3 \longrightarrow R\text{—}\bigcirc\text{—}SO_3H \qquad\qquad (3\text{-}106)$$

用发烟硫酸或 SO_3 处理油的过程，除芳香烃被磺化成磺酸外，还伴随许多副反应，如原料分子的异构化、脱氢、环化、歧化、氧化等。这些副反应也要消耗磺化剂，所以在制造磺化油时需要加过量的磺化剂。所生成的最终磺化物中，既有原来烃分子的磺化物，也有重排的烃分子的磺化物。在实际生产中磺化温度保持在 60~65℃ 左右，这样可尽量避免氧化反应，并使石油磺酸因被酸渣吸收而损失的量减至最少。降低磺化温度有利于减少副反应和提高磺酸得率，但也存在着一些缺点和不利因素，如反应速度降低，反应体系的黏度增大等。

原料油中的可磺化物在 30%以下时，可以不加溶剂进行磺化，这从经济上考虑是合理的。当原料油中的可磺化物（芳烃含量）达到 50%或更高时，在磺化时需加入稀释剂如石脑油、二氯乙烷或 SO_2 等。使用稀释剂可使磺化反应在较低温度下进行，从而得到色泽较浅、质量较好的磺化产物。同时，稀释剂还能起到萃取部分磺酸的作用，减少酸渣对磺酸的吸收量，提高磺酸收率。如不用稀释剂，因磺化物黏度过高，致使酸渣和废硫酸难以从混合物中分离。使用稀释剂时，磺化后需将稀释剂蒸馏或汽提回收。

如采用发烟硫酸磺化，磺化后用沉降或离心分离的方法除去生成的酸渣，再用溶剂处理含有石油磺酸的酸性油，萃取出其中的磺酸。在制造白油时，先将石油馏分（轻质润滑油）用少量的 H_2SO_4 或精制溶剂进行预处理，以除去易聚合、易氧化的烃类及含 N、S 化合物，然后用发烟硫酸磺化，用甲醇、乙醇或异丙醇萃取，便可得到纯度较高的石油磺酸。

酸性油或石油磺酸用适当的碱中和制成所要求的磺酸盐。用氢氧化钠或碳酸钠中和得到的石油磺酸钠是最常见的制成品。用中和法也可以制得铵盐、钙盐和钡盐。碱土金属的石油磺酸盐也常通过石油磺酸钠与碱土金属氯化物的置换反应来制备。反应式为：

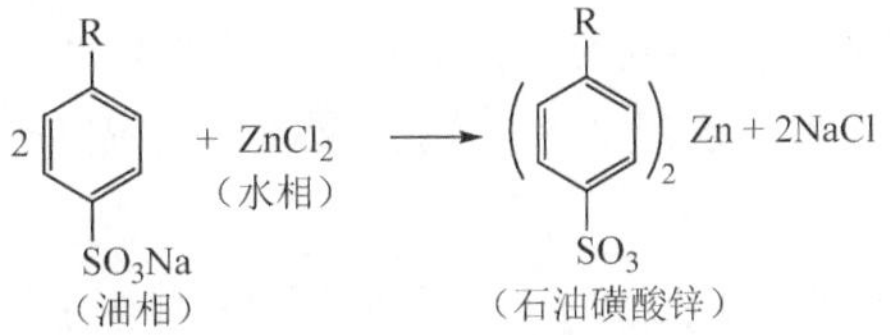

$$(3-107)$$

碱土金属盐常制成超碱盐（可超出化学计算量至 20 倍）来销售。例如，中碱性或高碱性石油磺酸钙就是把石油磺酸用过量的氧化钙中和，同时通入 CO_2 和氨制成的。反应式为：

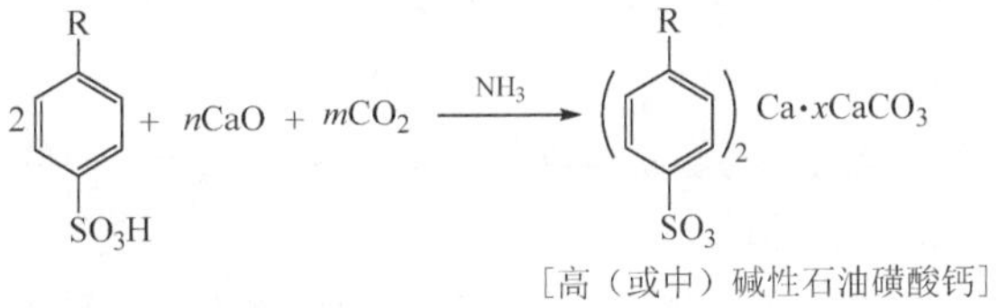

$$(3-108)$$

石油磺酸盐是具有广泛用途的工业制品。主要用途有作为发动机滑润油的清洁、分散添加剂，起到清洁和分散污泥、降低酸值、保护金属部件、抑制锈蚀等作用。

石油磺酸盐还可用于配制切削乳油，在金属加工中可提高润滑性和散热效果。中等分子量的石油磺酸盐可用来配制金属清洗剂，可有效地去除金属部件的油污。高分子的石油磺酸盐可配制防锈油和防腐涂料。此外，廉价的石油磺酸盐也可用于石油开采中，如三次采油和钻井泥浆等，亦可用于矿物浮选剂、皮革鞣制剂、农药乳化剂等配方中。

3.3.9 木质素磺酸盐

木质素磺酸盐是原木在造纸工业亚硫酸制浆过程中废水的主要成分，结构大致如下：

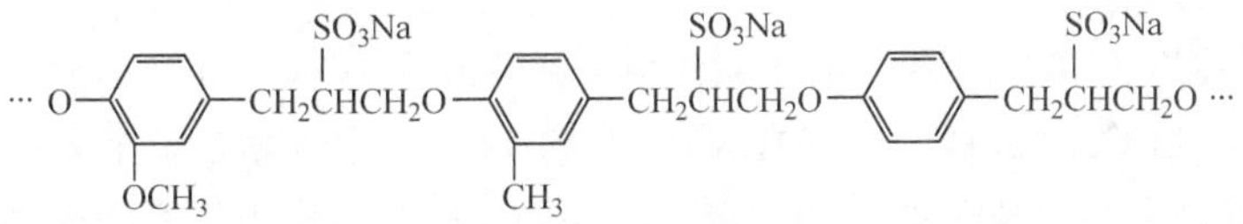

木质素磺酸盐的结构相当复杂，一般认为它是含有愈创木基丙基、紫丁香基丙基和对羟苯基丙基的多聚物的磺酸盐。分子量由 200 到 10000 不等。最普通的木质素磺酸盐平均分子量约为 4000，最多的可含有 8 个磺酸基和 16 个甲氧基。可磺化的碳原子是在与苯基相连接的 α-位上。

木质素磺酸盐在以非石油化学品制造的表面活性剂中是相当重要的一类。木质素磺酸盐价格低廉，并具有低泡性，主要用作固体分散剂、O/W 型乳状液的乳化剂，也可用于制造以水为分散介质的染料、农药和水泥的悬浮液。较大量的纯度较好的木质素磺酸盐用于石油钻井泥浆配方中，能有效地控制钻井泥浆的流动性，防止泥浆絮凝。精制的木质素磺酸盐可有效地用作矿石浮选剂、矿泥分散剂，也可作为管道输送矿物或输送煤炭的流体助剂。部分脱磺基的木质素磺酸盐可用作水处理剂。木质素磺酸盐的主要缺点是色泽深，不溶于有机溶剂，降低表面张力的效果较差。

3.3.10 烷基甘油醚磺酸盐（AGS）

烷基甘油醚磺酸盐（alkyl glyceryl ether sulfonates，缩写为 AGS），通式为 $ROCH_2CH(OH)$–

CH$_2$SO$_3$M。这类化合物是德国人最先合成的，关于其特殊性质的报道至今仍很少。

其合成方法为：首先，脂肪醇与表氯醇（环氧氯丙烷）反应生成氯代醚，即 1-氯-2-羟基-丙基烷基醚：

$$ROH + ClCH_2CH\!\!-\!\!CH_2 \longrightarrow ROCH_2CHCH_2Cl$$

$$(3\text{-}109)$$

氯代醚再与亚硫酸钠反应得到目的产物：

$$ROCH_2CHCH_2Cl + Na_2SO_3 \longrightarrow ROCH_2CHCH_2SO_3Na$$

$$(3\text{-}110)$$

合成反应过程颇为复杂，表氯醇与脂肪醇继续反应会生成二醚和多醚。为得到质量高的产物，需要从最终产物中除去未反应的原料和副产物。

AGS 是有效的润湿剂、泡沫剂和分散剂，具有良好的水溶性，对酸和碱的稳定性高。它与一般磺酸盐类表面活性剂相比，价格高，因而限制了它的应用和发展。AGS 也是优良的钙皂分散剂，具有良好的抗硬水性能。AGS 与其它钙皂分散剂相比，在皮肤上的沉积趋势最小，适合作为香皂添加物。

3.4　硫酸酯盐

3.4.1　脂肪醇硫酸酯盐

脂肪醇硫酸盐（AS）的通式为 ROSO$_3$M，其中 R 为烷基，M 多为碱金属离子，如 Na$^+$、K$^+$，或 NH$_4^+$、N$^+$H(CH$_2$CH$_2$OH)$_3$、N$^+$H$_2$(CH$_2$CH$_2$OH)$_2$ 等。脂肪醇硫酸盐又名（伯）烷基硫酸盐。

AS 中亲油基和亲水基间以 C–O–S 键相连，与磺酸盐型相比，在 C–S 键中间多了一个氧原子。因此它较易水解，尤其是在酸性介质中。因此，其应用范围受到某些限制，在合成和使用中应予注意。

AS 是继肥皂之后出现的一类最老的阴离子型表面活性剂。1836 年 Dumas 首先制得了 AS，1928 年经过技术改进，由油脂经氢解制得脂肪醇后，于 1930 年首次实现了 AS 的工业化生产。椰子油氢解制得的 C$_{12}$~C$_{14}$ 脂肪醇是制取 AS 的理想原料。这种产品的溶解性、泡沫性和去污性能均较合适，使用性能较好，大量用于牙膏、香波、泡沫浴和化妆品中。用十二醇制备的硫酸酯盐，简称 SDS（sodium dodecyl sulfate），是科研领域最常用的表面活性剂之一。

（1）物理化学性质及用途

① 水解性

AS 在酸性条件下会发生水解，反应式为：

$$2ROSO_3Na + H_2SO_4 \longrightarrow Na_2SO_4 + 2ROSO_3H$$

$$(3\text{-}111)$$

$$ROSO_3H + H_2O \longrightarrow ROH + H_2SO_4$$

$$(3\text{-}112)$$

初始的水解会引发进一步水解和 pH 值的下降。

② 溶解度

AS 在水中的溶解度与烷基链的碳原子数和反离子的种类有关。碳链长度增加，溶解度下降，$C_{12}~C_{14}$ 的溶解度较好。钠盐的溶解度优于钾盐，但比铵盐差，而有机胺盐的溶解度最好。例如十六烷基硫酸钠的 Krafft 点为 45°C，而十六烷基三乙醇铵盐在 0°C 仍透明，十八烷基三乙醇铵盐的 Krafft 点仅为 26°C。

商品 AS 通常是不同碳链长度的同系物的混合物，水溶性要优于其平均碳数相应的单一化合物，这是由于溶解性好的较低碳链的 AS 增溶了较高碳链的 AS。AS 的碱土金属盐水溶性很差，并且溶解度按如下次序递减：

$$Mn^{2+} > Cu^{2+} > Co^{2+} > Mg^{2+} > Ca^{2+} > Pb^{2+} > Sr^{2+} > Ba^{2+}$$

③ 表面活性

$C_{12}~C_{16}$ 的 AS 降低表面张力的效果较好，而以 $C_{14}~C_{15}$ 的效果最佳；烷基链较短，润湿力较好，而以 C_{12} 的润湿性最好；烷基链较长，去污力较好，$C_{13}~C_{16}$ AS 的去污力与去污性能优良的 AOS 相接近；$C_{14}~C_{15}$ AS 的起泡力最佳，与 AOS 相接近。$C_{12}~C_{15}$ 的工业品 AS 在硬水中的去污力比 LAS 好。在硬水中 AS 的起泡力很低，因此是配制低泡洗涤剂的一种原料。

十八醇硫酸钠碳链较长，溶解度较低，发泡力差，在温度较高时才显示出好的去污能力。但如果烷基链上有双键存在，如油醇硫酸钠，则在低温的水溶液中就具有很好的去污力。AS 对棉织物的去污效果最好。

④ 用途

脂肪醇硫酸盐是香波、合成香皂、浴用品、剃须膏等盥洗卫生用品中的重要组分，也是轻垢洗涤剂、重垢洗涤剂、地毯清洗剂、硬表面清洁剂等洗涤制品配方中的重要组分。

月桂基硫酸钠（K_{12}）添加在牙膏中，用作润湿剂、发泡剂和洗涤剂。月桂基硫酸酯的重金属盐具有杀灭真菌和细菌的作用，可用作杀菌剂。用牛脂和椰子油制成的钠皂与烷基硫酸酯的钾、钠盐配制的富脂香皂，泡沫丰富、细腻，还能防止皂垢的生成。高碳脂肪醇硫酸盐与两性离子型表面活性剂复配，制成的块状洗涤剂具有良好的研磨性和物理性能，并具有调理作用。

高碳脂肪醇硫酸盐可用作工业清洁剂、柔软平滑剂、纺织油剂组分、乳液聚合用乳化剂等，它们的铵盐和三乙醇铵盐可用于香波和浴剂中。

（2）硫酸化剂

脂肪醇所用的硫酸化剂主要有 SO_3、浓硫酸、发烟硫酸、氯磺酸和氨基磺酸等，脂肪醇与各硫酸化剂间的反应式如下：

$$ROH + SO_3 \longrightarrow ROSO_3H \tag{3-113}$$

$$ROH + H_2SO_4 \rightleftharpoons ROSO_3H + H_2O \tag{3-114}$$

$$ROH + H_2SO_4 \cdot SO_3 \rightleftharpoons ROSO_3H + H_2SO_4 \tag{3-115}$$

$$ROH + ClSO_3H \longrightarrow ROSO_3H + HCl\uparrow \tag{3-116}$$

$$ROH + NH_2SO_3H \longrightarrow ROSO_3NH_4 \tag{3-117}$$

目前工业上主要采用 SO_3 作硫酸化剂，其反应活性高，能定量进行反应，产品成本低，目的产品中无机盐含量低。但投资较高，适合于规模较大的工业生产。

（3）三氧化硫硫酸化

在大规模工业生产中，脂肪醇可采用 3.3.1 节所述的各种降膜式磺化反应器进行硫酸化。脂肪（伯）醇与 SO_3/空气反应的机理如下：

$$RCH_2OH + 2SO_3 \xrightarrow{\text{很快}} ROSO_2OSO_3H（初级反应）$$
$$\text{焦硫酸酯}$$

（3-118）

$$ROSO_2OSO_3H + ROH \xrightarrow{\text{稍慢}} 2ROSO_3H（次级反应）$$
$$\text{烷基硫酸单酯}$$

（3-119）

该反应是强放热反应，反应热 150kJ/mol。

硫酸化反应的一个重要特点是生成的烷基硫酸单酯可受热分解为原料醇、二烷基硫酸酯（$ROSO_2OR$）、二烷基醚（ROR）、异构醇和烯烃（$R'CH=CH_2$）的混合物，所以硫酸化反应应控制在能使原料和反应混合物成为流动体所需的最低温度下进行。硫酸化后要立即中和。在 30~50℃ 下老化 1min，次级反应即可完成。

脂肪醇硫酸化的合适工艺条件为：脂肪醇与 SO_3 的摩尔比为 1：(1.02~1.03)；SO_3 气体的体积分数为 3%~5%；硫酸化温度：月桂醇为 30℃，C_{12}~C_{14} 醇为 35~40℃，C_{16}~C_{18} 醇为 45~55℃；烷基硫酸酯排出反应器后 1min 内立即中和；反应中应防止局部过热，避免热分解。

反应产物中各成分含量应满足：脂肪醇≤2%，烯烃≤0.1%，二烷基醚≤0.2%，酯≤0.1%~0.5%。

不同磺化装置制得的烷基硫酸（酯）盐的产品质量列于表 3-15 中。

表 3-15 不同磺化装置生产的烷基硫酸（酯）盐产品规格

生产装置	脂肪醇原料	产 品 规 格			
		未磺化物的质量分数 (以 100%活性物计)/%	硫酸盐质量分数(以 100%活性物计)/%	Klett 色度	单体中活性物的 质量分数/%
Ballestra 多管降膜式 反应器	C_{12}~C_{14} 天然醇	1.0~2.0	1.0~2.0	5~10	30~75
	C_{12}~C_{14} 合成醇	1.0~1.5	1.0~2.0	5~10	30~75
	C_{16}~C_{18} 天然醇	2.0~3.0	1.5~2.5	30~50	30~60
	C_{16}~C_{18} 合成醇	2.0~3.0	1.5~2.5	40~60	30~60
Chemithon 降膜式反应器	C_{12}~C_{14} 天然醇	1.3	1.5	3	30~75
	C_{12}~C_{14} 合成醇	1.5	1.5	3	30~75
	P&G 牛油醇	4.0	2.0	60	30~60
Chemithon 喷射冲击式反应器	C_{12}~C_{14} 天然醇	2.5	0.5	30	30~75
	C_{12}~C_{14} 合成醇	3.0	0.5	40	30~75
Mazzoni 多管 降膜式反应器	C_{12}~C_{14} 天然醇	1.2	1.4	20	70
	C_{12}~C_{14} 合成醇	1.0	1.2	10	30
	C_{16}~C_{18} 合成醇	2.6	1.4	50	40
M.M.降膜式反应器	C_{12}~C_{14} 天然醇（特级）	1.5	0.8	20	35
	C_{16}~C_{18} 天然醇（工业级）	2.0	1.0	40	30
	C_{12}~C_{14} 合成醇	1.8	1.8	20	30
	C_{16}~C_{18} 天然醇（P&G）	4.0	1.2	60	28
	C_{16}~C_{18} 合成醇	4.0	1.2	60	27
T.O.降膜式反应器	C_{10}~C_{14} 醇	2.3	1.3	20	35
	C_{12}~C_{16} 醇	1.9	1.5	28	30

注：Klett 色度：5%活性物溶液，40 mm 测量池，N_{42} 滤光器。

工业上也可以采用氯磺酸作为硫酸化剂。具体工艺有雾化法连续硫酸化工艺和管式连续硫酸化工艺。雾化法工艺中脂肪醇和氯磺酸在雾化混合器中反应，通过循环泵使物料经过一个石墨冷却器，移走反应热，大部分物料循环至反应器，部分产品进入脱气锅用干燥空气脱除残余的 HCl 气体，再进入中和锅中和。生成的 HCl 气体通过水流泵抽出。在管式反应器工艺中，氯磺酸通过小孔被喷射到反应管内，与进入管内的脂肪醇反应，同时管内通入了 N_2 或其它惰性气体，形成湍流，带动反应物料高速流动，进入气液分离器。反应物料在反应管内的停留时间为 15~30s，反应温度 30~40℃，反应热通过夹套冷却移走。这两种工艺虽然也能生产出质量较好的产品，但会副产高腐蚀性的 HCl，工业上较难处理，目前已不采用。

（4）烷基硫酸单酯的中和

中和剂主要用 NaOH，也可用 NH_4OH、单乙醇胺和三乙醇胺等。反应式示例如下：

$$ROSO_3H + NaOH \longrightarrow ROSO_3Na + H_2O \tag{3-120}$$

$$ROSO_3H + N(CH_2CH_2OH)_3 \longrightarrow ROSO_3NH(CH_2CH_2OH)_3 \tag{3-121}$$

釜式间歇中和流程比较简单。连续中和可采用 3.3.1 节中烷基苯磺酸的中和流程。采用连续中和流程可制得高活性物含量的产品。

上述中和反应为放热反应。使用 NaOH 时，实际测得的反应热包括中和热和稀释热两部分，为 115~125kJ/mol。由于烷基硫酸单酯的不稳定性，其中和工艺与烷基苯磺酸的中和有一定的区别。中和时应避免烷基硫酸酯因未充分分散而形成酸块，并始终要在 pH 值为 9 以上进行。产物的 pH 值要保持 9~11。因为一旦发生水解，该反应会继续进行下去，导致 pH 值下降，腐蚀管道和设备。如将产品的 pH 值控制在 6~7，则为防止水解，在产品中需添加磷酸或柠檬酸缓冲液。

烷基硫酸单酯的中和温度应控制在 45~55℃ 之间，温度过高会影响产品的质量，过低则黏度增加，对反应不利。

（5）脂肪醇硫酸盐的加工与贮存

液体钠盐产品的活性物含量通常在 30%，椰子油基的硫酸盐亦有 70% 含量的，牛油基的硫酸盐有 60% 含量的，此外还有粉状或针状产品。

脂肪醇硫酸钠在一定的温度下能分解。热分解产物中有烯烃、醛、环氧化物和醚。仲醇产品的分解温度比伯醇低。例如 1-辛基硫酸盐的分解温度为 192~195℃，2-辛基硫酸盐为 122℃，4-辛基硫酸盐为 118℃。在工业喷雾干燥装置上，长链脂肪醇硫酸盐的分解温度为 180~200℃，所以顺流操作时的热风温度可控制在 220~230℃，逆流操作时的热风温度应控制在 210~220℃。在烷基硫酸盐中添加酚系、胺系抗氧剂或重碳酸盐，可防止贮存时产生异臭。

3.4.2　仲烷基硫酸盐

α-烯烃与 H_2SO_4 进行反应，得到仲烷基硫酸酯，中和后即为仲烷基硫酸盐。其通式为 $R^1CH(R^2)OSO_3Na$，它在结构上与 AS 不同，$-OSO_3Na$ 与烷基链上的仲碳原子相连，烷基链的碳原子数为 10~18。它的表面活性与 AS 差不多。但由于结构上的差异，它的溶解性和润湿性好，制成粉状产品易吸潮结块，故一般用来制取液体或浆状洗涤剂。这类阴离子型表面活性剂的商品名为"Teepol"（梯波）。

烯烃硫酸化的合成原理可用下式表示：

$$RHC\!=\!CH_2 + H_2SO_4 \longrightarrow \underset{\underset{OSO_3H}{|}}{RHC\!-\!CH_3} \xrightarrow{NaOH} \underset{\underset{\underset{(Teepol)}{OSO_3Na}}{|}}{RHC\!-\!CH_3} + H_2O \tag{3-122}$$

α-烯烃硫酸化反应可在一具有搅拌和冷却的反应器中进行，烯烃与硫酸的摩尔比为1∶(1.2~1.5)，反应温度10~20°C。温度愈低，副反应愈少，收率愈高。为抑制副反应，硫酸化温度要低，搅拌要均匀，反应时间要短。硫酸化反应中，有大量的过量酸未参与反应，可采用分酸的办法除去，以减少中和时的耗碱量。中和温度控制在40°C以下，并保持碱性，以免发生酯的水解。

为降低产品中二烷基硫酸酯的含量，中和后在碱性条件下升温水解，水解温度90~95°C，反应时间1~1.5h。水解反应式如下：

$$ROSO_3OR + NaOH \longrightarrow ROSO_3Na + ROH \tag{3-123}$$

如果产物中如不皂化物含量较高，尚需采用乙醇破乳、蒸发浓缩的方法脱除不皂化物。

3.4.3 脂肪酸衍生物的硫酸酯盐

这类含硫酸酯基的缩合产物的通式为$R^1COXR^2OSO_3M$，其中X是氧（属酯类）、NH或烷基取代的N（酰胺），R^1为长链烷基，R^2是短链烷基或亚烷基、羟烷基或烷氧基。这类化合物有良好的润湿性和乳化性，通常用于化妆品和个人保护用品中。这类化合物中主要有单甘酯硫酸酯盐、其它多元醇的脂肪酸偏酯硫酸酯盐，以及烷基醇酰胺硫酸酯盐等。

单甘酯硫酸酯盐是三脂肪酸甘油酯，在硫酸或发烟硫酸存在下，有控制地进行水解-硫酸化，然后中和得到的产物。理论上，甘油分子上的三个羟基，一个与脂肪酸形成酯，一个被硫酸化，另一个保留。实际产品的组成很复杂，合成时各工艺条件的变化都会影响产品的组成。由于原料为天然油脂（三脂肪酸甘油酯），产品成本较低。

脂肪酸或脂肪酸甲酯与单乙醇胺、二乙醇胺反应，或脂肪酰胺与环氧乙烷加成，然后进行硫酸化、中和，可得到具有良好水解稳定性的硫酸酯盐。反应式如下：

$$RCOOH + H_2NCH_2CH_2OH \longrightarrow RCONHCH_2CH_2OH + H_2O \tag{3-124}$$

或：

$$RCOOCH_3 + H_2NCH_2CH_2OH \longrightarrow RCONHCH_2CH_2OH + CH_3OH \tag{3-125}$$

$$RCONHCH_2CH_2OH + ClSO_3H \longrightarrow RCONHCH_2CH_2OSO_3H + HCl \tag{3-126}$$

$$RCONHCH_2CH_2OSO_3H + NaOH \longrightarrow RCONHCH_2CH_2OSO_3Na + H_2O \tag{3-127}$$

产物中酰胺键和硫酸酯基间相隔两个碳原子，硫酸酯基不易水解，稳定性增加。当它与肥皂复配时具有良好的去污力。

用硫酸或氯磺酸处理各种含有羟基或不饱和键的油脂或脂肪酸酯，然后中和得到的产物为油脂或脂肪酸酯的硫酸酯盐。这类产品是最古老的一种合成表面活性剂，其中最具代表性的是土耳其红油（Turkey red oils）。它是蓖麻油经硫酸化、中和得到的产物。1875年制取的"土耳其红油"是用作"土耳其红"的染色助剂，故得此名。硫酸化的原料除蓖麻油外，还可使用橄榄油、菜籽油、大豆油、鲸鱼油、鱼油等动植物油。

蓖麻油硫酸酯盐的合成方法为：蓖麻油与相当于油重15%~30%的浓H_2SO_4在低温下进行反应，然后用NaCl或Na_2SO_4浓溶液洗去未反应的剩余H_2SO_4，再用碱中和。它为低度硫酸化油，黄褐色黏稠液体，浓度 40%左右。蓖麻油中存在羟基和双键以及酯基，其硫酸化、中和后的产物组成十分复杂。除蓖麻油硫酸酯盐外，还含有未反应的蓖麻油、蓖麻油脂肪酸盐、二羟基硬脂酸盐、羟基硬脂酸硫酸酯盐等，还有二蓖麻酸盐、多蓖麻酸盐等。在反应过程中还生成了相当数量的肥皂，所以它在水中的溶解性较大。这种肥皂的耐硬水性优于一般的肥皂，且耐酸性好，润湿力、渗透性、乳化能力也好。蓖麻油硫酸化的反应十分复杂，生成其目的产物的反应可用下式表示：

$$
\begin{array}{l}
CH_3(CH_2)_5CHCH_2CH = CH(CH_2)_7COOCH_2 \\
\qquad\quad |\ OH \\
CH_3(CH_2)_5CHCH_2CH = CH(CH_2)_7COOCH \\
\qquad\quad |\ OH \\
CH_3(CH_2)_5CHCH_2CH = CH(CH_2)_7COOCH_2 \\
\qquad\quad |\ OH
\end{array}
\xrightarrow[\text{(2) NaOH}]{\text{(1) }H_2SO_4}
\begin{array}{l}
CH_3(CH_2)_5CHCH_2CH = CH(CH_2)_7COOCH_2 \\
\qquad\quad |\ OSO_3Na \\
CH_3(CH_2)_5CHCH_2CH = CH(CH_2)_7COOCH \\
\qquad\quad |\ OSO_3Na \\
CH_3(CH_2)_5CHCH_2CH = CH(CH_2)_7COOCH \\
\qquad\quad |\ OSO_3Na
\end{array}
\tag{3-128}
$$

油脂硫酸化的转化率比较低，其硫酸化深度用结合 SO_3 量/总脂肪量来表示。低度硫酸化油的结合 SO_3 量/总脂肪量约为 5%~10%。随着化学工业，特别是石油化工的发展，许多优质表面活性剂应运而生，故硫酸化油脂的应用显著减少。

不饱和脂肪酸酯，如油酸丁酯、蓖麻油酸丁酯，经硫酸化、中和反应亦可生成硫酸酯盐型表面活性剂，但不可避免地生成部分肥皂。该产品中结合 SO_3 量/总脂肪量约为 15%~20%。

3.4.4　不饱和醇的硫酸酯盐

油醇硫酸盐（$C_{18}H_{35}OSO_3Na$）是一种重要的不饱和醇硫酸盐。它的 Krafft 点低，0℃ 时仍呈透明状，并具有较低的表面张力（0.1%水溶液，25℃ 时为 35.8mN/m）和临界胶束浓度（50℃时为 0.29mmol/L），润湿性能良好。与饱和醇及其醚的硫酸盐相比，油醇硫酸盐起泡性好，去污力强，并具有良好的乳化能力、稳定 Ca^{2+} 的能力和钙皂分散力。因此，开发这一产品具有一定的现实意义。

不饱和醇分子中具有羟基和双键两个活泼基团，当它与硫酸化剂作用时，在羟基上可发生硫酸化反应，在双键上则可能发生磺化反应。如果采用氨基磺酸作硫酸化剂，由于该试剂性能温和，不会发生双键上的磺化反应。如果采用 SO_3 作硫酸化剂，只要使用膜式反应器，在合适的气浓和用量下，严格控制反应温度，可以制得色浅、质优的产品。

不饱和醇与 SO_3 的反应过程有以下几步。首先生成两性离子：

$$
CH_3(CH_2)_mCH = CH(CH_2)_nCH_2OH + SO_3 \longrightarrow CH_3(CH_2)_m\overset{+}{C}H - CH_2(CH_2)_nCH_2OSO_3^-
\tag{3-129}
$$

然后两分子两性离子加成，生成二烷基酸性硫酸酯：

$$
2CH_3(CH_2)_m\overset{+}{C}H - CH_2(CH_2)_nCH_2OSO_3^- \rightleftharpoons
\begin{array}{l}
CH_3(CH_2)_mCH - CH_2(CH_2)_nCH_2OSO_3^- \\
\qquad\qquad\ | \\
\qquad\qquad OO_2SOCH_2(CH_2)_nCH_2 \\
\qquad\qquad\qquad\qquad\quad | \\
\qquad\qquad\qquad\qquad \overset{+}{C}H(CH_2)_mCH_3
\end{array}
\tag{3-130}
$$

接着加成产物中和失水：

$$
\begin{array}{l}
CH_3(CH_2)_mCH - CH_2(CH_2)_nCH_2OSO_3^- \\
\qquad\quad | \\
\quad OO_2SOCH_2(CH_2)_nCH_2 \\
\qquad\qquad\qquad\quad | \\
\qquad\qquad\qquad \overset{+}{C}H(CH_2)_mCH_3
\end{array}
\xrightarrow[-H_2O]{+OH^-}
\begin{array}{l}
CH_3(CH_2)_mCH = CH(CH_2)_nCH_2OSO_3^- \\
\qquad\qquad\qquad + \\
^-O_3SOCH_2(CH_2)_nCH_3 = CH(CH_2)_mCH_3
\end{array}
\tag{3-131}
$$

上述反应包括溶剂化离子平衡和 H^+ 的消除两步，前者是反应的控制步骤，而 H^+ 的消除是容易进行的。如果 SO_3 过量，则双键被磺化，产品色泽加深，有异味，性能差。

3.5 脂肪醇聚氧乙烯醚的改性产物

3.5.1 脂肪醇聚氧乙烯醚硫酸盐

前已述及，AS 的抗硬水性较差，但如果在脂肪醇分子上加成 2~3 个环氧乙烷后再硫酸化、中和制得的产物，其抗硬水的性能将大大增加。脂肪醇聚氧乙烯醚的改性产物除硫酸盐外，还有羧酸盐、磺酸盐等，它们均有其特定的用途。20 世纪 50 年代初曾一度广泛使用的酚醚的改性产物烷基酚聚氧乙烯醚硫酸盐，因生物降解性差现已很少使用，本书在此不再对其作专门介绍。

脂肪醇聚氧乙烯醚硫酸盐是改性产物中最重要、产量最大的一种，它的溶解性能、抗硬水性能、起泡性、润湿力均优于 AS，且刺激性低于 AS，因而可取代配方中使用的 AS 而广泛用于香波、浴用品、剃须膏等盥洗卫生用品中，也是轻垢洗涤剂、重垢洗涤剂、地毯清洗剂、硬表面清洁剂配方中的重要组分。

脂肪醇聚氧乙烯醚硫酸盐的合成工艺和使用的设备，基本上与 AS 相同。下面仅就其不同之处作简要介绍。

脂肪醇聚氧乙烯醚（简称醇醚或 AEO）的硫酸化，工业生产上采用 SO_3 作硫酸化剂，反应式如下：

$$RO(CH_2CH_2O)_nH + SO_3 \longrightarrow RO(CH_2CH_2O)_nSO_3H \ (n = 2\sim4) \tag{3-132}$$

硫酸化生成的醇醚硫酸酯应立即用碱中和：

$$RO(CH_2CH_2O)_nSO_3H + NaOH \longrightarrow RO(CH_2CH_2O)_nSO_3Na （AES） \tag{3-133}$$

也可以用其它碱性化合物，如三乙醇胺中和，制成相应的三乙醇胺盐。国内月桂醇聚氧乙烯醚硫酸酯三乙醇胺盐的商品名为 TA-40（活性物含量为 40%）。

醇醚的硫酸化反应机理与脂肪醇相似，也经历了一个亚稳态产物的生成过程，反应式如下：

$$R \overset{\oplus}{\underset{\underset{SO_3^{\ominus}}{|}}{-O}} -(CH_2CH_2O)_nSO_3H + RO(CH_2CH_2O)_nH \xrightarrow{\text{稍慢}} 2RO(CH_2CH_2O)_nSO_3H \tag{3-134}$$

硫酸化反应热与脂肪醇相同。醇醚硫酸化与脂肪醇硫酸化的主要区别是，醇醚在酸性条件下醚键断裂，生成有毒化合物 1,4-二噁烷：

$$RO(CH_2CH_2O)_nSO_3H \xrightarrow{H^+} RO(CH_2CH_2O)_{n-2}SO_3H + \tag{3-135}$$

醇醚硫酸酯的稳定性虽比脂肪醇硫酸单酯稳定性强些，但为了得到高质量的产品，醇醚硫酸化后也必须立即中和，以免产物色泽加深，二噁烷含量增加。研究表明，二噁烷的生成与原料质量、操作条件均有关，其规律如下：SO_3 过量多，醇醚转化率高、未硫酸化油含量低时，产物中二噁烷含量高，醇醚与 SO_3 的摩尔比是决定二噁烷生成量多少的最重要因素；反应温度过高，或局部过热，产物中二噁烷含量增加；醇醚硫酸酯老化时间长（数分钟），二噁烷的生成量增加；醇醚中烷基链支化度愈高，二噁烷的生成量愈多，羰基合成醇的醇醚与天然醇相比更易生成二噁烷；原料中水分高，二噁烷生成量多；醇醚中聚乙二醇含量愈高，产物中二噁烷含量愈高，聚乙二醇含量应控制在 1% 以下；醇醚中聚氧乙烯链愈长，生成的二噁烷量愈多；醇醚中分子量分布较窄，则产物中二噁烷含量较少；醇醚硫酸化后采用离心真空脱气工艺，可以降低产物中的二噁烷含量。

　　为制取二噁烷含量低于 50mg/kg 的优质 C_{12}~C_{14} 醇醚（$n=2$~3）硫酸盐，SO_3/空气降膜式硫酸化可选择如下条件：醇醚：$SO_3=1:(1.01$~1.02)（摩尔比）；SO_3 气浓≤3%；降低醇醚进料量（为烷基苯的 50%~70%），减少总反应放热量，从而使传热负荷降低，沿反应器高度的温度分布的峰值下降；将反应器上段和下段的冷却水控制在合适的温度和合适的流量；硫酸化物立即中和，或真空脱气后立即中和。表 3-16 中列出了用不同降膜式反应装置、SO_3 硫酸化工艺生产的 AES 产品质量数据。

表 3-16　不同降膜式反应器生产的 AES 成品规格

硫酸化反应装置类型	原料脂肪醇聚氧乙烯醚	产　品　规　格				
		未硫酸化物的质量分数（以 100% 活性物计）/%	硫酸盐的质量分数（以 100% 活性物计）/%	Klett 色度	单体中活性物的质量分数/%	1,4-二噁烷含量/(mg/kg)
Ballestra 多管降膜式反应器	天然醇或合成醇聚氧乙烯醚 $n=2$~3	1.0~1.5	1.0~1.5	10~20	27~70	10~30
Chemithon 降膜式反应器	乙氧基化天然醇 C_{12}~C_{14} 醇（2EO）	2.0	0.5	5~10	27（60~70）	10~30
	乙氧基化合成醇（2.5~3EO）	2.0	0.5	10	27（60~70）	
Chemithon 喷射冲击式反应器	天然月桂醇聚氧乙烯醚（3EO）	3.0	0.5	40	27（60~70）	—
	C_{12}~C_{14} 醇聚氧乙烯醚（2EO）	2.5	0.5	30	27（60~70）	
Mazzoni 多管降膜式反应器	C_{12}~C_{14} 天然醇或齐格勒醇聚氧乙烯醚（EO=2）	1.0	1.1	15	30	40
	（EO=3）	1.3	1.3	20	75	
	C_{12}~C_{14} 羰基合成醇聚氧乙烯醚（EO=2）	1.5	1.2	30	27	
	（EO=3）	2.0	1.4	40	70	
M.M.降膜式反应器	C_{12}~C_{14} 天然醇聚氧乙烯醚（2/3EO）	1.5	0.8	30	30（65~70）	40~50
	Alfol C_{12}~C_{14} 醇（2/3EO）	1.8	0.8	40	30（65~70）	
T.O.降膜式反应器	C_{12}~C_{13} 醇聚氧乙烯醚（EO=2）	1.5	22	6	30	—
	C_{12}~C_{13} 醇聚氧乙烯醚（EO=3）	1.0	15	4	30	

　　由表 3-16 可知，只要工艺条件合适，采用不同的反应器，均可使产物中的二噁烷含量降至 50mg/kg 以下，亦有可达 5mg/kg 以下的。

　　醇醚的硫酸化亦可采用氯磺酸和氨基磺酸，但生产规模一般较小。规模小的专用化学品厂采用氨基磺酸亦可生产出质量较好的醇醚硫酸铵盐。

醇醚硫酸酯用碱中和后，一般制成活性物含量为 27%~30% 和 70% 的两种产品，因为质量分数在 30%~53% 之间时形成凝胶相，缺乏流动性。AES 单体的相结构如图 3-45 所示。中和设备及流程可采用烷基苯磺酸中和的相应设备和流程。醇醚硫酸酯的性质与烷基硫酸（单）酯相似，因此中和工艺与烷基硫酸（单）酯相同。为防止产品在贮存阶段水解，中和时亦可加入 pH 缓冲剂。

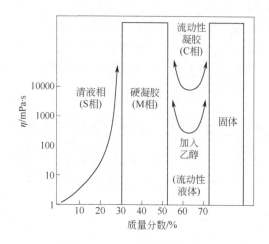

图 3-45　AES 单体的相结构

3.5.2　脂肪醇聚氧乙烯醚羧酸盐

工业上脂肪醇聚氧乙烯醚羧酸盐合成方法主要有羧甲基化法和氧化法两种。

（1）羧甲基化法

醇醚在碱性条件下与一氯乙酸反应：

$$RO(CH_2CH_2O)_nCH_2CH_2OH \xrightarrow[+\ 2NaOH]{ClCH_2COOH} RO(CH_2CH_2O)_nCH_2CH_2OCH_2COONa + NaCl + H_2O \qquad (3\text{-}136)$$

反应过程中如采用真空脱水，则产品收率较好。反应产物中的副产物氯化钠可采用适当的方法予以分离。这是一种较好的合成方法。

（2）氧化法

醇醚在催化剂存在下进行氧化，然后在碱性条件下生成醇醚羧酸盐。催化剂可用铬酸或硝酸，但使用催化剂 Pd 的效果最好。反应式如下：

$$RO(CH_2CH_2O)_nCH_2CH_2OH + O_2 + NaOH \xrightarrow[-2H_2O]{Pd} RO(CH_2CH_2O)_nCH_2COONa \qquad (3\text{-}137)$$

该产物中不含 NaCl，产品为无色、浆状。例如，C_{12}~C_{14} 加成 5 个环氧乙烷的醇醚，转化率达 75% 时，其产物的去污效果最佳。

脂肪醇聚氧乙烯醚羧酸盐由于在疏水基和亲水基间嵌入了聚氧乙烯链，因而兼具非离子型和阴离子型表面活性剂的一些特性。它的水溶性和抗硬水性比肥皂好得多；在酸、碱介质中具有较好的化学稳定性；产品温和，为无刺激性表面活性剂；对酶的活性影响小，具有优良的去油污性和分散性。在国外，它作为洗涤剂、分散剂、染色助剂、抗静电剂、乳化剂、金属加工冷却润滑剂、润湿剂、软化剂和渗透剂的成分而得到广泛应用。从 20 世纪 70 年代起又用于无磷洗涤剂中，在三次采油研究中亦有应用。它也可与 AES、AS 等多种表面活性剂复配，制成浴液、液体皂、香波和洗面奶等。

　　醇醚羧酸盐的价格较高，国内目前应用量有限。

3.6　磷酸酯盐表面活性剂

3.6.1　概述

　　烷基磷酸酯盐包括烷基磷酸单、双酯盐，脂肪醇聚氧乙烯醚磷酸单、双酯盐和烷基酚聚氧乙烯醚单、双酯盐。图 3-46 给出了它们的化学结构。式中 R 为 $C_8 \sim C_{18}$ 烷基，M 为 K、Na、二乙醇胺、三乙醇胺，n 一般为 3~5。

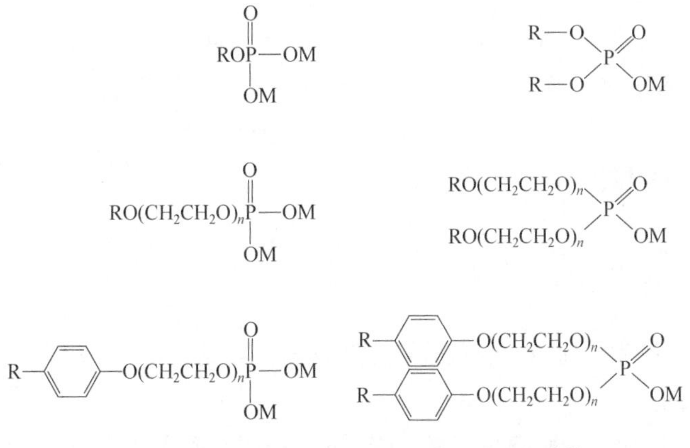

图 3-46　各种磷酸酯盐的结构

　　商品磷酸酯盐通常是由 2-乙基己醇、辛醇、直链醇聚氧乙烯醚、壬基酚聚氧乙烯醚等原料与磷酸化试剂 P_2O_5、焦磷酸、PCl_3、$POCl_3$ 等反应，然后用碱中和制得的产物。这类产品价格较高，在合成洗涤剂中是很少使用的，仅限用于一些特殊的应用领域。烷基磷酸单酯盐、脂肪醇醚磷酸酯盐对皮肤的刺激性低，故在皮肤清洁用品和化妆品中也得到了应用。

3.6.2　烷基磷酸酯盐的制取

（1）烷基磷酸酯的制取

① P_2O_5 磷酸化

工业上烷基磷酸酯（盐）大多采用 P_2O_5 与脂肪醇反应，生成单烷基磷酸酯和二烷基磷酸酯的混合物。反应式如下：

$$P_2O_5 + 2ROH + H_2O \longrightarrow 2ROPO(OH)_2 \tag{3-138}$$

$$P_2O_5 + 4ROH \longrightarrow 2(RO)_2PO(OH) + H_2O \tag{3-139}$$

$$P_2O_5 + 3ROH \longrightarrow (RO)_2PO(OH) + ROPO(OH)_2 \tag{3-140}$$

产物中单酯的比例与原料中的水分以及反应中生成的水量有关。水量增加，产物中的单酯含量增多。脂肪醇碳数较高，单酯的生成量也较多。醇与 P_2O_5 的摩尔比由 2∶1 改变到 4∶1 时，产物中双酯含量可从 35% 增加到 65%。

磷酸化温度一般不超过 100℃，超过此温度磷酸酯会分解，一般以 60~70℃ 为宜。反应时间一般为 4~5h。磷酸化时常加入 1%（以脂肪醇量计）的次亚磷酸或亚磷酸，以抑制氧化反应的发生，并改善产物色泽。

工业上，从降低成本考虑，产物通常为单酯和双酯的混合物。

② 酸和缩合磷酸的磷酸化

制备磷酸单酯和磷酸双酯的另一种可供选择的试剂是磷酸，包括缩合磷酸。商品磷酸的浓度为 105% 和 115%。

用焦磷酸作磷酸化试剂与脂肪醇反应，主要得到单烷基磷酸酯，同时生成磷酸。反应式如下：

$$ROH + H_4P_2O_7 \longrightarrow \overset{\overset{\displaystyle O}{\|}}{ROP(OH)_2} + H_3PO_4 \tag{3-141}$$

在无水条件下 P_2O_5 溶于磷酸便生成焦磷酸。反应式如下：

$$P_2O_5 + 4H_3PO_4 \longrightarrow 3H_4P_2O_7 \tag{3-142}$$

焦磷酸（$H_4P_2O_7$）的结构式为：

$$
\begin{array}{ccc}
& O & \quad O \\
& \| & \quad \| \\
HO-\!\!\!&P-O-P&\!\!\!-OH \\
& | & \quad | \\
& OH & \quad OH
\end{array}
$$

脂肪醇和焦磷酸按摩尔比 1∶1 反应，用苯作溶剂，选择尽可能低的反应温度，便可得到 90% 以上的单烷基磷酸酯。

改变反应条件，例如用脂肪醇与三聚磷酸反应，则可得到主要成分为二烷基磷酸酯的产物，反应式如下：

$$2ROH + H_5P_3O_{10} \longrightarrow \overset{\overset{\displaystyle O}{\|}}{(RO)_2POH} + 2H_3PO_4 \tag{3-143}$$

三聚磷酸 $H_5P_3O_{10}$ 的结构式为：

$$
\begin{array}{ccccc}
& O & \quad O & \quad O \\
& \| & \quad \| & \quad \| \\
HO-\!\!\!&P-O-P-O-P&\!\!\!-OH \\
& | & \quad | & \quad | \\
& OH & \quad OH & \quad OH
\end{array}
$$

改变脂肪醇和缩合磷酸的比例，可以改变产物中单酯与双酯的比例。例如，用 115% 磷酸与脂肪醇反应所得到的产物含 2/3 单酯和 1/3 双酯。酸性磷酸酯中所含的磷酸一般不予以除去，中和后生成磷酸酯盐和磷酸盐或缩合磷酸盐，无机盐含量较高，用于制造合成洗涤剂比较合适。

（2）酸性磷酸酯的中和

单烷基磷酸酯[ROPO(OH)$_2$]和二烷基磷酸酯[(RO)$_2$PO(OH)]都是酸性磷酸酯。它们易水解，且具有热不稳定性和腐蚀性，从而限制了它们的应用。酸性磷酸酯中和后，大大降低了水解活性。单酯和双酯在水中的溶解度很低，对硬水非常敏感。但是，当单烷基磷酸酯和二烷基磷酸酯用无机碱或有机碱中和后，在水中的稳定性和溶解度大为提高，抗硬水的能力增强。酸性磷酸酯的中和反应式如下：

$$ROPO(OH)_2 + 2NaOH \longrightarrow ROP(ONa)_2 + 2H_2O \text{（烷基磷酸酯二钠）} \tag{3-144}$$

$$(RO)_2PO(OH) + NaOH \longrightarrow (RO)_2PONa + H_2O \text{（二烷基磷酸酯一钠）} \tag{3-145}$$

$$(RO)_2PO(OH) + NH_4OH \longrightarrow (RO)_2PONH_4 + H_2O \text{（二烷基磷酸酯铵）} \tag{3-146}$$

$$ROPO(OH)_2 + N(CH_2CH_2OH)_3 \longrightarrow ROP[ONH(CHCH_2OH)_3]_2 \text{（烷基磷酸单酯三乙醇铵）} \tag{3-147}$$

（3）烷基磷酸酯盐的性质

表 3-17 列出了一些烷基磷酸酯钠盐的 cmc 数据。从表中数据可见，单酯钠盐的 cmc 数值比较高，当碳链长度增加至 C$_{13}$ 时，该值仍很高，达到 30mmol/L。双酯钠盐的 cmc 大大低于单酯钠盐。二癸基磷酸双酯钠盐的浓度为 200mg/kg 时，其表面张力值低于 C$_{12}$-LAS 或异辛基酚聚氧乙烯醚，表面活性较好。一般来说，单烷基磷酸酯盐的去污性能较差，而双烷基磷酸酯盐则较好。例如二癸基磷酸酯盐具有很好的去污力。但如果烷基链的碳原子数再增加，则去污力又下降。单十二烷基磷酸酯钾的起始泡沫高度为 65mm，表面张力为 58mN/m，而双十二烷基磷酸酯钾的数值分别为 20mm 和 41mN/m，可见这两种磷酸酯盐起泡性均很差，不过后者的表面活性较前者好。

表 3-17 一些烷基磷酸酯钠盐的 cmc

烷 基 碳 数	R 基	cmc/(mmol/L)	
		ROPO(ONa)$_2$	(RO)$_2$PO(ONa)
8	正辛基	30	2.0
8	2-乙基己基	—	10.5
8	二甲基己基	30	6.1
10	正癸基	30	—
10	三甲基庚基	30	1.5
12	三甲基壬基	30	1.6
13	十三烷基	30	—
16	十六烷基	8	—
20	二十烷基	2.9	—

十二烷基单酯钾盐在涤棉型纤维间及纤维与金属间的动摩擦系数、纤维与纤维间的静摩擦系数均大于双十二烷基双酯钾盐，所以双酯钾盐的平滑性较好。单十二烷基磷酸酯钾盐对涤棉布型纤维具有较好的抗静电效果。

3.6.3　醇醚或酚醚的磷酸酯盐

用醇醚或酚醚代替脂肪醇与磷酸化试剂反应,再中和后便可得到醇醚或酚醚的磷酸单酯盐或双酯盐。反应条件基本上与烷基磷酸酯盐相同。

醇醚及酚醚的磷酸酯盐具有非离子型表面活性剂的一些性质,能溶解在电解质浓度较高的溶液中。壬基酚聚氧乙烯醚(环氧乙烷占54%~64%)的磷酸酯在2℃时为液体,C_{11}~C_{15}直链伯醇的醇醚(环氧乙烷占54%~68%)磷酸酯在24~27℃时发生固化。磷酸酯盐耐强碱,但在强酸中会发生水解。醇醚磷酸酯盐的平滑性比单烷基磷酸酯盐差,但抗静电性效果较烷基磷酸酯盐好。由于分子中含有聚氧乙烯链,醇醚和酚醚磷酸酯盐的洗涤性能、乳化能力和润湿性能均优于烷基磷酸酯盐。

3.6.4　磷酸酯盐的应用

烷基磷酸酯钾和醇醚磷酸酯钾具有优良的抗静电性,至今仍被广泛地用作化纤油剂的抗静电剂。研究发现,这类产品还具有优良的润湿、净洗、增溶、乳化、润滑、防锈、缓蚀、分散、螯合等性能,且生物降解性好,其中单酯盐的刺激性低。因此它们还被应用于化妆品、塑料、采矿、金属加工、公共清洗、皮革和纸浆等行业中。

3.7　其它阴离子型表面活性剂

(1)烷基二苯醚二磺酸盐

这种表面活性剂中含有一对磺酸盐基,其结构式如下:

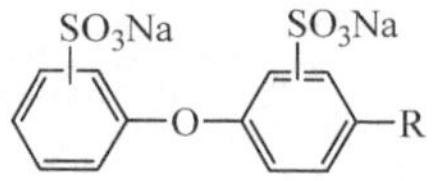

其中,R为C_6~C_{16}的直链或支链烷基。该产品最先由美国DOW化学公司生产。分子中具有两个带负电荷的亲水基团,二者间会产生一个负电荷的增强重叠区。于是较高的电荷密度将导致较大的分子间吸引力,从而产生较大的溶解作用和耦合作用。此外,两个苯环间的醚键可允许苯环绕氧转动,因此磺酸盐基之间的距离可以改变,这就可允许其与密集的离子结构或体积大的长链烃相结合。

其合成过程是由烯烃与二苯醚缩合,再经磺化、中和而得:

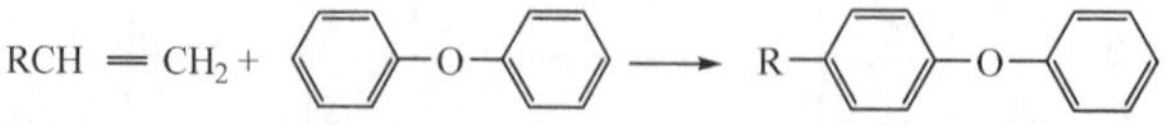

$$(3-148)$$

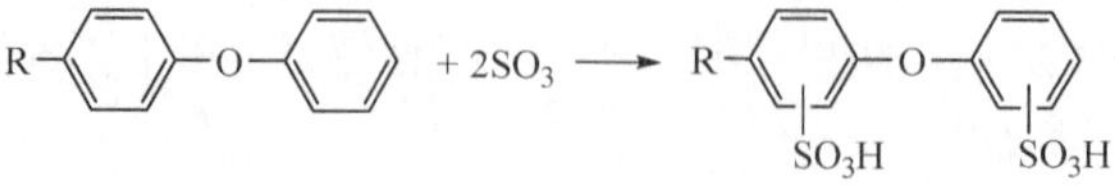

$$(3-149)$$

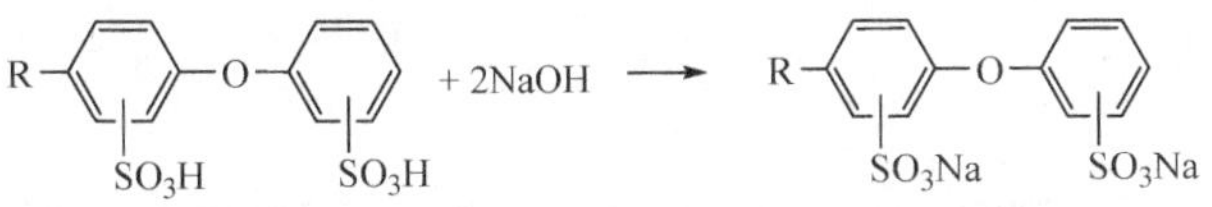

$$（3\text{-}150）$$

烷基二苯醚二磺酸盐具有如下特征性质：

（i）优良的水溶性及偶联性，很低的 Krafft 点；

（ii）其钙盐、镁盐能溶于水；

（iii）良好的螯合钙镁离子的能力，优良的低温和在硬水中的洗涤性能；

（iv）降低水溶液表面张力的效率较大，其与传统表面活性剂复配能产生更大的协同效应；

（v）在强酸、强碱及浓盐溶液、强氧化剂溶液中稳定；

（vi）热稳定性好，在空气中加热到 180℃ 不发生变化；

（vii）优良的乳化性能。

此外，还能增溶有机物和一些阴离子型表面活性剂；泡沫适中，具有良好的泡沫稳定性；易生物降解，环境相容性好。所以烷基二苯醚二磺酸盐主要可用作洗涤剂（特别是用于恶劣场合的洗涤剂配方中），适用于开发高效的浓缩清洗剂、乳化剂、匀染剂及润湿剂等。

这类产品中，含有一个直链 C_8 疏水基的产品，适合于配制硬表面清洗剂，并能良好地润湿油脂；而含有 C_{16} 烷基链的产品对棉、合成纤维及棉/合成纤维混合物的去污效果最好；含有一个带支链的 C_{12} 疏水基时对油脂的润湿作用好。

在烷基化过程中，也可以使两个苯环都连上烷基，此时分子结构转变为 Gemini 型，将具有更多的性能。

（2）双烷基链二磺酸盐

近来，有人合成了下列双烷基链二磺酸盐表面活性剂（图 3-47）。从分子结构看，它们属于新型的 Gemini 型阴离子型表面活性剂。这类表面活性剂水溶性好，抗硬水能力强，降低表面张力的效率大，具有发展前景，是目前表面活性剂领域的研究热点。有关 Gemini 型表面活性剂的合成和应用，请参见"特种表面活性剂"一章。

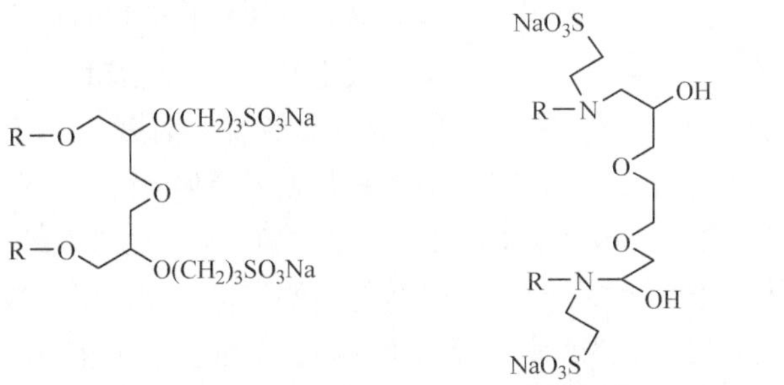

(a) 双磺基双链表面活性剂　　(b) 二氨基乙磺酸型双链表面活性剂

图 3-47　双烷基链二磺酸盐表面活性剂结构

第4章 阳离子型及两性离子型表面活性剂

4.1 阳离子型表面活性剂

4.1.1 概述

从化学结构来看,阳离子型表面活性剂与阴离子型表面活性剂正好相反,在水溶液中离解时,表面活性离子带正电荷,而反离子带负电荷。阳离子的疏水基与阴离子型表面活性剂是相似的,但为了带上正电荷,阳离子分子中需要含有氮或者磷、硫、碘等原子,通过胺键、酰胺键、酯键以及醚键等连接亲水基和疏水基。

除了具备阴离子型表面活性剂所具有的表面活性,例如降低表(界)面张力、吸附、润湿、渗透、分散、乳化、起泡等以外,阳离子型表面活性剂还具有一系列独特的性质,例如杀菌性、抗静电性、柔软纤维作用以及疏水作用。因此,阳离子型表面活性剂广泛用作纺织品的柔软剂、防水剂和抗静电剂,肥料的抗结块剂,农作物除莠剂,沥青与石子表面的黏结促进剂或沥青乳化剂,金属防腐蚀剂,颜料分散剂,医用的消毒剂,头发调理剂,化妆品中的乳化剂和矿石浮选剂等。在阳离子型表面活性剂中,最重要的一类是含氮的表面活性剂。根据氮原子在表面活性剂分子中的位置不同,可分为常见的直链胺盐、季铵盐和环状的吡啶型、咪唑啉型等四类。其中,季铵盐在阳离子型表面活性剂中的地位最重要,产量也最大。

当烷基链长相当时,阳离子型表面活性剂的水溶性优于阴离子,即阳离子具有更低的 Krafft 点。阳离子型表面活性剂的水溶性随疏水基碳链长度的增加而降低。在具有一个长链烷基的季铵盐中,当长链烷基的碳原子数低于 C_{14} 时,一般易溶于水。达到和高于 C_{16} 时,室温下则难溶于水。通常,阳离子型表面活性剂能溶于乙醇等极性有机溶剂,但不溶于非极性溶剂。具有两个长链烷基的季铵盐,几乎不溶于水,而溶于非极性溶剂。季铵盐的烷基中若含有不饱和基团时,则溶解性增加。与阴离子型表面活性剂一样,阳离子型表面活性剂在水中的溶解度随着温度的升高而增加。通常认为,阳离子型表面活性剂和阴离子型表面活性剂在水溶液中不能混合,因为它们会形成离子对而失去表面活性以及应用性能。但事实并不完全如此,在合适链长和比例的混合表面活性剂体系中,由于阳、阴表面活性离子间强烈的静电作用,混合物显示出最强的协同效应,并具有许多突出的性质,例如,临界胶束浓度 cmc 和最低表面张力 γ_{cmc} 值更低,并且仍有潜在的应用前景。

水溶液中,阳离子型表面活性剂在固体表面上的吸附与阴离子型、非离子型表面活性剂的情况不同。基于静电引力，阳离子型表面活性剂极性基团通常朝向带负电荷的固体表面，疏水基朝向水相，使固体表面呈"疏水"状态。因此，阳离子型表面活性剂通常不适用于洗涤和清洗，但在弱酸性溶液中阳离子型表面活性剂能洗去带正电荷的织物如丝、毛织物上的污垢。阳离子型表面活性剂吸附在带负电荷的矿石粒子的表面，形成一层疏水层，使矿石易于附着在浮选的泡沫上。阳离子型表面活性剂用于筑路的乳化沥青中，不仅增加了花岗石与沥青间的黏结性，而且增强了路面的抗水性。阳离子型表面活性剂在固体表面吸附后，疏水的非极性烷基链指向空间，改变了固体表面的摩擦系数。如固体为织物，则可使手感改善，具有松软的柔软感；吸附在头发上，可改善头发的梳理性。由于阳离子型表面活性剂在固体表面形成一层连续的吸附膜，其极性基团产生离子导电和吸湿导电，能起到抗静电作用，在合成纤维和其它合成材料的加工和使用中有广泛的应用。利用阳离子型表面活性剂和阳离子染料在纤维上的竞争吸附，可以提高染料的匀染作用，这里阳离子型表面活性剂可以作为匀染剂或者缓染剂。在造纸工业中，高分子型的阳离子型表面活性剂可作为纸张增强剂吸附在带负电荷的纸张表面。这里阳离子基团起固定作用，而高分子化合物则起增强作用。阳离子型表面活性剂吸附在固体表面后所赋予的亲油性，使其可用作颜料分散剂、煤与油混合燃料的分散剂等。

阳离子型表面活性剂可透过细胞膜，与蛋白质作用而杀死细菌。蛋白质由氨基酸组成，阳离子型表面活性剂吸附在蛋白质上，与氨基酸中的羧基作用，可使溶解的蛋白质沉淀。杀菌能力取决于阳离子型表面活性剂对细胞的渗透性和对蛋白质的沉淀能力。因此广泛用于杀菌、消毒、防霉、除藻等领域，以及在制药工业中用于提取抗生素，在制糖工业中用于澄清糖汁等。阳离子型表面活性剂对小白鼠的 LD_{50} 在 0.05~2g/kg 之间，因此毒性比阴离子型、非离子型表面活性剂大。阳离子型表面活性剂对鱼的 LD_{50} 在 1g/kg 至几十 mg/kg 之间，毒性更大。单独的阳离子型表面活性剂，基于它的杀菌性，微生物很难分解。但阳离子型表面活性剂在废水环境中不会单独存在，它总是与一些其它物质（如其它类型的表面活性剂）结合成复合体，这些复合体是能被分解的，因此阳离子型表面活性剂亦表现出良好的生物降解性。

尽管阳离子型表面活性剂具有多种功能，但在我国的表面活性剂市场上，产量仍相对较小。2015 年我国阳离子型表面活性剂产量约为 13.6 万吨（脂肪胺盐型不计入），并以出口为主，即国内实际消费量更低，甚至低于两性离子型表面活性剂。各种阳离子型表面活性剂中，烷基季铵盐型的产量为 11.7 万吨，占阳离子型总产量的 86%，其余为酯基季铵盐和其它结构的阳离子。近年来，由于价格相对低廉和生物降解性好，绿色环保，酯基季铵盐的需求量增长较快。

4.1.2 胺盐型阳离子型表面活性剂

胺盐型阳离子型表面活性剂是脂肪胺与有机或无机酸的反应产物，其中脂肪胺可以是伯胺、仲胺或叔胺，常用的无机酸有盐酸、氢氟酸、硫酸等，常用的有机酸有甲酸、乙酸、乳酸、柠檬酸等。

脂肪胺盐型阳离子型表面活性剂的通式为：

$$R-\overset{\overset{\displaystyle R^1}{|}}{\underset{\underset{\displaystyle R^2}{|}}{N^+}}-H \quad X^-$$

式中，R 为长链 C_8~C_{18} 烷基；R^1 和 R^2 为低分子烷基，如甲基、乙基、苄基以及氢原子；X

为卤素、无机或有机酸酸根。

　　胺盐型阳离子表面活性剂是弱碱性盐，在酸性条件下具有表面活性，但在碱性条件下，胺游离出来而失去表面活性。例如，十二胺是不溶于水的白色蜡状固体，加热至 60~70°C 变成液态后，在良好的搅拌条件下加入乙酸进行中和至 pH 值小于 7，即可得到能溶于水的十二胺乙酸盐，在浓度为 0.01mol/L 时，水溶液的表面张力为 30mN/m，具有良好的表面活性。但是当溶液的 pH 值大于 7 时，十二胺易析出，使胺盐失去表面活性。

$$C_{12}H_{25}NH_2 + CH_3COOH \xrightarrow{60\sim70°C} C_{12}H_{25}\overset{+}{N}H_3 \cdot \overset{-}{O}OCCH_3 \tag{4-1}$$

　　脂肪伯胺的乙酸盐或盐酸盐生产所用的原料，主要是以椰子油、棉籽油、大豆油或牛脂等油脂制成的胺类化合物，该类产品可在酸性介质中用作乳化剂、润湿剂、纤维柔软剂，也常用作矿物浮选剂以及颜料粉末表面的憎水剂。

　　脂肪仲胺及叔胺盐型阳离子型表面活性剂的种类较多，典型的有乙醇胺盐、聚乙烯多胺盐等，其中，乙醇胺盐由高级脂肪胺与环氧乙烷反应制备中间产物烷基乙醇胺：

$$RNH_2 + CH_2\!\!-\!\!CH_2 \longrightarrow RNHCH_2CH_2OH \tag{4-2}$$

$$RNH_2 + nCH_2\!\!-\!\!CH_2 \longrightarrow RNH(CH_2CH_2O)_{n-1}CH_2CH_2OH \tag{4-3}$$

$$RNH_2 + nCH_2\!\!-\!\!CH_2 \longrightarrow RN\overset{(CH_2CH_2O)_xH}{\underset{(CH_2CH_2O)_{n-x}H}{}} \tag{4-4}$$

上述烷基乙醇胺再与各种酸反应，即得到阳离子乙醇胺盐表面活性剂。例如：

$$RN(CH_2CH_2OH)_2 + HCl \longrightarrow \left[RNH(CH_2CH_2OH)_2 \right]^{+} Cl^{-} \tag{4-5}$$

　　聚乙烯多胺盐可由脂肪胺与亚乙基亚胺反应，生成 N-烷基聚乙烯多胺：

$$RNH_2 + nCH_2\!\!-\!\!CH_2 \longrightarrow RNH(CH_2CH_2NH)_nH \tag{4-6}$$

再与各种酸反应生成阳离子聚乙烯多胺盐型表面活性剂。例如：用乙酸中和后即为纤维用助剂，用硫酸二甲酯反应后可用作直接染料的固色剂。如 N-烷基聚乙烯多胺继续与环氧乙烷反应，则产物的水溶性得到改善，可作为润湿剂使用。

　　其它一些表面活性剂，如十二烷基吡咯烷酮、十二烷基二甲基氧化胺等，虽然不能划归为阳离子型表面活性剂，但是在无机或有机酸水溶液中它们依然可以表现出类似胺盐型阳离子型表面活性剂的性能。例如，在酸性介质中烷基二甲基氧化胺的氧被质子化及阳离子化，显示弱阳离子型性质：

$$R\!-\!\underset{R^2}{\overset{R^1}{N}}\!-\!O + H_3O^+ \rightleftharpoons R\!-\!\underset{R^2}{\overset{R^1}{\overset{+}{N}}}\!-\!OH + H_2O \tag{4-7}$$

　　近年来，文献中也报道了一些其它种类的胺盐型阳离子型表面活性剂。例如，十二烷基胍乙酸盐，主要用于工业循环水的杀菌剂，也可作为果蔬、种子、食品包装等的消毒处理剂；十二烷基双胍乙酸盐可用于金属材料（铜）的缓蚀剂（图 4-1）。十二烷基胍盐酸盐的表面活性优于传统阳离子型表面活性剂，具有较好的泡沫性能和较强的抑菌活性[1]，特别适用于大型石油化工装置、发电厂等循环冷却水的杀菌灭藻剂和黏泥剥离剂，可用来控制循环冷却水系统累积污垢和垢下滋生的细菌。在造纸行业，加入纸浆中能够抑制金球菌生长，可有效杀死藻类和细菌。

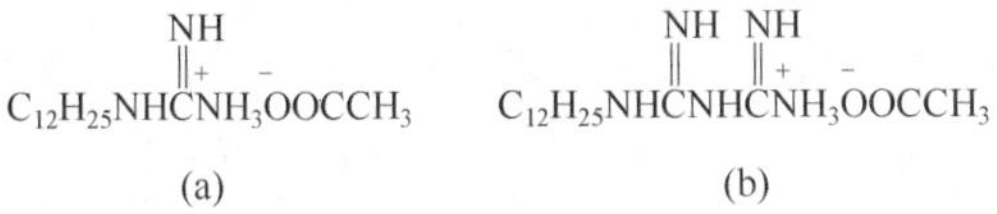

$$C_{12}H_{25}NHC\overset{\overset{NH}{\|}}{N}H_3^+\ ^-OOCCH_3 \qquad\qquad C_{12}H_{25}NHC\overset{\overset{NH}{\|}}{N}HC\overset{\overset{NH}{\|}}{N}H_3^+\ ^-OOCCH_3$$
$$(a) \qquad\qquad\qquad (b)$$

图 4-1　新型阳离子型表面活性剂十二烷基胍乙酸盐（a）和十二烷基双胍乙酸盐（b）的分子结构

一些叔胺或糖胺的有机多元酸盐亦表现出优异的表面活性。例如，十四烷基二甲基叔胺马来酸盐[2]水溶液的不同聚集体（胶束-囊泡），可随温度或溶液浓度可逆性地转化。N-(十六烷基酰胺基丙基)-N,N-二甲基叔胺柠檬酸盐[3]在水溶液中能自组装形成蠕虫状胶束，使溶液的黏度显著增加，还具有 pH 响应性。N-十二烷基葡糖胺、N-十二烷基乳糖胺和一系列二元羧酸 HOOC(CH₂)ₙ₋₂COOH（n=3, 4, 5, 6, 8）构筑的非共价键糖胺盐双子表面活性剂[4]，具有相对较低的 γ_{cmc} 值、较大的降低表面张力的效能（π_{cmc} 值）、较高的表面活性和丰富的聚集体形态。另外，将 CO₂ 鼓入 N-长链烷基-N,N-二甲基乙基脒[5]、N-长链烷基-N,N-二甲基叔胺或脂肪酸酰胺基丙基二甲基叔胺的水体系中，可生成相应的碳酸氢盐型阳离子型表面活性剂，在适当温度下向体系中鼓入 N₂ 后，碳酸氢盐型阳离子型表面活性剂解体，失去表面活性。因此这类胺盐型阳离子型表面活性剂具有 CO₂/N₂ 响应性能，能够在具有表面活性和无表面活性之间可逆转变，已广泛用于制备 CO₂/N₂ 响应的微乳液、Pickering 乳液、泡沫等智能体系[6-8]。

4.1.3　季铵盐型阳离子型表面活性剂

直链季铵盐的通式为：

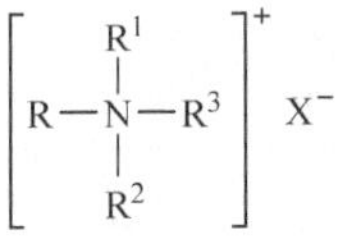

$$\left[\begin{array}{c} R^1 \\ | \\ R-N-R^3 \\ | \\ R^2 \end{array}\right]^+ X^-$$

式中，R 为长链的 C₁₀~C₁₈ 烷基；R¹、R²、R³ 为甲基或乙基，其中一个也可以是苄基；X 为卤素或其它阴离子基团。

季铵盐与伯胺、仲胺、叔胺的有机或无机酸盐不同，它在碱性或酸性溶液中结构稳定，且都能溶解，并离解为正电荷的表面活性离子和反离子。胺盐遇碱会生成不溶于水的胺，而季铵盐与碱作用，能生成一个溶于水的季铵碱和季铵盐的混合物：

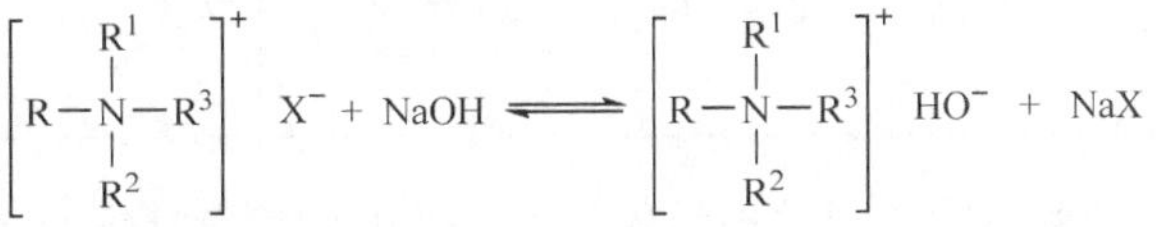

$$\left[\begin{array}{c} R^1 \\ | \\ R-N-R^3 \\ | \\ R^2 \end{array}\right]^+ X^- + NaOH \rightleftharpoons \left[\begin{array}{c} R^1 \\ | \\ R-N-R^3 \\ | \\ R^2 \end{array}\right]^+ HO^- + NaX \qquad (4-8)$$

具有一个长链烷基的季铵盐在水中的溶解度与长链烷基的碳链长度有关。碳链长度增加，水溶性降低。C₈~C₁₄ 的易溶于水，C₁₆~C₁₈ 的难溶于水。含有一个长链烷基的季铵盐能溶于水和极性溶剂，但不溶于非极性溶剂。含有两个长链烷基的季铵盐几乎不溶于水，而溶于非极性溶剂。当季铵盐中含有不饱和的脂肪族或芳香族基团时，能增加其在极性或非极性溶剂中的溶解度。因此，季铵盐的商品通常为含量 10%~75%的水溶液或有机溶剂的溶液。

季铵盐类阳离子型表面活性剂杀菌力强，同时对生物也有较大的毒性。就经口毒性而言，季铵盐的半数致死量 LD_{50} 约为 0.05~0.5g/kg 体重（毒死 50%受试动物所需的最小剂量），而一般阴离子型表面活性剂半数致死量为 2~8g/kg 体重，非离子型表面活性剂半数致死量可达 50g/kg 体重以上。分子中含有苄基的季铵盐毒性和杀菌力均较强，如十二烷基二甲基苄基氯化铵（1227）的杀菌力为苯酚的 150~300 倍。另外，季铵盐的毒性和杀菌力也与季铵盐分子中烷基链的长度、季铵盐离子的数量等因素有关。表 4-1 中列出了一些常见的季铵盐类阳离子型表面活性剂。

表 4-1　常见的季铵盐类阳离子型表面活性剂

名称及代号	结构示意式	用途
十二烷基三甲基溴化铵（1231）	$C_{12}H_{25}N(CH_3)_3^+$ Br^-	抗静电、杀菌
乳胶防黏剂 DT （1231）	$C_{12}H_{25}N(CH_3)_3^+$ Cl^-	乳胶防黏、杀菌
十六烷基三甲基溴化铵（1631）	$C_{16}H_{33}N(CH_3)_3^+$ Br^-	柔软、杀菌
十八烷基三甲基氯化铵（1831）	$C_{18}H_{37}N(CH_3)_3^+$ Cl^-	柔软、杀菌、抗静电、乳化、破乳
山嵛基三甲基氯化铵（2231）	$C_{22}H_{45}N(CH_3)_3^+$ Cl^-	柔软、抗静电、调理剂
十二烷基二甲基苄基氯化铵（1227，洁尔灭）	$\begin{bmatrix} & CH_3 & \\ C_{12}H_{25}\!-\!N\!-\!CH_2\!-\!\bigcirc \\ & CH_3 & \end{bmatrix}^+ Cl^-$	杀菌、抗静电、柔软、缓染
新洁尔灭	$\begin{bmatrix} & CH_3 & \\ C_{12}H_{25}\!-\!N\!-\!CH_2\!-\!\bigcirc \\ & CH_3 & \end{bmatrix}^+ Br^-$	杀菌、消毒
缓染剂 DC	$\begin{bmatrix} & CH_3 & \\ C_{18}H_{37}\!-\!N\!-\!CH_2\!-\!\bigcirc \\ & CH_3 & \end{bmatrix}^+ Cl^-$	柔软、缓染
双十八烷基二甲基季铵盐	$\begin{bmatrix} C_{18}H_{37} & CH_3 \\ \;\;\;\;\;N \\ C_{18}H_{37} & CH_3 \end{bmatrix}^+ \begin{matrix}Cl^- \\ (Br^-, CH_3SO_4^-)\end{matrix}$	柔软、抗静电
抗静电剂 SN	$\begin{bmatrix} & CH_3 & \\ C_{18}H_{37}\!-\!N\!-\!CH_2CH_2OH \\ & CH_3 & \end{bmatrix}^+ \begin{matrix}NO_3^- \\ (ClO_4^-, RCOO^-)\end{matrix}$	合成纤维及塑料的抗静电
固色剂	$\left[C_{16}H_{33}\!-\!N\!\bigcirc \right]^+ Br^-$	染料固色
杜灭芬	$\begin{bmatrix} & CH_3 & \\ C_{12}H_{25}\!-\!N\!-\!CH_2CH_2\!-\!O\!-\!\bigcirc \\ & CH_3 & \end{bmatrix}^+ Br^-$	杀菌

季铵盐的品种和生产方法较多。通常最简单的方法是用叔胺为原料，与烷基化试剂进行 N-烷基化反应，生成季铵盐。该反应也称作季铵化反应。作为起始原料的叔胺，最常用的主要有烷基二甲基叔胺、烷基二羟乙基叔胺、烷基酰胺丙基二甲基叔胺等。有时也用伯胺或仲胺来生产季铵盐，在碱作用下，伯胺或仲胺的烷基化以及进一步的季铵化是在同一反应阶段进行的。对于烷基化过程中产生的无机盐，可以将其从醇溶液中沉淀析出，经过滤除去。不过对一般的

应用可以保留在产品中。

$$R-\overset{\underset{\displaystyle CH_3}{|}}{\underset{\underset{\displaystyle CH_3}{|}}{N}}+R'X \longrightarrow \left[R-\overset{\underset{\displaystyle CH_3}{|}}{\underset{\underset{\displaystyle CH_3}{|}}{N}}-R'\right]^+ X^- \tag{4-9}$$

最常用的季铵化试剂有氯甲烷、氯化苄、硫酸二甲酯或碳酸二甲酯等。但是卤代长链烷烃，如月桂基氯或月桂基溴也有工业应用。由于季铵盐产品主要以溶液状直接使用，而大多数的烷基化剂有毒，不允许残留在最终产品中，因此如有可能，应使烷基化剂的使用量稍小于化学计量。否则过量的烷基化剂必须除去。例如添加氨可以分解硫酸二甲酯，或者用氮气吹洗可以除去氯甲烷。高碳烷基胺用低碳烷基化剂进行季铵化的实例有：

$$C_{12}H_{25}-\overset{\underset{\displaystyle CH_3}{|}}{\underset{\underset{\displaystyle CH_3}{|}}{N}}+CH_3Cl \xrightarrow[80\sim85^{\circ}C, H_2O]{0.2MPa, NaOH} \left[C_{12}H_{25}-\overset{\underset{\displaystyle CH_3}{|}}{\underset{\underset{\displaystyle CH_3}{|}}{N}}-CH_3\right]^+ Cl^- \tag{4-10}$$

$$R-\overset{\underset{\displaystyle CH_3}{|}}{\underset{\underset{\displaystyle CH_3}{|}}{N}}+ \bigcirc\!\!-CH_2Cl \xrightarrow[80\sim100^{\circ}C]{常压} \left[R-\overset{\underset{\displaystyle CH_3}{|}}{\underset{\underset{\displaystyle CH_3}{|}}{N}}-CH_2-\bigcirc\right]^+ Cl^- \tag{4-11}$$

$$R-NH_2 + 3CH_3Cl \xrightarrow[NaHCO_3, 异丙醇]{85^{\circ}C} \left[R-\overset{\underset{\displaystyle CH_3}{|}}{\underset{\underset{\displaystyle CH_3}{|}}{N}}-CH_3\right]^+ Cl^- \tag{4-12}$$

除采用上述方法生产外，这类季铵盐还可以采用如下的季铵化方法制取：

$$R-\overset{\underset{\displaystyle CH_3}{|}}{\underset{\underset{\displaystyle CH_3}{|}}{N}}+ClCH_2CH_2OH \xrightarrow{100^{\circ}C} \left[R-\overset{\underset{\displaystyle CH_3}{|}}{\underset{\underset{\displaystyle CH_3}{|}}{N}}-CH_2CH_2OH\right]^+ Cl^- \tag{4-13}$$

$$C_{12}H_{25}Br + (CH_3)_3N \xrightarrow[水]{60\sim90^{\circ}C} \left[C_{12}H_{25}-\overset{\underset{\displaystyle CH_3}{|}}{\underset{\underset{\displaystyle CH_3}{|}}{N}}-CH_3\right]^+ Br^- \tag{4-14}$$

$$C_{12}H_{25}Br + \bigcirc\!\!-CH_2-\overset{\underset{\displaystyle CH_3}{|}}{\underset{\underset{\displaystyle CH_3}{|}}{N}} \longrightarrow \left[C_{12}H_{25}-\overset{\underset{\displaystyle CH_3}{|}}{\underset{\underset{\displaystyle CH_3}{|}}{N}}-CH_2-\bigcirc\right]^+ Br^- \tag{4-15}$$

季铵盐的品种很多，除了上述长链烷基的季铵盐外，还有亲水部分和疏水部分通过酰胺、酯、醚等基团连接的季铵盐。制取这些阳离子型表面活性剂时，首先是合成含有酰胺、酯、醚等基团的叔胺，然后再用烷基化剂进行季铵化反应。近年来，还出现了一些双季铵盐或多季铵盐品种，由于在分子中含有两个以上的镓氮原子，除具有与单季铵盐相同的性能和应用外，它们在金属、塑料和矿物等表面上具有较强的吸附作用，且亲水基团在两个以上，在水中的溶解度也大。这些特性给应用带来了方便，正日益受到人们的重视。例如，多季铵盐阳离子型表面活性剂迪恩普（DNP）的结构为：

$$R^1\left[N^+R^2(R^3OH)_2\right]_n \cdot nA^-$$
$$DNP$$

它属于低聚型的季铵盐型阳离子型表面活性剂，结构中含有多个羟基，因此亲水性较好，与阴离子型表面活性剂有较好的配伍性。它具有阳离子型表面活性剂的基本特性，且在"二合一"

香波中具有增稠作用。双季铵盐可以通过如下方法合成：

$$2R-\underset{\underset{CH_3}{|}}{\overset{\overset{CH_3}{|}}{N}} + BrCH_2CH_2Br \longrightarrow \left[R-\underset{\underset{CH_3}{|}}{\overset{\overset{CH_3}{|}}{N}}-CH_2CH_2-\underset{\underset{CH_3}{|}}{\overset{\overset{CH_3}{|}}{N}}-R \right]^{2+} \cdot 2Br^- \qquad (4-16)$$

季铵化反应条件取决于反应原料以及所用溶剂的性质，因此必须调节或优化这些参数。由于在胺的氮原子上有未共享电子对，它具有亲核作用，能接受质子。因此，季铵化反应为亲核取代反应，也称为 Menschutkin 反应。影响季铵化反应的主要因素如下。

a.胺类碱性强弱的影响　一般胺类的碱性强，其亲核性亦强，季铵化反应容易进行，反应速度快。若以 pK_b 的变化来评价季铵化反应，则有如下关系：$pK_b<6$ 的胺在室温下与 CH_3I 反应，易于生成季铵盐；pK_b 在 6~10 的胺在加热的条件下才能生成季铵盐；而 $pK_b>10$ 的胺在醇中加热至沸也不会生成季铵盐。例如，吡啶的碱性（pK_b=8.82）小于三乙醇胺（pK_b=3.24），因此，三乙醇胺的烷基化速度要比吡啶快约 100 倍，吡啶在高温和长时间下才能完成这一反应。吡啶环上是否接有烷基也会影响其碱性。一般无论烷基接在吡啶的 2-、3-或 4-位上，都会使其碱性增加。但在 2-位上连接烷基后，碱性增加，但反应性却降低，这主要是发生了空间位阻效应。

b.空间效应的影响　季铵化反应的难易程度也受到空间效应的影响。单烷基二甲基叔胺的季铵化速率并不随链长的增加（C_6~C_{16}）而降低。对二烷基甲基叔胺，链长具有一定的影响，而三烷基胺的烷基碳链的长度则肯定影响反应速率。例如在氯化苄与叔胺的季铵化研究中显示，三乙基胺的反应速率比三丙基至三硬脂基叔胺快 2 倍，二烷基甲基叔胺的季铵化速率比三烷基叔胺快得多，但单长链烷基的链长（C_8~C_{18}）对季铵化速率没有影响。长链伯胺乙氧基化得到的三烷基叔胺的季铵化速率常数与三烷基叔胺的速率相当，叔胺的氮原子上连接两个以上的长链烷基，或者一个以上的 β-羟烷基，或者 β-位处有酯基时，季铵化的反应条件则较为苛刻，这些结果正是位阻效应所致。

c.烷基化剂的影响　烷基化剂中烷基对季铵化的影响次序为：$CH_3->CH_3CH_2->(CH_3)_2CH->(CH_3)_3C-$。烷基化剂中卤代烷反应的难易与卤素键能的大小有关，烷基化速度由键能较小的 I 向键能较大的 F 递减：$-I>-Br>-Cl>-F$。当用氯甲烷或氯苄不能满意地使胺类季铵化时，如改用硫酸二甲酯反应，则往往可得到较高的收率。必须注意的是，硫酸二甲酯的毒性极高，并有潜在致癌风险，有腐蚀性，贮存和使用时一定要进行严格的防护。随着对碳酸二甲酯研究的深入，硫酸二甲酯的应用范围越来越小，相信终将为低毒性的碳酸二甲酯完全取代。

d.溶剂的影响　特别适合用作季铵化反应的溶剂是水、异丙醇或其混合物。一般来说，S_N2 反应在质子溶剂中进行时，一方面，溶剂化作用有利于离去基团的离去；另一方面，溶剂也会与亲核试剂发生作用，使亲核试剂与底物的接触变得困难。最后的影响是这两种因素的综合结果。相对而言，极性溶剂分子很少包围负离子，因此对 S_N2 反应是有利的。极性溶剂如甲醇、苯甲醇的存在可促进长链季铵盐的合成。醇中加入一部分水也可取得良好的结果，而非极性溶剂对反应的影响较小。

季铵盐通常在不锈钢、莫内尔（Monel）合金或搪玻璃设备中生产。将胺和溶剂（如异丙醇、水）加入反应器并加热到适当的温度（通常为 80~100℃），然后加入烷基化剂进行季铵化反应。若烷基化剂为氯代甲烷，则系统压力一般大于 0.1MPa，此反应为放热反应，需要进行冷却。反应后分析所得产物，调整活性物含量和 pH 值，有时需要过滤除去不溶物，以适应相应的产品标准。表 4-2 是部分阳离子型表面活性剂产品的现行标准，涉及产品分类与标记、要求、试验方法、检验规则及标识、包装、运输、贮存和保质期等。

表 4-2　部分阳离子型表面活性剂的产品标准

标准名称	标准号	适用范围
表面活性剂洗涤剂阳离子活性物含量的测定-直接两相滴定法	GB/T 5174—2018 ISO 2871-1—2010 ISO 2871-2—2010	测定阳离子活性物，如：单、双、三脂肪烷基叔胺季铵盐，硫酸甲酯季铵盐；长链酰胺乙基及烷基的咪唑啉盐或 3-甲基咪唑啉盐；氧化胺及烷基吡啶嘧盐。适用于固体活性物或活性物水溶液。若其含量以质量分数表示，则阳离子活性物的平均分子量必须已知，或预先测定。本标准不适用于有阴离子或两性离子型表面活性剂存在时的测定
脂肪烷基三甲基卤化铵及脂肪烷基二甲基苄基卤化铵	QB/T 1915—1993	以长链脂肪烷基二甲基胺，或脂肪伯胺与 1~4 碳卤代烷或苄基卤进行季铵化反应，而制得的脂肪烷基三甲氯（或溴）化铵，和脂肪烷基二甲基苄基氯（或溴）化铵，以及脂肪烷基二甲基 2~4 碳烷基氯（或溴）化铵系列产品
脂肪烷基三甲基硫酸甲酯铵	QB/T 4533—2013	适用于以脂肪叔胺和硫酸二甲酯为原料合成的季铵盐产品
双烷基（C_{14}~C_{18}）二甲基卤化铵	QB/T 2852—2007	适用于广泛应用于织物柔软、沥青乳化、有机土改性等行业和领域的以双脂肪烷基甲基叔胺和一卤代烷为原料合成的季铵盐产品
双脂肪酸乙酯基羧乙基甲基硫酸甲酯铵（商品名为双酯基季铵盐）	QB/T 4308—2012	适用于用作工业及民用柔软剂、护发素、汽车清洗剂、抗静电剂等的油脂基的高级脂肪酸（主要组分为直链 C_{16}~C_{18} 的脂肪酸）与三乙醇胺进行酯化后再与硫酸二甲酯季铵化生成的产品

4.1.4　其它类型的阳离子型表面活性剂

杂环类阳离子型表面活性剂，为表面活性剂分子中除含有碳原子外，还含有其它原子且呈环状结构的化合物。杂环的成环规律和碳环一样，最稳定与最常见的杂环也是五元环或六元环。有的环只含有一个杂原子，有的含有多个或多种杂原子。阳离子型表面活性剂分子中所含的杂环主要是含氮的吗啉环、吡啶环、咪唑环、哌嗪环和喹啉环等。这里介绍几种杂环类阳离子型表面活性剂，如吡啶、咪唑啉、吗啉等杂环类阳离子型表面活性剂。

烷基吡啶盐类阳离子型表面活性剂，通常是由吡啶与普通卤代烷，或含醚、酰胺基、酯基的卤代烷反应制取的。十六烷基溴（或氯）化吡啶盐常用作杀菌剂和消毒剂，含醚基和酰胺基的吡啶盐常用作纤维柔软防水剂，含酯基的吡啶盐起泡力强，是有效的矿物浮选剂。

$$C_{16}H_{33}Br \ + \ N\bigcirc \longrightarrow \left[C_{16}H_{33}-N\bigcirc \right]^{+} Br^{-} \tag{4-17}$$

咪唑啉为含有两个氮杂原子的五元杂环单环化合物。根据咪唑啉环上所连基团的不同又有一些不同品种，如高碳烷基咪唑啉、羟乙基咪唑啉、氨基乙基咪唑啉等。其中，2-烷基-1-羟乙基咪唑啉的衍生物是一类重要的化合物，由乙二胺与环氧乙烷反应得到的 N-(2-氨基乙基)乙醇胺，再与脂肪酸缩合生成 2-烷基-1-羟乙基咪唑啉，进而再与卤代烷或硫酸二甲酯反应，即为咪唑啉季铵盐阳离子型表面活性剂，它具有优良的表面活性，杀菌力非常好。

$$NH_2CH_2CH_2NH_2 + \ CH_2{-}CH_2 \longrightarrow NH_2CH_2CH_2NHCH_2CH_2OH \atop O \tag{4-18}$$

$$RCOOH + NH_2CH_2CH_2NHCH_2CH_2OH \longrightarrow R{-}C \begin{array}{c} N{-}CH_2 \\ | \quad | \\ N{-}CH_2 \\ | \\ CH_2CH_2OH \end{array} \tag{4-19}$$

$$R-C\underset{\underset{CH_2CH_2OH}{|}}{\overset{N-CH_2}{\underset{CH_2}{\vert\hspace{-0.5em}|}}}+CH_3Cl\longrightarrow\left[R-C\underset{\underset{H_3C}{|}\ \underset{CH_2CH_2OH}{|}}{\overset{N-CH_2}{\underset{CH_2}{\vert\hspace{-0.5em}|}}}\right]^+Cl^- \qquad (4\text{-}20)$$

吗啉型阳离子型表面活性剂是六元环中含有 N、O 两种杂原子的化合物。N-高碳烷基吗啉可由长链伯胺和双(2-氯乙基)醚反应制取,也可由溴代烷和吗啉缩合而成。N-高碳烷基吗啉和硫酸二甲酯、硫酸高碳烷酯以及不对称的硫酸二烷酯反应,可生成相应的阳离子型表面活性剂,用作润湿剂、净洗剂、杀菌剂,还可用在润滑油中。合成反应方程式如下:

$$R-NH_2\ +\ \underset{ClCH_2CH_2}{\overset{ClCH_2CH_2}{\diagdown}}O\longrightarrow R-N\underset{CH_2CH_2}{\overset{CH_2CH_2}{\diagup\diagdown}}O \qquad (4\text{-}21)$$

$$RBr\ +\ HN\underset{CH_2CH_2}{\overset{CH_2CH_2}{\diagup\diagdown}}O\ \xrightarrow{K_2CO_3}\ R-N\underset{CH_2CH_2}{\overset{CH_2CH_2}{\diagup\diagdown}}O \qquad (4\text{-}22)$$

$$R-N\underset{CH_2CH_2}{\overset{CH_2CH_2}{\diagup\diagdown}}O\ +\ (CH_3)_2SO_4\longrightarrow\left[R-\underset{\underset{CH_3}{|}}{N}\underset{CH_2CH_2}{\overset{CH_2CH_2}{\diagup\diagdown}}O\right]^+CH_3SO_4^- \qquad (4\text{-}23)$$

锍盐是指季铵盐阳离子型表面活性剂中的亲水基团 N 原子,为其它可携带正电荷的元素,如磷、硫、碘取代时的阳离子型表面活性剂。磷、硫的长链烷基锍盐主要用作乳化剂、杀虫剂和杀菌剂,碘锍化合物这种阳离子型表面活性剂具有抗微生物的效果,与肥皂和阴离子型表面活性剂的相容性好,且它对次氯酸盐的漂白作用有较大的稳定性。

与季铵盐相似,可由三烷基膦与卤代烷反应制得锍盐磷化合物。反应式如下:

$$R-\underset{\underset{R}{|}}{\overset{R}{\overset{|}{P}}}+R'X\longrightarrow\left[R-\underset{\underset{R}{|}}{\overset{R}{\overset{|}{P}}}-R'\right]^+X^- \qquad (4\text{-}24)$$

例如:等摩尔的溴代十二烷与三乙基膦在 90℃ 下加热 12h,生成三乙基十二烷基磷溴化物,收率为 80%。等摩尔的溴代十二烷与三苯基膦混合,并添加少量乙醇,在密封、100℃ 条件下加热 12h,生成十二烷基三苯基磷化合物,理论收率为 90%。用 10g 二苯基-对-甲苯基膦与 9.5g 溴代十二烷在密封管中于 100℃ 下反应 12h,可得到 4g 油状的二苯基-对甲苯基十二烷基磷溴化物。上述的几种反应产物用乙酸酯和乙醚处理后均可得到精制品。

亚砜、硫醚与烷基化试剂反应,则生成锍化合物。例如:十二烷基甲基亚砜与硫酸二甲酯的反应,这一反应产物类似于苄基季铵盐,是有效的杀菌剂。它对皮肤的刺激性很小,优于季铵化合物。它在香皂和阴离子型洗涤剂中均具有杀菌能力。合成反应式为:

$$C_{12}H_{25}\overset{O}{\overset{\uparrow}{S}}CH_3\ +\ (CH_3)_2SO_4\ \xrightarrow[18h]{95℃}\left[C_{12}H_{25}\underset{\underset{CH_3}{|}}{\overset{O}{\overset{\uparrow}{S}}}-CH_3\right]^+CH_3SO_4^- \qquad (4\text{-}25)$$

阳离子型高分子表面活性剂是一种具有表面活性的大分子量化合物,虽然这类表面活性剂的表面活性、渗透能力、泡沫能力都较低,并且多数在溶液中不能形成胶束,但这类表面活性剂有优良的乳化力、分散力、凝聚能力和增溶能力。因此,近年来这类表面活性剂得到了迅速发展。按其结构可分为聚硫盐型、聚磷盐型和聚季铵盐型,而应用最多的为聚季铵盐型。目前实用化的用途是作为水处理用凝聚剂、塑料抗静电剂和头发调理剂。阳离子型高分子表面活性剂可以通过天然高分子制得，如高取代度季铵盐的阳离子纤维素、阳离子淀粉、阳离子瓜尔胶等；也可以直接由单体聚合制得，如聚烯烃基氯化铵、亚乙基多胺与表氯醇共聚季铵盐、聚乙烯基甲基吡啶阳离子溴化物等。

4.2　两性离子型表面活性剂

4.2.1　概述

与阴离子型、阳离子型表面活性剂不同，两性离子型表面活性剂的亲水端同时存在带负电荷的（酸性）基团和正电荷的（碱性）基团。酸性基团大都是羧酸基、磺酸基或磷酸基；碱性基团则为氨基或季铵基。两性离子型表面活性剂以其独特的多功能著称。例如，除了有良好的表面活性、去污、乳化、分散、润湿作用外，还同时具备杀菌、抗静电、柔软性、耐盐、耐酸碱以及生物降解性好等特性，并能使带正电荷或负电荷的物体表面成为亲水性表面；此外还具有良好的配伍性和低毒性，使用安全。因此，两性离子型表面活性剂在民用及工业用领域的应用日趋扩大。

2015 年，我国两性离子型表面活性剂的产销量达到了 17.5 万吨，比 2014 年增长 7.5%。主要品种有甜菜碱型、氨基酸型、咪唑啉型、氧化胺型以及磷酸酯、硫酸酯等其它系列。此外，还有从淀粉、蛋白质等衍生的两性离子型表面活性剂，以杂元素如 S 代替 N 或 P 而成为阳离子基团中心的两性离子型表面活性剂。

尽管具体的化学结构有所不同，但两性离子型表面活性剂均具有下列共同性能：

（i）耐硬水，钙皂分散力较强，能与电解质共存。

（ii）可与阴、阳、非离子型表面活性剂复配使用。

（iii）与阴离子型表面活性剂混合使用时与皮肤相容性好。

（iv）有抗菌性。

（v）对硬表面及织物的去污力较好。

（vi）具有抗静电及柔软织物性能。

两性离子型表面活性剂的熔点较高，如甜菜碱型大都在 120~180℃ 左右，但大多数两性离子型表面活性剂可溶于水，不大容易溶解于有机溶剂中。在水溶液中有一类两性离子型表面活性剂对溶液的 pH 值极为敏感，如下式所示（R 为 C_8~C_{18} 烷基，也可以是芳基或其它有机基团）：

$$RNH_2^+(CH_2)_nCOOH \rightleftharpoons RNH_2^+(CH_2)_nCOO^- \rightleftharpoons RNH(CH_2)_nCOO^- \tag{4-26}$$

酸性溶液　　　　　　　等电点　　　　　　　碱性溶液

它们在等电点时显示两性，此时在水中溶解度较小，泡沫、润湿、去污性能亦稍差，而在高 pH 值时转变为阴离子型，在低 pH 值时则转变阳离子型。根据酸碱基团的相对强弱，等电点可以是一个很窄的接近中性的 pH 值范围，也可以是较宽的弱酸性或弱碱性 pH 值范围。另有一类两性离子型表面活性剂如羧基甜菜碱 $RN^+(CH_3)_2CH_2COO^-$，在 pH 值高于等电点时（中性或碱性）

显示为两性，而不能转变为阴离子型，但在低于等电点时（酸性）则转变为阳离子型。这时如与阴离子型表面活性剂混合则易形成沉淀。磺基甜菜碱及硫酸基甜菜碱在任何 pH 条件下均呈两性，即使它们吸附至带电表面，也不会使表面变得疏水。

两性离子型表面活性剂具有较高的极性，因此与合成及天然纤维有较好的亲和力，能赋予织物以柔软性，亦有利于一般混纺织物的匀染。这里混纺织物由混合纤维组成，不同纤维染色难易程度不同，一般很难做到均匀染色，而两性离子型表面活性剂对不同纤维均能实现匀染。两性离子型表面活性剂由于其高度的极性及潮解性能，可用作抗静电剂，其泡沫性的大小可通过调整其分子结构而得以控制，不论在硬水或软水中，均能发挥出很好的去污效果，因此两性离子型表面活性剂的功能很强。两性离子型表面活性剂在高浓度碱液中仍具有杀菌性能，虽然略逊于阳离子型表面活性剂，但刺激性低，比较柔和，其杀菌力随着分子中氮原子数目的增加而提高，如表 4-3 所示。

表4-3　一些两性离子型表面活性剂的杀菌性（抗金黄色葡萄球菌）

两性离子型表面活性剂	杀菌性（质量分数 0.05%）
$C_{12}H_{25}NHCH_2COOH$	15min
$C_{12}H_{25}NH(CH_2)_2NHCH_2COOH$	5min
$C_{12}H_{25}NH(CH_2)_2NH(CH_2)_2NHCH_2COOH$	1min

将两种以上的上述两性离子型表面活性剂混合，可显示出协同效应，但如果在分子中引入更多的阴离子羧基，则其杀菌性将显著降低，例如下式所示的表面活性剂杀菌性较差：

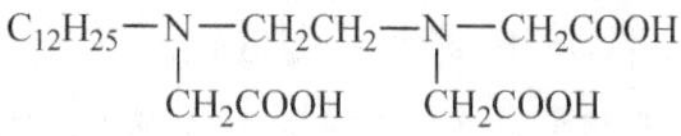

$$C_{12}H_{25}-N-CH_2CH_2-N-CH_2COOH$$

4.2.2　甜菜碱型两性离子型表面活性剂

甜菜碱的化学名称为三甲铵基乙酸盐，具有如下分子结构：

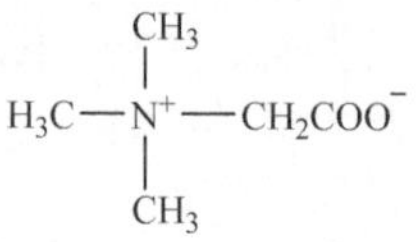

它是由 Sheihler 早期从甜菜中提取出来的天然含氮化合物。1876 年 Brühl 建议将"甜菜碱（betaines）"一词冠于所有具有类似此结构的化合物，现已扩展到如下所示的含硫及含磷类似化合物：

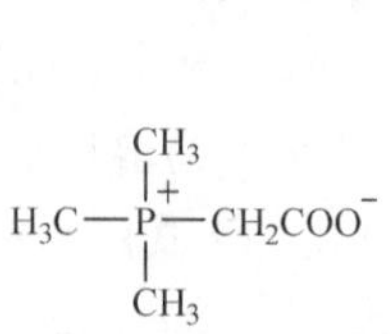

天然甜菜碱不具有表面活性。但是当其中的至少一个 CH₃ 被长链烷基取代后，所形成的物质则具有表面活性，这就是人们通常所称的甜菜碱型表面活性剂。与其它类型的两性离子型表面活性剂不同，甜菜碱型两性离子型表面活性剂在碱性溶液中不具有阴离子性质，在其等电点时也不会降低水溶性而沉淀，它们在较宽的 pH 值范围内水溶性都很好，与其它阴离子型表面活性剂的相容性也很好。实际上，甜菜碱型两性离子型表面活性剂结构上为一内盐，但羧基甜

菜碱也可与盐酸构成外盐，这在分离及提纯操作时很有用。相反，磺基甜菜碱由于磺酸基的酸性较强，不易形成外盐。羧基及磺基甜菜碱在强电解质溶液中都有较好的溶解度，且能耐硬水，后者更强。硫酸基甜菜碱在碱性溶液中会沉淀，而在酸性溶液中则溶解得很好。下面着重介绍羧基及磺基两类甜菜碱的合成、性能与应用。

（1）羧基甜菜碱的合成

迄今仍沿用的合成方法是：先将等摩尔的氯乙酸溶于水，与氢氧化钠中和形成氯乙酸钠，再加入等摩尔的长链烷基二甲基叔胺，在碱性催化剂作用下，于 70~80℃ 反应数小时，得到浓度为 30%~40% 的羧基甜菜碱水溶液产品。反应式为：

$$RN(CH_3)_2 + ClCH_2COONa \xrightarrow[\text{H}_2\text{O, NaOH}]{70\sim80^{\circ}\text{C}} RN^+(CH_3)_2CH_2COO^- + NaCl \tag{4-27}$$

也可以分两步进行：在碱存在下将叔胺先与计算量的氯乙酸在含水有机溶剂中反应，随后再用过量 5%~10% 的氯乙酸继续反应。在反应物中预先加入少量甜菜碱也可以提高得率。为了有利于除盐，也有仅用乙醇而不用水作溶剂的。此外，在过滤前将 pH 值调节到 12.1，可降低盐的溶解度。当然，利用电透析法脱盐效果更佳。例如，将产物溶液流经阳离子渗透膜（Neosepta 2.5T）及阴离子渗透膜（Selemion AMV），电压 25V，温度 50℃，经 2h 处理后，氯化钠含量可降低到 0.1%。实际应用于工业领域的羧基甜菜碱产品是不需要分离氯化钠的。但对残留的氯乙酸或叔胺的量、色泽等指标要求较高，通常在反应后期需要增加一些后处理工序，以满足相应的产品标准，如 QB/T 2344—2012 脂肪烷基二甲基甜菜碱，QB/T 4082—2010 脂肪酰胺丙基二甲基甜菜碱等。

另外，Linfield 等提出用氯乙酸甲酯与叔胺在甲醇中回流反应，然后冷却，在45~50℃ 下慢慢加入 95%NaOH，约反应 1h，继续皂化（回流）3h，冷却、过滤除去 NaCl。应该注意，在开始加入苛性碱时，必须很慢，以防止反应过于激烈。

$$R_3N + ClCH_2COOCH_3 \longrightarrow [R_3NCH_2COOCH_3]^+Cl^- \xrightarrow{\text{NaOH}} R_3N^+CH_2COO^- + CH_3OH + NaCl \tag{4-28}$$

长链烷基二甲基叔胺亦可进行分子结构改进，例如引入酰胺基、羟基或醚基等，得到相应的烷基酰胺丙基二甲基叔胺 $RCONHCH_2CH_2CH_2N(CH_3)_2$、烷基二羟乙基叔胺 $RN(CH_2CH_2OH)_2$ 和烷氧基羟丙基二甲基叔胺 $ROCH_2CH(OH)CH_2N(CH_3)_2$。这些原料，采用上述的合成方法亦可得到相应的羧基甜菜碱型两性离子型表面活性剂。这些分子结构改进的甜菜碱，其水溶性、钙皂分散性、表面张力、临界胶束浓度等性能均有所改善，综合性能更好。

（2）磺基甜菜碱的合成

以羧基为负电荷的羧基甜菜碱性能温和，但化学稳定性、钙皂分散性不强。而磺基甜菜碱在这些性能上有所改进。磺基甜菜碱的合成有多种途径，但工业应用不如羧基甜菜碱，合成工艺有待进一步改进。早在 1885 年，James 采用三甲胺和氯乙基磺酸反应，制得了 α-(三甲基胺)-1-乙基磺酸盐 $(CH_3)_3N^+CH_2CH_2SO_3^-$，但因疏水基链太短，不具有表面活性。1964 年，Henkel 公司开发了一种工艺：以等摩尔的表氯醇与烷基二甲基叔胺在 40℃ 下反应，并逐渐在 pH 值为 8 时加入 2mol/L HCl，然后在 100℃ 下，用 Na_2SO_3 处理 6h，制得了长链烷基二甲基羟基丙磺基甜菜碱 $[RN^+(CH_3)_2CH_2CH(OH)CH_2SO_3^-]$。合成烷基磺基甜菜碱的方法，从得率、纯度与反应难易程度来看，用传统的 1,3-丙磺内酯与伯胺、仲胺或叔胺反应均较好。这一反应较易进行，产物具有良好的去污和钙皂分散性，但因所用丙磺内酯易爆、可能致癌、昂贵等原因，不适合工业化，现已不予采用。

$$RN(CH_3)_2 + \begin{matrix} H_2C-CH_2 \\ | \quad\quad SO_2 \\ H_2C-O \end{matrix} \longrightarrow RN^+(CH_3)_2CH_2CH_2CH_2SO_3^- \qquad (4\text{-}29)$$

目前认为比较好的合成路线是，用长链烷基二甲胺同表氯醇进行反应，再与亚硫酸氢钠加成，产物是羟基在不同位置上的异构体。混合产物的产率可达 80%以上。对该方法在工艺程序上进一步改进，即先将亚硫酸氢钠与表氯醇作用，得到中间体氯羟基丙磺酸钠，然后再与长链叔胺反应，则转化率和选择性均可得到提高，并可得到单一产物。但在常压下收率不高（48%），适当提高反应压力可使收率增加。

$$ClCH_2CH-CH_2 + NaHSO_3 \xrightarrow{Na_2SO_3} ClCH_2\underset{|\ OH}{C}HCH_2SO_3Na \xrightarrow{RN(CH_3)_2} RN^+(CH_3)_2CH_2\underset{|\ OH}{C}HCH_2SO_3^- \qquad (4\text{-}30)$$

磺基甜菜碱的水溶性低于羧基甜菜碱或硫酸基甜菜碱。为此人们曾做过一些改进，方法是在长烷基链部分引入一些极性官能团，如表 4-4 所示。

表 4-4　一些新型磺基甜菜碱的分子结构

极性基团	分子式
苯基	$R-\bigcirc-CH_2N^+(CH_2)_2CH_2CH(OH)CH_2SO_3^-$
乙醇基	$RN^+(CH_3)(CH_2CH_2OH)CH_2CH(OH)CH_2SO_3^-$
乙氧基	$RN^+[(CH_2CH_2O)_xH][(CH_2CH_2O)_yH]CH_2CH(OH)CH_2SO_3^-$
酰胺基	$RCONHCH_2CH_2CH_2N^+(CH_3)_2CH_2CH(OH)CH_2SO_3^-$
酰胺基，乙氧基	$RCONHCH_2CH_2CH_2N^+[(CH_2CH_2O)_xH][(CH_2CH_2O)_yH]CH_2CH(OH)CH_2SO_3^-$
酯基	$RCOOCH_2CH_2N^+(CH_3)_2CH_2CH(OH)CH_2SO_3^-$

结构改进后的磺基甜菜碱，在水溶性、钙皂分散性、表面张力、临界胶束浓度等性能方面均有所改善。尤其是引入酰胺基或乙氧基后的产物性能更好。其中的酰胺型磺基甜菜碱除了保持了烷基磺基甜菜碱的优点外，钙皂分散性指数（LSDR）可提高至 2~3，水溶性也得到改善，临界胶束浓度有所下降。其合成方法有多种，最常用的方法是在碳酸钠存在下，用脂肪酰胺丙基二甲基叔胺与氯羟丙基磺酸钠在水/乙醇介质中反应：

$$RCONHCH_2CH_2CH_2N(CH_3)_2 + ClCH_2\underset{|\ OH}{C}H CH_2SO_3Na \xrightarrow{Na_2CO_3} RCONHCH_2CH_2CH_2N^+(CH_3)_2CH_2\underset{|\ OH}{C}HCH_2SO_3^- \qquad (4\text{-}31)$$

（3）性能与应用

羧基甜菜碱型两性离子型表面活性剂属于内盐，等电点范围较宽，pH 及电解质对其表面活性的影响一般都很小。对未纯化的反应产物，由于杂质较多，对性能会有一定的影响。除了可以容易地测定未反应叔胺和无机盐含量外，试图分离和分析其它杂质是很困难的。羧基甜菜碱易形成水合物，只有无水化合物才有熔点。例如 $C_{12}H_{25}N^+(CH_3)_2CH_2CH_2COO^-$ 的熔点为 137℃，$C_{12}H_{25}N^+(CH_3)_2CH_2COO^-$ 的熔点为 183℃。

与其它表面活性剂一样，甜菜碱型表面活性剂的临界胶束浓度（cmc）随长链烷基链长的增加而降低。如果用下式表示其结构：

$$R-X^+-CH_2-\overset{\displaystyle R'}{\underset{\displaystyle R'}{\overset{|}{\underset{|}{C}}}}\ \overset{\displaystyle A}{\overset{|}{CH}}-CH_2-Y^-$$

则上式中各官能团的结构与 cmc 间的关系为：如果 X 原子或官能团 Y 的尺寸增大，则 cmc 减小，即对 X 有：N>P；对 Y 有：$COO^- > SO_3^- > OSO_3^-$。同样，R′基增大，则 cmc 亦降低。当 A 为 OH 基时，因氢键效应，cmc 值亦将降低。一些烷基甜菜碱的临界胶束浓度如表 4-5 所示。磺基甜菜碱具有较强的钙皂分散性能，尤其是带酰胺键的更佳，并随其官能团结构的变化而有差异。其表面化学性质列于表 4-6 中。

表 4-5　一些甜菜碱型两性离子型表面活性剂的 cmc 与胶束量（30℃）

R	R′	A	X	Y	cmc/(mmol/L)	胶束数量	单体数/胶束
$C_{12}H_{25}$	CH_3	H	N	SO_3	3.6	18300	55
$C_{12}H_{25}$	CH_3	OH	N	SO_3	1.99	24400	70
$C_{12}H_{25}$	C_3H_7	H	N	SO_3	1.92	13000	31
$C_{12}H_{25}$	CH_3	H	N	OSO_3	0.57	38800	110
$C_{12}H_{25}$	CH_3	H	N	COO	5.34	11400	38

表 4-6　磺基甜菜碱溶液的表面化学性质

磺基甜菜碱表面活性剂	LSDR/%	Krafft 温度/℃	表面张力/(mN/m)	cmc/(mmol/L)
$RN^+(CH_3)_2(CH_2)_3SO_3^-$				
$R = C_{12}H_{25}$	4	<0	38	3.6
$R = C_{16}H_{33}$	4	27	35	
$R = C_{11}H_{23}CONH(CH_2)_3-$	3	<0	30	
$R = C_{12}H_{25}NHCO(CH_2)_3CONH(CH_2)_3-$	2	<1	37	
$RN^+(CH_3)_2CH_2CH(OH)CH_2SO_3^-$				
$R = C_{12}H_{25}$	4	<0	—	2.0
$R = C_{18}H_{37}$	5	>90	—	
$R = C_{12}H_{25}NHCO(CH_2)_3CONH(CH_2)_3-$	2	<1	38	
$R = C_{11}H_{23}CONH(CH_2)_3-$	3	<0	24.8	1.33
$R = C_{11}H_{23}CON\begin{smallmatrix}(CH_2)_3-\\ CH_2CH_2OH\end{smallmatrix}$	2	<0	24.6	1.05

　　磺基甜菜碱在应用上有许多优点。在硬水中，其润湿性、泡沫性、去污力和抗静电性均较好。尤其与肥皂等阴离子型表面活性剂混合使用时，具有良好的协同效应。即使用量少，效果亦显著。例如，在 $CaCO_3$ 含量为 100mg/kg 的硬水中配制 Ivory 肥皂（宝洁公司产品），浓度为 0.075%时即产生沉淀，无泡沫。但如果加入 2%（以肥皂量计）的椰油基磺基甜菜碱，即可产生较好的泡沫，也无沉淀发生。表 4-7 给出了一些应用性能数据。

　　磺基甜菜碱与肥皂或脂肪醇硫酸钠的复配溶液，不论泡沫还是去污性都较单一成分好，如表 4-8 所示。

　　羧基甜菜碱广泛用于化妆品、乳化剂、皮革及低刺激性的香波制品中。磺基甜菜碱因其优良的钙皂分散力，常用于洗涤剂及纺织品用表面活性剂配方中。在洗涤剂配方中使用少量的磺基甜菜碱，由于它与配方中的其它组分具有协同效应，可提高产品的润湿、起泡和去污等性能，更适合于在硬水和海水中使用。日本狮子油脂公司使用少量羟基磺基甜菜碱（皂基量的 2%）与沸石 A 混合，可制得高效复合皂粉，适合于限磷和禁磷地区使用。磺基甜菜碱与阴离子型表面活性剂混合，可大大降低对皮肤的刺激性。如活性物浓度均为 15%时，C_{12} LAS 的刺激指数为 0.59，C_{16} 磺基甜菜碱为 0.25，但如按 50/50 的比例混合，其使用后的刺激指数降为 0.06。因此，适用于液体香波和液体洗涤剂的配制。

甜菜碱型两性离子型表面活性剂的抗静电性能优良。将羧基甜菜碱加到聚丙烯纤维中，能产生历久不退的抗静电作用，因而广泛用于纺织、塑料等工业。

表 4-7　磺基甜菜碱$[RN^+(CH_3)_2(CH_2)_3SO_3^-]$溶液的应用性能

R	润湿性[1]/s		泡沫高度[2]/mm		去污力[3]（0.05%，棉布）
	蒸馏水	硬水（200mg/kg）	蒸馏水	硬水	
$C_{12}H_{25}$	6	7	150/130	150/130	10
$C_{14}H_{29}$	11	11	165/145	165/147	—
$C_{16}H_{33}$	—	—	—	—	10

① 帆布沉降法。以下沉时间（s）来表示。25℃，0.1%浓度。
② Ross-Miles 法测定，瞬时/5min 后。
③ Empa 101 棉布（EMPA）洗涤后增加的反射度。用 Terg-O-Tometer 去污仪，20min，49℃，水硬度 300mg/kg。

表 4-8　磺基甜菜碱复合液的泡沫性与去污力

表面活性剂或洗涤剂	浓度/%	泡沫高度/mm	去污力[1]/%	表面活性剂或洗涤剂	浓度/%	泡沫高度/mm	去污力[1]/%
脂肪醇硫酸钠	0.1	150/125		Ivory 皂片	0.25		12.85
月桂基磺基甜菜碱	0.1	150/135		椰油基磺基甜菜碱	0.25		12.80
脂肪醇硫酸钠	0.075	205/ 175		Ivory 皂片	0.175		48.57
月桂基磺基甜菜碱	0.025			椰油基磺基甜菜碱	0.075		

① 去污力用 Terg-O-Tometer 去污仪在 300mg/kg 硬水中，49℃，30min，15r/min 测定。

$$去污力 = \frac{洗后污布白度 - 洗前污布白度}{洗前白布白度 - 洗前污布白度} \times 100\%。$$

甜菜碱型两性离子型表面活性剂也是一类较好的织物柔软剂，它与阳离子型柔软剂复配，可减少柔软剂在织物纤维间的堵塞，增加织物的透水性，亦可增强纺纱时纱的强度。甜菜碱型两性离子型表面活性剂还可用作杀菌消毒剂、织物干洗剂、胶卷助剂、双氧水稳定剂及三次采油助剂等。

4.2.3　氨基酸型两性离子型表面活性剂

氨基酸兼有羧基和氨基，本身就是两性化合物。当氨基上的氢原子被长链烷基取代后，就成为具有表面活性的氨基酸型表面活性剂。在等电点时，阴离子与阳离子在同一分子内相互平衡，此时溶解度最小，润湿力最小，泡沫性亦最低。随着 pH 的改变可转为阴离子型或阳离子型：

$$RN^+H_2CH_2CH_2COOH \underset{H^+}{\overset{OH^-}{\rightleftharpoons}} RN^+H_2CH_2CH_2COO^- \underset{H^+}{\overset{OH^-}{\rightleftharpoons}} RNHCH_2CH_2COO^-$$

酸性（阳离子型）　　　　　　　　　　　等电点　　　　　　　　碱性（阴离子型）

氨基酸型表面活性剂中有代表性的是 N-酰基氨基酸盐，目前主要有 N-月桂酰基肌氨酸盐、N-酰基谷氨酸盐、N-椰子油脂肪酰基精氨酸盐、N-酰基赖氨酸盐、N-酰基缩氨酸盐等品种。它们不仅具有良好表面活性，而且有较强的抑菌能力。氨基酸高级烷基酯，例如谷氨酸十二酯，也是一类表面活性及抑菌性优良的氨基酸表面活性剂。天然脂肪酸或脂肪酰氯与 L-精氨酸、L-谷氨酸、L-赖氨酸等在适宜条件下同样可获得双肽表面活性剂，具有良好的水溶性、表面活性及抑菌性。但是，严格地讲，上述这些氨基酸表面活性剂不能划归为两性离子型表面活性剂，因此，在此不作详细讨论。

工业上，氨基酸型两性离子型表面活性剂大多以脂肪胺或其衍生物为原料生产，主要分为两大类：一类是羧酸型，另一类是磺酸型。

（1）羧酸型氨基酸两性离子型表面活性剂

这类两性离子型表面活性剂开发得最早，而且产量也比较高，品种较多，使用范围也很广。羧酸型氨基酸两性离子型表面活性剂可用于洗涤剂、香波的配方中。它的刺激性很小，可用于杀菌剂、去臭剂、锅炉除锈剂、防锈剂、纺织匀染剂以及其它工业用途的配方中。一般常用的羧酸型氨基酸两性离子型表面活性剂主要有以下几种合成方法。

① 脂肪胺与丙烯酸甲酯反应

Henkel 公司生产了一系列称为 Deriphat 的氨基酸型表面活性剂，它是用 1mol 脂肪伯胺与 1.0~1.1mol 丙烯酸甲酯反应，然后把产物进行水解而得到的。所得产物为 N-烷基-β-氨基丙酸。其反应如下：

$$RNH_2 + CH_2{=}CHCOOCH_3 \xrightarrow{\text{水解}} RNHCH_2CH_2COOH \tag{4-32}$$

反应后加入 NaOH 水溶液皂化，再经中和至等电点，即可得到活性物含量为 50%~65% 的 N-烷基-β-氨基丙酸。如果所用丙烯酸甲酯过量二倍以上，则生成双加成取代物：

$$RNH_2 + 2CH_2{=}CHCOOCH_3 \longrightarrow RN(CH_2CH_2COOCH_3)_2 \xrightarrow{\text{水解}} RN(CH_2CH_2COOH)_2 \tag{4-33}$$

提纯、脱色、脱臭在工业上亦至关重要。上述粗产物先用硫酸或盐酸中和至 pH=3.5~5.5，形成两性离子。然后加入二氯乙烯以增溶杂质，除去二氯乙烯后，纯化为两性离子型表面活性剂。也可用碱转化为 N-烷基-β-氨基丙酸盐。

同理，用丙烯腈与脂肪胺（伯胺）反应，得到 N-烷基-β-氨基丙腈，水解后也可以得到 N-烷基-β-氨基丙酸：

$$RNH_2 + CH_2{=}CHCN \longrightarrow RNHCH_2CH_2CN \xrightarrow{\text{水解}} RNHCH_2CH_2COOH \tag{4-34}$$

N-烷基-β-氨基丙酸是对皮肤很温和、对眼睛几乎无刺激作用、对各种纤维有很好洗涤效果的两性离子型表面活性剂。所用胺大多是椰油胺、十二胺、十二胺与十四胺混合物或者是牛油脂肪胺。近年来也出现了如下所示的一些新品种：

$$
\begin{array}{ccc}
R-\underset{\substack{|\\ OH}}{C}HCH_2-NHCH_2CH_2COOH &
R-\underset{\substack{|\\ OH}}{C}HCH_2-N\begin{cases} CH_2CH_2OH \\ CH_2CH_2COOH \end{cases} &
R-\underset{\substack{|\\ O(CH_2CH_2O)_mH}}{C}HCH_2-N\begin{cases} CH_2CH_2O(CH_2CH_2O)_nH \\ CH_2CH_2COOH \end{cases} \\
(a) & (b) & (c)
\end{array}
$$

这类氨基酸型两性离子型表面活性剂，在正常 pH 值范围内均具有很低的表面张力与界面张力。例如 N-椰油基-β-氨基丙酸、N-十二酰/豆蔻氨基丙酸的表面张力在 pH=7、浓度 0.01% 时分别为 28.7mN/m 及 27.3mN/m，油水界面张力为 1.2mN/m 及 2.2mN/m，发泡性及泡沫稳定性较好，并随 pH 值的变化而改变，润湿性亦好，并随 pH 值的变化而变动。

② 脂肪胺与氯乙酸反应

脂肪胺（伯胺）和氯乙酸在水溶液中反应，通常得到 N-烷基单/双甘氨酸两性离子型表面活性剂或它们的混合物。但生产这类对皮肤温和、对眼睛无刺激的两性离子型表面活性剂是相当复杂的，必须确保生成的副产物最少。其主反应式如下：

$$RNH_2 + ClCH_2COOH \longrightarrow RNHCH_2COOH \xrightarrow{ClCH_2COOH} RN \begin{matrix} CH_2COOH \\ CH_2COOH \end{matrix} \tag{4-35}$$

该方法也可用于合成如下结构的羧酸型氨基酸两性离子型表面活性剂：

$$RNHCH_2CH_2NHCH_2CH_2NHCH_2COOH \qquad \begin{matrix} RNHCH_2CH_2 \\ RNHCH_2CH_2 \end{matrix} NCH_2COOH \qquad R-N \begin{matrix} CH_2CH_2OH \\ CH_2CH_2OCH_2COOH \end{matrix}$$

这些表面活性剂在酸性或碱性介质中均有较强的表面活性，并具有钙皂分散能力。它们的杀菌力很强，而毒性小于阳离子型表面活性剂。例如，N-十二烷基单甘氨酸不仅能有效地杀灭细菌，而且还能在 2min 内将水中的各种悬浮物质包括黏泥、细菌尸体等很快地沉淀下来，并在絮凝过程中继续发挥杀菌作用，直至 99% 以上的各种菌藻微生物被杀灭。1% N-十二烷基双（氨乙基）甘氨酸盐酸盐水溶液的喷雾消毒能力，强于相同浓度的常用的洗必泰和苯扎溴铵以及 70% 的乙醇。可以认为，这类羧酸型氨基酸两性离子型表面活性剂在杀菌消毒方面有优势，相关应用将会得到快速发展。

③ 其它合成方法

烷基胺与顺-丁二烯酸发生反应，可生成以天门冬氨酸为骨架的两性离子型表面活性剂。例如，采用十二胺和顺-丁二烯酸为原料，合成 N-十二烷基天门冬氨酸的反应，就是一个 Michael 加成反应。十二胺是亲核试剂，顺-丁二烯酸的碳碳不饱和双键上接有吸电子基团 COOH，第一步是 RNH_2 带着孤对电子加到一个不饱和碳上，形成一个碳负离子中间体；第二步是碳负离子中间体与带正电的亲电试剂相结合。此反应收率能达到 75% 以上。

$$RNH_2 + HOOC-CH=CH-COOH \longrightarrow RNH-\overset{\overset{\displaystyle H}{|}}{\underset{\underset{\displaystyle CH_2COOH}{|}}{C}}-COOH \tag{4-36}$$

N-十二烷基谷氨酸的一种合成工艺是，用十二醛和谷氨酸直接缩合，然后使用还原剂（$NaBH_4$）或 H_2 催化还原的方法，直接得到产物，收率也较为理想。N-烷基丙氨酸表面活性剂可以使用溴代烷和氨基丙酸乙酯为原料反应，再经水解而得到。

（2）磺酸型氨基酸两性离子型表面活性剂

磺酸型氨基酸两性离子型表面活性剂通常可用脂肪胺与牛磺酸、卤代烷基磺酸或磺内酯进行反应而得，反应式如下：

$$RNH_2 + BrCH_2CH_2SO_3Na \longrightarrow RNHCH_2CH_2SO_3H \tag{4-37}$$

$$RNH_2 + BrCH_2CH(OH)CH_2SO_3Na \longrightarrow RNHCH_2CH(OH)CH_2SO_3H \tag{4-38}$$

$$RNH_2 + \begin{matrix} O \\ \parallel \\ S \\ O \end{matrix} \overset{O}{\underset{O}{\diagdown}} \longrightarrow RNHCH_2CH_2CH_2SO_3H \tag{4-39}$$

$$\begin{matrix} RCONHCH_2CH_2 \\ RCONHCH_2CH_2 \end{matrix} NH + \begin{matrix} O \\ \parallel \\ S \\ O \end{matrix} \overset{O}{\underset{O}{\diagdown}} \longrightarrow \begin{matrix} RCONHCH_2CH_2 \\ RCONHCH_2CH_2 \end{matrix} N-CH_2CH_2CH_2SO_3H \tag{4-40}$$

也可以使用卤代化合物和氨基乙基磺酸为原料反应得到：

$$R\!-\!\!\!\!\raisebox{0pt}{$\bigcirc$}\!\!\!\!-CH_2Cl + H_2NC_2H_4SO_3Na \longrightarrow R\!-\!\!\!\!\raisebox{0pt}{$\bigcirc$}\!\!\!\!-CH_2NHC_2H_4SO_3H \tag{4-41}$$

以烷基胺、甲醛和无机磺化剂（Na_2SO_3 或者 $NaHSO_3$）为原料，通过两步反应可以合成单尾多头氨基磺酸表面活性剂。该反应的滤液可以循环使用，合成工艺更加绿色。

$$RNH_2 \xrightarrow[OH^-]{HCHO} RN\begin{matrix}CH_2OH\\\\CH_2OH\end{matrix} \xrightarrow[H^+]{NaHSO_3} RN\begin{matrix}CH_2SO_3Na\\\\CH_2SO_3Na\end{matrix} \tag{4-42}$$

4.2.4　咪唑啉型两性离子型表面活性剂

（1）性能与应用

咪唑啉型两性离子型表面活性剂也是两性离子型表面活性剂中的一大类。其最突出的优点是具有极好的生物降解性（几乎能迅速完全地降解），对皮肤和眼睛的刺激性极小，发泡性很好。常用于香波、浴液及其它化妆品和调理剂中。例如，抗菌性香波中如含有单羧基甲基化的咪唑啉表面活性剂，可抗革兰氏阳性、阴性细菌，真菌及原虫。以咪唑啉型两性离子型表面活性剂配制的除体臭剂溶液，可以抑制金黄色葡萄球菌、表皮葡萄球菌及大肠菌的生长。

羧基咪唑啉型两性离子型表面活性剂也广泛应用于硬表面及软物料的清洁剂中。其混溶性好，可以调节到所需的各种 pH 值，使其呈阴离子型或阳离子型。在 pH 为中性时，羧酸型的阴阳离子是平衡的，但磺酸型的则在所有 pH 条件下均带有阴离子型性质，适于硬水或软水中洗涤，钙皂分散能力强，耐电解质，生物降解性较好，对纺织纤维有润湿作用，在酸、碱中稳定。此外，亦可用于蔬菜、水果、餐具的洗涤，精细织物的洗涤等。咪唑啉型两性离子型表面活性剂常用作织物柔软剂及纺织纤维加工助剂，此时其 2-位上的烷基链要比用于润湿或洗涤的长些，以使它们对合成或天然纤维具有较好的亲和能力，并与树脂、防皱剂、洗涤剂在宽 pH 值范围内有很好的配伍性。此外，还可用作尼龙织物的匀染剂。作为抗静电剂也很有效，例如，在 100 份 PVC 中加入 1%的咪唑啉型两性离子型表面活性剂及 1%的硅胶就可见效。

这类两性离子型表面活性剂亦经常用于金属加工中，能起到润滑、清洗、防锈作用。例如对于酸性溶液中的金属防锈，磺酸型咪唑啉两性离子型表面活性剂对硫酸、盐酸、氢氟酸、磷酸等具有很强的抗蚀能力。在电镀工业如镀锡、镀锌工艺中使用，可使电镀时间缩短，降低电能消耗，附着力更强。咪唑啉型两性离子型表面活性剂还可作为破乳剂、沥青乳化剂、除草剂、杀虫剂等，应用于石油工业、冶金工业、煤炭工业以及农业等领域。

（2）合成原理

咪唑啉型两性离子型表面活性剂的合成一般分两步进行。第一步先构成咪唑啉环，即用脂肪酸和多胺（如 β-羟乙基乙二胺、二乙烯三胺、三乙烯四胺等）反应，失去两分子水形成咪唑啉环：

$$RCOOH + H_2NCH_2CH_2NHCH_2CH_2OH \xrightarrow{-H_2O} R\!-\!C\underset{N}{\overset{N}{\big\|}}\!\!\!\!\underset{\diagup}{\diagdown}\!\!\begin{matrix}CH_2\\\\CH_2\end{matrix}\;N\!-\!CH_2CH_2OH \tag{4-43}$$

生成的取代咪唑啉化合物存在如下的共振式或互变结构：

$$\text{(4-44)}$$

同时，在环化时常会发生环的水解，大多数工业产品中常常含有水解产物。

第二步，将生成的取代咪唑啉产物在碱性条件下与一些两性化试剂（如氯乙酸钠、2-羟基-1,3-丙磺内酯、3-氯-2-羟基丙磺酸、1,3-丙磺内酯、3-氯-2-羟基丙磷酸等）反应，转变成羧基、磺基、含磷的咪唑啉型两性离子型表面活性剂，反应式如下：

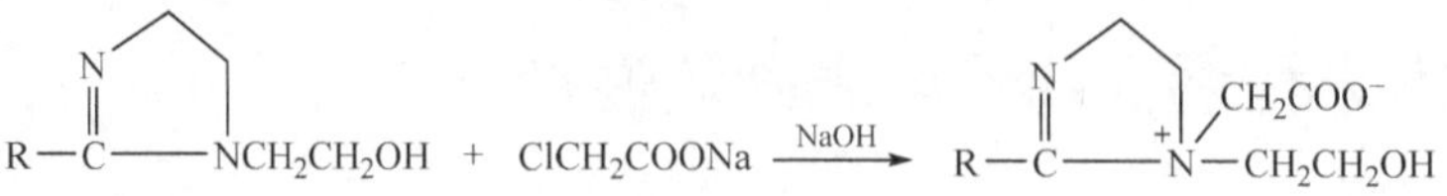

$$\text{(4-45)}$$

（3）合成工艺

① 咪唑啉环的生成

缩合反应可在附有分馏柱、冷凝器、接收器、搅拌装置、压力表等的不锈钢反应器中进行。操作时先将脂肪酸及胺放入反应器内，减压加热，除去水分；这时可加入惰性溶剂甲苯，利用共沸来促进水分的除去；再通入氮气以吹去系统内的空气；然后，加热至 180~200℃，残压保持 6~7kPa，务使每摩尔脂肪酸生成的 2mol 水除尽，并通过检测水分除去的速度、缩合物酸值及质量来确定反应是否完全。如果 2mol 水已经除尽，酸值小于 0.5mg KOH/g，产物生成量处在预计范围内，且咪唑啉经滴定法测定，亦达到规定的含量，就可认为反应已趋完全。红外光谱显示在 1560cm^{-1} 及 1638cm^{-1} 处无酰胺峰，而在 1600cm^{-1} 有咪唑啉化合物的强吸收峰，即可证明咪唑啉环的存在。在保持真空条件下冷却，以免着色。最后，产物由白色转为褐色液体，室温下呈硬固体，产物中目的物含量约在 65%~97% 范围内；如果在体系中加入一定量的还原性添加剂，则可获得色浅的产物。

硬脂酸与 β-羟乙基乙二胺在反应器中加热至 170~180℃ 约 3 h，91%的产物为单酰胺。再加热至 200~220℃ 进行环化，反应 5h，咪唑啉收率为 89%。工业产物常含有 90%~92% 叔胺，以显示生成了咪唑啉。副产物有蜡状硬脂酸二酰胺及酯-酰胺混合物和少量乙二胺的硬脂酸二酰胺等。

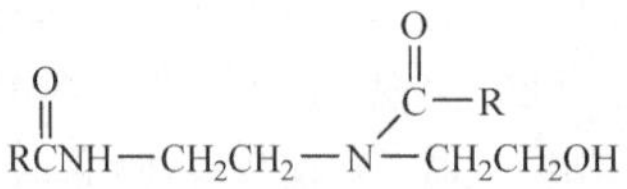

（脂肪酸二酰胺）

这些二酰胺杂质愈少愈好，因为它易使产物水溶液浑浊或结粒。减少二酰胺的办法通常是在反应时加入过量 1.87%（摩尔分数，以脂肪酸量计）的 β-羟乙基乙二胺，此时二酰胺含量可从 2.2% 降低至 0.7%。如采用月桂酸为原料，二酰胺含量亦有所降低。

② 羧基化反应

羧基化反应所用的羧基化试剂，通常是氯乙酸钠（ClCH$_2$COONa），不论在水溶液还是惰性溶剂中均可应用。用氯乙酸钠羧基化时，可用氢氧化钠作催化剂，在 60~100℃ 下反应，但这时易发生水解，即羟基攻击环上第二位置，在 1~2 位间将环打开。有人用实验证实，水解反应首先生成不稳定的叔酰胺，然后再重排转化成稳定性高的仲酰胺。

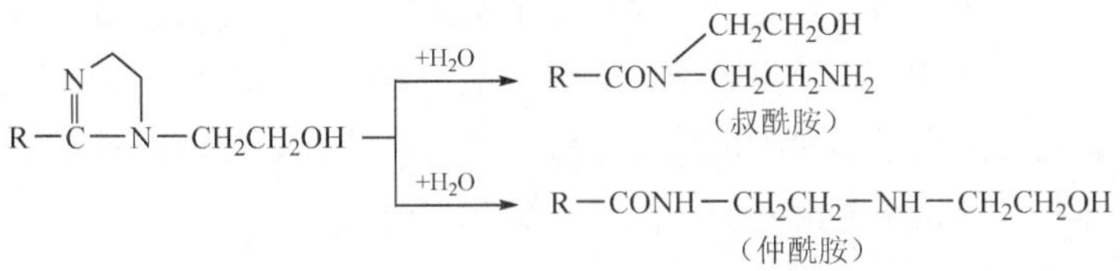

$$R-\overset{\displaystyle N\rangle}{C}-N-CH_2CH_2OH \xrightarrow[+H_2O]{+H_2O} \begin{array}{l} R-CON\overset{\displaystyle CH_2CH_2OH}{-CH_2CH_2NH_2} \\ \quad\quad\text{(叔酰胺)} \\ R-CONH-CH_2CH_2-NH-CH_2CH_2OH \\ \quad\quad\text{(仲酰胺)} \end{array} \quad (4\text{-}46)$$

因此，在水溶液中用氯乙酸钠进行羧基化反应，生成的咪唑啉型两性离子型表面活性剂具有如下所示的两种咪唑啉异构体结构，以及直链的仲酰胺结构。如果氯乙酸钠过量较多，其中的羟乙基上的羟基也会进一步醚化，从而生成更复杂的产物。

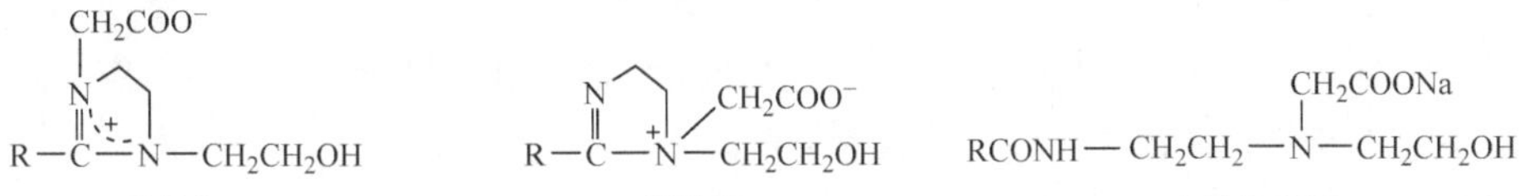

异构体1　　　　　异构体2　　　　　直链仲酰胺

③ 磺化反应

为了得到磺基咪唑啉型两性离子型表面活性剂，需要对取代咪唑啉进行磺化。磺化剂一般采用 2-羟基-1,3-丙磺内酯、3-氯-2-羟基丙磺酸、1,3-丙磺内酯、氯磺酸、3-氯-2-羟基丙磷酸等，它们与取代咪唑啉反应，形成带有磺基或硫酸基，或含磷的咪唑啉型两性离子型表面活性剂，部分反应式如下：

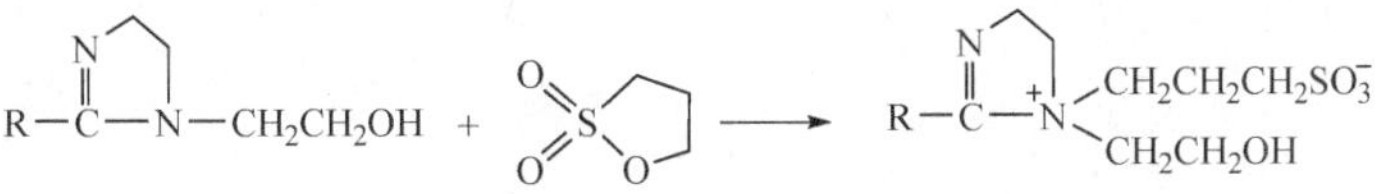

$$(4\text{-}47)$$

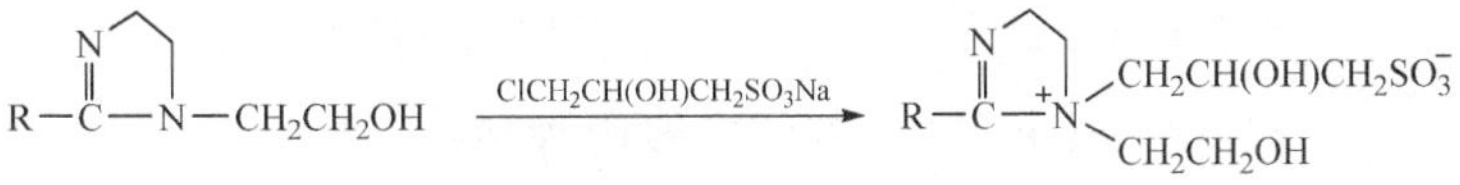

$$(4\text{-}48)$$

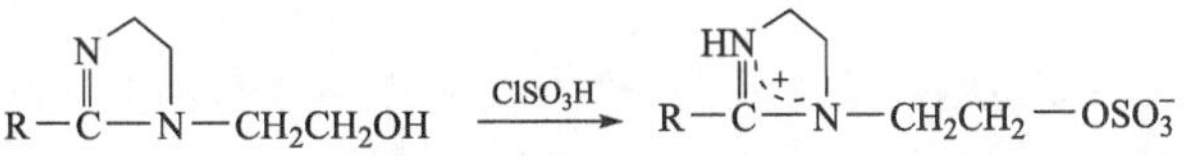

$$(4\text{-}49)$$

除了上述羧基、磺基、硫酸基咪唑啉外，还有含磷的咪唑啉型两性离子型表面活性剂：

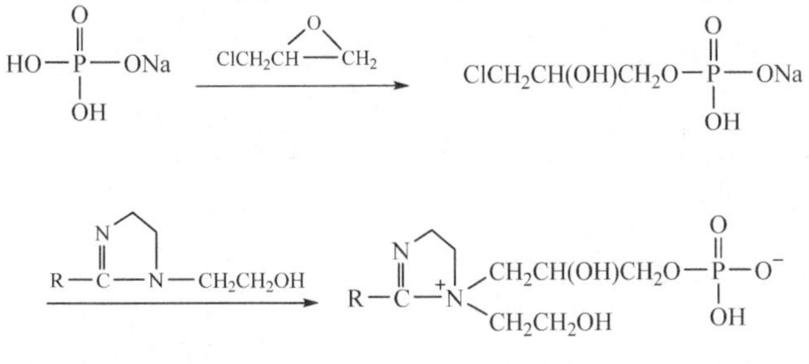

$$(4\text{-}50)$$

4.2.5 氧化胺

（1）分子结构特征和合成方法

氧化胺分子具有四面体结构，其氮原子以配位键与氧原子相连，呈半极性。氧化胺在中性和碱性溶液中显示非离子型性质，在酸性介质中显示弱阳离子型性质，因此有的将其归入阳离子型，而有的将其归入非离子型。实际上，这种分子结构随 pH 变化的性质与两性离子型表面活性剂相似，因此本书将其列入两性离子型表面活性剂一章中予以介绍。氧化胺的特点是刺激性低，比较温和，既能与阴离子型表面活性剂相容，也能与非离子型或阳离子型表面活性剂相容，因此广泛用于各种日用化学品配方中，尤其是婴儿用品中。

氧化胺分子式如下所示：

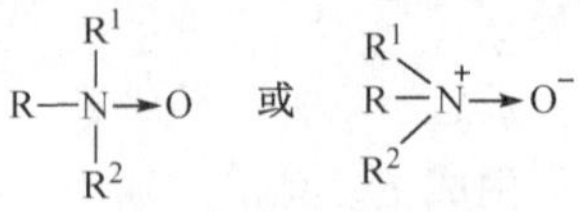

$$
R-\underset{\underset{R^2}{|}}{\overset{\overset{R^1}{|}}{N}}\rightarrow O \quad \text{或} \quad R-\underset{\underset{R^2}{|}}{\overset{\overset{R^1}{|}}{N^+}}-O^-
$$

极性　　　　　　半极性

式中，R 为 $C_{10}\sim C_{18}$ 长链烷基；R^1，R^2 为 CH_3 或 CH_2CH_2OH。氧化胺分子的偶极矩为 4~5D，因此氧化胺有高极性，易溶于水及其它极性溶剂。

氧化胺有不同结构，如图 4-2 所示。

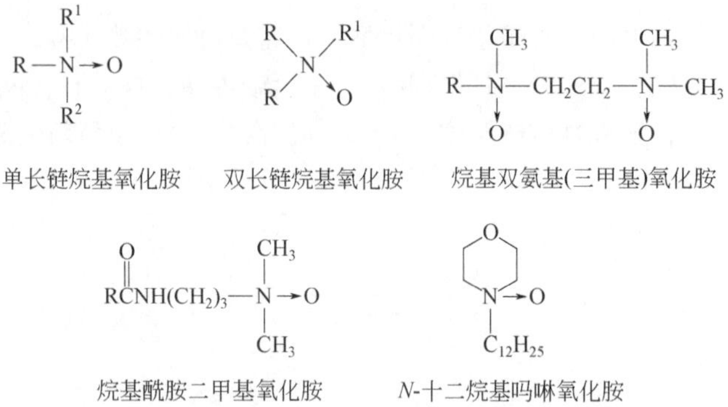

单长链烷基氧化胺　　双长链烷基氧化胺　　烷基双氨基(三甲基)氧化胺

烷基酰胺二甲基氧化胺　　N-十二烷基吗啉氧化胺

图 4-2　一些氧化胺的分子结构

R 为长链烷基，R^1 和 R^2 为短链烷基

氧化胺通常采用叔胺与双氧水反应来制取。例如，在 55~65℃ 将双氧水滴加到烷基二甲基叔胺中，二者的摩尔比为 1.1：1，滴加完毕，将温度升至 70~75℃，维持一段时间，即可获得浓度为 30%左右的产品。合成时可在反应体系中加入柠檬酸等螯合剂作催化剂。

反应历程如下：

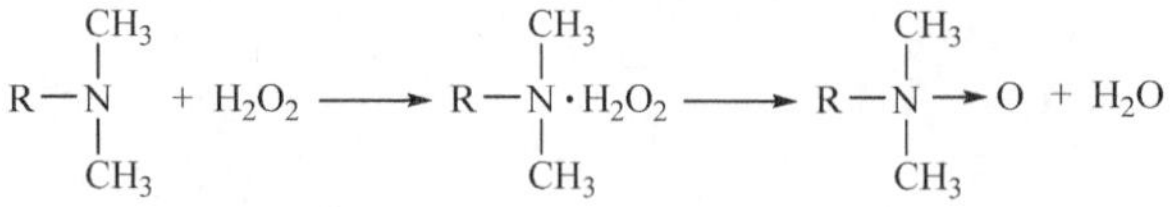

$$
R-\underset{\underset{CH_3}{|}}{\overset{\overset{CH_3}{|}}{N}} + H_2O_2 \longrightarrow R-\underset{\underset{CH_3}{|}}{\overset{\overset{CH_3}{|}}{N}}\cdot H_2O_2 \longrightarrow R-\underset{\underset{CH_3}{|}}{\overset{\overset{CH_3}{|}}{N}}\rightarrow O + H_2O \tag{4-51}
$$

利用伯胺采用如下方式，可制得另一类氧化胺：

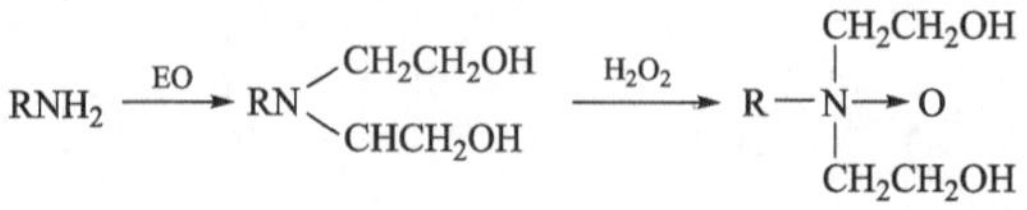

$$
RNH_2 \xrightarrow{EO} RN\underset{CHCH_2OH}{\overset{CH_2CH_2OH}{<}} \xrightarrow{H_2O_2} R-\underset{\underset{CH_2CH_2OH}{|}}{\overset{\overset{CH_2CH_2OH}{|}}{N}}\rightarrow O \tag{4-52}
$$

（2）性能与应用

在酸性介质中，氧化胺分子中的氧被质子化，相应地氧化胺变成季铵阳离子型表面活性剂。

酸性：　　　　　$R-\overset{\underset{\textstyle R^2}{|}}{\underset{}{N}}\overset{\textstyle R^1}{}\rightarrow O + H_3O^+ \rightleftharpoons R-\overset{\underset{\textstyle R^2}{|}}{\underset{}{\overset{+}{N}}}\overset{\textstyle R^1}{}-OH + H_2O$　　　　　（4-53）

在碱性及中性介质中，氧化胺从阳离子转为非离子，通过氧原子与水形成氢键而溶于水。

碱性：　　　　　$R-\overset{\underset{\textstyle R^2}{|}}{\underset{}{N}}\overset{\textstyle R^1}{}\rightarrow O + 2H_2O \rightleftharpoons R-\overset{\underset{\textstyle R^2}{|}}{\underset{}{N}}\overset{\textstyle R^1}{}\rightarrow O\begin{smallmatrix}H-O-H\\ \\H-O-H\end{smallmatrix}$　　　　　（4-54）

氧化胺溶液的 cmc 值与溶液的 pH 有关。例如，一种典型氧化胺，当 pH=11 时，呈非离子型，cmc 较低，为 0.1g/L，γ_{cmc}=33mN/m；而当 pH=3 时转变为阳离子型，cmc 大幅上升至 0.7g/L，γ_{cmc}=30mN/m，此时不能与阴离子型表面活性剂混合，因为易产生沉淀。显然，转变为阳离子型后，因头基间的静电斥力作用阻碍了胶束的形成，但表面压增加了，即表面张力变得更低，如图 4-3 所示。

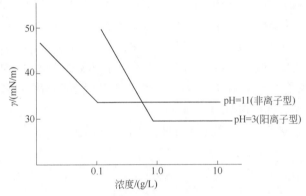

图 4-3　pH 值对氧化胺表面张力和 cmc 的影响

氧化胺单独作为主表面活性剂用于日用化学品配方中相对较少。更多地是与其它表面活性剂复配使用，用于改善配方的性能，例如降低刺激性，提高发泡、润湿、乳化、增稠等性能。表 4-9 给出了在一些产品中加入氧化胺对产品应用性能的增效作用。

表 4-9　配有氧化胺的产品的应用性质[9]

应用	泡沫	润湿	乳化	清洗	增稠
洗发	+				+
泡沫浴	+				
餐洗	+	+		+	
纤维润滑			+		
重垢洗涤		+		+	
清洁剂		+	+	+	+
去油脂		+			

① 泡沫性

$C_{12\sim14}N(CH_3)_2O$ 通常作为辅助表面活性剂，添加于洗衣液或餐具洗涤剂中，用量 1%~5%。添加了氧化胺的产品性能温和，对眼睛亦无刺激，抗硬水性好，例如在 pH=9，300mg/kg 的硬水中，产品的泡沫性能反而更好。将脂肪醇硫酸钠与氧化胺混合，泡沫丰满而稳定，即使有油脂存在亦不变化，使得泡沫具有很好的耐油能力。因此，氧化胺常与阴离子型活性剂如 LAS、AS、AES、SAS 等配合使用，防刺激效果很好。

② 润湿性

润湿性以 C_{12} 烷基二甲基氧化胺最为明显。为了获得最优的润湿性，常采用如下混合组分：20% C_{12}，27% C_{14}，3% C_{16}，平均碳原子数为 12.7。

③ 乳化性

洗涤液配方中常加氧化胺，能够增强对污垢的乳化作用和增溶作用，从而提高清洗效果。

④ 去污作用

氧化胺与 AES 或 AS 混合时，对去污有协同作用，但与 LAS 混合时，其协同作用不大。例如，洗涤唇膏采用12%脂肪酸（C_{12}∶C_{18}=12∶1）、13%非离子型表面活性剂、12% LAS，加入一定量的氧化胺，清洗效果很好。

⑤ 增稠作用

氧化胺有较好的增稠作用。例如氧化胺与 AES 混合（1∶9）的15%活性物溶液，在酸性介质中，即使盐分很少，增稠效果亦明显，且温和、调理性好。常用配方中，C_{12}/C_{14}氧化胺 4.5%，AES 8.5%，NaCl 14%，pH=8，20℃ 下黏度高达 7Pa·s，浊点<-5℃。不过对香波的增溶增稠，以 C_{14} 链最佳。氧化胺的增稠作用亦可应用于高碱性的漂白液中（9%Cl_2，0.5%NaOH，4%Na_2CO_3，少量氧化胺）。有趣的是，在 10% HCl 溶液中加入 1.5%二羟基乙基牛油基氧化胺，及 1.5%的牛油基二甲基氯化铵，可使黏度增至 1Pa·s。

氧化胺分子结构的调整可改变其应用性能，如图4-4所示。

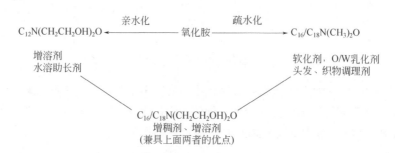

图 4-4　氧化胺应用性能随其分子结构的变化

⑥ 生物降解性

氧化胺生物降解性较好，两周后可降解 88%，四周后达 93%，LD_{50}>2000mg/kg，属无毒级。杀菌性则不及 C_{12}/$C_{14}N(CH_3)_3Cl$。如对金黄色葡萄球菌的最小抑菌浓度，C_{12} 氧化胺为 50mg/kg，而 C_{12}/$C_{14}N(CH_3)_3Cl$ 则小于 1mg/kg。对大肠菌、真菌的抑菌情况亦类似。

综上所述，氧化胺具有优良的稳泡、清洗、乳化、增溶、增稠等作用，对皮肤和眼睛温和，对氧化剂和酸碱稳定，与阴离子型表面活性剂有协同效应，对人体和环境安全，广泛用于洗涤剂、香波及化妆品中，近年来产量增长较快。不足之处是成本较高，限制了其在普通配方产品中的应用。

最新的研究表明[10]，一种用来自松香的脱氢枞酸制备的氧化胺表面活性剂 R-n-AO（n=6,8，

R-*n*-AO（*n* = 6,8,10）

10）是优良的小分子水凝胶剂，尤其是 R-6-AO，分子量为 442.4，其临界胶凝浓度（CGC）（质量分数）仅为 0.177%（4mmol/L），相当于每个 R-*n*-AO 分子能够胶凝 13888 个水分子。水凝胶的凝胶溶胶转变温度（$T_{gel\text{-}sol}$）为 35℃。用 R-6-AO 作为乳化剂，在较低的浓度下能够制取油相体积分数在 2%~95%范围内的 O/W 型凝胶乳液和凝胶泡沫，它们在室温下（$<T_{gel\text{-}sol}$）具有优良的稳定性。

　　值得注意的是，尽管在总量上，阳离子型与两性离子型表面活性剂难以与阴离子型和非离子型相匹敌，但近年来，阳离子型与两性离子型表面活性剂的增长速度相对较快，尤其出现了一些诸如 Gemini 型、Bola 型、开关型、刺激-响应型的特种结构新产品。它们赋予表面活性剂以新的功能，尤其是智能化，使得相关产品能够通过适当的触发机制，比如 pH、温度、氧化-还原、光照、CO_2/N_2、磁场等，在有表面活性和无表面活性之间转换，从而可以重复使用或回收再利用。在此不再介绍，可以参考本书的第 7 章或其它参考文献。

参考文献

[1] 宋永波，李秋小，李运玲，等. 十二烷基胍盐酸盐的合成与性能[J]. 精细化工, **2013**, *30*(1): 28-31.

[2] Liu X, Wang J, Cui Z, et al. Temperature-induced reversible micelle-vesicle transition in aqueous solution of a pseudogemini surfactant without any additive[J]. *RSC Adv*, **2017**, *36*(7): 890-895.

[3] Zhang Y, An P, Liu X. Bell-shaped sol-gel-sol conversions in pH-responsive worm-based nanostructured fluid[J]. *Soft Matter*, **2015**, *11*(11): 2080-2084.

[4] Liu X, Liao X, Zhang S, et al. Physicochemical properties of non-covalently constructed sugar-based pseudogemini surfactants: evaluation of linker length influence [J]. *J Chem Eng Data*, **2019**, *64*(1): 60-68.

[5] Liu Y, Jessop P G, Cunningham M, et al. Switchable surfactants[J]. *Science*, **2006**, *313*(5789): 958-960.

[6] Zhang Y, Zhang Y, Wang C, et al. CO₂-responsive microemulsion: reversible switching from an apparent single phase to near-complete phase separation[J]. *Green Chem*, **2016**, *18*(2): 392-396.

[7] Jiang J, Zhu Y, Cui Z, et al. Switchable Pickering emulsions stabilized by silica nanoparticle hydrophobized *in situ* with a switchable surfactant[J]. *Angew Chem Int Ed*, **2013**, *52*(47): 12373-12376.

[8] Zhu Y, Jiang J, Cui Z, et al. Responsive aqueous foams stabilized by silica nanoparticles hydrophobized in situ with a switchable surfactant[J]. *Soft Matter*, **2014**, *10*(48): 9739-9745.

[9] 李萍，李丽，杨旭. 氧化铵的开发现状及应用[J]. 日用化学品科学, **2005**, *28*(2): 19-22.

[10] Yan T T, Song B L, Pei X M, et al. Widely adaptable oil-in-water gel emulsions stabilized by an amphiphilic hydrogelator derived from dehydroabietic acid. *Angew Chem Int Ed*, **2020**, *59*(26): 637-641.

第 5 章　非离子型表面活性剂

5.1　概述

与离子型表面活性剂不同，非离子型表面活性剂在水中不会离解成离子，而是以中性分子状态发挥作用，因此非离子型表面活性剂对电解质不敏感，具有优良的耐盐能力。总体而言，非离子型表面活性剂具有较高的表面活性，例如临界胶束浓度低，水溶液的表面张力低，胶束聚集数大，增溶作用强等，并具有良好的乳化力和去污力。

5.1.1　发展历史

非离子型表面活性剂诞生于 20 世纪 30 年代。第一个非离子型表面活性剂是由德国学者 C. Schöller 发现的聚乙二醇和油酸的缩合产物，于 1930 年 11 月 27 日发表德国专利。1937 年，美国公司合成了 Ninol 洗涤剂。1939 年，美国 Shcrtle 和 Wotler 合成了 RPE 非离子型醇醚类表面活性剂。随后在 1940 年，人们又开发了 Lgepal 类（烷基酚聚氧乙烯醚）表面活性剂。1954 年，美国 Wyandotte 公司开发了 Pluronic 聚醚类表面活性剂。1959 年，Witrochemical 公司开发了 TERGITOLXD 和 XH 直链脂肪醇聚氧乙烯醚产品。同时，在 50~60 年代之间，人们相继开发了多元醇类非离子型表面活性剂。80 年代又诞生了新一代非离子型表面活性剂 APG。

随着石油化工的发展，环氧乙烷供应量大增，聚氧乙烯型非离子型表面活性剂的生产得到了迅速发展，于 20 世纪 50 年代进入民用市场。60 年代，人们对非离子型表面活性剂的制造方法、反应机理以及产品的基本性能进行了深入研究，为后续非离子型表面活性剂的大规模发展奠定了基础。

我国自 1958 年开始生产非离子型表面活性剂，主要品种为脂肪醇聚氧乙烯醚，用作纺织助剂。1958~1968 年，非离子型表面活性剂的品种有 90 多种。1968~1978 年间，我国石油工业发展很快，需要大量的石油破乳剂，相继兴建了 20 多个裂解法生产环氧乙烷和环氧丙烷的工厂，主要用于生产聚醚类石油破乳剂。20 世纪 80~90 年代，国内中国日化院实现了 APG 的工业化生产。产能方面，1987 年，国内非离子型表面活性剂的生产能力为 2.5 万吨/年，1995 年全国醇醚装置的生产总能力已达 40 万吨/年，超过了当时国内的总需求。2015 年国内非离子型表面活性剂的总产能达到 290 万吨/年，实际生产 120 万吨/年，产能严重过剩。因此进一步完成产能优化升级，保证行业健康可持续发展成为当务之急。

5.1.2 非离子型表面活性剂的分子结构与分类

从分子结构看，非离子型表面活性剂亦是由亲水部分和疏水部分构成的。其中疏水部分主要是碳氢链，来自天然油脂和石油化学原料，而亲水部分主要是聚氧乙烯基团和多元醇（羟基）基团，此外还有醇酰胺、氧化胺等。因此，按亲水基分类法，非离子型表面活性剂包括聚氧乙烯型、多元醇脂肪酸酯型、烷基糖苷型、烷醇酰胺型、聚醚型、氧化胺型等大类。用于制备非离子型表面活性剂的疏水性原料主要包括脂肪醇（包括天然醇和合成醇）、烷基酚、脂肪酸、脂肪胺、环氧丙烷等；亲水性原料则为环氧乙烷、多元醇、葡萄糖等。表 1-4 给出了一些大类的代表，这里不再重复。

5.1.3 非离子型表面活性剂的发展前景

非离子型表面活性剂具有分散、乳化、起泡、润湿、增溶等特性，以及洗涤、抗静电、稳定胶体、匀染、防腐等多方面的作用，除了大量用于合成洗涤剂和化妆品等民用产品外，还可作为助剂，广泛应用于纺织、造纸、食品、塑料、皮革、玻璃、石油、化纤、医药、农药、涂料、染料、化肥、胶片、照相、金属加工、选矿、建材、环保、消防等行业，对相关的应用领域可起到增加产量、降低消耗、节约能源、提高质量等关键作用。因此在过去的几十年里，非离子型表面活性剂的增长速率是超过了阴离子型的。预计今后非离子型表面活性剂的发展将延续这一趋势，尤其是在可持续发展、对环境友好、无毒安全等方面，非离子型表面活性剂具有独特优势，因此可以预计非离子型表面活性剂在表面活性剂中的占比将会继续增加。

当前我国国内非离子型表面活性剂的产能已超过 300 万吨/年，产能相对过剩。但与国外相比，国内非离子型表面活性剂的品种仍有待增加，并需要适当地向特种表面活性剂方向倾斜。此外还需要重视国际市场、提高产品服务意识，增强市场竞争力和影响力。

5.2 聚氧乙烯型非离子型表面活性剂

5.2.1 基本性质

聚氧乙烯型非离子型表面活性剂中，亲水基都是聚氧乙烯基团，疏水基都是碳氢链烷基，仅有连接基团的不同，包括醇、酸、酚、胺和酰胺等。因此这类产品具有一些类似的性质，但由于连接基团的不同，在性能上有一定的差异。下面作简要介绍。

（1）水溶性

在聚氧乙烯链中，由于 $-CH_2CH_2O-$ 和 $-CH_2OCH_2-$ 互相更替，使得电子云密度从 CH_2 向 O 转移，图 5-1 中用箭头形象地表示了这种趋势。环氧乙烷（EO）中的 CH_2 基团表现为相互排斥，而 O 原子则相反，吸引邻近的 CH_2 基，其张力随链长增加而增强。当 EO 数增加到 9~11 个时，聚氧乙烯链长缩短，从 "之" 字形 [图 5-1 (a)] 转变为弯曲形 [图 5-1 (b)]。于是每个 EO 环节从长 0.35nm、宽 0.25nm 变为长 0.19nm、宽 0.4nm，即长度缩短而宽度加大了。最终，CH_2 处于链的内侧，而电负性大的 O 排列在链的外侧，从而容易与水分子中的氢形成氢键，如图 5-2 所示。这样从整体来看，聚氧乙烯链就好像一个亲水基，O 通过与水分子形成氢键而发生水合作用，一个 O 可以结合 20~30 个水分子。

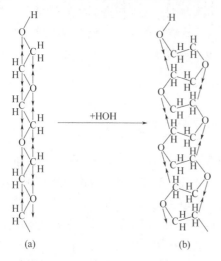

图 5-1 聚氧乙烯链在水溶液中的两种
构型：之字形（a）和弯曲形（b）

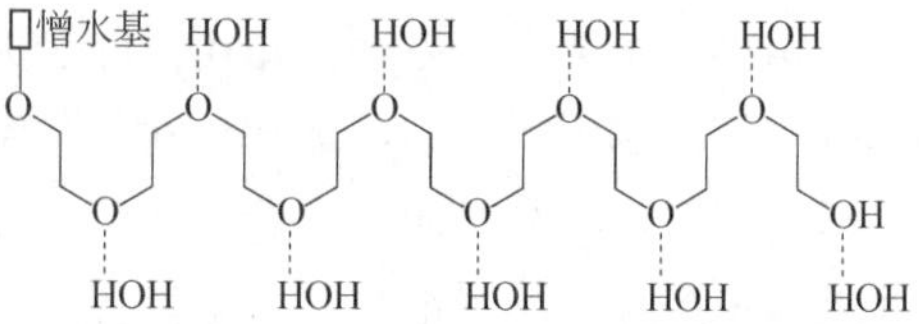

图 5-2 聚氧乙烯链中醚氧原子的水合作用

因此，在水溶液中，随着 EO 数的增加，分子结合的水分子数也相应增加，因而亲水性增强。一般可以用 "水数" 来表征聚氧乙烯化合物的亲水性：特指将 1g 产品溶解于 30mL 二噁烷和苯（96∶4）的混合溶剂中，滴加蒸馏水至体系变浑浊时所耗用的水的毫升数。水数愈大，产品的亲水性愈强。

根据憎水链碳原子数（m）和加成的 EO 数（n）的大小，聚氧乙烯型化合物在水中的溶解性有如下经验规则：最小溶解性：$n = m/3$；中等溶解性：$n = m/2$；优良溶解性：$n = 1~1.5m$。例如，以 $C_{12}~C_{15}$ 脂肪醇为例：$AEO_{2~3}$ 不溶于水；$AEO_{4~6}$ 微溶于水，可用作油溶性乳化剂；$AEO_{7~9}$ 溶于水，可用作去油污的洗涤剂；而 $AEO_{15~20}$ 水溶性优良，可用作匀染剂。

（2）浊点

对聚氧乙烯型非离子型表面活性剂水溶液，温度升高时结合的水分子逐渐脱离，直至聚氧乙烯化合物在水中析出，于是原来透明的溶液变成了浑浊的白色乳状液，相应的温度即为浊点。浑浊和相分离现象是可逆的，当温度下降时，溶液会重新变得澄清。因此浊点现象是聚氧乙烯化合物的一个十分重要的特征。

对于聚氧乙烯型非离子型表面活性剂，加成的 EO 数越多，浊点越高，但在100℃以上时浊点的上升趋缓，如图 5-3 所示。此外，当 EO 数相同时，憎水基中碳原子数愈多，浊点愈低，如表 5-1 所示。由此可见，浊点在一定程度上表示了亲水基/憎水基的比例关系。

表 5-1 脂肪醇烷基链长对醇醚浊点的影响

脂肪醇	C_{12}醇	C_{14}醇	C_{16}醇	C_{18}醇
浊点/℃	88	75	74	68

盐的存在不利于醚氧原子与水分子之间形成氢键，迫使醚氧原子脱水，从而降低了非离子型表面活性剂在水中的溶解度和浊点，如图 5-4 和图 5-5 所示。工业生产中对浊点高于 100℃ 的产品，常采取添加无机盐（通常用 NaCl）的方法使其浊点降至 100℃ 以下，以便于测定。

由图 5-5 可见，NaOH 含量高时，浊点最低，即 NaOH 对浊点的影响较大，而 Na_2CO_3 和 $NaHCO_3$ 对浊点的影响相对较小。

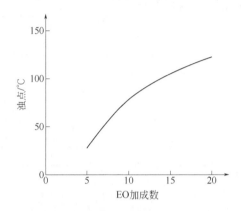

图 5-3　壬基酚聚氧乙烯醚（1%水溶液）浊点与 EO 加成数的关系

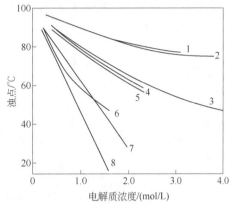

图 5-4　电解质浓度对 C_9H_{19}–C_6H_4–$O(C_2H_4O)_{19}H$ 水溶液（1mmol/L）浊点的影响

1—NaBr；2—LiCl；3—NaCl；4—KCl；5—$(CH_3)_4NCl$；6—NaF；7—NaOH；8—$\frac{1}{2}Na_2SO_4$

（3）亲水亲油平衡值

作为一个半理论半经验的数值，亲水亲油平衡值（HLB 值）反映了非离子型表面活性剂的水溶性大小，因此它与浊点之间一定存在相关性。图 5-6 是疏水基不同的几种醇醚的 HLB 值与环氧乙烷加成数之间的关系，可见疏水基越长，HLB 值越小；加成的 EO 数越多，HLB 值越大。

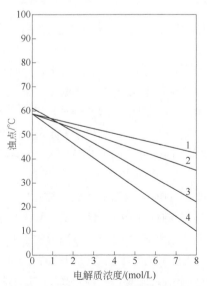

图 5-5　电解质浓度对仲醇乙氧基化物水溶液（1%）浊点的影响

1—Na_2CO_3；2—$NaHCO_3$；3—Na_2SO_4；4—NaOH

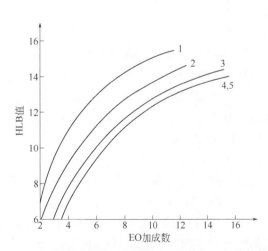

图 5-6　脂肪醇聚氧乙烯醚的 HLB 值与 EO 数的关系

1—辛基酚聚氧乙烯醚；2—月桂醇聚氧乙烯醚；3—蜡醇聚氧乙烯醚；4—硬脂醇聚氧乙烯醚；5—油醇聚氧乙烯醚

总体上 HLB 值随 EO 数增加而增加。这与图 5-3 中的趋势完全相同。因此 HLB 值和浊点之间存在正相关性。

表 5-2 给出了常用的 Span 和 Tween 系列非离子型表面活性剂的 HLB 值。更多表面活性剂的 HLB 值请参见崔正刚主编的《表面活性剂、胶体与界面化学基础》（第 2 版）。

表 5-2　Span 与 Tween 系列乳化剂的 HLB 值

商品名称	化学组成	HLB 值
Span-85	失水山梨醇三油酸酯	1.8
Span-65	失水山梨醇三硬脂酸酯	2.1
Span-80	失水山梨醇单油酸酯	4.3
Span-60	失水山梨醇单硬脂酸酯	4.7
Span-40	失水山梨醇单棕榈酸酯	4.7
Span-20	失水山梨醇单月桂酸酯	8.6
Tween-61	聚氧乙烯（4）失水山梨醇单硬脂酸酯	9.6
Tween-81	聚氧乙烯（5）失水山梨醇单油酸酯	10.0
Tween-65	聚氧乙烯（20）失水山梨醇三硬脂酸酯	10.5
Tween-85	聚氧乙烯（20）失水山梨醇三油酸酯	11.0
Tween-21	聚氧乙烯（4）失水山梨醇单月桂酸酯	13.3
Tween-60	聚氧乙烯（20）失水山梨醇单硬脂酸酯	14.9
Tween-80	聚氧乙烯（20）失水山梨醇单油酸酯	15.0
Tween-40	聚氧乙烯（20）失水山梨醇单棕榈酸酯	15.6
Tween-20	聚氧乙烯（20）失水山梨醇单月桂酸酯	16.7

（4）黏度

与阴离子型表面活性剂不同，作为产品，聚氧乙烯型产品含量接近 100%，无需加水稀释。产品的状态通常随 EO 数的增加从液态变到膏体，再到固态。

但如果将非离子型表面活性剂溶于水，变成一个表面活性剂浓体系，则其黏度会受到三个因素的影响。

a. 浓度　在加热或者用水稀释聚氧乙烯型非离子型表面活性剂时，其黏度会出现反常现象。例如烷基酚（壬基酚）聚氧乙烯（10）醚-水体系，浓度升高，黏度增加，在浓度达到 30% 以后，黏度急剧上升，直至呈凝胶状。但当浓度接近 60% 时，黏度降低。浓度进一步增加，黏度又升高，当浓度接近 80% 时，黏度又急剧降低。原因是 NP-10 中的每个氧原子与水分别生成了 4 水合物与 1.5 水合物的"液晶"，从而导致黏度急剧增大。而当处于两种液晶多水合物转变之间时，黏度又降低。

b. 温度　温度对 NP-10 黏度的影响示于图 5-7。对 40% 的 NP-10 水溶液（处于液晶状态），当温度低于 40℃ 时，黏度急剧上升；30℃ 时，黏度值大于 20000mPa·s，即生成了液晶多水合物，这一水合物的熔点约在 3~35℃ 之间。40% 的 NP-10 水溶液在 40~80℃ 范围内的黏度变化，符合一般规则，即温度上升，黏度下降。30% 的 NP-10 水溶液的黏度随温度的升高而下降，二者间的关系亦比较简单。当 NP-10 水溶液的浓度处于 1%~30% 之间时，温度升高，黏度先增大，然后随着温度的继续升高而降低。这是因为在该浓度范围内，体相中存在胶束和简单结晶水合物（水与整个表面活性剂分子相结合），温度升高，水合物脱水，使疏水基间的相互作用增强，生成了更大的胶束聚集体，致使黏度增大；当达到最大值后，黏度随温度的升高而下降。

c. EO 数　EO 数对脂肪醇聚氧乙烯醚水溶液黏度的影响如图 5-8 所示。当浓度为 100g/L 时，影响并不显著，当浓度为 200g/L 和 250g/L 时，溶液的黏度先随着 EO 数的增加而迅速下降，并在加成数为 10 时降到最低值。此后，溶液的黏度随着 EO 数的增加而升高。当浓度超过 300g/L 时，开始部分形成透明凝胶体。

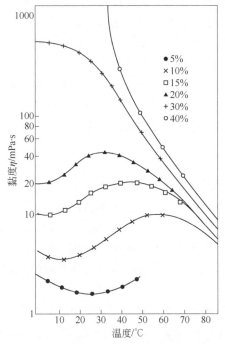

图 5-7　温度对 NP-10 水溶液黏度的影响

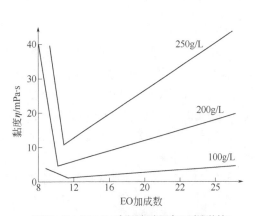

图 5-8　25℃ 时脂肪醇聚氧乙烯醚的
黏度随 EO 数的变化

另外，疏水基的组成对溶液的黏度也会产生一定的影响。例如，烷基链较短的癸醇，由于其形成足够大的分子聚集体时疏水基的相互作用力太小，黏度的反常现象就不那么明显。

（5）化学稳定性和相容性

化学稳定性是指将非离子型表面活性剂溶于强酸、强碱等极端条件下的化学稳定性。例如，酸、碱稳定性分别是在 10% H_2SO_4 溶液和 25% NaOH 溶液中煮沸 15min 后测定的稳定性。表 5-3 列出了有关稳定性的评价结果。由表 5-3 可见，以醚键结合的聚氧乙烯化合物要比以酯键结合的稳定得多。酰胺类非离子化学稳定性优于脂肪酸聚氧乙烯酯，但不如脂肪醇或烷基酚的聚氧乙烯醚类。

表 5-3　聚氧乙烯化合物化学稳定性评定

聚氧乙烯化物质	酸中	碱中	漂白剂中
脂肪酸	--	--	—
脂肪醇	+	+	+
烷基酚	+	+	+
脂肪胺	+	+	+～—
酰胺	—	—	—

注："+"表示稳定；"—"表示有时起相互作用；"——"表示有时起强烈作用，稳定性不佳。

非离子型表面活性剂不电离，因此在酸性、碱性以及金属盐类溶液中稳定，与阴离子型和阳离子型表面活性剂都具有很好的相容性，能够与它们复配使用。

（6）生物降解性与毒性

在非离子型表面活性剂中，脂肪醇聚氧乙烯醚的生物降解性最好，吐温型产品也容易生物降解，但烷基酚聚氧乙烯醚的生物降解性较差，主要是由于其烷基链中含有支链。由于生物降解性较差，烷基酚聚氧乙烯醚生产和应用规模呈逐渐缩小的趋势。此外还需注意，生物降解性同 EO 数明显相关，当憎水基相同时，加成的 EO 数越多，则生物降解性越差。

非离子型表面活性剂在溶液中不带电荷，因此不会与蛋白质结合，对皮肤的刺激性较小。例如糖酯和吐温型产品，属于无毒无刺激性产品。脂肪酸聚氧乙烯酯的毒性低于脂肪醇聚氧乙烯醚，也是相对安全的。此外，随着憎水基碳链的增长和 EO 数的增加，毒性降低。

（7）表面活性

a.降低表面张力的效率和效能　聚氧乙烯型非离子型表面活性剂降低表面张力的能力与分子结构有很大关系，如图 5-9 和图 5-10 所示。当 EO 数一定时，分子的疏水基越长，达到相同表面张力下降所需要的浓度越低，即降低表面张力的效率越高。分子中亲水基（即 EO 链）较短的化合物能够将表面张力降得更低，即降低表面张力的效能随 EO 数减小而增加。

b.润湿性能　一般地，低碳链、低 EO 数的醇醚具有最佳润湿性能。随着 EO 数增加、碳链增长，润湿力下降。

c.泡沫性能　非离子型表面活性剂的起泡力随 EO 数增加而提高，随温度升高而提高，但当温度超过浊点时，起泡力显著下降。与离子型表面活性剂相比，非离子型表面活性剂的起泡力较低，脂肪醇聚氧乙烯醚的泡沫稳定性亦较差，适合于配制低泡洗涤剂。

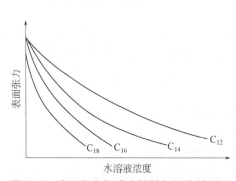

图 5-9　表面张力与疏水基链长间的关系

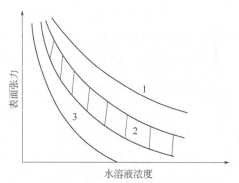

图 5-10　表面张力与 EO 加成数间的关系
1—高 EO 加成数；2—中等 EO 加成数；3—低 EO 加成数

d.乳化性能　非离子型表面活性剂可以通过改变其结构，来达到乳化特定的油类所需的 HLB 值。一般来说，具有 C_{12}~C_{18} 烷基链的脂肪醇和具有 C_8~C_{10} 烷基链的烷基酚的 EO 加成物，是优良的乳化剂。如果希望得到油溶性产品，则 EO 加成数一般不超过 5~6。

e.去污和清洗作用　疏水链长为 C_{12}~C_{15}、亲水基在疏水链末端、HLB 值在 13~15 的非离子型表面活性剂是优良的洗涤剂。即使在低浓度下去污力也很好。

5.2.2 乙氧基化反应理论基础

在工业上，聚氧乙烯醚型非离子型表面活性剂的生产方法，是采用含活泼氢的化合物加成环氧乙烷，这一反应称为"乙氧基化"（ethoxylation）反应。含有活泼氢的化合物包括脂肪醇、烷基酚、脂肪酸、脂肪胺、脂肪酰胺以及硫醇等。随着基础研究的发展和技术进步，后来人们发现脂肪酸甲酯也可以加成环氧乙烷。通过乙氧基化反应得到的非离子型表面活性剂，通常是具有不同 EO 数的同系混合物。由于所用原料和催化剂不同，可以有宽分布和窄分布两大类。宽分布产品大体上符合泊松分布规律。

（1）环氧乙烷的结构及反应性

环氧乙烷具有三元环结构，如图 2-29 所示，其中 C–C 键长为 0.147nm，介于正构单键（0.155nm）和正构双键（0.135nm）之间。这种三元环结构存在较大的张力，导致 EO 易变形（变形能为 54.4kJ/mol），因此易于发生多种反应（见 2.2.7）。乙氧基化反应就是在酸性、碱性甚至中性条件下，使 EO 在 C–O 键处断裂，从而与含有活泼氢的化合物发生开环反应。所得中间体仍然含有活泼氢，因此该反应可以不断循环下去，直至耗尽体系中所有的 EO。该反应为放热反应，反应热达到 95.9kJ/mol（环氧丙烷开环反应热为 83.4kJ/mol）。根据路易斯酸碱理论，含有活泼氢的化合物属于路易斯酸，而 EO 属于路易斯碱，但两者的活泼性远低于质子酸和碱，因此需要借助于催化剂才能发生酸碱反应。事实上碱和酸都可以催化 EO 的开环反应，碱通过夺取起始剂上的活性氢，使起始剂变为负离子进攻环氧乙烷；而酸通过活化 EO 分子，使其δ键发生断裂，形成正碳离子，进而与起始剂反应。目前乙氧基化反应技术已趋成熟，不过合成机理尚未完全明确，新型催化剂仍在不断研发中。

（2）碱催化乙氧基化反应机理

碱催化乙氧基化反应分两步进行。首先，一个 EO 分子通过 S_N2（双分子亲核取代）反应开环，加成到含有活泼氢的疏水物上，得到一元加成物。随后继续发生加成，直至生成目的产物。以 RXH 为通式，代表含活泼氢的化合物（脂肪醇、烷基酚、脂肪酸、脂肪胺、脂肪酰胺等）。第一步 S_N2 开环反应可表示如下：

$$RXH + KOH \longrightarrow RXK + H_2O \tag{5-1}$$

$$RXK \rightleftharpoons RX^- + K^+ \tag{5-2}$$

$$RX^- + H_2C\overset{\displaystyle\diagup\diagdown}{\underset{O}{}}CH_2 \longrightarrow RXCH_2CH_2O^- \tag{5-3}$$

环上碳原子受阴离子亲核攻击，C–O 键断裂，转变成 C–X 键，得到中间产物乙氧基化阴离子 $RXCH_2CH_2O^-$。该反应速率取决于 RX^- 和 EO 的浓度，所以是二级亲核取代反应。

随后，中间产物乙氧基化阴离子 $RXCH_2CH_2O^-$ 可以发生两种反应。一种是与原料 RXH 分子发生快速的质子交换，从而终止反应，形成相对稳定的中间体：

$$RXH + RXCH_2CH_2O^- \overset{快}{\longrightarrow} RX^- + RXCH_2CH_2OH \tag{5-4a}$$

另一种是继续不断地与 EO 加成，形成聚氧乙烯型亲水部分，称为链增长（聚合）反应：

$$RXCH_2CH_2O^- + H_2C\!\!-\!\!CH_2 \longrightarrow RXCH_2CH_2OCH_2CH_2O^-$$

$$RXCH_2CH_2OCH_2CH_2O^- + H_2C\!\!-\!\!CH_2 \longrightarrow RX(CH_2CH_2O)_2CH_2CH_2O^- \qquad (5\text{-}5)$$

$$RX(CH_2CH_2O)_{n-1}CH_2CH_2O^- + H_2C\!\!-\!\!CH_2 \longrightarrow RX(CH_2CH_2O)_nCH_2CH_2O^-$$

这里，反应没有终止，聚合一直进行到所有 EO 反应完为止。当反应过程中体积的变化可忽略时，每步 EO 加成的速率相等。但只要体系中有 RXH 或稳定态的中间体[$RX(CH_2CH_2O)_nH$]存在，聚氧乙烯阴离子仍可能迅速发生质子交换反应：

$$RX(CH_2CH_2O)_{n-1}CH_2CH_2O^- + RX(CH_2CH_2O)_mH \rightleftharpoons RX(CH_2CH_2O)_nH + RX(CH_2CH_2O)_{m-1}CH_2CH_2O^- \qquad (5\text{-}4b)$$

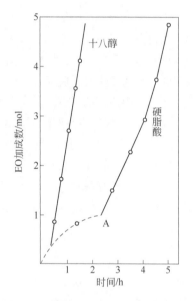

图 5-11　硬脂酸和十八醇乙氧基化速率

研究表明，在碱性条件下，这里的开环（包括不对称环氧物开环）属于 S 开环。类似于烷烃卤化，S_N2 取代速率顺序也是伯碳>仲碳>叔碳，取代主要发生在伯碳原子上，此取代称为"正常加成"。一般来说，在中性及碱性条件下，以"正常加成"为主。而在第一步开环反应发生后，是发生质子交换还是链增长，取决于 RXH 和 $RXCH_2CH_2OH$ 相对酸度的大小，有以下三种情况。

a. RXH 酸性远大于 $RXCH_2CH_2OH$ 的酸性　脂肪酸、烷基酚、硫醇属于这类疏水物，因为其质子易于电离，特别是在碱性条件下。相应地，质子交换反应平衡常数很大。实际上，在 EO 过量的情况下，该反应持续进行，直到所有的活性氢化合物都与 EO 反应，生成了一元加成物，然后聚合才开始发生。例如硬脂酸同 EO 的加成反应就属于这种情形。在 135℃、0.5% K_2CO_3 碱催化条件下，硬脂酸的乙氧基化经历了两种历程，以拐点 A 为分界点，如图 5-11 所示。拐点 A 前为最初引发阶段，由于醇盐离子的碱度高于羧盐离子，或者说羧盐比醇盐更易电离，导致 EO 与脂肪酸全面选择反应，形成一元加成物，直到脂肪酸完全耗尽才启动后段的聚合反应（拐点 A 后）。

b. RXH 和 $RXCH_2CH_2OH$ 酸性相同　这类疏水物有脂肪醇、脂肪酰胺和水。在乙氧基化反应中，引发时间很短，它们与 EO 的反应比第一类的羧酸、酚等更迅速。例如：用0.5% KOH 作催化剂，在 185℃ 下加成 EO，十八醇的乙氧基化比硬脂酸的乙氧基化更迅速，如图 5-11 所示。其中链增长反应在一开始就发生了，无须等原料都转变成一元加成物以后。对这些物质，在碱催化剂 KOH 作用下，提高反应温度，增大反应压力和催化剂浓度，都有利于加快反应速率。

c. RXH 酸性小于 $RXCH_2CH_2OH$ 的酸性　有机胺即属于这类物质。RXH 酸性比 $RXCH_2CH_2OH$ 酸性要小得多，所以采用 NaOH、KOH、RONa 等作催化剂是无效的。

例如，伯胺的乙氧基化反应是分步发生的。在无催化剂、存在过量 EO 的条件下，伯胺缓慢乙氧基化，形成二乙醇胺：

$$RNH_2 + H_2C\!-\!CH_2 \xrightarrow{\quad} RNCH_2CH_2OH \qquad (5\text{-}6)$$

$$RNCH_2CH_2OH + H_2C\!-\!CH_2 \xrightarrow{\quad} RN(CH_2CH_2OH)_2 \qquad (5\text{-}7)$$

随后，在碱性条件下，进一步进行乙氧基化：

$$RN(CH_2CH_2OH)_2 + (x{+}y)\,H_2C\!-\!CH_2 \xrightarrow{KOH} RN\!\!\begin{array}{l}(CH_2CH_2O)_{x+1}H\\(CH_2CH_2O)_{y+1}H\end{array} \qquad (5\text{-}8)$$

显然，由胺和 EO 合成的非离子型表面活性剂，包括了两个独立的反应阶段。首先，在无催化的条件下，生成单乙醇胺或二乙醇胺，随后，在碱性条件下乙氧基化，聚合成有机胺系非离子型表面活性剂。

（3）酸催化乙氧基化反应机理

乙氧基化也可以采用酸催化。常用的酸性催化剂有 BF_3、$SbCl_5$ 和 $SnCl_4$ 等，它们可使 EO 在较低温度下发生开环反应，并得到浅色的产品。但是，反应中会产生大量的副产物，如聚乙二醇、二噁烷以及甲基二氧戊环类化合物等。因此，酸性催化剂在实际生产中是很少使用的。

EO 在酸性条件下的开环机理与碱性条件下不同，目前尚不十分清楚。多数认为是属于 S_N1 型亲核取代反应：

$$H_2C\!-\!CH_2 + H^+ \rightleftharpoons H_2C\!-\!CH_2 \qquad (5\text{-}9)$$

$$H_2C\!-\!CH_2 \xrightarrow{慢} HOCH_2CH_2^+ \qquad (5\text{-}10)$$

$$RXH + H_2C\!-\!CH_2 \xrightarrow{快} RXCH_2CH_2OH + H^+ \qquad (5\text{-}11)$$

随后，通过一系列相同步骤聚合得到产品。

$$RXCH_2CH_2OH + H_2C\!-\!CH_2 \xrightarrow{\quad} RX(CH_2CH_2O)_2H + H^+ \qquad (5\text{-}12)$$

$$RX(CH_2CH_2O)_{n-1}H + H_2C\!-\!CH_2 \xrightarrow{\quad} RX(CH_2CH_2O)_nH + H^+ \qquad (5\text{-}13)$$

（4）影响反应速率的因素

用不同原料进行乙氧基化反应时，反应过程可用下面的反应式来表示：

$$\begin{aligned} M_0 + EO &\xrightarrow{K_i} M_1\\ M_1 + EO &\xrightarrow{K_p} M_2\\ M_{n-1} + EO &\xrightarrow{K_p} M_n \end{aligned} \qquad (5\text{-}14)$$

式中，M_0 为未与 EO 反应的原料分子；M_1 为加成一个 EO 后的中间体；M_n 为加成 n 个 EO

后的产物；K_i 为加成第一个 EO 的速率常数；K_p 为加成其余 EO 的速率常数。显然，对不同原料，差别仅在于 K_i，而 K_p 无明显差异。

于是对上面阐述的乙氧基化反应机理可以重新表述为：（i）对酸性较大的 M_0（脂肪酸，烷基酚），$K_i > K_p$，先生成均匀的单酯或单醚，再进行链增长，产品 EO 链分布相对较窄；（ii）对碱性 M_0（脂肪胺，芳香胺），$K_i < K_p$，无水或 H^+ 几乎不发生反应；（iii）对中性 M_0（脂肪醇、脂肪酰胺），$K_i \approx K_p$，反应一开始就伴随链增长，产品中 EO 分布较宽，相应地未反应原料量也较高；（iv）同是中性 M_0（脂肪醇），加成速率显示出二级差别，大致有聚乙二醇单烷基醚/伯醇/仲醇＝40：30：1，即连接了一个 EO 的中间体最快，仲醇的加成速率很低，而叔醇很难反应。

乙氧基化反应的速率方程可以写成：

$$v = K[RX^-][EO] = K[RXH][催化剂强度][EO] \tag{5-15}$$

即反应速率取决于烷氧阴离子和 EO 的浓度。烷氧阴离子的浓度 $[RX^-]$ 可以表示为原料浓度 $[RXH]$ 和 $[催化剂强度]$ 的乘积，环氧乙烷的浓度 $[EO]$ 则与反应压力有关。于是对相同的原料，反应速率与催化剂强度成正比；对不同原料，反应速率常数不同。

研究表明，影响乙氧基化反应速率的因素有催化剂、反应温度、反应压力和原料化学结构等。

a. 催化剂的影响　实验发现，用羰基合成醇（支链十三醇）与环氧乙烷反应时，在 195~200℃和低压下（12~53.3kPa），无催化剂时十三醇和环氧乙烷不起反应。而在氢氧化钾、氢氧化钠、甲醇钠、乙醇钠或金属钠等碱性催化剂存在下，反应可顺利进行。图 5-12 表明，在 195~200℃下，使用上述几种催化剂时 EO 加成速率是相同的，而碳酸钾和碳酸钠的活性则较低。如果将温度降到 135~140℃，这些催化剂就显示出差别了，金属钠、氢氧化钾、甲醇钠、乙醇钠有同样的活性，氢氧化钠的活性稍低，而碳酸钾和碳酸钠则无活性，如图 5-13 所示。显然，这些催化剂活性的不同与它们的碱性强弱有关，碱性越强，催化活性越高。此外，反应速率随催化剂浓度的增加而增加。不过这一效应仅在催化剂浓度较低时比较显著，在催化剂浓度较高时则不

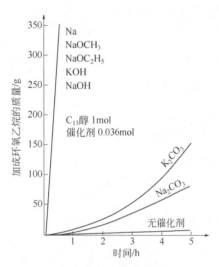

图 5-12　195~200℃ 时几种碱性催化剂对十三醇乙氧基化速率的影响

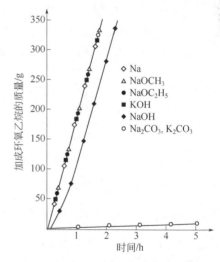

图 5-13　135~140℃ 时几种碱性催化剂对十三醇乙氧基化速率的影响

明显。例如用氢氧化钾作催化剂，当浓度从 1.8% 成倍增加到 3.6%、7.2%、14.4% 时，反应速率并没有相应地增加。

b. 反应温度的影响　温度是影响环氧乙烷加成速率的一个重要因素。例如，以 KOH 作催化剂，不同温度下的反应速率如图 5-14 所示，可见加成速率随温度上升而增加。然而温度的影响并不是线性的，在相同温度增量下，低温下环氧乙烷加成速率的增加比高温下更大些。当温度达到 195~200℃ 时，催化剂的差别缩小，例如氢氧化钾、甲醇钠和氢氧化钠呈现相同的催化活性。

c. 反应压力的影响　在反应温度下，反应器中的环氧乙烷处于气态，因此其浓度与压力成正比。根据质量作用定律，反应压力对反应速率有影响。研究表明，在低压下，压力的影响并不大。例如 KOH 催化十三醇的乙氧基化反应，温度为 135~140℃ 时，在 10~20kPa 间，反应速率区别不大；但当压力增加到 40~50kPa 时，反应速率有所提高。显然，在较高压力下，环氧乙烷的加成速率随压力的增加而明显加快。

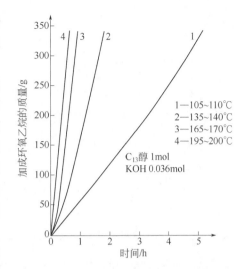

图 5-14　温度对乙氧基化反应速率的影响

d. 原料化学结构的影响　无论是天然醇还是合成醇，乙氧基化速率随着分子中碳原子数的增加而降低。影响更大的是醇的结构，在碱催化条件下，乙氧基化速率顺序为：伯醇>仲醇>叔醇，仲醇和叔醇的乙氧基化速率甚低，且产品的环氧乙烷加成数的分布要比伯醇宽。对这些原料，乙氧基化反应需选用酸性催化剂。脂肪仲醇在酸性催化剂存在下，与若干个环氧乙烷结合后，反应中心的–OH 与伯醇的 RO⁻ 反应性相似，然后可以切换为碱性催化剂，继续进行乙氧基化反应。

（5）乙氧基化产物分布

无论是碱催化还是酸催化，乙氧基化反应的最终产物 $RX(CH_2CH_2O)_nH$，其 n 仅是一个平均数，并且总有一定的分布，即产品是不同聚氧乙烯链长的同系混合物。

前人根据反应机理，从数学上得到了四种分布方程，即 Poisson 分布方程、Weibull-Nycader 分布方程、Flory 分布方程和 Natta 分布方程。在这些分布方程推导过程中，假设所有加成物分子在反应过程中继续进行链增长。具体的数学推导过程这里不做介绍，但有关结果值得注意。

采用传统的碱催化乙氧基化工艺，EO 链的分布属于宽分布，理论上接近 Poisson（泊松）分布，如图 5-15 所示。如果改用碱土金属氢氧化物作为催化剂，则可以得到窄分布产物，如图 5-16 所示。机理研究表明，用二价金属离子时，将有两个体积大的乙氧基化醇盐阴离子围绕着金属阳离子，这种空间障碍会减弱金属阳离子与醇醚氧原子之间的相互作用，使下列平衡向左移动，使得终产物中 EO 数的分布变窄。

$$RO—M + ROCH_2CH_2OH \rightleftharpoons ROH + {}^-O \overset{M^+}{\underset{H_2C—CH_2}{\diagup\diagdown}} O-R \qquad (5-16)$$

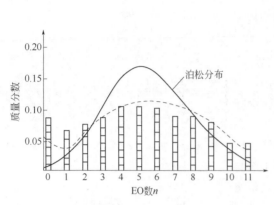
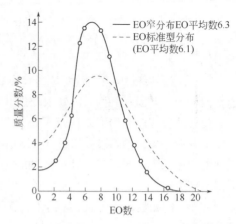

图5-15　月桂醇聚氧乙烯（6）醚加成物分布曲线　图5-16　Alfonic 1214-58产品中EO数分布图

人们普遍认为，EO数分布对产品性能有一定的影响。例如，单一EO加成数的醇醚（没有分布）浊点要比具有一般（或标准型）分布的产品高10~12℃，但去污力和渗透力无明显差别。单一加成数的烷基酚醚起泡性高，但稳泡性较差，而一般分布的产品乳化力较好。

窄分布产品在性能上具有一些优点。例如，倾点较常规分布低5.6℃，可节省贮存和运输的能量消耗；脂肪醇含量较低，用于洗涤剂配方中可以降低喷雾干燥时产品的成烟趋势，提高喷雾干燥装置的生产效率；EO数少的和多的含量均较低，因而在配制水溶性和非水清洗剂时，性能均优于常规分布产品，并可省配制织物柔软剂和洗涤剂时所用的增溶剂量；去油污性较好；醇醚用于制取AES时，产品中的二噁烷含量较低等。

（6）新型催化剂开发[1]

对乙氧基化反应，除了采用传统的碱性和酸性催化剂外，人们仍在不断研发新型催化剂，并取得了较好的进展。

在碱性催化剂方面，人们先后开发了碱土金属类催化剂、水合滑石类催化剂、铝镁复合氧化物催化剂等。碱土金属类催化剂包括乙酸钙、羧酸镁、氢氧化钡和烷氧基铝等。它们的碱性弱于KOH和NaOH等传统碱性催化剂，因此需要加入助催化剂以解决反应诱导期的问题。碱土金属类催化剂的优点是产物EO分布窄、副产物少、原料转化率高。水合滑石类催化剂属于阴离子黏土，具有层状结构，骨架有阳离子，层状为阴离子，显碱性，层间距可通过填充离子半径不同的阴离子来调控。此类催化剂基本上呈中性，反应结束后产品不需要进行酸碱中和，产品中EO分布较窄，副产物少。此外，该类催化剂还可以回收再利用。铝镁复合氧化物是用$Al(OH)_3$和$Mg(OH)_2$在200~1000℃高温下煅烧活化后得到的，催化活性优于水合滑石类催化剂。类似地，所得产品EO分布窄。

酸性催化剂方面，人们开发了固体酸催化剂，包括硫酸氧锆、活性白土、蒙脱土、杂多酸及沸石分子筛等。其优点是对反应器的腐蚀小，易于与产物分离，EO分布窄。

（7）加成环氧丙烷的反应[2]

环氧丙烷具有与环氧乙烷类似的性质，因此也能进行开环反应，生成聚氧丙烯化合物。例如脂肪醇与环氧丙烷会发生下列开环反应，得到脂肪醇聚氧丙烯醚：

$$\text{ROH} + m\text{CH}_3-\overset{}{\underset{O}{\text{CH}}}-\text{CH}_2 \xrightarrow{\text{KOH}} \text{RO(CH}_2\overset{CH_3}{\underset{}{\text{CHO}}})_m\text{H} \tag{5-17}$$

通常采用碱催化，其反应机理与环氧乙烷加成反应类似。不过由于甲基的存在，烷氧阴离子进攻甲基一侧的 C–O 键受到位阻作用，因此远离甲基的 C–O 键更易断裂而发生反应，即式（5-18）中的路线（2）更易发生。

$$\text{CH}_3-\overset{}{\underset{O}{\text{CH}}}-\text{CH}_2 \quad \overset{(1)}{\nearrow} \quad \sim\sim\text{CH}-\text{CH}_2-\text{O}^-\text{K}^+ \atop \overset{(2)}{\searrow} \quad \sim\sim\text{CH}_2-\overset{CH_3}{\underset{}{\text{CH}}}-\text{O}^-\text{K}^+ \tag{5-18}$$

如果原料 PO 中含有少量醛化合物，当反应温度较高，且有 KOH 存在时，会发生副反应，使产物颜色变黄或加深。另外，链增长不能无限进行下去，这是由于原料、PO 及 KOH 稍有不纯，即可能导致发生链转移反应而使聚合反应终止，或者是杂质（如水、醛化合物、酸、NH_3 等）把活性链封端，使反应不能继续下去。对环氧丙烷来说，向单体的链转移反应尤其显著。链转移的结果产生了丙烯基或烯丙基端基，增加了体系中聚合物链的数目，使分子量降低，分子量分布变宽。在实际操作中观察到，即使 PO 投料量很高，反应时间"足够长"，最终仍有少量 PO 残留。因此，加成环氧丙烷所得聚合物的分子量一般小于 5000，而加成环氧乙烷的聚合物分子量可高达 40000~50000。

纯粹的 PO 加成物在工业上并无多大价值，而更有价值的是 PO-EO 嵌段共聚物，例如以丙二醇为起始剂的 EPE 型聚醚 Pluronic 系列和以乙二胺为起始剂的 Tetronic 系列。这类产品涉及两步加成（聚合），即先加成 PO，再加成 EO。如前所述，采用碱催化工艺时，加成的 PO 数有限。

一种双金属氰化物催化剂（DMC）对 PO 的加成非常有效。该催化剂最初由美国通用轮胎橡胶公司开发，我国金陵石化公司于 21 世纪初也开发成功，主要用于高分子量、低不饱和度聚醚多元醇的工业化生产。DMC 催化剂一般是由水溶性金属氰化物络合物和其它金属化合物反应，并结合有机配体而制备得到的，典型的双金属氰化物催化剂结构为 $\text{Zn}_3[\text{Co(CN)}_6]_2 \cdot x\text{ZnCl}_2 \cdot y\text{H}_2\text{O} \cdot z$ 络合剂。这种催化剂对尿素和胺类起始剂无效，对醇、酚、酸、水等起始剂有效，因此可以判断 DMC 催化剂的活性中心，可能是阳离子型的，即受电子型的，其配位聚合机理可表示如下：

$$\begin{matrix} \text{H}-\overset{+}{\text{O}}\text{R}' \\ | \\ -\text{Zn}- \\ \sim\sim\sim\sim \end{matrix} + \text{HO}-\text{R} \rightleftharpoons \begin{matrix} \text{H}-\overset{+}{\text{O}}\text{R} \\ | \\ -\text{Zn}- \\ \sim\sim\sim\sim \end{matrix} + \text{HO}-\text{R}' \tag{5-19}$$

$$\begin{matrix} \text{H}-\overset{+}{\text{O}}\text{R} \\ | \\ -\text{Zn}- \\ \sim\sim\sim\sim \end{matrix} + \text{CH}_3-\overset{}{\underset{O}{\text{CH}}}-\text{CH}_2 \rightleftharpoons \begin{matrix} \overset{CH_3}{\text{H}-\overset{+}{\text{O}}-\overset{|}{\text{CH}}-\text{CH}_2-\text{O}-\text{R}} \\ | \\ -\text{Zn}- \\ \sim\sim\sim\sim \end{matrix} \tag{5-20}$$

$$\begin{matrix} \text{H}-\overset{+}{\text{O}}\text{P}_n \\ | \\ -\text{Zn}- \\ \sim\sim\sim\sim \end{matrix} + \text{CH}_3-\overset{}{\underset{O}{\text{CH}}}-\text{CH}_2 \rightleftharpoons \begin{matrix} \text{H}-\overset{+}{\text{O}}\text{P}_{n+1} \\ | \\ -\text{Zn}- \\ \sim\sim\sim\sim \end{matrix} \tag{5-21}$$

$$H-OP_n \quad H-OR'' \\ \mid \quad +HO-R'' \rightleftharpoons \quad \mid \quad +HO-P_n \qquad (5-22) \\ -Zn- \qquad\qquad -Zn-$$

首先是在催化剂表面形成活性中心[式（5-19）]，然后活性中心与 PO 反应，生成聚合中心[式（5-20）]，PO 单体不断插入，形成高分子量聚合物[式（5-21）]，最后插入反应终止[式（5-22）]，得到产物。研究表明，终止过程与催化剂用量有直接关系，在其它条件不变的情况下，催化剂用量越大，反应终止的出现就越晚，即聚合物链越长。

DMC 催化剂的特点是活性大，反应速率快，但对反应条件有苛刻的要求，例如起始剂要具有一定的分子量，对起始剂的钾钠离子含量及水分、酸碱度等有严格要求。因此这种双金属氰化物催化剂仅适用于加成 PO 或者 PO-EO 共聚，用于纯 EO 的加成时催化效果不佳，均聚化程度低，副反应多，无法形成均一稳定的产品。因此用这种双金属催化剂制备聚醚时，仍需采用碱催化方式完成最后阶段的环氧乙烷加成。

5.2.3 脂肪醇聚氧乙烯醚

脂肪醇聚氧乙烯醚是非离子型表面活性剂中的大品种。它具有优良的润湿、低温洗涤、乳化、耐硬水和易生物降解等性能，广泛用于轻工、纺织、农业、石油、金属加工等领域。

（1）脂肪醇聚氧乙烯醚的合成

目前工业脂肪醇的来源主要有天然醇和合成醇，结构上分为伯醇和仲醇。根据前述反应机理，仲醇乙氧基化反应速率较慢，因此两者要采用不同的乙氧基化工艺。

1）伯醇乙氧基化物的制备

伯醇与 EO 的反应需在高温、压力和碱性催化剂存在下进行。为安全起见，反应应当在无氧气的状态下进行。目前工业生产上合成方法有以下几种。

① 搅拌式单釜间歇法

在一个带有搅拌器、进出料管、氮气（N_2）管、真空管、夹套和/或盘管冷却器的反应釜中进行[图 5-17（a）]。对环氧乙烷的要求是：纯度≥99.5%，乙醛含量≤0.01%。水分≤0.02%。

首先，将原料伯醇加入反应釜中。氢氧化钾可直接加入醇中，也可以配成 50% 水溶液加入。开动搅拌器，并开启反应釜的夹套蒸汽，加热至 120℃，在真空下脱水 1h，至无水分馏出后关闭真空阀。充氮气，再抽真空。也可从安全考虑，保持一定的氮气剩余压力。然后，升温至 140℃左右，将计量好的液态 EO 从贮罐用氮气压入反应釜，至 0.15~0.2MPa，停止进料。反应开始，温度上升，压力开始下降，继续通入 EO，用夹套及盘管中的冷却水将反应温度保持在 160~180℃，并严格控制操作压力在 0.2~0.3MPa。为防止 EO 倒吸入贮罐，须严格将操作压力控制在低于 EO 贮罐内压力的状态。当全部 EO 加完后，尚需继续搅拌、老化，直到压力完全下降，并伴随出现降温现象。这时，冷却至 100℃ 以下，用氮气将反应物压入漂白釜内，用冰醋酸中和至微酸性。再滴加反应物量 1% 的双氧水于 60~80℃ 漂白，保温半小时后冷却出料。通常在一个小釜中加入催化剂，然后再进入主反应釜进行反应，整个流程如图 5-17（b）所示。采用直接氧化法制得的高纯度环氧乙烷，产品可不需漂白。乙氧基化反应器的体积可大至 20~46m³，搅拌器转速 90~120r/min，反应压力 0.2~0.4MPa。

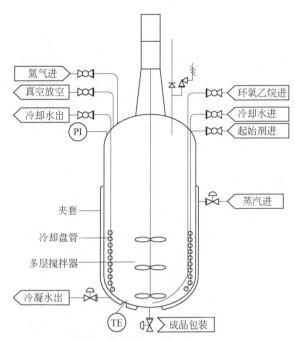

(a) 搅拌式乙氧基化反应釜结构示意图

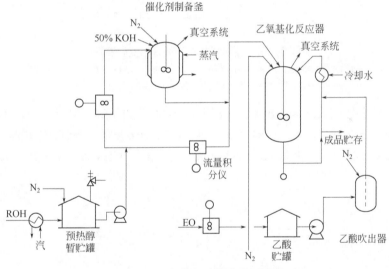

(b) 间歇法乙氧基化反应流程

图 5-17　搅拌式乙氧基化反应釜的结构（a）和典型的间歇法乙氧基化反应流程（b）

这种工艺有一系列的缺点，例如，液相内溶解有未反应的环氧化物，一旦大量积聚，便有发生爆炸的危险；反应器顶部含大量气态的环氧化物，它与搅拌器的机械传动相接触会产生静电，亦是引起爆炸的一种隐患，需要良好的安全措施；反应速率低，高温反应时间长，产物中EO 链分布宽，聚乙二醇（PEG）含量高，产品色泽易加深等。欲制得高分子量产品，需进行多次加成反应。

② 循环喷雾间歇法

由于搅拌器带来安全隐患，循环喷雾法取消了反应釜中的搅拌器，采用反应物料的循环喷雾代替搅拌。如图 5-18 所示，脂肪醇和催化剂在（1）中进行脱水干燥，然后由循环泵送入反应器（6）中的喷头（7），与同时吸入的气相环氧乙烷混合反应并喷出。反应物料用泵不断地从反应器中抽出，通过热交换器进行冷却后，再进入喷嘴与 EO 反应并喷入反应釜，如此连续进行循环反应直至反应结束。反应温度维持在 150~170℃。反应物料的循环速率取决于物料的黏度，通常反应物料完成一个循环需 1~10min。

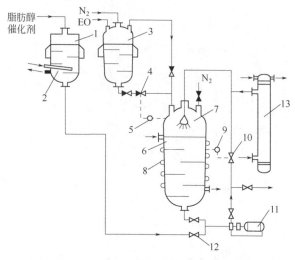

图 5-18 循环喷雾式乙氧基化反应流程

1—脂肪醇和催化剂脱水器；2,8—加热蛇管；3—EO 贮罐；4,10,12—阀门；5—压力调节器；
6—反应器；7—喷头；9—温度调节器；11—循环泵；13—热交换器

在循环喷雾法中，Press Industria 公司和 Buss 公司开发的乙氧基化循环喷雾反应器较为成功。其中 Press Industria 公司的反应器为卧式，内装不同开孔度的喷嘴管，物料经喷嘴雾化后与气相的环氧乙烷接触。图 5-19 是 Press Industria 公司的第三代乙氧基化流程图，其中将卧式接

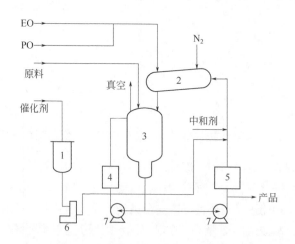

图 5-19 Press Industria 公司第三代乙氧基化流程

1—催化剂储罐；2—气液接触反应器；3—立式接收器；4,5—冷却、加热系统；6—催化剂输送系统；7—循环泵

收器改成了立式，并采用双循环体系，以适应高分子量产品的生产。Buss 公司的乙氧基化流程中采用了历史悠久的回路反应器，其特点是液体物料（含催化剂）由底部循环泵经热交换器进入充 N₂ 的反应器顶部，从具有文丘里结构的喷嘴喷入反应器内，在高速流动下局部形成负压；同时液相环氧乙烷由隔膜泵打入反应器顶部，并立即汽化，和 N₂ 一起被喷嘴吸入，与液体物料充分混合后喷向反应器底部。因此，整个反应在气相与液相两个回路不断循环状态下进行。图 5-20 为反应器头部的气-液混合示意图，图 5-21 为 Buss 公司的乙氧基化流程图。反应热由外部换热器移走。反应温度 150~170℃，反应总压力小于 1.2MPa。当环氧乙烷达到预定量后，停止进料，再循环约 10min，至气相中环氧乙烷含量小于 10^{-4}% 时将产物冷至 80℃。

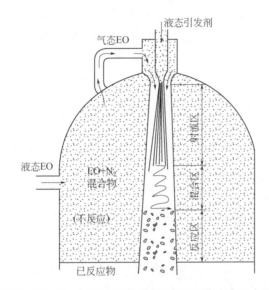

图 5-20　Buss 公司反应器头部的气-液混合示意图

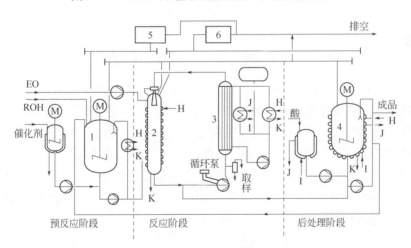

图 5-21　Buss 公司乙氧基化流程

1—脱水釜；2—回路反应器；3—热交换器；4—中和釜；5,6—真空系统；H—蒸汽；K—冷凝水；I—冷却进水；J—冷却回水

Press 和 Buss 的气相法反应速率快，生产效率高，尤其是 Buss 公司的更高，产品分子量分布窄，色泽浅，杂质含量低，质量好。例如，Buss 法生产的 AEO₃ 中二噁烷含量可低于 2mg/kg。由于设备无机械传动部件，无环氧乙烷泄漏及着火、爆炸的危险，生产安全。Press 的设备操作

条件较温和，Buss 公司的反应压力较高。鉴于上述特点，这两种工艺已成为生产脂肪醇聚氧乙烯醚的主流装置。

③ 连续乙氧基化

随着非离子型表面活性剂需求量的快速增长，人们试图开发连续乙氧基化生产装置。典型的连续法有槽式和管式两种。图 5-22 为管式连续乙氧基化反应器和流程示意图。鉴于乙氧基化反应比较激烈、需要及时移去反应热的特点，管式连续反应器被设计成列管式换热器的形态，采取多段供给 EO。反应器可由直径 9.4mm 的管道组成，管道长度 2.5m 以上，根据产品加成的 EO 数大小，可用多个反应器串联，一般平均停留时间 15min 左右。反应温度 190~250℃，压力 2.2MPa，催化剂用量 0.2%，产品中聚乙二醇含量可小于 1%，EO 分布与间歇法基本相同。采用本法可以节省投资 30%。不过工业上真正使用连续乙氧基化工艺的不多，只有仲醇的乙氧基化实现了工业化连续生产。

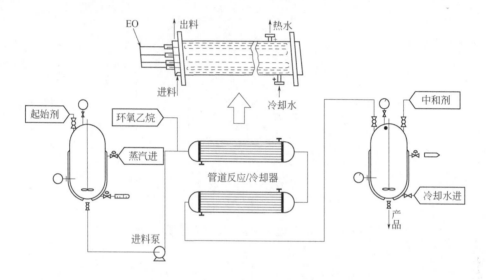

图 5-22　管式连续乙氧基化反应器和流程

2）仲醇乙氧基化物的制备

采用碱催化乙氧基化工艺时，仲醇的反应活性很低，但如果一分子仲醇加成 3 个 EO 后，其末端羟基的性能变得与伯醇相似，可在碱催化下加成 EO。因此，对仲醇，工业上采用先酸催化制成低摩尔（3EO）加成物，然后再用碱催化制成高摩尔 EO 加成物。

美国联碳（UCC）公司首先用 BF$_3$ 作催化剂，在压力釜中于 50~85℃ 下进行乙氧基化反应，制成低摩尔的环氧乙烷加成物，再将酸性催化剂用碱中和后，经蒸馏回收未反应醇，然后用碱性催化剂再乙氧基化，得到高摩尔的环氧乙烷加成物。

日本触媒公司用该方法生产出仲醇加成 3EO 的产品 Softanol-30，然后 Softanol-30 在碱性催化剂存在下，继续与环氧乙烷反应，生成高摩尔的 EO 加成物，如 Softanol-50，Softanol-70，Softanol-90 和 Softanol-120（0 之前的数字为 EO 加成数）。图 5-23 是 Softanol-30 和用羰基合成醇加成 3mol EO 的产品的 EO 分布比较，可见 Softanol-30 的 EO 分布更窄。

目前，仲醇高摩尔乙氧基化物已经商品化，多数是使用 7~9mol 的乙氧基化物。美国 P&G 公司和日本花王石碱公司等以此产品作为重垢液体洗涤剂的活性物。

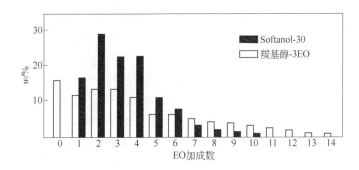

图 5-23 Softanol-30 EO 加成物的摩尔分布

（2）脂肪醇聚氧乙烯醚的性能

目前，脂肪醇聚氧乙烯醚类产品主要集中在三大块。第一块是低聚合度产品，以 AEO_2 和 AEO_3 为代表，主要用于生产 AES；第二类为中等聚合度产品，以 AEO_7 和 AEO_9 为代表，主要用作洗涤剂、乳化剂等；第三类是高聚合度产品，EO 数达到 10~20，如平平加类产品，用作乳化剂、匀染剂等。显然，它们的性质与加成的 EO 数有关，同时也受到原料结构的影响，如烷基链长、饱和度、是否有支链等。以下将对脂肪醇聚氧乙烯醚的性能作概括性的介绍。

① 物理性质

a. 溶解度 脂肪醇聚氧乙烯醚的溶解性从完全油溶到完全水溶，取决于分子中 EO 数（n）与烷基碳原子数（m）的比值。通常，含 $n=1~5$ 的产品是油溶性的，可完全溶解于烃类溶剂中。当 n 增加到 7~10 时，产品能在水中分散或溶解于水，溶解度随 EO 数的增加而显著增加。但需要注意，温度增加会导致溶解度显著降低。

b. 相对密度 通常随 EO 数增加而稍有增加，但随温度的增加而减小。

c. 黏度 一般说来，脂肪醇聚氧乙烯醚的黏度随 EO 数的增加而增大，随温度提高而减小。其高浓度（50%~75%）的水溶液有很高的黏度，有时会形成凝胶体系，特别是亲水性大且分子量大的产品。

② 表面性质

a. 去污力 对一系列脂肪醇聚氧乙烯醚类产品的研究表明，醇醚类产品的去污力取决于 EO 数大小和烷基链长两个主要因素。研究的产品包括：正辛醇醚（n-C_8），正十四醇醚（n-C_{14}），正癸醇醚（n-C_{10}），正十八醇醚（n-C_{18}），正十二醇醚（n-C_{12}），及 5-乙基壬醇-2 醚（仲-C_{11}），2,5,8-三甲基壬醇-4 醚（仲-C_{12}），3,9-二乙基十三醇-6 醚（仲-C_{17}）等。

对正构醇醚产品，正辛醇醚去污力最差，正十八醇醚最好，而 n-C_{10}、n-C_{12} 和 n-C_{14} 醇醚居中，彼此间差别不大。在 EO 数较小时，去污力随 EO 数增加而增加，但当 EO 数达到 10 左右后去污力基本不再增加而保持平稳。

具有支链的仲醇醚去污力规律与正构醇醚类似。例如，仲-C_{11} 醇醚的去污力最差，而仲-C_{17} 醇醚去污力最好，反映出烷基链长增加对提高去污力有利；而当达到最大去污力后，再增加 EO 数，去污力无明显变化（仲-C_{14} 醇醚例外）。

研究结果还表明，在水硬度较低（50mg/kg）时，支链仲醇醚的去污力较高。而在水硬度较高（300mg/kg）时，支链仲醇醚和正构伯醇醚的去污力没有显著差别。不过，仲-C_{14} 醇醚的性能比较特殊，其 5~10mol EO 加成物具有高去污力，但 EO 数再增加时去污力迅速下降。因

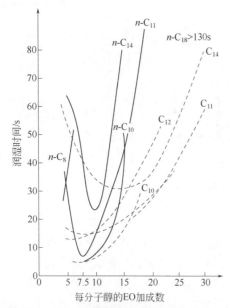

图5-24 一些正构醇醚和支链仲醇醚的润湿性能
（0.125%浓度、去离子水、室温）

此，脂肪醇聚氧乙烯醚的去污力受醇的结构和烷基碳数的影响很大。

　　b. 润湿力　润湿力是通过帆布沉降时间来表征的，沉降时间越短，润湿力越好。测定温度为室温，表面活性剂浓度为0.125%（去离子水）。研究表明，无论是正构醇醚还是支链仲醇醚，其润湿时间皆随EO数增加而变化，如图5-24所示。

　　由图可见，除n-C_8醇醚外，所有其它化合物都具有一个最小润湿时间，即最佳EO数，并且这个最佳EO数随脂肪醇分子量的增加而增加。另一个现象是支链仲醇醚比正构醇醚有更好的润湿性能。

　　c. 泡沫力　用Ross-Miles泡沫仪在50℃下测定，表面活性剂浓度0.1%，溶剂为去离子水和300mg/kg硬水。结果表明，对各种脂肪醇醚，泡沫力与EO数相关，存在一个最佳EO数。水的硬度对初始泡沫高度没有影响，对泡沫稳定性影响也不大。支链仲醇醚的泡沫性能与正构醇醚相似，但起泡能力低于正构醇醚。总体上泡沫稳定性随脂肪醇碳链增长而提高。

　　③ 表面张力和界力张力

　　25℃和0.1%浓度下，C_8~C_{18}正构醇醚水溶液的表面张力随EO数增加而增加，从30mN/m左右上升到45~50mN/m。其中C_{14}醇醚比较特殊，在EO数15~20范围内显示最高点（43mN/m）。相对而言，支链醇醚的表面张力随EO数的变化不显著，仅从30mN/m增加到32~35mN/m左右，总体上表面张力值低于正构醇醚的表面张力。

5.2.4　烷基酚聚氧乙烯醚

　　烷基酚聚氧乙烯醚是较早开发的非离子型表面活性剂品种之一，它是烷基酚与环氧乙烷的加成产物。原料烷基酚包括辛基酚或异辛基酚、壬基酚和十二烷基酚等，典型产品包括OP系列、NP系列以及TX系列等。烷基酚的烷基多为支链，导致相应的非离子型产品生物降解性差，并且其应用和生产过程面临一定的毒性、致畸变性、致癌性以及环保问题，因此目前发达国家已经禁止或限制使用烷基酚醚类产品。我国的现状是严禁在民用领域使用，在其它领域建议不使用或少用，但由于缺少完全可替代的高性价比产品，目前在部分工业领域仍有使用。2015年国内烷基酚聚氧乙烯醚的产量仍达到约11万吨。后来有用直链烷基酚制取的产品，称为直链烷基酚聚氧乙烯醚（LAP），美国Anline及Film公司和Monsanto公司生产这种产品。

（1）烷基酚聚氧乙烯醚的合成

　　烷基酚也是一种含有活性氢的化合物，因此能够与环氧乙烷发生开环反应形成烷基酚聚氧乙烯醚。其乙氧基化工艺流程和条件与醇醚基本相同：温度170℃±5℃，压力0.2~0.6MPa，催化剂（氢氧化钠或氢氧化钾）用量为 0.1%~0.5%。

Nadcan 等对壬基酚与环氧乙烷的加成研究证实，与脂肪醇加成 EO 不同的是，烷基酚加成 EO 通常先生成加成一分子 EO 的中间体，如式（5-23）所示，然后才开始链增长，形成具有泊松分布的同系物，如式（5-24）所示。这是因为烷基酚的酸性强于加成了一分子 EO 后的中间体，质子交换反应优先发生，直至所有烷基酚被耗尽才开始链增长反应。Bruson 和 Stein 等用异辛基酚和环氧乙烷在乙醇溶液中用 KOH 作催化剂，在 0.1MPa 压力和醇的回流温度下反应，制得了 1mol 加成物，其产率为 91%。Jeltsch 使用阳离子交换树脂作催化剂，也制得了各种烷基酚的 1mol 环氧乙烷加成物。

$$R\text{—}\underset{}{\bigcirc}\text{—}OH \ + \ H_2C\text{—}CH_2 \ \xrightarrow{\text{KOH}} \ R\text{—}\underset{}{\bigcirc}\text{—}OCH_2CH_2OH \qquad (5\text{-}23)$$

$$R\text{—}\underset{}{\bigcirc}\text{—}OCH_2CH_2OH \ + \ (n\text{-}1)H_2C\text{—}CH_2 \ \xrightarrow{\text{KOH}} \ R\text{—}\underset{}{\bigcirc}\text{—}O(CH_2CH_2O)_nH \qquad (5\text{-}24)$$

除了经典的辛基酚和壬基酚外，十二烷基酚、十五烷基酚、烷基甲酚和 β-萘酚等亦可用来制取烷基酚聚氧乙烯醚，它们有各自的应用。此外除了直接加成 EO 外，烷基酚醚还有其它一些方法，例如使用苯氧基乙醇与烯烃进行烷基化反应，生成烷基苯氧乙醇，然后再与环氧乙烷反应。此外，在 170℃、苛性碱作催化剂的条件下，烷基酚与 β,β'-二氯乙醚反应，然后再与聚乙二醇反应，也可生成烷羟基化合物。

（2）烷基酚聚氧乙烯醚的性质和用途

以壬基酚聚氧乙烯醚（商品名为 IGEPAL CO）系列为例，其物理性质随着 EO 数的增加呈现有规律的变化，如表 5-4 所示。由表可见，EO 数在 15 以上的产品室温下为膏体至固体。EO 数不超过 15 时为液体。EO 数在 8 以上的产品具有很好的水溶性，而所有产品均可溶解在四氯化碳、低碳醇和多数的芳香族溶剂中。例如 EO 数为 5 的壬基酚醚在煤油和庚烷中具有极好的溶解性能。许多产品的溶液在 50%~60% 浓度时黏度大大增加，室温时可以形成凝胶体。热装桶的固体产品在冷却后，桶边缘或底部的产品浊点和黏度要比中间部位高，其它聚氧乙烯加成物也有类似现象。

表 5-4 壬基酚聚氧乙烯醚的物理性质

EO 数	EO 的质量分数/%	外观	相对密度	黏度/mPa·s（25℃）	凝固点/℃
1.5	23	淡黄色液体	0.9	300~600	—
4	44	淡黄色液体	1.02	175~250	—
6	54	淡黄色液体	1.04	175~250	—
9	65	淡黄色液体	1.06	175~250	-3.3
10	68	淡黄色液体	1.06	175~250	7.2
15	75	分散不透明液体	1.07	500~600	20
20	80	淡黄色膏体	1.13		39
30	86	淡黄色固体	1.17		40

表 5-5 给出了上述 IGEPAL CO 系列表面活性剂的表面活性。由表 5-5 可见，它们的表面活性与 EO 数直接相关。EO 含量为 50% 左右（n=6）的加成物在水中呈分散状，但降低表面张力的能力最大。随着环氧乙烷加成数的增加，降低表面张力的能力降低。泡沫力和泡沫稳定性随

环氧乙烷摩尔数的增加而增强，环氧乙烷含量在 75% 左右时达到最高值。温度升高，起泡力增强，但稳定性降低。

烷基酚聚氧乙烯醚溶液在洗涤棉织物时，在比较宽的浓度范围内有很好的去污力，如添加碱性电解质，其去污力可大大提高。含 10mol 环氧乙烷的加成物，其净洗效率最大。用悬浮炭黑、矿物油和植物油污染的羊毛做洗涤试验，试验表明，含 6~12mol 环氧乙烷的加成物，洗涤效果最好，并且洗涤效果随环氧乙烷摩尔数的增加而降低。

表 5-5　壬基酚聚氧乙烯醚（IGEPAL CO）表面活性剂在蒸馏水中的表面活性

IGEPAL	EO 数	表面张力/(mN/m)（25℃，0.01%水溶液）	钙皂分散系数	罗氏泡高（25℃，0.1%）	
				初始泡高/mm	5min 泡高/mm
CO-310	1.5	不溶	不溶		
CO-430	4	不溶	不溶		
CO-530	6	接近 28	10~13	15	10
CO-610	8~9	30	4~8	55	45
CO-630	10~11	31	4~8	80	60
CO-710	15	32	4~8	110	80
CO-730	20	36	4~8	130	110
CO-850	30	39	4~8	120	110
CO-880	40	43	4~8	120	105
CO-890	50			115	105
CO-970	100			100	85

5.2.5　脂肪酸聚氧乙烯酯

脂肪酸聚氧乙烯酯通式为 $RCOO(CH_2CH_2O)_nH$，工业上主要通过脂肪酸加成 EO 得到。与脂肪醇聚氧乙烯醚类似，这类表面活性剂的溶解性可以从完全油溶到完全水溶，取决于加成的 EO 数（n）的多少。通常 $n=1~8$ 时产品是油溶性的，$n=12~15$ 时能在水中分散或溶解，$n>15$ 时具有良好的水溶性。因此该类产品能够溶于水、乙醇以及高级脂肪醇中，但总体水溶性比相应的脂肪醇聚氧乙烯醚要差。

脂肪酸聚氧乙烯酯具有良好的乳化、分散、增溶以及柔软和抗静电性能，广泛用于民用产品和工业技术领域。脂肪酸聚氧乙烯酯的一大特点是便宜，并且与其它表面活性剂有良好的复配性能，因此在市场上具有良好的竞争力，2015 年国内产量达到 5 万吨左右，并显示出良好的增长趋势。不过因为含有酯基，其热稳定性和酸碱稳定性较差，应当注意应用场合。

（1）脂肪酸聚氧乙烯酯的合成

化学原理上，脂肪酸聚氧乙烯酯可以有多种合成方法，比如脂肪酸加成 EO、脂肪酸与聚乙二醇酯化、脂肪酸酐与聚乙二醇反应、脂肪酸金属盐与聚乙二醇反应，以及脂肪酸酯与聚乙二醇酯交换等。工业上主要采用前两种方法，因为原料价廉，工艺简单。

① 脂肪酸与环氧乙烷的乙氧基化

该反应是碱性条件下的开环反应，如式（5-25）所示。与烷基酚的加成类似，脂肪酸的乙氧基化经历引发与聚合两个阶段，即脂肪酸先与 1 分子的 EO 反应，直到游离脂肪酸完全耗尽，然后才发生链增长（聚合）反应。这是因为脂肪酸盐的酸性强于醇盐，或者说脂肪酸盐更易电离，从而在加成一分子 EO 后质子交换反应占据了主导地位。

$$RCOOH + n H_2C—CH_2 \xrightarrow{\text{KOH}} RCOO(CH_2CH_2O)_nH \qquad (5\text{-}25)$$

脂肪酸乙氧基化催化剂可采用碱性氢氧化物、碱性醇化物、碱金属、碱性硫酸盐和低分子量羧酸盐等。乙氧基化反应时，EO 的压力和反应温度会直接影响脂肪酸的加成速率。例如月桂酸加成 EO 时反应速率随着反应压力和温度的升高而加快。较佳的工艺条件为：反应压力为 0.2~0.3MPa，反应温度为 160~180℃，碱性催化剂浓度为 0.5%~1%。

② 脂肪酸与聚乙二醇的酯化

脂肪酸的乙氧基化产物具有一定的 EO 分布。但在一些场合需要得到特定 EO 数的脂肪酸聚氧乙烯酯，这可以通过脂肪酸与特定的聚乙二醇酯化来实现：

$$RCOOH + HO(CH_2CH_2O)_nH \rightleftharpoons RCOO(CH_2CH_2O)_nH + H_2O \qquad (5\text{-}26)$$

$$2RCOOH + HO(CH_2CH_2O)_nH \rightleftharpoons RCOO(CH_2CH_2O)_nOCR + 2H_2O \qquad (5\text{-}27)$$

聚乙二醇上有两个羟基，因此反应中不可避免地会形成双酯。单/双酯比例取决于反应物摩尔比。若脂肪酸和聚乙二醇等摩尔反应，则混合物以单酯为主。为了提高单酯含量，一般需要使用过量的聚乙二醇。

酯化反应为可逆反应，为使反应完全，需要去除反应过程中生成的水。方法是采用能与水形成共沸混合物但不溶于水的溶剂，例如苯、甲苯、二甲苯、四氯化碳、正己烷等，也可以采用溶于水但可用氯化钙等除水的溶剂，还可以采用真空酯化，或使用氮气或二氧化碳等惰性气体带走酯化中生成的水。酯化反应的催化剂包括硫酸、苯磺酸、甲苯磺酸、萘磺酸等。为了提高单酯产率，亦可用聚苯乙烯-磺酸阳离子交换树脂作催化剂，一方面有利于改善产品色泽，另一方面方便反应后从混合物中除去催化剂。酯化后，可进行脱色、脱臭处理。为了防止产品被空气氧化，往往需用氮气保护。目前，工业上采用乙氧基化反应器和蒸馏柱联合的间歇法来生产脂肪酸聚氧乙烯酯。

（2）脂肪酸聚氧乙烯酯的性质和应用

① 物理性质

水溶性可以从完全油溶到完全水溶，取决于加成的 EO 数；相对密度随 EO 数增加而增加，随温度的增加而下降，也与脂肪酸的碳原子数有关；黏度随 EO 数增加而提高，随温度上升而下降。其水溶液的黏度取决于表面活性剂浓度，在 25%~80% 时，形成非常黏的溶液，其中在 35%~75% 范围内会形成凝胶体，以致在室温下不能从容器中倒出。

② 化学性质及稳定性

一般反应条件下酯键不会破坏，但在强酸和强碱条件下，酯键会水解。在碱性条件下水解生成脂肪酸皂和聚乙二醇。在硬水中形成钙皂，会影响其应用性能。但是，由妥尔油脂肪酸制得的聚氧乙烯酯，由于松香酯可阻止在强碱、强酸和高温条件下的水解，从而使产品较为稳定。另外，末端羟基上可进行酯化、硫酸化、氯甲基化等化学反应。

③ 表面性质

对月桂酸、肉豆蔻酸、棕榈酸、硬脂酸及油酸的聚氧乙烯酯，当 EO 数在 10~40 范围内时，室温下其 0.1% 水溶液的表面张力为 28~40mN/m，随 EO 数的增加而上升。界面张力在 EO 数为 15~18 时最低，在 EO 数>18 后上升。

润湿性方面，脂肪酸聚氧乙烯酯的润湿性与加成的 EO 数和脂肪酸的链长等有关。表 5-6 列出了一些不同脂肪酸聚氧乙烯酯（n=10，20）的润湿力（沉降时间），结果表明，低分子量脂肪酸的聚氧乙烯酯润湿性优良，脂肪酸分子中存在羟基或双键对提高润湿性有利。

泡沫性能方面，脂肪酸聚氧乙烯酯是一种低泡型表面活性剂。采用 Ross-Miles 泡沫仪，在 60°C、300mg/kg 硬水、0.25%浓度下进行测试，加成 15mol EO 的脂肪酸聚氧乙烯酯的初始泡沫高度仅为 50~80mm，并且泡沫稳定性差。

去污力方面，以月桂酸、棕榈酸、硬脂酸、油酸、羟基硬脂酸、二羟基硬脂酸、苯基硬脂酸、二甲苯基硬脂酸为原料，分别加成 10mol 和 20mol EO，并配入相同量的助剂，其去污力列于表 5-6。可见，C_{12}~C_{16}脂肪酸聚氧乙烯酯的去污力随着碳数和亲水基 EO 数的增加，其去污力变化不大，仅硬脂酸衍生物的去污力稍有增加。

表 5-6　一些脂肪酸聚氧乙烯酯的润湿性（0.1%，300mg/kg 硬水，标准纱带法，25°C）和去污力

脂肪酸	润湿力/s		去污力/%	
	10EO	20EO	10EO	20EO
月桂酸	30	38	35.6	36.9
肉豆蔻酸	38	60		
棕榈酸	160	85		36.8
硬脂酸	380	125	36.6	36.9
油酸	100	76	37.3	36.4
羟基硬脂酸				38.2
二羟基硬脂酸	53	56		38.3
苯基硬脂酸	530	200		37.3
二甲苯基硬脂酸				38.6

脂肪酸聚氧乙烯酯无毒无刺激，常用于化妆品、医药、食品以及农药、造纸、纺织等民用和工业应用领域。具体可作为洗发香波和染发乳剂的增稠剂，护肤、润肤霜的润湿剂，香精和香精油的增溶剂，化妆品用的遮光剂和珠光剂，农药乳化剂，造纸行业的柔软剂，纺织品油剂中的平滑剂和抗静电剂等。

5.2.6　脂肪胺乙氧基化物和脂肪酰胺乙氧基化物

（1）脂肪胺乙氧基化物

脂肪胺乙氧基化物是脂肪胺加成 EO 所得的产物，亦称脂肪胺聚氧乙烯醚。这类产品主要用于工业技术领域，例如在纺织行业用作分散剂、抗静电剂、柔软整理剂，在胶黏纺织品中用作无机盐的分散剂，在工业润滑中用作脂肪和油脂的乳化剂，以及用于配制杀虫剂、防锈剂等。

① 脂肪胺乙氧基化物的合成

伯胺、仲胺、叔胺以及其它具有活性氢的胺衍生物（如脱氢松香胺），都可以与 EO 进行加成反应，制取低加成数的聚氧乙烯胺，它们具有阳离子型表面活性剂的性质。但随着 EO 链长的增加，其非离子特性逐渐显露。

以脂肪胺乙氧基化物为例，一种代表性产品为 Ethomeens 和 Ethodumeen，它们由正构的烷基胺例如椰油胺、豆油胺、牛脂胺以及硬脂胺等加成 EO 得到，EO 数为 12~20。

伯胺加成 EO 时，氨基中的两个氢都能反应，反应式如下：

$$RNH_2 + 2H_2C-CH_2 \longrightarrow RN \Big\backslash{CH_2CH_2OH \atop CH_2CH_2OH} \qquad (5\text{-}28)$$

$$RN \Big\backslash{CH_2CH_2OH \atop CH_2CH_2OH} + nH_2C-CH_2 \xrightarrow{KOH} RN \Big\backslash{(CH_2CH_2O)_xH \atop (CH_2CH_2O)_yH} \qquad (5\text{-}29)$$

式中，$x+y=n+2$。第一个反应可在无催化剂条件下进行，反应温度 100℃，缓慢加入 2mol 环氧乙烷。进行第二个反应时需要采用碱性催化剂，如粉末状氢氧化钠、氢氧化钾、甲醇钠等，反应温度在 150℃ 以上。

仲胺与 EO 的反应式如下：

$$R_2NH + xH_2C-CH_2 \longrightarrow R_2N(CH_2CH_2O)_xH \qquad (5\text{-}30)$$

不过这一反应较难进行。在反应混合物中，时常发现有较高含量的聚乙二醇存在。

由正构烷烃衍生的烷基多胺也可以进行乙氧基化反应，其中 N 原子上连接的活泼 H 都能发生反应：

$$RNH(CH_2)_3NH_2 + 3H_2C-CH_2 \longrightarrow RNCH_2CH_2CH_2N \Big\backslash{CH_2CH_2OH \atop CH_2CH_2OH} \qquad (5\text{-}31)$$

$$RNH(CH_2)_2NH(CH_2)_2NH_2 + 4H_2C-CH_2 \longrightarrow RNCH_2CH_2NCH_2CH_2N \Big\backslash{CH_2CH_2OH \atop CH_2CH_2OH} \qquad (5\text{-}32)$$

在碱催化条件下，上述产品可以继续加成 EO，得到聚氧乙烯二胺或多胺系列产品。典型产品有 Ethodumeen 系列等。

叔碳伯胺含有活性氢，也可与 EO 反应，但由于 N 原子旁有支链，仅有一个活泼氢可发生反应：

$$R-\underset{CH_3}{\overset{CH_3}{\underset{|}{\overset{|}{C}}}}-NH_2 + nH_2C-CH_2 \longrightarrow R-\underset{CH_3}{\overset{CH_3}{\underset{|}{\overset{|}{C}}}}-NH(CH_2CH_2O)_nH \qquad (5\text{-}33)$$

生成的产物显示阳离子型表面活性剂的性质，不过随着 EO 数的增加，产物性能将从阳离子型转化为非离子型。典型产品有 PRI-MINOXR 系列。

脱氢松香胺也可以加成 EO，形成聚氧乙烯脱氢松香胺表面活性物质。其中的两个活性氢可同时与 EO 发生加成反应：

$$(5\text{-}34)$$

$$(5\text{-}35)$$

② 脂肪胺乙氧基化物的性质

这类产品主要是聚氧乙烯脂肪胺。当加成的 EO 数较低时，产品呈现阳离子特性，在中性或碱性条件下不溶于水，但在较低 pH 值时可溶，因为形成了水溶性胺离子，从而具有表面活性，是一种很好的表面活性剂。当 EO 加成数较高时，产品则具有非离子特性。在中性或碱性条件下可溶于水。对于大多数聚氧乙烯脂肪胺，EO 数达到 15 以上时，在水沸点时是可溶的。随着 EO 链长的增加，表面张力值增加，润湿力亦增加。当烷基链含有不饱和键时，表面张力值降低，润湿时间变短。

聚氧乙烯脂肪叔碳伯胺和聚氧乙烯脱氢松香胺产品相对较少。其共同特征是外观、黏度以及水溶性随 EO 数而变化。其中后者密度相对较高，而黏度相对较低，并且在芳香类溶剂中的溶解度大于在脂肪类溶剂中的溶解度。

（2）脂肪酰胺乙氧基化物

脂肪酰胺由脂肪酸衍生得到，相对于脂肪胺成本要低得多。脂肪酰胺能够与 EO 加成，产物称为脂肪酰胺乙氧基化物或者聚氧乙烯酰胺。它们是自 60 年代发展起来的，可作为净洗剂、乳化剂、润湿剂、破乳剂、增塑剂、增稠剂、杀菌剂、抗静电剂、润滑剂、分散剂等，在轻工、化工、石油、医药、农药、塑料、金属加工等行业具有广泛的应用。

① 聚氧乙烯酰胺类产品的合成

聚氧乙烯酰胺有两种制取方法。第一种方法是在碱催化条件下，用脂肪酰胺直接加成 EO：

$$RCONH_2 + n\,H_2C{-}CH_2 \xrightarrow{\text{碱}} RCONH(CH_2CH_2O)_nH \tag{5-36}$$

使用这一方法，只能得到单 EO 链加成物。第二种方法是以单乙醇酰胺或二乙醇酰胺为起始原料，与环氧乙烷进行加成反应，相应地得到单 EO 链和双 EO 链加成物：

$$RCONHCH_2CH_2OH + n\,H_2C{-}CH_2 \longrightarrow RCONH(CH_2CH_2O)_{n+1}H \tag{5-37}$$

$$RCON(CH_2CH_2OH)_2 + n\,H_2C{-}CH_2 \longrightarrow RCON{\diagup}^{(CH_2CH_2O)_{x+1}H}_{(CH_2CH_2O)_{y+1}H} \tag{5-38}$$

式中，$x+y = n$。在脂肪酰胺的乙氧基化反应中，EO 主要是同羟基发生反应，而不是同酰胺基反应。也就是说，乙氧基化主要发生在脂肪酰胺的伯羟基上。

其它聚氧乙烯酰胺还有芳基磺酰胺类（sulfonamides）、酰亚胺类（imides）、氨基甲酸酯类（carbamates）、脲类、胍类（guamdines）、咪唑啉类、磷酰胺酸类（phosphonamidic acids）等，这里不一一介绍。

② 聚氧乙烯酰胺的性质

表5-7给出了由 $C_{12}\sim C_{18}$ 酰胺经过乙氧基化反应得到的系列产品[RCONH(CH_2CH_2O)_nH]的各项表面性质数据。可见这类表面活性剂的浊点随 n 增加而增大，表明水溶性随着 n 增加而增加。在去污方面，去污力随 n 增加而增大，直至 $n = 25$，然后去污力缓慢下降。因此这类表面活性剂的去污性能较好，可作净洗剂使用。另外，随着 n 的变化，表面张力变化不大。泡沫性方面，总体低于醇醚类非离子型表面活性剂。$n \leq 10$ 时起泡性差，n 在 10~20 之间时，起泡性随 n 增加而显著增加，直至 $n > 20$ 之后基本趋于稳定。润湿力方面，在 $n = 10$ 时最好，润湿时间出现一个最低值，然后随着 n 的升高润湿时间逐渐上升。分散性方面，n 小于 10 时分散力随 n 的增

加显著增加。n 超过 10 之后，分散力基本趋于恒定，因此这类活性物具有较好的分散性。

表 5-7　RCONH(CH₂CH₂O)ₙH（R=C₁₂~C₁₈）类表面活性剂的表面性质

序号	EO 加成数	去污力/%	表面张力/(mN/m)	泡高/mm 立即	泡高/mm 5min 后	润湿力/s	分散力/%	浊点/℃
S-142	6	27.24	32.45	30.0	27.0	71	81.5	<25
S-143	10	41.43	33.81	28.0	23.0	31	92.0	<25
S-145	15	48.61	33.56	47.5	43.0	54	99.5	73
S-148	20	62.10	31.84	65.5	59.0	97	95.0	84
S-104	25	63.10	32.65	56.0	9.0	167	98.0	98
S-110	31	58.10	34.22	48.5	41.0	340	97.5	>100
S-113	40	55.80	34.30	60.0	45.0	435	94.5	>100

5.2.7　脂肪酸甲酯乙氧基化物[3-5]

继直接磺化生成磺基脂肪酸甲酯钠盐阴离子型表面活性剂后，20 世纪 90 年代脂肪酸甲酯被发现还可以直接乙氧基化，形成一类新型的醚-酯型非离子型表面活性剂脂肪酸甲酯乙氧基化物（FMEE）。目前德国 Henkel 公司和 Condea 公司、日本 Lion 公司、墨西哥 Pemex 公司以及中国日化院等均有工业级产品供应市场。这类新型表面活性剂的表面活性、抗硬水性、去污力以及生物降解性等与醇醚类非离子相当，而刺激性更低，与新型绿色表面活性剂烷基糖苷（APG）相当，皮肤相容性和生态安全性甚至还优于 APG。从制备成本看，FMEE 低于醇醚，同时 FMEE 还具备低泡、易漂洗、节水等性质，未来可能在许多应用行业中取代醇醚，成为非离子型表面活性剂的重点发展品种。

（1）脂肪酸甲酯乙氧基化物的合成

从化学原理上讲，脂肪酸甲酯乙氧基化物可以有以下三条合成路线：（i）甲醇与 EO 反应生成聚乙二醇单甲醚，再与脂肪酸或脂肪酸甲酯反应；（ii）脂肪酸与 EO 加成得到脂肪酸聚氧乙烯醚酯，再与甲醇或其它甲基化试剂反应；（iii）一步法催化乙氧基化，即脂肪酸甲酯直接加成 EO，具体反应方程式如下：

$$CH_3OH + n\,H_2C\!-\!CH_2 \xrightarrow{\quad} CH_3(OCH_2CH_2)_nOH \xrightarrow{RCOOH} RCO(OCH_2CH_2)_nOCH_3 \tag{5-39}$$

$$RCOOH + n\,H_2C\!-\!CH_2 \xrightarrow{\quad} RCO(OCH_2CH_2)_nOH \xrightarrow{CH_3OH} RCO(OCH_2CH_2)_nOCH_3 \tag{5-40}$$

$$RCOOCH_3 + n\,H_2C\!-\!CH_2 \xrightarrow{\quad} RCO(OCH_2CH_2)_nOCH_3 \tag{5-41}$$

前两条路线均采用经典的乙氧基化反应，附加酯化反应或醚化反应，即至少需要两步反应才能完成，并且产品 EO 数分布宽，有副产物生成，这些因素制约了其产业化。第三条路线仅需一步反应，效率高、成本低、零排放，因此是工业上生产 FMEE 的首选。不过，脂肪酸甲酯不含活泼氢，因此常规碱催化剂（KOH、NaOH 和 CH₃ONa 等）催化脂肪酸甲酯与 EO 的反应效率低下，存在残留原料多以及产品分布宽等不足。因此第三条路线的关键在于高效催化剂的开发。

脂肪酸甲酯与 EO 反应的高效催化剂主要有路易斯酸/三乙胺复合物、碱土金属盐、铝镁复合氧化物和烷氧基化碱土金属盐(RO)$_2$M 等。不同于脂肪醇等含活泼氢化合物与 EO 反应的 S$_N$2 机理（碱催化）和 S$_N$1 机理（酸催化），脂肪酸甲酯与 EO 的直接乙氧基化反应主要分为酸碱双活性位（铝镁复合氧化物催化剂）反应机理［式（5-42）］和酯交换（烷氧基化碱土金属盐催化剂）反应机理［式（5-43）］。脂肪酸甲酯受铝镁复合氧化物活化作用，形成脂肪酰基阳离子和甲氧基阴离子，甲氧基阴离子以亲核方式进攻被催化剂酸性位点作用而发生极化的 EO，完成第一步乙氧基化反应［式（5-42）］；第一步反应的产物也属于脂肪酸酯，可进一步在催化剂作用下与 EO 反应直至获得目标产品。在酯交换催化机理中，(RO)$_2$M 先与 EO 结合，生成烷氧基碱土金属盐乙氧基化物，再与脂肪酸甲酯发生酯交换反应，生成乙二醇单烷基醚脂肪酸酯；经多步烷氧基碱土金属盐的乙氧基化反应，以及其与脂肪酸酯的酯交换反应，生成 FMEE［式（5-43）］。

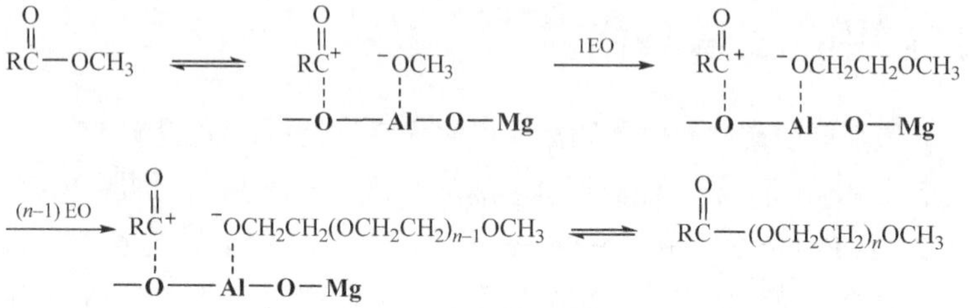

$$\begin{array}{c}
\underset{\substack{\| \\ O}}{RC}-OCH_3 \rightleftharpoons \underset{\substack{\| \\ O}}{RC^+}\ {}^-OCH_3 \xrightarrow{1EO} \underset{\substack{\| \\ O}}{RC^+}\ {}^-OCH_2CH_2OCH_3 \\
\quad -O-Al-O-Mg \qquad\qquad -O-Al-O-Mg
\end{array}$$

$$\begin{array}{c}
\xrightarrow{(n-1)\,EO} \underset{\substack{\| \\ O}}{RC^+}\ {}^-OCH_2CH_2(OCH_2CH_2)_{n-1}OCH_3 \rightleftharpoons \underset{\substack{\| \\ O}}{RC}-(OCH_2CH_2)_nOCH_3 \\
\quad -O-Al-O-Mg
\end{array}$$

（5-42）

$$\begin{array}{c}
M(OR')_2 \xrightarrow{1EO} R'OCH_2CH_2OMOR' \xrightarrow{\underset{\substack{\| \\ O}}{RC}-OCH_3} \\
\underset{\substack{\| \\ O}}{RC}-OCH_2CH_2OR' + CH_3OMOR' \xrightarrow{n-1\,EO} \underset{\substack{\| \\ O}}{RC}-(OCH_2CH_2)_nOCH_3
\end{array}$$

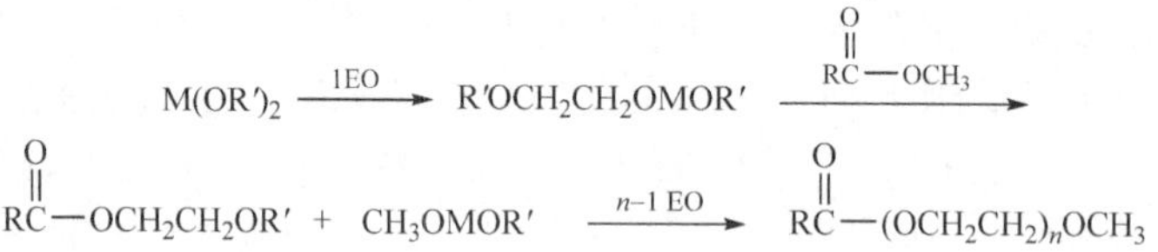

（5-43）

（2）脂肪酸甲酯乙氧基化物的组成

脂肪酸甲酯乙氧基化物的组成与催化工艺密切相关。如果采用常规的碱催化工艺，则脂肪酸甲酯与 EO 反应的效果不佳，具体表现为反应速率慢，原料转化率低，产品中残存大量未反应的脂肪酸甲酯、产物 EO 链分布宽以及实际 EO 加成数远低于设计加成数等。这些不足皆因脂肪酸甲酯中不含活性氢官能团。而采用路易斯酸/三乙胺复合物、碱土金属盐、铝镁复合氧化物和 (RO)$_2$M 等选择性更好的高效催化剂，则可以克服上述不足，并合成出高品质的 FMEE。图 5-25 比较了不同催化剂催化月桂酸甲酯与 EO 反应，合成 EO 加成数为 9.4 的 FMEE 的效果。可以发现，(RO)$_2$M 催化时反应速率是 NaOH 的 5 倍，产品中残存原料月桂酸甲酯显著少于 NaOH 催化体系。图 5-26 表明，采用(RO)$_2$M 作催化剂，所得 FMEE（EO 数 ＝9.4）和 AEO（EO 数 ＝8.3）产品中 EO 数分布窄，而用 NaOH 催化的 AEO 产品（EO 数 ＝8.3）EO 数分布要宽得多。

通常通过油脂加氢工艺或者乙烯齐聚工艺获得的脂肪醇均为饱和产品，乙氧基化后所得 AEO 也是饱和的，可直接用于硫酸化生产 AES。然而脂肪酸甲酯可以是不饱和的，即保留了脂肪酸中的不饱和键，相应地 FMEE 可以是不饱和的，因此对 FMEE 进一步进行硫酸化反应时需要考虑其不饱和度。

（3）脂肪酸甲酯乙氧基化物的性质

a. 溶解性　减少碳链长度和增加 EO 数，可以提高 FMEE 的浊点，这种趋势与 AEO 相同。当加成的 EO 数相同时，C$_{12\sim16}$ FMEE 浊点比 C$_{12\sim16}$ AEO 要低 10℃ 左右，如图 5-27 所示。这种差异是由 FMEE 分子结构中的羧基和封端甲基共同造成的。刚性的羧基结构使 FMEE 的分子不呈直线形，而封端的甲基削弱了端位羟基与水结合的能力。要想获得与 AEO 相同的浊点，则 FMEE 分子中需要多加 1~2 个 EO，但要获得浊点高于 80℃ 的 FMEE，就需要额外多加成更多的 EO。虽然 FMEE 的水溶性比 AEO 差，但在实际配方中的应用并不成为问题。

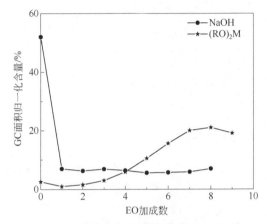

图 5-25　不同催化剂催化合成 FMEE 的 EO 数分布差异

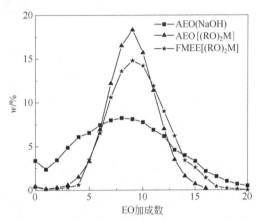

图 5-26　不同催化剂催化合成的 C_{12}-FMEE 与 C_{12}-AEO 中的 EO 数分布差异

b. 表面活性　EO 加成数为 9.4 的 C_{12}-FMEE 和 8.3 的 C_{12}-AEO 的 γ-lg$c$ 曲线如图 5-28 所示。在 EO 的质量分数均为 66% 时，FMEE 的 cmc 比 AEO 高，γ_{cmc} 比 AEO 低。分子结构中的羧基增加了 FMEE 分子的刚性和体积，降低了其胶束化趋势而导致更高的 cmc。FMEE 的疏水链长度与 AEO 相当，但 EO 链末端的甲基官能团降低了其水溶性，进而导致更低的 γ_{cmc}。

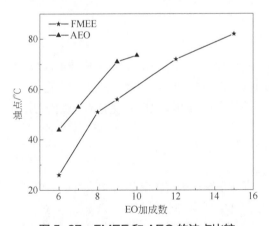

图 5-27　FMEE 和 AEO 的浊点比较

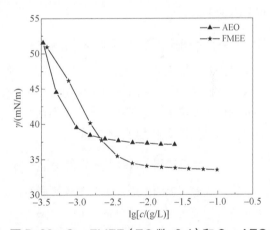

图 5-28　C_{12}-FMEE（EO 数=9.4）和 C_{12}-AEO（EO 数=8.3）的 γ-lg$c$ 曲线对比

c. 泡沫性　不同 EO 加成数的 FMEE 的泡沫性能如图 5-29 所示。随着 EO 数的增加，FMEE 的起泡性增强，但其起泡性仍低于相应的 AEO；FMEE 的稳泡性能显著低于 AEO，具有快速消泡的特性。因此 FMEE 属于低泡型表面活性剂。

d. 去污性能　碳链长度为 12~18 的 FMEE 对棉织物的去污性能较好，并与 AEO 相当；中等长度碳链和中等 EO 加成数的 FMEE，对硬表面的清洗能力较好。

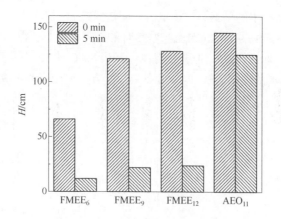

图 5-29 FMEE 和 AEO 的泡沫性

研究表明，FMEE 在餐洗、洗衣液、硬表面清洗剂等日化领域，以及农业（农药乳化剂、分散剂）、石油工业（钻井液）、煤矿浮选、纺织印染等工业部门具有重要的应用。

5.2.8 其它聚氧乙烯型非离子型表面活性剂

（1）聚氧乙烯蓖麻油

蓖麻油是一种天然油脂，其中的脂肪酸带有羟基，称为蓖麻醇酸。蓖麻油可以直接加成环氧乙烷，分子中的 3 个羟基都可以与 EO 发生加成反应，得到聚氧乙烯蓖麻油。通过控制 EO 数，可以调节水溶性和应用性能，一般用作乳化剂、破乳剂、扩散剂、润滑剂、抗静电剂、合成纤维油剂等。

（2）有机磷系非离子型表面活性剂

以正构烷烃为原料，引入有机磷后可以制得有机磷酸 $R-PO(OH)_2$，其中的羟基可以与 EO 反应，得到有机磷系非离子型表面活性剂 $R-P(OCH_2CH_2)_2OH$，其中 R 基团为 $C_{12}\sim C_{18}$ 烷基。这种有机磷系非离子型表面活性剂，表面活性适中，并具有适当的润湿性、发泡性和去污力，兼有优良的乳化性能和生物降解性能。

（3）有机硫醇系非离子型表面活性剂

有机硫醇（RSH）类似于烷基酚和脂肪醇，含有活性氢，可与 EO 进行加成反应，得到有机硫醇系非离子型表面活性剂。相关产品于 20 世纪 30 年代由 I.G.染料公司首次合成，60 年代以来，石油化工的发展提供了较为廉价的支链烷基叔硫醇，由此开发出支链叔硫醇乙氧基化物，美国 Pennsalt 化学公司和 Monsato 公司已有商品出售。

硫醇乙氧基化物能够很好地溶于水和四氯化碳、三氯乙烯、甲苯乙醚、95%的乙醇、乙酸乙酯和丙酮等有机溶剂中，取决于 EO 数的大小，能将水的表面张力降至 28~32mN/m。它们是极好的润湿剂，润湿效率受分子中烷基大小和环氧乙烷加成数的影响，其中支链硫醇醚润湿性最好，润湿时间可以小于 10s。硫醇乙氧基化物亦具有较好的去污性能，特别是在软水中，去污力可达 70%~80%。它们的发泡性能优良，但稳泡性能一般。相关产品具有优异的洗净性和良好的复配性，可用于民用洗涤剂中，作为一种极好的钙皂分散-消泡剂，提高在硬水中的洗涤效率，改善漂洗性能等。在工业上，主要利用硫醇乙氧基化物的脱脂性、润湿性、匀染性、乳化性以及防腐性，因此它们应用于清洗毛织品，用作染色渗透剂、匀染剂、农药乳化剂、金属清洗剂、防腐蚀剂、合成橡胶工业中的乳液稳定剂等，在特殊纸制造中亦有应用。

5.3　多元醇型非离子型表面活性剂

在化学结构上，多元醇型表面活性剂是脂肪酸与多元醇的酯，多元醇含有多个羟基，因此作为表面活性剂的亲水基团。而亲油基团与其它表面活性剂类似。能够用于制备这类表面活性剂的多元醇主要包括甘油、季戊四醇、山梨醇、失水山梨醇和糖类。其中以甘油和失水山梨醇最为重要，形成的单甘油酯和失水山梨醇酯是最重要的代表。这类表面活性剂的一个重要特性是低毒或无毒，因此广泛用于食品、药品、化妆品和许多其它工业部门，仅单甘油酯的产量 2015年即达到 18 万吨。失水山梨醇单酯的商品代号为 Span（司盘），有一系列产品，如 Span-20、Span-40、Span-60、Span-80 等。如果其中的剩余羟基再加成 EO，则得到另一个系列产品 Tween（吐温）。与 Span 相比，Tween 系列的水溶性显著增加。2015 年国内 Span 和 Tween 的总需求量达到 7 万吨左右，主要用于食品、油田和工业乳化等行业。

商品多元醇型表面活性剂一般都是组分比较复杂的混合物。混合物的组成取决于脂肪酸的组成、酯化度和酯化的位置。选择不同的原料和亲水-疏水原料投料比，可以合成出亲水亲油性相对大小在较宽范围内变化的多元醇型表面活性剂，它们可以具有不同的溶解特性、表面性质和其它物理性质。

5.3.1　甘油单脂肪酸酯

甘油单脂肪酸酯（简称甘油单酯）可以看作是甘油和脂肪酸的酯化产物，也可以看作是油脂与甘油的醇解产物。甘油单酯可以食用，因此广泛用作食品乳化剂。此外还广泛用于医药和化妆品工业，作为乳化剂和黏度调节剂。根据酯化位置的不同，甘油单酯有两种异构体，即 α 型和 β 型，如图 5-30 所示。

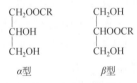

$$
\begin{array}{ll}
CH_2OOCR & CH_2OH \\
| & | \\
CHOH & CHOOCR \\
| & | \\
CH_2OH & CH_2OH \\
\end{array}
$$

α 型　　　　β 型

图 5-30　甘油单酯异构体的分子结构

根据脂肪酸的组成，甘油单酯产品有饱和酸甘油单酯和不饱和酸甘油单酯。一般甘油单酯工业品中含有不同数量的甘油二酯和甘油三酯，根据单甘酯含量，工业品分为普通甘油单酯（甘油单酯含量 40%~55%）和蒸馏甘油单酯（甘油单酯含量>90%），后者 HLB 值为 3.5~4。

国内早期制取单甘酯的一种方法是直接酯化法，目前仍有企业采用。反应按下式进行：

$$RCOOH + C_3H_8O_3 \xrightarrow[KOH]{200°C} \begin{array}{c} CH_2OOCR \\ | \\ CHOH \\ | \\ CH_2OH \end{array} + \begin{array}{c} CH_2OH \\ | \\ CHOOCR \\ | \\ CH_2OH \end{array} \qquad (5\text{-}44)$$

通常是1mol硬脂酸与1(或1.1)mol甘油在0.1%~1% NaOH存在下，于200°C下反应1.5~4h，得到两种异构体。由于酯化过程中有水生成，操作过程中要通过减压或溶剂除去水分。反应时先生成甘油单酯，然后甘油单酯会进一步酯化生成甘油二酯和甘油三酯。而在冷却过程中，反应产物中的甘油单酯也可歧化生成甘油二酯。因此，应采取迅速冷却的措施，以提高产物中的甘油单酯含量。直接酯化法产物中甘油单酯含量可达40%以上。

目前常用的方法是油脂与甘油醇解，反应按下式进行：

$$\begin{array}{c} CH_2OCOR \\ | \\ CHOCOR \\ | \\ CH_2OCOR \end{array} + \begin{array}{c} CH_2OH \\ | \\ CHOH \\ | \\ CH_2OH \end{array} \longrightarrow \begin{array}{c} CH_2OH \\ | \\ CHOH \\ | \\ CH_2OCOR \end{array} + \begin{array}{c} CH_2OCOR \\ | \\ CHOH \\ | \\ CH_2OCOR \end{array}$$

$$\begin{array}{c} CH_2OCOR \\ | \\ CHOH \\ | \\ CH_2OCOR \end{array} + \begin{array}{c} CH_2OH \\ | \\ CHOH \\ | \\ CH_2OH \end{array} \rightleftharpoons \begin{array}{c} CH_2OCOR \\ | \\ 2CHOH \\ | \\ CH_2OH \end{array} \qquad (5\text{-}45)$$

反应产物为甘油单酯、二酯和三酯的混合物，其中甘油单酯含量可达40%~55%。上述反应的第一步在200°C发生，在225~235°C时会定量进行。而第二步反应在225~235°C时会趋于平衡，即使加入过量甘油，平衡时甘油单酯的含量也不会超过60%。为提高生产效率和防止高温时发生副反应，产物中的甘油单酯含量一般控制在45%~48%。

高温下油脂会受热分解，影响产品的色泽和气味。甘油在高温下会脱水生成聚甘油和丙烯醛，使产物的气味增加，毒性增大。为避免局部过热引起副反应，进行醇解反应时必须强烈搅拌，以保证反应物充分混合。

为缩短反应时间或降低反应温度，进行醇解反应时可加入碱金属或碱土金属氧化物或氢氧化物，如NaOH、KOH、CaO、Ca(OH)$_2$等作为催化剂。例如加入相当于产物总量0.1%的KOH，在190~210°C下反应35~120min，产物中甘油单酯含量可接近50%。但如果催化剂加入量过大，则会加速甘油的聚合反应。为了提高产物中甘油单酯含量，还应尽快将反应产物冷却至180°C以下。

通常将反应产物冷却至120~130°C，加入相当量的中和剂磷酸，静置分层。将上层物在0.2~0.4kPa、180°C下进行闪蒸，除去甘油；然后在10Pa、190°C下除去低沸物，再在5 Pa、200°C下进行分子蒸馏，便可得到甘油单酯含量为90%以上的产品，其中游离脂肪酸<1.5%，游离甘油<1%。

此外，用脂肪酸和缩水甘油在100~120°C、催化剂存在下，可制得甘油单酯含量在80%~90%以上的产品。采用这种方法可制得色泽浅的单不饱和酸甘油酯产品。

用丙酮或苯甲醛封闭甘油中1,2-位或1,3-位的两个羟基，然后再和脂肪酸酰卤反应，可制得纯度很高的 α-甘油单酯或 β-甘油单酯。

以脂肪酶为催化剂分解油脂，也可制得单甘酯含量达50%的产物，如能解决分离、纯化问题，则具有一定的应用前景。

5.3.2 聚甘油酯

甘油单酯的不足是亲水性太低，只能作为油溶性表面活性剂使用。为了提高水溶性，人们设法使甘油聚合，进而可以得到聚甘油酯，使得产品的水溶性显著增强，而仍然保持了低毒无毒特性，可应用于食品、医药和化妆品等行业。聚甘油是将甘油在碱性或酸性催化剂存在下加热，发生分子内脱水而制得。常用碱性催化剂，如氢氧化钠和乙醇钠。反应温度为 250~275℃。反应需要在氮气或二氧化碳惰性气氛中进行，所得聚甘油不是单一组分，而是具有一定分子量分布的混合物。聚合度可根据其羟值确定。理论上可合成得到 30 个分子的甘油聚合物，但一般仅能得到 2~10 个分子的甘油聚合物。反应产物为黄色至浓咖啡色高黏度液体，可根据不同用途直接使用。亦可通过活性炭或离子交换树脂处理，得到无色、无臭的二、四、六、十聚合甘油。

聚甘油与脂肪酸在 190~220℃ 下酯化，或与油脂进行酯交换，即可得到聚甘油脂肪酸酯。催化剂亦为碱或碱土金属的氢氧化物。根据聚甘油的聚合度、脂肪酸的种类、酯化度的不同组合，可以制得从亲水性到亲油性、从液体到固体等不同的产品。脱色、脱臭、除去催化剂及未反应产物后，可作为产品出售。

例如，十聚甘油单油酸酯分子式为：

$$C_{17}H_{33}COOCH_2CHCH_2O(CH_2CHCH_2O)_8CH_2CHCH_2OH$$

$$\underset{OH}{|} \qquad \underset{OH}{|} \qquad \underset{OH}{|}$$

又如，脱水六甘油二油酸酯为：

$$C_{17}H_{33}COOCH_2HC \overset{H_2C \quad CH_2}{\underset{O}{\diagup\diagdown}} CHCH_2O(CH_2CHCH_2O)_3CH_2CHCH_2OOCC_{17}H_{33}$$

$$\underset{OH}{|} \qquad \underset{OH}{|}$$

5.3.3   山梨醇酯和失水山梨醇酯

山梨醇酯和失水山梨醇酯是一种重要的多元醇酯类非离子型表面活性剂。它们是不同脂肪酸与山梨醇或失水山梨醇的酯化产物。实际是单酯、双酯和多酯的混合物。目前国内生产工艺和市场已经很成熟，不过生产企业规模不大，以搅拌釜式反应器生产为主。山梨醇酯的一种生产方法是用脂肪酸或脂肪酰氯与山梨醇或甘露醇（山梨醇的同分异构体）进行酯化反应。例如使用 6mol 的月桂酰氯与 1mol 甘露醇反应时，可生成甘露醇五月桂酸酯。当月桂酰氯过量时，可生成甘露醇六月桂酸酯。当在吡啶溶液中使用等摩尔月桂酰氯和山梨醇反应时，可得到山梨醇单月桂酸酯。还可用等摩尔的山梨醇同月桂酸直接酯化，得到一种不定酯化度的产品。

另一种生产山梨醇单酯的方法是酯交换法。例如，以酚作为溶剂，用甘露醇和月桂酸甲酯进行酯基转移反应，主要生成月桂酸单酯，有少量月桂酸双酯。其反应式如下：

$$\begin{array}{c} CH_2OH \\ | \\ (CHOH)_4 \\ | \\ CH_2OH \end{array} + CH_3OOCC_{11}H_{23} \xrightarrow{\text{酚}} \begin{array}{c} CH_2OOCC_{11}H_{23} \\ | \\ (CHOH)_4 \\ | \\ CH_2OH \end{array} + CH_3OH \qquad (5\text{-}46)$$

反应中生成的甲醇可以通过向反应物中通入氮气而移出，但要从反应混合物中完全除去溶剂酚有点困难。

直接用大豆油和棉籽油的混合物，与山梨醇进行醇解反应，可得到一种混合山梨醇甘油酯。同样，山梨醇也可同菜籽油、棕榈油和椰子油反应，也可得到类似的山梨醇甘油酯。

失水山梨醇脂肪酸酯于 1945 年由美国 Atlas 公司开发成商品，并命名为 Span（司盘）。失水山梨醇脂肪酸酯的合成包括两个反应，即山梨醇的脱水内醚化反应和其羟基与脂肪酸的酯化反应。其中脂肪酸可采用月桂酸、棕榈酸、硬脂酸和油酸，相应单酯的商品代号为 Span-20、Span-40、Span-60 和 Span-80。而硬脂酸和油酸的三酯代号则为 Span-65 和 Span-85。这些产品加成环氧乙烷后，其商品代号相应地将 Span 变为 Tween 即可。Span 类产品的 HLB 值一般在 1.8~8.5 之间。

　　Span 类产品的合成有一步法和二步法两种。一步法包括传统的一步法和油脂醇解法。二步法又包括先酯化后醚化法和先醚化后酯化法两种。反应式如下：

① 传统一步法

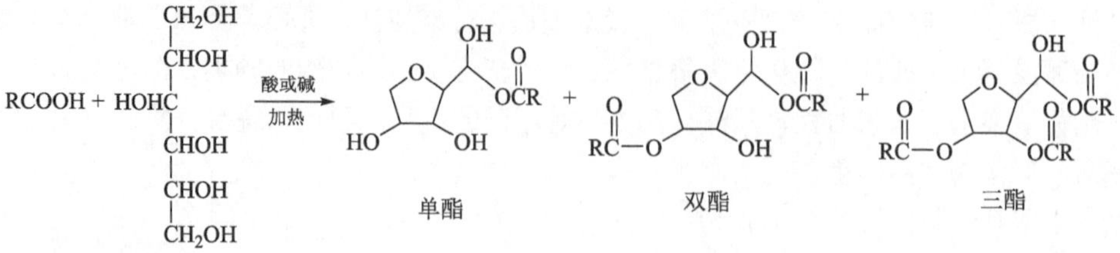

$$（5-47）$$

② 醇解法

$$油脂+山梨醇 \xrightarrow[\triangle]{醇钠} 山梨醇酐单、二、三酯+甘油单、二、三酯 \qquad （5-48）$$

③ 先酯化后醚化法

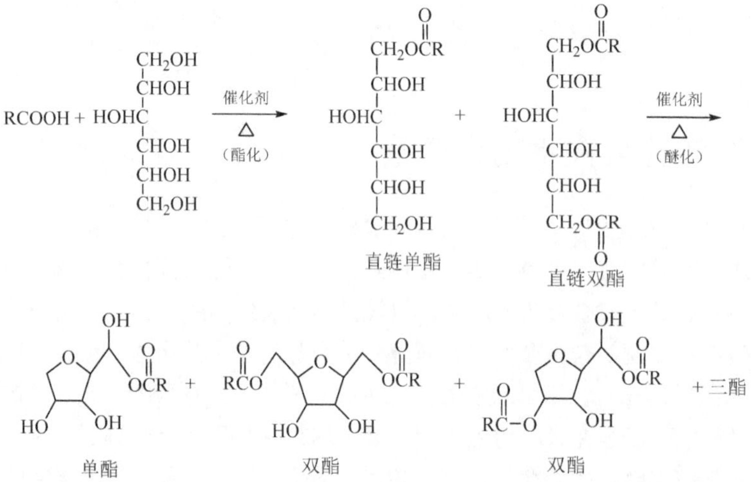

$$（5-49）$$

④ 先醚化后酯化法

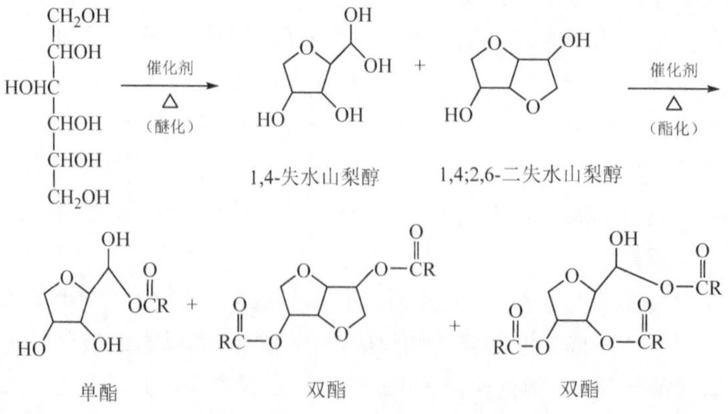

$$（5-50）$$

不论采用何种方法，其产物均为单酯、双酯和三酯的混合物。投料比不同、反应条件不同时，所得产物组成是有差别的。

醚化催化剂有酸性催化剂和碱性催化剂，用量通常在 1%以下。酸性催化剂有对甲苯磺酸、H_2SO_4、磷酸等。对甲苯磺酸催化时醚化温度相对较低，为 120~145℃，磷酸的醚化温度为 210℃左右。碱性催化时醚化温度较高。

酯化催化剂可采用 NaOH、KOH、乙酸钠、硬脂酸钠和磷酸钠等，用量亦在 1%以下。为制得色浅的产品，酯化温度通常控制在 190~210℃，反应时间 2~5h。

醚化和酯化均可在真空下进行，有利于缩短反应时间。

采用先醚化后酯化法，可将山梨醇的醚化度控制在 1.3 左右（1mol 山梨醇平均失水 1.3mol），制得的产品结构较为理想。如果在反应中采用含糖量低的山梨醇和质量较好的脂肪酸，并使用可以防止氧化的催化剂，将反应温度控制在较低水平，则可以制得色浅的产品。

采用活性炭脱色和双氧水漂白，亦可改善产品的色泽。如果产品已氧化变质，则对产品采取脱色措施也无济于事。

Span 类产品具有低毒、无刺激等特性，在食品、医药、化妆品中广泛用作乳化剂和分散剂。它常与水溶性表面活性剂如 Tween 系列复合使用，可发挥出良好的乳化力。Span 也可用来配制纺织油剂，它对纤维表面具有良好的平滑作用。

5.3.4 蔗糖酯

蔗糖与脂肪酸形成的酯，简称蔗糖酯，具有如图 5-31 所示的化学结构，是一种重要的非离子型表面活性剂。由于它易生物降解、可为人体吸收、对人体无害、不刺激皮肤和黏膜，具有良好的乳化、分散、润湿、去污、起泡、黏度调节、防止老化、防止析晶等性能，可用作食品乳化剂、食品水果保鲜剂、糖果润滑脱模剂和快干剂等。在日用化妆品中，能使皮肤柔软、滋润。还可用作医药、农药、动物饲料等的添加剂。

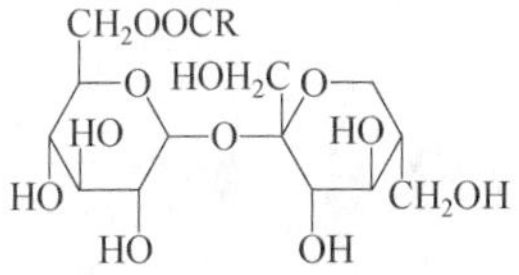

图 5-31 蔗糖酯的化学结构

蔗糖不耐热，100℃ 以上就会焦糖化，因此直接酯化较为困难。1965 年，Osipow 等以 *N,N*-二甲基甲酰胺（DMF）或二甲基亚砜（DMSO）为溶剂，通过酯交换法合成了蔗糖酯，称为 Shell 法。1967 年，他们进一步改进了 Shell 法，用不含氮的丙二醇作溶剂，称为微乳化法。后来英国有专利报道可以用水为溶剂进行酯交换合成蔗糖酯。不过上述各法都存在不同的缺点，于是又有人提出了无溶剂酯交换法直接制取蔗糖酯。现分别介绍如下。

① DMF 法

将亲水基原料蔗糖溶于 DMF 中，加入脂肪酸甲酯，在碱性催化剂存在下，加热反应。除去副产物甲醇及溶剂，就可得到蔗糖酯。它是一种单酯、双酯及未反应蔗糖的混合物。因双酯不溶于水，在蔗糖酯中加入少量水，经加热后，双酯就变成了单酯。再用减压法除去溶剂，加入二氯乙烷，加热过滤，回收未反应的蔗糖和催化剂，待滤液冷却后，蔗糖硬脂酸单酯便自行析出。

该方法比较简单，但溶剂 DMF 不易回收，成本较高，且有毒性。在糖酯中 DMF 含量不允许超过 50mg/kg。

② 微乳化法

以无毒可食用的丙二醇为溶剂，并采用油酸钠皂作催化剂，在碱性条件下使脂肪酸与蔗糖在微滴分散情况下进行反应。除去丙二醇，即得到糖酯。产物冷至室温为脆性固体，这是一种粗糖酯。再经精制分离可得产品蔗糖酯。它是一种单酯、二酯和多酯的混合物。纯化后糖酯含量可达 96%以上，还含有 2%左右的脂肪酸钠及少量糖。糖酯中单酯与二酯的比例因酯化条件而异。在较佳条件下，单酯可达 85%，二酯为 15%。该法的优点是，用糖量比 DMF 法要少一半，溶剂可回收，无毒，可食用。缺点是有少量蔗糖会焦化。

③ 无溶剂法直接合成蔗糖酯

用蔗糖直接与甘油三酯进行酯交换反应，产物为糖酯、甘油单酯、甘油二酯及未反应的甘油三酯与糖的混合物。平衡产物的组成可因反应温度、反应物比例、碱性催化剂种类及其用量的不同而不同。通常，反应温度为 170~180℃。甘油三酯与蔗糖比例不宜过高，反应在不锈钢反应釜内和氮气保护下进行。

也可选择适当的脂肪、肥皂和少量甘油经加热得到甘油单酯、二酯和三酯的混合物，再加入蔗糖进行反应，生成蔗糖酯，并含有甘油单酯、少量甘油二酯和甘油三酯。这种以甘油单酯和蔗糖单酯为主的混合物具有实用价值。

此外，还可以采用酶法合成蔗糖酯。

综上，合成蔗糖酯的方法虽多，但主要有两类，一类是溶剂法，另一类是无溶剂法。溶剂法制备的产品是低取代度蔗糖酯，还需通过精制以除去反应溶剂。而无溶剂法采用甘油三酯（油脂）同蔗糖在常压下发生酯交换反应，具有反应温度低、工艺比较简单的特点，可大大降低生产成本。

5.3.5　聚氧乙烯多元醇酯

前面所述的多元醇酯类表面活性剂基本都是亲油性的。为了使它们具有亲水性，可以使剩余的羟基乙氧基化，于是就得到了聚氧乙烯多元醇酯，或者多元醇酯乙氧基化物。1934 年，德国人 Sehöller 和 Wittwer 将油酸单甘油酯同环氧乙烷进行加成反应，制取了第一种聚氧乙烯多元醇酯表面活性剂。同样，用季戊四醇硬脂酸单酯与环氧乙烷反应，即得到季戊四醇硬脂酸单酯乙氧基化物。

聚氧乙烯多元醇酯类产品中，最著名的应该是聚氧乙烯失水山梨醇脂肪酸酯，即由 Span 系列产品加成环氧乙烷制得，商品名为"吐温"（Tween），其反应式如下：

$$\text{R—COO—[失水山梨醇]}\begin{matrix}\text{OH OH}\\|\quad|\\|\\\text{OH}\end{matrix} + n\,\text{H}_2\text{C—CH}_2 \longrightarrow \text{R—COO—[失水山梨醇]}\begin{matrix}\text{O—(CH}_2\text{CH}_2\text{O)}_x\text{H}\\\text{O—(CH}_2\text{CH}_2\text{O)}_y\text{H}\\\text{O—(CH}_2\text{CH}_2\text{O)}_z\text{H}\end{matrix} \tag{5-51}$$

式中，$x+y+z=n$。表 5-8 列出了 Tween 系列主要产品的组成、熔点或物理状态及 HLB 值。

在失水山梨醇的单酯、双酯、三酯上加成 60~100mol 环氧乙烷后，产品的水溶性和分散性较好。其中 HLB 值为 9~14 的产品，亲水性相对较小，分散力相对较强。HLB 值为 15 以上的产品，亲水性较强，分散力较小。

Tween 类产品作为油田助剂主要有三种用途：一是用作油井生产过程中的防蜡剂，防止蜡在输油管壁上结晶而堵塞油管，以利于提高油井采油率；二是用作油田开发过程中的降黏剂，可降低原油流动黏度，提高油井生产能力；三是用作原油集输的降阻剂，提高原油输送能力，并节省大量燃料和加温设施，具有明显的经济效益。此外，Tween 系列产品在医药、日用化学品以及各种化妆品中用作乳化分散剂。用于洗涤剂中与阴离子型烷基苯磺酸钠复配，可以提高去污能力、起泡能力和抗多价金属离子的能力。

表 5-8　Tween 系列主要产品的组成、熔点或物理状态及 HLB 值

商品名	组成	熔点或物理状态	HLB 值
Tween-20	Span-20 + EO（22mol）	油状	16.7
Tween-40	Span-40 + EO（18~22mol）	油状	15.6
Tween-60	Span-60 + EO（18~22mol）	油状	14.9
Tween-65	Span-65 + EO（18~22mol）	27~41℃	10.5
Tween-80	Span-80 + EO（21~26mol）	油状	15.0
Tween-85	Span-85 + EO（22mol）	油状	11.0

5.3.6　多元醇型表面活性剂的物理性质和主要用途

表 5-9 汇总了一些多元醇型产品的熔点或状态，在油、水中的溶解性以及水溶液的表面张力值。由表 5-9 可以总结出如下规律。

（1）物理状态

月桂酸、软脂酸和硬脂酸同山梨醇、甘露醇、甲基葡糖苷和蔗糖生成的酯是固体。其中山梨醇和甘露醇的月桂酸单酯具有更高的熔点。这主要是由于它们有相对高的羟基比例，并有与相对较短的烷基基团结合的氢键能力。而多元醇的油酸酯有变成液体或低熔点固体的趋势。失水山梨醇月桂酸酯是液体。几乎所有的多元醇硬脂酸单酯都是固体，而所有的聚氧乙烯失水山梨醇单酯都是液体。

表 5-9　多元醇型表面活性剂的物理性质

化学名称	商品名	熔点或物理状态	芳香溶剂中的溶解性	水中的溶解性	$\gamma(1\%)$ /(mN/m)
1-单月桂酸甘油酯		63[①]	约 2%	不溶	
1-单软脂酸甘油酯		77[①]	约 2%	不溶	
1-单硬脂酸甘油酯		81.5[①]		不溶	
1,2-月桂酸甘油双酯		71.0[①]	难溶		
1-单油酸甘油酯		35[①]	溶	不溶	
三聚甘油硬脂酸单酯	DREWPOLE3-1-S	52.5	溶	不溶	
六聚甘油油酸单酯	DREWPOLE6-1-0	液体	溶	分散	
季戊四醇月桂酸单酯		液体	溶（甲苯）	不溶	
山梨醇月桂酸单酯		107~109[①]		0.01%（20℃）	46
甘露醇月桂酸单酯		113~115[①]		0.01%（20℃）	50
山梨醇月桂酸双酯		61~64[①]	难溶	0.008%（10℃）	69
山梨醇硬脂酸单酯		固体	溶	不溶	

续表

化学名称	商品名	熔点或物理状态	芳香溶剂中的溶解性	水中的溶解性	$\gamma(1\%)$ /(mN/m)
失水山梨醇月桂酸单酯	Span-20	液体	溶（二甲苯）	不溶	28
失水山梨醇软脂酸单酯	Span-40	48[①]	溶	不溶	36
失水山梨醇硬脂酸单酯	Span-60	53[①]		不溶	46
失水山梨醇硬脂酸三酯	Span-65	53[①]	溶	不溶	48
失水山梨醇油酸单酯	Span-80	液体	溶	不溶	30
失水山梨醇油酸三酯	Span-85	液体	溶	不溶	32
聚氧乙烯（4）失水山梨醇月桂酸单酯	Tween-21	液体	溶	分散	32
聚氧乙烯（20）失水山梨醇月桂酸单酯	Tween-20	液体	溶	溶	36
聚氧乙烯（20）失水山梨醇软脂酸单酯	Tween-40	液体	溶	溶	40
聚氧乙烯（4）失水山梨醇硬脂酸单酯	Tween-61	38[①]	溶	分散	38
聚氧乙烯（20）失水山梨醇硬脂酸单酯	Tween-60	液体	溶	溶	43
聚氧乙烯（20）失水山梨醇硬脂酸三酯	Tween-65	33[①]	溶	分散	31
聚氧乙烯（5）失水山梨醇油酸单酯	Tween-81	液体	溶	分散	38
聚氧乙烯（20）失水山梨醇油酸单酯	Tween-80	液体	溶	溶	41
聚氧乙烯（20）失水山梨醇油酸三酯	Tween-85	液体	溶	分散	42
甲基葡糖苷月桂酸单酯		蜡			
甲基葡糖苷月桂酸双酯					26
甲基葡糖苷 6-软脂酸单酯		89~90[①]			
甲基葡糖苷硬脂酸单酯		固体			
甲基葡糖苷硬脂酸双酯		固体		不溶	
甲基葡糖苷油酸单酯		蜡			28
甲基葡糖苷油酸双酯		液体			
蔗糖月桂酸单酯		90~91[②]		溶（温）	33.4
蔗糖软脂酸单酯		60~62[②]		溶（温）	33.7
蔗糖硬脂酸单酯		52~53[②]		溶（温）	33.5
蔗糖硬脂酸双酯		64~67[②]		不溶	
蔗糖油酸单酯		50~54[②]			
蔗糖油酸双酯		65~70[②]		溶（温）	31.8
聚氧乙烯（30）蔗糖软脂酸双酯		蜡		不溶	
聚氧乙烯（35）蔗糖硬脂酸双酯		蜡		溶	42
聚氧乙烯（30）蔗糖油酸双酯		液体		溶	43
聚氧乙烯（8）蔗糖月桂酸单酯		液体	溶（1%~10%）	溶（>25%）	28.1
聚氧乙烯（8）蔗糖软脂酸单酯		液体	溶（10%~25%）	溶（>25%）	30.6
聚氧乙烯（8）蔗糖硬脂酸单酯		固体	溶（10%~25%）	溶（<1%）	31.8
聚氧乙烯（8）蔗糖硬脂酸双酯		固体	溶（>25%）	溶（<1%）	33.9
聚氧乙烯（8）蔗糖油酸单酯		液体	溶（10%~25%）	溶（>25%）	36.4
聚氧乙烯（8）蔗糖油酸双酯		液体	溶（>25%）	溶（<1%）	30.5

① 最后从多晶形式变成流体时的温度。
② 软化点。

（2）溶解性

分子中含有高比例亲油基团和低比例亲水基团的分子易溶于矿物油（表中未列出）。六聚甘油油酸单酯和季戊四醇月桂酸单酯均能溶于矿物油中。而山梨醇月桂酸单酯和甘露醇月桂酸单酯皆不溶于矿物油。失水山梨醇月桂酸单酯及失水山梨醇油酸单酯和三酯溶于矿物油，而失水山梨醇软脂酸酯和硬脂酸酯不溶于矿物油。与多元醇的软脂酸酯和硬脂酸酯相比，多元醇月桂酸酯和油酸酯溶解性好，主要是由于它们在常温下为液体。多元醇酯在芳香烃中的溶解性比在矿物油中稍大。尽管 1,2-月桂酸甘油双酯难溶于芳香烃中，1-单月桂酸甘油酯和 1-单软脂酸甘油酯溶解性较小，但是，1-单油酸甘油酯、三聚甘油硬脂酸单酯、六聚甘油油酸单酯和季戊四醇月桂酸单酯皆溶于甲苯。所有的失水山梨醇脂肪酸酯在二甲苯中都有一定程度的溶解性。聚氧乙烯失水山梨醇酯在二甲苯中也是溶解的，一般来说，它比对应的失水山梨醇酯溶解性要低。聚氧丙烯蔗糖酯在二甲苯中是溶解的，并且往往比在矿物油中的溶解性要大。

多元醇单酯和失水山梨醇脂肪酸酯在水中不溶解。当失水山梨醇接上 4~5 个 EO 后，便可分散于水中。所有脂肪酸的聚氧乙烯失水山梨醇单酯都是水溶性的。聚氧乙烯失水山梨醇的硬脂酸三酯和油酸三酯在水中呈分散状。蔗糖单酯在水中的溶解度并不大。聚氧乙烯链（30~35）的蔗糖双酯具有水溶性。

（3）表面张力

多元醇型表面活性剂降低水的表面张力的数值取决于它的溶解程度。多元醇月桂酸酯比相应的多元醇软脂酸酯、硬脂酸酯和油酸酯降低水表面张力的能力更大。失水山梨醇月桂酸酯、软脂酸酯和油酸酯的"含水"溶液（实为不溶）的表面张力，低于它们的聚氧乙烯衍生物在类似浓度的表面张力。通常，随着 EO 加成数增加，表面张力也增加。由于多元醇表面活性剂具有低毒特性，可以用于食品、医药和化妆品，也可用于其它工业领域。

（4）主要用途

① 食品

多元醇型表面活性剂可作为发酵、焙烤食品如面包的保鲜剂，常用甘油单酯和双酯的混合物。这类表面活性剂，可以减缓支链淀粉的结晶作用，也可延缓产品中水分的蒸发，从而大大延缓了面包变硬。使用单甘酯含量在 90%以上的蒸馏单甘酯效果更佳。在蛋糕和巧克力饼中，使用 Span-60 和 Tween-60 的复合物，能够控制产品的水分、柔软性、黏度和体积。甘油单酯类表面活性剂可用作分散剂，来改善奶粉的分散特性。

② 医药

多元醇型表面活性剂可作为药物制备的乳化剂、加溶剂和分散剂。对于甾族化合物，如黄体酮、醋酸可的松和氢化可的松等药物，常用聚氧乙烯失水山梨醇油酸酯进行溶解或分散。

作为静脉注射用的脂肪乳状液，常常使用 Tween 系列表面活性剂作为乳化剂，它可使微粒的平均直径达到 1μm，可供静脉安全注射。

对于水不溶药物的悬浮液，如普鲁卡因青霉素 G，常用失水山梨醇类表面活性剂作分散剂。

多元醇型表面活性剂可用于配制栓剂，该栓剂具有熔点范围宽、稠度大等特性，性能较好。

③ 化妆品

配制洗涤剂、雪花膏和香波等化妆品时，多元醇型表面活性剂可作为一种增溶剂、乳化剂和分散剂。用 Tween 系列产品可配制成受人欢迎的香波，具有良好的泡沫性能和去污力，也可使毛发柔软、易梳理、有光泽，且具有轻飘爽快的感觉。还具有对头皮无刺激、对眼睛刺激性小等特点。

羊毛脂聚氧乙烯加成物可用作护肤油膏和发用化妆品中的乳化剂、增溶剂、凝胶剂、泡沫剂和水包油型乳液的稳定剂等，还可作为香皂富脂剂，或香精油和泡沫浴制剂的增溶剂。羊毛脂聚氧乙烯加成物经过乙酰化，可得到水溶性和醇溶性产物，并具有油溶性，可用作香精油和矿物油的增溶剂、油包水型乳化剂、柔软剂、香脂和香波的添加剂等，具有无毒和对眼无刺激的特点。

④ 其它应用

多元醇型表面活性剂是一种农药和除草剂的分散剂。聚氧乙烯山梨醇妥尔油酯和十二烷基苯磺酸钙的混合物，可用于煤油中毒杀芬乳状液的分散剂。它也是农药乳化剂，有些农药煤油乳状液，可用 Tween-20 和月桂酰苯磺酸钙的混合物来乳化。

在纺织工业中，多元醇型表面活性剂可作为润滑剂、柔软剂、抗静电剂和其它整理剂等。甘油硬脂酸单酯和硬脂酸皂是漂白棉花和人造纤维的一种柔软剂。

多元醇型表面活性剂还广泛用作金属防护剂和润滑剂。特别是在非水体系中可作为防腐剂、乳化剂和增溶剂。失水山梨醇油酸酯对黑色金属具有优良的抗锈能力。此外，它还可用于制备切削乳液。

在石油生产中，多元醇型表面活性剂可作为水力破碎流体中的乳化剂，水包油型钻井乳液的乳化剂，还可用来制备破乳剂和消泡剂等。

5.4　烷基醇酰胺

烷基醇酰胺是脂肪酸和乙醇胺的缩合产物，产品主要包括烷基单乙醇酰胺和烷基二乙醇酰胺两大类，国内对应的商品名分别为 CMEA、6501（或 6502）。最常用的脂肪酸为椰子油脂肪酸或月桂酸，也可以使用棕榈油和豆油脂肪酸。乙醇胺则为单乙醇胺或二乙醇胺。根据脂肪酸/乙醇胺配比的不同，有 1:1 型，1:1.5 型和 1:2 型。

2015 年国内烷基醇酰胺的生产能力超过了 30 万吨/年，实际生产 12 万吨左右。在生产方法上，存在多种工艺，包括脂肪酸缩合工艺、脂肪酸甲酯两步法和油脂一步法等。

（1）乙醇胺的制取

乙醇胺是单乙醇胺、二乙醇胺和三乙醇胺的总称，它们可由氨与环氧乙烷反应得到：

$$NH_3 + H_2C\overset{\displaystyle O}{-}CH_2 \xrightarrow[0.1\sim0.2MPa]{50\sim60^\circ C} H_2NCH_2CH_2OH$$

$$H_2NCH_2CH_2OH + H_2C\overset{\displaystyle O}{-}CH_2 \longrightarrow HN(CH_2CH_2OH)_2 \qquad (5\text{-}52)$$

$$HN(CH_2CH_2OH)_2 + H_2C\overset{\displaystyle O}{-}CH_2 \longrightarrow N(CH_2CH_2OH)_3$$

氨分子上的 3 个活泼氢会逐个被羟乙基所取代，相继生成单乙醇胺、二乙醇胺和三乙醇胺。反应的催化剂是水或醇胺中的羟基。原料中 NH_3 和环氧乙烷的比例（称氨烷比）会影响三种乙醇胺在产物中的相对比例。氨烷比高时有利于生成单乙醇胺，氨烷比偏低时则富产三乙醇胺。

上述反应过程中可能会发生一系列副反应，如三乙醇胺与水、环氧乙烷反应生成季铵盐，水与环氧乙烷作用生成二甘醇（一缩乙二醇）、三甘醇、四甘醇；乙醇胺分子上的活泼氢与环氧乙烷进行乙氧基化反应等。这些副反应产物的沸点范围与主产物的沸点相互交叉（见表 5-10），因此一旦有副产物生成，仅靠精馏是不可能得到高纯度乙醇胺产品的。要制得高纯度的乙醇胺产品，必须采用高的氨烷比和合适的加压液相反应器。例如在 1~10MPa 的压力下，采用管式反应器和 90%的氨水浓度，可抑制副反应发生，降低能耗，乙醇胺的纯度可达 99%以上。在实际工业生产中，氨的浓度通常为 50%~100%，产品组成与 NH₃/环氧乙烷的投料摩尔比有关。

表 5-10　乙醇胺及其副产物的基本性质

名称	熔点/℃	沸点/℃	折射率 n_D^{20}	化学性质
单乙醇胺	10.5	170.5	1.4539	强碱，能溶于水，与醇混溶，难溶于非极性溶剂
乙二醇		198		
二甘醇		245		
二乙醇胺	28	271	1.4776	强碱，溶于水，不溶于醚及苯
三甘醇		276		
四甘醇		327		
三乙醇胺	21.2	335	1.4855	强碱，易溶于水
氨基醇醚及多甘醇类		>330		

（2）烷基醇酰胺的制取

常用的烷基醇酰胺有单乙醇酰胺和二乙醇酰胺。单乙醇酰胺的制备有两种方法，即分别用脂肪酸和脂肪酸甲酯与单乙醇胺反应：

$$RCOOH + H_2NCH_2CH_2OH \xrightarrow{170^oC} RCONHCH_2CH_2OH + H_2O$$
$$RCOOCH_2CH_2NH_2 + H_2O$$
$$RCONHCH_2CH_2OOCR \tag{5-53}$$

$$RCOOCH_3 + H_2NCH_2CH_2OH \xrightarrow{120^oC} RCONHCH_2CH_2OH + CH_3OH \tag{5-54}$$

用脂肪酸进行反应时，反应温度较高，并形成副产物酯胺和酰胺酯。当单乙醇胺过量时，酰胺酯会转变为单乙醇酰胺。相对来说，第二个反应温度较低，副反应少，甲醇也容易除去，因此反应易于完成。

二乙醇酰胺是烷基醇酰胺中的重要产品。制备二乙醇酰胺通常采用月桂酸、椰子油酸、油酸、硬脂酸等。最常使用的是椰子油酸。工业生产工艺包括两步法和一步法。两步法是先将油脂制备成脂肪酸甲酯，在碱性催化剂存在下与二乙醇胺反应。例如，脂肪酸甲酯与二乙醇胺在 100~120℃、真空状态下反应 1~2 h：

$$RCOOCH_3 + NH(C_2H_4OH)_2 \longrightarrow RCON(CH_2CH_2OH)_2 + CH_3OH \tag{5-55}$$

当甲酯与二乙醇胺的摩尔比为 1∶1.1 时，产品中二乙醇酰胺的含量在 90%以上，有人称其为超级烷基醇酰胺。有研究表明，月桂酸甲酯同二乙醇胺反应的最佳条件为：反应温度 105℃，二乙醇胺过量 10%，催化剂甲醇钠用量为 0.15%~0.25%。这时反应速率最大，二乙醇酰胺收率最高。

用椰子油酸乙酯与二乙醇胺反应，亦可制得烷基醇酰胺，但反应温度略高于甲酯法，所得

产品国内习惯称为 6501 洗涤剂:

$$RCOOCH_2CH_3 + NH(C_2H_4OH)_2 \longrightarrow RCON(CH_2CH_2OH)_2 + CH_3CH_2OH \tag{5-56}$$

一步法的一种工艺是直接用油脂与二乙醇胺反应:

$$\begin{matrix} CH_2COOR \\ | \\ CHCOOR \\ | \\ CH_2COOR \end{matrix} + 3HN \begin{matrix} CH_2CH_2OH \\ CH_2CH_2OH \end{matrix} \xrightarrow[\triangle]{KOH} 3\,RCON(CH_2CH_2OH)_2 + \begin{matrix} CH_2OH \\ | \\ CHOH \\ | \\ CH_2OH \end{matrix} \tag{5-57}$$

副产的甘油也不予分离,因此产品稳泡性能稍差,但去污性能与乙酯法相当。该方法工艺简单,成本低,但产品含较多的副产物,例如酰胺酯和氨基酯等,产品转化率和醇酰胺含量相对较低。

另一种工艺是用脂肪酸(椰子油酸)与二乙醇胺反应,可以制得两种产品。一种是水溶性烷基醇酰胺,它是 1mol 脂肪酸与 2mol 二乙醇胺的反应产物,商品名为 Ninol,反应式为:

$$RCOOH + 2HN \begin{matrix} CH_2CH_2OH \\ CH_2CH_2OH \end{matrix} \xrightarrow[150\sim170^{\circ}C]{KOH} RCON(CH_2CH_2OH)_2 \cdot NH(CH_2CH_2OH)_2 + H_2O \tag{5-58}$$

这一反应的历程较为复杂,除了得到目标产物外,还会生成一系列副产物,例如酯胺(单酯胺、二酯胺)和酯酰胺(单酯酰胺、二酯酰胺)。此外脂肪酸会与乙醇胺的羟基发生酯化反应,生成乙醇胺单酯和双酯,以及酰胺单酯和酰胺双酯。脂肪酸与二乙醇胺也可以中和成胺皂。因此,2:1 型烷醇酰胺产品为多种产物的混合物。除含有烷醇酰胺(60%)以外,还有胺的单酯和双酯(10%)、酰胺的单酯和双酯(10%)、游离酸(作为二乙醇胺盐,5%)。此外,在高温下二乙醇胺分子间可缩合生成 N,N-二(2-羟乙基)哌嗪:

$$2\,NH(C_2H_4OH)_2 \longrightarrow HOC_2H_4N \begin{matrix} CH_2-CH_2 \\ \\ CH_2-CH_2 \end{matrix} N-C_2H_4OH \tag{5-59}$$

其在商品烷基醇酰胺中的含量可达 1%左右。

另外,可控制椰子油酸与二乙醇胺的摩尔比为 1:1.1 左右。如先在脂肪酸过量下生成酰胺单、双酯,再加入剩余二乙醇胺,使单、双酯转化为产物,亦可生成另一种类似于甲酯法制得的难溶于水的超级烷基醇酰胺产品。

(3)烷基醇酰胺的性能与用途

烷醇酰胺的物理状态和溶解度列于表 5-11。烷醇酰胺的溶解度和外观,与烷基链长和制备方法有关。高碳脂肪酸衍生的产品熔点高,且不易溶解;脂肪基相同时,单乙醇酰胺不溶解于水,二乙醇酰胺溶于水。虽然此类产品中有些品种溶解度很低,但在其它表面活性剂存在下,它们都很容易溶解。

烷醇酰胺有许多特殊性质,如没有浊点,具有使表面活性剂水溶液变稠的特性,可大大提高制品的黏度;能够稳定洗涤剂溶液的泡沫,特别是月桂酸烷醇酰胺产品,稳泡最有效;可提高洗涤剂的去污能力和携污性能,防止皮肤发干;对动植物油、矿物油污垢都具有良好的脱除力,还具有抑制烷基苯磺酸钠氧化变质的效能;具有防锈功能,很稀的烷醇酰胺溶液,就能抑制钢铁的生锈;能赋予纤维织物柔软性,兼有抗静电作用。因此,烷醇酰胺作为洗涤剂成分,起到了稳定泡沫、提高去污效果、增加液体洗涤剂稠度等作用;可作为羊毛净洗剂用于毛纺工业,作为纤维整理剂用于纺织工业;在金属加工上,可用于表面的除油、脱脂和清洗,以及工件的短期防锈;在三次采油方面也有应用。

表 5-11　烷醇酰胺的物理状态和溶解度

反应物		胺/酸摩尔比	产物	
脂肪酸	烷基醇胺		外观	溶解度
月桂酸	二乙醇胺	2:1	软膏体	溶解
椰子（油）酸	二乙醇胺	2:1	液体	溶解
油酸	二乙醇胺	2:1	液体	分散
硬脂酸	二乙醇胺	2:1	膏体	分散
月桂酸	单异丙醇胺	1:1	蜡或结晶固体	不溶
肉豆蔻酸	单乙醇胺	1:1	蜡或结晶固体	不溶
硬脂酸	单乙醇胺	1:1	硬结晶蜡	不溶
月桂酸甲酯	二乙醇胺	1:1	蜡或结晶固体	很少溶解
椰子（油）酸甲酯	二乙醇胺	1:1	膏体	很少溶解

5.5　烷基糖苷（APG）

　　烷基糖苷（alkyl polyglycosides）简称 APG。APG 除了具有传统表面活性剂的性能外，还具有一些独特的性质，例如表面张力低，泡沫丰富、细腻、稳定，耐碱耐盐（可溶于强碱性溶液和高矿化度水中），增稠能力强，无毒，对人体刺激性低等。烷基糖苷是以天然可再生资源淀粉或其水解产物葡萄糖为原料，与天然脂肪醇发生脱水反应所得。烷基糖苷生物降解迅速而彻底，因此是新一代可再生非离子型表面活性剂，发展前景优良。

　　20 世纪 70 年代烷基糖苷首先在美国商品化，随后德国和法国公司也生产出了工业级产品。早期的产品质量较差，颜色较深，应用受到了限制。80 年代末 90 年代初，工艺成熟，产品质量获得显著提升，美国、法国、日本等先后建成万吨/年级生产装置。国内中国日化院和大连理工大学等单位于 20 世纪 90 年代开始研发 APG，目前已建成多套万吨/年级生产装置。2015 年国内 APG 产量达到 7 万吨，占全球消费量（约 28 万吨）的 1/4。

　　在化学结构上，烷基糖苷是糖的半缩醛羟基与醇羟基在酸性催化剂存在下，发生脱水反应而制成的，如图 5-32 所示。

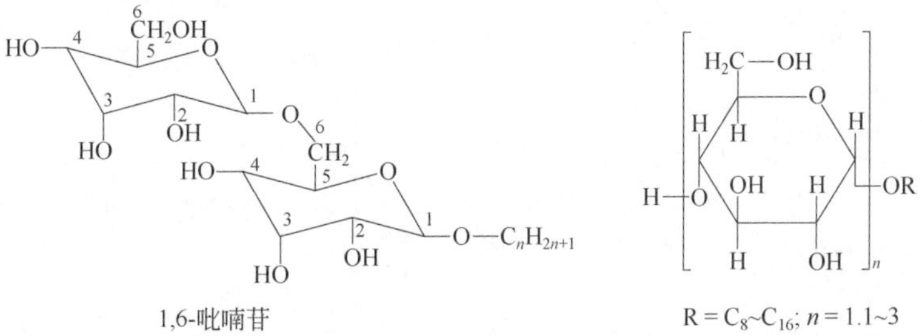

图 5-32　烷基糖苷的化学结构

葡萄糖溶液中存在有 α-D-(+)-葡萄糖和 β-D-(+)-葡萄糖，以及微量醛式 D-(+)-葡萄糖，因此反应产物中相应地有 α-、β-两种立体异构体。脂肪醇与葡萄糖间的脱水可在不同的位置进行，因此可形成 1,4-、1,6-、1,3-和 1,2-吡喃苷，其中以 1,4-位和 1,6-位的吡喃苷居多。除了吡喃苷外，产物中还含有 3%~8%的呋喃苷等。因此 APG 不是单一化合物，而是多种异构体的混合物，亦称烷基多苷。

类似于聚氧乙烯型非离子型表面活性剂中的 EO 数，糖的苷化度"n"亦是一个平均值。尽管苷化度"n"在数值上并不大，但其反映的产品复杂程度远超聚氧乙烯型非离子。通常，烷基二糖苷约有三十个异构体，烷基三糖苷有几百个异构体，而烷基四糖苷有几千个异构体。一个平均苷化度 $n=1.5$ 的烷基糖苷即含有相当多的烷基四苷，可见产物组成十分复杂。除了异构体外，产物中还存在多糖和脂肪醇，不过脂肪醇可以采用适当的蒸馏方法去除，使其在产物中的含量降至 1%~2%以下。一种用两步法合成的十二烷基糖苷典型组成如下：丁基多苷<5.9%，C_{12} G_1 约 40%，$C_{12}G_2$ 21%，$C_{12}G_3$ 13%，$C_{12}G_4$ 9.8%，$C_{12}G_5$ 8%，$C_{12}G_6$<10%，十二醇 0.45%。

（1）烷基糖苷的合成

APG 的合成有一步法和两步法两种。一步法就是用葡萄糖和脂肪醇在催化剂存在下直接反应完成，这是研究最多、工业上应用最广的方法，反应式如下：

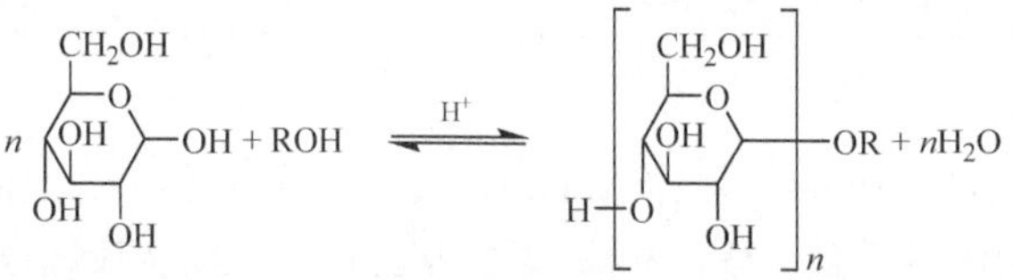

$$(5\text{-}60)$$

常用的脂肪醇为 C_8~C_{18} 脂肪醇，可以是单一脂肪醇，也可以是混合脂肪醇，如椰子油醇等。常用的催化剂为硫酸、对甲苯磺酸、十二烷基苯磺酸、阳离子交换树脂等，普遍采用的是对甲苯磺酸。整个工艺可分为反应、脱醇、后处理三个工段。由于长链脂肪醇和葡萄糖相容性差，同时也为了减少副产物的生成，脂肪醇与葡萄糖的摩尔比达到了（3∶1）~(6∶1)。APG 属于热敏性物质，反应和后处理过程中应避免高温。通常反应压力为真空度 95~96kPa，反应温度为 95~100℃。反应完成后在残压 53~133Pa 下除去脂肪醇，然后中和催化剂、漂白，除去多余的漂白剂后即得到产物 APG。

两步法亦称转糖苷法，即先用葡萄糖与丁醇反应，然后再与高碳醇反应。两种醇可以分步加入，亦可同时加入。反应式如下：

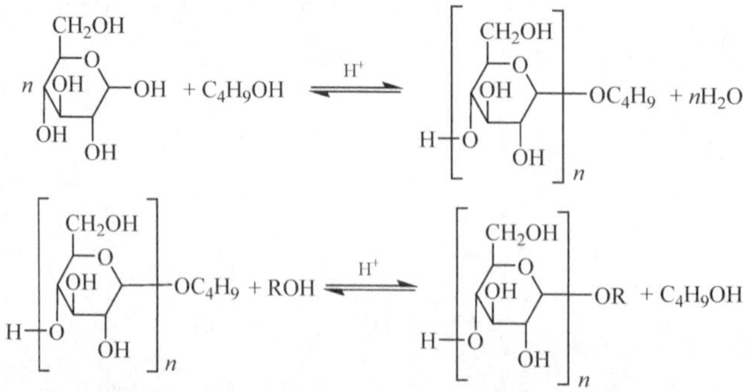

$$(5\text{-}61)$$

反应先在 115~117℃下回流 2h，然后在 100~120℃真空下尽快除去正丁醇，再在 120℃、残压 0.67kPa 下反应 40min，用 Na_2CO_3 中和，在 165℃、残压 0.27kPa 下脱除十二醇。两步法解决了反应物料之间的相容性问题，使得反应容易进行，过程易于控制，平均聚合度较低，产品水溶性较好。缺点是产品中存在一定量的短链（丁基）糖苷，产品的表面活性相对偏低一点。

图 5-33 为 APG 的工业制备流程。首先将葡萄糖浆加入脂肪醇中，采用特定的磺酸作催化剂，反应温度为 120℃，反应在真空下进行。流程中采用了两个反应器。反应产物进入中间贮槽。过量的脂肪醇在真空下连续地进行二次真空分离。几乎无脂肪醇的 APG 熔点约在 130℃ 左右，泄料时需采用特殊的技能。料泄出后溶于水，用双氧水漂白，调整 pH 值并除沫，即得到产品 APG。

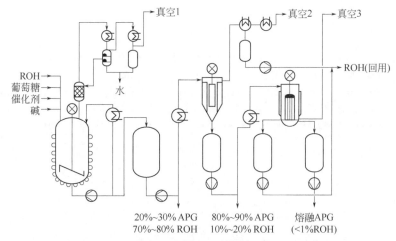

图 5-33　APG 工业制备流程

无论是一步法还是两步法，均应严格控制反应温度和催化剂用量。根据不同情况控制醇与葡萄糖的比例。脂肪醇分子量小的，醇的用量少些。脂肪醇分子量大的，醇的用量大些。反应过程中应采取及时的脱水措施，以使反应完全。在体系中加入正己烷、正庚烷等溶剂共沸脱水，效果比真空脱水好。

（2）烷基糖苷的性能和用途

纯 APG 为白色粉体。固体 APG 易吸潮，因此 APG 工业品多为 50%~70% 的水溶液。APG 虽然是非离子型表面活性剂，但兼有非离子和阴离子两类表面活性剂的特性。APG 具有优良的表面活性，例如，0.1% 十二烷糖苷水溶液的表面张力值可低至 22.5mN/m，而相同条件下的 TX-10（辛基酚聚氧乙烯醚）水溶液的表面张力值为 29.5mN/m。脂肪醇聚氧乙烯醚不溶于碱水溶液，例如，在 10% NaOH 溶液中分成两相，而 APG 在浓碱和电解质（硅酸钠）溶液中仍能保持较高的表面活性。不同碳数疏水基的 APG，cmc 值与相应的脂肪醇聚氧乙烯醚相近，但碳数不同的 APG，其 cmc 值随碳原子数的变化规律与脂肪醇硫酸盐系列相近。APG 泡沫丰富，与阴离子型表面活性剂差不多，但受水质硬度的影响较大，这与脂肪醇聚氧乙烯醚的性能不同。APG 的去污能力与 AES 和 TX-10 相近，优于 LAS 和 AS 以及 SAS。但随着水硬度的增加，去污力下降。APG 与阴离子、非离子和阳离子型表面活性剂复配具有协同效应，有利于提高表面活性和降低其它表面活性剂的刺激性。

APG 生物降解性好，毒性和刺激性低。例如，LD_{50} 超过了 5g/kg；同为 50% 活性物，APG 的兔皮刺激指数仅为 LAS 的 1/5。APG 的溶液与脂肪醇聚氧乙烯醚不同，没有胶凝现象，同时它还具有杀菌、提高酶活力的性能，所以是一种具有发展前景的以天然资源为原料的表面活性剂。

在日化产品中，APG 广泛用于家用洗涤剂，特别是餐洗和香波、沐浴露等个人护理用品中。在农业领域，APG 用作农药乳化剂，对除草剂、杀虫剂和杀菌剂有显著的增效作用，不会污染农作物和土地。此外，APG 可以通过透析法除去，因此具有不导致蛋白变性等特点，广泛用于生化领域。

需要注意的是，APG 受高热时易分解和变色。

参考文献

[1] 尹艳洪. 烷氧基化产品的生产工艺、催化剂及其特殊应用. 日用化学品科学，**2014**, *37*(9): 19-25.

[2] 张治国, 尹红. 环氧乙烷和环氧丙烷开环聚合. 化学进展，**2007**, *19*(1): 145-152.

[3] Szymanowski J. Production of Oxyethylated Fatty Acid Methyl Esters. Baca Raton: CRC Press, **2009**, *142*: 271-284.

[4] Cox M F, Weerasooriya U. Methyl Ester Ethoxylates. Baca Raton: CRC Press, **2003**, *114*: 467-494.

[5] Cox M F, Weerasooriya U. Methyl Ester Ethoxylates. New York: Marcel Dekker Inc, **2001**, *98*: 167-194.

第6章 特种和新型表面活性剂

6.1 含氟表面活性剂

含氟表面活性剂是普通表面活性剂碳氢链上的 H 原子被 F 原子取代后的产物，例如 $C_8F_{17}COONa$，其亲水基与常规表面活性剂类似，因此种类亦多，可分为阴离子型、阳离子型、非离子型和两性离子型等四种。由于–CF_2–链的疏水性强于–CH_2–链，例如，–CH_2–单元的 HLB 值为–0.475，而–CF_2–单元的 HLB 值达到了–0.87，因此含氟表面活性剂的烷基链长仅需 C_6~C_{10} 即可。在性能方面，它们具有既憎水又憎油、在油中具有表面活性、降低水的表面张力的能力在所有表面活性剂中最强等特性，因此具有许多特殊的应用。

6.1.1 含氟表面活性剂的特性

（1）化学稳定性

与氢原子及卤素原子 Cl 相比，氟原子的电负性最大，因此共价结合的 C–F 键具有离子键的性能，键能高达 452kJ/mol。而氟原子的半径比氢原子大，屏蔽碳原子的能力增强，使碳–碳键的稳定性有所提高。因此与常用的碳氢链表面活性剂相比，含氟表面活性剂的化学稳定性和热稳定性更好，在强酸性或氧化性介质中仍具有良好的表面活性。例如 $C_8F_{17}C_6H_4SO_3K$ 的分解温度在 335℃ 以上，使用温度可在 300℃ 左右。在 95% 以上的浓 H_2SO_4 中加入 $C_8F_{17}SO_3K$ 固体，在 1.87kPa 下加热至 150℃ 以上可蒸馏得到 $C_8F_{17}SO_3H$ 的白色固体。制备含氟表面活性剂的中间体 $C_8F_{17}OC_6H_5$ 在 50% H_2SO_4 或 25% NaOH 水溶液中，80℃ 下处理 48 h 也不会分解。

（2）高表面活性

由于–CF_2–链的疏水性强，每个–CF_2–单元在水表面的吸附自由能达到了 5.44kJ/mol，远高于–CH_2–链的 3.81kJ/mol，因此，含氟表面活性剂易于吸附于水的表面，能把水的表面张力降低到 15mN/m 左右，从而提高了水溶液的润湿性和渗透性。但含氟表面活性剂亦具有疏油性，因而不易吸附到油/水界面，其降低油/水间界面张力的能力较差，不如常规碳氢链表面活性剂，因此含氟表面活性剂不适合用作油/水体系乳化剂。

研究表明，含氟表面活性剂的分子结构将影响其水溶液的表面张力，通常支链降低表面张力的效率比直链大，而直链降低表面张力的效能比支链大。图 6-1 给出了一些含氟表面活性剂水溶液的表面张力曲线，表 6-1 列出了一些含氟表面活性剂的 γ_{cmc} 值，可见反离子半径越小，γ_{cmc} 值越高。

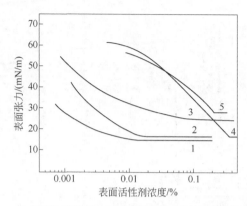

图 6-1　一些含氟表面活性剂水溶液的表面张力随浓度的变化曲线

$1-C_9F_{19}CONH(CH_2)_3N^+(CH_3)_3I^-$；$2-C_8F_{17}CONH(CH_2)_5COONH_4$；

$3-CF_3(CF_3)C(C_2F_5)C(CF_3)=C(CF_3)C_6H_4SO_3Na$；$4-C_8F_{17}SO_3NH_4$；$5-C_8F_{17}COONH_4$

表 6-1　$C_nF_{2n+1}COOM$ 水溶液的 γ_{cmc}

表面活性剂	$\gamma_{cmc}/(mN/m)$	表面活性剂	$\gamma_{cmc}/(mN/m)$
$C_6F_{13}COOLi$	27.8	$C_8F_{17}COONH_4$	14.8
$C_8F_{17}COOH$	15.0	$C_8F_{17}COONH_3C_2H_4OH$	15.9
$C_8F_{17}COOLi$	24.6	$C_{10}F_{21}COOLi$	20.5
$C_8F_{17}COONa$	21.5	$C_{11}F_{23}COONa$	29.0

通常含氟表面活性剂的 cmc 值较高，例如 $C_8F_{17}COONH_4$ 的 cmc 值达到了 0.36%（质量分数）。一种降低 cmc 的方法是在全氟烷基和亲水基之间导入烃基疏水基。例如，$C_8F_{17}CONH(CH_2)_5COONH_4$ 的 cmc 值为 0.03%，仅为 $C_8F_{17}COONH_4$ 的 1/8。

含氟表面活性剂可以和碳氢链表面活性剂复配使用，在改进水溶液的润湿性和降低表面张力方面能产生良好的协同效果，两者属于非理想混合。例如，在 $C_{12}H_{25}N^+(CH_3)_2CH_2COO^-$ 中加入极少量的 $C_8F_{17}COONH_4$，表面张力比单独 $C_8F_{17}COONH_4$ 还要小，如图 6-2 所示。

常规表面活性剂一般阴离子型和阳离子型不能混合，因为会形成离子对而产生沉淀。但含氟表面活性剂的阴离子和阳离子可以混合，不但不产生沉淀，而且水溶液的表面张力比各自的单独值还低。用偏振光显微镜观察发现，在这类阴、阳离子混合体系中，形成了液晶。生成的液晶分子在水的表面

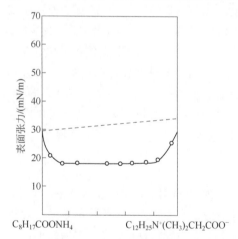

图 6-2　$C_8F_{17}COONH_4$ 与 $C_{12}H_{25}N^+(CH_3)_2CH_2COO^-$ 的不同混合比与表面张力间的关系

整齐、紧密排列，使得混合体系的表面张力低于单独体系。

（3）双憎特性

由于有机化合物的表面张力已经比较低，常规表面活性剂一般不能将有机溶剂的表面张力进一步降低，但含氟表面活性剂具备降低有机溶剂表面张力的功能，因为它们也疏油，例如在

涂料、油墨中加入油溶性含氟表面活性剂，可以通过降低溶剂的表面张力而增强涂料和油墨的润湿性；在黏合剂中加入含氟表面活性剂，通过降低树脂的表面张力，而提高黏合剂对被黏合物表面微细低凹部分的渗透性，从而增加黏合强度。

6.1.2　含氟表面活性剂的合成方法

从分子结构看，含氟表面活性剂与碳氢链表面活性剂的差别在于疏水基。因此，只要制得 $C_6\sim C_{12}$ 的氟碳链，再引入连接基和亲水基，即可得到所需的含氟表面活性剂。

目前工业上制备氟碳链单体的方法主要有电解氟化法、调聚法和离子低聚法等。

（1）电解氟化法

① 羧酰氯电解氟化

羧酰氯电解氟化可以得到全氟羧酰氟：

$$C_7H_{15}COCl + 16HF \xrightarrow{\text{电解氟化}} C_7F_{15}COF + HCl + 副产物 \tag{6-1}$$

将羧酰氯溶于无水氢氟酸液体中，以镍板作阳板，在 4~6V 极间电压下进行电化学氟化。原料中的氢与氯全部被氟取代，生成全氟化物。该法一步合成了具有反应型官能团的全氟化合物，使用的氢氟酸廉价。但在电解氟化过程中，由于 C–F 键的结合能大，会出现 C–C 键断裂和环化等副反应。一般羧酰氯电解氟化的收率在 10%~15%左右。提高产物收率可大大降低产品成本。

② 磺酰氯电解氟化

磺酰氯电解氟化得到全氟磺酰氟：

$$C_8H_{17}SO_2Cl + 18HF \xrightarrow{\text{电解氟化}} C_8F_{17}SO_2F + HCl + 副产物 \tag{6-2}$$

表 6-2 列出了由全氟羧酰氟和全氟磺酰氟可以制取的一些含氟表面活性剂。

表 6-2　由全氟羧酰氟和全氟磺酰氟可以制取的一些含氟表面活性剂

原材料	反应试剂（1）	反应试剂（2）	最终产物
$C_nF_{2n+1}COF$	H_2O	MOH	$C_nF_{2n+1}COOM$（M = Na, K, NH$_4$）
	$NH_2(CH_2)_3Si(OC_2H_5)_3$		$C_nF_{2n+1}CONH(CH_2)_3Si(OC_2H_5)_3$
	ROH	EO（m）	$C_nF_{2n+1}CH_2O(CH_2CH_2O)_mH$
	ROH	H_3PO_4	$C_nF_{2n+1}CH_2OPO(OH)_2$
	$NH_2C_3H_6N(CH_3)_2$	HX	$C_nF_{2n+1}CONHC_3H_6N^+(CH_3)_2H\ X^-$
	$NH_2C_3H_6N(CH_3)_2$	RX	$C_nF_{2n+1}CONHC_3H_6N^+(CH_3)_2R\ X^-$
	$NH_2C_3H_6N(CH_3)_2$	$\begin{array}{c}CH_2CH_2C=O\\ \mid\qquad\ \ \\ \underline{\qquad} O\end{array}$	$C_nF_{2n+1}CONHC_3H_6N^+(CH_3)CH_2CH_2COO^-$
$C_nF_{2n+1}SO_2F$	MOH		$C_nF_{2n+1}SO_3M$（M = Li, Na, K, NH$_4$）
	RNH_2	$ClC_2H_4CO_2H$	$C_nF_{2n+1}SO_2N(R)C_2H_4CO_2H$
	RNH_2	ClC_2H_4OH EO	$C_nF_{2n+1}SO_2N(R)(C_2H_4O)_mH$
	RNH_2	ClC_2H_4OH H_3PO_4	$C_nF_{2n+1}SO_2N(R)C_2H_4OPO(OH)_2$

续表

原材料	反应试剂（1）	反应试剂（2）	最终产物
$C_nF_{2n+1}SO_2F$	RNH_2	ClC_2H_4OH H_2SO_4	$C_nF_{2n+1}SO_2N(R)C_2H_4OSO_3H$
	$NH_2C_3H_6N(C_2H_5)_2$	RX	$C_nF_{2n+1}SO_2NHC_3H_6N^+R(C_2H_5)_2\ X^-$
	$NH_2C_3H_6N(C_2H_5)_2$	$CH_2CH_2C{=}O$ $\quad\quad\quad O$	$C_nF_{2n+1}SO_2NHC_3H_6N^+(C_2H_5)_2C_2H_4COO^-$
	$NH_2C_3H_6N(C_2H_5)_2$	HX	$C_nF_{2n+1}SO_2NHC_3H_6N^+(C_2H_5)_2H\ X^-$ $(X = Cl,\ Br,\ I)$

（2）调聚法

利用不同的全氟烷基碘和四氟乙烯反应，可以得到不同分子量分布的低分子量的调聚物，产物是不同链长的混合物，可按需要予以分离。例如全氟低级烷基碘化物和四氟乙烯调聚：

$$R_fI \xrightarrow{\ n(F_2C{=}CF_2)\ } R_f(CF_2CF_2)_nI \tag{6-3}$$
$$R_f = -CF_3,\ -CF_2{-}CF_3,\ -CF(CF_3)_2$$

工业上常用五氟碘乙烷与四氟乙烯调聚：

$$CF_3CF_2I \xrightarrow{\ n(F_2C{=}CF_2)\ } CF_3CF_2(CF_2CF_2)_nI\ (n{=}0\sim15) \tag{6-4}$$

它们可以再与乙烯反应，制成 $CF_3CF_2(CF_2CF_2)_nCH_2CH_2I$，进而制取多种含氟表面活性剂。

也可以采用低级醇和四氟乙烯调聚，低级醇一般为 CH_3OH、CH_3CH_2OH 或 $(CH_3)_2CHOH$ 等，它们与四氟乙烯调聚后得到有羟基官能团的调聚产物。

$$CH_3OH \xrightarrow{\ n(F_2C{=}CF_2)\ } H(CF_2CF_2)_nCH_2OH$$
$$CH_3CH_2OH \xrightarrow{\ n(F_2C{=}CF_2)\ } H(CF_2CF_2)_nCH(CH_3)OH \tag{6-5}$$
$$(CH_3)_2CHOH \xrightarrow{\ n(F_2C{=}CF_2)\ } H(CF_2CF_2)_nC(CH_3)_2OH\quad (n = 0\sim8)$$

由此可制得 ω-氢的含氟表面活性剂：

$$H(CF_2CF_2)_nCH_2OH \xrightarrow{\ H_2C{-}CH_2\ (O)\ } H(CF_2CF_2)_nCH_2O(CH_2CH_2O)_mH$$
$$H(CF_2CF_2)_nCH_2OH \xrightarrow{\ 氧化\ } H(CF_2CF_2)_nCOOH \xrightarrow{\ MOH\ } H(CF_2CF_2)_nCOOM \tag{6-6}$$

此外，还可以用全氟丙酮或四氟乙烯的环状磺内酯为原料进行调聚，制取含氧杂原子的氟烷基碘调聚物。

（3）离子低聚法

用四氟乙烯、六氟丙烯以及六氟丙烯的环氧化物在非质子极性溶剂中，以氟阴离子催化进行聚合，可以生成低聚体：

$$nF_2C{=}CF_2 \xrightarrow[\text{非质子极性溶剂}]{F^-} (CF_2CF_2)_n \quad (n = 4,\ 5,\ 6,\ 7) \tag{6-7}$$

$$nF_3C{-}\overset{\delta^+}{C}F{=}\overset{\delta^-}{C}F_2 \xrightarrow[\text{非质子极性溶剂}]{F^-} (C_3F_6)_n \quad (n = 2,\ 3) \tag{6-8}$$

例如，四氟乙烯低聚可得到 90% 的 $C_8 \sim C_{12}$ 全氟烯烃。这些低聚体往往具有支链结构，由它们制取的含氟表面活性剂，表面活性比直链要差些，但合成工艺简单，价格相对较低。

6.1.3　含氟表面活性剂的用途

（1）水溶性含氟表面活性剂

水溶性含氟表面活性剂的用途如表 6-3 所示。主要是利用了含氟表面活性剂超高的表面活性（低表面张力）、优良的化学稳定性以及乳化分散、润滑、抗静电、消泡性能等。

含氟表面活性剂水溶液的表面张力可以达到 15~17mN/m，低于油的表面张力（约 20mN/m）。因此，含氟表面活性剂水溶液和发泡剂等配合，以泡沫形式喷射到燃烧着的油面时能迅速灭火，而且在油面上能铺展成水合膜，密封油蒸气，防止再次着火。因此含氟表面活性剂广泛用于制备灭火剂，用于扑灭地下停车场、机场、贮油罐处的油火。

含氟表面活性剂具有优良的化学稳定性，添加于强酸性的浸蚀浴或电镀浴中，能在浴表面形成泡沫，防止酸雾的飞散，并降低浸蚀液的表面张力，既提高了浸蚀速度又使电镀或浸蚀均匀，能赋予金属表面光泽。因此含氟表面活性剂广泛用作电镀液添加剂，市售的 F51 即为这一类表面活性剂，添加量约为 0.01%。

含氟表面活性剂能提高物质表面的润湿性。例如，在照相胶片制造时将其加入明胶乳液中，可以保证均匀地涂布在聚酯胶片上。在彩色胶卷上进行多层涂布时效果更佳。此外，还可用作地板蜡或水系涂料、印刷油墨等的均质剂，以及染色助剂和农药渗透剂。

含氟表面活性剂水溶液中加入烃系表面活性剂后，能使水溶液在烃油表面上铺展成膜，从而抑制烃油蒸发，减少蒸发损耗，稳定油品质量。

在面蜡和涂料中加入含氟表面活性剂，可以提高其润湿性，且涂膜上不易黏附污物。含氟表面活性剂还可作为复印机载体用的表面改性剂，农用塑料薄膜防油、防雾添加剂。

含氟表面活性剂和一般的碳氢链表面活性剂复配，具有良好的去污效果，尤其与阴离子型复配效果更好，可用于照相机镜头等洗净度要求高的场合。

表 6-3　含氟表面活性剂的主要用途

利用的特性	具体用途	利用的特性	具体用途
高表面活性、润湿性（低表面张力）	灭火剂	消泡性	消泡剂
	照相用乳化剂、润湿剂	乳化分散	含氟树脂的乳液聚合
	涂料调整剂		医药、化妆品乳化剂
	印刷油墨的润湿改良剂	润滑、抗静电性	纤维表面处理剂
	电镀液添加剂		塑料薄膜抗静电剂
	农药		

含氟表面活性剂对氟化物的乳化很有效。例如 $C_8F_{17}COONH_4$ 常用作含氟树脂（聚四氟乙烯树脂和偏氟乙烯树脂）乳液聚合用乳化剂。单独的含氟表面活性剂对烃-水体系的乳化效果不佳，但和碳氢链表面活性剂复配使用，可减少表面活性剂的总用量。对水溶性涂料，乳化剂的存在会妨碍涂膜的耐水性，而在常用的碳氢链表面活性剂中加入含氟表面活性剂，可提高涂膜的耐水性。

（2）油溶性含氟表面活性剂

涂料、油墨中加入油溶性含氟表面活性剂，可提高颜料的分散性、载色剂的均匀性，降低溶剂的表面张力，增强润湿性。

在黏合剂中加入含氟表面活性剂，可以进一步降低树脂的表面张力，进而提高对被黏合物表面微细低凹部分的渗透性，提高固定效果，增加黏合强度。

全氟烷基具有疏水、疏油性，与氟树脂以外的树脂完全没有相容性。在含氟表面活性剂中导入与树脂具有相容性的亲油基，会产生某种程度的树脂相容性，少量使用就能使表面改性。可用来防止胶片粘连、增塑剂移动和降低摩擦系数等。

6.2　含硅表面活性剂

含硅表面活性剂具有很高的表面活性和化学稳定性，耐高温，对皮肤无刺激、无毒，因此使用十分安全。50 年代初，美国 Union Carbide 公司首先合成了含硅聚醚非离子型表面活性剂。德国 Bayer A-G Mobey 化学公司将它用作聚氨酯泡沫体中的稳泡剂。此后阴离子型和阳离子型含硅表面活性剂相继问世，并且它们的应用领域不断扩大。

6.2.1　分子结构

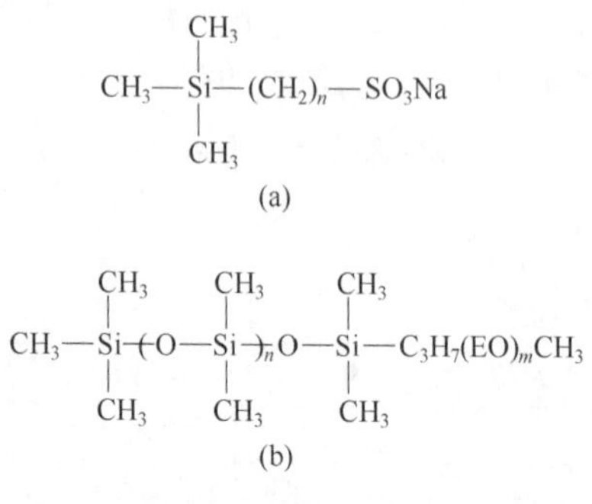

图 6-3　含硅表面活性剂的结构特征
（a）硅烷基表面活性剂；（b）硅氧烷表面活性剂

与常规表面活性剂相比，含硅表面活性剂就是硅原子取代了疏水基中的部分碳原子，而亲水基基本上不变。硅原子取代碳原子的方式主要有两种：一种是仅取代一个或几个碳原子，称为硅烷基表面活性剂；另一种是硅原子和氧原子构成硅氧烷骨架，称为硅氧烷表面活性剂，如图 6-3 所示。当然也有一些品种包含了两种取代方式。亲水基与常规表面活性剂类似，因此含硅表面活性剂也按亲水基分类，包括阴离子型、阳离子型、非离子型和两性离子型四种主要类型。表 6-4 给出了各类型的典型代表。

表 6-4　含硅表面活性剂的分类和各类型的典型代表

类型	典型代表分子结构	备注
阴离子型	$(C_2H_5)_3Si(CH_2)_2COOM$	M = K、Na 等
	$C_6H_5(CH_3)_2Si(CH_2)_2COOM$	M = K、Na 等
	$MOOCC_2H_4Si(CH_3)_2O(CH_3)_2SiC_2H_4COOM$	M = K、Na 等
	$(CH_3)_3SiOSi(CH_3)_2CH_2CH_2SiCH_2COOM$	M = K、Na 等
	$[(CH_3)_3SiO]_2Si(CH_3)(CH_2)_3OSO_3M$	M = K、Na 等
	$[(CH_3)_3SiO]_2Si(CH_3)C_3H_6OCH_2CH(OH)CH_2SO_3Na$	

续表

类型	典型代表分子结构	备注
阳离子型	$[(RO)_3Si(CH_2)_3N(CH_3)_2R']^+X^-$	R = 甲基、乙基等；R′ = 长链烷基
	$[(CH_3)_3SiO]_2Si(CH_3)(CH_2)_3N^+(CH_3)_3[C_8H_{17}OSO_3^-]$	
非离子型	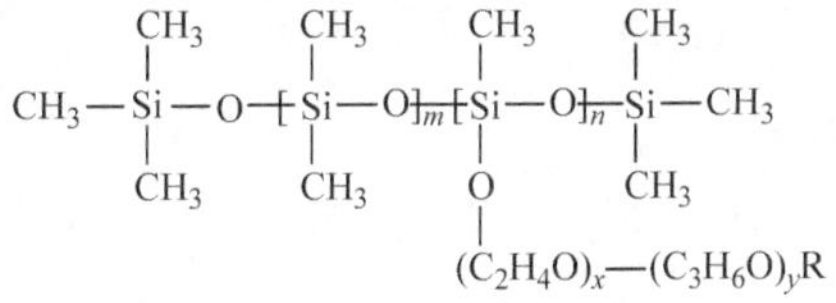	
	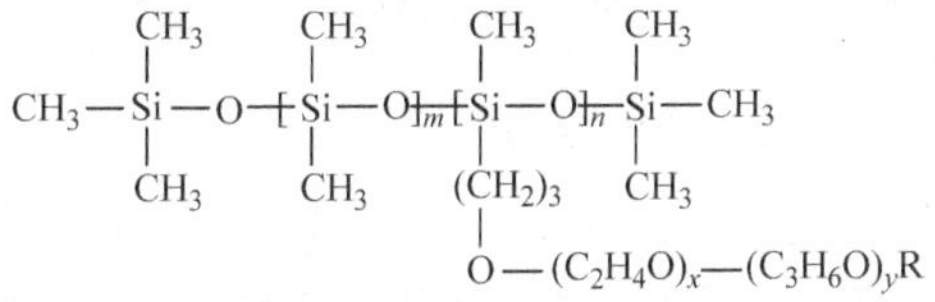	
	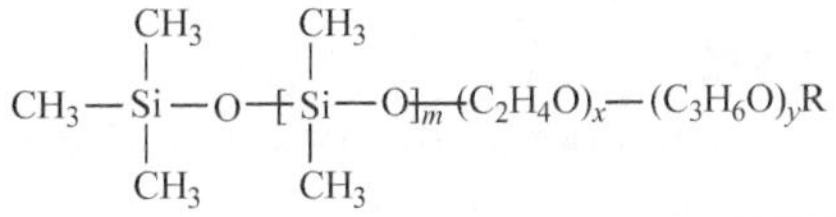	
两性离子型	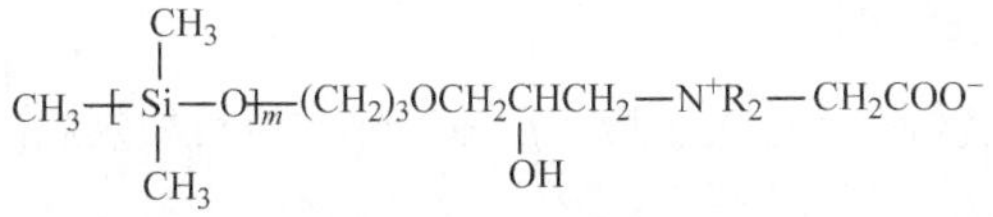	

6.2.2 合成方法

（1）阳离子型硅基表面活性剂的合成

① 季铵化反应

与合成常规季铵盐类似，用含硅的卤代烷与短链的叔胺进行季铵化，或者用含硅的长链叔胺与短链的卤代烷进行季铵化，都可以得到含硅的阳离子季铵盐。反应通式见式（6-9）和式（6-10）。

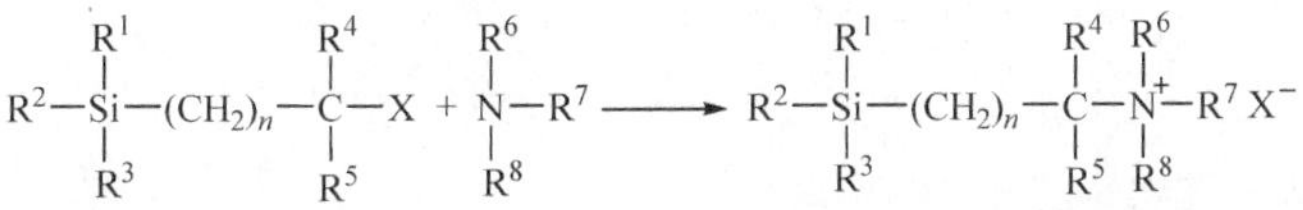

$$\tag{6-9}$$

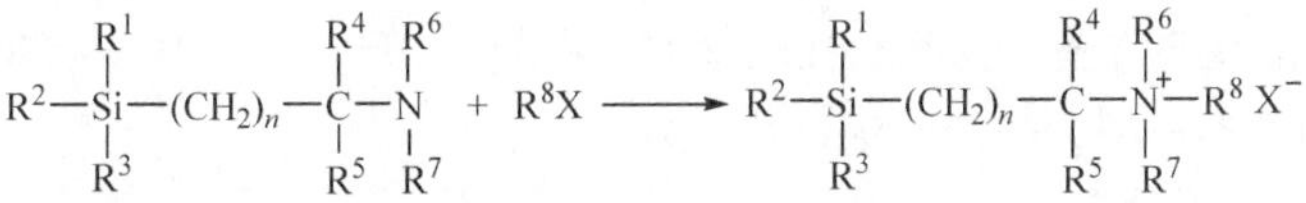

$$\tag{6-10}$$

其中，R^1、R^2 和 R^3 为烷基、烷氧基、芳基、芳烷基、有机硅基等；R^4 和 R^5 为氢或小分子烷基；R^6、R^7 和 R^8 为烷基、芳基、芳烷基、羧烷基、聚环氧烯烃基等，R^6、R^7、R^8 总碳数一般 ≥12；X 为卤素原子；$n = 0{\sim}5$。

第一类反应的实例（形成一种含硅表面活性剂 DC-5700）为：

$$HSiCl_3 + H_2C{=}CHCH_2X \xrightarrow{H_2PtCl_6} Cl_3Si(CH_2)_3X \xrightarrow{3ROH} (RO)_3Si(CH_2)_3X$$

$$\xrightarrow[\text{催化剂}]{R'N(CH_3)_2} [(RO)_3Si(CH_2)_3N(CH_3)_2R']^+\ X^- \tag{6-11}$$

其中，R 为甲基、乙基等；R′为长链烷基。

第二类反应的实例为：

$$HSiCl_3 + 3RMgX \longrightarrow R_3SiH \xrightarrow{\ CH_2=CHCH_2N(CH_3)_2\ } R_3Si(CH_2)_3N(CH_3)_2$$

$$\xrightarrow{\ CH_3Cl\ } R_3Si(CH_2)_3\overset{+}{N}(CH_3)_3\,Cl^- \tag{6-12}$$

其中，R 为 $CH_3CH_2CH_2CH_2-$ 或 $(CH_3)_3SiO-$。

也可以在光照下先卤代硅原子上的烷基，再与胺反应，合成阳离子型表面活性剂：

$$CH_3SiCl_3 + Cl_2 \xrightarrow{\ h\nu\ } ClCH_2SiCl_3 \xrightarrow{\ C_2H_5OH\ } ClCH_2Si(C_2H_5O)_3$$

$$\xrightarrow{\ RN(CH_3)_2\ } [(C_2H_5O)_3SiCH_2N(CH_3)_2R]^+\,Cl^- \tag{6-13}$$

② 复分解反应

用阴离子型聚硅氧烷金属盐或有机表面活性剂，与其它聚硅氧烷季铵盐或有机表面活性剂进行交换反应，可得到不同阴离子的含硅季铵盐化合物：

$$(CH_3SiO)_2Si(CH_3)(CH_2)_3N^+(CH_3)_3I^- + C_8H_{17}SO_4Na \longrightarrow (CH_3SiO)_2Si(CH_3)(CH_2)_3N^+(CH_3)_3C_8H_{17}OSO_3^- \tag{6-14}$$

（2）阴离子型硅基表面活性剂的合成

利用丙二酸酯中次甲基上的活性氢与卤代硅烷反应，反应产物水解后加热脱羧得到羧酸盐型非离子含硅表面活性剂：

$$R_3SiC_nH_{2n}X + H{-}\underset{COOC_2H_5}{\overset{COOC_2H_5}{\underset{|}{\overset{|}{C}}}}{-}H \longrightarrow R_3SiC_nH_{2n}{-}\underset{COOC_2H_5}{\overset{COOC_2H_5}{\underset{|}{\overset{|}{C}}}}{-}H \longrightarrow R_3SiC_nH_{2n}COOH \tag{6-15}$$

上述羧酸型阴离子可以进一步反应，生成酰胺型或酯型系列表面活性剂产品。

将硅烷或者含氢硅氧烷与不饱和环氧化合物加成，再与亚硫酸氢钠反应，可以得到磺酸盐型含硅表面活性剂：

$$[(CH_3)_3SiO]_2SiHCH_3 + H_2C=CH{-}CH_2OCH_2CH\underset{O}{\overset{\diagup\,\diagdown}{-}}CH_2 \xrightarrow{\ Pt催化\ } [(CH_3)_3SiO]_2\underset{CH_3}{\overset{CH_3}{\underset{|}{\overset{|}{Si}}}}(CH_2)_3OCH_2CH\underset{O}{\overset{\diagup\,\diagdown}{-}}CH_2$$

$$\xrightarrow{\ NaHSO_3\ } [(CH_3)_3SiO]_2\underset{|}{\overset{CH_3}{\underset{|}{\overset{|}{Si}}}}(CH_2)_3OCH_2\underset{OH}{\overset{|}{\underset{|}{CH}}}CH_2SO_3Na \tag{6-16}$$

（3）非离子型硅基表面活性剂的合成

采用含 Si–O–C 键连接方式，在疏水性的聚(二甲基)硅氧烷分子中嵌入或者接枝亲水性的聚醚基团，即可得到非离子型含硅表面活性剂：

$$\left[\begin{matrix} CH_3 \\ | \\ Si-O \\ | \\ OC_2H_5 \end{matrix}\right]_m + mHO{-}PE \longrightarrow \left[\begin{matrix} CH_3 \\ | \\ Si-O \\ | \\ OPE \end{matrix}\right]_m + mC_2H_5OH \tag{6-17}$$

$$\left[\begin{matrix} CH_3 \\ | \\ O-Si \\ | \\ CH_3 \end{matrix}\right]_m NH_2 + mHO{-}PE \longrightarrow \left[\begin{matrix} CH_3 \\ | \\ O-Si \\ | \\ CH_3 \end{matrix}\right]_m OPE + NH_3 \tag{6-18}$$

$$\left[\begin{matrix}CH_3\\Si-O\\H\end{matrix}\right]_m + m\,HO-PE \longrightarrow \left[\begin{matrix}CH_3\\Si-O\\OPE\end{matrix}\right]_m + m\,H_2\uparrow \qquad (6\text{-}19)$$

式中，HO—PE 为聚醚（环氧乙烷-环氧丙烷嵌段共聚物）。反应（6-17）相当于酯交换反应，可用三氟乙酸作催化剂；反应（6-18）不需要催化剂；反应（6-19）可用羧酸锌盐或铅盐作催化剂。

注意：这些含有 Si—O—C 键结构的产品在酸、碱存在下会发生水解反应，析出硅油相。一般在 pH<7 时迅速水解，在中性水溶液中能保持一周，在合适的胺类化合物缓冲下可保持较长时间。

用含 Si—C 键的聚硅氧烷与聚醚共聚物反应，可以制备具有 Si—C 键的含硅非离子型表面活性剂：

$$-\overset{|}{\underset{|}{Si}}-H + H_2C=CH-PE \xrightarrow{\text{氯铂酸}} -\overset{|}{\underset{|}{Si}}-CH_2CH_2\overset{PE}{\underset{}{|}} \qquad (6\text{-}20)$$

$$-\overset{|}{\underset{|}{Si}}-(CH_2)_3-O-CH_2-\underset{O}{CH}-CH_2 + HO-PE \longrightarrow -\overset{|}{\underset{|}{Si}}-(CH_2)_3-O-CH_2-\underset{OH}{CH}-CH_2-O-PE \qquad (6\text{-}21)$$

$$-\overset{|}{\underset{|}{Si}}-(CH_2)_3-OH + HO-PE \longrightarrow -\overset{|}{\underset{|}{Si}}-(CH_2)_3-OPE \qquad (6\text{-}22)$$

这些含 Si—C 键的共聚物具有较好的水解稳定性，在缺氧情况下可保存两年以上而无任何变化。

（4）两性离子型硅基表面活性剂的合成

用环氧硅氧烷与仲胺反应生成叔胺基硅氧烷，再与氯乙酸钠反应，即得到硅氧烷甜菜碱型表面活性剂：

$$\left[\begin{matrix}CH_3\\Si-O\\(CH_2)_2OCH_2\underset{O}{CH}-CH_2\end{matrix}\right]_m \xrightarrow{HN(CH_3)_2} \left[\begin{matrix}CH_3\\Si-O\\(CH_2)_2OCH_2CH-CH_2N(CH_3)_2\\OH\end{matrix}\right]_m$$

$$\xrightarrow{ClCH_2COONa} \left[\begin{matrix}CH_3\\Si-O\\(CH_2)_2OCH_2CH-CH_2\overset{+}{N}(CH_3)_2CH_2COO^-\\OH\end{matrix}\right]_m \qquad (6\text{-}23)$$

用硅高分子与丙烯基二甲胺反应得到硅高分子叔胺，再与氯乙酸钠反应，即得到含硅高分子羧基甜菜碱型表面活性剂：

$$Si(H_3C)_3\left(O-\underset{CH_3}{\overset{CH_3}{Si}}\right)_m\left(\underset{}{\overset{CH_3}{OSiH}}\right)_n OSi(CH_3)_3 + H_2C=CHCH_2N(CH_3)_2 \longrightarrow$$

$$Si(H_3C)_3\left(O-\underset{CH_3}{\overset{CH_3}{Si}}\right)_m\left(\underset{CH_2CH_2CH_2N(CH_3)_2}{\overset{CH_3}{OSi}}\right)_n OSi(CH_3)_3 + ClCH_2COONa \xrightarrow[80℃]{NaHCO_3} \qquad (6\text{-}24)$$

$$Si(H_3C)_3\left(O-\underset{CH_3}{\overset{CH_3}{Si}}\right)_m\left(\underset{(CH_2)_3\overset{+}{N}(CH_3)_2CH_2COO^-}{\overset{CH_3}{OSi}}\right)_n OSi(CH_3)_3$$

式中，$m=18$；$n=3$。最后产物是琥珀色蜡状固体，热稳定性强，消泡性较好，在低浓度（0.003%）下对油-水体系的乳化性甚好。相关物化性能和表面活性参数为：分子量 4036，熔点 153~154℃，cmc $=1.89\times10^{-5}$mol/L（17℃），$\gamma_{cmc}=23.6$mN/m。

6.2.3　性能与用途

含硅表面活性剂具有优良的热稳定性。由于分子中的 Si–O 键能（452kJ/mol）大于 C–C 键能（348kJ/mol），Si–O 键比 C–C 键更稳定。在 Si–O 键中，氧原子的电负性提高了硅原子上连接的烃基的氧化稳定性，因而使含硅表面活性剂具有较高的耐热稳定性。例如，聚二甲基硅氧烷的聚醚共聚物在 250℃ 时仅有轻微裂解，而分子中的 Si–O–Si 键在 350℃ 时才开始断裂。

由于硅油的表面张力较低，为 16~21mN/m，含硅表面活性剂可使水溶液的表面张力降至 20~25mN/m，比碳氢链表面活性剂低，仅次于含氟表面活性剂，因此也属于高表面活性物质。

表 6-5 中给出了两类含硅表面活性剂在塑料薄膜上的润湿效果（接触角），及其与碳氢链表面活性剂的比较，可见硅氧烷表面活性剂的润湿效果要好得多。

表 6-5　聚二甲基硅氧烷聚醚的润湿效果

1%水溶液	接触角/(°)	
	聚酯	高压聚乙烯
无表面活性剂	73	82
十二烷基硫酸钠	36	30
脂肪醇聚氧乙烯醚（7EO）	11	2
SILWET L-7607（含硅）	1	0
SILWET L-77（含硅）	0	1

硅氧烷表面活性剂在有机液体中也能形成单分子膜，可将有机液体表面张力降至 20~25mN/m。表 6-6 中列出了在乙二醇系润滑油中添加硅氧烷表面活性剂后产品的表面张力，及其与添加碳氢链表面活性剂的比较。可见添加含硅表面活性剂的润滑油表面张力更低。

以上数据表明，含硅表面活性剂在有机系和水系中都能发挥出优良的表面活性。通过改变硅氧烷和聚醚的分子量、聚醚中聚氧乙烯/聚氧丙烯的聚合度以及二者的比例、聚醚链末端官能团的种类等，可使硅氧烷具有不同的特性，从而适合各种不同的用途。

表 6-6　乙二醇系润滑油的表面张力　　　　单位：mN/m

乙二醇系润滑油	SILWET L-7001（0.25%）	烃系表面活性剂（1%）	无表面活性剂
100%PO	25.5	31.0	32.0
EO∶PO=50∶50	24.5	35.0	35.5
EO∶PO=70∶30	24.0	39.5	39.5

含硅表面活性剂（主要是硅氧烷表面活性剂）在涂平性、润滑性、渗透性、脱模性、平滑性、抗静电性、乳化性、分散性、消泡性、防雾性等方面均十分优良，表 6-7 列出了它们的一些典型用途。

硅氧烷表面活性剂在化妆品领域应用前景良好，能赋予配方所需的润滑性和光泽，以及特殊触感、调理性和疏水性等。硅氧烷的阳离子型和两性离子型表面活性剂大多用于洗发剂和调理香波中。它们能改善头发的梳理性、光泽和触感。氨基硅氧烷也用于护发剂中。

季铵盐含硅表面活性剂具有很强的杀菌能力，$0.1 \sim 10^4 mg/kg$ 的稀溶液就能杀死各种细菌，如革兰氏阴性细菌、葡萄球菌、真菌等，能抑制许多种类的有害微生物的繁殖。如 DC-5700 $[(CH_3O)_3Si(CH_2)_3N^+(CH_3)_2C_{18}H_{37}Cl^-]$ 可作为纤维持久的耐洗杀菌剂。

含氟硅氧烷比普通硅氧烷性能更特殊。它的耐热稳定性和化学稳定性更好，表面张力值更低。它不仅可赋予防水、防污能力，还可赋予防油能力。

含硅阴离子型表面活性剂可制得低黏度、细粒径、在沸水中稳定的硅乳液，以及汽车、家具的上光剂、清洁剂。

表6-7 硅氧烷表面活性剂的一些典型用途

工业领域	典型用途
化妆品、盥洗用品	用于护发用品中提高光泽、平滑性、柔软性；用于护肤品提高柔润感、平滑性；用于卫生材料提高吸水性；用作乳化剂、分散剂、稳泡剂等
纺织纤维	改良手感、润湿性，抗静电，提高吸湿性，防止粘连（聚氨酯纤维）；用作乳化剂、高温消泡剂等
涂料、油墨、印刷	提高涂平性，改善润湿性，改善颜料分散性；改良电沉积喷涂性（水性涂料）、压延润滑性，提高滑移性（纸）；用作乳化剂、工程助剂（水性涂料、油墨）等
橡胶、塑料	用于塑料加工脱模剂（可喷涂）和塑料内脱模剂，改良塑料成型性、润湿性；用于消泡（聚氨酯），防粘连（片、膜），颜料分散，防雾（农用薄膜），抗静电等
金属加工、机械	改良渗透性（润滑油），赋予润滑性（润滑油、压延油），防油雾（切削油），消泡抑泡（柴油）等
化学	工程中的消泡抑泡和分散乳化，改良润湿性（黏合剂），防粉末结块等
日杂品	提高平滑性（熨烫），赋予平滑光泽（瓷砖清洗剂、玻璃清洗剂），赋予防雾性（玻璃、眼镜清洗剂），抗静电（衣物、地毯）等
其它	农药：改良润湿性，用作分散剂、乳化剂；采矿选矿：改良润湿性、渗透性；医药发酵：改良润湿性，消泡；显像液：改良润湿性等

6.3 冠醚型表面活性剂

冠醚是一种大环化合物，主要由聚氧乙烯链构成。根据聚氧乙烯链的长短、环结构的形状和环中是否含有 N、S 等元素，冠醚可分成许多种类，有的分子量可高达数千。冠醚型表面活性剂就是在聚氧乙烯环上引入疏水基后形成的化合物，它们是双亲化合物，具有表面活性，能形成胶束。根据冠醚环的型式和疏水基的种类，冠醚型表面活性剂有许多不同的品种，如烷基冠醚、烷氧基甲基（羟基）冠醚、单氮杂冠醚、双氮杂冠醚、三嗪环冠醚、苯并冠醚、长链烷基穴状配体醚等，如图 6-4 所示。

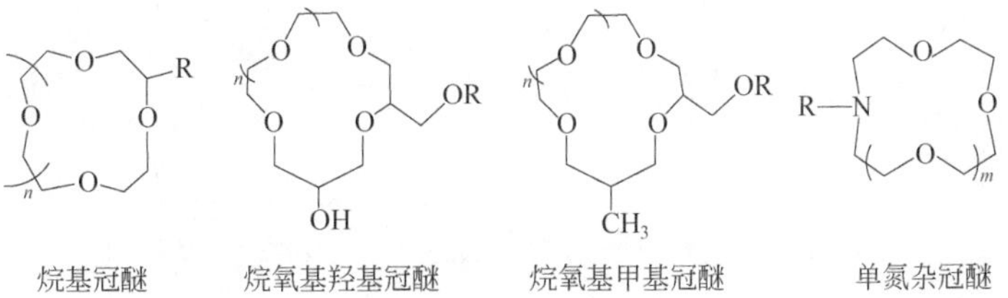

烷基冠醚　　烷氧基羟基冠醚　　烷氧基甲基冠醚　　单氮杂冠醚

图6-4

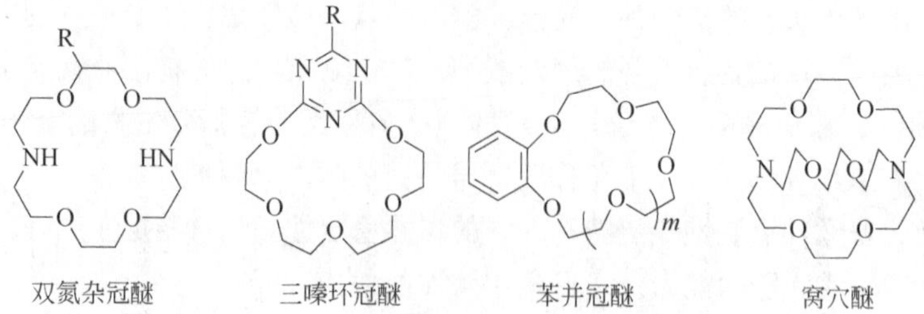

双氮杂冠醚　　　三嗪环冠醚　　　苯并冠醚　　　窝穴醚

图6-4　一些冠醚型表面活性剂的结构

6.3.1　冠醚型表面活性剂的合成

从分子结构看，冠醚型表面活性剂就是在冠醚环上引入长链烷基。根据引入的次序，可将合成方法分成二类。

（1）通过末端基团逐步反应成环

通过与长链烷基末端的活性基团，如–CHO、–OH、–NH$_2$、–CH=CH$_2$等进行反应，可以合成冠醚表面活性剂。

例如，用脂肪胺（含–NH$_2$）与氯代聚乙二醇反应，最终再闭环，即得到单氮杂冠醚，如式（6-25）所示，式中 p-TsCl 为对-甲苯磺酰氯。

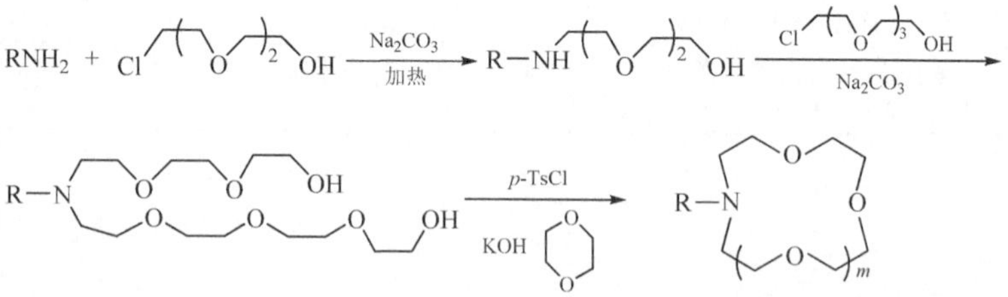

$$(6-25)$$

由二卤代物和二羟基化合物（含–OH）一步环化，可以制备三嗪环取代冠醚和烷基取代苯并冠醚，如式（6-26）和式（6-27）所示：

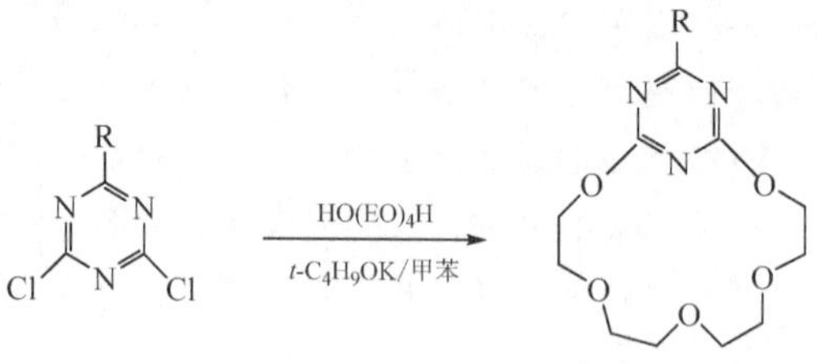

$$(6-26)$$

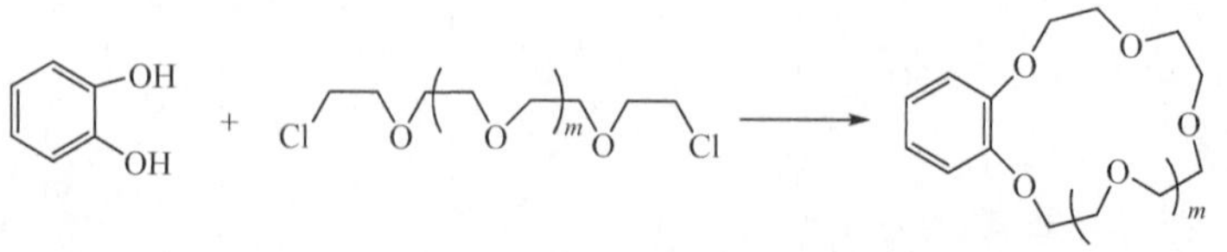

$$(6-27)$$

用长链醛（含–CHO）可合成缩醛类大环聚醚，如式（6-28）所示：

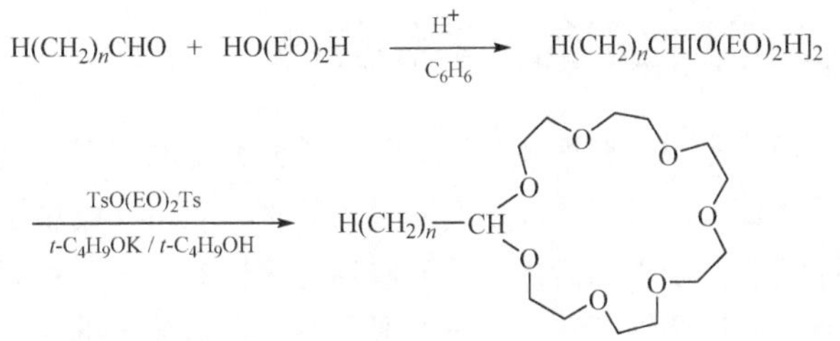

$$H(CH_2)_nCHO + HO(EO)_2H \xrightarrow[C_6H_6]{H^+} H(CH_2)_nCH[O(EO)_2H]_2$$

$$\xrightarrow[t\text{-}C_4H_9OK\,/\,t\text{-}C_4H_9OH]{TsO(EO)_2Ts} \quad (6\text{-}28)$$

用α-烯烃（含有–CH=CH₂）可以合成出烷基冠醚和双氮杂冠醚，如式（6-29）所示：

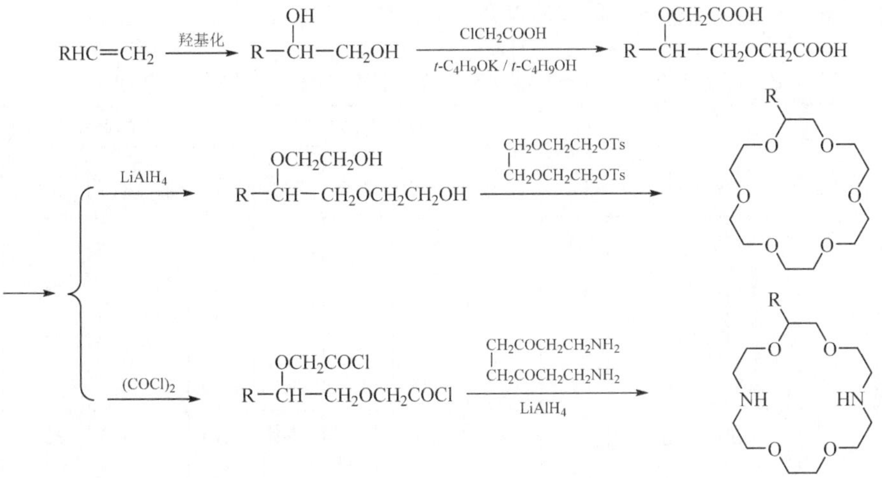

$$(6\text{-}29)$$

（2）直接在冠醚环上引入疏水基

利用冠醚环上的活性基团与脂肪族化合物反应，将烷基链引入冠醚中。例如利用冠醚环上的氮原子进行反应：

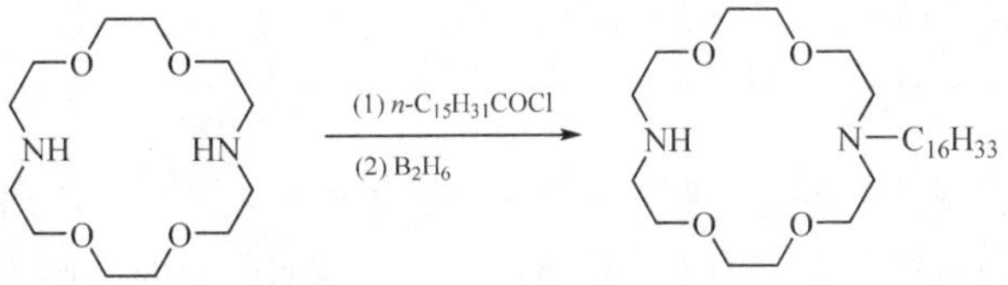

$$(6\text{-}30)$$

再如在苯并冠醚上通过酰化引入长链烷基：

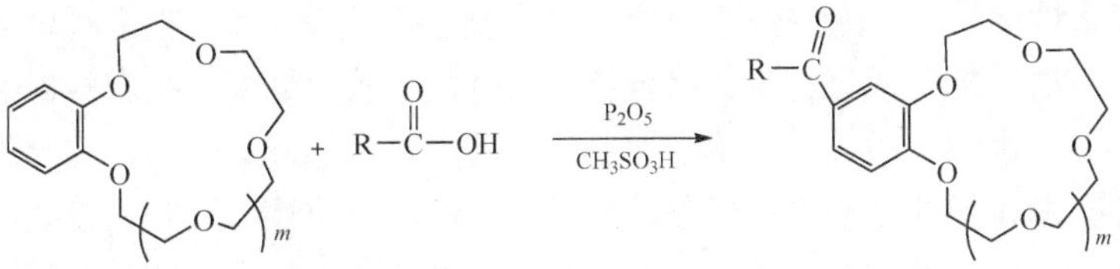

$$(6\text{-}31)$$

此外，通过与环外羟基反应可以合成烷乙氧基冠醚：

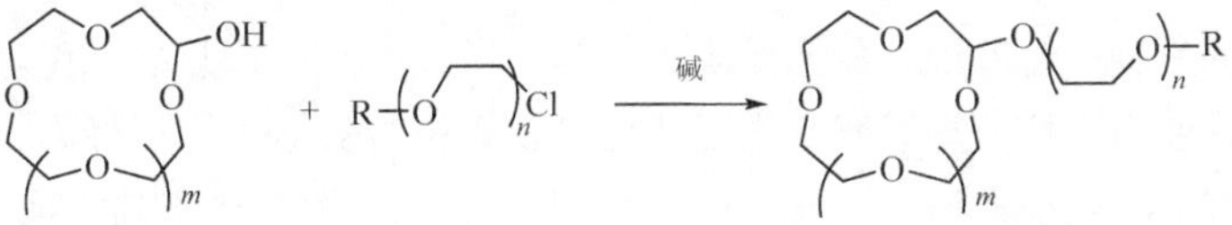

$$(6\text{-}32)$$

6.3.2　冠醚型表面活性剂的性能和应用

　　冠醚型表面活性剂分子结构中含有聚氧乙烯大环，因此性能与非离子型表面活性剂接近，但在某些方面与典型的开链聚氧乙烯型非离子有明显的区别。表 6-8 列出了两种冠醚表面活性剂和相应的开链聚氧乙烯型非离子表面活性剂的一些性能对比。尽管三种表面活性剂水溶液的浊点都随环氧乙烷单元数的增加和烷基链长的减少而升高，但冠醚Ⅰ的浊点比相应的链状非离子Ⅲ要低得多。这是因为环状的聚氧乙烯中没有端羟基，因此亲水性下降较多。而冠醚Ⅱ环上有羟基和烷氧基，亲水性增强了，因此浊点介于Ⅰ和Ⅲ之间。

表6-8　冠醚表面活性剂与开链聚氧乙烯型非离子表面活性剂的性能比较

品种	R	n	浊点/°C	浊点变化值/°C					界面性质（20°C）		
				LiCl	NaCl	KCl	RbCl	CsCl	cmc/(mmol/L)	γ_{cmc}/(mN/m)	A/nm²
Ⅰ	$C_{12}H_{25}$	2	<0	—	—	—	—	—			
	$C_{12}H_{25}$	3	19.5	—	—	—	—	—	0.021	34.7	0.56
	$C_{10}H_{21}$	3	—	—	—	—	—	—	0.33	33.0	0.56
	C_8H_{17}	3	28.5	-2.5	+12.5	+43.0	+26.5	+11.5			
Ⅱ	$C_{10}H_{21}$	2	33.7	-6.4	-4.1	-7.6	-9.9	-11.1	0.54	32.2	0.46
	$C_{12}H_{25}$	2	22.1	-4.0	-1.0	-6.0	-6.0	-6.9	0.047	32.5	0.48
	$C_{10}H_{21}$	3	45.8	-5.7	-4.5	+1.3	-4.3	-7.8	0.61	33.8	0.57
	$C_{12}H_{25}$	3	36.7	-4.9	-2.8	+3.1	-3.7	-5.8	0.052	33.7	0.59
Ⅲ	$C_{12}H_{25}$	5	89.0	-16	-22.5	-22.5	-22.5	-22.0	0.66	34.8	0.52

　　另一个显著不同点表现在耐盐性方面。对于常规聚氧乙烯型非离子表面活性剂，加入盐一般使浊点下降，相应地亲水性下降，称为盐析效应。但在冠醚类表面活性剂水溶液中加入盐，变化较为复杂。在冠醚Ⅰ溶液中加入 Na、K、Rb、Cs 的氯化物，浊点升高而不是下降，即表现为盐溶效应（亲水性增强），原因是冠醚环能与金属离子形成络合物。当金属离子的直径与冠醚腔孔直径刚好匹配时，能形成很稳定的络合物，这时盐溶效应最大。在表 6-8 中，K 离子的盐溶效应最大，浊点升高幅度最大，Li 离子直径小，易于与水形成络合物，因此均使表面活性剂的浊点下降。不过盐溶效应一般在盐浓度较低时占优势，可使浊点上升，但随着盐浓度的增大，盐析效应会逐渐增强，致使浊点下降。对于具有烷氧基和羟基的冠醚型表面活性剂，由于亲水性较强，加入盐后盐析效应占优势，浊点略有下降。

　　冠醚表面活性剂具有盐溶效应，相当于亲水性提高了，因此在含盐的乳化体系中，冠醚表面活性剂的相转变温度亦会相应地升高，而开链化合物的相转变温度均下降。

　　对烷基冠醚和烷基单氮杂冠醚，冠醚环的大小和 lg(cmc) 之间存在下列关系：

$$\lg(cmc) = a + bP \tag{6-33}$$

　　式中，P 为环氧乙烷数；a 和 b 为与烷基特性有关的常数。对烷基单氮杂冠醚，当烷基分别为辛基、癸基、十二烷基时，b 值分别为 0.278、0.227、0.213。

通常冠醚的 cmc 比相应的开链化合物要低一些，γ_{cmc} 亦较低。在盐水溶液中，情况较为复杂，一般盐溶效应使 cmc 增加，而盐析效应使 cmc 下降。

表 6-9 给出了 N-烷基单氮杂冠醚及相应开链化合物的润湿性及起泡性数据。可见冠醚表面活性剂的润湿能力均优于相应的开链化合物。

表 6-9 N-烷基单氮杂冠醚的润湿性和起泡性及其与相应开链化合物的比较[①]

R	m	润湿力[②]/s	起泡性[③]/mm				
			0s	30s	1min	3min	5min
$C_{12}H_{25}$	3	7.3（12.6）	165（60）	130（10）	50（5）	8（3）	8（0）
$C_{10}H_{21}$	3	6.6（15.3）	55（40）	4（3）	4（3）	0（0）	0（0）
$C_{10}H_{21}$	2	9.0（8.2）	—	—	—	—	—
C_8H_{17}	3	416（907）	—	—	—	—	—
$C_{12}H_{25}O(C_2H_4O)_6H$		7.3	220	140	80	10	1

① 括号中数值为相应开链化合物的数据。
② 改良 Drave 法，0.1%水溶液，25°C。
③ 半微量 TK 法，0.1%水溶液，25°C。

鉴于冠醚化合物具有特殊的环状结构，以及能选择性地络合阳离子、阴离子以及中性分子，当冠醚型表面活性剂的烷基链较长时，它们的脂溶性增强，在相转移催化、金属离子萃取和制作离子选择电极等方面具有良好的应用前景。例如，冠醚型表面活性剂能与阳离子形成络合物，从而使伴随的阴离子能连续地从水溶液相转移到有机相，并且此时的阴离子完全裸露，活性很大。因此，采用阴离子促进的双相反应，冠醚表面活性剂就是一种非常有效的相转移催化剂。在液膜分离中使用冠醚表面活性剂作为流动载体，可获得通量大、选择性高的液膜。例如，用羧酸冠醚作流动载体，可以增加金属离子的迁移通量，还可改变离子的选择性顺序。将烷基乙氧基醚用于氯仿液膜体系中作为载体，通过提高冠醚表面活性剂的疏水性，可以提高碱金属离子的迁移效率，并显著影响离子的选择性。

长链烷基冠醚已作为传感活性物质，制成各种性能优良的离子选择电极。例如用饱和漆酚冠醚与聚氯乙烯成膜，制成的钾离子选择电极，可用于测定复合肥料中的氧化钾含量。用通过酯键与冠醚环相连的表面活性剂制成钾、铯离子选择电极，性能优良，并具有很好的实际应用价值。

6.4 高分子表面活性剂

高分子表面活性剂是指分子量远大于普通表面活性剂分子量（400 左右）的表面活性剂。尽管对高分子表面活性剂的分子量范围没有给出严格的规定，但一般认为分子量在 2000 到数百万。高分子表面活性剂吸附在界面上，将引起界面或溶液状态的变化。一些高分子物质如聚乙烯醇，既可以制成纤维，亦可制成薄膜来使用，而本身又有乳化、凝聚作用，因此也被认为是高分子表面活性剂。

6.4.1　结构和分类

高分子表面活性剂同样可以被分为阴离子型、阳离子型、非离子型和两性离子型等。从来源看，有天然的高分子表面活性剂，如藻朊酸钠、淀粉衍生物、蛋白质或多肽类衍生物等，半合成的如纤维素醚等，以及全合成的如聚氧丙烯聚氧乙烯嵌段共聚物等。表 6-10 给出了简单分类。

表 6-10　高分子表面活性剂的分类

种类	天然型	半合成型	全合成型
阴离子型	海藻酸钠 果胶酸钠	甲基丙烯酸接枝淀粉 羧甲基纤维素（CMC） 羧甲基淀粉（CMS）	甲基丙烯酸共聚物 马来酸共聚物
阳离子型	壳聚糖	阳离子淀粉	乙烯基吡啶共聚物 聚乙烯基吡咯烷酮 聚乙烯亚胺
非离子型	各种淀粉，如：玉米淀粉	甲基纤维素（MC） 乙基纤维素（EC） 羟乙基纤维素（HEC）	聚氧丙烯聚氧乙烯醚 聚乙烯醇（PVA） 聚乙烯基醚 聚丙烯酰胺 烷基酚-甲醛缩合物的 EO 加成物

从构效关系来看，高分子表面活性剂又可以分成两大类。一类是"随机结构"型，它们由脂肪族或芳香族羧酸、聚羧酸与聚乙二醇或多元醇等反应制成。其中聚乙二醇基在三维空间随意连接在疏水基上，因此，分子量分布较宽，产品水溶性、油溶性、乳化能力、分散性能等均随结构、组成而变化。通常兼具分散和乳化能力，在原油乳化或分散、乳液聚合、金属加工、流度控制等领域很有用处。另一类是"坐标结构"型，例如聚氧丙烯（P）聚氧乙烯（E）嵌段共聚物有 EPE 型和 PEP 型等，它们具有不同的溶解性和表面活性。坐标结构型高分子表面活性剂在工业上常用作乳液稳定剂，在乳化炸药、丙烯腈聚合及水/油/水多重乳液体系中有良好的应用前景。

6.4.2　物化性能

对 α-磺基脂肪酸烯丙酯钠盐高分子系表面活性剂的研究表明，与相应的低分子系表面活性剂相比，高分子表面活性剂降低表面张力和界面张力的能力较小，润湿能力/渗透力也较弱，但乳化稳定性很好，如表 6-11 所示。这是因为高分子表面活性剂不能像低分子表面活性剂那样吸附取向，而且由于高分子表面活性剂在较高浓度时发生分子内或分子间缠绕，导致在表面的吸附量进一步减少，从而使得降低表面张力的能力比低浓度时还要小。此外，高分子表面活性剂多数情况下不形成胶束，起泡性较差，但是如果体系一旦发泡，就会形成稳定的泡沫。影响高分子表面活性剂性能的因素包括分子量以及单体的组成等。

表6-11　α-磺基脂肪酸烯丙酯钠盐高分子系表面活性剂的物性及其与相应低分子系表面活性剂的比较

表面活性剂		表面张力①/(mN/m)	界面张力①/(mN/m)	渗透力①/s	乳化稳定性/s
单体	棕榈酸酯	36.5	7.8	18.1	160
	硬脂酸酯	34.8	5.9	31.0	320
低聚物	棕榈酸酯低聚物	68.6	33.9	>1800	11600
	硬脂酸酯低聚物	71.2	31.0	—	5550

① 0.1%溶液。

  在分散体系中，高分子表面活性剂可能一部分吸附在粒子表面，另一部分则溶解于分散介质中。当分子量较低时，能够阻止粒子间缔合而发生凝聚，具有分散和立体保护作用；然而，当分子量较高时，一个分子可能吸附在多个粒子表面，在粒子间架桥，促进形成絮凝物，如图6-5所示。因此，分子量在数万以下的适合用作分散剂，而在百万以上的则适合用作絮凝剂。

  高分子表面活性剂通常具有良好的保水性、成膜性和黏附性，且具有增稠作用。但高分子表面活性剂的去污洗涤作用相对较差。增溶作用取决于分子结构，例如，聚乙烯醇无增溶作用，但聚合皂具有增溶作用，乙二胺聚氧乙烯聚氧丙烯高聚物可作为无毒增溶剂使用。

  高分子表面活性剂一般用作分散体系的稳定剂、絮凝剂、增稠剂，也可用于防水、防油、消泡、抗静电等领域。

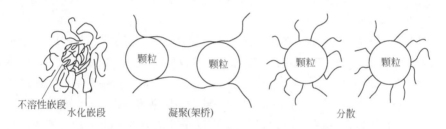

图6-5　高分子表面活性剂对粒子的凝聚与分散作用

6.4.3　常见高分子表面活性剂

（1）天然高分子表面活性剂

  许多天然水溶性高分子物具有表面活性，但降低表面张力的能力不大，大都作为胶体保护剂使用。例如，牛乳中的脂质因有蛋白质的存在而能形成稳定的胶体。天然高分子表面活性剂同样是根据疏水基和亲水基的平衡而表现出不同的表面活性。

  多糖类高分子如羧甲基纤维素、羧甲基淀粉等具有一定的表面活性。纤维素是一种含β-1,4-糖苷的葡聚糖，其中的羧基所形成的氢键使纤维素分子间的相互作用力很大而不能溶于水，但经甲基醚化生成羧甲基纤维素（CMC）后，水溶性显著增加，其水溶液的表面张力亦随之降低。羧乙基纤维素在水中的溶解度取决于疏水基的取代度，取代度越大则其水溶性越差。又如乙基羟乙基纤维素，含有疏水性乙基和亲水性羟乙基，当乙基的取代度高于羟乙基的取代度时，乙基羟乙基纤维素溶液的表面张力降低。如果在乙基纤维素中引入乙氧基，则可抑制纤维素分子间相互作用力，使 OH 基发生水合，而易溶于水。因此分子间相互作用力与水合力的平衡，是多糖溶液保持稳定的必要条件。一般天然高分子表面活性剂不单独作为表面活性剂使用，而是用作辅助剂，如乳化稳定剂、胶体稳定剂或增稠剂、分散剂等。此外，阿拉伯树胶、阿拉伯半乳聚糖、藻朊酸丙二醇酯等也是具有一定表面活性的多糖物质。

蛋白质是由疏水性氨基酸与亲水性氨基酸，以适当比例结合而成的一类天然表面活性物质。明胶、卵蛋白、醋蛋白、大豆以及棉籽蛋白质都有良好的起泡性和保护胶体的作用。微生物表面活性剂中涉及的糖脂或脂蛋白，也是天然高分子化合物。

（2）聚醚系列

聚醚是指以含一个或一个以上活性氢原子的有机化合物为引发剂，加聚环氧丙烷（PO）、环氧乙烷（EO）等烯烃氧化物，得到的具有表面活性的嵌段共聚物。聚醚类产品的性能取决于引发剂的种类、PO 和 EO 的加成顺序、产品分子量等。聚醚类产品品种众多，根据引发剂上官能团（羟基或活性氢）的数目，可分为单官能团、双官能团、多官能团衍生物，最多可达到八官能团衍生物。根据产品的加聚次序，又可分为整嵌型（all block）、杂嵌型（block-heteric 或 heteric-block）和全杂型（all-heteric）三种。整嵌型是在引发剂上先加成一种氧化烯烃，然后再加成另一种氧化烯烃。杂嵌型有两种：一种是引发剂上先加成一种氧化烯烃，然后加成二种或多种氧化烯烃的混合物；另一种是在引发剂上先加成混合的氧化烯烃，然后再加成单一的氧化烯烃。全杂型是在引发剂上先加成一定比例的两种或多种氧化烯烃混合物，然后再加成比例不同的同样的混合物，或比例相同而氧化烯烃不同的混合物。下面分别作简单介绍。

① 单官能团为引发剂的产品

a.整嵌型聚醚　以水溶性单羟基醇或 $C_8 \sim C_{18}$ 单羟基脂肪醇为引发剂，先加成一定数量的 PO，再加成一定数量的 EO，所得产品即为整嵌型聚醚。例如，$C_{16}H_{33}O(PO)_4(EO)_{20}H$。产品中的 EO 含量可通过调节加成数来改变，通常在 40%~75%。这类产品可用作润湿剂、洗涤剂和分散剂。

b.杂嵌型聚醚　一种商品名为 Tergitol 的产品即为杂嵌型聚醚，它是一元醇先与按一定比例混合的 EO、PO 混合物聚合，然后再加 EO 所得的产物。产物中疏水基部分的分子量在 1200~1500 以上，当 EO 与疏水基的质量比为 1:1 时，洗涤效果最好。Tergitol 聚醚对极性芳烃类溶剂具有优良的乳化性能，可用作乳化剂。

② 双官能团为引发剂的产品

著名的 Pluronic 系列产品即属于这一类，结构通式为 $HO(C_2H_4O)_a(C_3H_6O)_b(C_2H_4O)_cH$，属于整嵌型。其中 PO 链部分为疏水基，EO 链部分为亲水基。要具有表面活性，b 至少要达到 15，即聚氧丙烯部分的分子量必须大于 900，一般在 1000~2000 之间，聚氧乙烯（$a+c$）约占总量的 20%~90%。

制备时以丙二醇为引发剂，NaOH 为催化剂，在 120℃ 加聚 PO 至分子量达到要求后再加聚 EO，然后从反应釜中除去低沸点、低分子聚合物，用磷酸或醋酸中和到 pH=7±1，过滤、脱盐，得到产品。EO 和 PO 的加入速度、原料中的水分、反应温度、搅拌速度和催化剂种类和浓度等，均会影响到产品的质量和产量。也可采用氢氧化锶、五氯化锑与路易斯酸或稀土金属作催化剂，获得 EO 分布窄的产物。

Pluronic 聚醚产品在室温下有液状、浆状和片状三种，分别用大写字母 L、P、F 来表示，后面跟两位或三位阿拉伯数字，第一个数字表示聚氧丙烯分子量对应的号数，最后一位数字表示分子中聚氧乙烯部分的质量分数，如图 6-6 所示。例如 L64 表示产品为液状，分子中 EO 含量为 40%，PO 链部分分子量为 1750，在图 6-6 中纵坐标上对应的顺序编号为（6）。P104 表示产品为浆状，分子中 EO 含量为 40%，PO 链的分子量为 3250，在图 6-6 中纵坐标上对应的顺序编号为（10）。

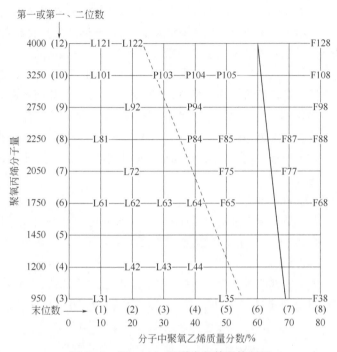

图 6-6 Pluronic 聚醚产品牌号格子图

聚醚一般不吸收空气中的水分。在溶解性方面，醚氧原子能与水形成氢键，故聚醚易溶于冷水。它也可以溶于芳香烃溶剂、丙酮、丁醇、乙醇和异丙醇，但不溶于乙二醇、煤油和矿物油。

根据图 6-7 可以看出 Pluronic 聚醚产品性能的变化规律：产品中 EO 含量越高，在水中的溶解度越大；而 PO 含量增加，则溶解度下降。HLB 值随着产品中 EO 含量增加和 PO 分子量下降而增加。Pluronic 聚醚产品的 cmc 取决于分子的亲水亲油平衡，一般在 10^{-6} mol/L 数量级。

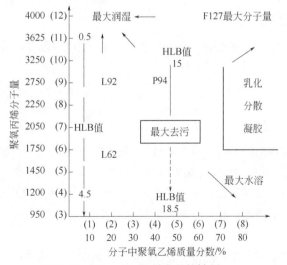

图 6-7 Pluronic 聚醚产品的性质

Pluronic 产品品种较多，能适应各个领域的不同需要。分子中 EO 含量低的如 L61 可用作消泡剂，L62、L72、L92 和 P103 等是化妆品中使用的润湿剂。L64 的去污力较好，F68 的分散性较好。一般 L62、L64 和 F68 常与肥皂配合使用，用于配制高效低泡洗涤剂。F68 和 P103 对钙皂的分散力很强，可用于制备块皂和皂基型洗发剂。Pluronic 产品一般属低泡型表面活性剂，但在 P84、F87 区域，其亲水性和疏水性相平衡，存在着一个最大泡沫区。由于这类产品无刺激性，不会使头皮脱脂，可用于洗发剂中。聚醚的分子量愈高，毒性愈小，加上它具有无味无刺激等特点，可用于耳、鼻、眼各种滴剂配方、口腔洗涤、牙膏及栓剂药物中。它在化妆品中可用作皮肤保护剂及增稠剂，在金属加工中可用作防锈剂、分散剂、破乳剂，也可在塑料和涂料中用作添加剂。分子量在 3000~4500，含 60% EO 的产品以及它的无机酸或有机酸酯，被广泛用作石油破乳剂。这类产品如用 PO 封链，或用 PO 封链后再加 2 分子氯化苄，则产品的疏水性增强，低泡性能更好。

③ 三官能团为引发剂的产品

甘油具有三个羟基，是一种三官能团引发剂。Polyglyol 112 即是三官能团衍生物，其中 EO 含量为 9%~28%；其余为 PO，分子量在 2400 以上，主要用作石油破乳剂。

④ 四官能团为引发剂的产品

以乙二胺作为引发剂，其四个活泼氢皆能加成 PO 和 EO，所得产品为四官能团衍生物，例如商品 Tetronic，PO 部分分子量达到 900~2000，EO 含量约为 20%~90%。分子结构式如下：

$$\begin{array}{c} H(C_2H_4O)_y(C_3H_6O)_x \\ \\ H(C_2H_4O)_y(C_3H_6O)_x \end{array} NCH_2CH_2N \begin{array}{c} (C_3H_6O)_x(C_2H_4O)_yH \\ \\ (C_3H_6O)_x(C_2H_4O)_yH \end{array}$$

该产物的热稳定性优于 Pluronic 产品。根据嵌段共聚物中 PO、EO 的数量与排列，产物亦可呈液状、膏状或片状。产物中 EO 量低时，泡沫极少，可用作泡沫调节剂。产物中 EO 含量高时，则可用作分散剂，如用于乳化漆中的颜料分散及除去锅炉水垢。亦可用作水煤浆的稳定剂和煤、油混合的分散剂。

此外，以二乙基三胺和山梨醇等具有五、六官能团的原料为引发剂，可制得各种不同类型的嵌段共聚物。

（3）聚乙烯醇及其衍生物

聚乙烯醇可由聚醋酸乙烯在碱性或酸性条件下水解制取。通常采用在无水甲醇中碱性水解，反应式如下：

$$\begin{array}{c} +CH_2-CH+_n \\ | \\ O-C-CH_3 \\ \| \\ O \end{array} \xrightarrow[85^\circ C]{NaOH} \begin{array}{c} +CH_2-CH+_n \\ | \\ OH \end{array} \tag{6-34}$$

聚乙烯醇是一种水溶性高分子表面活性剂，根据分子量大小，有高黏度（分子量 17~25 万）、中黏度（分子量 12 万~13.5 万）、低黏度（分子量 3 万~3.5 万）三种，以高、中黏度性能较好。它们具有良好的分散、乳化和保护胶体的作用，广泛用于医药、化妆品以及农药及化学工业中作为乳化剂，在合成树脂工业中用作悬浮液聚合的分散剂，还用于织物上浆、聚酰胺类织物处理等。

聚乙烯醇的一种衍生物聚乙烯醇酯，也是一种高分子表面活性剂，用途和聚乙烯醇差不多，但水溶性比聚乙烯醇要差些。它们可以由聚醋酸乙烯部分水解制得：

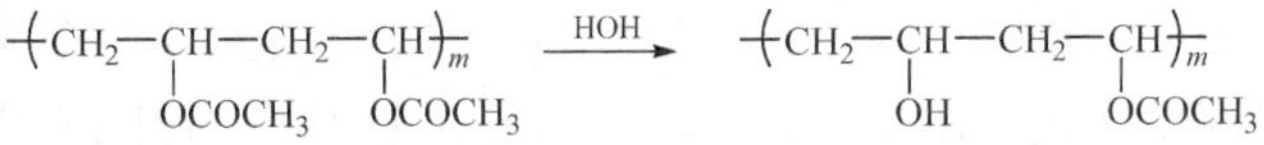

$$\m{+CH_2-CH-CH_2-CH+}_m \xrightarrow{HOH} \m{+CH_2-CH-CH_2-CH+}_m \tag{6-35}$$

将聚乙烯醇的部分羟基缩醛化，则可进一步增加其油溶性：

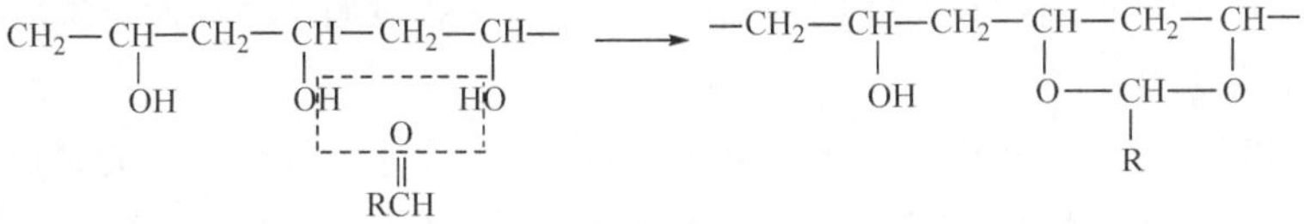

$$CH_2-CH-CH_2-CH-CH_2-CH- \longrightarrow -CH_2-CH-CH_2-CH-CH_2-CH- \tag{6-36}$$

由于分子中的乙酸基不能全部水解，实际反应产物为聚乙烯醇、聚醋酸乙烯、聚乙烯醇缩醛的混合物。上述产品中的部分羟基可以硫酸化，中和后即得到硫酸酯盐型阴离子型表面活性剂。

聚乙烯醇的缺点是表面活性不高，极易吸水。为克服这一缺点，可在分子链中引入有机硅化合物，以提高其表面活性和防水能力。

例如，聚乙烯醇与聚二甲基硅氧烷进行接枝共聚，形成末端具有乙烯基的二甲基硅氧烷，再与醋酸乙烯酯共聚，可得到聚醋酸乙烯与聚硅氧烷的接枝共聚物。共聚物的水溶性可以通过控制分子中硅氧烷的含量进行调节。这类共聚物是优良的乳化剂和分散剂。聚乙烯醇还可以与聚二甲基硅氧烷进行嵌段共聚，得到有机硅改性聚乙烯醇，它们具有较高的表面活性，能够润湿疏水性的合成树脂表面，也是优良的乳化剂和分散剂。图6-8为这两种共聚物的结构式。

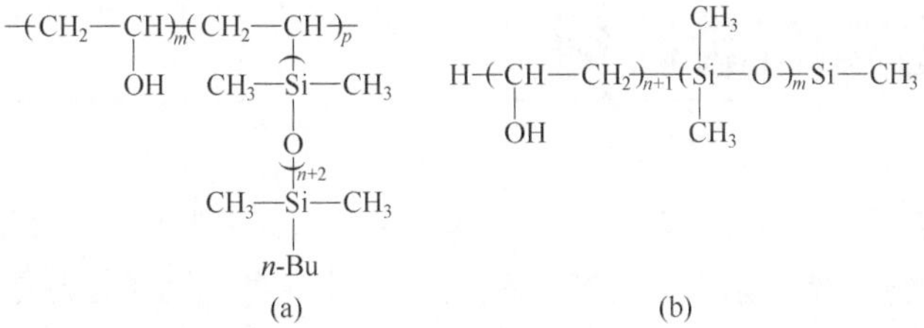

图6-8 聚乙烯醇与聚二甲基硅氧烷的接枝共聚物（a）和嵌段共聚物（b）

（4）聚阳离子型表面活性剂

高分子阳离子能够改善洗发香波对头发的梳理性。相关产品有纤维素和蛋白质水解物的季铵化物、阳离子瓜尔胶、乙烯基吡咯烷酮同季铵化乙烯基咪唑单体的共聚物等。

用羟乙基纤维素与2-羟丙基三甲基氯化铵反应，得到的产物称为聚合物JR，根据黏度大小分为JR125、JR30M和JR400，其中最常用的为JR400（25℃，2%水溶液的黏度为400mPa·s）。小分子季铵化的羟乙基纤维素聚合物被CTFA（美国化妆、盥洗和香味用品协会）命名为聚季铵10。它可改善湿梳和抗缠结性，而且有助于改善干性头发的梳理性和外观。另一种产品硬脂基二铵羟乙基纤维素，在改善干发的梳理性和调理性方面优于前者。

阳离子蛋白肽是一种季铵盐型阳离子聚合物，其分子结构中具有多肽链（通常由胶原蛋白水解得到）和脂肪烷基。多肽链的主干分子量在2000左右，约有80%的有效活性氨基被季铵化。三种商品Croquat L（含十二烷基）、Croquat M（含椰油基）和Croquat S（含硬脂基）在浓度为0.5%~1.0%时，在头发上达到最大黏附，在调理香波、头发调理漂洗剂、膏霜、摩丝、卷发液中用作调理添加剂，效果优于JR400。其它一些蛋白质，如角蛋白、蚕丝、大豆亦可作为季铵化多肽的起始原料。

阳离子瓜尔胶为季铵化的多糖化合物，CTFA命名为聚季铵55，它的商品代号为Jaguar

C-13-S。瓜尔胶基本上是一种直链上有 1~4 个甘露糖单元，侧链上有 1~6 个半乳糖单元的多糖化合物。半乳甘露聚糖的分子量可在 22 万左右。阳离子瓜尔胶（GHPTA）是瓜尔胶的游离羟基与 2,3-环氧丙烷（或 3-氯-2-羟丙基）三甲基氯化铵的反应产物。它对头发和皮肤具有调理性，还可用作香波增稠剂、乳化稳定剂和织物柔软剂等。它与多种表面活性剂、硅氧烷、增稠剂和调理树脂有很好的相容性。

乙烯基吡咯烷酮（VP）和季铵化乙烯基咪唑（VI）单体在水中聚合生成的聚季铵树脂 [式（6-37）]，也是一种聚合阳离子。结构式中 x/y 的比例不同，性能不一样。它们可与阴离子或非离子型表面活性剂复配，用于配制洗涤剂，可使皮肤、头发平滑，无油感。加入这类产品的摩丝，其梳理性、柔和性、蓬松感、平滑性和光泽等特性均较好。

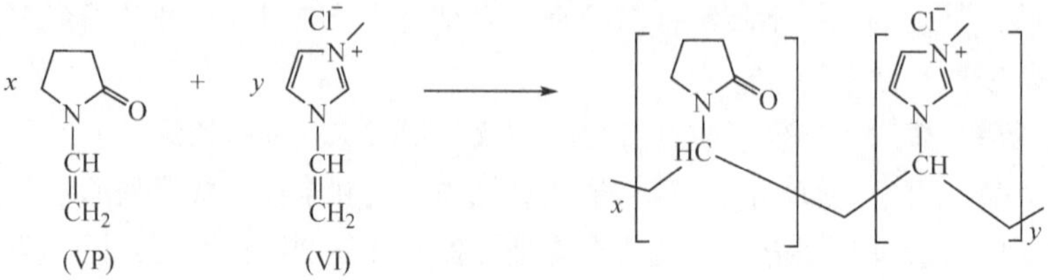

$$(6-37)$$

6.5　生物表面活性剂

生物表面活性剂是指由细菌、酵母、真菌等微生物和其它生命体系产生的表面活性物质。微生物以各种化学物质为食，副产生物表面活性剂，因此生物表面活性剂是微生物的代谢产物。如果使这一生物合成过程在体外进行，例如通过在含有营养物质的培养液中发酵，就能以工业级的规模生产生物表面活性剂。近年来采用休止细胞、固相细胞和代谢调节等手段，可使代谢产物的产率大大提高，从而使工艺简化，成本降低，相关产品可与一些化学法生产的表面活性剂相竞争，还可以合成难以用化学方法合成的产物，以及引进新的化学基团等。

生物表面活性剂易于被生物完全降解，无毒性，在生态学上是安全的。因此生物表面活性剂较合成表面活性剂更易被接受，在许多行业领域具有很大吸引力，例如在农业、建筑业、食品与饮料、工业清洗、皮革工业、乳液聚合、造纸与金属业、纺织品加工、化妆品配方、制药、石油和石油化工以及三次采油（EOR）等行业。不仅如此，近年来生物表面活性剂又开辟了许多新的应用领域，如用于生物修复，作为抗菌剂和免疫调节剂，在基因治疗中作为便利的 DNA 释放剂等。

从分子结构看，生物表面活性剂包括简单脂类、复杂脂类或类脂衍生物等。与常规表面活性剂类似，这些物质的分子中包含非极性的疏水基团和极性的亲水基团，其中非极性基团大多为脂肪酸链或烃链，极性基团则多种多样，有脂肪酸的羟基，单或双磷酸酯基团，多羟基基团或糖、多糖，缩氨酸等。根据亲水基的类别，通常将生物表面活性剂分为糖脂系、酰基缩氨酸系、磷脂系、脂肪酸系以及高分子系等几大类。

6.5.1 糖脂系生物表面活性剂

糖脂系生物表面活性剂是生物表面活性剂中最主要的一种，主要品种有鼠李糖脂、海藻糖脂、槐糖脂等。

（1）鼠李糖脂

鼠李糖脂有如下四种结构形式，即鼠李糖脂Ⅰ、鼠李糖脂Ⅱ、鼠李糖脂Ⅲ和鼠李糖脂Ⅳ：

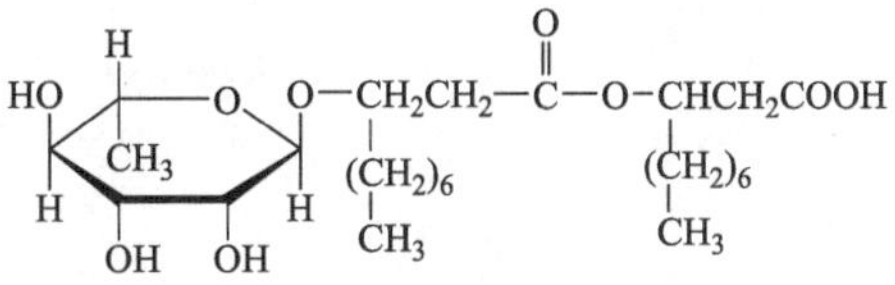

鼠李糖脂Ⅰ

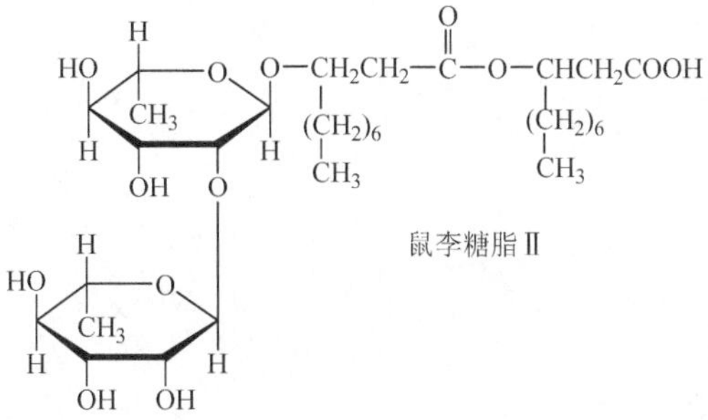

鼠李糖脂Ⅱ

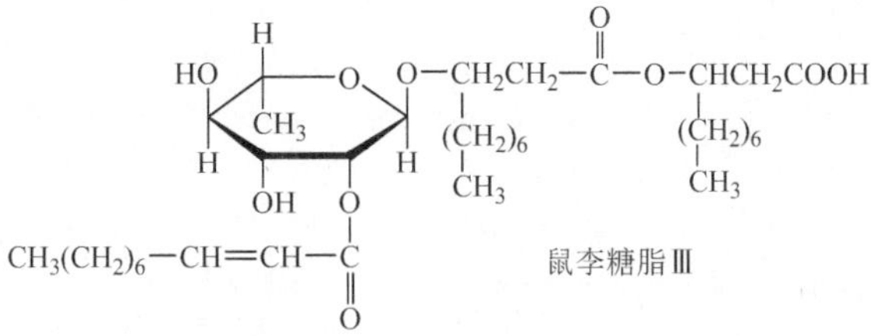

鼠李糖脂Ⅲ

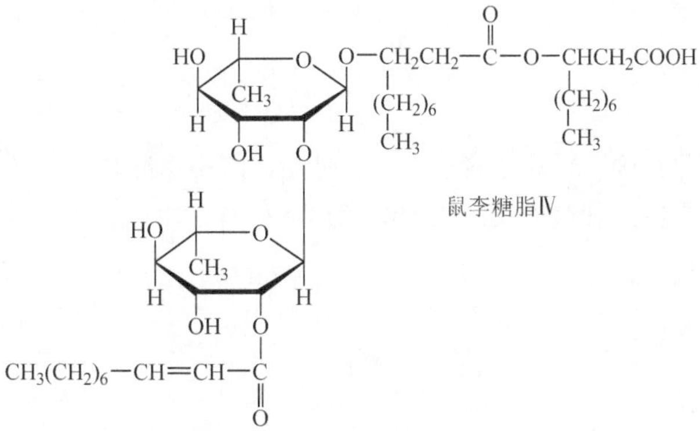

鼠李糖脂Ⅳ

它们是假单孢菌在以正构烷烃为唯一碳源的培养基时，得到的一种表面活性剂。如果假单孢菌在果糖或葡萄糖中生长，只能得到少量产物。一旦有鼠李糖脂生成，将有助于培养基中基质烃的乳化，从而可刺激菌体生长，加速产物的生成。

鼠李糖脂可在多种工业应用中用作乳化剂。加入炼油厂废水的活性污泥处理池中，污泥中的正构烷烃可在两天后完全分解。鼠李糖脂还具有一定的抗菌、抗病毒和抗支原体性能。

（2）海藻糖脂

海藻糖脂广泛存在于棒状杆菌、分枝杆菌和诺卡氏菌中。它是海藻糖（双糖）在6,6′-位上与α-支链-β-羟基脂肪酸（霉菌酸）的酯化产物。菌种和基质不同，霉菌酸中碳原子总数不一样，可由 C_{20} 变到 C_{90}。将红球菌在正构烷烃基质中培养，能分离得到三种海藻糖脂，即单酯、双酯和四酯，如下所示：

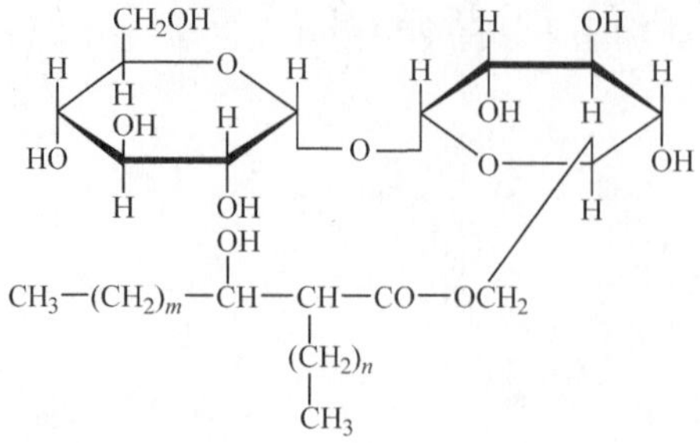

海藻糖脂 I
（单酯，$m=20\sim21$，$n=9\sim11$）

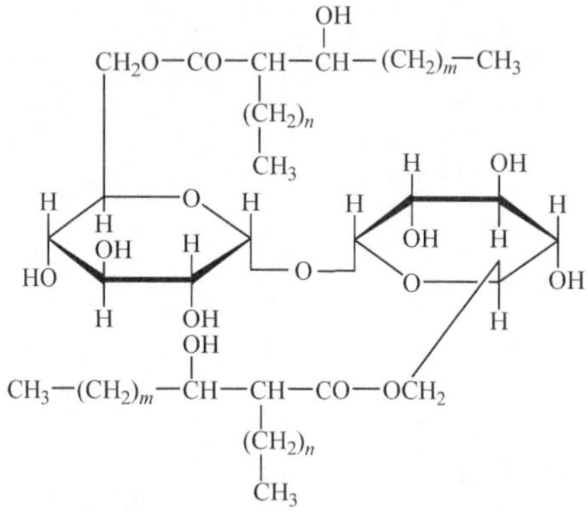

海藻糖脂 II
（双酯，$m=20\sim21$，$n=9\sim11$）

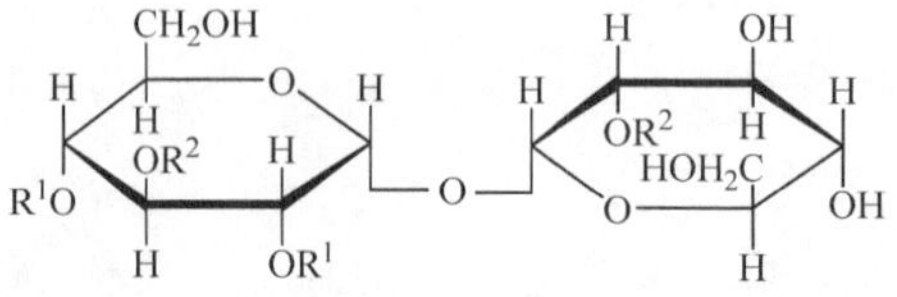

海藻糖脂 III（四酯）
R^1: $OC(CH_2)_6CH_3$; $OC(CH_2)_2COOH$
R^2: $OC(CH_2)_8CH_3$

（3）槐糖脂

球拟酵母或假丝酵母在葡萄糖和正构烷烃或长链脂肪酸中培养时，能产生一系列的槐糖脂。球拟酵母产生的内酯型槐糖脂和酸性槐糖脂的结构如下：

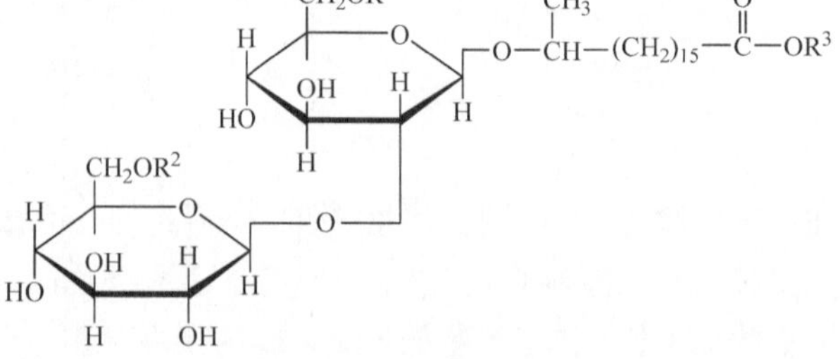

酸性槐糖脂：$R^1=R^2=Ac$，$R^3=H$ 或甲基

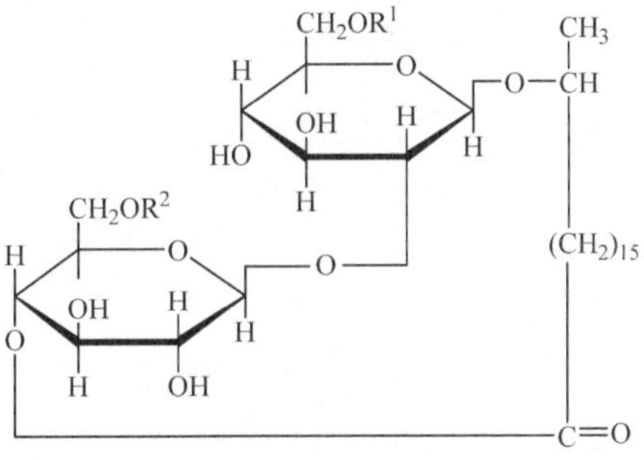

内酯型槐糖脂：$R^1 = R^2 = Ac$ 或 H

　　槐糖脂中羟基酸链的长短取决于培养液中的正构烷烃和脂肪酸的链长。槐糖脂内酯环水解后再用醇使羧基酯化，则可制得不同 HLB 值的产品，适合各种不同用途。在糖的羟基上进行乙氧基化或丙氧基化反应，则可改进产品的乳化性能，可用在化妆品、医药、食品、农药等工业的产品中。将它加入沥青砂中能促使沥青析出。在石油烃发酵中加入槐糖脂衍生物，能够刺激微生物对烃的摄取，并得以更好地生长。

　　表 6-12 列出了一系列糖脂表面活性剂的表面活性参数。可见海藻糖脂和鼠李糖脂Ⅱ的表面活性很好，尤其是可以获得低界面张力，乳化能力很强，可用于三次采油提高石油采收率研究中。

表6-12　一些糖脂的表面活性参数

生物表面活性剂	最低表面张力/(mN/m)	cmc/(mg/L)	最低界面张力/(mN/m)
海藻糖单酯	32	3	16
海藻糖双酯	36	4	17
海藻糖四酯	26	15	<1
鼠李糖脂Ⅰ	26	20	4
鼠李糖脂Ⅱ	27	10	<1
槐糖脂	—	—	1.5
甘露糖脂	40	5	19
葡萄糖脂	40	10	9
麦芽二糖单酯	33	1	1
麦芽二糖双酯	46	10	13
麦芽三糖三酯	35	3	1
纤维二糖双酯	44	20	19

（4）其它糖脂

　　能利用正构烷烃的节杆菌、棒状杆菌和诺卡氏菌，当用蔗糖或果糖培养时，能制得相应的蔗糖-霉菌酸酯及果糖-霉菌酸酯。先用葡萄糖培养节杆菌 SP 做成休止细胞，将休止细胞悬浮于磷酸缓冲液中，再分别加入甘露糖、葡萄糖、麦芽糖、麦芽三糖或纤维二糖，就能分别得到甘露糖单酯、葡萄糖单酯、麦芽糖单酯、麦芽糖双酯、麦芽三糖三酯、麦芽三糖单酯、纤维二糖单酯、纤维二糖双酯。这些糖脂的脂肪酸部分都是α-支链-β羟基的脂肪酸。以下是甘露糖单酯和纤维二糖双酯的结构。

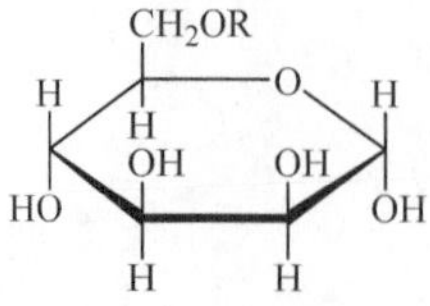

甘露糖单酯 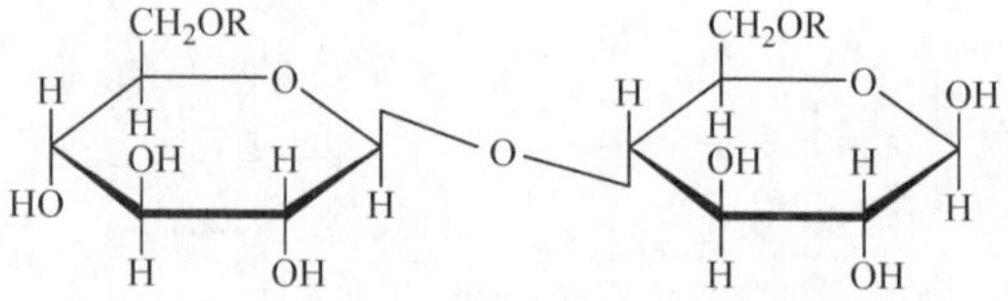　　　　　　　　　　纤维二糖双酯

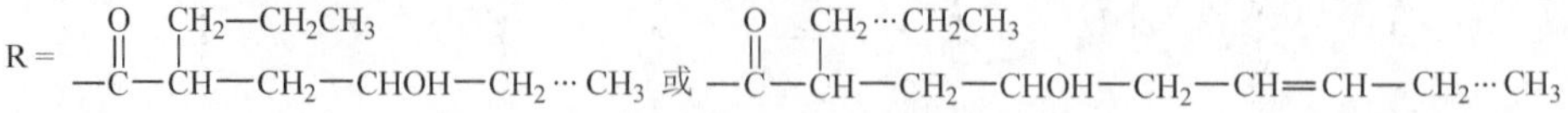

$$R = \begin{array}{c} O \\ \parallel \\ -C \end{array} \begin{array}{c} CH_2-CH_2CH_3 \\ | \\ -CH-CH_2-CHOH-CH_2\cdots CH_3 \end{array} \; 或 \; \begin{array}{c} O \\ \parallel \\ -C \end{array} \begin{array}{c} CH_2\cdots CH_2CH_3 \\ | \\ -CH-CH_2-CHOH-CH_2-CH=CH-CH_2\cdots CH_3 \end{array}$$

这类糖脂临界胶束浓度较低，表面活性较好，尤其是热稳定性较好，最低界面张力几乎不受温度影响。如果改变糖脂中的糖组成和脂肪酸组成，则可以得到不同 HLB 值的产物，可适合各种不同的用途。

6.5.2　酰基缩氨酸系生物表面活性剂

一种由枯草杆菌产生的脂肽型生物表面活性剂，由七个氨基酸与一个羟基脂肪酸构成，商品名为表面活性蛋白（Surfactin），是一种极好的表面活性剂，浓度为 0.005%时，水溶液的表面张力可降至 27.9mN/m。

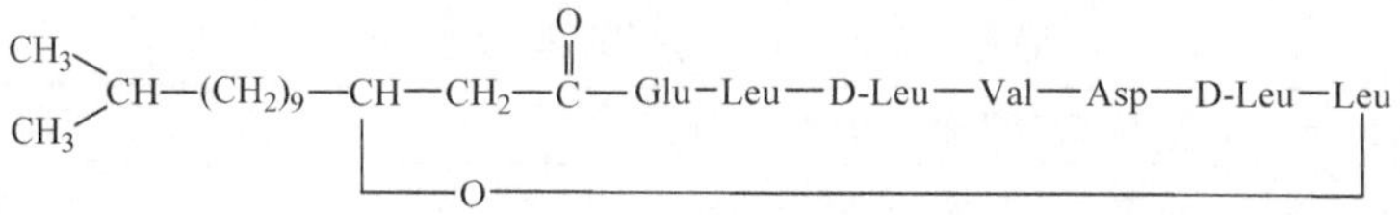

式中的氨基酸代号分别为 Glu：谷氨酸；Leu：亮氨酸；Val：缬氨酸；Asp：天冬氨酸；D：右旋（其余未注明者为左旋）。

从枯草杆菌中可以分离得到如下式所示的一种类似于 Surfactin 的物质，其结构中的 β-羟基被一个 β-氨基取代了，其中 Thr 代表苏氨酸，Ser 代表丝氨酸。这种表面活性剂具有溶菌和抗菌作用。

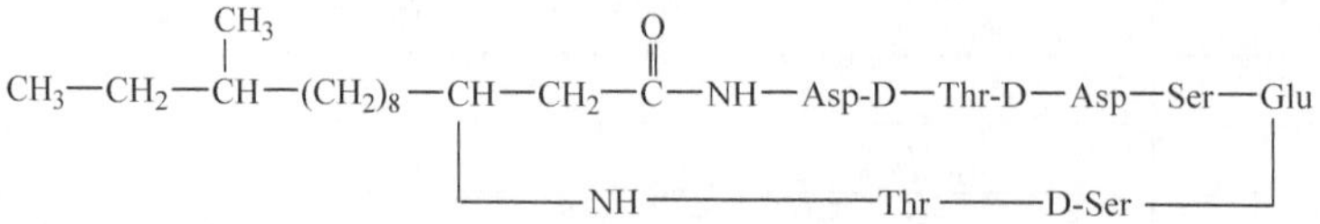

6.5.3　磷脂系及脂肪酸系生物表面活性剂

从大豆和蛋黄中制得的表面活性剂磷脂可作为食品乳化剂使用。不过利用微生物在菌体外产生磷脂得率太低，尚未达到工业级开发利用阶段。

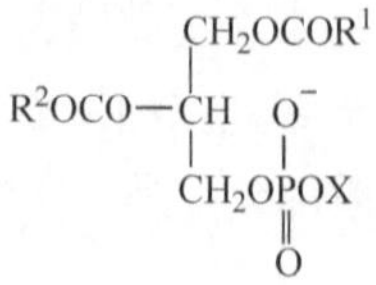

甘油磷脂

式中，X = H，磷酸酯；X = CH₂CH₂NH₂—，磷脂基乙醇胺；X = CH₂CH₂N(CH₃)₂—，磷脂

基胆碱（卵磷脂）；R = 饱和酸（棕榈酸或硬脂酸）和不饱和酸（油酸、亚油酸、亚麻酸、花生四烯酸）。

　　用棒状杆菌从煤油发酵可得到霉菌酸（corynomycolic acid）和 Tabuchi。用青霉素属菌从葡萄糖发酵可得到羟基三元酸青霉孢子酸。霉菌酸可应用于从焦油沙或油页岩分离回收沥青的过程中，特别有效。青霉孢子酸钠盐的临界胶束浓度为 3.92×10^{-3} mol/L，表面张力为 32mN/m，表面活性与十二烷基硫酸钠相同，且具有低泡性质。它们还可以用于金属防锈剂、抗静电剂、防油剂、去油剂和渗透剂中。

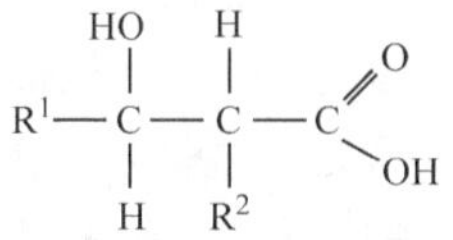

霉菌酸（corynomycolic acid）

$R^1 = C_{40}H_{73}, C_{42}H_{77}, C_{44}H_{81}, C_{46}H_{85}, C_{48}H_{89}, C_{50}H_{93}; R^2 = C_{14}H_{29}, C_{16}H_{33}$

6.5.4　高分子系生物表面活性剂

　　高分子系生物表面活性剂包括 Emulsan、Alassan、甲壳素（liposan）、酯甘露聚糖（lipomannan）等。其中 Emulsan 是一种脂多糖，具有很好的乳化能力，它们是醋酸钙不动杆菌的代谢产物，一种脂多糖 Emulsan 的结构如下：

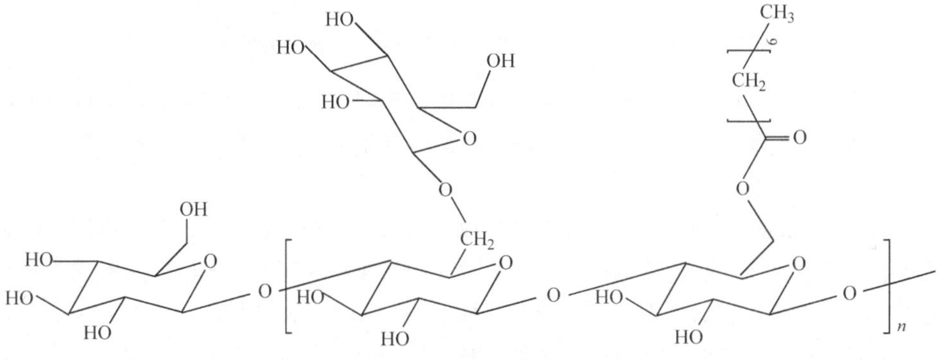

分子量=12000~13000（n=1000~1500）

　　Emulsan 还可以是由 N-乙酰半乳糖胺、N-乙酰化半乳糖醛酸和结构不明氨基糖构成的多糖与脂肪酸酯化后的产物，脂肪酸主要成分为 α-和 β-羟基十二酸，它的分子量接近 1×10^6。它能使稠油乳化在水中，这对重油的运输以及将重油乳化后用作燃料、节省能源方面有着重要意义。利用它对烃类的独特的乳化能力，可有效地除去石油污染物，如清洗石油贮槽和油库。

　　目前。关于生物表面活性剂的研究方兴未艾，在生命科学领域的应用也日益广泛。例如由肺内或外部的肺泡细胞形成的生物表面活性剂，称为肺表面活性剂，主要成分大约为 90%的磷脂和 10%的蛋白质，能使肺内气体加速交换。肺表面活性剂吸附在肺泡的空气-水界面，以极性头基朝向水侧，疏水尾链朝向空气，降低了肺泡内气/液界面的表面张力，有助于防止呼吸结束时肺的塌瘪，使肺更容易扩张，从而大大减少呼吸功。一些早产婴儿由于缺乏肺生物表面活性剂，会导致呼吸机能障碍，利用从其它来源衍生的肺表面活性剂，可用来治疗相关的一些病症。不过，目前大部分生物表面活性剂产量很小，远未达到工业级生产的规模，今后尚须开发大规模的发酵技术，使生物表面活性剂的成本能与合成表面活性剂竞争。

6.6　双子表面活性剂

6.6.1　概述

　　传统的表面活性剂一般由一个亲水基团和一个疏水尾链构成，而双子表面活性剂可看作是将两个传统表面活性剂分子在头基处或靠近头基处通过连接链连接而成，如图6-9所示，也被称为二聚表面活性剂。在结构上，双子表面活性剂更为复杂，其结构影响因素中除了头基种类和烷基链长外，又增加了连接链的结构因素。而在名称上，早期出现过多种，如孪连、偶联、双生、双联、二聚等，最终双子（Gemini）这一名称被广泛认可和采用。Gemini原意是指天上的双子星座，可以形象地表现出这类表面活性剂的分子结构特点。

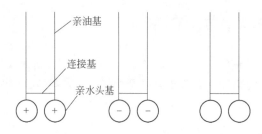

图6-9　双子（Gemini）表面活性剂的结构示意图

　　表面活性剂在科学研究和生产生活中发挥着重要作用，因此，探索具有新颖性能和结构的表面活性剂是人们长期以来追求的目标。正是在这一背景下，双子表面活性剂应运而生，它是表面活性剂发展史上的一个里程碑。

　　自1991年Menger给双子表面活性剂命名以来，人们对双子表面活性剂已持续关注和研究了近三十年。很多表面活性剂领域的著名专家对双子表面活性剂的研究与发展起到了重要的推动作用[1-4]。在此期间，大量新型的双子表面活性剂不断涌现，尤其是双子表面活性剂自组织行为受到广泛关注和深入探索，因为双子表面活性剂易于形成新颖的聚集体，而表面活性剂介观聚集体的形态和性质与分子结构密切相关。

　　双子表面活性剂含有两条疏水链、两个亲水头基和一条连接链，任何结构要素的改变，都有可能影响双子表面活性剂的自组织性能，进而影响到聚集体的形态和性质。因此，对双子表面活性剂的研究，为人们从分子水平认识和调控表面活性剂的自组织行为提供了重要途径。此外，人们对双子表面活性剂的应用性能也做了大量研究，如胶团催化、纳米粒子制备、基因转染、金属缓蚀等。研究结果表明，与传统的单头单尾表面活性剂相比，双子表面活性剂在表面活性、聚集行为、协同作用和应用性能等方面均有突出的表现，因此被誉为"新一代表面活性剂"。

6.6.2　双子表面活性剂的性能特点

（1）聚集能力更强

　　双子表面活性剂的临界胶束浓度，要比具有相同疏水链长度的单头单尾表面活性剂至少低一个数量级。这是因为，连接链的存在，使得双子表面活性剂分子内的两个疏水基团之间更容易产生相互作用，具有更强的疏水性。此外，在连接链的作用下，双子表面活性剂两个头基之间的排斥作用通常会被削弱。在分子间疏水作用增强而排斥力减弱的情况下，双子表面活性剂更容易聚集，在很低浓度下即可形成胶束。对某些具有特殊连接基团的双子表面活性剂而言，其临界胶束浓度甚至可以比相应的常规表面活性剂低三个数量级。

（2）具有更高的降低水的表面张力的效率

原因如上所述，由于双子表面活性剂具有更强的疏水性，在很低浓度下即可吸附到气/液界面，使水的表面张力急剧下降，以降低体系的自由能。在应用过程中，少量的双子表面活性剂即可达到与传统表面活性剂在更高浓度时的类似效果，可以大大降低使用成本。

（3）某些含有短连接链的阳离子型双子表面活性剂是优良的杀菌剂

传统的阳离子型表面活性剂在水溶液中解离后，由于静电排斥作用，具有表面活性的阳离子倾向于相互远离，直至达到或超过静电平衡的距离。而在双子表面活性剂中，两个离子头基被连接链通过化学键连接在一起。由于无法相互远离，双子表面活性剂的头基电荷密度显著增强，因而有更高的效率与带负电的细菌表面结合，从而破坏细胞膜的功能，表现出优良的杀菌性能。

（4）易于形成新颖的聚集结构

表面活性剂在水溶液中可以自组装，形成各种聚集体，包括球状胶束、棒状胶束、层状胶束、囊泡等。双子表面活性剂的分子结构复杂，任一结构要素的改变，都有可能影响到分子间的相互作用方式，改变分子的空间构型，从而可以产生新的聚集体形貌，赋予体系新的性能。例如，传统表面活性剂十二烷基三甲基溴化铵（$C_{12}TAB$）在很宽的浓度范围内只能形成球状胶束，而同样含有十二烷基链的双子表面活性剂 12-2-12 在 0.5%（质量分数）时已经能形成蠕虫状胶束[5]，使溶液表现出显著的黏弹性。值得关注的是，这里蠕虫状胶束的形成不需要任何添加剂，只需要调节表面活性剂的浓度即可，显示出双子表面活性剂在形成线状聚集结构方面的明显优势。此外，双子表面活性剂还可以形成厚壁囊泡[1]、管状囊泡和网状结构聚集体等[6]。

此外，依赖于具体的分子结构，双子表面活性剂还可能具有更低的 Krafft 点，具有更好的钙皂分散性能以及良好的配伍性能等。

6.6.3 阳离子型双子表面活性剂

（1）连接链为聚亚甲基的双烷基季铵盐双子表面活性剂

阳离子型双子表面活性剂主要指季铵盐型双子表面活性剂，其中，连接链为聚亚甲基的双烷基季铵盐双子表面活性剂，得到了最为广泛的研究。这一系列的表面活性剂，分子结构和合成步骤简单，可以称为研究双子表面活性剂的模型化合物。大部分双子表面活性剂的特性与相互作用规律均是通过研究这一系列表面活性剂而获得的。该系列表面活性剂可简写为 *m-n-m*，其中，*m* 指单烷烃链中含有的碳原子个数，*n* 指聚亚甲基连接链中含有的碳原子个数，其分子结构如图 6-10 所示。

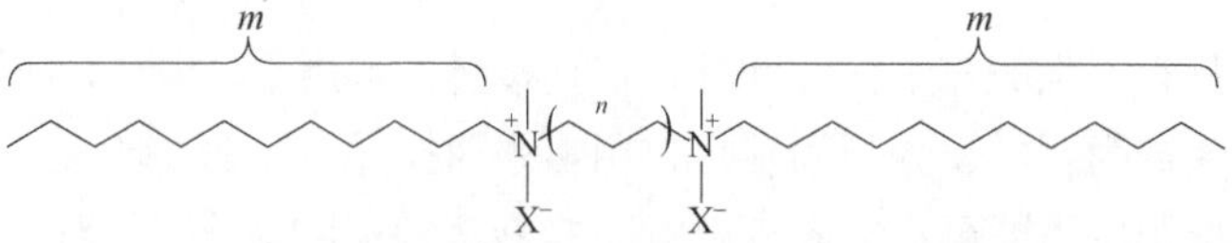

图 6-10　季铵盐型双子表面活性剂结构示意图

图 6-10 中，X⁻代表氯离子、溴离子或碘离子。其中含氯离子的化合物由于中间体的成本较低，多出现在工业产品中；而含溴的化合物由于中间体活性较高，合成较为方便，在文献中最为常见。

① 合成方法

m-n-m 的常规合成步骤是，以乙醇、异丙醇或乙腈为溶剂，将烷烃链中含有 m 个碳原子的 N,N-二甲基烷基胺与含有 n 个碳原子的二卤代烷按照摩尔比 2.1：1 投料，加热回流反应 12~48h。为了得到高纯度的化合物，反应结束后，可在乙醇/乙酸乙酯混合溶剂中重结晶。双子表面活性剂含有的连接链越长，结晶产率越低。

但是，连接链含有两个碳原子（$n=2$）的双子表面活性剂 m-2-m，合成路线有所不同。用 N,N-二甲基烷基胺与 1,2-二溴乙烷反应时，反应体系经常会变成棕黑色，得不到目标产物。这类化合物的合成通常是以 N,N,N',N'-四甲基乙二胺和烷烃链中含有 m 个碳原子的溴代烷按摩尔比 1：2.1 投料，反应结束后，再进行重结晶以得到纯的目标产品。

还有一种连接链含羟基的季铵盐型双子表面活性剂，合成路线较为特别。但由于成本较低，产率很高，有望工业化生产。其合成反应式如下：

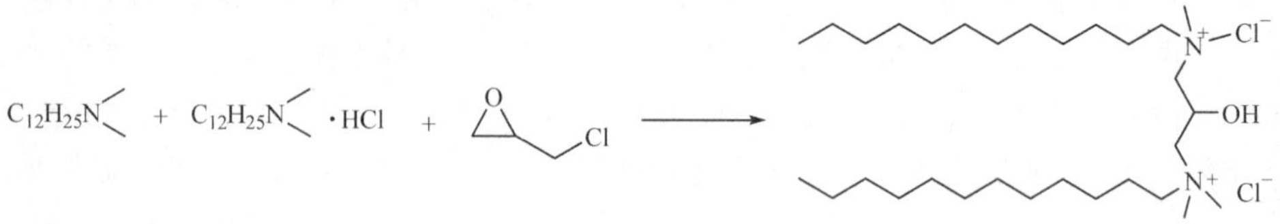

$$C_{12}H_{25}N \diagup\diagdown \; + \; C_{12}H_{25}N\diagup\diagdown \cdot HCl \; + \; \overset{O}{\triangle}\diagdown Cl \longrightarrow \qquad (6\text{-}38)$$

示例性的合成步骤如下[7]：

将 N,N-二甲基十二胺（1.71g，8mmol）、N,N-二甲基十二胺盐酸盐（0.99g，4mmol）、环氧氯丙烷（0.37g，4mmol）和 5mol 乙醇或异丙醇混合，加热回流 3h 以上，停止反应。目标产品的产率在 95%以上。

② 性能特点

目前已有大量关于双子表面活性剂表面活性的研究。主要是通过表面张力法获得降低水的表面张力的效率（使水的表面张力下降 20mN/m 所需的表面活性剂的浓度的负对数）和效能（临界胶束浓度时溶液的表面张力 γ_{cmc}）。

表面活性剂在气/液界面的分子占据面积是表面活性剂的重要性能参数，可以通过表面张力法结合 Gibbs 吸附公式计算得到。季铵盐双子表面活性剂在水溶液中解离时，会形成一个二价的有机阳离子和两个一价的阴离子，因此 Gibbs 吸附公式中的 n 值（注意区别于图 6-10 中 n 值）一般应该取 3。然而，中子反射研究结果表明[8]，双子表面活性剂溶液中 n 的取值较为复杂。在临界胶束浓度（cmc）时，对于 12-2-12、12-3-12、12-4-12 以及 12-12-12 等含有柔性亚甲基链的化合物来说，n 一般取 2，因为根据实验结果，人们推测认为，解离的二价有机阳离子实际上与一个一价的阴离子缔合了，造成实际解离出的颗粒数为 2，因此 n 的取值为 2。而对于一种中间连接基团为二甲苯基的双子表面活性剂 12-xylyl-12 来说，n 的取值为 3，即不存在二价有机离子与反离子缔合的情况。另外，在一种连接链为聚氧乙烯醚基团的松香基双子表面活性剂体系中，n 的取值也是 3[9]。可见，双子表面活性剂在水溶液中的解离情况不仅与浓度有关，还与其分子结构有关。因此，当涉及双子表面活性剂的分子占据面积时，对 n 的取值的判断要格外谨慎。需要综合考虑分子结构与实验数据的合理性，才能得到相对准确的结论。

Zana 等研究了连接链的长度对表面活性剂分子占据面积的影响，发现分子占据面积的最大值出现在连接链碳原子数 n=10~12 处。这种情况是聚亚甲基连接链的构型发生变化而造成的。在 n<10 时，由于头基之间的静电排斥作用，连接链主要采用线状构型平躺在气/液界面。因此在 n 较小时，分子占据面积随 n 的增加而快速增大。在 n>10 时，连接链的疏水性变大，为了降低体系的自由能，连接链向疏水链一侧（空气侧）弯曲，形成倒 U 形的构型，减少了分子占据面积，且随着 n 的继续增大，疏水基团之间的内聚力增加，分子占据面积持续减小。

表面活性剂分子在界面占据面积的变化，会影响溶液中的介观聚集体结构。Zana 等研究了连接链长度对表面活性剂在水溶液中的聚集体形貌的影响。当 n<4 时，双子表面活性剂 12-n-12 在较低浓度下即可形成线状或蠕虫状胶束；当 4<n<12 时，表面活性剂只能形成球形胶束；而当 n>12 时，体系中开始出现囊泡结构；在 n=20 时，溶液中出现单层球形囊泡、双层球形囊泡与双层管状囊泡共存的情况。溶液中聚集体形态随着连接链长度变化的原因如下：当 n<4 时，由于连接链较短，头基之间的距离较近，形成了较小的头基占据面积，有利于表面活性剂形成低曲率的聚集体；当 4<n<12 时，随着连接链长度的增加，头基之间的距离增加，导致了较大的头基占据面积，分子的排列参数减小，体系中倾向于形成球形胶束；当 n>12 时，由于疏水性的连接链向疏水链一侧弯曲，客观上起到了增大疏水基体积的作用，排列参数再次增加，促使分子形成囊泡结构。

临界胶束浓度（cmc）是表面活性剂重要的表面活性参数之一。相对于单链表面活性剂而言，双子表面活性剂疏水链间的相互作用更强，其 cmc 至少低一个数量级。如 DTAB 的 cmc 为 15mmol/L，而 12-2-12 的 cmc 仅为 0.81mmol/L。一般而言，在连接链长度不变的情况下，疏水链碳原子数在 6<m<18 范围内，双子表面活性剂的 cmc 的对数值会随着疏水链长度的增加而减小[10]。但当 n=8 时，双子表面活性剂的 cmc 在 m=14 时开始偏离线性关系，而这种偏离现象也存在于多个长链表面活性剂体系之中，如连接链含有刚性结构的苯基系列阳离子型双子表面活性剂，以及连接链为 2-羟基-1,3-亚丙基的系列表面活性剂等。这一现象是由于体系中发生了表面活性剂的预聚集。

疏水链的长度与表面活性剂的水溶性密切相关。Krafft 点（T_K）是衡量离子型表面活性剂水溶性优劣的重要参数。与传统单链表面活性剂相同，双子表面活性剂 m-2-m 的水溶性也随着疏水烷烃链长度的增加而降低，表现为其 T_K 值的逐渐升高[11]。而 T_K 值随着双子表面活性剂中连接链长度的变化情况更为复杂。Zana 等研究了连接链的长度对表面活性剂 T_K 和熔点（T_M）的影响。发现对 12-n-12 而言，随着 n 的增大，T_K 呈现出先减小再增大而后继续减小的趋势；当 n=5 时，T_K 降至 0℃以下；当 n 达到 15 附近时，Krafft 点达到最高。而 T_M 则是随着 n 的增大先增加再减小而后继续增大，在 n=5 时达到最高，n=12 时达到最低。连接链与疏水链的变化对双子表面活性剂的 T_K 的影响大不相同，这也是双子表面活性剂的魅力所在。

（2）其它阳离子型双子表面活性剂

Rosen 等对比了连接链为 2-羟基-1,3-亚丙基[m-3(OH)-m]、2,3-二羟基-亚丁基[m-4(OH)2-m]

和刚性的苯基（*m*-Ar-*m*），疏水链碳原子数为 8~18 的阳离子型双子表面活性剂的吸附和聚集行为。结果表明，在稀溶液中，当 *m* 处于一定范围时，这些表面活性剂的表面活性随 *m* 的增加而增强；当 *m* 超过一临界值时，表面活性的增强偏离预期，溶液中发生了预聚集。烷基链越长，越容易发生预聚集；连接链为柔性和亲水性的短链双子表面活性剂具有更好的表面活性。Zhao 等合成了系列连接链含羟基的阳离子型双子表面活性剂 *m*-3(OH)-*m*，并研究了连接链中羟基的存在对双子表面活性剂在表面和水溶液中聚集行为的影响。通过与 *m*-3-*m* 的对比研究表明，*m*-3(OH)-*m* 在稀溶液中倾向于通过分子间氢键作用形成二聚体结构，进而提高表面活性。同时，二聚体的形成增强了分子间的疏水相互作用，极大地促进了表面活性剂在表面的吸附和溶液中的自组装行为。12-3(OH)-12 在低浓度时的零剪切黏度远高于 12-3-12，形成的蠕虫状胶束更长。烷基链长的增加则使得表面活性剂更易于聚集。14-3(OH)-14 比 12-3(OH)-12 具有更高的黏弹性，可在较低浓度时形成凝胶态。

6.6.4　阴离子型双子表面活性剂

与阳离子型双子表面活性剂相比，目前对阴离子型双子表面活性剂的研究较少。然而，阴离子型双子表面活性剂种类也比较多，主要有磷酸酯盐型、磺酸盐型和硫酸酯盐型等。其中磺酸盐型双子表面活性剂因其原料价廉易得而被广泛研究，该产品具有高的表面活性、优良的耐温性能和良好的去污性能。

（1）烷基二苯醚二磺酸盐

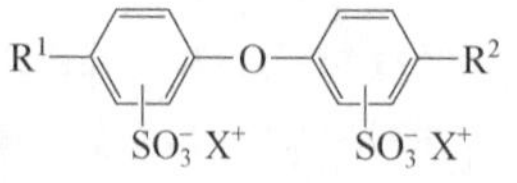

图 6-11　烷基二苯醚二磺酸盐结构示意图

烷基二苯醚二磺酸盐是最早实现工业化的阴离子型双子表面活性剂，是由二苯醚经烷基化、磺化及中和后所得的一种阴离子型双子表面活性剂，其分子结构如图 6-11 所示，其中 R¹ 和 R² 代表烷基链，X⁺ 代表钠离子或钾离子。

烷基二苯醚二磺酸盐起初是用直链或环状脂肪醇硫酸酯与二苯醚缩合而成的。后来 DOW 公司开发了工业化生产工艺，包括烷基化和磺化两部分。首先二苯醚与烷基化试剂（长链卤代烷、长链醇及长链 α-烯烃）在催化剂（路易斯酸）的催化作用下，发生缩合反应，生成烷基二苯醚。然后在惰性溶剂如二氯甲烷存在下用磺化剂（浓硫酸、发烟硫酸、三氧化硫或氯磺酸）磺化烷基二苯醚，得到烷基二苯醚二磺酸粗品，经分离和 NaOH 中和后得到烷基二苯醚二磺酸钠，反应式如下：

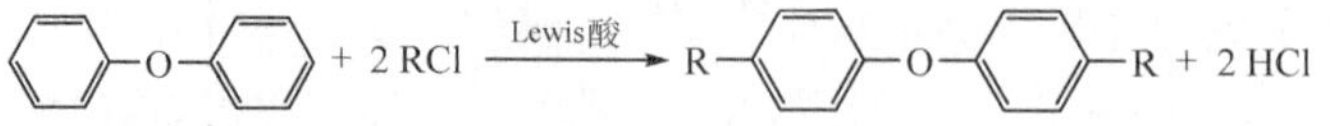

（6-39）

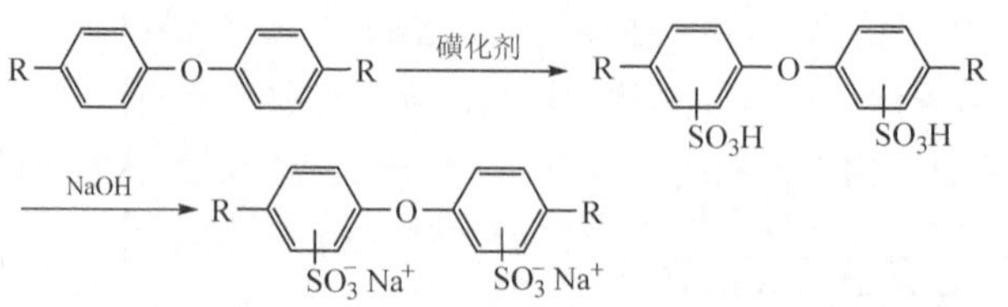

（6-40）

作为阴离子型双子表面活性剂，双烷基二苯醚二磺酸盐具有较低的 cmc 和 γ_{cmc}。此外，它还具有优良的洗涤能力、抗硬水能力、起泡与稳泡能力、漂洗能力、与漂白剂的相容性、抗氧化性和热稳定性等。随着制造技术的发展以及洗涤剂产品的更新换代，双烷基二苯醚二磺酸盐的多功能性和组成可调性，均有利于其在民用洗涤剂中的应用。双烷基二苯醚二磺酸盐的高温稳定性和抗电解质能力，将使其在三次采油、土壤净化、亚表面修复等方面得以大量应用。

（2）双烷基链二磺（硫）酸盐

双烷基链二磺酸盐型双子表面活性剂，也是一种重要的阴离子型表面活性剂，一些结构如图 6-12 所示。由于 Krafft 点较低，抗硬水能力强，磺酸盐型双子表面活性剂可应用于许多领域（如三次采油和洗涤剂）。在 20 世纪 90 年代，Zhu 等[12,13]合成了几个系列磺酸盐双子表面活性剂，与相应的单链表面活性剂相比，具有较高的表面活性和较低的 cmc 值。Du 等[14]合成了七种新型双子表面活性剂二烷基苯磺酸钠，并对其表面活性、Krafft 点和熔融温度进行了测量，发现了它们的一些异常特性。例如，某些表面活性剂在较低温度下并没有降低表面张力的能力，但随着温度的升高表现出良好的表面活性。同时由于连接基团的作用，疏水基团更长的表面活性剂比疏水基团短的具有更高的 cmc。连接链的碳原子数和烷基链碳原子数均会影响这一类表面活性剂的 Krafft 点和熔融温度。2010 年 Chang 等[15]合成了双子表面活性剂聚乙二醇月桂酸酯磺酸二钠（简称 C_{12}-PEG-C_{12}），并应用于软模板制备微/纳米晶体 $BaCrO_4$ 和 $PbCrO_4$ 的制备。结果表明，$BaCrO_4$ 和 $PbCrO_4$ 微/纳米晶体的大小和形态，随 C_{12}-PEG-C_{12} 连接基长度的变化而变化，说明聚乙二醇连接基的长度对 $MCrO_4$ 微/纳米晶体的大小和形状具有重要的影响。

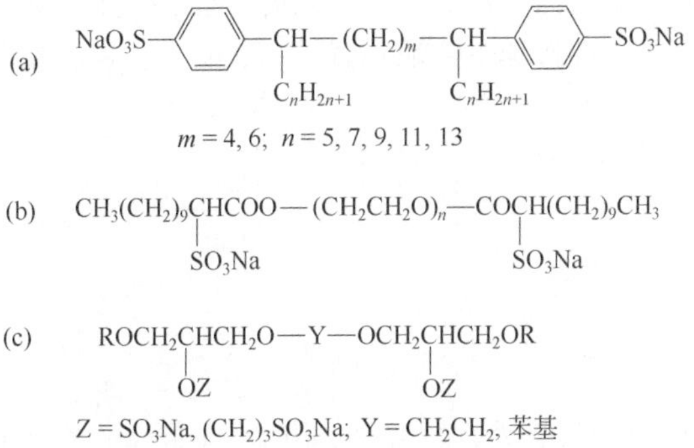

图 6-12　一些双烷基链二磺（硫）酸盐型双子表面活性剂的结构

（3）其它阴离子型双子表面活性剂

① 羧酸盐型双子表面活性剂

这类双子表面活性剂的亲水基、亲油基及连接基之间的连接方式，一般是由酰胺键、醚键、硅氧键、碳碳键、碳氮键等键合而成，其中酰胺键和醚键是最常见的两种键合方式。含酰胺基、酯基和醚基的双子表面活性剂，具有较好的生物降解性能。羧酸盐型双子表面活性剂除了具备原料来自天然、性质温和、易于降解等优点外，还克服了普通羧酸盐型表面活性剂在硬水中易形成钙镁皂沉淀的缺陷，因而羧酸盐 Gemini 表面活性剂被誉为有发展潜力的新型表面活性剂。

最早的羧酸盐型双子表面活性剂是采用乙二胺、丙烯酸酯和脂肪酰氯为原料合成的，通过改变碳链长度和连接基长度，可以得到一系列的化合物[16]。示例反应步骤如下：

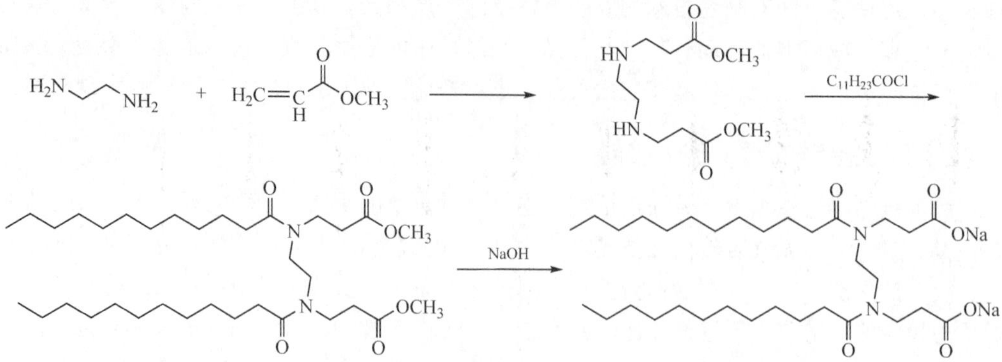

$$(6-41)$$

赵剑曦等研究了系列含有长刚性连接基团的羧酸盐型双子表面活性剂的性能[6,17,18]。长的刚性连接链无法弯曲，阻碍了同一分子内两条疏水链的靠近，在两条疏水链和刚性连接链之间形成了一定的空间，起到了疏水基体积的作用，称为"拟疏水基体积"。因此，尽管长刚性连接链增加了表面活性剂的头基占据面积，但形成的"拟疏水基体积"对于表面活性剂疏水基体积的增加起到了更为显著的作用。这类表面活性剂与具有较短连接链的双子表面活性剂类似，易于形成蠕虫状胶束等不对称的聚集结构。

②　磷酸酯盐型双子表面活性剂

这类双子表面活性剂与天然磷脂有相似的头基结构，水溶液具有良好的耐酸、耐碱、洗涤与生物降解性能。磷酸酯盐型阴离子双子表面活性剂的常规合成步骤为：在三乙胺的存在下，将二元醇与 $POCl_3$ 反应，然后在搅拌下滴加长碳链脂肪醇，水解脱氯后，经过 NaOEt/EtOH 处理得到。示例反应式如下：

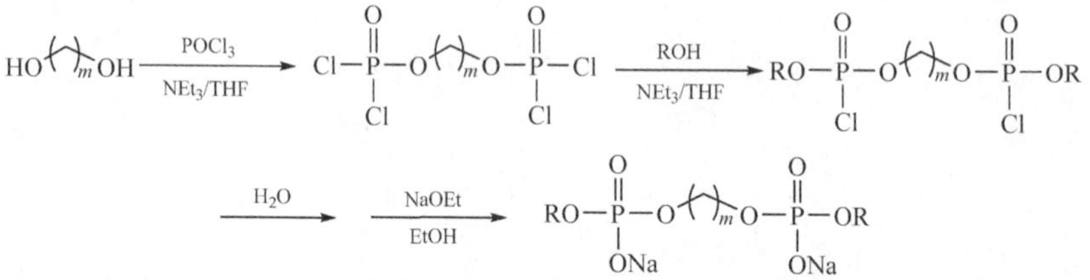

$$(6-42)$$

Okahara 等通过研究磷酸酯盐型双子表面活性剂的性质发现[19]，大多数磷酸酯双子表面活性剂的 Krafft 点都低于 0℃，它们的钠盐能很好地溶于水中，形成澄清的水溶液。另外，与具有相同亲水基的传统单链表面活性剂相比，磷酸酯盐型双子表面活性剂具有良好的润湿能力。1999 年，Santanu Bhattacharya 等[20]合成了两个系列的磷酸酯盐型双子表面活性剂，通过小角中子散射技术研究了其水溶液中胶束的性质。研究发现，具有较短疏水链和较短连接链的表面活性剂，形成的胶束呈椭球状，而具有较长疏水链和较长连接链的表面活性剂胶束呈盘状和棒状。

6.6.5　其它类型的双子表面活性剂

两性离子型表面活性剂，其亲水头基中同时存在一个正电基团和一个负电基团，在大多数情况下，正电基团主要是氨基或季铵基，可形成"内盐"，而负电基团可以是羧酸基、硫酸基、磺酸基、磷酸基等。目前，两性离子型双子表面活性剂也已经被合成出来，其分子结构中既包含阴离子基团又包含阳离子基团，同时具有阴离子型和阳离子型双子表面活性剂的优良性能，本身又具有一些特殊的性质，例如在耐酸、耐碱和耐盐能力方面表现较好。不过相对于其它类型双子表面活性剂，两性双子表面活性剂的合成较为困难，成本较高。冯玉军等[21]以甲胺、1,2-二溴乙烷、溴代长链烷烃及卤代乙酸钠等为主要原料，合成了一系列疏水尾链长度不同的羧基甜菜碱型双子表面活性剂。该系列表面活性剂具有较好的表面活性及较低的临界胶束浓度，同时还具有良好的耐温抗盐性能。合成反应式如下：

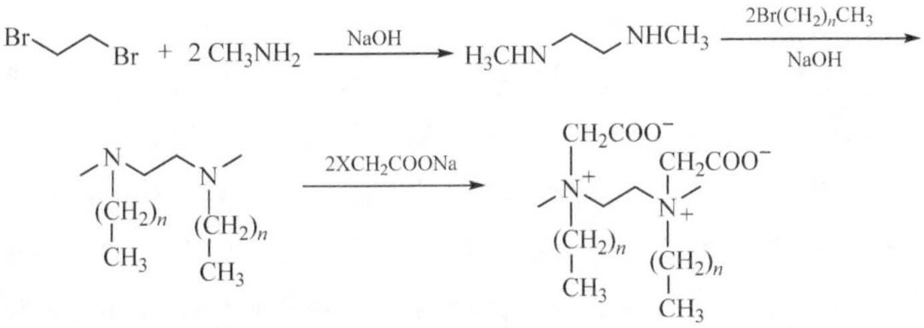

$$
\tag{6-43}
$$

Menger 等[22]合成了含磷酸基和季铵盐的两性双子表面活性剂，属于磷酸酯甜菜碱型，与普通的甜菜碱型合成相似。合成路线如下：

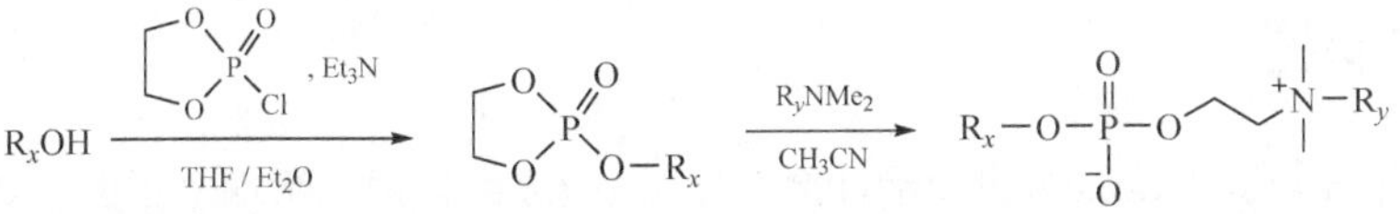

$$
\tag{6-44}
$$

2006 年，Yoshimura 等[23]合成了甜菜碱型两性双子表面活性剂 1,2-二[N-甲基-N-(3-磺酸丙基)烷基铵]乙烷。先将 N,N'-二甲基乙二胺与烷基溴化物反应，再同 1,3-丙磺酸内酯反应。研究结果表明，该化合物在水中的溶解度不高，随着烷基链长度的增加，临界胶束浓度（cmc）和表面张力逐渐减小。动态表面张力的研究结果表明，碳氢链的长度越长，表面活性剂在空气/水界面的吸附速率越慢。

非离子型 Gemini 表面活性剂在水溶液中以分子形式存在，不会解离成离子状态。亲水性基团主要由一定数量的含氧基团构成，主要包括脂肪醇聚氧乙烯醚、烷基酚聚氧乙烯醚和脂肪酸多元醇酯等。还有一类是糖类衍生物，主要包括糖酰胺型和烷基糖苷型。非离子型 Gemini 表面活性剂具有高稳定性，不易受强电解质的影响，也不易受酸、碱强度的影响，与其它类型表面活性剂复配性好，溶解性好，在固体表面上不易吸附。因此非离子型双子表面活性剂具有良好的洗涤性、分散性、乳化性、起泡性、润湿性、抗静电性和杀菌性等多种性能，广泛用于食品、石油化纤、医药、农药、涂料、金属加工、化妆品和农业等各方面。

Tracy 等[24]以对苯二酚为连接基，月桂酸为原料，合成了酚醚型非离子型双子表面活性剂，其结构式如下：

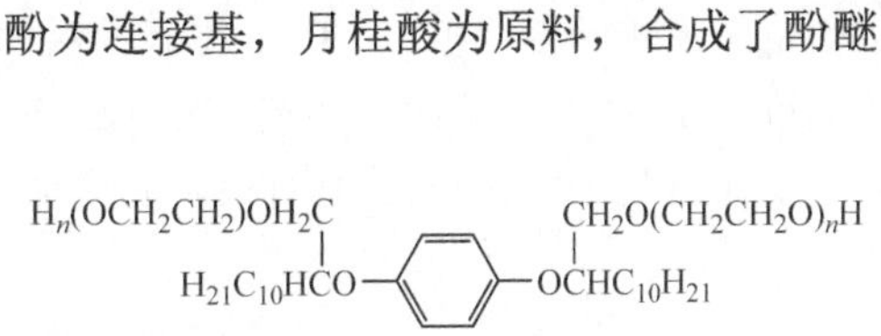

2004 年，FitzGerald 等[25]合成了聚氧乙烯醚型双子表面活性剂，其结构表示为 $[C_{n-2}H_{2n-3}CHCH_2O(CH_2CH_2O)_mH]_2(CH_2)_6$（或 Gem_nE_m），其中 n 是烷基的长度，m 是每组亲水基团中乙氧基的平均数。与传统的非离子型表面活性剂类似，这种双子表面活性剂的浊点随着 m 值和 n 值的减少而提高。Sakai 等[26]以乙二胺为连接基，1-溴基烷和葡萄糖-1,5-内酯为原料，合成了一种新的非离子型双子表面活性剂 Glu(n)-2-Glu(n)。在 Glu(n)-2-Glu(n) 的浓度刚超过临

界胶束浓度时，溶液中即有蠕虫状胶束出现。

6.7 Bola 型表面活性剂

Bola 型表面活性剂由两个亲水的极性基团被一条或两条疏水链连接起来而得到，由于形似南美土著人的一种武器 Bola（由一根细绳两端各连接一个小球）而得名。Bola 型表面活性剂的分子结构特点决定了其独特的应用性能，在药理学、催化、微反应器和化妆品等诸多领域得到了广泛的关注。目前报道的 Bola 型表面活性剂根据其分子形态的不同，可分为单链型、环型和半环型 3 种类型；根据疏水链两端的亲水基是否相同，可分为对称型和非对称型；根据极性基团性质的不同可分为离子型（阳离子或阴离子）和非离子型。

6.7.1 性能特点

a.临界胶束浓度较高　Bola 型表面活性剂在体相中聚集时，两个亲水基团位于聚集体表面，而疏水基团弯曲朝向胶团内核，这相当于缩短了疏水基团的长度，因而聚集能力降低。Bola 型表面活性剂在表面吸附时，分子也呈现倒 U 形构象，即两个亲水基伸入水中，弯曲的疏水链伸向气相。这样构成连接链的亚甲基位于溶液表面吸附层的最外层，由于亚甲基降低水表面张力的能力弱于甲基，Bola 型表面活性剂降低水表面张力的能力也较差。此外，与传统的表面活性剂不同，Bola 型表面活性剂溶液的表面张力-浓度曲线常会出现两个转折点，在溶液浓度大于第二转折点后，溶液的表面张力基本保持恒定。

b.具有更高的溶解性　与疏水链碳原子数相同、亲水基也相同的普通表面活性剂相比，Bola 型表面活性剂的 Krafft 点较低，常温下具有较好的溶解性。但从亲水基与疏水基碳原子数比值的角度来看，Bola 型表面活性剂的水溶性仍较差。

c.形成的囊泡具有良好的稳定性　Bola 型表面活性剂在水相中可以形成球形、棒状和盘状等多种形态的聚集体；当 Bola 型表面活性剂中的疏水链达到一定长度时，可以在气/液界面形成单层类脂膜（monolayer lipid membrane, MLM），在水相中形成有序分子聚集体——单分子层囊泡。与传统单头基表面活性剂所形成的囊泡相比，Bola 型表面活性剂所形成的 MLM 膜由一层分子形成，其囊泡较薄，厚度在 1.5~2.0nm，而双层膜（bilayer lipid membrane, BLM）厚度在 3.0~4.0nm。MLM 的电导率较低（约 10^{-8}S/cm），具有很好的绝缘性。此外，MLM 的构型受膜曲率的影响较大。

6.7.2 制备方法

大多数 Bola 型表面活性剂是由 α,ω-二醇、二卤化物、二胺和二羧酸盐通过缩合反应和取代反应制备的。下面是两种 Bola 型表面活性剂的合成方法。

（1）离子型 Bola 表面活性剂的合成

示例反应步骤如下：

首先在 11-溴代十一酸中滴加过量的 $SOCl_2$，得到 11-溴代十一酰氯，用 THF 溶解，再加入联苯二酚和三乙胺的 THF 混合溶液，过滤盐和 THF 等杂质，得到 11,11′-二溴代十一酸（4,4′-联苯基）酯固体。最后将固体溶解于吡啶中，通入氮气保护，高温回流 24h，冷却后蒸出吡啶，用乙醇、乙醚重结晶，得到离子型 Bola 表面活性剂，反应方程式如下：

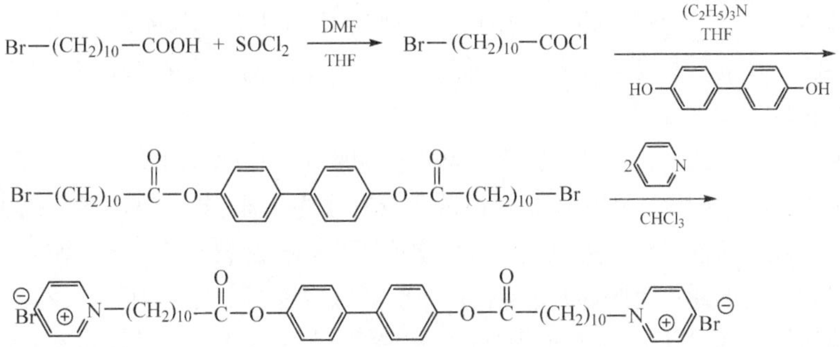

$$(6\text{-}45)$$

（2）半环状、环状的 Bola 型表面活性剂的合成

半环状、环状的 Bola 型表面活性剂可以形成更为稳定的单层类脂膜。Menger 等的研究结果也表明，环状 Bola 分子参与形成的聚集体稳定性较高。

示例反应步骤如下：

以 1,12-十二烷基二醇为原料，分子间环化生成化合物 **2**，在环状化合物的双键上引入亲水性的硫类亲核试剂，如亚硫酸氢钠、硫代乙酸等，得到环状阴离子型 Bola 表面活性剂 **3a~3d**。若化合物 **2** 经 Michael 加成开环，并引入上述亲核试剂，则得到半环状阴离子型 Bola 表面活性剂 **4a~4c**，反应方程式如下：

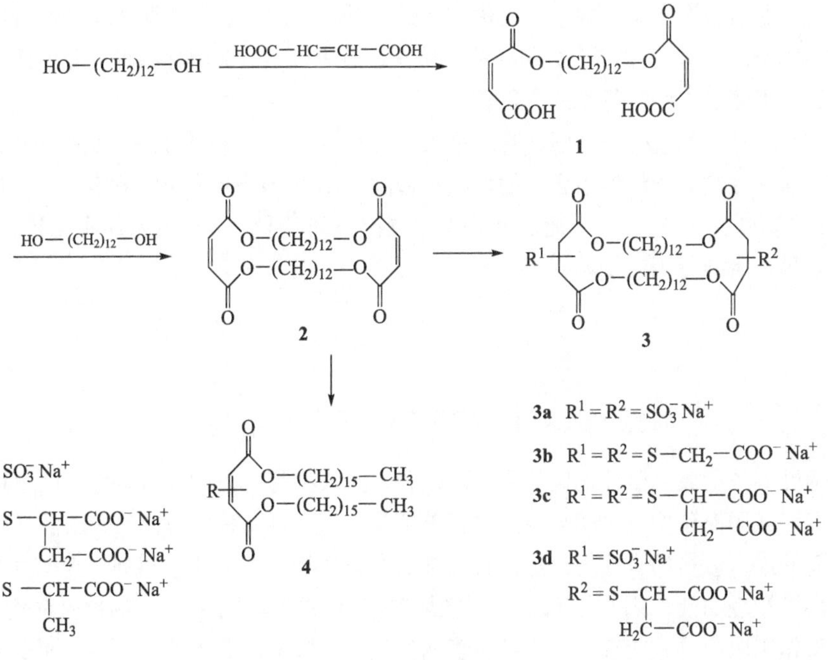

$$(6\text{-}46)$$

6.8 开关型和刺激-响应型表面活性剂

通常，表面活性剂在使用后被排入环境，一方面，造成了资源的浪费，另一方面可能导致环境污染。随着表面活性剂的应用日益广泛，特别是在高新技术领域，例如新材料制备、药物释放、多相催化、油品乳化输送等，人们认识到，表面活性剂并不需要在整个全程中发挥作用，而只需要在过程的某一阶段起作用即可。因此，如何使表面活性剂很容易地失活并能重新活化，从而可以实现表面活性剂重复使用或者回收再利用，具有重要的理论意义和应用价值，符合当前的可持续发展和绿色化学发展方向。

为顺应绿色化学发展的潮流，开关型表面活性剂和刺激-响应型表面活性剂应运而生。

开关型和刺激-响应型表面活性剂，是指通过适当的触发机制可以使表面活性剂的结构发生变化，从而在"有表面活性"和"无表面活性"之间可逆转换的表面活性剂。如果转换后体系能回到原来的状态，例如通过光照、升温-降温，通入 CO_2/N_2 等，则称为开关型表面活性剂，通常以具有表面活性时为"开"，无表面活性时为"关"。如果发生转换后体系不能恢复到原来状态，例如需要向表面活性剂水溶液或应用体系中加入其它物质如酸碱调节剂、氧化还原剂等，并导致积累，则称为刺激-响应型表面活性剂。开关型和刺激-响应型表面活性剂可以根据需要，使表面活性消失或还原，并且表面活性的"开"和"关"可以被重复多次，从而可以被重复使用，或者易于从体系中分离回收，实现了资源的重复利用。

根据触发机制的不同，开关型和刺激-响应型表面活性剂的触发机制主要包括 pH、CO_2/N_2、温度、氧化-还原、磁、光、酶等类型。

（1）pH 触发机制

pH 触发机制是目前国内外研究和报道最多的一种触发机制，相应的刺激-响应型表面活性剂分子结构中通常含有氨基、羧基、氧化胺、酚羟基等基团，它们在酸性和碱性条件下呈现不同的亲水性/疏水性，从而使整个分子在两亲分子（有表面活性）和非极性（无表面活性）之间转变，导致吸附和自组装等行为的变化。

例如，Dong 等[27]合成了一种 pH 响应型表面活性剂 N-十二烷基-1,3-二氨基丙烷，如图 6-13所示，该表面活性剂分子结构中含有的伯胺和仲胺基团对 pH 值的变化敏感，并且具有显著不同的 pK_a（4.71 和 10.81）。因此，通过调节体系的 pH，可诱导表面活性剂质子化状态发生改变，从而发生多种自组装行为的变化。

图 6-13　N-十二烷基-1,3-二氨基丙烷的分子结构

普通两性离子型表面活性剂例如甜菜碱型和氨基酸型等，在酸、碱条件下，可以在阳离子型和两性型（或阴离子型）之间转变，尽管单独使用时，这两种状态都具有表面活性，但如果与带负电荷的纳米颗粒结合使用，则它们就表现为刺激-响应型表面活性剂。在酸性条件下，它们作为阳离子型表面活性剂，在低浓度下能够使纳米颗粒例如纳米 SiO_2 颗粒原位疏水化，即通过静电吸引作用吸附到颗粒表面，使颗粒表面的亲水性降低、疏水性增加，从而变成具有表面

活性的颗粒，能够吸附到油/水界面或气/液界面，稳定 Pickering 乳状液和 Pickering 泡沫。而在中性和碱性条件下，它们转变为两性离子型表面活性剂，从颗粒表面脱附，颗粒恢复强亲水性，失去表面活性，导致乳状液破乳和泡沫消泡。而两性离子型表面活性剂自身由于浓度太低（0.1cmc），单独不能稳定乳状液和泡沫。

（2）CO_2/N_2 开关型表面活性剂

CO_2/N_2 开关型表面活性剂结构中一般含有脒基、胍基和叔胺等基团。在水溶液中，该类表面活性剂与 CO_2 作用，转变成碳酸氢盐型阳离子，具有表面活性，而在加热条件下通入 N_2 等惰性气体，则碳酸氢盐发生分解，使分子还原为烷基脒、烷基胍或者烷基叔胺等没有表面活性的非极性化合物。由于 CO_2/N_2 不会在体系中积累，相关体系在经过调控循环后能恢复到原来的状态，该类表面活性剂属于开关型表面活性剂。CO_2/N_2 调控方法温和、廉价且对环境友好，并使得表面活性剂易于从水相中分离、回收，近年来相关研究方兴未艾。

例如，2006 年 Jessop 等[28]首次报道了一种烷基脒类 CO_2 开关型表面活性剂，在水溶液中，烷基脒与 CO_2 作用形成碳酸氢盐阳离子型表面活性剂，而在 65℃ 加热条件下通入 N_2/空气，该表面活性剂分解为不具有表面活性的烷基脒，其结构及转换机理如图 6-14 所示。

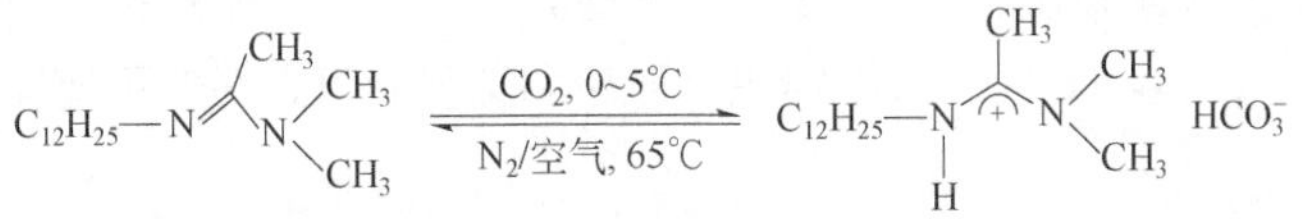

图 6-14 烷基脒表面活性剂在 CO_2/N_2 或空气存在下的结构转换

这种开关型表面活性剂可以单独使用。例如，作为乳化剂用于稠油的乳化输送，到达目的地后向乳状液中通入 N_2 或空气即可破乳。也可以与纳米颗粒结合使用，例如微量的 CO_2/N_2 响应型表面活性剂（N'-十二烷基-N,N-二甲基乙脒碳酸氢盐）（0.1cmc）与亲水性商品纳米 SiO_2 颗粒相互作用，当其为阳离子状态时，能够对纳米 SiO_2 颗粒产生原位疏水化作用，进而能够稳定 Pickering 乳状液和 Pickering 泡沫，而当其恢复为烷基脒时，Pickering 乳状液破乳，Pickering 泡沫消泡，于是表面活性剂的开关顺利转移给纳米颗粒，得到了 CO_2/N_2 开关型表面活性颗粒[29,30]。

（3）光开关型表面活性剂

光开关型表面活性剂，是指在亲水头基或疏水尾链中引入含有光敏性基团的一类表面活性剂。常见的光敏性基团有偶氮苯、苯乙烯、螺吡喃、香豆素基团以及蒽及其衍生物等。通过光诱导，分子结构发生顺反异构、光聚合或裂解等，从而导致表面活性结构和性能发生变化。其中偶氮苯基团可在不同波长光的照射下发生顺反异构，螺吡喃基团则可进行键异裂反应（即开环和闭环反应），而香豆素基团能在光刺激下实现二聚。

例如，含偶氮苯基的阳离子型表面活性剂（azoTMA）在 trans-（直链式）结构时，具有很好的表面活性，其水溶液能形成稳定的泡沫。如果用紫外光照射这种泡沫，则很快（12s 内）发生消泡，原因是经过紫外光的照射，azoTMA 变成 cis-（弯曲式）结构，如图 6-15 所示，这种构型使其不能在气/液界面紧密排列，因而不能稳定泡沫。

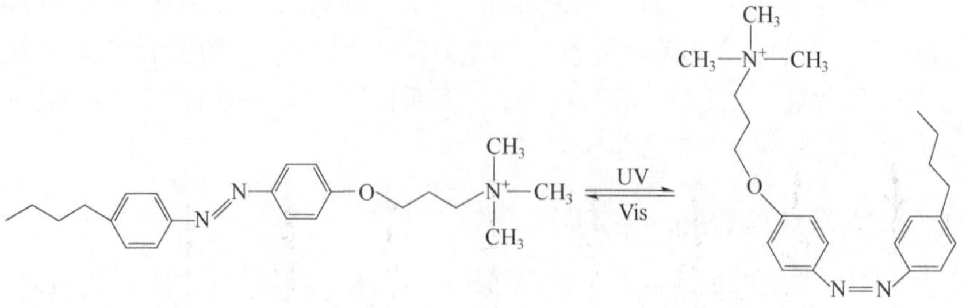

图6-15　azoTMA分子构型在紫外光照前后的变化

（4）氧化还原刺激-响应型表面活性剂

这类表面活性剂分子结构中通常含有硫、硒、二茂铁等基团。在电化学刺激或外加氧化剂、还原剂作用下，其氧化还原敏感基团可在氧化态和还原态之间发生可逆转换，从而影响表面活性剂的结构和性能。例如，1985年，Saji等[31]首次报道了含有二茂铁基团的氧化还原型表面活性剂，在氧化或还原状态下，该表面活性剂的结构在双亲型和Bola型之间转变，如图6-16所示，从而导致cmc和胶束化行为发生可逆变化。再如，2004年，Tsuchiya等[32]报道了由二茂铁基表面活性剂FTMA和水杨酸钠（NaSal）构筑的氧化还原响应型蠕虫状胶束，通过改变氧化还原电位，实现了FTMA-NaSal体系在蠕虫状胶束和球状胶束之间的可逆转变。

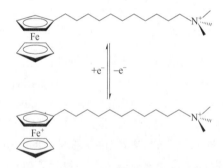

图6-16　FTMA表面活性剂通过氧化还原反应的结构变化

（5）磁开关型表面活性剂

2012年，Eastoe等[33]首次报道了含有磁活性金属络合离子的离子液体表面活性剂1-甲基-3-癸基咪唑四氯化铁（$C_{10}mimFe$）。这种表面活性剂在非常低的浓度下，其表面活性依然对磁场有响应。当存在外界磁场时，其溶液的表面张力能够进一步降低。

（6）温度开关型表面活性剂

非离子型表面活性剂分子结构中，往往包含多个醚氧原子或羟基，因此是典型的温度开关型表面活性剂。在低温下，醚氧原子或羟基通过氢键与水分子结合，从而表现出亲水性。而当温度升高时，氢键被破坏，表面活性剂溶解度降低并从水中析出，因此不能发挥其表面活性。重新降低温度后，表面活性剂又可溶解，进而恢复原有的表面活性。

许多热响应型聚合物或表面活性剂已经被报道，通过它们可以制备热响应型Pickering乳状液，或者实现蠕虫状胶束和普通棒状胶束之间的热响应转变。

这些"智能"表面活性剂的发展方兴未艾，是未来表面活性剂的重要发展方向。

参考文献

[1] Menger F M, Keiper J S. Gemini surfactants. *Angewandte Chemie-International Edition*, **2000**, *39*(11): 1907-1920.

[2] Zana R. Dimeric and oligomeric surfactants. Behavior at interfaces and in aqueous solution: a review. *Advances in Colloid and Interface Science*, **2002**, *97*(1-3): 205-253.

[3] Zhao W, Wang Y. Coacervation with surfactants: From single-chain surfactants to gemini surfactants. *Advances in Colloid and Interface Science*, **2017**, *239*: 199-212.

[4] Zhao J. Gemini Surfactants: Role and Significance of Its Spacer in Self-Assembly. *Progress in Chemistry*, **2014**, *26*(8): 1339-1351.

[5] Bernheim-Groswasser A, Zana R, Talmon Y. Sphere-to-cylinder transition in aqueous micellar solution of a dimeric (gemini) surfactant. *Journal of Physical Chemistry B*, **2000**, *104*(17): 4005-4009.

[6] Xie D H, Zhao J X. Unique Aggregation Behavior of a Carboxylate Gemini Surfactant with a Long Rigid Spacer in Aqueous Solution. *Langmuir*, **2013**, *29*(2): 545-553.

[7] Kim T S, Hirao T, Ikeda I. Preparation ofbis-quaternary ammonium salts from epichlorohydrin. *Journal of the American Oil Chemists' Society*, **1996**, *73*(1): 67-71.

[8] Li Z X, Dong C C, Thomas R K. Neutron Reflectivity Studies of the Surface Excess of Gemini Surfactants at the Air-Water Interface. *Langmuir*, **1999**, *15*(13): 4392-4396.

[9] Feng L, Xie D, Song B, et al. Aggregate evolution in aqueous solutions of a Gemini surfactant derived from dehydroabietic acid. *Soft Matter*, **2018**, *14*(7): 1210-1218.

[10] Zana R, Lévy H. Alkanediyl-α,ω-bis (dimethylalkylammonium bromide) surfactants (dimeric surfactants) Part 6. CMC of the ethanediyl-1,2-bis(dimethylalkylammonium bromide)series. *Colloids and Surfaces A: Physicochemical and Engineering Aspects*, **1997**, *127*(1): 229-232.

[11] Bakshi M S, Singh K. Synergistic interactions in the mixed micelles of cationic gemini with zwitterionic surfactants: Fluorescence and Krafft temperature studies. *Journal of Colloid and Interface Science*, **2005**, *287*(1): 288-297.

[12] Zhu Y P, Masuyama A, Okahara M. Preparation and surface active properties of amphipathic compounds with two sulfate groups and two lipophilic alkyl chains. *Journal of the American Oil Chemists' Society*, **1990**, *67*(7): 459-463.

[13] Zhu Y P, Masuyama A, Kirito Y I, et al. Preparation and properties of double- or triple- chain surfactants with two sulfonate groups derived from N - Acyldiethanolamines. *Journal of Oil & Fat Industries*, **1991**, *68*: 539-543.

[14] Du X, Lu Y, Li L, et al. Synthesis and unusual properties of novel alkylbenzene sulfonate gemini surfactants. *Colloids and Surfaces A: Physicochemical and Engineering Aspects*, **2006**, *290*(1): 132-137.

[15] Chang W, Shen Y, Xie A, et al. Facile controlled synthesis of micro/nanostructure MCrO$_4$(M=Ba, Pb)by using Gemini surfactant C$_{12}$-PEG-C$_{12}$ as a soft template. *Applied Surface Science*, **2010**, *256*(13): 4292-4298.

[16] Frederick C B, Verona N J. Washing Composition: US 2524218, 1950.

[17] Song B L, Hu Y F, Zhao J X. A single-component photo-responsive fluid based on a gemini surfactant with an azobenzene spacer. *Journal of Colloid and Interface Science*, **2009**, *333*(2): 820-822.

[18] Song B, Hu Y, Song Y, et al. Alkyl chain length-dependent viscoelastic properties in aqueous wormlike micellar solutions of anionic gemini surfactants with an azobenzene spacer. *Journal of Colloid and Interface Science*, **2010**, *341*(1): 94-100.

[19] Zhu Y, Masuyama A, Okahara M. Preparation and surface- active properties of new amphipathic compounds with two phosphate groups and two long- chain alkyl groups. *Journal of the American Oil Chemists' Society*, **1991**, *68*(4): 268-271.

[20] De S, Aswal V K, Goyal P S, et al. Characterization of new gemini surfactant micelles with phosphate headgroups by SANS and fluorescence spectroscopy. *Chemical Physics Letters*, **1999**, *303*(3): 295-303.

[21] 冯玉军, 解战峰. 羧酸类甜菜碱型双子表面活性剂及制备方法: CN101607183.2009-12-23.

[22] Peresypkin A V, Menger F M. Zwitterionic geminis. Coacervate formation from a single organic compound. *Org Lett*, **1999**, *1*(9): 1347-1350.

[23] Yoshimura T, Ichinokawa T, Kaji M, et al. Synthesis and surface-active properties of sulfobetaine-type zwitterionic gemini surfactants. *Colloids and Surfaces A: Physicochemical and Engineering Aspects*, **2006**, *273*: 208-212.

[24] Tracy D J, Li R, Dahanayake M S, et al. Nonionic gemini surfactants: US 6204297, 1998.

[25] FitzGerald P A, Carr M W, Davey T W, et al. Preparation and dilute solution properties of model gemini nonionic surfactants.

Journal of Colloid and Interface Science, **2004,** *275*(2): 649-658.

[26] Sakai K, Umezawa S, Tamura M, et al. Adsorption and micellization behavior of novel gluconamide-type gemini surfactants. *Journal of Colloid and Interface Science*, **2008,** *318*(2): 440-448.

[27] Yang Y, Dong J F, Li X F. Micelle to vesicle transitions of N-dodecyl-1, ω-diaminoalkanes: effects of pH, temperature and salt. *J Colloid Interf Sci*, **2012,** *380*(1): 83-89.

[28] Liu Y, Liu Y X, Jessop P G, et al. Switchable surfactants. *Science*, **2006,** *313*(5789): 958-960.

[29] Jiang J Z, Zhu Y, Cui Z G, et al. Switchable Pickering emulsions stabilized by silica nanoparticles hydrophobized in situ with a switchable surfactant. *Angew Chem Int Ed*, **2013,** *52*(47): 12373-12376.

[30] Zhu Y, Jiang J Z, Cui Z G, et al. Responsive aqueous foams stabilized by silica nanoparticles hydrophobized *in situ* with a switchable surfactant. *Soft Matter*, **2014,** *10*(48): 9739-9745.

[31] Saji T, Hoshino K, Aoyagui S. Reversible formation and disruption of micelles by control of the redox state of the head group. *JACS*, **1985,** *107*(24): 6865-6868.

[32] Tsuchiya K, Orihara Y, Kondo Y, et al. Control of viscoelasticity using redox reaction. *JACS*, **2004,** *126*(39): 12282-12283.

[33] Brown P, Bushmelev A, Butts C P, et al. Magnetic control over liquid surface properties with responsive surfactants. *Angew Chem Int Ed*, **2012,** *51*(10): 2414-2416.

第7章 表面活性剂的溶液化学

表面活性剂一般是在水溶液中应用的,因此其在溶液中的行为对表面活性剂的应用十分重要。有关这方面的基础科学问题和表面活性剂的作用机制等,编者已在《表面活性剂、胶体与界面化学基础》第二版(化学工业出版社,2019)中有详细论述。另外,表面活性剂的构效关系对于设计、生产和应用表面活性剂也十分重要,读者可以参阅编者翻译出版的《表面活性剂和界面现象》(化学工业出版社,2015)一书,也可以参阅其它有关表面活性剂溶液化学方面的书籍。限于篇幅,本章对表面活性剂的溶液化学将不作展开,仅作简单介绍,内容包括表面活性剂的溶解特性、稀溶液的界面性质、胶束化和增溶、主要应用性质以及浓溶液体系的一些性质等。

7.1 表面活性剂的溶解特性

临界溶解温度(Krafft point)和浊点分别是离子型和非离子型表面活性剂的溶解特征。表面活性剂分子在水中的溶解性取决于其亲水基和疏水基的结构和相对大小,可以用亲水亲油平衡(HLB)值来衡量。

7.1.1 临界溶解温度

离子型表面活性剂在水中的溶解度通常随温度上升而增加。在较低的温度下,这种增加比较缓慢,但当达到某一特定温度时,溶解度急剧增加,该温度即称为临界溶解温度(Krafft point),以 T_K 表示。图 7-1 是典型的阴离子型表面活性剂十二醇硫酸钠(SDS)/水体系在 Krafft 点附近的相图,从中可以了解 Krafft 点的物理意义。

图中 BAC 为溶解度曲线,可见在较低的温度下,SDS 以单分子状态(monomer)即分子分散状态溶解于水中,因此溶解度随温度上升缓慢增加。当温度达到 T_K 时,monomer 形成的聚集体(胶束)能够溶解,于是溶解度急剧增加,因此 T_K 实际上是

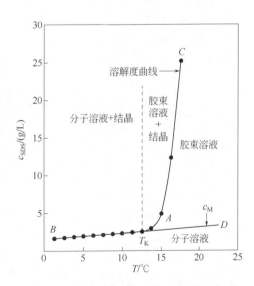

图 7-1 十二醇硫酸钠/水体系在 Krafft 点附近的相图

胶团的溶解温度，低于此温度，胶团不能溶解，从而限制了表面活性剂的溶解。图中另一条曲线 AD 为临界胶束浓度（cmc）曲线，可见 cmc 随温度升高有所增加，而 T_K 是表面活性剂的溶解度-温度曲线与临界胶束浓度（cmc）-温度曲线的交叉点，胶束只在该点以上的温度存在。因此可以说，在 T_K 时表面活性剂的溶解度等于其临界胶束浓度。

从相行为来看，临界溶解温度是离子型表面活性剂单体、胶束与水合结晶固体共存的三相点。于是 BAD 曲线下部区域为分子分散状态的单体溶液相，CAD 曲线右侧区域为胶束溶液相，CAB 左侧温度低于 T_K（虚线）的区域为单体与水合结晶固体（过量表面活性剂在较低温度下因溶解度降低而析出）的混合溶液，而在虚线右侧区域水合结晶固体与胶束共存。AD 曲线相当平坦，说明温度对于临界胶束浓度的影响很小。同时要注意，在 T_K 以下温度范围内增加表面活性剂量，溶液中只会析出水合结晶固体而不会形成胶束。

离子型表面活性剂之所以有 T_K 这种现象，是由于当干燥表面活性剂浸入水中时，水分子穿入表面活性剂的亲水层中，使双分子间的距离增大，形成水合晶体。温度低时，此水合晶体与单分散表面活性剂的饱和溶液相互平衡；而在较高温度下双分子转为液态，并由于热运动分裂为有一定聚集数的胶束溶液，溶解度增加，溶液中胶束与单分散表面活性剂分子相互平衡，一些热力学函数如偏摩尔自由能、热焓、熵及表面活性等均保持恒定。因此，胶束的形成可以看作新相——"拟相"的形成，而 T_K 就是此三相平衡时的温度。

研究表明，同系物表面活性剂的 T_K 随疏水基链长的增加而上升，但奇数碳与偶数碳同系物的 T_K 变化有所不同，偶数碳要偏低一些，这是由于二者的结晶构造不同。

分子结构改变或者在表面活性剂溶液中加入第三组分可降低 T_K。烃链的支化或不饱和化能降低表面活性剂的熔点，同样亦能降低 T_K。甲基或乙基等小支链愈接近长烃链的中央，T_K 愈小。同系脂肪醇硫酸钠中，邻近的两组分混合时犹如最低共熔点一样，可使 T_K 产生一个极小值，但如两组分链长相距太大，则 T_K 反而更大。

反离子种类能显著影响 T_K，不同亲水基的 T_K 亦有差异。例如，十二醇硫酸钠的 T_K 要比相应的钾盐小；而羧酸盐则反之，即钠盐的 T_K 要比钾盐大。钙、锶、钡盐的 T_K 则顺次比钠盐大。表 7-1 给出了部分阴离子型表面活性剂的 T_K。可见烷基链长和反离子种类均对 T_K 有显著的影响。此外，在阴离子型表面活性剂分子中引入乙氧基，可显著降低 T_K，加入电解质则提高 T_K。添加醇及导致水结构变化的物质如 N-甲基乙酰胺等，亦可降低 T_K。

表 7-1　一些阴离子型表面活性剂的 T_K

表面活性离子	反离子	T_K/°C	表面活性离子	反离子	T_K/°C
$C_{12}H_{25}SO_3^-$	Na^+	38	$C_{13}H_{25}CH(CH_3)C_6H_4SO_3^-$	Na^+	46
$C_{16}H_{33}SO_3^-$	Na^+	57	$C_{16}H_{33}(OCH_2CH_2)SO_4^-$	Na^+	24
$C_{12}H_{25}SO_4^-$	Na^+	9		Na^+	−1
$C_{12}H_{25}SO_4^-$	Ca^{2+}	50	$C_{12}H_{25}(OCH_2CH_2)SO_4^-$	Ca^{2+}	<0
$CH_3CH(CH_3)C_9H_{19}SO_4^-$	Na^+	<0		Ba^{2+}	35
$C_{16}H_{33}SO_4^-$	Na^+	45	$C_{12}H_{25}(OCH_2CH_2)SO_4^-$	Na^+	11
$C_{16}H_{33}SO_4^-$	$[NH_2(C_2H_4OH)_2]^+$	<0			

粗略测定离子表面活性剂 T_K 的方法是：配制浓度为 1%左右的稀溶液，然后边搅拌边升温，观察溶液的状态，当溶液突然变清亮时的温度即为 T_K。但用该法测定的 T_K 与浓度有关，当浓度改变较大时，测出的 T_K 值可能会相差几度。因此，此法不适于精确研究。

7.1.2 表面活性剂的浊点

含有聚氧乙烯基团的非离子型表面活性剂，其溶解度随温度的变化不同于离子型表面活性剂。聚氧乙烯基团中的醚氧原子是亲水的，水分子借助氢键能与醚氧原子呈松弛的结合（结合能为 29.3kJ/mol），从而使得表面活性剂溶解于水中，成为氧𬨎化合物（图 7-2）。但如果将溶液加热，则氢键结合力减弱直至消失。若超过某一温度范围，非离子型表面活性剂就不再水合，溶液出现浑浊，并分离为富胶束及贫胶束两个液相。这个现象是可逆的，溶液一经冷却即可恢复成清亮的均相。配制浓度 1%左右的水溶液，加热使溶液从清亮变浑浊，或者降温使溶液从浑浊变清亮时的温度即称为浊点（T_p）。通常升温法和降温法测定的结果相差很小。

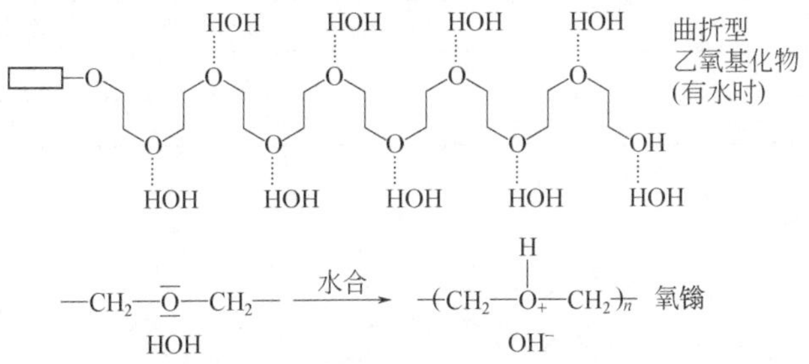

图 7-2 聚氧乙烯型非离子型表面活性剂与水分子结合（T_p 以下）示意图

非离子型表面活性剂水溶液出现相分离，是由于聚氧乙烯（EO）基团因升温失去水合而导致胶束聚集数增加。通常表面活性剂与溶剂的性质差距愈大，则表面活性剂胶束的聚集数亦愈大。因此，升高温度时，聚氧乙烯型非离子型表面活性剂的胶束逐渐变大，直至溶液变浑浊，其中富胶束和贫胶束相因密度不同而出现相分离。

浊点的大小取决于聚氧乙烯型非离子型表面活性剂的结构。对某一特定的疏水基，聚氧乙烯基团在表面活性剂分子中所占的比重愈大，则浊点愈高，但两者并非直线关系，尤其在 100℃以上时浊点上升极慢，如图 7-3 所示。另外，如果聚氧乙烯基含量固定，则促使浊点上升的因素有：减少表面活性剂分子量、增加聚氧乙烯链长的分布、疏水基支链化、乙氧基移向表面活性剂分子链中央、末端羟基被甲氧基取代、亲水基与疏水基间的醚键被酯键取代等。

显然，在 EO 数相同时，疏水基中碳原子数愈多，浊点愈低。例如都含有 6 个 EO 的烷基聚氧乙烯醚，癸基、十二烷基、十六烷基化合物的 T_p 分别为 60℃、48℃、32℃。此外，疏水基的结构对浊点也有影响，表现在支链化、环状，以及位置方面。例如，邻-壬基酚聚氧乙烯醚（$n=10.8$）的 T_p 为 31℃，而对-壬基酸聚氧乙烯醚的 T_p 为 47℃。碳

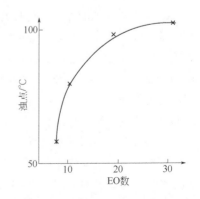

图 7-3 异辛基酚聚氧乙烯醚的浊点

原子数相同的疏水基,由于结构不同 T_p 按如下关系递减:3 环 > 单链 > 单环 ≥ 1 支链的单环 ≫ 3 支链 > 2 支链。这些因素受疏水基的疏水性与 EO 基团的水合性所制约。

除了表面活性剂结构因素外,环境因素也会影响聚氧乙烯型非离子型表面活性剂的 T_P。

a. 浓度　一般用 1% 的溶液进行测定。浊点随浓度不同而有差异,大多数的浊点随浓度的增加而增加,但也有下降的。

b. 电解质的影响　加入电解质一般都使浊点降低,并且是线性下降,如表 7-2 和图 7-4 所示。其中 NaOH 的影响最大,其次是 Na_2CO_3。因此,对浊点高于 100°C 的样品,可在加盐(通常加 1%NaCl)条件下测定浊点。在各种酸中,硫酸使浊点略有下降,盐酸则使浊点上升。盐类的作用原理是使水分子缔合加强,从而减少有机相内的水分,即使得水分子与醚氧原子之间的氢键脱开。这种脱水机理使得表面活性剂聚集数增加,从而降低了浊点。浊点的下降亦取决于电解质的阳离子与阴离子的水合半径。同电荷的离子,水合半径小的更易降低浊点。浊点上升则与胶束聚集相的水合作用有关。高氯酸盐、硫氰化钠等均可使浊点升高。

表 7-2　壬基酚聚氧乙烯醚溶液浊点与电解质的关系　　　　　　　　　　　单位：°C

乙氧基数	蒸馏水	3%NaCl	3%Na₂CO₃	3%NaOH	3%HCl	3%H₂SO₄
9	55	45	32	31	73	51
15	98	85	70	67	>100	96

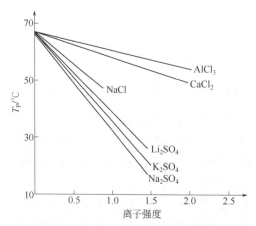

图 7-4　辛基酚聚氧乙烯醚($n = 10$)浊点与电解质的关系(2%水溶液)

c. 有机添加物的影响　对 EO 数较小的乙氧基化合物,由于不能完全溶于水,测定 T_p 就比较困难。这时可采用水与有机溶剂的混合液。例如,水-异丙醇、水-二噁烷、水-丁基二甘醇等。聚乙二醇的存在及其量的多少,对浊点也会产生影响。通常认为,少量的如 1% 聚乙二醇对浓度为 1% 的聚氧乙烯型非离子溶液的浊点基本无影响,加入 10% 时影响稍有提高,达到 30% 时浊点可能升到 100°C 以上。加入高分子醇,浊点下降,而加入低分子醇,浊点上升,加入水溶助长剂如尿素、N-甲基乙酰胺等将显著提高浊点。

加入合适的阴离子型表面活性剂,如十二烷基苯磺酸钠,可以与非离子形成混合胶束,进而可提高乙氧基化物的浊点,这在实际应用中是很有帮助的。

浊点现象对表面活性剂的应用会带来不同的影响,通常在浊点附近,表面活性剂的应用性能会显著下降,但在去污方面相反,最佳去污效果在浊点附近,因为这时非离子型表面活性剂的吸附及增溶均处于最佳状态。

7.1.3 表面活性剂在非水溶剂中的溶解性

在一些应用中，需要将表面活性剂溶于有机相。因此表面活性剂在各种有机溶剂中的溶解性值得关注。显然，溶解度与表面活性剂的分子结构如碳链长短、支链化程度、极性基种类及位置以及有机溶剂的种类等有关。它们的溶解性可以用正规溶液理论推定，即计算溶液的混合自由能 ΔG_{mix}，其值越小，则两组分越易混合，即越易溶解。研究表明，极性基位于烷基链中心、烷基呈支链或含有两个以上烷基的表面活性剂，其分子间内聚能较小，容易溶解于有机溶剂中，特别是醇类、酮类、烯烃类等溶剂。

如同离子型表面活性剂在水溶液中具有 Krafft 点一样，表面活性剂在有机溶剂中的溶解度也从某一温度开始急剧增加，此温度称为临界溶液温度（CST），亦即溶剂化固体的熔点。表 7-3 给出了烷基酚聚氧乙烯醚在烃类溶剂中（质量分数为 10%）的混溶温度。混溶温度越低，则表示越容易溶解。从表中不同溶剂中的混溶温度可以看出，正构烷烃，烷基链越短，溶解能力越强，环烷烃显然优于正构烷烃，而芳烃的溶解能力最强。

表 7-3 烷基酚聚氧乙烯醚在烃类溶剂中（质量分数为 10%）的混溶温度

表面活性剂	平均 EO 数（$\bar{n}$）	溶剂	混溶温度/°C
$i\text{-}C_9H_{19}C_6H_4O(CH_2CH_2O)_nH$	6.2	正庚烷	42
		正十六烷	80.8
	17.7	正庚烷	152
		正十六烷	173
		环己烷	60
$i\text{-}C_{12}H_{23}C_6H_4O(CH_2CH_2O)_nH$	20.0	间二甲苯	3
		正庚烷	152
		正十六烷	171
		环己烷	60

7.1.4 亲水亲油平衡

表面活性剂具有双亲分子结构，因此分子中的亲水基部分和亲油基部分的相对大小或强弱，对表面活性剂的性能有显著影响。那么如何表征这种双亲性大小呢？

1949 年，Griffin 在研究如何选择非离子型表面活性剂以获得稳定的乳状液的工作中，提出了亲水亲油平衡（hydrophile-lipophile balance）的概念，简称 HLB。这是一个半定量半经验的处理方法，首先对表面活性剂分子中的亲水基和亲油基的双亲性给予量化，然后求取它们的比值，亦称 HLB 值，即定义：

$$HLB = \frac{亲水基值}{亲油基值} \tag{7-1}$$

HLB 取值在 0~40 之间，HLB 值愈高，亲水性愈强；反之，HLB 值愈小，亲油性愈强。一般而言，HLB 值<7，大都是 W/O 型乳液的乳化剂；HLB 值>10 则为 O/W 型乳液的乳化剂。如此定义的 HLB 值可用于衡量乳化剂的乳化效果。后来进一步发现，HLB 值对表面活性剂在不同领域的应用具有很好的指导意义，如表 7-4 所示，所以一直沿用至今。

表 7-4　表面活性剂的 HLB 值与应用领域

HLB 值	应用	HLB 值	应用
1~3	消泡剂	8~13	O/W 型乳液
3~6	W/O 型乳液	13~15	洗涤剂
7~9	润湿剂	15~18	增溶剂

进一步的研究表明，对非离子型表面活性剂，可以根据分子中亲水基部分和亲油基部分的相对质量大小计算 HLB 值：

$$HLB = \frac{E+P}{5} \tag{7-2}$$

式中，E 为聚氧乙烯链部分的质量分数，%；P 为多元醇基的质量分数，%。可见对一个纯烷烃，$E+P=0$，$HLB=0$，而对一个聚乙二醇分子，$E+P=100$，$HLB=20$，于是非离子型表面活性剂的 HLB 值在 0~20 之间。

对多元醇脂肪酸酯（例如甘油单硬脂酸酯），还可以采用下式计算 HLB 值：

$$HLB = 20(1-S/A) \tag{7-3}$$

式中，S 为皂化值；A 为酸值。例如 Tween 20，$S=45.5$，$A=276$，故 $HLB=16.7$。

对含有聚氧丙烯的非离子型表面活性剂以及离子型表面活性剂，上述方法不适用，因为亲水基的亲水性与其质量分数之间没有相关性。为此，Davis 及 Rideal 提出了基团值加和法，即首先从实验中获取不同基团的基团值（见表 7-5），例如–CH$_3$、–CH$_2$–、–COO$^-$、–CH$_2$CH$_2$O– 等都有一个基团值，然后用下式计算表面活性剂分子的 HLB 值：

$$HLB = 7 + \Sigma \text{ 亲水基团值} - \Sigma \text{ 亲油基团值} \tag{7-4}$$

表 7-5　HLB 基团值

亲水基团	基团值	疏水基团	基团值
—SO$_4$Na	38.7	—CH—	−0.475
—COOK	21.1	—CH$_2$—	−0.475
—COONa	19.1	—CH$_3$	−0.475
—SO$_3$Na	11	=CH—	−0.475
N（叔胺）	9.4	—CF$_2$—	−0.870
酯（山梨醇环）	6.8	—CF$_3$	−0.870
酯（游离）	2.4	其它	
—COOH	2.1		
OH（游离）	1.9	—(CH$_2$CH$_2$O)—	0.33
—O—	1.3	–[CH(CH$_3$)CH$_2$O]–	−0.15
OH（山梨醇环上）	0.5		

如果是混合表面活性剂，其 HLB 值可用加权平均法求得：

$$HLB_{混合} = f_A \times HLB_A + (1-f_A) \times HLB_B \tag{7-5}$$

式中，f_A 为表面活性剂 A 在混合物中的质量分数。但这种关系只能用于 A、B 表面活性剂无相互作用，以及两个 HLB 值相差不太大的场合。

Lin等提出，表面活性剂同系物的HLB值与其临界胶束浓度的对数 lg(cmc) 之间有线性关系，如下式所示：

$$\lg(\mathrm{cmc}) = A + B \times \mathrm{HLB} \tag{7-6}$$

式中，A 为常数，负值；B 为常数，表示同系物的特性。

一些常见表面活性剂的 HLB 值，以及乳化油相所需要的表面活性剂的 HLB 值，可参见崔正刚主编的《表面活性剂、胶体与界面化学基础》（第二版）。

7.2   表面吸附和表面活性

作为双亲化合物，表面活性剂趋向于定向吸附于气/液界面、液/液界面以及固/液界面。在气/液界面和液/液界面，吸附是单分子层的，表面活性剂亲水基一端朝向水相，疏水基一端朝向气相或油相。这种在表（界）面上强烈吸附从而显著降低表（界）面张力的现象称为表（界）面活性。当然吸附的表面活性剂也在不断脱附，而界面的最终态为吸附与脱附双向作用的动态平衡。根据定向排列方式，可以将表面活性剂的吸附分为两类：一类是疏水基定向排列吸附，另一类是亲水基定向排列吸附，但许多情况下这两类吸附是分不太清的，要视与表面活性剂溶液构成界面的另一相（气体、液体、固体）的属性而定，下面将分别讨论。

7.2.1   气/液界面上的吸附

表面活性剂最典型的吸附是自溶液中吸附到气/液界面，属于疏水基定向排列吸附（见图7-5）。

（1）表面张力与表面过剩自由能

众所周知，液体具有表面张力。这是因为相邻的气相分子对表面层的液体分子的范德华引力很小，因此液体表面层分子受到一个垂直指向液体内部的净吸力的作用，具有过剩的能量，于是它们总是力图进入液体内部，以缩小表面积，降低液体的表面能。反过来液体内部分子迁移到表面时，就要克服分子间的吸引力而做功，所消耗的功转变为表面层分子的过剩能量。这个过剩能量称为表面过剩自由能，而表面张力就是等温（T）等压（p）恒组成（n）下，液体增加单位表面积所引起的体系 Gibbs 自由能的增加：

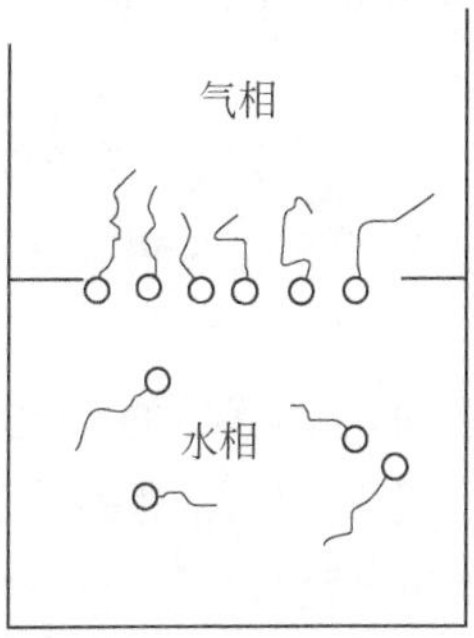

图 7-5   表面活性剂在气/水界面上的吸附

$$\gamma = \left(\frac{\partial G}{\partial A} \right)_{T,p,n} \tag{7-7}$$

式中，A 为新形成的表面积；G 为体系的 Gibbs 自由能；γ 为表面张力，常用单位为 mN/m （dyne/cm），即单位长度上的力。作为一个力，γ 是有方向的，但它并不是垂直指向液体内部，而是与表面相切（平行）。将单位中的分子和分母都乘以一个长度单位，γ 就变为单位面积上的功或能量，与式（7-7）所表达的物理意义相一致。

烃类分子的表面张力很小，因为烃类分子之间只有色散力的吸引作用，而水分子就不同了，除了色散作用外（$\gamma^d = 21.8mN/m$），水分子间还有很强的极性相互作用，即氢键作用，因此水分子的表面张力比烃类以及有机液体要高得多。

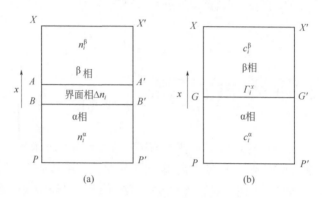

图7-6　实际流体界面（a）与 Gibbs 理想化流体界面（b）示意图

当水中含有溶质，例如表面活性剂时，溶质分子将吸附到溶液的表面。但由于界面相的厚度不容易确定，要想知道界面相究竟有多少溶质分子不是一件容易的事。为了解决这一问题，Gibbs 提出了一个简单易行的方法，就是把界面相看作是一个厚度为零的平面，称为 Gibbs 平面（G–G'），如图 7-6（b）所示，而在这个平面两侧的体相（α相和β相）中，溶质的浓度被假定为处处相等。很显然，按照 Gibbs 平面模型，α相和β相的体积比实际体积 [图 7-6（a）] 要大些，并且由于两相中的溶质浓度有显著差异，在靠近界面处，溶质的浓度必然发生过渡性变化，偏离真正的体相浓度，也不再是常数。如果纯粹按照体相的体积来计算溶质的摩尔数，则与实际体系的摩尔数必定存在偏差，用 n_i^x 来表示，于是这一偏差就称为 Gibbs 过剩：

$$n_i^x = n_i^t - (c_i^\alpha V^\alpha + c_i^\beta V^\beta) \tag{7-8}$$

式中，n_i^t 是 i 组分的总摩尔数；c_i^α 和 c_i^β 为 i 组分在α相和β相中的浓度；V^α 和 V^β 为理想化界面模型中α相和β相的体积。若界面面积为 A，则：

$$\Gamma_i^x = n_i^x / A \tag{7-9}$$

称为单位面积上的 Gibbs 过剩。这些过剩的溶质被认为排列在 Gibbs 平面上，因此亦称吸附量。事实上对表面活性剂类溶质，的确如此。然而很显然，这个 Gibbs 过剩不是一个确定的量，它将随着理想化界面模型中 Gibbs 平面的位置在界面相内上下移动而变化。为此 Gibbs 又提出，将 Gibbs 平面固定在使溶剂的过剩量为零的位置，这样得到的溶质的过剩量 Γ_2^1 称为 Gibbs 相对过剩，它与溶质和溶剂在界面相以及体相的实际数量有以下关系：

$$\Gamma_i^1 = \frac{1}{A}\left(\Delta n_i - \Delta n_1 \times \frac{n_i^\alpha}{n_1^\alpha}\right) \tag{7-10}$$

式中，Δn_i 和 Δn_1 为实际界面相中组分 i 和溶剂的摩尔数；n_i^α 和 n_1^α 为实际α相中组分 i 和溶剂的摩尔数。于是得到 Gibbs 过剩的物理意义为：如果摩尔数为 Δn_1 的组分 1（溶剂）存在于体相（α相），它将伴有摩尔数为 $\left(\Delta n_1 \dfrac{n_i^\alpha}{n_1^\alpha} \right)$ 的组分 i，但在面积为 A 的界面上，摩尔数为 Δn_1 的组分

1（溶剂）实际伴有 Δn_i 的组分 i，则差值 $\left(\Delta n_i - \Delta n_1 \times \dfrac{n_i^\alpha}{n_1^\alpha} \right)$ 表示在界面相伴随摩尔数为 Δn_1 的组

分 1 的 i 组分的过剩量。相应地 Γ_i^1 为单位面积上的过剩量。或者可以这样说：自单位面积（1cm²）的溶液表面上和溶液内部各取一部分溶液，其中溶剂的分子数相同，则取自表面部分的溶液中所包含的溶质 i，比取自内部的溶液所包含的溶质 i 多 Γ_i^1。这里 Γ_i^1 可正、可负或为零。

（2）Gibbs 吸附公式和表面吸附量

Gibbs 吸附理论是溶液表面化学最重要的理论之一，为表面活性剂的理论研究和应用奠定了基础。对一个包含界面的溶液体系，应用热力学公式可以导出 Gibbs 吸附公式。考虑体系的内能 U 有：

$$dU^t = TdS^t - (p^\alpha dV^\alpha + p^\beta dV^\beta) + \gamma dA + \Sigma \mu_i dn_i^t \qquad (7\text{-}11)$$

式中，V^α 和 V^β 分别为α相和β相的体积；p^α 和 p^β 分别为两相的压力；γ 为表面张力；μ_i 为 i 组分的化学位；T 为温度；S 为熵；上标 t 表示总量。因为界面相的厚度为零，所以 $V^t = V^\alpha + V^\beta$。若界面是平的，则基于机械平衡有 $p^\alpha = p^\beta = p$，且 $p^\alpha dV^\alpha + p^\beta dV^\beta = pdV^t$，这里 p 为体系的压力。

对理想化体系中的α相和β相（没有界面），类似地有：

$$dU^\alpha = TdS^\alpha - p^\alpha dV^\alpha + \Sigma \mu_i^\alpha dn_i^\alpha \qquad (7\text{-}12)$$

$$dU^\beta = TdS^\beta - p^\beta dV^\beta + \Sigma \mu_i^\beta dn_i^\beta \qquad (7\text{-}13)$$

将式（7-12）和式（7-13）代入式（7-11）得：

$$d(U^t - U^\alpha - U^\beta) = Td(S^t - S^\alpha - S^\beta) + \gamma dA + \Sigma \mu_i d(n_i^t - n_i^\alpha - n_i^\beta) \qquad (7\text{-}14)$$

上式括号中正好分别是内能、熵和摩尔数的过剩量，于是上式可写成：

$$dU^x = TdS^x + \gamma dA + \Sigma \mu_i dn_i^x \qquad (7\text{-}15)$$

式中，上标 x 表示过剩量（但数值不确定）。保持强度性质 T，γ，μ_i 不变，积分上式得：

$$U^x = TS^x + \gamma A + \Sigma \mu_i n_i^x \qquad (7\text{-}16)$$

对式（7-16）全微分得：

$$dU^x = TdS^x + \gamma dA + \Sigma \mu_i dn_i^x + S^x dT + Ad\gamma + \Sigma n_i^x d\mu_i \qquad (7\text{-}17)$$

比较式（7-15）和式（7-17）可得：

$$-Ad\gamma = S^x dT + \Sigma n_i^x d\mu_i \qquad (7\text{-}18)$$

令 S_σ^x 为单位面积上的过剩熵，并应用式（7-9），上式变为：

$$-d\gamma = S_\sigma^x dT + \Sigma \Gamma_i^x d\mu_i \qquad (7\text{-}19)$$

在等温条件下，上式又简化为：

$$-d\gamma = \Sigma \Gamma_i^x d\mu_i \qquad (7\text{-}20)$$

这就是著名的 Gibbs 吸附等温式，它表明表面张力的变化与表面过剩及体相化学位相关。

对二组分体系，若以组分 1 代表溶剂，组分 2 代表溶质，则 Gibbs 公式（7-20）可写成：

$$-\mathrm{d}\gamma = \Gamma_1^x \mathrm{d}\mu_1 + \Gamma_2^x \mathrm{d}\mu_2 \qquad (7\text{-}21\mathrm{a})$$

固定 Gibbs 平面的位置使溶剂的过剩量为零，则上式又简化为：

$$-\mathrm{d}\gamma = \Gamma_2^1 \mathrm{d}\mu_2 \qquad (7\text{-}21\mathrm{b})$$

于是对多组分体系，即得到 Gibbs 公式的一般式：

$$-\mathrm{d}\gamma = \sum_{i=2}^n \Gamma_i^1 \mathrm{d}\mu_i \qquad (7\text{-}22)$$

引入化学位的表达式：

$$\mu_i = \mu_i^0 + RT\ln(f_i c_i) \qquad (7\text{-}23)$$

式中，μ_i^0 为 i 组分的标准化学位；f_i 和 c_i 为 i 组分的活度系数和浓度，将式（7-22）展开并去掉上标 1 得到（稀浓度下 $f_i \approx 1$）：

$$-\mathrm{d}\gamma = \Gamma_1\mathrm{d}\mu_1 + \Gamma_2\mathrm{d}\mu_2 + \cdots + \Gamma_i\mathrm{d}\mu_i = RT\sum\Gamma_i\mathrm{d}(\ln c_i) \qquad (7\text{-}24)$$

对一个二组分（溶质和溶剂）体系，上式进一步简化为：

$$-\mathrm{d}\gamma = RT\Gamma_2\mathrm{d}(\ln c_2) \qquad (7\text{-}25)$$

或者（去掉下标）：

$$\Gamma = \frac{-1}{2.303RT} \times \frac{\mathrm{d}\gamma}{\mathrm{d}(\lg c)} \qquad (7\text{-}26)$$

即溶质分子在界面的吸附量与表面张力随浓度的变化率有关。

研究表明，从溶液中的吸附现象来考虑，常见的溶质大致可以分成三类，它们的表面张力-浓度曲线如图 7-7 所示。

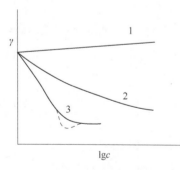

第一类溶质溶于水中导致表面张力升高（曲线 1），对应于吸附量<0，即为负值。无机盐和多羟基化合物属于此类。吸附量为负值不好理解，但从"差值"的角度就容易理解了，即这些溶质倾向于溶于体相的溶剂中，它们在表面相中的浓度低于在体相中的浓度，因此差值为负。不过负值不代表没有吸附。

第二类溶质溶于水中时导致表面张力随溶质浓度增加而缓慢降低（曲线 2），对应于吸附量 >0，即为正吸附。它们在表面相中的浓度要高于在体相中的浓度。低分子量的极性有机物（如短碳链的醇、醛、酸、酯、胺及其衍生

图 7-7　几种典型溶质水溶液的表面张力随溶质浓度的变化

物等）属于这一类。它们的分子中普遍存在一个亲水基团，但其亲水作用相对较弱。它们在水中的溶解度随烷基链长的增加而减小，相应地降低表面张力的能力（吸附能力）则增加。

第三类溶质溶于水中时，仅需微小的浓度，即可导致溶液的表面张力急剧下降（曲线 3），而当溶质浓度达到某个临界值后，表面张力基本趋于一恒定值。这类物质就是表面活性剂，它们富集于界面，产生强烈的正吸附。含有 8 个碳原子以上的双亲有机化合物（如烷基羧酸盐、

烷基硫酸酯盐、烷基苯磺酸盐、烷基季铵盐、脂肪醇和烷基酚的聚氧乙烯醚等）皆属于此类物质。当溶质不纯、含有少量杂质时，曲线往往有一个最低点。

根据式（7-26），只要测定溶液表面张力随溶质浓度的变化，绘制 γ-$\lg c$ 曲线，然后在相应的浓度位置作切线，获得斜率 $\mathrm{d}\gamma/\mathrm{d}\lg c$，即可计算出吸附量 Γ，如图 7-8 所示。那么吸附量与浓度之间存在怎样的关系呢？随着溶质浓度的升高，吸附量能一直增加吗？借助于 Langmuir 单分子层吸附理论，可以得到所需要的答案。

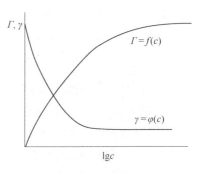

图 7-8　典型表面活性剂的 γ-$\lg c$ 曲线和吸附量随浓度的变化

（3）表面压和 Langmuir 单分子层吸附公式

表面活性剂分子进入表（界）面相，在界面形成一个单分子层。在单分子层中，吸附的表面活性剂分子在二维平面内可以自由运动，于是它们产生了二维压力，称为表面压，通常用 π 来表示：

$$\pi = \gamma_0 - \gamma \tag{7-27}$$

式中，γ_0 为纯水的表面张力（25℃ 下为 72mN/m）；γ 为表面活性剂溶液的表面张力。可见表面压与表面张力具有相同的单位。

Langmuir 从吸附和脱附的动态平衡导出了单分子层吸附公式：

$$\Gamma = \Gamma^{\infty}\frac{Kc}{1+Kc} \tag{7-28}$$

式中，Γ^{∞} 为饱和吸附量；c 为浓度；K 为常数。以吸附量 Γ 对浓度 $\lg c$ 作图，如图 7-8 所示。可见在较低的浓度下，Γ 随 c 几乎呈线性上升，这是由于 c 很小，上式分母中的 Kc 相对于 1 很小，于是上式中吸附量与 c 几乎呈线性关系。另外，在高浓度下，吸附量渐趋饱和，即达到一个极限 Γ^{∞}。因为 c 显著增加，这时候 $Kc \gg 1$，于是上式演变为 $\Gamma \to \Gamma^{\infty}$。在中间浓度区域，$\Gamma$ 随浓度升高而非线性增加。因此 Langmuir 吸附公式很好地描述了表面活性剂的吸附量（表面过剩）随浓度的变化过程和趋势。

（4）Szyszkowski 公式

Gibbs 公式（7-25）是一个微分式，而在实际应用中，人们更希望知道溶液的表面张力如何随浓度而变化。而 Szyszkowski 公式解决了这一问题。事实上，对一个二组分（表面活性剂+溶剂）体系，将式（7-28）代入式（7-24）并积分即可得到：

$$\gamma_0 - \gamma = nRT\Gamma^{\infty}\ln(1+Kc) \tag{7-29}$$

式（7-29）即为著名的 Szyszkowski 公式，它描述了溶液的表面张力随表面活性剂浓度（$c<\mathrm{cmc}$）的变化。式中，n 表示每个表面活性剂分子离解产生的浓度随表面活性剂浓度而变化的粒子数目。对非离子型表面活性剂和离子型表面活性剂+过量无机盐体系，$n = 1$；对不加无机盐的 I - I 型离子型表面活性剂体系，$n = 2$。

图 7-8 给出了典型表面活性剂的 γ-$\lg c$ 曲线的形态。在低浓度下，表面张力很缓慢地下降，然后几乎呈直线下降，直至浓度达到临界胶束浓度（cmc）时不再下降。Szyszkowski 公式中的两个常数 Γ^{∞} 和 K 与 Gibbs 公式中的常数是相同的。很显然，任何表面活性剂的 γ-$\lg c$ 曲线的形

状都取决于这两个常数。其中 K 决定了曲线在浓度方向上的位置，K 值越大，在低浓度下越能获得较大的表面张力降低，即效率较高，曲线的位置就越偏左。表面张力最终能降至多少与饱和吸附量有关，在其它条件相同的情况下，饱和吸附量越高，则表面张力越低。

（5）降低表面张力的效率和效能

在表面活性剂的实际应用中，有两个参数非常重要。一个是为了达到一定的表面张力降低所需要的浓度大小，从经济角度考虑当然是越低越好；另一个是表面活性剂水溶液所能达到的最低表面张力而不论其浓度大小。显然，前者属于效率问题，后者属于能力问题。为了定量地表征这两个参数，Rosen 提出了表面活性剂降低水的表面张力的效率和效能的定义式。根据图 7-9 所示的典型表面活性剂水溶液的 γ-lg$c$ 曲线，可见在很稀的浓度阶段，$-\mathrm{d}\gamma/\mathrm{dlg}c$ 是逐渐增加的，由 Gibbs 公式可知，Gibbs 过剩（吸附量）逐渐增加，这一过程一般持续到水的表面张力下降（或表面压达到）20mN/m 左右，然后$-\mathrm{d}\gamma/\mathrm{dlg}c$ 基本为常数，直至达到临界胶束浓度（cmc）。于是，Rosen 提出，将使水的表面张力下降 20mN/m 所需要的表面活性剂浓度的负对数，pc_{20}，定义为该表面活性剂降低水的表面张力的效率：

$$\mathrm{p}c_{20} = -\lg c_{\pi=20} \tag{7-30}$$

因为是负对数，所以 pc_{20} 值为正值，显然，pc_{20} 值越大，表明该表面活性剂越能在更低的浓度下有效降低水的表面张力，即降低表面张力的效率越高。一些常见表面活性剂的 pc_{20} 值请参见《表面活性剂和界面现象》（崔正刚等译，化学工业出版社，2015）和《表面活性剂、胶体与界面化学基础》（第二版，崔正刚主编，化学工业出版社，2019）。

由于在浓度达到 cmc 后表面张力不再降低，Rosen 用 cmc 时的表面张力γ_{cmc}，来表征表面活性剂降低表面张力的效能。γ_{cmc} 越低，则效能越高。

那么表面活性剂的分子结构与其降低表面张力的效率和效能有怎样的关系呢？显然这属于构效关系问题。对同系物而言，表面张力随同系表面活性剂分子中烷基链长的增长而降低，吸附量则随烷基链的增长而增加，大体上接近 Traube 规则，即每增加一个 CH_2 基团，达到同样的表面张力下降，其浓度可减少至原碳原子数相应值的 1/3，即同系化合物的碳原子数以算术级数增加，其表面活性则以几何级数增加，如图 7-10 所示。至于γ_{cmc} 的大小，取决于多种因素。一般地，饱和吸附量越大，则γ_{cmc} 越低，而饱和吸附量随同系物烷基链长的增加而增加，但这一过程是有限度的，由于 cmc 随烷基链长的增加而降低，即体系中的单分子浓度降低，对同系物而言，γ_{cmc} 随烷基链长的增加有一个最低值，过长的烷基链将导致γ_{cmc} 上升（过早形成胶团，从而导致γ_{cmc} 上升）。有关详细的表面活性剂的构效关系，请参见《表面活性剂和界面现象》（崔正刚等译，化学工业出版社，2015）。

从图 7-9 可见，当表面压达到 20mN/m 以后，γ-lg$c$ 曲线的斜率基本为常数，根据公式（7-26），计算得到的吸附量为常数，即$\Gamma \to \Gamma^{\infty}$，表明吸附已经达到了饱和。这一现象可能会带来一个令人困惑的问题，即既然吸附已经达到饱和，吸附量不再随浓度升高而增加，为什么表面张力仍随浓度增加而下降？回答这一问题需要正确理解吸附量这一概念。这里的吸附量本质上是表面过剩，根据其物理意义，表面过剩并非表面活性剂在界面相的绝对浓度，而是表面相浓度相对于体相浓度的增量部分（差值）。因此，尽管差值不变，但随着体相表面活性剂浓度的增加，界面相表面活性剂的绝对浓度也是增加的。再者，溶液的表面张力取决于体相中单分子浓度，在表面压达到 20mN/m 后，体相中的单分子浓度将继续增加，直至总浓度达到 cmc。在 Szyszkowski

方程（7-29）中，表面活性剂浓度 c 是指单分子的浓度，当总浓度超过 cmc 后，单分子浓度不再增加，因而相应地表面张力不再下降。而浓度在低于 cmc 时，表面张力 γ 随表面活性剂浓度增加而持续下降。

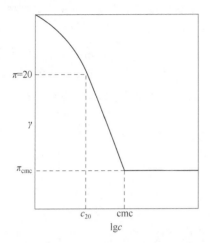

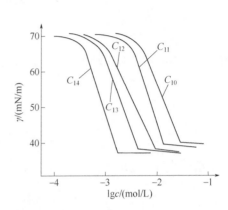

图 7-9　表面活性剂降低表面张力的效率和效能示意图　　图 7-10　脂肪醇硫酸钠溶液 γ-lg$c$ 图（28℃）

（6）多组分体系的 Gibbs 吸附公式

以上讨论的是单一非离子溶质水溶液体系，除了溶剂外，溶质只有一个组分。但在实际应用中，溶质可能包括多个组分，例如非离子型表面活性剂一般含有同系物，离子型表面活性剂包含了同系物、反离子和无机电解质。同时，实际应用中还广泛采用混合表面活性剂、添加无机盐或有机助剂等。因此，讨论多组分体系的 Gibbs 吸附公式是非常必要的。

① 非离子型同系混合物

对于由 i 种同系混合物组成的多组分表面活性剂体系，由于浓度不大，各组分的活度系数可认为等于 1。若只改变其中一种溶质的浓度，保持其它溶质的浓度不变，则可由 γ~lnc_i 关系求得该组分的吸附量：

$$\Gamma_i = -\frac{1}{RT}\left(\frac{\partial \gamma}{\partial \ln c_i}\right)_{T,p,n_{j\neq i}} \tag{7-31}$$

依次可求出总共 i 种组分的吸附量。

对商品表面活性剂，可以认为各组分占有固定的比例，当总浓度变化时，各组分的浓度按比例变化，即有：

$$k_1 c_1 = k_2 c_2 = \cdots = k_i c_i \tag{7-32}$$

$$c_t = c_1 + c_2 + \cdots + c_i = k_1 c_1\left(\frac{1}{k_1} + \frac{1}{k_2} + \cdots + \frac{1}{k_i}\right) \tag{7-33}$$

代入式（7-24）有：

$$-\mathrm{d}\gamma = RT(\Gamma_1 + \Gamma_2 + \cdots + \Gamma_i)\mathrm{d}\ln c_t = RT(\sum \Gamma_i)\mathrm{d}\ln c_t = RT\Gamma_t \mathrm{d}\ln c_t \tag{7-34}$$

从式（7-34）可以求出总吸附量。同系物之间一般不存在相互作用，因此它们形成所谓的理想界面。于是非离子型同系混合物表现如同一个单组分体系，其中吸附量为各组分的总吸附量，浓度为总浓度。

② 离子型表面活性剂

对于单一的 I - I 型离子型表面活性剂，它们在水溶液中因电离形成表面活性离子和反离子，溶质含有至少两个组分。实际上离子型表面活性剂体系中还常含有无机盐，来自产品或者外加，如果其中的一个离子与表面活性剂相同，则体系中就至少存在三个组分。

以阴离子型表面活性剂 RNa_z 为例，加入无机电解质 NaCl，则在水溶液中，它们将电离成三种离子：R^{z-}，Na^+ 和 Cl^-，这里 z 为表面活性离子的价数。根据电中性理论，在界面吸附的所有离子的电荷数相等，即没有净电荷。体相的情况类似，也是电中性的，于是得到：

$$z\Gamma_R + \Gamma_{Cl^-} = \Gamma_{Na^+} \tag{7-35}$$

$$zc_R + c_{Cl^-} = c_{Na^+} \tag{7-36}$$

对该多组分体系，应用式（7-24）得到：

$$-d\gamma = \Gamma_R d\mu_R + \Gamma_{Na^+} d\mu_{Na^+} + \Gamma_{Cl^-} d\mu_{Cl^-} \tag{7-37}$$

考虑到各组分的活度系数接近于 1，展开上式得到：

$$-d\gamma = RT(\Gamma_R dlnc_R + \Gamma_{Na^+} dlnc_{Na^+} + \Gamma_{Cl^-} dlnc_{Cl^-}) \tag{7-38}$$

代入有关关系式得到：

$$-d\gamma = \left(1 + z\frac{c_R}{c_R + c_{NaCl}}\right)RT\Gamma_R dlnc_R \tag{7-39}$$

对 I - I 型离子型表面活性剂，$z=1$，于是上式简化为：

$$-d\gamma = \left(1 + \frac{c_R}{c_R + c_{NaCl}}\right)RT\Gamma_R d\ln c_R = nRT\Gamma_R dlnc_R \tag{7-40}$$

下面分别考虑三种情形：

（i）体相中无外加 NaCl，$c_{NaCl}=0$，$n=2$，得：

$$-d\gamma = 2RT\Gamma_R dlnc_R \tag{7-41}$$

（ii）体相中加入相对于 RNa_z 大大过量的 NaCl，这时，c_R 相对于 c_{NaCl} 可忽略不计，$n=1$，得：

$$-d\gamma = RT\Gamma_R dlnc_R \tag{7-42}$$

（iii）体相中加入与表面活性剂量相当的 NaCl，这种情况下 c_{NaCl} 不能忽略，于是 $1<n<2$。

③ 两性离子型表面活性剂

两性离子型表面活性剂在溶液中可以有三种状态：阴离子型 R^-，阳离子型 R^+，和两性离子型 $R^\pm$，取决于溶液的 pH 值。一般会在恒定的 pH 值下测定表面张力，于是考虑到溶液中还存在 H^+ 和 OH^-，得到体系的一般 Gibbs 公式为：

$$-\frac{d\gamma}{RT} = \Gamma_{R^-} dlnc_{R^-} + \Gamma_{R^+} dlnc_{R^+} + \Gamma_{R^\pm} dlnc_{R^\pm} + \Gamma_{H^+} dlnc_{H^+} + \Gamma_{OH^-} dlnc_{OH^-} \tag{7-43}$$

由于在 R^+ 和 R^+ 及 R^- 之间存在下列电离平衡：

$$R^+ \longrightarrow R^\pm + H^+$$

$$R^\pm \longrightarrow R^- + H^+$$

此外水分子之间也存在电离平衡，引入平衡常数，再应用电中性原理，最终得到：

$$-\frac{\mathrm{d}\gamma}{RT} = \Gamma_R \mathrm{d}\ln c_R \qquad (7\text{-}44)$$

式中，Γ_R 为阳离子、阴离子和两性离子的总表面过剩；c_R 为阳离子、阴离子和两性离子的总浓度。当体系中存在一定量 NaCl 时，因为 $\mathrm{d}\ln c_{Cl^-} = 0$，$\mathrm{d}\ln c_{Na^+} = 0$，所以上述关系式依然成立。

以上有关多组分体系的 Gibbs 公式的详细推导，请参见《表面活性剂、胶体与界面化学基础》一书。

（7）标准吸附自由能

表面活性剂之所以能自发地从溶液中吸附到界面，是因为这一过程导致了表面活性剂化学位的降低。降低的幅度可以用标准吸附自由能 $\Delta G_{ads}^\ominus$ 来表征，即表面活性剂自体相转移到界面相所引起的标准自由能变化。

对非离子型表面活性剂，当其处于溶液中时，其化学位 μ_i 可以表示为：

$$\mu_i = \mu_i^\ominus + RT\ln(f_i x_i) \qquad (7\text{-}45)$$

式中，$\mu_i^\ominus$ 为标准化学位；f_i 和 x_i 分别为体相中表面活性剂的活度系数和浓度。

当表面活性剂处于界面相时，其化学位 μ_i 可以表示为：

$$\mu_i = \mu_i^{s,\ominus} + RT\ln(f_i^s x_i^s) - \gamma A_i^s \qquad (7\text{-}46)$$

式中，$\mu_i^{s,\ominus}$ 为表面活性剂在界面相的标准化学位；f_i^s 和 x_i^s 分别为界面相中表面活性剂的活度系数和浓度；γ 为表面张力；f_i^s 为组分 i 的偏摩尔面积（$A_i^s = 1/\Gamma^\infty$）。式（7-45）式和式（7-46）称为 Butler 方程。相平衡时，表面活性剂在体相和界面相的化学位相等，于是由上述 Butler 方程得到：

$$\mu_i^{s,\ominus} - \mu_i^\ominus - \frac{\gamma_0}{\Gamma^\infty} = RT\ln\frac{f_i x_i}{f_i^s x_i^s} + \frac{\gamma - \gamma_0}{\Gamma^\infty} \qquad (7\text{-}47)$$

式（7-47）的左边正是 i 组分自体相吸附到表面相的标准摩尔吸附自由能。

定义：

$$(\Delta G_i^\ominus)_{ads} = \mu_i^{s,\ominus} - \mu_i^\ominus - \frac{\gamma_0}{\Gamma^\infty} = RT\ln a_i \qquad (7\text{-}48)$$

将式（7-48）和式（7-47）相结合，得：

$$a_i = \frac{f_i x_i}{f_i^s x_i^s}\exp\left(\frac{\gamma - \gamma_0}{RT\Gamma^\infty}\right) \qquad (7\text{-}49)$$

应用于溶质表面活性剂（组分 2），上式给出了参数 a_2 的物理意义：无限稀释时（指数项为 1）表面活性剂在体相和界面相的分配系数。

利用参数 a_2 可以从热力学上推导出 Szyszkowski 公式和 Langmuir 方程：

$$\gamma_0 - \gamma = RT\Gamma_2^\infty \ln\left(1 + \frac{x_2}{a_2}\right) \tag{7-50}$$

$$\Gamma_2 = \Gamma_2^\infty \frac{x_2/a_2}{1 + x_2/a_2} \tag{7-51}$$

与式（7-28）和式（7-29）相比较，可以得到：

$$\frac{x_2}{a_2} = Kc_2 \tag{7-52}$$

注意 c 的单位为 mol/L，x 为摩尔分数，而一升水的摩尔数为 55.51，于是换算得到：

$$(\Delta G_i^\ominus)_{ads} = -RT\ln(55.51K) \tag{7-53}$$

通常表面活性剂的吸附常数 K 为很大的正数（$10^3 \sim 10^6$），因此，标准吸附自由能为负值。

对 I - I 型离子型表面活性剂，相平衡条件必须考虑电中性。通常对电解质（jk），相平衡条件为：

$$\mu_j + \mu_k = \mu_j^s + \mu_k^s \tag{7-54}$$

于是式（7-49）变为：

$$a_{jk} = \frac{f_j x_j f_k x_k}{f_j^s x_j^s f_k^s x_k^s} \exp\left[\frac{2(\gamma - \gamma_0)}{RT\Gamma^\infty}\right] \tag{7-55}$$

类似地，可以从热力学得到 I - I 型离子型表面活性剂的 Szyszkowski 公式和 Langmuir 方程：

$$\gamma_0 - \gamma = 2RT\Gamma_R^\infty \ln\left[2\frac{f_\pm}{f_\pm^s}\left(\frac{x_{Na^+} x_{R^-}}{a_{NaR}}\right)^{1/2} + \frac{f_1^{0,s}}{f_1^s}\right] \tag{7-56}$$

$$\Gamma_{R^-} = \Gamma_{R^-}^\infty \left[\frac{2\dfrac{f_\pm}{f_\pm^s}\left(\dfrac{x_{Na^+} x_{R^-}}{a_{NaR}}\right)^{1/2}}{1 + 2\dfrac{f_\pm}{f_\pm^s}\left(\dfrac{x_{Na^+} x_{R^-}}{a_{NaR}}\right)^{1/2}}\right] \tag{7-57}$$

式（7-56）中，上角标"0"表示单一组分或纯组分，即纯水组分（不含表面活性剂）在界面的活度系数。

在稀浓度（活度系数取 1）、无外加无机盐（$x_{Na^+} = x_{R^-} = c/55.51$，$c$ 为表面活性剂的摩尔浓度）的条件下，与式（7-28）和式（7-29）相比较，类似地得到：

$$(\Delta G_i^\ominus)_{ads} = RT\ln(a_{jk}) = -2RT\ln\left(\frac{55.51K}{2}\right) \tag{7-58}$$

式中的 K 值易于通过用 Szyszkowski 公式（7-29）拟合实验得到的 $\gamma\text{-}\lg c$ 曲线得到。

（8）电解质的影响

表面活性剂在使用过程中常常会加入无机电解质。对非离子型表面活性剂，电解质对表面活性的影响不大，因为表面活性剂和无机盐离子之间没有静电相互作用，主要产生盐析作用，导致非离子型表面活性剂的水溶性下降和浊点降低。然而对于离子型表面活性剂，加入无机盐对表面活性将有显著的影响，并且这种影响主要来自反离子。从实验可以得到，对离子型表面活性剂，加入无机盐将导致 γ-$\lg c$ 曲线向左下方移动，如图 7-11（a）所示，即提高了降低表面张力的效率和效能。另外，加入无机盐降低了离子型表面活性剂的 cmc，在一定的浓度范围内，$\lg(cmc)$ 随反离子浓度的对数 $\lg(Na^+)$ 线性下降，如图 7-11（b）所示。

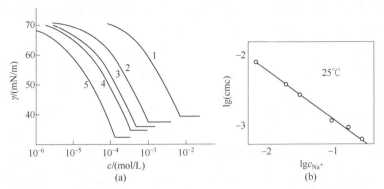

图 7-11　加入 NaCl 对十二醇硫酸钠（SDS）水溶液表面张力（a）和临界胶束浓度 cmc（b）的影响
NaCl 浓度：1—0mol/L；2—0.1mol/L；3—0.3mol/L；4—0.5mol/L；5—1.0mol/L

借助于从热力学获得的 Szyszkowski 公式（7-56），可以解释加入电解质为什么会显著影响离子型表面活性剂的表面活性。式（7-56）中的 $\sqrt{x_{R^-} x_{Na^+}}$ 可以转换为 $\sqrt{c_{R^-} c_{Na^+}}$，于是离子型表面活性剂的表面压取决于其离子积，当表面活性离子的浓度固定不变时，加入无机盐将导致反离子浓度的显著增加，于是总的离子积增加。例如对于阴离子型表面活性剂 R^-Na^+，加入 NaCl，则 c_{Na^+} 大大增加，从而导致 $\sqrt{c_{R^-} c_{Na^+}}$ 增加，因此达到相同的离子积时，c_{R^-} 就比不加 NaCl 时低得多。

将式（5-62）应用于 cmc 时的离子积 $x_{Na^+}^M x_{R^-}^M$，则得：

$$\gamma_0 - \gamma_{cmc} = 2RT\Gamma_R^\infty \ln\left[2\frac{f_\pm}{f_\pm^s}\left(\frac{x_{Na^+}^M x_{R^-}^M}{a_{NaR}}\right)^{1/2} + \frac{f_1^{0,s}}{f_1^s}\right] \tag{7-59}$$

上式表明，表面活性剂所产生的表面压大小，并不仅仅取决于表面活性离子的浓度，而是取决于表面活性离子和反离子的离子积。这样在相同的表面活性离子浓度时，反离子的加入将大大提高离子积，从而使表面张力降得更低。此外，电解质的加入，使得体系离子强度增加，表面活性剂的平均离子活度系数有所下降，同时吸附单层因排列更紧密使得非理想性增加，因此体相和表面相的活度系数都受到一定程度的影响，但与对离子积的影响相比仍是次要的。

实验研究表明，电解质对胶束化过程的影响小于对吸附的影响，因此，加入电解质后，达到 cmc 时的离子积（$x_{Na^+}^M x_{R^-}^M$）呈现增大的趋势，相应地导致 γ_{cmc} 下降。反之，如果电解质对吸附和胶束化过程的影响完全相同，则电解质的加入将不改变 γ_{cmc}。

7.2.2　液/液界面上的吸附

（1）液/液界面张力

最典型的液/液界面是油/水界面。与气/液界面类似，由于油分子对表面水分子的吸引作用，不同于水分子之间的相互吸引作用，存在油/水界面张力，导致油和水互不相溶，而将水分子从体相搬移到油/水界面需要提供额外的功。另外，油作为一个凝聚相，其对水分子的吸引作用远大于气体分子对水分子的吸引作用，因此将水分子搬移到油/水界面所需要的外功一定小于将水分子搬移到气/液界面做需要的外功。因此油/水界面张力一般小于水的表面张力。例如 25℃ 下正构烷烃与水的界面张力在 50mN/m 左右，而相同温度下水的表面张力约为 72mN/m。根据这一原理，近似地有 Antonow 规则：

$$\gamma_{12} \approx \gamma_1 - \gamma_2 \qquad (\gamma_1 > \gamma_2) \tag{7-60}$$

式中，γ_{12} 为界面张力；γ_1 和 γ_2 分别为水和油的表面张力。上式可用于估算油/水界面张力。例如 $C_6 \sim C_{14}$ 正构烷烃的表面张力为 18~25mN/m，测得它们与水的界面张力为 50~52mN/m，符合 Antonow 规则。但实验研究表明，有许多油和水之间的界面张力不符合上式，出现较大的偏差。原因是油和水之间有一定的互溶性，两者接触后形成了溶液，而溶液的表面张力显然不同于纯溶剂的表面张力。因此如果在式（7-60）中将纯油和纯水的表面张力换成相互饱和的油和水的表面张力（用上标'表示），则上式就精确成立：

$$\gamma_{12} = \gamma_1' - \gamma_2' \qquad (\gamma_1' > \gamma_2') \tag{7-61}$$

例如 20℃ 下苯与水的界面张力，因苯微溶于水，水的表面张力由 72.8mN/m 降为 63.2mN/m，苯的表面张力由 28.9mN/m 降为 28.8mN/m。用式（7-61）计算得到 γ_{12}=34.4mN/m，与实测值 γ_{12}=35mN/m 比较接近，而用式（7-60）计算得到 γ_{12}=43.9mN/m，与测定值偏差很大。

研究表明，既然表面张力系由分子间相互作用引起，应当可以将表面张力表示成各种分子间相互作用对表面张力的贡献之和，即有：

$$\gamma = \gamma^d + \gamma^h + \gamma^m + \gamma^e + \gamma^i = \gamma^d + \gamma^{SP} \tag{7-62}$$

式中，γ^d 为色散作用；γ^h 为氢键作用；γ^m 为金属键作用；γ^e 为电子相互作用；γ^i 为离子相互作用。除 γ^d 外，其余统称为特种（SP）相互作用。例如，水的表面张力包括 γ^d 和 γ^h 两项，其中 γ^d = 21.8mN/m，γ^h = 51mN/m。而汞（水银）的表面张力（484mN/m）包括 γ^d 和 γ^m，其中 γ^d = (200±7)mN/m。当不混溶的油和水形成界面时，界面层的水分子受到体相油分子的吸引力，同样界面层的油分子也受到体相水分子的吸引作用，而在这些分子间作用力中，色散作用存在于任何不同的分子之间。Fowkes 提出，不同液体间的分子吸引力为两种液体的色散力的函数，可用两者表面张力色散成分的几何平均值（$\sqrt{\gamma_1^d \gamma_2^d}$）表示，于是将分子 1 和分子 2 搬移到界面所需要的外功，比将其分别搬移到各自的表面要减小 $2\sqrt{\gamma_1^d \gamma_2^d}$，于是不同液体间的界面张力符合 Fowkes 提出的下列半经验式：

$$\gamma_{12} = \gamma_1 + \gamma_2 - 2\sqrt{\gamma_1^d \gamma_2^d} \tag{7-63}$$

van Oss 等提出了另一种在定量方面更为精确的理论，即将与界面张力相关的分子间相互作用分为非极性作用和极性作用两部分：非极性作用部分即为色散力作用，称为 Lifshitz-van der Waals（LW）相互作用；极性作用部分本质上是电子给体和受体相互作用，称为 Lewis acid-base（AB，酸碱）相互作用。于是一个纯液体的表面张力可以表示为两部分之和：

$$\gamma = \gamma^{LW} + \gamma^{AB} \tag{7-64}$$

$$\gamma^{AB} = 2\sqrt{\gamma^+ \gamma^-} \tag{7-65}$$

式中，γ^{LW} 表示表面张力的非极性成分，与 γ^d 相同；γ^{AB} 为表面张力的极性成分；γ^+ 表示表面张力的电子受体参数；γ^- 表示表面张力的电子给体参数。式（7-65）表明，酸碱作用是一种成对的相互作用，若 γ^+ 和 γ^- 两者缺一，则 γ^{AB} 为零，因此 γ^+ 和 γ^- 不具有加和性。

根据这一定义，液体可以被分为三类。第一类是非极性液体，例如烷烃，它们的表面张力只有非极性成分 γ^{LW}，而 γ^+ 和 γ^- 皆为零，由此得到 $\gamma^{AB}=0$；第二类是单极性液体，即 γ^+ 和 γ^- 中有一项为零，γ^{AB} 亦为零，例如苯；第三类是极性液体，$\gamma^+\neq0$，$\gamma^-\neq0$，$\gamma^{AB}\neq0$，例如水。

研究表明，20℃ 时水的表面张力的非极性分成 $\gamma^{LW}=21.8mN/m$，$\gamma^{AB}=51mN/m$，其中 $\gamma^+=\gamma^-=25.5mN/m$。以此为基准，可以求得其它常见液体的 γ^+ 和 γ^-（参见崔正刚主编《表面活性剂、胶体与界面化学基础》，第 2 版，化学工业出版社，2019）。

借助于这一理论，可以方便地求得两个不互溶液体之间的界面张力。对界面张力的非极性成分，根据 Good-Girifalco-Fowkes 的几何平均关系有：

$$\gamma_{12}^{LW}=\left(\sqrt{\gamma_1^{LW}}-\sqrt{\gamma_2^{LW}}\right)^2=\gamma_1^{LW}+\gamma_2^{LW}-2\sqrt{\gamma_1^{LW}\gamma_2^{LW}} \tag{7-66}$$

对界面张力的极性成分，该理论给出下列表达式：

$$\gamma_{12}^{AB}=2\left(\sqrt{\gamma_1^+}-\sqrt{\gamma_2^+}\right)\left(\sqrt{\gamma_1^-}-\sqrt{\gamma_2^-}\right)=2\left(\sqrt{\gamma_1^+\gamma_1^-}+\sqrt{\gamma_2^+\gamma_2^-}-\sqrt{\gamma_1^+\gamma_2^-}-\sqrt{\gamma_2^+\gamma_1^-}\right) \tag{7-67}$$

于是任何液体间的界面张力可表示为：

$$\gamma_{12}=\gamma_{12}^{LW}+\gamma_{12}^{AB}=\left(\sqrt{\gamma_1^{LW}}-\sqrt{\gamma_2^{LW}}\right)^2+2\left(\sqrt{\gamma_1^+}-\sqrt{\gamma_2^+}\right)\left(\sqrt{\gamma_1^-}-\sqrt{\gamma_2^-}\right) \tag{7-68}$$

例如，对水（1）/辛烷（2），$\gamma_2^{LW}=21.62mN/m$，$\gamma_2^+=\gamma_2^-=0$，结合水的参数由式（7-68）计算得 $\gamma_{12}=51mN/m$，测定值为 50.8mN/m。再如水（1）/苯（2），$\gamma_2^{LW}=28.85mN/m$，$\gamma_2^+=0$，$\gamma_2^-=2.7$，计算得 $\gamma_{12}=34.9mN/m$，测定值为 35.0mN/m，符合得很好。

（2）表面活性剂在液/液界面上的吸附

如同吸附到气/液界面一样，表面活性剂也能自发地从溶液中吸附到液/液界面。最典型的液/液界面为油/水界面，因此表面活性剂易于吸附到油/水界面，形成单分子层，降低油/水界面张力。通常表面活性剂的亲水基伸入水相一侧，而亲油基团处于油相一侧，当表面活性剂浓度超过临界胶束浓度时，它们在水溶液中形成胶束，一些油分子能够进入胶束的内部，称为增溶现象，如图 7-12 所示。

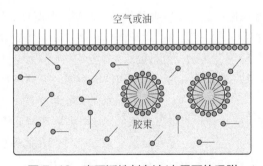

图 7-12　表面活性剂在油/水界面的吸附

总体而言，表面活性剂在油/水界面的吸附与在气/液界面的吸附非常类似，相关理论如 Gibbs 吸附公式、Langmuir 单分子层理论、Szyszkowski 公式、界面压、胶团化等都适用于油/水界面体系。

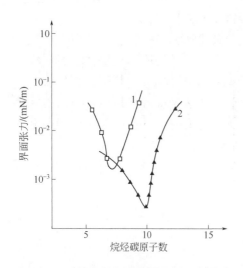

图 7-13 表面活性剂降低烷烃/水界面张力

1—0.7g/L 对二己基苯磺酸钠（3.5g/L NaCl）；2—4g/L 石油磺酸盐（7g/L Na$_2$CO$_3$）

一个显著的不同点是，在油/水体系，表面活性剂可以分配到油相，这取决于表面活性剂的亲水亲油平衡值大小。这时相关公式中的浓度仍指水相中的浓度，但实际浓度可能小于配制的浓度，这可以通过分配系数（表面活性剂在两相中的浓度比值）来修正，通常一定温度下分配系数为常数，因此实际浓度与配制浓度仅相差一个常数，而这个常数可以并入其它常数例如 K 值中，从而无需改变公式的形式。

另一个不同点是，如果表面活性剂的油溶性很强，则其将大部分处于油相中，并且在油相中也能形成聚集体，称为"反向胶束"（亲水基朝向内部，亲油基朝向外部），反向胶束能够增溶少量水。

第三个不同点是，表面活性剂降低油/水界面张力的能力，不仅取决于表面活性剂的结构以及外部条件如温度、添加电解质和极性有机物等，更重要的是还取决于油相的性质，即油分子与表面活性剂的烷基链的相互作用。如图 7-13 所示，对不同链长的正构烷烃，对二己基苯磺酸钠和石油磺酸盐分别对某一种烷烃达到最低界面张力。如果界面张力<0.01mN/m，即达到 10^{-3}mN/m 数量级，则称为超低界面张力，通常要求表面活性剂在实际体系中正好达到亲水-亲油平衡时才能获得。超低界面张力对提高石油采收率、油污清洗以及制备微乳液实现油水互溶等方面十分重要。

液/液界面吸附引起的另一个现象是乳化现象，即油相以小球状态分散于水相中，或者相反。前者称为水包油（O/W）型乳状液，后者称为油包水型（W/O）乳状液，在洗涤去污、化妆品制备、食品乳化、农药乳化等领域应用十分广泛，相应的表面活性剂称为乳化剂。

7.2.3 固/液界面上的吸附

固/液界面吸附在实际应用中是一个重要的领域，例如，润湿和分散、吸附脱色、浮选、洗涤、染色、固-液色谱等都涉及固/液吸附。由于固体与溶质以及溶剂相互作用的复杂性，溶质自溶液吸附到固/液界面的理论也是比较复杂的。这里我们主要关注表面活性剂从水溶液中的吸附。对于表面活性剂，有结构基本类同的烷基链和结构不同的各种头基，包括阴离子、阳离子、非离子、两性离子等；而对于固体表面，有带负电荷的或正电荷的，也有不带电荷的，有可能是亲水性的高能表面，也可能是疏水性的低能表面。此外，溶液的环境如 pH、温度、电解质及其它添加剂等，也会对吸附产生影响。总体而言，表面活性剂在固体表面的吸附，主要取决于表面活性剂与固体表面的相互作用，同时也受到固体与溶剂以及溶质-溶剂相互作用的影响。

（1）润湿现象

① 接触角和 Young 方程

首先来看一下固/液体系的一个界面现象——润湿。润湿是一个涉及气、液、固三相的界面现象，广义的润湿是指固体表面的流体（包括气体和液体）被另一种流体所取代的过程，而狭义或典型的润湿则专指水取代固体表面的气体的过程。由于润湿涉及人们生活和生产的许多方面，例如洗涤去污、纺织品处理、胶片涂布、矿物浮选等，有关润湿的关键理论基础早在 19 世纪即由 Thomas Young 所奠定。

液体（L）处于气体（G）中的固体表面（S）上时，通常会出现两种情况。一种是液体铺展形成一个薄层；另一种是液体以一定的形状附着在固体表面，形成一个接触角 θ，如图 7-14（a）~（c）所示。接触角的确切定义是，以气、液、固三相接触点（三相点）为起点，沿液/气界面（γ_{lg} 方向）和固/液界面（γ_{sl} 方向）作两个切平面，将液体包在其中，则这两个切平面之间的夹角即为接触角。于是液体对固体的润湿程度可用 θ 的大小来表征。$\theta \leqslant 0°$ 时称为铺展（spreading），亦称完全润湿；$\theta < 90°$ 时称为润湿（wetting）；而 $90° \leqslant \theta \leqslant 180°$ 则称为不润湿（dewetting）。

接触角的大小取决于三相之间的界面张力大小，即著名的 Young 方程：

$$\cos\theta = \frac{\gamma_{sg} - \gamma_{sl}}{\gamma_{lg}} \tag{7-69}$$

另一种常见的润湿情形是固体颗粒在水中的分散。此种情形下接触角如图 7-14（d）所示，其定义为：作一个切平面在三相点与固体相切，则该切平面与水/气界面在水相一侧所形成的角称为接触角。显然，当 $\theta \leqslant 0°$ 时颗粒完全分散于水相中，即被水完全润湿；当 $\theta < 90°$ 时颗粒大部分在水中，小部分在气相中，称为被水部分润湿；而当 $90° < \theta < 180°$ 时，颗粒大部分处于气相，不能在水中分散。

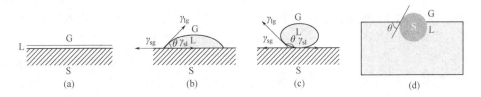

图 7-14 液体在固体表面上的润湿状态（a）~（c）和固体颗粒在水/空气界面上的接触角（d）
（a）完全润湿（铺展），$\theta = 0°$；（b）润湿，$\theta < 90°$；（c）不润湿，$\theta > 90°$

究竟发生哪种情形的润湿，是由润湿过程的自由能变化决定的。对完全润湿或铺展过程，固/液界面取代了润湿前的固/气界面，同时还增加了液/气界面，因此该过程的自由能变化可以表示为：

$$S = -\Delta G = \gamma_{sg} - \gamma_{sl} - \gamma_{lg} = \gamma_{lg}(\cos\theta - 1) \tag{7-70}$$

式中，S 称为铺展系数，因此铺展发生的条件是 $S \geqslant 0$。而润湿或不润湿过程中（形成有限的接触角 θ），固/液界面取代了润湿前的固/气界面和液/气界面，过程自由能的变化为：

$$W_a = -\Delta G = \gamma_{sg} + \gamma_{lg} - \gamma_{sl} = \gamma_{lg}(1 + \cos\theta) \tag{7-71}$$

式中，W_a 称为附着功。

此外两滴相同的液体必定合并成一个大液滴，称为内聚，相应的内聚功 W_c 为：

$$W_c = -\Delta G = 2\gamma_{lg} \tag{7-72}$$

并有：

$$S = W_a - W_c \tag{7-73}$$

即只有当液体在固/液界面的附着功大于液体的内聚功时，才能发生铺展。

② 高能表面和低能表面

按表面能的大小，固体可以分为高能表面和低能表面。例如，那些熔点高、硬度大的金属、金属氧化物、硫化物、无机盐等离子型固体属于高能表面，其表面能可以达到几百至几千 mJ/m²，远高于一般液体。根据上述润湿理论，它们能被一般液体所润湿。例如水、煤油等液体能在干净的金属或玻璃表面上完全铺展。但有机化合物固体如碳氢化合物、碳氟化合物以及聚合物等属于低能表面，其表面能与一般的液体不相上下，能否被液体所润湿，取决于固/液两相的成分和性质。

③ 高能表面的自憎

高能表面应当能够为一般的液体所润湿，然而研究表明，有些液体表面张力并不高，但在高能表面上却不能润湿（铺展）。究其原因是这些液体多为极性液体，它们在高能表面上发生了吸附，从而改变了固体表面的原有性质。例如极性液体分子在固体表面形成一层定向排列的吸附层，以碳氢链朝向空气，使原来的高能表面转变成了低能表面，以致吸附液体本身也不能在其上铺展。这种现象称为高能表面的自憎。如果水溶液中含有离子型表面活性剂，在带相反电荷的固体表面上亦会发生自憎现象。

④ 低能表面润湿的临界表面张力

液体能否润湿低能表面，取决于液体的表面张力。如图 7-15 所示，对某种低能表面，液体的接触角 θ 随液体表面张力的降低而减小，当液体的表面张力低于 20mN/m 时，$\cos\theta = 1$，即 $\theta = 0°$。于是 $\gamma_c = 20$mN/m 称为这种低能表面润湿的临界表面张力。只有那些 $\gamma < \gamma_c$ 的液体才能在该表面铺展。表 7-6 给出了一些低能表面润湿的临界表面张力。

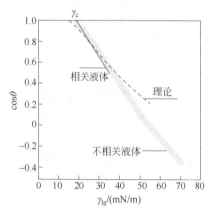

图 7-15　低能表面上接触角与液体表面张力的关系

理论曲线 [式 (7-77)]；$\gamma_s^d = 20$mN/m；

γ_c 为润湿的临界表面张力

表 7-6　一些低能表面及单分子层润湿的临界表面张力 γ_c

高分子固体表面	γ_c/(mN/m)	有机固体表面	γ_c/(mN/m)
聚四氟乙烯	18	石蜡	26
聚三氟乙烯	22	正三十六烷	22
聚二（偏）氟乙烯	25	季戊四醇四硝酸酯单分子层	40
聚一氟乙烯	28	全氟月桂酸	6
聚三氟氯乙烯	31	全氟丁酸	9.2
聚乙烯	31	十八胺	22
聚苯乙烯	33	戊基十四酸	26
聚乙烯醇	37	苯甲酸	53
聚甲基丙烯酸甲酯	39	萘甲酸	58
聚氯乙烯	39	硬脂酸	24
聚酯	43		
尼龙 66	46		

⑤ 润湿的分子相互作用理论

Fowkes 提出了一种分子作用理论,可以解释低能表面润湿的临界表面张力现象。类似于液/液界面,由于不同分子间色散力的作用,将分子搬移到固/液界面所需的功,相比于搬移到固体表面和液体表面,要有所降低:即固/液界面张力 γ_{AB} 可以表示为:

$$\gamma_{AB} = \gamma_A + \gamma_B - 2(\gamma_A^d \gamma_B^d)^{1/2} \quad [\text{参见式}(2\text{-}63)] \tag{7-74}$$

式中,γ_A^d、γ_B^d 分别为 γ_A 和 γ_B 中的色散成分。设 A 为液体 l,B 为固体 s,结合 Young 方程,得到液体在固体上的接触角为:

$$\gamma_{lg} \cos\theta = \gamma_{sg} - \gamma_{sl} = \gamma_{sg} - \gamma_s - \gamma_{lg} + 2(\gamma_s^d \gamma_{lg}^d)^{1/2} \tag{7-75}$$

代入 $\gamma_{sg} = \gamma_s - \pi$（$\pi$ 为表面与蒸气成平衡时吸附膜的膜压）得到:

$$\cos\theta = -1 + 2\frac{(\gamma_s^d \gamma_{lg}^d)^{1/2}}{\gamma_{lg}} - \frac{\pi}{\gamma_{lg}} \tag{7-76}$$

在低能固体表面上,$\frac{\pi}{\gamma_{lg}}$ 一项可以忽略,上式进一步简化为:

$$\cos\theta = -1 + 2\sqrt{\gamma_s^d} \times \frac{\sqrt{\gamma_{lg}^d}}{\gamma_{lg}} \tag{7-77}$$

以 $\cos\theta$ 对 $\frac{\sqrt{\gamma_{lg}^d}}{\gamma_{lg}}$ 作图,可得到一直线,斜率为 $2\sqrt{\gamma_s^d}$,截距为–1。这就解释了图 7-15 所示的测量结果。

若知道液体的 γ_{lg}^d,则可利用上述关系求出固体表面能的色散成分 γ_s^d,反之亦然。

对非极性液体如烃类,因 $\gamma_{lg}^d = \gamma_{lg}$,由式(7-77)得:

$$\cos\theta = -1 + 2\left(\frac{\gamma_s^d}{\gamma_{lg}}\right)^{1/2} \tag{7-78}$$

当 $\cos\theta=1$ 时,γ_{lg} 为固体表面润湿的临界表面张力 γ_c,于是得到:

$$\gamma_c = \gamma_s^d \tag{7-79}$$

上式表明,润湿的临界表面张力对应于固体表面能的色散成分。

⑥ 固体表面能成分的测定

与液体表面张力类似,固体的表面能(表面张力)也可以分解成多个成分,例如色散成分和多个特殊成分。van Oss 等提出界面张力理论也可以应用于固/液界面,从而可以通过测定接触角,获得固体表面能的成分。

将式(7-66)应用于固/液界面并代入 Young 方程得到:

$$\frac{(1+\cos\theta)\gamma_l}{2} = \sqrt{\gamma_s^{LW}\gamma_l^{LW}} + \sqrt{\gamma_s^+\gamma_l^-} + \sqrt{\gamma_s^-\gamma_l^+} \tag{7-80}$$

若选用非极性液体测定其在固体表面上的接触角θ，应用上式，则后两项为零，得到：

$$\frac{(1+\cos\theta)\gamma_1^{LW}}{2}=\sqrt{\gamma_s^{LW}\gamma_1^{LW}} \tag{7-81}$$

由于γ_1^{LW}为已知，于是代入θ即可从上式计算得到γ_s^{LW}。

若选用至少两种极性液体（l_1）和（l_2）测定接触角，应用式（7-80）得到一个方程组：

$$\frac{(1+\cos\theta_1)\gamma_{l1}}{2}=\sqrt{\gamma_s^{LW}\gamma_{l1}^{LW}}+\sqrt{\gamma_s^+\gamma_{l1}^-}+\sqrt{\gamma_s^-\gamma_{l1}^+} \tag{7-82}$$

$$\frac{(1+\cos\theta_2)\gamma_{l2}}{2}=\sqrt{\gamma_s^{LW}\gamma_{l2}^{LW}}+\sqrt{\gamma_s^+\gamma_{l2}^-}+\sqrt{\gamma_s^-\gamma_{l2}^+} \tag{7-83}$$

式中，除γ_s^+和γ_s^-外，其余参数皆为已知，于是联立求解即可得到γ_s^+和γ_s^-。

需要注意的是，如果选用正构烷烃作为非极性液体，由于其表面张力低，可能在固体表面铺展，从而测不出接触角（$\theta=0°$），为此需要选用表面张力较高的非极性液体。1-溴代萘（1-bromonaphthalene）和二碘甲烷（diiodomethane）是两种合适的非极性液体。而乙二醇（ethylene glycol）、甲酰胺（formamide）以及水是合适的极性液体，它们统称为探针液体。表7-7给出了它们的表面张力成分。

表7-7　常用探针液体的表面张力成分（20℃）

名称	γ	γ^{LW}	γ^{AB}	γ^+	γ^-
1-溴代萘	44.4	44.4	0	0	0
二碘甲烷	50.8	50.8	0	0	0
乙二醇	48.3	29.3	19.0	1.92	47.0
甲酰胺	58.2	39.0	19.0	2.28	39.6
水	72.8	21.8	51.0	25.5	25.5

⑦ 粉末的润湿

在日常生活和生产实践中，常常会遇到粉末的润湿，例如冲饮咖啡、奶粉，配制砂浆，湿法磨制超细颗粒等。如果颗粒表面能被液体润湿，则颗粒之间的空隙就类似于毛细通道，液体能够沿着毛细通道前进，从而润湿粉末。这种润湿现象类似于毛细渗透。

毛细渗透的理论基础是 Washburn 方程。如图 7-16 所示，将一根毛细管横置，左边与液体接触，如果液体能润湿管壁，则液体将向右自动穿过管壁，液体前进的距离x与时间t的关系为：

$$x^2=\frac{rt}{2\eta}\gamma_{lg}\cos\theta \tag{7-84}$$

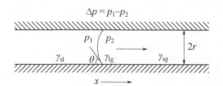

图7-16　液体自动流过水平毛细管示意图

式中，r 为毛细管的半径，cm；θ 为液体在管壁上的接触角；γ_{lg} 为液体的表面张力；η 为液体的黏度。式（7-84）即为著名的 Washburn 方程，即 x^2 与 t 成线性关系。当液体润湿管壁时，界面凹向前方，$\theta < 90°$，于是产生了压力差 Δp，驱动液体前进。反之，当接触角 $>90°$ 时，界面凸向前方，液体不能前进。

对固体粉末或者多孔介质，将其装成柱状或制成薄板（如薄层色谱分析用硅胶板），上式同样适用，只需用有效半径 R 代替毛细管半径 r：

$$x^2 = \frac{Rt}{2\eta}\gamma_{lg}\cos\theta \tag{7-85}$$

为了获得有效半径 R，可以选用能完全润湿固体并具有一定挥发性的液体，例如庚烷、辛烷等，做毛细渗透实验，得到 x^2-t 关系，设 $\theta = 0°$，于是可借助于式（7-85）求出 R 值。

Washburn 方程表明，毛细渗透的速度与表面张力成正比，因此，要获得高的渗透速度，液体的表面张力应在满足润湿（$\theta < 90°$）的条件下尽可能高。这一点与铺展不同，铺展要求液体表面张力越低越好。此外，毛细渗透的速度与液体的黏度成反比，高黏度液体渗透速度慢。

将粉末装在一个柱中，垂直放置，让液体自底部向上渗透，则毛细渗透将或多或少地会受到重力的影响。当然如果推动力（Δp）相对于重力很大时，则重力的影响可以忽略不计，这时液体上升的高度与爬入液体的体积或质量（W）成正比，Washburn 方程中的 x^2-t 关系可以转换成 w^2-t 关系：

$$W^2 = A^2\rho^2\frac{Rt}{2\eta}\gamma_{lg}\cos\theta \tag{7-86}$$

式中，ρ 为液体的密度；A 为空隙构成的有效截面积，它可以与 R 合并成一个新的常数，用测定 R 值的方法测出。值得注意的是，柱体的材料对测定结果会产生一定的影响，如果液体对柱体本身有良好的润湿性，将导致 W 值比实际值有所增加，需要设法消除这一影响。

（2）固/液吸附的表征和吸附驱动力

① 吸附量和吸附等温线

前已述及，表面活性剂在气/液和液/液界面的吸附量不能直接测定，而是借助于 Gibbs 公式通过测定表（界）面张力随表面活性剂浓度的变化间接获取，但是表面活性剂在固/液界面的吸附量可以直接测定。方法之一是在设定温度下将一定量的固体（通常是粉末，具有较大的比表面积）与一定量的已知浓度的表面活性剂溶液一同振摇，达到吸附平衡后静置分层使颗粒沉降，或者通过离心使颗粒沉降，然后分析上清液中表面活性剂的浓度 c（mol/L）。由于溶液中初始表面活性剂的浓度 c_0（mol/L）为已知，可以通过下式计算吸附量：

$$\Gamma = \frac{x}{m} = \frac{V(c_0 - c)}{m} \tag{7-87}$$

式中，m 为固体（吸附剂）的质量，g；V 为表面活性剂溶液的体积，L；x 为吸附量，mol；Γ 表示单位质量的固体所吸附的表面活性剂的摩尔数，mol/g。若 V 的单位用 mL，c_0 和 c 的单位不变，则 Γ 的单位为 mmol/g。

理论分析表明，用上述方法测定的表面活性剂在固/液界面的吸附量 Γ 属于 Gibbs 过剩，不是表面活性剂在固体表面上的绝对浓度。因此与气/液和液/液界面的吸附类似，溶质和溶剂在固体表面都有吸附，如果溶质为正吸附时，则溶剂为负吸附，但负吸附并不意味着不吸附，通常溶剂的绝对吸附量可能大于零。

以吸附量 Γ 对表面活性剂的平衡浓度 c 作图，得到的吸附量-平衡浓度关系称为吸附等温线。例如图7-17为阳离子型表面活性剂十二烷基氯化铵和阴离子型表面活性剂十二烷基硫酸钠，在氧化铝颗粒/水界面的吸附等温线。在颗粒表面带负电荷的条件下（高 pH 值），在相同的平衡浓度下，阳离子的吸附量远大于阴离子，并且表现为多层吸附，而阴离子的吸附量很小，基本为单分子层吸附。图7-18为两种阴离子型表面活性剂在石墨上的吸附等温线，吸附量存在一个最高点。由此可见，表面活性剂在固/液界面的吸附要比在气/液和液/液界面的吸附复杂得多，取决于固体-表面活性剂，表面活性剂-溶剂以及固体-溶剂三者相互作用的大小，其中又以固体-表面活性剂相互作用最为复杂，它是吸附驱动力的主要来源。

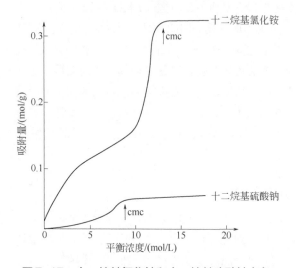

图7-17 十二烷基氯化铵和十二烷基硫酸钠在氧化铝颗粒/水界面的吸附等温线（20℃）

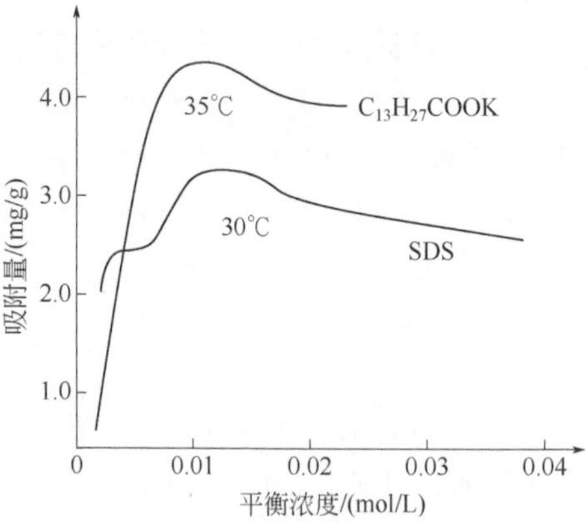

图7-18 $C_{13}H_{27}COOK$ 和 SDS 在石墨上的吸附等温线

需要注意的是，吸附等温线的横坐标不能用表面活性剂的初始浓度，因为那样得到的吸附等温线的形状将随初始浓度的不同而变化。

② 吸附机理和吸附驱动力

固体表面具有过剩的能量，但它们不能像液体那样通过变形来减小表面积，因此无论是处于气体还是液体介质中，固体表面趋向于吸附其它物质来降低自身的表面能。固体表面可以分为非极性（低能）表面和极性（高能）表面。在水介质中，非极性表面与表面活性剂的作用相对简单，主要是固体表面与表面活性剂疏水链之间的范德华引力。然而在水介质中，一般极性表面的官能团可以与水形成氢键，在低 pH 值时结合质子（H^+）而带正电荷，在高 pH 值时结合氢氧根离子（OH^-）而带负电荷。例如无机矿物二氧化硅在水中有如下两种作用：

$$Si—OH + H^+ \rightleftharpoons Si—OH_2^+$$
$$Si—OH + OH^- \rightleftharpoons Si—O^- + H_2O$$

其等电点为 pH = 2~3，即在 pH = 4~10 范围内表面明显带负电荷。再如碳酸钙（$CaCO_3$）在水中有类似的作用：

$$Ca—OH + H^+ \rightleftharpoons Ca—OH_2^+$$

$$Ca—OH + OH^- \rightleftharpoons Ca—O^- + H_2O$$

其等电点为 $pH \approx 10$，即在中性水中，碳酸钙表面带正电荷。

由于表面带电或分布有羟基，极性表面与不同类型的表面活性剂分子之间会产生多种相互作用，导致后者在固/液界面有明显的带有差异性的吸附。此外，溶液中的表面活性剂分子与界面上已吸附的分子间又会产生相互作用，从而导致复杂的吸附行为。

大量研究表明，导致表面活性剂在固/液界面吸附的主要相互作用或者驱动力包括：

a. 静电相互作用　离子型表面活性剂易于通过静电吸引作用，吸附到带相反电荷的固体表面，形成离子配对吸附或离子交换吸附，后者情况下，表面活性离子与固体表面电荷之间的作用强于固体表面电荷-反离子相互作用，从而取代反离子。

b. 色散力作用　表面活性剂的烷基链和非极性或弱极性固体表面之间，通过范德华引力而吸附。

c. 氢键作用　固体表面的某些基团和表面活性剂分子的某些基团，例如非离子型表面活性剂的 EO 基团之间可以形成氢键，从而引起吸附。

d. 疏水作用　当表面活性剂浓度较高时，吸附在固体表面的表面活性剂的疏水基和体相中表面活性剂的疏水基，可以通过疏水效应形成二维表面胶束，从而增加在界面的吸附。

e. 化学作用　对某些特定体系，固体表面与表面活性剂分子之间可能会形成共价键，例如脂肪酸在氟石或赤铁矿表面上的吸附就被归结为形成了化学键。此外，当界面处表面活性剂的浓度超过溶解度极限时，会形成沉淀，从而导致多层吸附。

f. π 电子极化作用　当表面活性剂分子结构中含有富含电子的苯环类结构时，遇到带正电荷的表面，芳核与正电荷间将产生静电吸引作用，导致表面活性剂被吸附到表面。

此外，当表面活性剂的头基吸附到固体表面后，原来头基水化层中的水分子将脱离头基，产生脱溶剂化作用，对吸附有阻碍作用。显然表面活性剂-溶剂的相互作用越强，就越不容易吸附。

表面活性剂在固/液界面的吸附可以看作是表面活性剂分子在溶液体相和固/液界面相的分配过程，如果这一过程使体系的自由能降低，则吸附就会发生。因此吸附自由能是吸附驱动力大小的量度，有下列一般式：

$$\Gamma = lc\exp\left(\frac{\Delta G_{\mathrm{ads}}^{\ominus}}{RT}\right) \tag{7-88}$$

式中，$\Delta G_{\mathrm{ads}}^{\ominus}$ 为标准吸附自由能；c 为表面活性剂的平衡浓度；l 为表面活性剂的烷基链长。因此在低浓度下（吸附未达到饱和）可以观察到吸附量随浓度（c）的增加而增加，并且在一定链长范围内随烷基链长（l）增加而增加。其中吸附自由能来自多个方面：

$$\Delta G_{\mathrm{ads}}^{\ominus} = \Delta G_{\mathrm{elec}}^{\ominus} + \Delta G_{\mathrm{chem}}^{\ominus} + \Delta G_{\mathrm{c\text{-}c}}^{\ominus} + \Delta G_{\mathrm{c\text{-}s}}^{\ominus} + \Delta G_{\mathrm{H}}^{\ominus} + \Delta G_{\mathrm{H_2O}}^{\ominus} + \cdots \tag{7-89}$$

式中，第一项式 $\Delta G_{\mathrm{elec}}^{\ominus}$ 为静电吸引作用的贡献；第二项 $\Delta G_{\mathrm{chem}}^{\ominus}$ 为化学吸附的贡献，只在特定体系才出现；第三项 $\Delta G_{\mathrm{c\text{-}c}}^{\ominus}$ 为表面活性剂链-链作用（疏水作用）的贡献，导致形成表面胶束，使吸附量急剧增加（表面活性剂需要达到一定的浓度）；第四项 $\Delta G_{\mathrm{c\text{-}s}}^{\ominus}$ 为表面活性剂的烷基链与固体表面的疏水作用的贡献，通常开始时烷基链平躺于表面，随着吸附量的增大逐渐变为直立于表面，因此往往导致两阶式吸附等温线；第五项 $\Delta G_{\mathrm{H}}^{\ominus}$ 为氢键作用的贡献，当表面活性剂含有羟基、羧基、氨基以及聚氧乙烯基团时，它们与固体表面形成氢键而导致吸附，聚氧乙烯类和糖苷类非离子大多通过这一机理吸附到极性固体表面；第六项 $\Delta G_{\mathrm{H_2O}}^{\ominus}$ 是表面活性剂头基脱溶剂化的贡献，它是阻碍吸附形成的。不过，尽管自由能可以来源于很多项，但对某一个特定的表面活性剂，一般仅有 1~2 项作用是主要的。

③ 理论吸附模型

由于导致吸附的相互作用的复杂性，实际表面活性剂在固/液界面的吸附等温线的形态是多样性的。然而在理论上，典型的吸附等温线在形状上基本可以分为三种类型，即 L 形、S 形以及双平台的 L-S 形，如图 7-19 所示。

第一种 L 形最为简单，可以用 Langmuir 吸附公式来表示：

$$\Gamma = \Gamma_m \frac{Kc}{1 + Kc} \tag{7-90}$$

式中，Γ 和 Γ_m 分别为表面活性剂的吸附量（Gibbs 过剩 Γ_2^1）和饱和吸附量；c 为平衡浓度；K 为常数。例如，十二烷基羧酸钠在 $BaSO_4$ 上的吸附就属于 Langmuir 吸附，如图 7-20 所示。两个重要的参数分别是饱和吸附量 Γ_m 和吸附常数 K，后者与吸附自由能相关。通常表面活性剂在非极性固体表面的吸附符合 Langmuir 吸附。

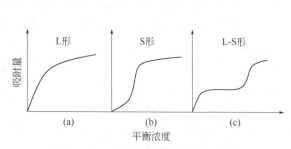

图 7-19 典型的表面活性剂在固/液
界面的吸附等温线

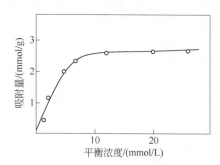

图 7-20 十二烷基羧酸钠在
$BaSO_4$ 上的吸附

当体系中存在两种或两种以上的溶质时，则可能产生混合吸附。若吸附是单分子层的，则吸附等温式可用混合体系的 Langmuir 吸附公式表示：

$$\Gamma_i = \Gamma_m \frac{K_i c_i}{1 + \sum K_i c_i} \tag{7-91}$$

于是不同溶质（例如同系物）的吸附量之比，与其体相平衡浓度和吸附常数之间有如下关系：

$$\frac{\Gamma_i}{\Gamma_j} = \frac{K_i c_i}{K_j c_j} \tag{7-92}$$

需要注意，由于含有 Langmuir 模型中未考虑的因素，真正符合 Langmuir 吸附的体系甚少。尽管不少体系显示出单分子层吸附规律，但可能是几种因素相互抵消的结果。例如，一些表面活性剂在极性表面的吸附外形上可能也符合 L 形曲线，但本质上不一定是单分子层吸附。

对 S 形和 L-S 形曲线，相关的机理要比 L 形复杂得多。Somasundaran 等提出了一个模型，把静电作用和侧向的链-链作用确定为吸附自由能的主要来源：

$$\Delta G_{ads}^{\ominus} = \Delta G_{elec}^{\ominus} + \Delta G_{c\text{-}c}^{\ominus} = -zF\psi_\delta - \frac{n\phi}{RT} \tag{7-93}$$

式中，ψ_δ 为 Stern 层的电位，可用 Zeta 电位代替；ϕ 为将一个 CH_2 基团从水相转移到界面相所引起的自由能变化，可以通过测定临界表面胶束浓度（CSC）得到。将上式与式（7-88）相结合，即得到吸附等温线方程。

对 S 形和 L-S 形曲线，顾惕人和朱步瑶提出了一个两阶段吸附模型。类似于化学反应，在第一阶段，固体表面的空白吸附位与体相表面活性剂单分子作用（反应）导致吸附，但不能形成表面胶束（低浓度范围），因此第一阶段的吸附可以表示为：

空白位 ＋ 表面活性剂单体　⇌　吸附的单体

这一过程的平衡常数为 K_1。随着吸附量的增加，已经吸附的表面活性剂分子在界面起到"锚"的作用，通过链-链作用进一步吸附表面活性剂分子，在界面形成半胶束或表面胶束：

$(n-1)$ 表面活性剂单体 ＋ 吸附的单体　⇌　半胶束

这一过程的平衡常数为 K_2。最后得到一个 3 常数吸附等温式：

$$\Gamma = \frac{\Gamma_m K_1 c \left(\dfrac{1}{n} + K_2 c^{n-1} \right)}{1 + K_1 c (1 + K_2 c^{n-1})} \tag{7-94}$$

式中，n 为表面胶束聚集数。当 $n>1$ 时，式（7-94）能很好地描述 S 形和 L-S 形吸附等温线，而当 $n=1$ 时，式（7-94）简化为 Langmuir 公式。

除了上述理论模型外，还有一些重要的经验模型，例如指数形成的 Freundlich 模型：

$$\Gamma = \Gamma_m K c^n \tag{7-95}$$

以 $\lg\Gamma$ 对 $\lg c$ 作图，即可由斜率得到 n 值。读者可参阅相关的文献和专著。

（3）表面活性剂在固/液界面上的吸附

表面活性剂在非极性表面的吸附相对较为简单，其推动力主要是疏水作用，即吸附自由能主要包括 $\Delta G_{c\text{-}s}^\ominus$ 和 $\Delta G_{c\text{-}c}^\ominus$，并且吸附往往是单分子层的，表面活性剂分子以烷基链朝向表面，极性头基朝向水，使原本疏水的固体表面亲水性增强，从而更易被水润湿。对疏水性颗粒，这种吸附促进了颗粒在水中的分散性，提高了分散液的稳定性。

本节将主要讨论表面活性剂在极性表面的吸附，由于促进吸附的相互作用众多，这类吸附具有多样性。

① 离子型表面活性剂在带相反电荷的固体表面上的吸附

阴离子型表面活性剂十二烷基硫酸钠（SDS）在氧化铝表面上的吸附，就属于这种类型，吸附等温线如图 7-21 所示。在 pH = 6.5 的水介质中，氧化铝表面带正电荷，带负电荷的 SDS 阴离子通过静电吸引作用吸附到颗粒表面，这种吸附等温线被称为"Somasundaran-Fuerstenau"等温线，可以分为四个阶段。（Ⅰ）很低浓度下，表面活性离子通过静电吸引作用吸附到表面，按头吸（head-on）式定向，如图 7-22（a）所示，导致表面疏水性增加。（Ⅱ）已吸附的表面活性剂分子通过链-链作用，进一步吸附溶液中表面活性剂分子，形成表面聚集体，称为半胶束（hemi-micelle）、预胶束（admicelle）、双层（bilayer）及表面胶束（solloids）等，如图 7-22（d）~（f）所示，导致吸附量急剧增加。（Ⅲ）表面电荷完全被中和，链-链作用继续推动吸附，表面胶束增大，但吸附等温线的斜率下降，表明吸附量增加的速度下降。（Ⅳ）吸附仍由链-链作用推动，但随着表面活性剂浓度接近 cmc，活度趋于常数，继续增加浓度导致在体相形成胶束，于是表面活性剂在固/液界面的吸附量趋于饱和。

在Ⅳ阶段，表面活性剂的吸附量可能会出现最高点，如图 7-21 中的虚线所示。研究表明，许多体系，尤其是混合表面活性剂或者同系混合物体系，都有这一现象。可能的原因有：一是表面活性剂含有高表面活性的杂质，它们在浓度大于 cmc 后被增溶到体相胶束中，从而自界面脱附，类似于表面张力出现最低点现象；二是表面活性剂单体浓度发生了变化，尤其对混合表面活性剂体系，因为高表面活性单体优先转移到体相胶束中去；三是胶束排斥（micelle exclusion）或出现沉淀的结果。

阳离子型表面活性剂在带负电荷的表面上的吸附基本类似，但有时Ⅲ阶段不明显，因为阳离子型表面活性剂在表面胶束中的排列相对疏松，表面胶束聚集数相对较小。

值得注意的是，在Ⅲ、Ⅳ阶段，吸附层中表面活性剂分子的构型发生了反转，即头基朝向水，于是固体表面的疏水性减弱，亲水性增加。相应地，对分散液可以观察到分散→絮凝→再分散现象。图 7-21 中给出了颗粒疏水性的相应变化，可见离子型表面活性剂在带相反电荷表面的吸附，固体表面将经历亲水-疏水化-再亲水的润湿性转变过程。

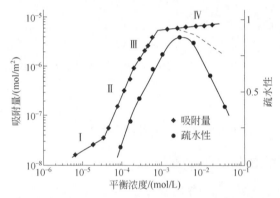

图 7-21　十二烷基硫酸钠（SDS）在氧化铝表面的吸附等温线（pH=6.5）

静电作用导致的吸附仍属于物理吸附，因此当温度升高时，离子型表面活性剂的水溶性增强，与固体表面的相互作用减弱，导致吸附量下降。

② 非离子型表面活性剂在固/液界面上的吸附

低浓度下非离子型表面活性剂，主要通过与固体表面羟基形成氢键以及通过疏水作用而被吸附。分子定向有头吸式、尾吸式或平躺式，如图 7-22（a）～（c）所示，取决于表面活性剂的 HLB 值和固体表面的性质。高浓度下，非离子型表面活性剂分子继续通过链-链作用吸附到表面，形成表面胶束，直至饱和。由于氢键作用弱于静电作用，以及聚氧乙烯链较长，在界面占据较大的分子面积，非离子型表面活性剂的吸附量一般小于离子型表面活性剂。

图 7-22　表面活性剂在固/液界面的分子构型和表面胶束结构示意图
（a）头吸式；（b）尾吸式；（c）平躺式；（d）半胶束；（e）双层；（f）表面胶束

图 7-23 是十二醇聚氧乙烯（8）醚在二氧化硅/水界面的吸附等温线，有三个明显的区域，

总体类似于阳离子在负电荷表面的吸附等温线，不过第三阶段不明显，而且吸附量要小得多。研究表明，聚氧乙烯型非离子在二氧化硅表面的吸附明显大于在氧化铝表面的吸附，因为 EO 基团不易打破氧化铝表面的刚性水化层。而糖苷类非离子则相反，在二氧化硅表面的吸附量相对较小。

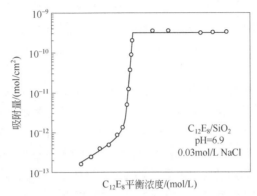

图 7-23 十二醇聚氧乙烯（8）醚在二氧化硅/水界面的吸附等温线（50℃）

一般非离子的吸附对其 HLB 值、分子结构以及温度敏感。HLB 值决定了疏水作用的大小，当烷基链长相同时，吸附量随 EO 链增长而降低，或每个氧乙烯在界面所占的面积随 EO 数增加而增加，从 2 个 EO 时的 0.46nm^2 增加到 40 个 EO 时的 1.04nm^2。类似地，糖苷类非离子的吸附量与其亲水基的聚合度有关。烷基链长仅决定达到饱和吸附所需最低浓度的大小。通常温度上升，疏水作用增强（浊点现象），吸附量增加。这一点与离子型表面活性剂不同。

③ 两性离子型表面活性剂在固/液界面上的吸附

两性离子型表面活性剂的亲水基中含有正、负电荷，其中正电荷多为季铵阳离子，负电荷一般为羧基或磺基。在极性表面，固体表面的电荷对两性离子型表面活性剂分子中的相反电荷有静电吸引作用，称为离子-偶极相互作用。因此两性离子型表面活性剂在极性表面的吸附由离子-偶极相互作用和疏水作用共同推动，其吸附等温线总体上类似于聚氧乙烯型非离子型表面活性剂，但饱和吸附量显著大于非离子型表面活性剂，而小于离子型表面活性剂（带相反电荷）。电解质的存在既可以增加也可以抑制两性离子型表面活性剂的吸附，取决于电解质浓度的大小，通常在低浓度下，电解质的存在可降低两性离子型表面活性剂与界面电荷的静电引力作用，导致吸附量下降，而在高浓度时导致表面活性剂的疏水作用增强，而使表面胶束聚集数增加，从而使吸附量增加。

研究表明，两性离子型表面活性剂的吸附，对温度以及分子中两个电荷之间的 CH$_2$ 数目不太敏感，当 pH 值不足以改变分子电荷结构（例如在强酸性条件下转变成阳离子，或者在强碱性条件下转变成阴离子）时，其对吸附的影响也不大。

④ 双子表面活性剂在固/液界面上的吸附

双子（Gemini）表面活性剂属于一类新型表面活性剂，尽管大规模实际应用尚很少，但其在固/液界面的吸附已有一些报道。与常规表面活性剂相比，阳离子型和两性型双子表面活性剂在带负电荷的固体表面的吸附量相对较大，而非离子型和阴离子型的吸附量明显较小。此外，近年来出现了不对称型或混合型双子表面活性剂。研究表明，在二氧化硅/水界面，含有羟基/甲基封端的聚氧乙烯基的混合型双子表面活性剂的吸附量，比相应的常规表面活性剂要小，显然这类混合型双子表面活性剂显示出较强的立体位阻效应。硫酸盐-聚氧乙烯型混合双子表面活性剂的吸附量，随聚氧乙烯链长增加而减小，它们在吸附层中的排列还不如上述非离子型不对称双子表面活性剂。

⑤ 混合表面活性剂的吸附

在实际应用中，混合表面活性剂往往更受青睐，因为具有多种协同效应。有关混合表面活性剂在固/液界面的吸附也已有许多研究和报道。阴离子-阳离子混合体系虽然具有最强的协同效应，但也容易形成沉淀。研究表明，阴离子-阳离子混合体系在极性表面的吸附也具有协同效应，即混合体系中各组分的吸附量高于相同平衡浓度下单组分的吸附量。例如，在带负电荷的二氧化硅表面，单一阴离子几乎不吸附，但阳离子有显著吸附，而混合体系中阴离子和阳离子的吸附都增大，并且各自的增量部分相等，这表明增加的部分是以离子对吸附的。

吸附过程会显著影响阴离子-阳离子混合体系的吸附。例如，十二烷基苯磺酸钠（NaDBS）-十六烷基三甲基溴化铵（CTAB）在纤维素（带负电荷）/水界面的吸附，如果纤维素预先吸附CTAB，再吸附 NaDBS，则后者的吸附量显著增加。但如果将干净的纤维素放在混合表面活性剂的溶液中，则阴离子的吸附增量要明显减少，因为体相中阴离子-阳离子形成了离子对，由于没有净电荷，吸附仅仅靠疏水作用推动，因此离子对在纤维素/水界面的吸附量大大减小。

阴离子-非离子混合体系的吸附也具有增效作用。在带正电荷的氧化铝/水和高龄土/水界面，阴离子有较强的吸附，单一非离子的吸附量不大，但混合体系中非离子的吸附量显著增加，而阴离子的吸附仅有微小的下降。另一个现象是随着混合体系中非离子的配比增加，达到饱和吸附所需的阴离子浓度逐渐下降，并且阴离子开始形成表面胶束的浓度下降，即提高了阴离子在低浓度下的吸附驱动力。

类似的增效作用在阳离子-非离子混合体系在带负电荷固/液界面上的混合吸附中，也已经观察到。总体而言，混合吸附中通常一个组分表现为"主动"，另一个组分则表现为"被动"。例如在带负电荷的表面，阳离子的吸附表现为主动，非离子表现为被动，而在带正电荷的表面，阴离子表现为主动，非离子表现为被动。结果可能产生协同效应，某些情况下也可能产生对抗效应，取决于表面活性剂的分子结构和分子间相互作用。

（4）表面活性剂吸附对固体表面性质的影响及其应用

表面活性剂在固/液界面的吸附改变了固体表面的润湿性，如果使固体表面从水不润湿变到水润湿，则称相应的表面活性剂为润湿剂。对粉体而言，表面润湿性的改变改善了粉体在介质中的分散稳定性。例如表面为非极性的炭黑颗粒在水中不能稳定分散，若水中存在 SDS 或其它表面活性剂，则表面活性剂的吸附将使炭黑表面从疏水变成亲水，从而使炭黑颗粒可以稳定地分散在水中。表面活性剂的这种作用称为分散作用，具有分散作用的表面活性剂亦称分散剂。

纺织品在印染过程中，常常需要加入与染料具有相同电荷的表面活性剂，它们与染料分子在纺织品上竞争吸附，从而可以减小染料在纺织品上的吸附速度，达到缓染、匀染的目的。这类表面活性剂称为匀染剂。

洗涤过程中，洗涤剂必须同时在织物表面和污垢表面产生吸附，才能获得良好的去污效果。表面活性剂在织物表面的吸附使其更易被水润湿，在污垢表面的吸附使其在水中易于分散，并防止它们在织物表面再沉积。

另外，表面活性剂的吸附也可使亲水性表面变成疏水性表面，这一作用称为原位疏水化作用。总之，通过表面活性剂的吸附可以改变固体的表面性质，在纳米材料制备、智能分散体系如刺激-响应型 Pickering 乳状液和 Pickering 泡沫等高新技术领域，具有重要的应用。下面将从理论上对相关原理予以分析。

① 一般原理

表面活性剂水溶液的界面张力随表面活性剂浓度的变化可用 Gibbs 公式表示：

$$\left(\frac{\mathrm{d}\gamma_{\mathrm{lg}}}{\mathrm{d}\ln c}\right)_{T,p} = -RT\Gamma \tag{7-96}$$

式中，Γ 为吸附量（Gibbs 相对过剩）。

最常见的润湿过程是指固体（s）表面上的气体（g）被水（l）所取代，将 Young 方程微分得：

$$\frac{\mathrm{d}(\gamma_{\mathrm{lg}}\cos\theta)}{\mathrm{d}\ln c} = \frac{\mathrm{d}\gamma_{\mathrm{sg}}}{\mathrm{d}\ln c} - \frac{\mathrm{d}\gamma_{\mathrm{sl}}}{\mathrm{d}\ln c} \tag{7-97}$$

代入式（7-96）得到：

$$\gamma_{\mathrm{lg}}\sin\theta\frac{\mathrm{d}\theta}{\mathrm{d}\ln c} = RT(\Gamma_{\mathrm{sg}} - \Gamma_{\mathrm{sl}} - \Gamma_{\mathrm{lg}}\cos\theta) \tag{7-98}$$

因为（$\gamma_{\mathrm{lg}}\sin\theta$）总是大于零，所以 $\mathrm{d}\theta/\mathrm{d}\ln c$ 的正负就取决于上式右边括号中的正负，于是有下列三种情况：

（i）$\Gamma_{\mathrm{sg}} < \Gamma_{\mathrm{sl}} + \Gamma_{\mathrm{lg}}\cos\theta$，当 $\dfrac{\mathrm{d}\theta}{\mathrm{d}\ln c} < 0$ 时；

（ii）$\Gamma_{\mathrm{sg}} = \Gamma_{\mathrm{sl}} + \Gamma_{\mathrm{lg}}\cos\theta$，当 $\dfrac{\mathrm{d}\theta}{\mathrm{d}\ln c} = 0$ 时；

（iii）$\Gamma_{\mathrm{sg}} = \Gamma_{\mathrm{sl}} + \Gamma_{\mathrm{lg}}\cos\theta$，当 $\dfrac{\mathrm{d}\theta}{\mathrm{d}\ln c} > 0$ 时。

第一种情况是表面活性剂将促进润湿；而第三种情况则相反，即表面活性剂将导致润湿性下降。实际过程中这两种情况都可能发生，取决于表面的性质以及表面活性剂的浓度。通常，对非极性的低能表面，第一和第二种情况为主；而对极性表面，则会出现第三种情况。

② 非极性低能表面被水润湿

这种情况下，表面活性剂在固/气界面上不吸附，即 $\Gamma_{\mathrm{sg}} = 0$，于是式（7-97）变为：

$$\frac{\mathrm{d}(\gamma_{\mathrm{lg}}\cos\theta)}{\mathrm{d}\ln c} = -\frac{\mathrm{d}\gamma_{\mathrm{sl}}}{\mathrm{d}\ln c} = RT\Gamma_{\mathrm{sl}} \tag{7-99}$$

因此通过测定（$\gamma_{\mathrm{lg}}\cos\theta$）随 $\ln c$ 的变化，就能测出表面活性剂在固/液（sl）界面上的吸附。用这一方法研究发现，对完全非极性的表面如石蜡、甘油三硬脂酸酯、聚四氟乙烯等，低分子量的两亲化合物如正丁醇和常规表面活性剂如 SDS、AOT 等，在固/液和气/液界面上的吸附量几乎相等，即有 $\Gamma_{\mathrm{sl}} \approx \Gamma_{\mathrm{lg}}$，而在气/固界面上几乎不吸附，即有 $\Gamma_{\mathrm{sg}} \approx 0$。于是可以得到：

$$\cos\theta = -1 + 2\frac{\gamma_{\mathrm{c}}}{\gamma_{\mathrm{lg}}} \tag{7-100}$$

即 $\cos\theta$ 随 γ_{lg} 线性下降，当 $\theta = 0$ 时，相应的 γ_{lg} 即为润湿的临界表面张力 γ_{c}。对一定的固体，γ_{c} 为常数，于是 θ 随 γ_{12} 的下降而下降。通常，当表面活性剂浓度小于 cmc 时，γ_{lg} 随其浓度增加

而下降，因此θ随表面活性剂浓度增加而下降。这种情况下，表面活性剂使气/液界面张力降得越低，则体系的润湿性就越好。

③ 非极性低能表面被水-油竞争润湿

由于油的表面张力一般远低于水的表面张力，油很容易润湿非极性低能表面。因此，当水和油在固体表面共存产生竞争润湿时，油总是占优势。在这种情况下，无论使用水溶性还是油溶性表面活性剂，影响都有限，随着表面活性剂浓度的改变，接触角几乎不变化。

分析附着功可知，当非极性表面上有油存在时，水的附着功将变小。因为在此种情况下，各相之间唯一的吸引作用是程度差不多的色散作用，而且这些色散作用相对于水的内聚作用要弱得多。因此水的接触角和油在固体上的附着功都相当大。

对极性大一点的基质，这种现象几乎没有改观，即接触角几乎恒定。这些结果与去污过程有很大的关系。因为去污过程中洗涤剂的作用是使水的接触角减小，促进水对纤维的润湿，从而降低油污的润湿性，使之"卷缩"而易于通过机械搅拌作用除去。显然，从非极性表面上去除油污是相当困难的。

④ 极性表面的润湿性改变

极性表面具有较高的表面能，因此能被一般液体所润湿。水虽然具有高表面张力，但水分子本身也是极性的，能够与极性表面发生特定的相互作用，例如与固体形成氢键等，而且这种氢键的形成足以克服水分子自身的内聚力，所以水分子一般能润湿极性固体。

当水中溶解有表面活性剂时，由于表面活性剂在固/液界面的吸附（定向排列），可能导致固体的润湿性发生变化。典型的情形有两种。第一种情况是表面活性离子与固体表面具有相同的电荷。这种情况下表面活性剂在固/气界面和固/液界面几乎不吸附，因此θ的大小完全取决于γ_{lg}的大小。另一种情况是表面活性离子与固体表面具有相反的电荷。例如 pH = 3~12 范围内的二氧化硅表面与十二烷基氯化铵，pH < 9 的氧化铝（Al_2O_3）和 SDS 等体系，θ或表面疏水性随 lg$c$ 的变化呈现如图 7-21 所示的变化。即表面活性剂首先通过静电作用吸附到固/液界面，形成单分子层，使固体表面变得疏水。然后，溶液中的表面活性剂分子通过与已经吸附的表面活性剂分子的链-链相互作用，形成双层吸附或半胶束吸附，使固体表面又变得亲水，此即为原位疏水化或表面自憎现象。矿物浮选就是利用了这一条件，由于目标矿物表面被表面活性剂吸附变得疏水，鼓泡后它们就容易附着在泡沫上，从而与其它矿石分离。再如无机纳米颗粒一般非常亲水，不能吸附到气/液界面或油/水界面稳定 Pickering 泡沫和 Pickering 乳状液，但如果在水中加入很少的带相反电荷的表面活性剂，它们就会通过静电作用吸附到颗粒表面，降低颗粒表面的亲水性，增加其疏水性，使其能够吸附到气/液界面或油/水界面稳定 Pickering 泡沫和 Pickering 乳状液。

⑤ 纺织品的润湿

纺织品的润湿是洗涤去污过程中的基本问题。要达到良好的去污率，衣物必须能被水润湿。因原料来源不同，纺织品表面可能是极性的（如脱脂棉纤维）或非极性的（如合成纤维），前者易于被水润湿，后者则不易。与硬表面相比，纺织品具有相当大的比表面积，实际过程中其润湿很少能达到平衡，因此常常要考虑润湿的速度。在润湿的测定方法方面，接触角法也不适用，因为液体会被多孔性的纤维吸收，为此常采用一种动力学试验法。即在 25℃ 下测量未脱脂的原棉纤维束或者一定规格和大小的帆布，浸没在表面活性剂水溶液中的沉降时间，时间越短润湿性越好。以这种方法来表征表面活性剂的润湿性时，一般应固定表面活性剂的浓度，因为沉降时间通常随表面活性剂浓度增加而减少。

对不同类型和结构的表面活性剂的评价表明，短链表面活性剂往往显示出较好的润湿性，支链结构或亲水基团处于分子中间部位的表面活性剂具有较强的润湿能力，可能是这类表面活性剂最接近于球状结构，因而具有较大的扩散速度。在较高温度下，长链表面活性剂的润湿性会优于短链表面活性剂。这可能是高温时，长链表面活性剂的溶解度增加，表面活性充分发挥以及扩散速度加快的结果。对含 EO 的非离子型表面活性剂，一定范围内，沉降时间随 EO 数增加而增加，在接近浊点时，润湿性能最佳。此外，由于纺织品表面通常带有负电荷，若使用阳离子型表面活性剂，就会出现前述的原位疏水化效应，使衣物的润湿性下降，从而不利于油性污垢的卷缩去除。所以阳离子型表面活性剂通常不能单独用作洗涤剂。

7.3   胶束化和增溶

在水溶液中，当表面活性剂的浓度达到一定值后，界面吸附趋向于饱和，溶液中的表面活性剂则趋向于形成聚集体，称为胶束（micelle）或胶团，如图 7-12 所示。这一过程被称为胶束化（micellization），也被称为自组装（self-assembly）。开始形成胶束的浓度称为临界胶束浓度，可以从 γ-$\lg c$ 曲线的转折点求得（图 7-9）。因为胶束易于变形，所以也被称为软物质。

胶束化概念最早由英国科学家 Mcbain 于 1925 年提出。其依据是肥皂和表面活性剂溶液的许多应用性质，都在一个很窄的浓度范围内发生了不连续变化，如图 7-24 所示，这表明溶液内部的结构发生了某种变化。后来随着光散射等测量技术的发展，胶束的存在得到证实。

溶液中胶团的出现衍生出了表面活性剂的另一种重要的功能——增溶（solubilization）。由于胶束内部属于非极性区，一些难溶于水的非极性物质或弱极性物质倾向于进入胶团的内部，从而增加了它们在水相中的溶解度。由于胶束很小，肉眼不可见，胶束溶液与稀水溶液一样清澈透明。因此，增溶体系是热力学稳定体系。

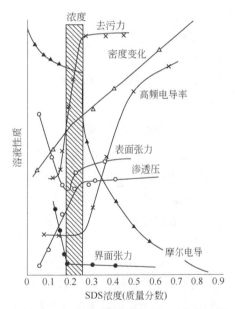

图 7-24   十二烷基硫酸钠（SDS）溶液性质在一个窄浓度范围内发生不连续变化（20℃ 或 25℃）

7.3.1   临界胶束浓度及其影响因素

当溶液中出现胶束后，以单分子状态存在的表面活性剂分子（monomer）的浓度即不再增加，或者说表面活性剂的活度不再增加，因此表面张力或界面张力不再下降。因此 cmc 可以看作是表面活性剂溶液中单体分子的最大浓度（活度）。在与表面吸附相关实际应用中，表面活性剂的最佳使用浓度即为 1~2 个 cmc 左右，因此 cmc 作为重要的表面活性参数，对应用具有重要的意义。

关于表面活性剂的结构以及环境因素对 cmc 的影响，人们已经做了详细的研究，读者可以参考《表面活性剂和界面现象》和《表面活性剂、胶体与界面化学基础》（第 2 版）。为了节省篇幅，这里只作概括性的介绍。

在结构方面，影响 cmc 的因素主要有疏水基、亲水基和反离子。另外，外加电解质、醇、温度以及强水溶性极性有机物也会对 cmc 产生影响。

（1）疏水基的影响

一般 cmc 随疏水基碳原子数的增加而减小。对碳原子数 $m \leqslant 16$ 的直链烷基，有经验公式：

$$\lg(\text{cmc}) = A - Bm \tag{7-101}$$

式中，A 和 B 为经验常数。烷基链增加 2 个–CH_2–单元，离子型表面活性剂的 cmc 约减小到原来的四分之一，而非离子型和两性离子型表面活性剂 cmc 则减小到原来的十分之一。疏水基中的苯环相当于直链烷基中 3.5 个–CH_2–单元。可见烷基链长对非离子型和两性离子型表面活性剂 cmc 的影响更为显著。当 $m>16$ 时，cmc 减小的幅度降低；而当 $m>18$ 时，因碳链可能卷曲成团，上述规则不再适用。

此外，在烷基链中引入支链结构、不饱和键、醚键或羟基，都导致 cmc 增大，将亲水基从链尾移到链中央也导致 cmc 增加。用 F 原子取代 C–H 链上的 H 原子（构成含氟表面活性剂）导致 cmc 减小。

（2）亲水基的影响

疏水基相同时，离子型表面活性剂的 cmc 比非离子型的 cmc 高约两个数量级，因为离子是阻碍胶束形成的。两性离子型表面活性剂的 cmc 比离子型略小。阳离子型表面活性剂由于头基较大，cmc 比相应的阴离子要大些。对聚氧乙烯型非离子型表面活性剂，cmc 随着 EO 数增加而增大，近似地符合：

$$\lg(\text{cmc}) = a + bn \tag{7-102}$$

式中，n 为 EO 数；a 和 b 为经验常数。对于环氧乙烷（EO）-环氧丙烷（PO）嵌段聚合物类非离子型表面活性剂，当 PO 链长度固定时，cmc 将随 EO 链段长度的增加而增大。若 EO/PO 比例固定，则 cmc 随分子量增加而减小。

（3）反离子的影响

对离子型表面活性剂，反离子与胶束的结合度越大，则 cmc 越小，因为反离子的结合中和了电荷。因此阴离子型表面活性剂的二价金属盐如钙盐、镁盐的 cmc 要比钠盐、钾盐的 cmc 低得多，尤其当反离子为有机离子时，如 $N^+(CH_3)_4$、$N^+(CH_2CH_3)_4$ 以及 $N^+H(CH_2CH_2OH)_3$ 等，cmc 将大大降低。例如受反离子影响，十二醇硫酸盐 cmc 按下列顺序递减：$Li^+ > Na^+ > K^+ > N^+(CH_3)_4 > Ca^{2+}, Mg^{2+}$。对阳离子型表面活性剂，反离子的影响也较为显著，如直链十二烷基三甲基季铵盐系列 cmc 遵循 $NO_3^- < Br^- < Cl^-$，卤化烷基吡啶系列 cmc 遵循 $I^- < Br^- < Cl^-$，这里反离子半径越大，水合半径越小，其与胶束的缔合程度越大，cmc 就越小。

（4）外加电解质的影响

对离子型表面活性剂，加入无机电解质可观察到 cmc 显著下降，并有下列线性关系：

$$\ln(cmc) = A' - K_g \ln(cmc + c_s) \qquad (7\text{-}103)$$

式中，c_s 为外加电解质的浓度；K_g 为反离子结合度，亦称反离子束缚系数；A' 为常数。图 7-25 和图 7-26 分别给出了外加电解质对阴离子和阳离子型表面活性剂 cmc 的影响，可见与上式完全符合。直线的斜率即为反离子束缚系数 K_g。可见当反离子的价数相同时，K_g 仅与表面活性剂的结构有关，而与反离子的种类关系不大。

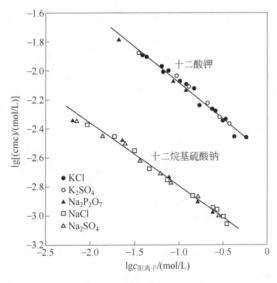

图 7-25 无机电解质对阴离子型表面活性剂 cmc 的影响

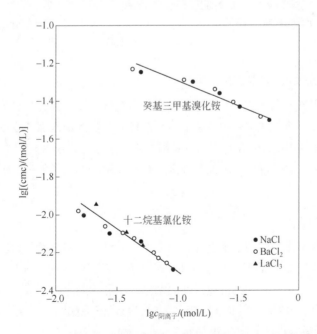

图 7-26 无机电解质对阳离子型表面活性剂 cmc 的影响

外加电解质对非离子型和两性离子型表面活性剂 cmc 的影响相对较小，主要源于电解质对表面活性剂疏水基的盐溶（salting in）或者盐析（salting out）效应。通常产生盐析效应时使 cmc 减小，而产生盐溶效应时使 cmc 增加。

（5）外加醇的影响

脂肪醇可能作为未反应原料残留于某些表面活性剂产品中，当它们与离子型表面活性剂共存时，会导致 cmc 显著减小。因为它们会插入表面活性离子之间，从而显著减小表面活性离子头基之间的静电排斥力作用，使胶束更易生成。长链脂肪酸、长链脂肪胺等两亲分子具有类似的影响。

中、短链的脂肪醇常作为助表面活性剂用于微乳液体系，它们具有类似的效应，并且烷基链越长，对 cmc 的影响越显著，如图 7-27 所示。不过如果它们的浓度过大，以至于能够破坏水分子的冰山（iceberg）结构，影响水的介电常数时，它们反而使表面活性剂的 cmc 增大，具有水溶助长作用，如图 7-28 所示。

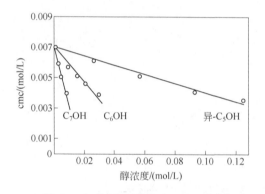

图 7-27 低浓度异戊醇、己醇及庚醇对十四酸钾 cmc 的影响（18℃）

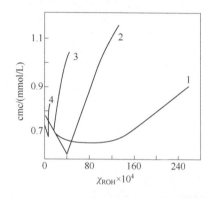

图 7-28 中、短链醇对离子型表面活性剂 $C_{16}H_{33}N(CH_3)_3Br$ cmc 的影响
1—C_3H_7OH；2—C_4H_9OH；3—$C_5H_{11}OH$；4—$C_6H_{13}OH$

（6）强水溶性极性有机物的影响

极性有机物如尿素、乙二醇、N-甲基甲酰胺、短链醇以及 1,4-二噁烷等，具有水溶助长作用，即能够显著增加有机物在水中的溶解度，常常作为助溶剂加入高浓度表面活性剂体系如洗衣液、香波中。研究表明，它们在水中通过氢键与水分子结合，使水分子的"冰山"结构瓦解，属于水的结构破坏剂，因而降低了表面活性剂的疏水作用，抑制了胶束的形成，使得表面活性剂的 cmc 升高。

（7）温度的影响

胶束形成是头基亲水效应与烷基链疏水效应对抗的结果，而这两种效应都受温度的影响，因而温度对表面活性剂 cmc 的影响比较复杂。对离子型表面活性剂，温度上升时，热运动导致反离子束缚程度减弱，头基之间的静电排斥力增强，不利于胶束的形成。而疏水效应在较低温度时占主导地位，并在 27℃（300K）左右达到最大值，然后随温度升高而减弱。因此 cmc 往往在 30℃ 左右显示最低点，如图 7-29 所示。

对非离子型表面活性剂，温度升高导致其亲水性显著下降（浊点现象），促使 cmc 下降。温度的上升使得亲油基的疏水效应减弱，促使 cmc 上升。综合结果是 cmc 可能出现最低点，也可能不出现。如果出现的话，最低点温度显然较离子型高。对许多聚氧乙烯型非离子型表面活性剂，最低点通常出现在 45~50℃ 左右。另外，对甜菜碱型两性离子型表面活性剂，在 6~60°C 范围内观察到 cmc 随温度升高而稳定增大。

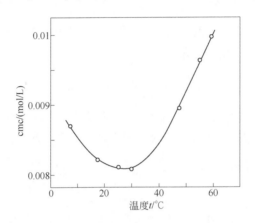

图 7-29　温度对十二烷基硫酸钠在水溶液中的 cmc 的影响

以上结果表明，影响 cmc 的因素是多方面的。但要对这些影响因素进行定量的描述，则需要从热力学的角度阐述胶束化过程的自由能变化和推动力。

7.3.2　胶束化热力学

（1）一般原理

在水溶液中，表面活性剂分子在浓度达到一定值后通过自相缔合形成聚集体，即发生自组装，这一过程可以看作是一个类似于化学反应的过程，如图 7-30 所示。

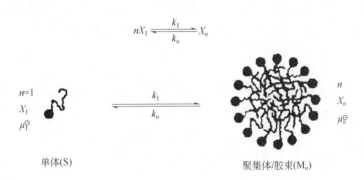

图 7-30　n 个单体自组装（缔合）形成聚集体示意图

其中，n 为胶束的聚集数，但 n 显然不是唯一的，而是具有一定的分布；X_n 为处于聚集数为 n 的聚集体中的表面活性剂分子的浓度（以摩尔分数表示）；k_1 和 k_n 分别为聚集体形成和解离的速度常数。于是聚集体的形成速度是 $k_1 X_1^n$，解离速度为 $k_n X_n/n$，达到平衡时形成速度和解离速度相等，令 $K = k_1/k_n =$ 平衡常数，则有：

$$K = \frac{X_n}{nX_1^n} \qquad (7\text{-}104)$$

于是每个表面活性剂分子的胶束化自由能 $\Delta G_n^\ominus$ 为：

$$\Delta G_n^\ominus = \mu_n^\ominus - \mu_1^\ominus = -\frac{1}{n} \times kT \ln K \qquad (7\text{-}105)$$

式中，$\mu_n^\ominus$ 为在聚集数为 n 的聚集体中的表面活性剂分子的标准化学位；$\mu_1^\ominus$ 为单体的标准化学位。代入式（7-104）并整理得到：

$$\mu_n^\ominus + \frac{kT}{n} \ln \frac{X_n}{n} = \mu_1^\ominus + kT \ln X_1 \qquad (7\text{-}106)$$

显然，在一定温度下，上式右边为常数。于是得到胶束化的基本热力学原理之一：表面活性剂分子不论处于哪个胶束中，或者以单体状态存在，它们具有相等的化学位：

$$\mu = \mu_n = \mu_1^\ominus + kT \ln X_1 = \mu_2^\ominus + \frac{1}{2} kT \ln \frac{X_2}{2} = \cdots = \mu_n^\ominus + \frac{kT}{n} \ln \frac{X_n}{n} = 常数 \qquad (7\text{-}107)$$

由此得到一个重要公式：

$$X_n = n \left[X_1 \exp\left(\frac{\mu_1^\ominus - \mu_n^\ominus}{kT} \right) \right]^n \qquad (7\text{-}108)$$

设 c_t 为溶质的总浓度（mol/L），则其与 X_n 之间有下列关系：

$$c_t = 55.51(X_1 + X_2 + \cdots + X_n) = 55.51 \sum_{n=1}^{\infty} X_n \qquad (7\text{-}109)$$

式中，55.51 是 1L 水的摩尔数。

因为 $n > 0$，式（7-108）表明，若 $\mu_n^\ominus > \mu_1^\ominus$，则 e 的指数为负值，$X_n$ 值将非常小，即胶束不能形成。可见胶束形成的必要条件是 $\mu_n^\ominus < \mu_1^\ominus$。那么 $\mu_n^\ominus$ 是一个常数还是随聚集数 n 的增加而变化？

设任意两个表面活性剂分子之间的结合能为 αkT，则 $\mu_n^\ominus$ 与 αkT 以及所形成聚集体的形状有关。聚集体的形状可以分为线状（一维）、圆盘状（二维）以及球状（三维），分析得到：

$$\mu_n^\ominus = \mu_\infty^\ominus + \frac{\alpha kT}{n^p} \qquad (7\text{-}110)$$

式中，$\mu_\infty^\ominus$ 为表面活性剂分子在聚集数为无限大的胶束中的标准化学位；p 取决于聚集体的形状或者维数，一维 $p = 1$，二维 $p = 1/2$，三维 $p = 1/3$；α 为正的常数。可见 $\mu_n^\ominus$ 随 n 的增大而逐渐减小。研究表明，式（7-110）适用于各种形状的聚集体，包括囊泡。

将上式带入式（7-108），注意当 $n=1$ 时，$\mu_1^\ominus = \mu_\infty^\ominus + \alpha kT$，得到：

$$X_n = n \left[X_1 \exp\left(\frac{\mu_1^\ominus - \mu_n^\ominus}{kT} \right) \right]^n = n \left\{ X_1 \exp\left[\alpha\left(1 - \frac{1}{n^p}\right) \right] \right\}^n \approx n(X_1 e^\alpha)^n \qquad (7\text{-}111)$$

于是当 X_1 较小时，$X_1 e^\alpha$ 远小于 1，对所有的 α 有 $X_1 > X_2 > X_3 > \cdots$，溶液中大多数表面活性剂分子以单体形式存在，即单体浓度 ≈ 总浓度。X_n 的数值不可能超过 1，因此，当 X_1 增加到 $e^{-\alpha}$ 时，$X_1 e^\alpha = 1$，即 X_n 不再增加，这时的单体浓度即为临界胶束浓度（cmc）：

$$\text{cmc} = (X_1)_{\text{crit}} \approx e^{-\alpha} = \exp\left[\frac{-(\mu_1^{\ominus} - \mu_n^{\ominus})}{kT}\right] \tag{7-112}$$

继续增加溶液中表面活性剂分子的浓度，将导致形成更多的聚集体，而单体的浓度基本不再变化，如图 7-31 所示。

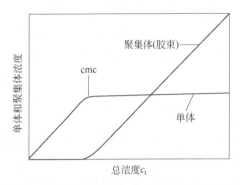

图 7-31   单体和聚集体浓度随溶液中表面活性剂分子总浓度的变化

上述理论也适用于一般的溶质，只要将临界胶束浓度 cmc 换成临界聚集浓度 cac。那么当浓度大于 cac 后，这些聚集体的性质又将发生怎样的变化？显然这取决于聚集体的形状。对二维和三维聚集体，当浓度大于 cac 后，$X_1 e^{\alpha} \approx 1$，分别有 $X_n \approx n e^{-\alpha_n^{1/2}}$ 和 $X_n \approx n e^{-\alpha_n^{2/3}}$，对合理的 α 值（一般大于 1），可以算出 $n>5$ 的聚集体极少，那么单体分子去哪里了呢？如果溶质是油或烃类分子，这时实际上发生了相转变，即分离出新相，严格来说是形成了无限大的聚集体（$n \to \infty$）。这里 cac 或 cmc 实际上是油或烃在水中的溶解度，而 αkT 则对应于将溶解的分子自水相（W）转移到其自身体相（H）的自由能变化 $\Delta G_{\text{W} \to \text{H}}^{\ominus}$。基于这一原理，可以估算出甲烷分子在水中的 $\alpha \approx 6$，相当于 15kJ/mol，而单纯的烷烃每增加一个–CH₂–单元，α 约增加 1.5，相当于 3.8 kJ/mol。

不过表面活性剂属于两亲分子，由于头基的亲水性，烷基链长增加一个–CH₂–单元，α 仅增加 0.7~1.1，相当于 1.7~2.5kJ/mol，更重要的是，头基的存在使得 μ_n^0 在有限 n 值时有最小值或恒定值，从而避免了形成无限大的聚集体。

（2）胶束化自由能变化

人们已经提出了更简单和直观的热力学模型，来获得胶束化自由能变化。这里介绍相分离模型和质量作用模型。

① 相分离模型

这一理论模型的实验基础是图 7-24，即表面活性剂溶液许多性质随浓度增加发生了突变，类似于形成了新相。然而一般胶束的聚集数不是很大，约为 30~2000，因此将胶束作为新相比较勉强，仅可以作为"准相"。对非离子型表面活性剂，考虑下面的胶束化平衡：

$$n\text{N} \underset{}{\overset{K}{\rightleftharpoons}} \text{M}_n$$

式中，N 为非离子型表面活性剂分子（单体）；M 为胶束；n 为聚集数；K 为平衡常数。达到相平衡时有：

$$K = \frac{a_M}{a_N^n} \qquad (7\text{-}113)$$

式中，a_M 和 a_N 分别为溶液中胶束和单体的活度。于是每个分子的胶束化标准自由能变化为：

$$\Delta G_{ps}^{\ominus} = \frac{1}{n}(-kT \ln K) = -\frac{kT}{n} \ln \frac{a_M}{a_N^n} \qquad (7\text{-}114)$$

这里用下标 ps 表示相分离模型（以区别于后面介绍的质量作用模型）。由于形成的胶束为一准相，可以取 $a_M = 1$，又由于是稀溶液，单体的活度 a_N 可用浓度 X_N（摩尔分数）代替，并且在 cmc 时，$X_N = \mathrm{cmc}$，于是得到：

$$\Delta G_{ps}^{\ominus} = kT \ln(\mathrm{cmc}) \qquad (7\text{-}115)$$

注意，对 1mol 分子，应将上式中的 Boltzman 常数 k 改成通用气体常数 R。

应用 Gibbs-Duhem 方程相应地得到：

$$\Delta H_{ps}^{\ominus} = -kT^2 \left(\frac{\partial \ln(\mathrm{cmc})}{\partial T} \right)_p \qquad (7\text{-}116)$$

$$\Delta S_{ps}^{\ominus} = \Delta H_{ps}^{\ominus} - \frac{\Delta G_{ps}^{\ominus}}{T} = -k \ln(\mathrm{cmc}) - kT \left(\frac{\partial \ln(\mathrm{cmc})}{\partial T} \right)_p \qquad (7\text{-}117)$$

对离子型表面活性剂（以阴离子型为例），考虑下面的平衡：

$$(n\text{-}z)\mathrm{C}^+ + n\mathrm{A}^- \quad \underset{}{\overset{K}{\rightleftharpoons}} \quad \mathrm{M}_n^{z-}$$

式中，C^+ 和 A^- 分别代表表面活性剂的阳离子和阴离子；M 为胶束。这里考虑到由于热运动，反离子可能不能全部被胶束束缚，因此胶束带有净电荷（$z-$），于是胶束化自由能变化为：

$$\Delta G_{ps}^{\ominus} = -\frac{kT}{n} \ln \frac{a_M}{a_+^{n-z} a_-^n} \approx \frac{kT}{n} \ln X_+^{n-z} X_-^n \qquad (7\text{-}118)$$

通常离子型表面活性剂形成胶束时的浓度也很小，因此活度可用浓度代替，而胶束刚形成时，单体浓度等于 cmc，于是得到：

$$\Delta G_{ps}^{\ominus} = \left(2 - \frac{z}{n} \right) kT \ln(\mathrm{cmc}) \qquad (7\text{-}119)$$

若 $z=0$，即胶束无净电荷，则上式变为：

$$\Delta G_{ps}^{\ominus} = 2kT \ln(\mathrm{cmc}) \qquad (7\text{-}120)$$

类似地得到：

$$\Delta H_{ps}^{\ominus} = -\left(2 - \frac{z}{n} \right) kT^2 \times \left[\frac{\partial \ln(\mathrm{cmc})}{\partial T} \right]_p \qquad (7\text{-}121)$$

$$\Delta S_{ps}^{\ominus} = -\left(2 - \frac{z}{n} \right) k \times \left\{ \ln(\mathrm{cmc}) - T \left[\frac{\partial \ln(\mathrm{cmc})}{\partial T} \right]_p \right\} \qquad (7\text{-}122)$$

按照相分离模型，胶束溶液的性质在 cmc 时出现不连续变化，实验表明，表面活性高（胶束聚集数大）的表面活性剂的确表现出这样的行为，但对于表面活性低的溶质，尽管溶液性质出现转折，但转折的过程不那么急剧，似乎仍是连续变化的，因此上述模型就不太合适了。

② 质量作用模型

质量作用模型把胶束形成看作是一种缔合过程，因此可应用质量作用定律。对非离子型表面活性剂，胶束化平衡仍可表示为：

$$n\mathrm{N} \xrightleftharpoons{K} \mathrm{M}_n$$

每个分子的胶束化标准自由能变化为：

$$\Delta G_{\mathrm{ma}}^{\ominus} = \frac{1}{n}(-kT\ln K) = -\frac{kT}{n}\ln\frac{a_{\mathrm{M}}}{a_{\mathrm{N}}^n} \tag{7-123}$$

这里用下标 ma 表示质量作用模型。与相分离模型不同的是，这里需要计算胶束的活度 a_{M}。由于是稀浓度，可以用浓度代替活度，而刚形成胶束时胶束的浓度相对于单体的浓度可以忽略不计，于是得到：

$$\Delta G_{\mathrm{ma}}^{\ominus} = kT\ln X_{\mathrm{N}} = kT\ln(\mathrm{cmc}) \tag{7-124}$$

显然上式与相分离模型所得的式（7-113）在形式上是一致的。

对离子型表面活性剂，仍以阴离子为例，胶束形成可视为下列平衡过程：

$$(n-z)\mathrm{C}^+ + n\mathrm{A}^- \xrightleftharpoons{K} \mathrm{M}_n^{z-}$$

设胶束带有净电荷（$z-$），平衡常数为：

$$K = \frac{Fc_{\mathrm{M}}}{c_+^{(n-z)}c_-^n} \tag{7-125}$$

式中，c 为各组分的浓度；F 为各组分活度系数 f 的组合。类似地，这里需要计算胶束的活度。当 n 值较大、不加无机电解质、胶束刚形成时，$c_+=c_-=\mathrm{cmc}$，$F\to1$，c_{M} 相对于 c_+ 和 c_- 可忽略不计，于是得到：

$$\Delta G_{\mathrm{ma}}^{\ominus} = \left(2-\frac{z}{n}\right)kT\ln(\mathrm{cmc}) \tag{7-126}$$

若所有的反离子（n 个）皆牢固地束缚于胶束，则 $z=0$，胶束的净电荷为零，上式变为：

$$\Delta G_{\mathrm{ma}}^{\ominus} = 2kT\ln(\mathrm{cmc}) \tag{7-127}$$

类似地，可以得到胶束化焓变和胶束化熵变。可见所得结果与相分离模型的结果相同。不同之处在于，在相分离模型中，计算各组分的总摩尔数时不包括胶束的摩尔数；而在质量作用模型中，总摩尔数包括胶束的摩尔数。不过通常 cmc 很小，两种模型中的总摩尔数都接近水的摩尔数，因而所得结果十分接近。当 $z=n$ 时，表示无反离子与胶束结合，此即为非离子型表面活性剂的情形。进一步的研究表明，在聚集数不大时，相分离模型和质量作用模型所得结果有所不同，质量作用模型更接近于实际。但当聚集数很大时，二者的结果趋于一致。而在某些场合，使用相分离模型更为方便。

在上述模型中，表面活性剂的浓度单位采用了摩尔分数，因此 X_n 或 cmc 永远小于 1，由此得到 $\Delta G_n^{\ominus} = \mu_n^{\ominus} - \mu_1^{\ominus}$ 为负值，即胶束化过程是自发的，这与实验结果完全符合。另外，自由能变化可以分解为焓变和熵变（$\Delta G_n^{\ominus} = \Delta H_n^{\ominus} - T\Delta S_n^{\ominus}$），而研究表明，一些离子型表面活性剂在20~40℃范围内 cmc 有最低点（见图 7-29），由式（7-121）可知，$\Delta H_n^{\ominus}$ 有可能为正值，因此 $\Delta S_n^{\ominus}$ 必须为较大的正值才能确保 $\Delta G_n^{\ominus}$ 为负值。而直观上看，形成胶束后，表面活性剂分子的排列更加有序，$\Delta S_n^{\ominus}$ 如何为正值？下面将通过讨论胶束化自由能的构成予以回答。

（3）胶束化自由能的构成

① 疏水效应

在水溶液中，表面活性剂分子之所以形成聚集体，是因为其疏水基有脱离水的趋势。而形成胶束后，疏水基聚集到胶团的内部，脱离了与水分子的接触。这就是"疏水效应"。

疏水效应导致的标准自由能变化，可以近似地等价于将一个烃分子从无限稀水溶液中转移到其本身的液态烃中，所导致的标准自由能变化：

$$\Delta G_{W \to H}^{\ominus} = \mu_H^{\ominus} - \mu_W^{\ominus} \qquad (7\text{-}128)$$

式中，$\mu_H^{\ominus}$ 和 $\mu_W^{\ominus}$ 分别代表烃分子在液态烃和无限稀水溶液中的标准化学位。从烃在水中的溶解度数据得到，25℃ 时直链烷烃的–CH$_3$和–CH$_2$–基团对 $\Delta G_{W \to H}^{\ominus}$ 的贡献分别为–8.8kJ/mol 和–3.7kJ/mol（与烃/水接触面积相关），对表面活性剂实际观察到的结果略低，为–8.4kJ/mol 和 –2.9kJ/mol。通常烃类在水中的溶解度-温度曲线呈现最低点，在 25℃ 附近溶解度随温度上升而下降，因此 $\Delta H_{W \to H}^{\ominus}$ 为正值，$\Delta G^{\ominus}$ 的负值完全来源于正的熵变。这表明疏水效应表现为熵增加。然而形成胶束后，表面活性剂分子的排列更加有序，熵应当减小，怎么会增加呢？

原来，当表面活性剂分子以单体形式存在于水中时，其疏水基周围的水分子必须采取一种特殊的定向结构，称为"冰山（iceberg）结构"。这种结构限制了水分子运动，使其自由度显著下降，而一旦形成胶束，疏水基脱离与水分子的接触，冰山结构瓦解，那些水分子恢复其原来的自由度，导致熵增加。因此，尽管胶束内表面活性剂分子的熵减小，但足以从水分子自由度的增加得到补偿，因而体系的总熵增加。由此可知"疏水效应"是胶束化的真正推动力。

② 静电作用能

离子型表面活性剂形成胶束时离子头相互靠近，导致静电排斥作用增大。显然这是对抗或阻碍胶束形成的。所以对相同的烷基链长，离子型表面活性剂的 cmc 要比非离子型高得多，即需要在更高的浓度下才能形成胶束。

胶束/水界面具有类似于水/空气界面或水/油界面上的吸附单分子层结构。离子头的聚集形成了界面电势；反离子由于热运动不能完全排列在紧密层中，而服从 Boltzman 分布，形成扩散双电层。而排列在紧密层中的反离子分数称为反离子束缚系数或反离子结合度。

对球形胶束，应用双电层理论和 Debye-Hückel 近似等理论处理，最终可以得到静电作用能为：

$$\Delta G_{elec}^{\ominus} = \frac{ne^2}{2\varepsilon_0 \varepsilon R(1 + \kappa R)} \qquad (7\text{-}129)$$

式中，e 为电子电量；κ 为双电层厚度的倒数；ε_0 和 ε 分别为真空和水的介电常数；R 为胶束的半径。可见当 κR 值很小时，每个表面活性离子形成胶束的静电作用能与胶束半径成反比。

③ 界面能

胶束的外围是水，因此胶束与水分子之间存在一个界面，类似于油/水界面，这就导致了一

个界面能 γA，这里 A 为胶束球面上每个表面活性剂分子（离子）所占的面积，γ 为界面张力（类似于烃/水界面，$\gamma \approx 50\text{mN/m}$）。

于是形成胶束时，每个分子的标准自由能变化为：

$$\mu_n^\ominus - \mu_1^\ominus = \Delta G_{\text{W}\to\text{H}}^{\ominus(n)} + \gamma A + \frac{ne^2}{2\varepsilon_0\varepsilon R(1+\kappa R)} \tag{7-130}$$

式中，等式右边第一项的上标（n）表明疏水效应对自由能的贡献与胶束的聚集数 n 有关。可见疏水效应是推动胶束形成的，而后两项是对抗胶束形成的。对离子型表面活性剂，加入无机盐可以显著降低第三项，因此能够促进胶束的形成，降低 cmc。

（4）胶束的大小和结构

① 最佳胶束聚集数

不同于油/水体系出现相分离或者溶液体系出现结晶或沉淀，这里新相的形成可以看作是聚集数趋向于无穷大。但对于表面活性剂胶束溶液，胶束的聚集数不可能无限大，因为如果胶束的聚集数过大，胶束的界面能就会升高。于是存在一个最佳聚集数，这时胶束形成的自由能变化最大。当然这也与胶束的形状有关。理论分析和计算表明，胶束的聚集数不是一个恒定值，而是具有一定的分布，通常符合正态分布，一方面分布相对较窄，另一方面表面活性剂的聚集数越大，其 cmc 值越小，这些都与实验结果完全一致。

胶束的大小可用光子相关技术（PCS）、X 射线衍射法、扩散法、超离心法或透射电镜法进行测定。通过散射光的平均强度可测得聚集数，从光散射强度的自相关函数可得到胶束扩散系数，通过超离心法得到沉降系数，由此可以获得与胶束扩散系数本质上相当的数据。另外，利用荧光探针法可以测定胶束的聚集数。通常表面活性剂的胶束聚集数在几十到 130 左右，相应的胶束尺寸在 5~10 nm 之间。但在油相中形成的反胶束聚集数相对较小，一些不超过 10，另一些在 20~30 之间。

② 胶束的形状

一旦聚集数确定，则胶束的形状也随之确定。实验研究表明，胶束的形状包括球状（spherical）、棒状（rod-like）、双层（囊泡，vesicle）、棒状六角束以及层状等，如图 7-32 所示。其中胶束刚形成时，多为球状，随着浓度的增加，转变为棒状。棒状胶束中头基的排列更加紧密，因此在含有无机盐的表面活性剂溶液中易于出现棒状胶束。胶束属于软物质，如果长度足够，则棒状胶束可能互相缠绕，形成三维网络结构，使溶液的黏度显著增加，这就是所谓的蠕虫状胶束体系。

关于胶束的形态，Robbins 等提出了一个几何排列参数理论。即认为胶束的形状与表面活性剂分子的几何形状有关。他们用三个参数来描述表面活性剂分子的几何形状，即亲水基（头基）的截面积 a_0、疏水基链长 l_c 以及疏水基的体积 V，如图 7-33（b）所示，并定义：

$$P = V/(a_0 l_c) \tag{7-131}$$

P 即称为填充（堆积）系数（packing parameter）。单烷基链离子型表面活性剂通常具有较大的头基，如图 7-33（b）和（e）所示，因此 $P < 1$；双烷基链表面活性剂亲油基体积较大，如图 7-33（c）所示，即 $P > 1$；而具有柱状结构的分子，如图 7-33（c），则得到 $P \approx 1$。进一步的研究表明，$P < 1/3$ 时形成球状胶束；$1/3 < P < 1/2$ 时形成棒状胶束；$1/2 < P < 1$ 时形成柔性的囊泡；$P \approx 1$ 时形成层状胶束；$P > 1$ 时则形成反向胶束。

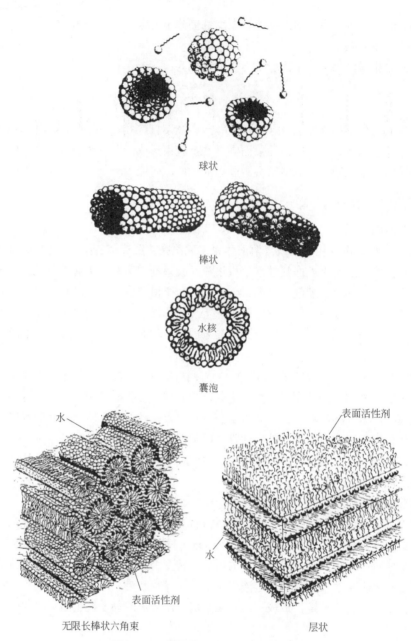

球状

棒状

水核

囊泡

水　　　　　　　　　　　　　表面活性剂

表面活性剂　　　　　　　　　水

无限长棒状六角束　　　　　　　　层状

图 7-32　常见的几种胶束形状示意图

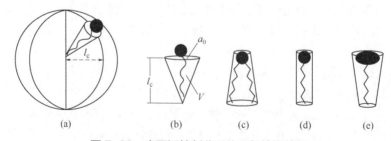

(a)　　　(b)　　　(c)　　　(d)　　　(e)

图 7-33　表面活性剂分子的几何结构特征

几何排列参数理论能够很好地解释一些环境因素对胶束结构的影响。例如对离子型表面活性剂，加入电解质降低了离子头之间的静电排斥力，使得 a_0 减小，P 值增大，胶束从球状转变成棒状，进而可转变成层状。温度上升一般使得 a_0 增加，有利于形成球状胶束。对非离子型表面活性剂，温度的升高使得 a_0 减小，P 值增大，导致胶束转变成反胶束。

7.3.3　增溶作用

胶束溶液的一个显著特征是具有增溶作用（solubilization）。通常，非极性有机物在水中的溶解度是很小的，一旦浓度超过了溶解度，溶液就变浑浊。但在表面活性剂胶束溶液中，它们的溶解度大大提高，并且随表面活性剂浓度的增加而增加，溶液可保持清澈透明，如图 7-34 所示。由于胶束内部是非极性的，构成了适合这些非极性有机物的微环境，因此这些非极性有机物能够从水相转移到胶束的内部。表面活性剂的这种作用称为增溶作用。这里表面活性剂表现为"增溶剂"（solubilizer），而非极性有机物则为"增溶物"（solubilizate）。显然增溶作用是胶束形成的派生性质，增溶体系是热力学稳定体系。

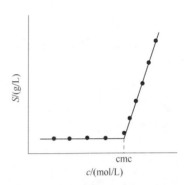

图 7-34　非极性有机物在表面活性剂水溶液中的溶解度（S）随表面活性剂浓度（c）的变化示意图

（1）增溶作用的热力学基础

已知溶质在溶液中的化学位可表示为：

$$\mu = \mu^{\ominus} + RT \ln a = \mu^{\ominus} + RT \ln(fc) \tag{7-132}$$

式中，$\mu^{\ominus}$ 为溶质的标准化学位；a 为溶质的活度；f 和 c 分别为溶质的活度系数和浓度。

在胶束溶液中，溶质既可以分布于水相，也可以存在于胶束相中，其化学位可分别表示为：

$$\mu_{aq}^{s} = \mu_{aq}^{\ominus} + RT \ln a_{aq} \tag{7-133}$$

$$\mu_{mic}^{s} = \mu_{mic}^{\ominus} + RT \ln a_{mic} \tag{7-134}$$

式中，下标 aq 表示水相；mic 表示胶束相；上标 s 表示增溶物。因为胶束相和水相处于平衡，所以增溶物在两相中的化学位相等，于是可以计算出它们在两相中的标准化学位之差，即将增溶物（溶质）自水相转移到胶束相中的标准自由能变化：

$$\Delta G_s^{\ominus} = \mu_{mic}^{\ominus} - \mu_{aq}^{\ominus} = RT \ln \frac{a_{aq}}{a_{mic}} = -RT \ln \frac{c_{mic}}{c_{aq}} - RT \ln \frac{f_{mic}}{f_{aq}} \tag{7-135}$$

假定溶质在水相和胶束相中皆形成理想溶液，则 $f_{mic} \approx f_{aq} \approx 1$，于是得到：

$$\Delta G_s^{\ominus} = -RT \ln \frac{c_{mic}}{c_{aq}} = -RT \ln K \tag{7-136}$$

式中，$K=\dfrac{c_{mic}}{c_{aq}}$ 称为溶质在胶束相和水相中的分布系数。显然 $K \gg 1$，于是得到 $\Delta G_s^{\ominus}$ 为负值，即增溶是自发的。那么如何表征一个表面活性剂的增溶能力大小呢？

设溶质在纯水中的溶解度为 S（mol/L），在总浓度为 c_t 的表面活性剂溶液中（$c_t>$cmc）的溶解度为 c，则最大添加浓度（MAC）定义为：

$$MAC=\frac{c-S}{c_t-cmc} \tag{7-137}$$

上式中分子表示增溶于胶束的溶质浓度，分母表示构成胶束的表面活性剂的浓度，于是 MAC 表示每摩尔表面活性剂所增溶的溶质的摩尔数。显然 MAC 越大，表面活性剂的增溶能力越强。

为了获取式（7-136）中的分配系数 K，需要计算 c_{mic}，实际上这有相当的难度，因为不知道胶束相的体积。为此考虑用摩尔分数来表示溶质在两相中的浓度，于是得到以摩尔分数表示的分布系数 $K(x)$：

$$K(x)=\frac{x_{mic}}{x_{aq}} \tag{7-138}$$

借助于实验测定的 MAC，可以得到溶质在胶束相和水相中的摩尔分数 x_{mic} 和 x_{aq}：

$$x_{mic}=\frac{c-S}{c-S+c_t-cmc}=\frac{MAC}{1+MAC} \tag{7-139}$$

$$x_{aq}=\frac{S}{S+55.51}\approx\frac{S}{55.51} \tag{7-140}$$

由此得到：

$$K(x)=\frac{x_{mic}}{x_{aq}}=\frac{55.51MAC}{S(1+MAC)} \tag{7-141}$$

（2）增溶物在胶束中的位置

研究表明，溶质不一定完全处于胶束的内部。根据溶质结构或性质的不同，具体的位置可能有四种：（ⅰ）胶束的内核；（ⅱ）胶束中定向的表面活性剂分子之间，形成"栅栏"（palisade）结构；（ⅲ）表面活性剂亲水基团（聚氧乙烯链）构成的壳层中；（ⅳ）胶束的表面，如图 7-35 所示。

例如，紫外光谱和核磁共振光谱研究证明，非极性烃类只能增溶于胶束的内核，并且增溶使胶束膨胀，体积变大，如图 7-35（a）所示。较易极化的化合物如短链芳烃开始可能吸附于胶束表面，增溶量加大以后可能插入表面活性剂栅栏中并进而进入内核。较长链的极性有机物如脂肪醇、脂肪酸、脂肪胺等则增溶于胶束的栅栏之间，头基朝向水，与表面活性剂分子具有相同的定向，形成混合胶束，如图 7-35（b）所示，一般不会引起胶束变大，但使胶束排列得更紧密。一些小的极性分子增溶于胶束的表面区域，特别是在非离子胶束中，处于聚氧乙烯链形成的胶束"外壳"中，如图 7-35 中（c）和（d）所示。光谱数据表明，它们处于极性环境中。

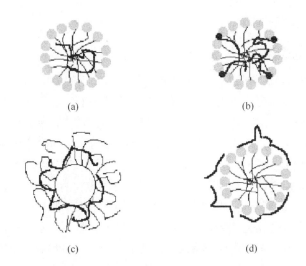

(a)　　　　　　　　　　　　　(b)

(c)　　　　　　　　　　　　　(d)

图 7-35　溶质（增溶物）在胶束中的位置

（a）内核（非极性烃类）；（b）栅栏（极性有机物如醇类）；

（c）亲水基团之间（极性小分子）；（d）胶束表面（较易极化的化合物如短链芳烃）

（3）影响增溶作用的因素

① 表面活性剂的分子结构

通常，表面活性剂增溶能力的大小取决于其形成的胶束大小和聚集数。一般胶束越大，聚集数越大，则增溶能力越大，特别是对增溶于胶束内核的非极性烃类。因此长链表面活性剂由于具有较大的聚集数，对烃类有较大的增溶能力。但如果碳氢链中有支链或不饱和键，则增溶能力下降，因为支链或不饱和键不利于胶束形成。

表面活性剂类型对增溶能力也有明显的影响。通常非离子型由于 cmc 低，对烃类有较大的增溶能力，但聚氧乙烯链长增加时，对烃类的增溶能力下降；阳离子型的增溶能力略大于阴离子型，因为其胶束较为疏松，增溶物容易进入胶束的内核。

② 增溶物的分子结构

表面活性剂对非极性烃类的增溶能力随烃类的摩尔体积增加而下降。因此烃类同系物的增溶量随其链长增加而减小。支链的影响一般不大。带有一个极性基（–OH 或–NH$_2$）的极性有机物，比相同链长的烃类增溶量要大得多，因为它们可以增溶于栅栏中。总的来说，增溶物的极性越小，碳氢链越长，则增溶量越小。

③ 添加剂的影响

对离子型表面活性剂水溶液体系，加入无机盐使 cmc 下降、胶束聚集数增加，于是对非极性烃类的增溶能力增加。但加入无机盐使胶束中头基排列更紧密，降低了对极性有机物的增溶。

非极性有机物增溶于胶束的内核后往往使胶束膨胀，因而有利于极性有机物的增溶，反之亦然。但如果存在两种极性有机物，一种增溶量上升时，另一种将下降，因为栅栏中的位置有限，两者必须竞争。

④ 温度的影响

对离子型表面活性剂，温度升高使胶束的结构变得疏松，从而有利于增溶物的进入，使极性和非极性有机物的增溶量增加。对非离子型表面活性剂，温度升高使聚集数增大，从而使得对非极性物的增溶量显著提高。另外，温度升高导致聚氧乙烯链脱水，胶束外壳变得更紧密，对短链极性化合物的增溶量下降。

（4）增溶作用的应用

在民用和工业技术领域，表面活性剂的增溶作用具有广泛的应用。例如在洗涤去污过程中，油污从固体表面剥离后被增溶于胶束中，能有效防止其再沉积。在手洗过程中，对特别脏的部位擦上肥皂或撒上洗涤剂，用手揉搓，这时局部形成大量的胶束，使油污增溶而被除去。

在原油开采过程中，一次采油和注水采油只能采出大约30%~40%的原油，大量的残余油黏附于岩层中的砂石上而无法采出。如果向地层注入"胶束溶液"（含适量醇类助剂和油），则能将这些残余油增溶于胶束中，而且胶束溶液能润湿岩层，遇水不分层，有足够的黏度，于是在推进过程中不断有效地洗下砂石上的原油，从而达到提高采收率的目的。研究表明，胶束-微乳液驱油理论上可以采出100%的残余油，不过由于采用的化学剂成本太高，目前尚未达到实用阶段。一种成本更低的方法是采用低浓度表面活性剂溶液，通过将原油/水界面张力降到超低，可以提高采收率20%以上。

在环保领域，水污染的两个重要方面分别是有机物污染和重金属污染，源于化工、印染、造纸、制药、采矿等工业生产过程中的排放。由于废水中有机物或重金属含量低，在水中具有一定的溶解度，用常规方法难以分离回收。如果向这些废水中加入表面活性剂形成胶束，则有机物可以增溶于胶束中，重金属离子可以吸附在阴离子胶束的表面，通过孔径小于胶束的超滤膜过滤，则污染物随同胶束被截留，从而达到净化水的目的，并可回收有机物和重金属。这就是胶团强化超滤（MEUF）技术，有机物的回收率可达90%以上，重金属的回收率甚至更高。

此外，增溶作用在乳液聚合、胶束催化、化学分析、制药工业和生理过程中都有重要应用，读者可参阅有关的书籍进一步了解。

7.3.4 反胶束

在一些应用场合，表面活性剂需要被溶于非极性溶剂中，类似地，随着浓度的增加，它们也能形成聚集体，不过聚集体的构型与水相中的胶束正好相反，因此被称为反胶束或逆胶束（reversed or inverted micelle）。例如在水/油/非离子型表面活性剂体系中，低温时在水相形成正胶束，但在浊点以上温度，胶束转移到油相，形成烷基链朝向溶剂，聚氧乙烯链朝向内部的反胶束，如图7-36所示。

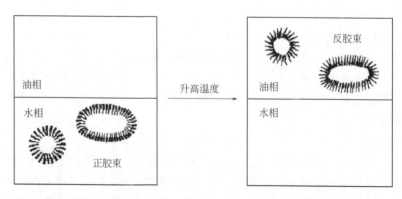

图7-36　非离子型表面活性剂在水相和油相中分别形成正胶束和反胶束示意图

驱动水相中胶束形成的三个驱动力，即疏水效应、静电作用以及界面能，在非极性溶剂中不复存在。因为在非极性溶剂中，无论是否形成胶束，疏水基的环境并无变化；而离子在非极性溶剂中不能电离，只能以离子对形式存在。此外，没有明显的油/水界面，也没有水的冰山结构解体，因此熵效应成为了对抗因素，它趋向于使表面活性剂处于分子分散（单体）状态。显然胶束形成的推动力主要是离子对之间的偶极子-偶极子相互作用，这个胶束化推动力较水溶液中要小得多。因此在非极性溶剂中，胶束的聚集数通常很小，一般在 10 以下。形成胶束的浓度范围很宽，但在很宽的浓度范围内聚集数并无突跃性变化，因此没有明显的 cmc，或者说 cmc 的确定相当困难。

研究表明，表面活性剂在非极性溶剂中似乎存在两种不同的聚集模式：一种是聚集数很小，通常为 3~6，无明显的 cmc，聚集数随表面活性剂浓度的增加而增加；另一种是聚集数相对较大，达 25~30，有一个明显的 cmc，聚集数随表面活性剂浓度的增加趋于一恒定值。阳离子型大多属于前者，而阴离子型则基本属于后者。

但如果非极性溶剂中存在少量水或其它极性杂质，则会导致聚集数大大增加。这给测定真正的 cmc 值或聚集数会带来困难。

一些因素能影响反胶束的形成。首先是表面活性剂自身的分子结构。定性研究结果表明，表面活性剂在非极性溶剂中的极性大小是一个主要因素。一般偶极矩增大，聚集趋势将增大。此外如果表面活性剂分子的亲水基增大，增加了分子的对称性，例如非离子型表面活性剂，则聚集数增加。增加疏水基的链长将增加表面活性剂在非极性溶剂中的溶解性，从而导致聚集数减小。如果构成离子对的两个离子都是大分子量的有机离子，并在非离子介质中有较大的溶解度，则不能形成胶束。

溶剂的影响可以归结为对表面活性剂溶解能力的影响。当溶解能力增强时，聚集数下降。溶剂的极性（介电常数）增大，将导致头基的溶剂化作用，减弱或屏蔽头基间的偶极子-偶极子相互作用，降低胶束化驱动力。可以将溶剂的溶解度与聚集数相关联，溶解度增加，有利于双亲分子的溶解，聚集数下降。此外，高度可极化溶剂也将使聚集数减小。

温度升高，聚集数将下降，这是由于非极性溶剂中的胶束化过程是放热的。但影响的程度因表面活性剂的种类而异，对阳离子的影响比对阴离子的更为显著，这可能跟阳离子的聚集数较小有关。温度对非离子型表面活性剂的聚集数有显著影响，并且还导致多分散性的增加。

另外，反胶束亦能增溶水或极性液体。少量水的增溶对表面活性剂的溶解性和胶团聚集数会有较大的影响，最明显的结果就是导致聚集数增加。根据水量的多少，水的结合方式可分为两种。最初加入的水被认为是束缚水，只导致聚集数有微小的增加，即胶束溶胀；随后加入的水则在胶束内核形成一个小区，随着水核半径的增大，胶束聚集数有很大的增加，相应地胶束的数量减小，好像发生了胶束的聚结。

烃类溶剂中反胶束对水的增溶一般随表面活性剂浓度、反离子价数以及烷基链长的增加而增加。表面活性剂烷基链的支链化和不饱和键的存在使增溶量增加。非离子的增溶主要靠水与醚氧原子形成氢键，因此 EO 链加长，提供了更多的结合位，对水的增溶量增加。

电解质的存在会显著降低水的增溶量，其中与表面活性离子电荷相反的离子的抑制作用较大，因其能减弱表面活性离子头之间的排斥力，从而使离子头靠得更紧，减小了增溶水的空间。对非离子型表面活性剂，电解质的存在将破坏水分子与醚氧原子形成的氢键，使增溶量下降，不过影响较对较小。

溶剂的极性越强，表面活性剂的聚集数越小，溶剂就越易与表面活性剂的极性头结合，从而减少其与水分子的结合，导致对水的增溶能力下降。

温度升高将增加离子头间的互斥性，因而有利于水的增溶。对非离子型表面活性剂体系，温度上升，增溶量急剧增加。

7.4　表面活性剂溶液的电化学性质

7.4.1　界面电荷

许多分散粒子或固体表面与极性物质如水等接触后，界面上就产生电荷。就目前所知，界面电荷产生的机理大致包括电离、离子吸附及离子溶解等。电离包括固体表面分子电离或者是吸附液体后电离，或者是胶束在水中解离而带电。离子吸附是指表面吸附了液相中的过剩反离子，从而形成了双电层，其中水化的表面比憎水基表面吸附离子要差些。而离子溶解是离子晶体类物质构成的分散相在介质中发生了不等性溶解，使界面带电。这些电荷对界面和分散体系的性质有显著的影响。另外，界面带电的途径还可以通过界面吸附离子型表面活性剂，这对固体表面的润湿和分散、流体分散体系（乳状液和泡沫）的稳定性、防止再沉积等都非常重要。此外，离子型表面活性剂形成的胶束也是带电的。

对带电的界面体系，与界面电荷符号相反的离子称为反离子（counter ion），符号相同的离子则称为同离子。由于强烈的静电相互作用，反离子理应整齐排列在界面以实现电中性，然而由于热运动，反离子并未全部被界面电荷束缚，而是处于界面电荷的附近，由此形成了一个有一定厚度的所谓扩散双电层。整个双电层是电中性的。

7.4.2　双电层理论

早在 1853 年，Helmholtz 就提出了一个简单的双电层模型。符号相反的两种电荷借助于静电引力整齐地排列在界面的两边，形成一个类似于平板式电容器样的结构。于是带电平面上的电荷密度 σ 和界面电势 ψ_0 之间有下列关系式：

$$\sigma = \frac{\varepsilon_0 \varepsilon \psi_0}{\delta} \tag{7-142}$$

式中，ε 为双电层两平面之间的介质的介电常数；ε_0 为真空中的介电常数；δ 为双电层的厚度。显然，从带电平面到反离子排列的平面，界面电势呈线性急剧下降，直至变为零。

Helmholtz 模型没有考虑热运动对反离子的扰乱作用，即由于热运动反离子不可能整齐地排列在另一个平面上，而可能在更大的距离或空间上分布。基于这一考虑，Gouy-Chapman 在 1910~1917 年对 Helmholtz 模型提出了修正。其要点有：

（i）反离子一方面受静电作用向界面（AA' 面）靠近，另一方面又受热运动的影响向介质中扩散，因此距离界面处的反离子密度由近及远逐渐变小，形成了所谓的扩散双电层，其厚度远大于一个分子，如图 7-37 所示。

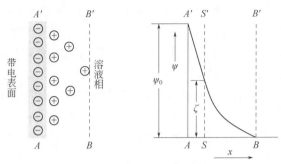

(a) 反离子在带电界面附近的分布　　(b) 界面电势随距离的变化

图 7-37　Gouy-Chapman 扩散双电层模型

（ii）在双电层中（AA' 和 BB' 面之间），反离子服从 Boltzman 分布，如图 7-38 所示，即反离子浓度随 x 的增加而减小，同离子的浓度随 x 的增加而增加，在 BB' 面两者与体相浓度达到相等。

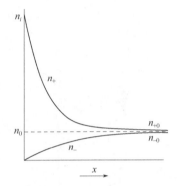

图 7-38　界面区域无机离子浓度随距离的变化

$$n_i = n_{i0} \exp\left(-\frac{ze\psi}{kT}\right) \tag{7-143}$$

式中，z 为离子的价数。

（iii）当界面电势不高（<25mV）时，可以应用 Debye-Hükel 近似，于是在双电层中，界面电势随距离 x 呈现如下变化：

$$\psi = \psi_0 \exp(-\kappa x) \tag{7-144}$$

显然当 $x \to \infty$ 时，$\psi \to 0$，$d\psi/dx \to 0$。式中 κ 是一个组合参数，其值具有长度单位：

$$\kappa^{-1} = \left(\frac{RT\varepsilon_0\varepsilon}{1000 N_A^2 e^2 \sum_i z_i^2 c_i}\right)^{1/2} = \left(\frac{RT\varepsilon_0\varepsilon}{2000 N_A^2 e^2 I}\right)^{1/2} \text{(m)} \tag{7-145}$$

式中的 I 称为离子强度：

$$I = \frac{1}{2}\sum(z_i^2 c_i) \tag{7-146}$$

（iv）带电平面上的电荷密度 σ 和界面电势 ψ_0 之间有下列关系式：

$$\sigma = \frac{\psi_0 \varepsilon_0 \varepsilon}{\kappa^{-1}} \tag{7-147}$$

与式（7-142）相比较，κ^{-1} 等价于 δ，因此 κ^{-1} 的物理意义是双电层的厚度。然而请注意，κ^{-1} 并非双电层的实际厚度，而是一个等效厚度，即扩散双电层相当于一个厚度为 κ^{-1} 的 Helmholtz 双电层。事实上双电层的实际厚度还要大些。因为当 $x = \kappa^{-1}$ 时，由式（7-144）得 $\psi = \psi_0/e$，并不等于零。只有当 x 相对于 κ^{-1} 很大时，才有 $\psi \to 0$。

（v）对球形质点，界面电势沿质点半径方向距离 r 的变化为：

$$\psi = \psi_0 \frac{a}{r} \exp\kappa(a-r) \tag{7-148}$$

式中，a 为质点的半径，如图 7-39 示。显然当 $r\to\infty$ 时，$\psi\to0$，$d\psi/dx\to0$。

（vi）在静止状态下达到平衡时，双电层是电中性的，即双电层中正负电荷的数目相等。但如果施加电场，则平衡被破坏，双电层中将出现一个滑动面（SS' 面），在滑动面内侧的反离子将随界面一起，向带相反电荷的电极方向移动。于是分界面上的电势称为电动电势，也叫 Zeta 电势，常用希腊字母 ζ 表示。一般情况下，ζ 低于 ψ_0。

（vii）在水中加入电解质，对双电层有压缩作用，即双电层的厚度随离子强度（电解质浓度）增加而下降，如图 7-40 所示，其中 BB' 面向 AA' 面移动。对 I-I 型电解质如 NaCl，浓度单位用 mol/L，25℃ 下双电层厚度与电解质浓度的定量关系如下：

$$\kappa^{-1}=\frac{3.04\times10^{-10}}{\sqrt{c_{NaCl}}}\ (m) \tag{7-149}$$

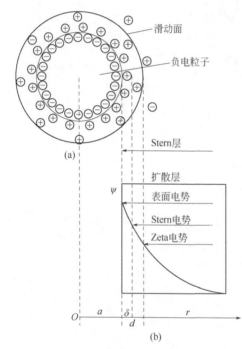

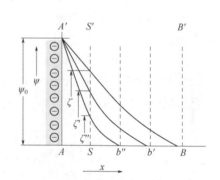

图 7-39　球状带电质点周围的扩散双电层　　　　图 7-40　双电层厚度的减小对电动电势的影响
(a) 反离子在带电质点界面附近的分布；(b) 界面电势
沿质点半径方向的变化

由于滑动面的位置是相对固定的，双电层的压缩导致 Zeta 电位下降。

（viii）对吸附离子型表面活性剂的体系，如果吸附是单分子层的，例如液/气（气泡）和液/液（乳状液液滴）界面，则 σ 与吸附量 Γ_R 符合 $\sigma=\Gamma_R N_A e$（N_A 为 Avogadro 常数，e 为电子电荷）。若 Γ_R 的单位用 mol/m² ，则可用下式计算界面电势：

$$\psi_0=0.0514\sinh^{-1}\left(\frac{8.24\times10^5\Gamma_R}{\sqrt{c_{NaCl}}}\right)(V) \tag{7-150}$$

可见界面电势 ψ_0（绝对值）随吸附量 Γ_R 的增加而增加，随电解质浓度的增加而减小。

Gouy-Chapman 扩散双电层理论解释了电动电势（Zeta 电势）现象，以及电解质对界面电

势 ψ_0 和 Zeta 电势的影响，定量结果相当成功。不足之处是该模型把离子看作是点电荷，离子不占体积，因此在界面电势很高时计算出的电荷密度，往往超过了实际可能值。

针对这一缺陷，Stern 于 1924 年提出改进的 Stern 模型。该模型将 Gouy-Chapman 的扩散双电层进一步分为内、外两层，如图 7-39 所示，内层类似 Helmholtz 双电层模型，紧靠粒子表面，称为 Stern 层，其厚度约是离表面一个离子的直径，分界面称为 Stern 面。部分反离子处在 Stern 层中，它们受静电作用束缚于界面，随界面一起运动。而 Stern 面的外侧为扩散层，其中反离子受热运动的影响能够扩散至较远的距离，并且含有少量的同离子。而滑动面位于 Stern 面的外侧一点。Stern 面上的电势称为 Stern 电势，数值上比 Zeta 电势略高。如溶液中含有高浓度反离子或者高价反离子，则这些反离子可能会被压缩到 Stern 层内，导致 Stern 电势的符号发生变化。需要注意的是，大部分界面区域为溶剂水所占领，因此即使电荷密度高的表面，吸附离子的表面浓度仍然是很低的。

除了对双电层内部的结构进行上述细化外，Stern 模型的另一项修正是对吸附于 Stern 层中的反离子的数量给予了限制，认为其浓度（吸附量）Γ_{Na^+} 与体相中的反离子浓度 c_{Na^+} 之间符合 Langmuir 吸附公式，这样 Stern 层中的反离子数量就不能无限制增加。不过 Stern 模型的定量应用有点困难，原因是该理论所引入的几个参数难以用实验方法测定，如 Stern 层中的介电常数和 Stern 层内的离子特征吸附常数等。

7.4.3 Zeta 电势

Zeta 电势（ζ）或电动电势，是带电表面与电解质溶液之间发生相对运动时，滑动面上的电势。滑动面的确切位置尚不明确，按照 Stern 模型，其应当位于 Stern 面靠外一段距离的面上，在水化层之外，因此 ζ 电势通常小于界面电势 ψ_0。在稀电解质溶液中，扩散层厚度较大，ζ 电势下降较慢，Stern 层的厚度 δ 只有一个分子直径，ζ 电势可以近似地认为与界面电势相当，但当电解质浓度增大、界面电势很高时，扩散层受到压缩，厚度变小，ζ 电势与界面电势相差大。不过 Stern 电势基本接近 ζ 电势。如果界面吸附了非离子型表面活性剂，则水化层变厚，滑动面离开 Stern 面远，ζ 电势比 ψ_0 更小。

（1）Zeta 电势的计算

ζ 电势可从电泳、电渗或流动电位数据计算得到。对球形胶束，根据电泳速度数据可以从下式计算 ζ 电势：

$$\zeta = \frac{3\eta u}{2\varepsilon_0 \varepsilon} \tag{7-151}$$

式中，η 为介质的黏度；ε 为双电层间液体的介电常数；ε_0 为真空的介电常数；u 为电泳淌度（单位电场强度下的电泳速度）。对棒状胶束以及较大的带电分散相质点，上式右边要乘以 2/3 进行修正：

$$\zeta = \frac{\eta u}{\varepsilon_0 \varepsilon} \tag{7-152}$$

式（7-151）称为 Helmholtz-Smoluckowski 公式。

用电渗速度数据计算 ζ 电势的公式如下：

$$\zeta = \frac{\eta u}{\varepsilon_0 \varepsilon} = \frac{\eta \kappa V'}{\varepsilon_0 \varepsilon I} \tag{7-153}$$

式中，κ 为液体电导率；I 为电流强度；$V'=VA$，其中 V 为单位时间流过毛细管的液体体积，A 为毛细管的截面积。

（2）影响 Zeta 电势的因素

① 电解质的影响

反离子浓度越高，双电层受到压缩，则 ζ 越小。对带负电荷的表面，如果反离子为高价阳离子，如 Ca^{2+}、Mg^{2+}、Al^{3+} 等，将使 ζ 电势由"–"变为"+"，甚至表面也会变成"+"。相应地，水化层变薄，胶束变得不稳定。

② 表面活性剂的影响

采用阴离子型表面活性剂吸附于界面，则 ζ 电势增加，相应的分散相质点如气泡、乳液液滴、固体颗粒更稳定。例如，棉籽油在水中的 ζ 电势为–74mV，而在 0.0036mol/L 油酸钠溶液中，ζ 为–151mV。

纤维表面通常带负电荷，阳离子型表面活性剂可以吸附在纤维表面中和负电荷，使 ζ 电势减小，甚至变为零或正电荷，这将不利于去污。

非离子型表面活性剂吸附于界面后，可使吸附层变厚，使滑动面移向液相中，于是水化层变厚。虽然此时 ζ 电势也有所减小，但体系仍很稳定。

（3）一些不同固体在水中的 ζ 电势

研究表明，不同的固体在水中具有不同的 ζ 电势。例如羊毛为–48mV，棉织品为–38mV，蚕丝为–1mV。不同的油滴在水中及 NaOH 溶液中的 ζ 电势亦不一样。例如，石蜡油在水中的 ζ 电势为–80mV，在 NaOH 溶液中增加到–151mV；棉籽油在水中的 ζ 电势为–74mV，在 NaOH 溶液中增加到–40mV。

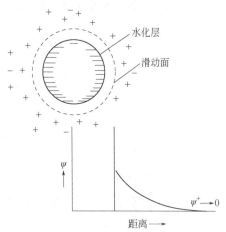

图 7-41　胶束 ζ 电势与双电层

（4）表面活性剂胶束的电动电势与双电层

以阴离子型表面活性剂为例，其胶束的 ζ 电势与双电层变化如图 7-41 所示。胶束的内核由疏水的烷烃链组成，亲水的阴离子头基组成核芯外的水化层，ζ 电势所在的滑动面即位于水化层外。滑动面外为扩散层。

双电层有广泛的应用，特别是在分散体系中，双电层由于具有相同电荷及水化层，可以防止质点间发生絮凝和聚结（见下节）。另外，加入与分散介质有亲和力的溶剂，如乙醇、丙酮，可以消除双电层；加入电解质则可以压缩双电层（$Mg^{2+}>Ca^{2+}>Ba^{2+}>Na^+$），从而导致絮凝。

7.4.4　双电层的排斥作用

（1）排斥力和排斥势能

在溶液中，当具有双电层的界面或质点相互靠近时，将产生排斥作用，称为双电层的排斥作用。排斥作用可以用排斥力或排斥势能来表征。

对两个带电、平行放置、相距为 D 的单位面积的固体表面，排斥力为：

$$F_R = 64kTn_0\gamma_0^2 \exp(-\kappa D) \tag{7-154}$$

相应的排斥势能为：

$$W_R = (64kTn_0\gamma_0^2 / \kappa) \exp(-\kappa D) \tag{7-155}$$

式中，k 为 Boltzman 常数；T 为热力学温度；n_0 为电解质浓度；κ 为双电层厚度的倒数；γ_0 为界面电势的函数：

$$\gamma_0 = \frac{\exp[z_i e\psi_0 / (2kT)] - 1}{\exp[z_i e\psi_0 / (2kT)] + 1} = \tanh\left(\frac{z_i e\psi_0}{4kT}\right) \tag{7-156}$$

可见，排斥势能随界面电势 ψ_0 的增加而增加（注意当 ψ_0 很大时，$\gamma_0 \to 1$），随距离 D 的减小而增加。κ 随电解质浓度的增加而增大（双电层厚度 κ^{-1} 减小），因此排斥力和排斥势能随电解质浓度增加而减小。25℃ 下当电解质为 NaCl 时，式（7-155）变为：

$$W_R = 0.0482\sqrt{[NaCl]}\tanh^2[\psi_0 / 103]\exp(-\kappa D)(J/m^2) \tag{7-157}$$

式中，[NaCl] 为摩尔浓度；ψ_0 单位为 mV。

对两个相等的球形质点，当质点半径 R 相对于质点间距离 D 很大时，应用 Derjaguin 近似得到：

$$W_R = (64\pi kTRn_0\gamma_0^2 / \kappa^2)\exp(-\kappa D) = 4.61\times10^{-11}R\gamma_0^2\exp(-\kappa D) \ (J) \tag{7-158}$$

于是，球形质点间的双电层排斥势能，取决于界面电势 ψ_0 和双电层厚度 κ^{-1}，而这两个参数都取决于体相电解质浓度。

（2）双电层排斥作用产生的机理

根据双电层模型，当界面带电时，反离子在双电层区域内服从 Boltzman 分布，如图 7-38 所示。当两个界面相互靠近时，如果双电层没有交叠（$x' = \infty$），则不会产生排斥作用，因为各自的双电层都未受到影响。当距离缩小以致双电层产生交叠时（$x' = D/2$），则在交叠区域，反离子的浓度增加了，这就导致了渗透压效应，溶剂（水）分子将自发地进入交叠区内，以使反离子浓度恢复到平衡值，而这一过程产生了一个附加压力，客观上导致了两个界面或质点的分离，如图 7-42 所示。理论分析表明，由渗透压效应产生的附加压力在交叠区内处处相等，因此只需要计算中间平面上的附加压力。显然，当体系中不含外加电解质时，如果两个带电界面在溶液中相距无限远，则其中间平面上反离子的浓度 n_0（∞）为零，当两个带电的界面相互靠近至双电层发生重叠时，其中间平面上反离子的浓度变为 n_0（m）> n_0（∞），这时由于熵效应或渗透压效应，溶剂分子将自发地流向双电层的重叠区，使 n_0（m）减小直至恢复到 n_0（∞）。正是这种溶剂分子向双电层交叠区的自发流动，导致了两个相互接近的带电表面分开，因此双电层的排斥作用不同于静电排斥作用，后者由库仑作用所致。

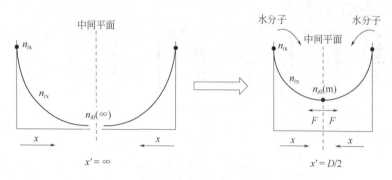

图7-42　双电层的交叠以及由此产生的排斥作用

双电层的排斥作用是 DLVO 理论的组成部分，而 DLVO 理论是经典的胶体稳定理论，它很好地解释了界面电势对分散体系的稳定作用，以及电解质浓度对胶体稳定性的影响。通常排斥势能随界面电势升高而增大，随体相电解质浓度增加而减小。因此高ψ_0、低电解质浓度有利于提高胶体分散体系的稳定性，而低ψ_0、高电解质浓度可以促进絮凝作用。

7.5　表面活性剂浓体系和相行为

以上几节阐述了表面活性剂稀溶液以及浓度稍高的胶束溶液的性质，有关这方面的研究较多、较详细，因为表面活性剂的绝大多数应用涉及的是稀溶液。然而，许多表面活性剂工业产品或中间产品是以浓稠液体状出现的，例如 LAS 单体、AOS 产品、AES 产品、液体洗涤剂、洗发香波等，它们的黏度及流变性质在工业上很重要。

7.5.1　两种表面活性剂浓溶液和液晶相的形成

表面活性剂浓溶液是胶束溶液中进一步大量加入表面活性剂后形成的，按其性质可以分为以下两种主要类型。

（1）第一类体系：性质无变化

即在达到饱和极限浓度以前，增加表面活性剂的浓度，表面活性剂溶液的性质如黏度、光谱性质等改变不大。而在达到饱和点后继续增加浓度，则出现结晶固体或形成液晶相。大多数表面活性剂/水体系属于这一类。

在这类体系中，一般当浓度超过 cmc 一个数量级时，溶液中会出现各向异性胶束。主要是形状接近六角形的棒状胶束和层状胶束。

表面活性剂溶液的饱和极限浓度与烷基链长和头基有关。长链烷基更易形成液晶，大头基能获得较高的饱和极限浓度，短链的添加剂（如庚醇）不利于液晶的生成。胶束之间由于电荷相互作用或者水化作用，相互间的排斥作用增大。

（2）第二类体系：性质会突然发生变化

例如，在低于饱和点时，增加浓度，黏度会突然增加。在饱和点后继续增加浓度，则将分离出液晶相，且达到平衡所需要的时间很长。表面活性剂水溶液中加入大量增溶物（有机物），或加入不同的表面活性剂构成混合表面活性剂体系，则属于这一类。

这类体系的流变性质与切变速度、黏弹性有关。在高切变速度时，黏度随剪切时间增加而降低。这是由大胶束发生破裂所致。最大黏度一般可能发生于接近形成六角形液晶的范围内，因为六角形的黏度通常比层状要大得多。因此，在一定增溶物浓度以上，黏度下降可能是六角形胶束转变为层状胶束所致。

大的棒状胶束和小的球状胶束之间存在动态平衡。降低球状胶束之间的双电层斥力或增加浓度，可增加碰撞速度，使球状胶束向棒状胶束转变。低浓度时的剪切增稠作用是由 小胶束碰撞速度的增加而引起的；在高浓度和高切变速度时，剪切变稀是由棒状胶束的定向和破裂所致。

液晶相是（光学上）各向异性、高黏度的。两个普通的液晶相分别是六角形相和层状相，它们有相应的六角形和层状结构的小角 X 射线衍射花样。是否产生液晶相，与表面活性剂的下列三个性质以及是否存在添加剂有关。

a. 电荷　电荷是抑制胶束形成的，电荷的存在影响胶束化自由能变化，而胶束化自由能（$\Delta G_{\mathrm{mic}}^{\ominus}$）变化与胶束的形状有关，通常胶束化自由能增加的次序为：球状＜圆柱体＜层状。

b. 烃链/水相互作用，即疏水作用　其导致的胶束化自由能变化也与胶束的形状有关：层状＜圆柱状＜球状。

c. 分子形状　头基体积大的分子（楔形）容易排列成六角形相，具有两个烃链的表面活性剂（如磷脂）易排成层状。单烷基链离子型表面活性剂，因头基带电而相斥，易生成六角形相。

d. 添加剂　加入电解质能抑制电荷作用，促进棒状胶束的形成。加入不带电的增溶物或相反电荷的表面活性剂，使电荷作用降低而出现层状结构。例如在辛酸钠体系中加入辛醇，将使六角形相转为层状相。

7.5.2　表面活性剂体系的相行为

（1）表面活性剂二元体系的液晶相

这里的二元体系是指表面活性剂水溶液，即体系仅包括表面活性剂和水两个组分。随着表面活性剂在水溶液中浓度的增加，表面活性剂在水溶液中形成胶束，而胶束的结构和形态会发生如图 7-43 所示的一系列变化。

在诸多的表面活性剂/水浓溶液体系中，发现有两种明显不同的液晶相。一种是在中等浓度时由棒状胶束按正六角形排列而形成的黏稠的"中间相"（middle phase，简称 M 相）或六角相。棒状胶束的直径约为分子长度的 2 倍，M 相具有二维结构，在高剪切速率时，该相显示出塑性流体特性。另一种为在更高浓度时形成的"净相"（neat phase，简称 N 相）或层状相，该相的黏度相对较小，它由宏观扩展的表面活性剂双分子层所组成，层间为水，层间的水会使该相的黏度降低，但不破坏液晶的排列。

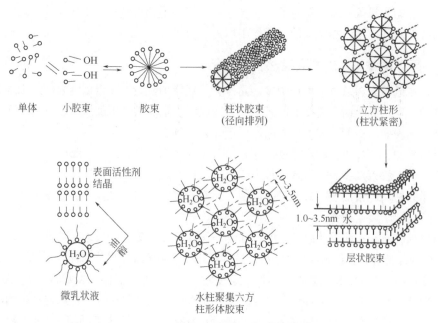

图 7-43　表面活性剂溶液中胶束结构随浓度的变化

　　液晶通常是各向异性、透明及热力学稳定的。鉴别液晶相可采用多种方法，其中最简单的是用具有加热载物台的偏光显微镜。不同的相在交叉偏振镜下显示出由特征结构形成的双折射，各向同性的溶液相呈黑色。图 7-44 和图 7-45 分别是典型的 M 相和 N 相结构的显微照片。

图 7-44　壬基酚聚氧乙烯（10）醚（NP-10）-多（4）水合物（每个醚氧原子结合 4 个水分子）的 M 相结构

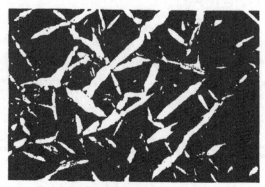

图 7-45　十二醇聚氧乙烯（7）醚（AEO-7）-多（1.5）水合物（每个醚氧原子结合 1.5 个水分子）的 N 相结构

　　温度和表面活性剂浓度对液晶相形成的影响可用相图来表示。溶液中的液晶首先发现于水/肥皂二元体系。图 7-46 为月桂酸钠/水体系的温度-浓度相图。图中的相边界线由实验测定。在标有 T_k 和 T_i 的溶解度曲线之上，肥皂是溶解的。一旦水中肥皂的浓度超过临界胶束浓度，溶液中即出现球状胶束。肥皂的分子溶液和胶束溶液都是各向同性、透明和稳定的。在 T_k 之下为两相区域，其中水化的、有时是溶胀的肥皂晶体与游离水及结合水处于平衡状态。这种各向异性的、浑浊的相又称为凝聚胶。如果将肥皂溶液小心冷却至 T_k 之下，则可以制得透明的冻胶。然而冻胶属于亚稳态，会迅速转变为凝聚胶。

液晶相 M 和 N 处于 T_k 及 T_i 之间。在各向同性相与液晶相之间，存在一个狭窄的二相区。对于某些表面活性剂，在 M 相和 N 相附近还可发现有黏稠的各向同性的液晶相存在。X 衍射研究表明，它是一个体心立方晶格，可以认为该相由两个似短棒单元交织的网格组成。

在表面活性剂及其产品的制造及加工过程中，表面活性剂/水二元混合物中，液晶相的出现是十分重要的。例如，对于十二醇单乙二醇醚硫酸盐与十二醇硫酸盐，当浓度高达 80% 时，可观察到高黏稠的 M 相。但对相应的二乙二醇醚化合物，则 M 相只存在于 65% 左右的浓度范围。高于这一浓度，只有 N 相存在。由于黏度与产品的稳定性有关，这在配制和加工液体洗涤剂时要予以充分重视。表 7-8 列出了偏光显微镜观察到的十二醇聚氧乙烯醚硫酸盐浓溶液相的结果。黑框内为 M 相出现的范围。有时可能同时存在有各向同性溶液及 M 相，或 M 相及 N 相。随着表面活性剂分子中环氧乙烷数由 2 增加到 3，M 相存在的浓度范围变窄，体系浓度至 30% 时仍为各向同性的。在这一浓度范围内，添加 NaCl 可大大提高溶液的黏度。

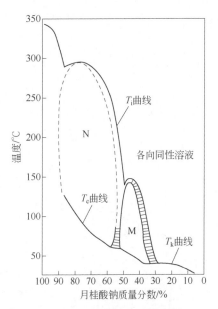

图 7-46　月桂酸钠/水体系的温度-浓度相图

图 7-47 为十二烷基磺酸/水溶液的相图。它存在三种水合物，单水合物的熔点为 50℃ 左右，六水合物熔点为 220℃ 左右，十六水合物熔点为 165℃。图中存在两个液晶相区、一个狭长的含两种液晶的两相区，以及一个狭长的假各向同性区。

表 7-8　十二醇聚氧乙烯醚硫酸盐浓溶液相

质量分数/%	EO 数			
	0	1	2	3
25		—	—	
30		—（M）	—（M）	
35	M	M	M（—）	
40	M	M	M	M
50	M	M	M	M
60	M	M	M	M
65			M（N）	N
70	M	M	（M）	N
80		M		N

注：—：各向同性溶液；M：中间相；N：净相。

图 7-48 为十二烷基三甲基氯化铵/水溶液的相图。在这二元体系中出现了两种不同的立方体中间相 C′ 相和 C 相，它们是很黏稠的，光学上各向同性的，且在室温下亦存在。二者的小角 X 射线衍射图谱有显著的差别。烷基链的长度和反离子的种类会影响 C 相的生成。例如，C_{10}、C_{12} 和 C_{14} 烷基三甲基氯化物会形成 C 相，而 C_{16} 和 C_{18} 的同系物以及任何相应的溴化物则不会形成。

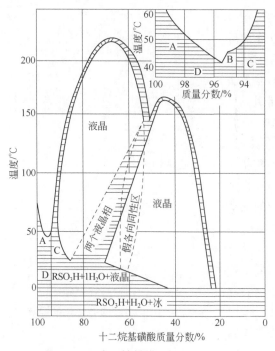

图7-47　十二烷基磺酸/水溶液的相图

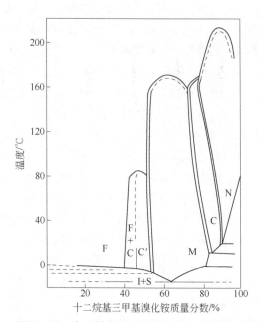

图7-48　十二烷基三甲基氯化铵/水溶液的相图

F—各向同性液体；C'和C—立方体中间相；
M—中间相；N—净相；S—固体；I—结冰；
——实验测定线；------内插线

具有双疏水链的表面活性剂的相行为，与单烷基链表面活性剂相比，具有明显的差异。例如，双十八烷基二甲基氯化铵在室温下的水溶性是极低的，在此低浓度下，能在水中形成层状液晶的分散体，它们经振动能转变成多层状囊泡，再经过超声处理则能转化成只有双分子层的单层状囊泡，如图7-49所示。囊泡是一种微胶囊体系，将亲水性物质或亲油性物质封装在内核和亲油膜中，可以免遭其它溶剂组分的化学侵蚀。

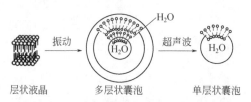

图7-49　层状液晶转变成囊泡过程示意图

具有一个 OH 基的脂肪醇在水中不能形成液晶。具有两个 OH 基的醇（例如十六烷-1,2-二醇）在水中能形成液晶。

氧乙烯型非离子型表面活性剂水溶液的相图，与阴离子型表面活性剂的相图基本相似，但具有一定的差别，主要原因是非离子型表面活性剂具有浊点。在浊点线以上区域，溶液呈浑浊状，且可分离成两个各向同性的溶液区。其中一相富含表面活性剂，另一相为表面活性剂单体在水中的分散体。非离子型表面活性剂水溶液中同样存在 M 相和 N 相。基于浓度和温度的不同，每个表面活性剂分子结合的水分子数亦会发生相应的变化。据报道，表面活性剂浓度高时，液晶相区的范围随非离子型表面活性剂同系物中烷基链的增加而增加。壬基酚聚氧乙烯醚相行为受到 EO 链长的影响：当 $n=6$ 和 8 时，仅出现 N 相；$n=9$ 时出现 M、N 相；$n=10\sim15$ 时仅出现 M 相。

甘油酯是能够在水中形成液晶的另一类非离子型表面活性剂，它们可作为乳化剂应用于化妆品及食品工业。单甘酯能吸收高达 50% 的水，并形成 M、N 或立方液晶相。二甘酯及三甘酯单独在水中不会形成液晶。饱和短链单甘酯，例如月桂酸单甘酯，会优先形成黏度较低的 N 相。疏水链长为 20 或 22 个碳原子的单甘酯，能形成高黏性的 M 相。不饱和单甘酯的相图与饱和的相似，但是相边界移向了较低的温度区。单甘酯的乳化性能与其相特性的关系极大。

液晶相的出现对化妆品、药物及其它领域的乳状液体系的稳定性有显著的影响。当乳化剂的浓度增加时，乳状液的稳定性会突然发生明显的提高。在油/水乳状液体系中，这种情况通常在形成液晶相时出现。存在于油滴周围的连续相水膜中的层状液晶，可使乳状液趋于稳定。

（2）表面活性剂三元体系的液晶相

1）三元相图

在表面活性剂/水二元体系中添加第三种成分，有机的或无机的，则表面活性剂的相行为将会发生明显的变化。这类三元体系的相行为可用三元相图来描述。三元相图通常呈等边三角形。例如图 7-50 为一个水-油-表面活性剂三元相图，正三角形的三个顶点分别代表纯的（100%）水、油和表面活性剂，三条边分别代表水-油、油-表面活性剂、表面活性剂-水二元体系，即二元体系的组成落在三条边线上，如点 A。两组分的相对含量由该点至边线端点的距离来确定，如 A 点的组成为：油 60%，表面活性剂 40%。三角形内任意一点代表了一个固定的三元体系，其总组成由从该点出发的与三角形的三边分别平行的直线与边线的交点确定，如图中 B 点的组成为：油 20%，水 20%，表面活性剂 60%。边线上的任意一点与顶点的连线表示底边上两组分的配比保持不变的体系，如图中的 D 点，油/水比为 3∶7，沿 DE 线从 D 到 E，体系的油/水比始终为 3∶7。特别地，三角形的三个高分别表示其中两组分比例相等的体系。

图 7-50 中出现了单相区和两相区。单相区中各组分的含量即如上所述。但在两相区内，体系分为共存的两相，于是相对于某个总组成，例如 C 点，其组成分别由两相区中的连线（tie line）的端点（N 和 F）所示，可见一相（组成点 F）含大量油、少量水和表面活性剂；另一相（组成点 N）含大量水，少量油和较多的表面活性剂。在单相区，任意改变两个组分的比例，仍可保持单相，即有两个自由度；但在两相区，只能独立改变一个组分的比例。例如，通过改变表面活性剂的比例，可使一个相的组成从 N 变到 M，但两相中的另一相的组成随之改变。类似地，任一相中的油或水的比例一旦确定，即决定了共存的两相中其它组分的比例。图中 P 点称为褶点或临界点（plait point），两相组成越靠近 P 点，连接线越短，表明两相的组成越接近。在 P 点附近，两个共轭相的组成接近相同。

图 7-51 为辛酸钾-癸醇-水在 20℃ 时的三元相图。其中 L₁ 是浓度在 cmc 以上的一个透明的各向同性区；L₂ 是出现在高浓度癸醇处（水不溶组分）的各向同性区；B、C、N、M₁、M₂ 是均相的液相区，N 是净相，M₁ 和 M₂ 分别是正常的和逆向的"中间相"，B 相水含

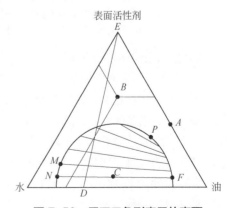

图 7-50 用正三角形表示的表面活性剂三元相图

量高达 70%~90%，稍具各向异性，C 相水含量亦较高（40%~65%），各向异性。在均匀的液晶相区间存在二相区和三相区。在三相区中，平衡时的三相组成可用三角形的顶部组成表示。在高浓度辛酸钾时，固相区由固体的结晶辛酸钾和具有纤维结构的水合辛酸钾组成。二相区中通常假定仅（L₁+L₂）区代表了真正的乳状液体系，即形成了水包油（O/W）或油包水（W/O）乳状液，它们由表面活性剂吸附在（L₁+L₂）界面而稳定化。然而，L₁ 和 L₂ 相和液晶相相结合的分散体系也会产生乳状液，其外观与常规（L₁+L₂）乳状液相同。这充分表明，在看似二相体系的许多乳液中，实际上还含有一个呈凝胶或液晶状的第三相，它们对乳液的稳定和其它性质可能起着控制作用。

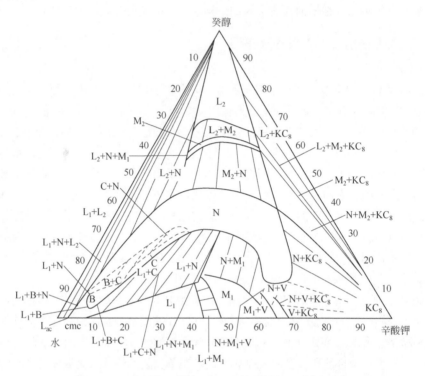

图 7-51　辛酸钾-癸醇-水三元体系的相图（20℃）

L₁—均匀的各向同性水溶液区；L₂—均匀的各向同性癸醇溶液区；B—均匀的层状中间相区
（黏稠的交织型）；N—净相；C—二维的正四边形中间相区；M₁—二维六角形中间相；
M₂—逆向的二维六角形中间相；V—正常均匀的立方体中间相（黏稠的、各向同性的）

2）影响三元体系相行为的因素

① 对离子型表面活性剂相行为的影响因素

有机相（增溶物）的性质对相行为的影响最大。通常增溶物可分为四类：（i）完全亲油性的物质，如烃或氯代烃，它们被增溶在 L₁ 各向同性区，亦增溶于中间相内；（ii）具有弱亲水基如腈、甲酯或醛基的双亲化合物，它们在 L₁ 和中间相区的增溶量显著增大，浓度高时则呈现层状净相；（iii）单羟基醇类，这时层状净相将扩展到很高的水含量区，并明显存在 B、C、M₂相和各向同性的 L₂ 相；（iv）脂肪酸类，基本类似于增溶醇的相图，但导致 L₂ 区进一步向高水含量的水区处延伸。

此外，表面活性剂的分子结构对相行为也有影响，但较增溶物结构的影响小，相图基本相似。但如果表面活性剂分子结构有较大变化，亦会使相行为发生显著的变化。

② 对非离子型表面活性剂相行为的影响因素

非离子型表面活性剂的结构对相行为的影响，要比阴离子型表面活性剂大得多。图 7-52 为 20℃ 下（NP-9）-水-对二甲苯和（NP-2）-水-对二甲苯的三元相图。经比较可知，将水溶性的 NP-9 替换为油溶性的 NP-2，即降低非离子型表面活性剂的亲水性，则 L_2 区溶水的起始浓度 增加，且 N 相减少、B 相消失，L_1 和 M_1 相亦消失。对脂肪醇聚氧乙烯醚-水-十二烷体系（表 面活性剂分别为 $C_{10}E_6$ 和 $C_{10}E_3$），亦发现类似的现象。

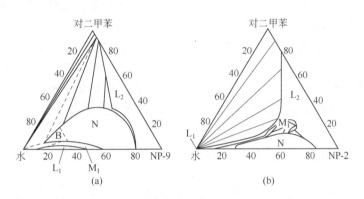

图 7-52   20℃ 时（NP-9）-水-对二甲苯（a）和（NP-2）-水-对二甲苯（b）的三元相图

通过研究脂肪醇聚氧乙烯醚（$C_{10}E_4$）EO 链长分布的影响，人们发现，不能无选择地用两 个或多个 EO 分布相差大的物质混合，来模拟一个特定环氧乙烷链长的化合物，因为它们的相 图有时会出现显著的区别。

油相的种类对相图也有比较明显的影响。例如对 Brij 96（油醇聚氧乙烯醚-10EO）-油-水体 系的研究发现，在含 50% Brij 96 的 L_2 区中，随着油相介电常数 ε 的增加，油相中溶解的总水 量增加；在含水净相（N 相）（$\varepsilon<8$）和中间相（M_1 相）（$\varepsilon<3$、4）中，随着油相 ε 的增加，则 在这些相中溶解的油量减少。

在另一项研究中，使用 Brij 92（油醇聚氧乙烯醚-2EO）与 Brij 96 二元复配来调节表面活 性剂的 HLB 值，考察 HLB 值对相行为的影响（其它组分 不变）。图 7-53 给出了 HLB=8.5 时的相图。结果表明，L_2 区和 M_2 相（该体系中的一个特征相，在其它聚氧乙烯型 非离子体系中不存在）随着 HLB 值的增加而增加，在 HLB=8 时最大。L_2 区中表面活性剂在油中的质量分数分别 为 25%、40% 和 50% 时，其最大含水量是 HLB 值的函数， 最大增溶量出现在 HLB=8（Brij 92：Brij 96=3：1）处。当 表面活性剂混合物中 Brij 92 大于 20% 时 M_1 相消失。表面 活性剂的分子大小对净相 N 有很大影响，加入短链表面活 性剂，或者仅用 Brij 92 单一表面活性剂时，不存在 N 相。 而增加 Brij 96 的比例，N 相区也增大。不过，在体系中加 入 Brij 92，形成 N 相所需的表面活性剂浓度要比仅使用 Brij 96 时更低。

温度对非离子型表面活性剂-油-水体系相行为有很大

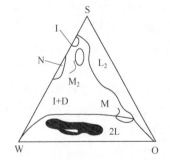

图 7-53   十二烷-水-Brij 92/Brij 96（HLB=8.5）时的相图

O，W，S—100% 油、水、表面活性剂；L_2— 均匀的各向同性十二烷溶液区；N—净相； M_2—逆向的二维六角形中间相；2L—二相油 水体系（具有不同稳定性的乳液）；M—微乳； I—各向同性塑性体；I+D—各向同性塑性体+ 分散油相；涂黑部分—稳定的乳液区

的影响。图 7-54 给出了维生素 C-水-（Span-80）体系的相图中，各向同性相和液晶相范围和相对位置随温度的变化。可见随着温度的增加，液晶带的宽度减小，以 25~30°C 范围内温度的影响最为显著。

（3）表面活性剂四元体系的相行为

在恒温、恒压条件下，一个四组分体系的完整相图需要用正四面体来表示，如图 7-55 所示。四面体的每个角代表一个纯组分，每一条边表示一个二元混合物的组成。每个侧面是一个等边三角形，表示一个三元体系。正四面体中的每一点，代表了一个确定组成的混合物。例如点 x 的组成为：20% A，10% B，40% C 和 30% D。通过作图确定组成的方法如下：自点 x 作一平行于 DBC 截面，该截面交 DA 线于 a 点，再自 x 作平行于 DC 的线 xb，交 ab 线于 b 点，则 Da 为 A 的质量分数 20%，ab 为 B 的质量分数 10%，bx 为 C 的质量分数 40%，D 的质量分数为 $[100-(A+B+C)]$。D 的质量分数亦等于 x 点到四面体底面的垂直距离。

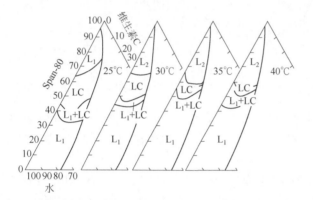

图 7-54　温度对（Span-80）-水体系中
维生素 C 的溶解度的影响

L_1, L_2—各向同性相；LC—液晶相

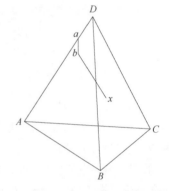

图 7-55　四元体系的正四面体相图

图 7-56 为壬基酚聚氧乙烯（8.5）醚磷酸酯（PNE）-脂肪醇聚氧乙烯醚磷酸酯（PFE）-正己烷-水的四元相图。其中（a）为相图全貌，图中以简化的方式表示了两种液晶间的关系。而图（b）为沿垂直方向（不同水含量）的一系列切面图，反映了将水加入无水的三元混合物中液晶相的变化。第一个图为四面体的底部，水含量为零。令人感兴趣的是，将水加入无水混合物中立即形成了液晶相，且随着水浓度的增加，中间相消失，然后净相进入 L 区。如果将等摩尔的 PNE 和 PFE 混合物沿 AB 线用正己烷稀释 [图 7-56（a）]，再注入水中，则体系在稀释时的行为与原先存在的正己烷数量有关。根据水进入的难易在 C 点与 D 点将分别生成纯的净液晶相和纯的中间液晶相。

大多数四元体系是在研究"微乳液"体系时发现的。微乳液是由水-油-表面活性剂-助表面活性剂以及无机盐等组分构成的均匀、透明、黏度较低、热力学稳定的体系。由于四元体系的相图过于复杂，人们试图将其中的两个组分合并固定，例如将表面活性剂和助表面活性剂合并，或者将盐与水合并，于是体系简化为三元体系，相应的相图称为拟（pseudo）三元相图。但如果相行为对表面活性剂与助表面活性剂间的比例极为敏感，则还是使用四元相图为好。

图 7-57 给出了一幅完整的水（W）-油（O）-表面活性剂-（SA）助表面活性剂（CO）四元体系相图。当油含量为零时（正四面体底面），四元体系还原为水-表面活性剂-助表面活性

（醇）三元体系，有明显的 W/O 和 O/W 微乳区以及液晶区。随着体系中油含量的增加，W/O 区扩大并改变形状，但在高油含量区又缩小直至消失。O/W 单相微乳区在中等油含量时从 W-O-S 三角面上消失而移到四面体内，并可与中相微乳液和 W/O 型微乳液形成一个连续的微乳区。

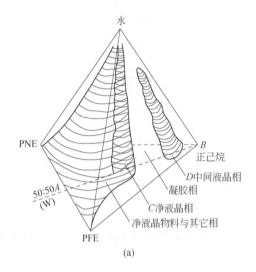

(a)

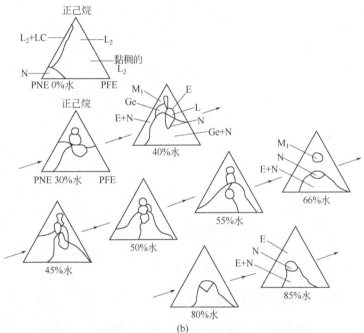

(b)

图 7-56　25℃ 时 PNE-PFE-水-正己烷四元体系的相图（a）和将水逐渐加入 PNE-PFE-正己烷三元体系中的相图变化（b）

L—液体；Ge—凝胶；E—乳状液；M₁—中间相液晶；N—净相液晶；LC—液晶

图 7-58 给出了一个水-油-表面活性剂-助表面活性剂-盐（NaCl）5 组分体系的拟三元相图。其中表面活性剂与助表面活性剂合并为一个比例固定的假想组分（pseudocomponent），水和盐合并为一个浓度固定的盐水溶液，分别用两个角代表。图中Ⅲ为中相微乳液区，即三相区，其

周围的Ⅱ和Ⅰ分别为上相（W/O）微乳液和下相（O/W）微乳液区，即两相区，L为单相区。

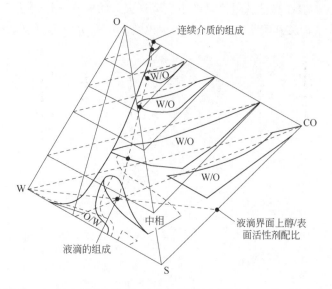

图7-57　水-油-表面活性剂-助表面活性剂（醇）四元体系的完整相图

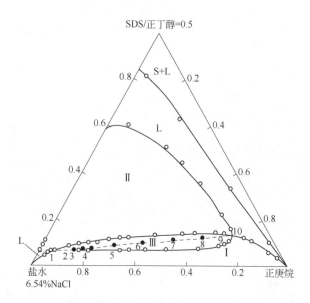

图7-58　SDS-正丁醇-正庚烷-水-NaCl体系的拟三元相图

　　拟三元相图与真三元相图的一个重要区别是，真三元相图中三相区是一个连接三角，而在拟三元相图中却不是。如图7-58中的Ⅲ区，它只是某个表面活性剂/助表面活性剂固定平面与三相区相交所截得的平面，其相交线即为边界。总组成落在边界线上和边界线内的体系将分成共存的三相，因此三相区可能包括了多个连接三角，致使它自身的形状不再是三角形。两相区中连接共轭相的连接线一般将不在所研究的区域，因而没有也不可能表示出来。此外图7-58中单相区、两相区与三相区的交汇点为某个连接三角的顶点（如图中的数字所示），因而它代表了与过量水相和油相共存的胶团（微乳）相的组成，尽管后两者的组成不能在拟三元相图中表示。

7.6 　表面活性剂对含水胶体分散体系的稳定作用

　　表面活性剂的一个重要应用是稳定含水胶体分散体系。所谓含水胶体分散体系，是指分散体系中至少有一相为水相，常见的有固/液分散体系，即悬浮液（suspensions）或分散液（dispersions）；液/液分散体系，如乳状液（emulsions）；气/液分散体系，如泡沫（foams）等。

　　在这些体系中，表面活性剂吸附于界面，在分散相质点表面形成单分子层（乳状液和泡沫体系）或多分子层（固/液界面），赋予分散相质点界面电势（离子型表面活性剂），或者位阻排斥势能（非离子型表面活性剂），于是当两个质点相互靠近时，通过双电层的排斥作用（double layer repulsion）和位阻排斥作用（steric repulsion），防止质点间发生絮凝和聚结，从而起到稳定胶体分散体系的作用。其理论基础即为著名的 DLVO 理论。

　　除了表面活性剂以外，双亲性聚合物也具有类似的性质，它们也能吸附到界面，通过位阻排斥作用保持胶体分散体系的稳定。此外，双亲性胶体颗粒能够吸附到流体界面，从而稳定流体分散体系，例如乳状液和泡沫，称为 Pickering 乳状液和 Pickering 泡沫。其中值得注意的是，利用双亲性颗粒能够制备反向泡沫（水滴分散于气体中），亦称"干水"，而使用表面活性剂则不能。

　　胶体分散体系属于热力学不稳定体系，因此表面活性剂的作用，仅仅是使分散体系保持动力学上的稳定。液/液分散体系包括了普通乳状液、纳米乳状液和微乳液。普通乳状液有水包油（O/W）型和油包水（W/O）型，皆属于热力学不稳定体系。纳米乳状液仍属于热力学不稳定体系，但由于分散相质点达到了纳米级别，稳定性显著提高，不过表面活性剂的使用浓度也需要大幅提高。微乳液则实现了油和水的互溶，其中分散相质点仅比胶束略大，因此属于热力学稳定体系。除了表面活性剂外，微乳液中通常还需要加入助表面活性剂（中短链醇），以保持界面的柔性，防止出现液晶相。

　　由于篇幅所限，有关表面活性剂对胶体的稳定作用在此不作详述，读者可以参阅相关文献。

7.7 　表面活性剂的派生性能

　　除了具有界面化学和胶体化学性能之外，表面活性剂的特殊化学结构还赋予其许多特有或衍生的性能，它们在工业上应用极广。

（1）对织物的柔软、平滑作用

　　表面活性剂分子在织物表面的定向排列，可使相对静摩擦系数降低，从而能够使纤维保持柔软和平滑。具有直链烷基的多元醇非离子型表面活性剂，以及阳离子型表面活性剂均具有较低的静摩擦系数，故可用作纤维织物柔软剂、平滑剂。但如果烷基链中带有支链或芳香基，则由于它们不易排列整齐，相应的表面活性剂不能用作柔软剂。

（2）抗静电作用

阴离子型和阳离子型（季铵盐）表面活性剂易于吸附水分而导电，故可用作抗静电剂。例如烷基磷酸钠、烷基硫酸钠、季铵盐阳离子型表面活性剂及两性离子型表面活性剂等都是优良的抗静电剂。另外，非离子型表面活性剂如聚氧乙烯醚或多元醇酯类等，抗静电性都较差。

（3）杀菌和抗菌作用

细菌的表面通常带负电，因此阳离子型表面活性剂易于吸附到细菌表面，起到杀菌和抗菌作用。季铵盐阳离子型表面活性剂对微生物的毒性较大，是高效杀菌剂，半数致死量（使参与实验的动物死亡一半所需要的剂量）$LD_{50} = 0.05 \sim 0.5 g/kg$。非离子型表面活性剂的杀菌作用较小，有的品种 $LD_{50} = 50 g/kg$，属于低毒或无毒产品。阴离子型的杀菌作用介于两者之间。$LD_{50} = 2 \sim 8 g/kg$。两性离子型如氨基酸型表面活性剂杀菌作用也很强。

此外，表面活性剂的反应性能和催化性能等，使其还可用于许多化学反应及分析化学中。读者可以参阅有关文献。

应用篇

第8章　合成洗涤剂

　　洗涤剂对于保障人类清洁和健康的生活是不可缺少的，因此它是人们日常生活的必需品之一，是日用化学品的重要成员。肥皂作为最古老的清洁用品已有几千年的历史，除肥皂以外的洗涤用品统称为合成洗涤剂，它们是用化学结构上与肥皂类似的表面活性剂配制而成。尽管迄今仅有不到百年的历史，但随着化学和化学工业的快速发展，合成洗涤剂无论是品种和数量，还是生产工艺和装备，自20世纪30年代以来都获得了长足的发展和进步。1960年，世界合成洗涤剂的产量为600万吨，1975年增加到1200万吨，而目前进一步增加到4500万吨。我国的合成洗涤工业起步于1958年，20世纪80年代改革开放后获得了飞速发展。1985年产量达到100万吨，1986年起产量超过了肥皂，2000年产量增加到235万吨，2018年达到了1350万吨。

　　合成洗涤剂是由合成表面活性剂与各种助剂配制而成的专门用于清洗的产品。洗涤剂中最重要的成分是表面活性剂，其次是各种助剂，例如螯合剂、抗再沉积剂、荧光增白剂、酶、填充剂等，它们各自具有特定的功能，或是通过协同作用，有助于实现总体的洗涤去污指标，或是有利于改进产品的外观或有助于产品的成型。由于接触人体并在完成洗涤后进入污水系统，合成洗涤剂中所用的表面活性剂和助剂必须对人体和环境安全。

8.1　合成洗涤剂的分类

　　按产品的用途，合成洗涤剂可分为工业用和家庭个人用两类。在家庭个人用品中又可分为衣用、厨房用、餐具用、居室用、卫生间用、消毒用和硬表面用等多种专用洗涤剂。个人卫生用品又包括发用香波、浴液、泡沫浴和洗脸、洗手用的香皂、液体皂、块状洗涤剂等。其中衣用洗涤剂仍是家用洗涤剂的核心。工业洗涤剂主要用于食品、纺织等工农业生产中的生产设备清洗，交通运输设备和机械设备的清洗，宾馆、饭店、食堂、医院、办公楼、洗衣房以及公共场所用具的清洗等。

　　按泡沫丰富的程度，合成洗涤剂分为高泡、中泡和低泡三种类型。按物理状态，合成洗涤剂分为粉状洗涤剂（洗衣粉，包括低密度的空心颗粒状洗衣粉和高密度的浓缩洗衣粉）、液体洗涤剂、浆状洗涤剂、片状洗涤剂、包裹型洗涤剂等。按照去除污垢的类型，合成洗涤剂可分为重垢型洗涤剂和轻垢型洗涤剂。重垢型洗涤剂通常偏碱性，用于洗涤污垢较重的、难以洗涤的织物如棉、麻织物。轻垢型洗涤剂一般偏中性，用于洗涤污垢较轻和容易去除的织物如丝、毛等精细织物。蔬菜、水果等的洗涤剂亦属于轻垢型洗涤剂。此外，根据添加剂的功能，合成洗涤剂还可分为加酶型、彩漂型、增白型、杀菌型等。

　　洗衣粉是合成洗涤剂的主要形式之一。它是将表面活性剂和各种助剂均匀混合在一起，通过特定的成型工艺例如喷雾干燥或附聚成型而得到的粉状产品。1988 年我国合成洗衣粉的产量超过了 100 万吨，2017 年达到 450 多万吨，迄今在众多形式的衣用洗涤剂中产量仍排位第一。因此，本章将主要讨论洗衣粉的配方和制造工艺，然后再简单介绍其它形式的洗涤剂配方和制备方法。对于个人卫生用品，本章仅讨论用量较大的洗发香波。

8.2　合成洗涤剂的组成

8.2.1　表面活性剂

表面活性剂是洗涤剂中不可缺少的最重要的成分。为适应衣着织物品种和洗涤工艺的变化，洗涤剂配方中的表面活性剂已由单一品种发展为多元复合表面活性剂，以发挥其协同作用，并使其性能得到相互补充。表面活性剂的选择主要考虑如下几个方面：（i）去污性能好；（ii）易于加工处理；（iii）经济或价廉；（iv）对人体和环境安全。与去污能力相关的性能包括：溶解性、润湿性、在织物和污垢表面的特性吸附、抗硬水性、污垢分散性、抗污垢再沉积性等。对人体和环境的安全性方面，要求表面活性剂易于生物降解，对人、动物和鱼类的毒性低。当然还应考虑气味、色泽、贮存稳定性等。

在目前的洗涤剂配方中，采用不同结构的阴离子型和非离子型表面活性剂复配成为主流。相对来说，阳离子型和两性离子型表面活性剂使用量较少。其中阳离子型表面活性剂对带负电荷的纤维例如棉纤维具有原位疏水化作用，即可以使纤维表面转变为油润湿，从而不利于油污的去除，一般不适合单独用作洗涤剂；而两性离子型表面活性剂虽然性能优良，但昂贵。表 8-1 列出了几种用于衣用洗涤产品的主要表面活性剂。

表 8-1　一些商品表面活性剂在衣用洗涤剂中的使用情况

表面活性剂	重垢洗衣粉	重垢液体洗涤剂	特种洗涤剂
LAS	+	+	+
AOS	(+)	(+)	(+)
MES	(+)	−	−
AS	+	(+)	+
AES	+	+	+
肥皂	+	+	+
天然 AEO_n	+	+	+
合成 AEO_n	+	+	+
APEO	(+)	(+)	(+)
烷基醇酰胺	−	(+)	+
APG	(+)	+	+
二烷基二甲基氯化铵	(+)	(+)	(+)

注：+适用；（+）仅用于某些产品或某些地区；−不适用。

典型的阴离子型表面活性剂包括脂肪酸钠盐（肥皂）、直链烷基苯磺酸钠（LAS）、α-烯烃磺酸盐（AOS）、脂肪酸甲酯磺酸盐（MES）、脂肪醇硫酸盐（AS）、脂肪醇醚硫酸盐（AES）等。肥皂由于对硬水比较敏感，生成的钙、镁皂会沉积在织物和洗涤用具的器壁上，因此在合成洗涤剂中肥皂已被更有效的表面活性剂所取代。目前肥皂主要在粉状洗涤剂中用作泡沫调节剂。在重垢液体洗涤剂中，肥皂与其它表面活性剂配合使用，其作用类似于"牺牲剂"，即洗涤时它先与碱土金属离子结合，从而保护了其它表面活性剂不受影响。

　　LAS 自 20 世纪 60 年代中期取代支链化的四聚丙烯烷基苯磺酸盐（ABS）至今，由于其溶解性良好，具有较好的去污和泡沫性质，生产工艺成熟，价格较低，目前仍是粉状和液体洗涤剂中使用最多的一种阴离子型表面活性剂。它的缺点是对硬水敏感，但可以通过加入螯合剂或离子交换剂加以克服，而它产生的丰富泡沫可采用泡沫调节剂如肥皂进行控制。

　　其它阴离子型表面活性剂，如 AOS、AS、MES、AES，可以单独或与 LAS 以不同的比例配合使用。C_{14}~C_{18} 的 AOS 抗硬水性好，泡沫稳定性好，去污力好，刺激性低，可应用于某些特殊的领域。但 AOS 洗涤时的泡沫不能用钙皂调节，需要用特殊的泡沫调节剂，或者仅用于高泡产品。AS 对硬水比较敏感，常与螯合剂和离子交换剂配合使用。它在欧洲洗涤剂配方中用量较大，在美国和日本的重垢洗涤剂中常与 LAS 配合使用。AES 抗硬水性好，在硬水中去污力好，泡沫稳定，在低温、液体洗涤剂中有较高的稳定性和良好的皮肤相容性，广泛用于各种液体洗涤剂，如洗发香波、泡沫浴、餐具洗涤剂、重垢液体洗涤剂、呢绒洗涤剂等。常用的 AES 中烷基链碳原子数为 C_{12}~C_{14}，乙氧基化度为 2~3。MES 对硬水敏感性低，钙皂分散力好，将其用于肥皂含量高的洗涤剂中是很有价值的。用天然原料生产的 MES 由于其性能优良，正日益为人们所重视。由于水解问题，MES 不宜用于液体洗涤剂，有待开发合适的水解稳定剂。此外还有一种阴离子型表面活性剂仲链烷磺酸钠（SAS），其溶解度比 LAS 还要大，且不会水解，去污、泡沫性能类似于 LAS，适合用来配制液体洗涤剂。但由于生产需要采用磺氯酰化或磺氧化技术，目前国内鲜有生产。

　　非离子型表面活性剂主要包括脂肪醇聚氧乙烯醚（AEO）、烷基酚聚氧乙烯醚（APEO）、烷醇酰胺、氧化胺以及烷基糖苷（APG）等。AEO 抗硬水性好，在相对低的浓度下就具有良好的去污能力和污垢分散力，并具有独特的抗污垢再沉积作用，因此它适应了洗涤剂的低温洗涤和低磷化的发展趋势，在洗涤剂中的用量增长很快。在粉状洗涤剂中它与 LAS 复配使用，而在液体洗涤剂中则是主要成分。用于制备 AEO 的脂肪醇分为天然脂肪醇和合成脂肪醇。天然脂肪醇主要是椰子油醇（C_{12}~C_{14}），合成脂肪醇则为 C_{12}~C_{15} 羰基合成醇。

　　在洗涤剂中大量使用的烷基酚聚氧乙烯醚是加成 5~10 个环氧乙烷的辛基酚或壬基酚衍生物。但由于带有支链结构，生物降解性差，它们在洗涤剂中的用量正逐年下降。烷基醇酰胺常用在高泡洗涤剂中作为稳泡剂，它亦能改进产品在低浓度下的去污力。欧洲的洗涤剂中用它来改进低温下的去污力。氧化胺刺激性低，皮肤相容性好，亦是一种泡沫稳定剂，与 LAS 复配可以改善产品的皮肤相容性。但由于其热稳定性差、成本高，仅用于一些特殊的洗涤剂，例如儿童用品。美国的液体洗涤剂中常配用一定量的氧化胺。APG 是新一代可再生表面活性剂。纯 APG 为白色粉末状固体，易于吸潮，一般制成 50%~70% 的水溶液。APG 的表面活性可以与 LAS、AEO 等相媲美，与其它表面活性剂具有良好的相容性，且无毒无刺激，因此广泛用于各种洗涤用品，尤其是餐洗、香波、沐浴液等产品中。

　　阳离子型表面活性剂一般不直接用于洗涤剂中，通常用作后处理剂。它们易于迅速吸附到纤维上，赋予纤维柔软的手感，并具有抗静电作用，因此广泛用作织物柔软剂和抗静电剂。常用的有二硬脂基二甲基氯化铵。咪唑啉衍生物，如 1-烷基-酰胺基乙基-2-烷基-3-甲基咪唑啉甲基硫酸盐亦是一种柔软剂。阳离子型表面活性剂能够和非离子型表面活性剂复配使用，用于配制兼具洗涤和柔软、杀菌和洗涤的双功能特种洗涤剂。例如，烷基二甲基苄基氯化铵可用作消毒剂。

两性离子型表面活性剂具有良好的去污性能，调理性也好。但由于成本高，常用于个人卫生用品和特种洗涤剂中，而在普通洗涤剂中使用极少。

8.2.2 助剂

洗涤去污是一个综合过程，仅靠表面活性剂尚不能完美地达成目标。因此，在洗涤剂中，需要加入其它物质，以弥补表面活性剂性能的不足，或者通过协同作用获得更好的洗涤去污性能。

洗涤剂中使用的助剂分为有机助剂和无机助剂。根据其对清洗作用的影响又可分为助洗剂和添加剂两类。

助洗剂具有多种功能，主要是能通过各种途径提高表面活性剂的清洗效果。例如：从洗涤体系中除去钙、镁等金属离子，通过螯合作用使它们形成可溶性的络合物而不是沉淀，或通过离子交换使它们转变成一个不溶性物质。洗涤剂中最重要、使用量最大的助洗剂是三聚磷酸钠（sodium triphosphate, STPP），它能吸附在污垢和纤维表面，从而增加了污垢和纤维表面的 Zeta 电位，阻止了洗涤过程中某些污垢的再沉积。通常重垢型洗涤剂还要使洗涤液保持碱性。因此洗涤剂中使用的助洗剂主要有 STPP、A 型沸石、碱性物质（如碳酸钠、硅酸钠）等。这些助洗剂必须满足如下几方面的要求：

（i）能除去洗涤体系（水、织物和污垢）中的碱土金属离子。

（ii）单次洗涤性能。对各种污垢（颜料、蛋白质、油污）的去污能力强，能适应多种织物纤维，能改进表面活性剂的性能，促进污垢的分散。

（iii）多次洗涤性能。抗污垢再沉积能力强，防止洗下的污垢再次沉积到织物上产生结垢和在洗衣机上产生沉积物，具有抗腐蚀性。

（iv）工艺性质。化学稳定性好，工艺上易处理，不吸湿，具有适宜的色泽和气味，与洗涤剂中其它组分相容性好，贮存稳定，供应充足。

（v）对人体安全无毒。

（vi）对环境安全。可通过生物降解、吸附或其它机制脱活，对废水处理装置和表面水中的生物系统无不良影响，没有不可控制的累积，无重金属再溶解作用，无富营养化，不影响饮用水质量。

（vii）经济性好。

除了助洗剂外，其它用量较少、对清洗效果影响不大的一些助剂称为添加剂。如荧光增白剂、腐蚀抑制剂、抗静电剂、颜料、香精和杀菌剂等。但它们都能赋予产品某种性能，从而满足加工工艺或使用方面的要求。

助洗剂和添加剂之间没有严格的界限。例如酶制剂，它们在洗涤剂中的加入量不多，但能够分解蛋白质、淀粉、脂肪等，从而提高了清洗效果。

（1）螯合剂和离子交换剂

① 磷酸盐

磷酸盐可分为正磷酸盐（Na_3PO_4 和 Na_2HPO_4）和聚磷酸盐两类，其中正磷酸盐在洗涤剂配方中很少使用。聚磷酸盐有焦磷酸盐（$Na_4P_2O_7$）、三聚磷酸盐（$Na_5P_3O_{10}$）、四聚磷酸盐（$Na_6P_4O_{13}$）和六偏磷酸盐 [$(NaPO_3)_6$] 等，其中四聚磷酸盐和六偏磷酸盐易于吸潮，洗衣粉中不宜加入。在洗涤剂中最具使用价值的是 STPP，俗称五钠，用于络合钙、镁离子，软化硬水。

工业上先由磷矿石制取磷酸，然后用碱有控制地中和磷酸，得到磷酸二氢钠和磷酸氢二钠的混合物，再让它们在较高的温度下脱水即得到各种聚磷酸盐。典型的反应式如下：

$$2Na_2HPO_4 \longrightarrow \underset{\text{焦磷酸钠}}{Na_4P_2O_7} + H_2O \qquad (8\text{-}1)$$

$$2Na_2HPO_4 + NaH_2PO_4 \xrightarrow{300\sim500^{\circ}C} \underset{\text{三聚磷酸钠}}{Na_5P_3O_{10}} + 2H_2O \qquad (8\text{-}2)$$

$$2Na_2HPO_4 + 2NaH_2PO_4 \longrightarrow \underset{\text{四聚磷酸钠}}{Na_6P_4O_{13}} + 3H_2O \qquad (8\text{-}3)$$

$$6NaH_2PO_4 \longrightarrow \underset{\text{六偏磷酸钠}}{(NaPO_3)_6} + 6H_2O \qquad (8\text{-}4)$$

磷酸的制取工艺分为湿法和热法两种。用硫酸（或硝酸、盐酸）萃取磷矿粉得到的磷酸称湿法磷酸，而用磷矿石与焦炭、硅石在电炉内进行还原得到黄磷，再由黄磷氧化制得的磷酸称为热法磷酸。由于黄磷的纯度高，可达 99.9%，热法磷酸的纯度也高。相应地，由热法磷酸制得的聚磷酸盐的质量优于用湿法磷酸制得的产品。

上述四种聚磷酸盐的碱性大小为：焦磷酸钠＞三聚磷酸钠＞四聚磷酸钠＞六偏磷酸钠。表8-2 列出了它们螯合水中钙、镁、铁离子的能力，可见随着聚磷酸盐碱性的降低，它们对钙离子的螯合能力增加，而对镁离子的螯合能力降低。三聚磷酸钠对钙离子的螯合能力比焦磷酸钠高，但不如四聚磷酸钠和六偏磷酸钠；对镁离子的螯合能力比焦磷酸钠低，但远高于四聚磷酸钠和六偏磷酸钠。

表 8-3 列出了 STPP 以及其它多种螯合剂在不同温度时螯合钙离子的能力。表中的数据表明，STPP 在 90℃ 时对钙离子的键合能力远大于焦磷酸钠，而且温度对 STPP 与钙形成的螯合物的稳定性影响较小。这就是为什么选择 STPP 作为洗涤剂中螯合剂的主要原因。

表 8-2 室温下 100g 聚磷酸盐螯合高价金属离子的能力（g）

多聚磷酸盐	离子种类		
	Ca^{2+}	Mg^{2+}	Fe^{3+}
$Na_4P_2O_7$	4.7	8.3	0.273
$Na_5P_3O_{10}$	13.4	6.4	0.184
$Na_6P_4O_{13}$	18.5	3.8	0.092
$(NaPO_3)_6$	19.5	2.9	0.031

STPP 螯合钙离子的反应式如下：

$$\left[\begin{array}{c} O \\ | \\ O-P-O-P-O-P-O \\ | \quad | \quad | \\ O \quad O \quad O \end{array} \right]^{5-} + 5Na^+ + Ca^{2+} \longrightarrow \left[\begin{array}{c} P-O-P-O-P \\ Ca \end{array} \right]^{3-} + 3Na^+ + 2Na^+ \qquad (8\text{-}5)$$

生成的螯合物能溶解在水中，一方面软化硬水，另一方面防止在纤维表面形成沉淀。烷基苯磺酸钠的一个主要缺点是去污力随着水质硬度的增加而迅速下降，而加入 STPP 可以弥补这一缺陷，因此两者具有明显的互补作用。

表 8-3　几种螯合剂的钙离子键合能力（mgCaO/g 螯合剂）

结构式	化学名称	钙离子键合能力	
		20℃	90℃
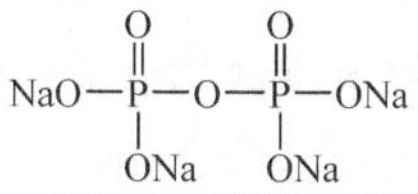	焦磷酸钠	114	28
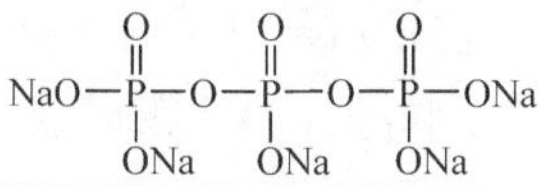	三聚磷酸钠（STPP）	158	113
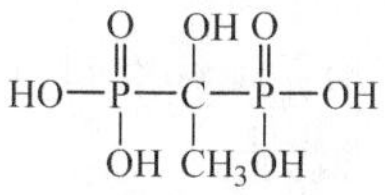	1-羟乙基-1,1-二磷酸（羟乙基亚乙基二膦酸）	394	378
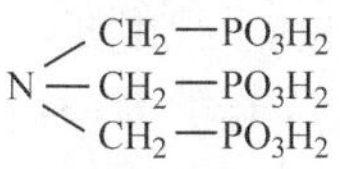	氨基三亚甲基膦酸	224	224
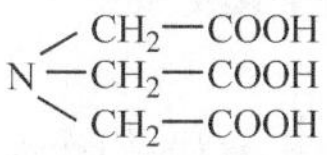	次氮基三乙酸	285	202
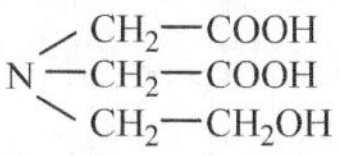	N-(2-羟乙基)-亚氨基二乙酸	145	91
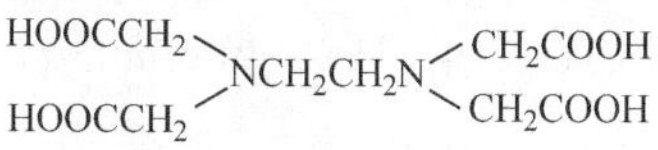	乙二胺四乙酸	219	154
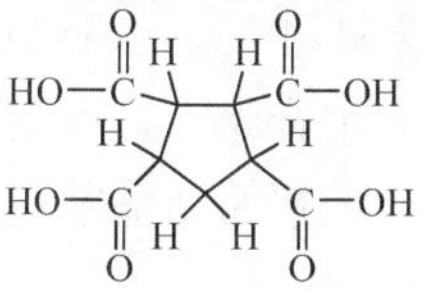	1,2,3,4-环戊烷四羧酸	280	235
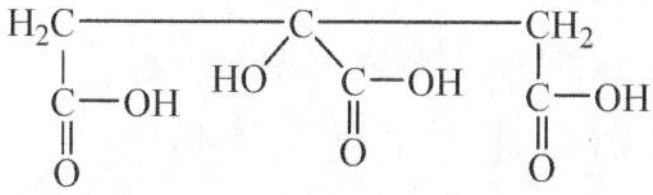	柠檬酸	195	30
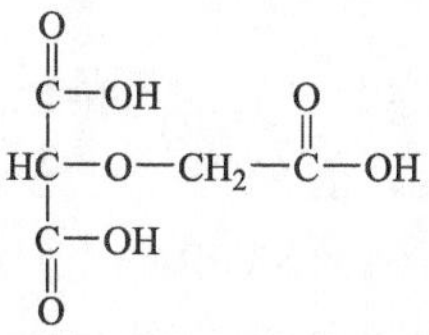	羧甲基氧代丙二酸	247	123
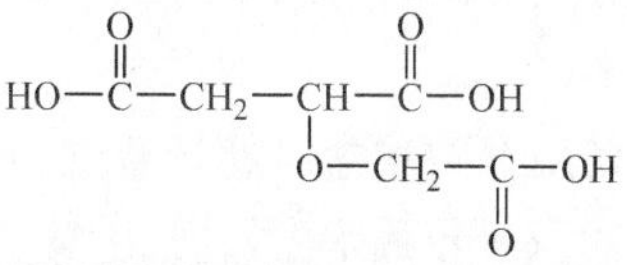	羧甲基氧代丁二酸	368	54

　　如果洗涤时螯合剂量不足，例如低于化学计算量，则剩余的碱土金属离子会形成碳酸盐沉淀或螯合剂的钙、镁盐沉淀，沉积在纤维和洗衣机零件上。因此在配制低磷洗涤剂时，需要添加一些物质阻止或防止不溶性的碱土金属盐沉淀生成，或至少使不溶性盐主要呈无定形状态，

防止生成棱角明显的方解石结晶而损伤纤维。

螯合剂和洗涤剂中的其它组分间还存在相互作用。例如螯合剂与漂白剂过硼酸钠间具有间接的相互作用。痕量的重金属会使过氧化氢自发分解，从而降低漂白作用并损伤纤维。而在螯合剂存在下，这些重金属就会失活，从而保护了漂白剂。类似地，螯合剂还能阻止光学增白剂生成重金属盐，从而提高增白效果。漂白剂过硼酸盐的分解会导致荧光增白剂分解，而螯合剂的存在可减少这种现象的发生。

STPP 的另一个重要功能是能够确保肥皂（长链脂肪酸钠盐）对洗涤剂泡沫的调节作用。肥皂通过与水中的微量钙离子形成钙皂，能够抑制烷基苯磺酸钠的发泡作用。但如果螯合物很稳定（例如使用次氮基三乙酸螯合物），则水中的游离钙离子过少，不能形成足够量的不溶性钙皂，也就不能起到抑制泡沫的效果。而 STPP 的钙螯合物的稳定性恰到好处，可以确保肥皂的泡沫调节功能。

螯合剂极易吸附在显著带电的金属氧化物和纤维界面上，从而增加了污垢和纤维间的电动电位，使二者间的排斥作用增加，因此螯合剂例如 STPP 本身具有一定的去污力。

螯合剂特别容易吸附在显著带电的表面上，而阴离子型表面活性剂主要易于吸附在基本不带电的炭黑一类物质表面上。由于从纤维表面除去的污垢为亲水性和疏水性污垢的混合物，此时螯合剂和表面活性剂可相互补充，充分发挥各自对界面的特定作用，提高去污效果。纤维和污垢间可通过键桥相结合，螯合剂可使键桥断裂，从而使污垢从纤维表面脱落。

螯合剂还能很好地分散亲水性污垢，它们吸附在污垢表面，增加了表面负电荷，因而使污垢粒子间斥力增加，有利于将污垢分散、乳化、胶溶在液体中，可减少污垢的聚沉，防止织物变灰发黄。

表面活性剂对疏水性污垢同样具有分散、乳化、胶溶的作用。如果 STPP 与表面活性剂共存，则能同时提高亲水性和疏水性污垢的分散性。

STPP 对洗衣粉的成型也有好的作用。吸水后能形成稳定的六水合物 $Na_5P_3O_{10} \cdot 6H_2O$，该物质在室温下蒸气压很低，稳定性很高。如果使洗衣粉中的 STPP 都处于水合状态，则制得的洗衣粉含水量高且不易结块，流动性好。因此，STPP 性能优良，是一种理想的助洗剂。在洗衣粉中的使用量一般在 20%~50%。

STPP 在水溶液中会水解生成正磷酸盐。六偏磷酸钠的水解速度最快，焦磷酸盐在冷水中水解很慢，STPP 则介于二者中间。因此配制重垢液体洗涤剂时，通常采用焦磷酸盐，为了提高溶解性，一般使用焦磷酸钾。

我国从 20 世纪 60 年代起开始生产 STPP，开始规模较小，约为 3000t/a，产量不能满足洗衣粉生产的需求，因此需要进口。80 年代引进了热法磷酸工艺，大大提高了 STPP 的产量，达到自给。此后产量持续增加，到 2007 年达到最大，年产 91 万吨。随后由于 STPP 的富营养化效应被人们所认识，开发了低磷和无磷洗涤剂，STPP 的产量在 2008 年后迅速下降，到 2018 年降为年产 30 万吨。

磷是植物生长的必备肥料元素之一，因此在洗涤剂中大量使用聚磷酸盐可能导致湖泊水体的富营养化，或者"过肥化"。因为湖泊中的水体置换率低，磷的积累导致水生植物尤其是藻类的疯长，导致水体溶解氧降低，而在水生植物和藻类死亡后，其分解将消耗更多的氧气并释放出有毒气体，对鱼类等水生动物带来危害，同时严重影响水质。为此近年来在广大的湖泊地区，禁止生产和使用含磷洗涤剂。不过根据发达国家的经验，洗涤剂排放的磷只占总排放量的 1/4

左右，更多的排放来自农业和养殖业。但无论如何，在洗涤剂中使用磷酸盐的代用品已成趋势。

实际上，西方发达国家更早就认识到磷酸盐的富营养化问题，因此自20世纪80年代起即开始了磷酸盐的代用品研究。表8-3列出了一些分子量较低的有机螯合物代用品的结构和性能，其中比较重要的有次氮基三乙酸盐（NTA）和柠檬酸钠。

② 次氮基三乙酸盐（NTA）

次氮基三乙酸钠是早期使用的磷酸盐代用品之一，可以部分或全部代替三聚磷酸钠。其制取方程式为：

$$NH_3 + 3NaCN + 3HCHO + 3H_2O \longrightarrow N(CH_2COONa)_3 + 3NH_3 \tag{8-6}$$

次氮基三乙酸钠的优点是螯合碱土金属离子的能力很强，且生成的螯合物很稳定，因此是三聚磷酸钠的一个很好的代用品。但是对于使用LAS的洗涤剂配方，它使得肥皂的泡沫调节作用失效，因为溶液中没有足够的游离钙离子。解决的方式是使用其它泡沫调节剂。

次氮基三乙酸钠的助洗能力比柠檬酸盐好，但柠檬酸盐对生态环境的影响比次氮基三乙酸钠好得多。因此，二者复配使用综合效果较好。

次氮基三乙酸钠是一种易潮解的粉状物质，用它配制的洗衣粉也易吸潮结块，需要加入防结块物料，例如次氮基三乙酸碱金属颗粒（如二钠盐）。含有次氮基三乙酸钠的洗涤剂料浆干燥也相对困难，产量较低，成品颗粒较细。次氮基三乙酸钠结构中也含有氮，因此也会对环境产生过肥化问题。它与汞、镉一类重金属生成的螯合物可通过胎盘障壁造成鼠类生育缺陷，因而在某些国家和地区使用受到限制。不过由于废水中实际存在的重金属污染物量很低，在一般情况下次氮基三乙酸钠不会对人体健康造成危害。

③ 柠檬酸钠

柠檬酸的结构如表8-3中所示。工业上可用糖在黑曲霉存在下发酵制取，或采用假丝酵母和$C_{10} \sim C_{20}$正构烷烃生产。

柠檬酸盐在低温下螯合钙离子的能力较强，但高温下的螯合能力显著下降（见表8-3）。它螯合镁离子的能力与溶液的pH值有关。在pH值为7~9、20~50℃、柠檬酸与镁离子的摩尔比为1.1时，每克柠檬酸可螯合116mg镁离子，即可螯合90%以上的镁离子。除碱土金属外，它还能有效螯合大多数二价和三价金属离子。当有氨存在时，其螯合金属离子的程度可更完全。不过使用温度不应超过60℃，否则螯合效果显著下降。

柠檬酸盐中不含氮、磷等元素，生物降解性好。从生态学考虑，它不会产生富营养化，是一种安全的螯合剂。柠檬酸钠的溶解性好，pH值调节方便，低温时螯合性能好，特别适合用作低温使用的液体洗涤剂的助洗剂。但由于柠檬酸钠价格相对较高，总体上使用还不太普遍。

④ 沸石分子筛

近年来，一种广泛使用的磷酸盐代用品是沸石分子筛（zeolite）。沸石是具有四面体骨架结构的硅铝酸盐，其基本分子结构是硅氧（SiO_4）四面体和铝氧（AlO_4）四面体，它们通过共用氧原子相互连接，形成三维网状结构。其化学组成通式为：$M_{x/n}[(AlO_2)_x(SiO_2)_y \cdot mH_2O]$，其中$x$和$y$表示Al原子数和Si原子数，$n$是金属离子的价数，$m$是水分子数。以硅氧四面体和铝氧四面体为基础，通过氧桥连接成环状，再在三维空间形成笼状多面体，内部有尺寸均一的孔道相通。其中一种用于洗涤剂的A型沸石的主晶孔有效孔径为0.42nm，称为4A沸石（NaA），如图8-1所示。

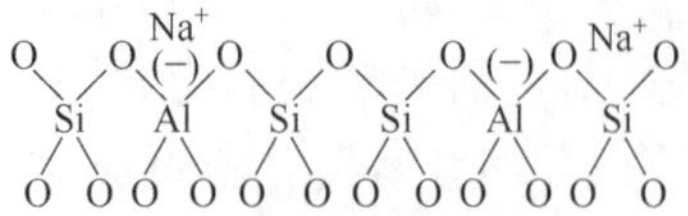

(a) 化学组成

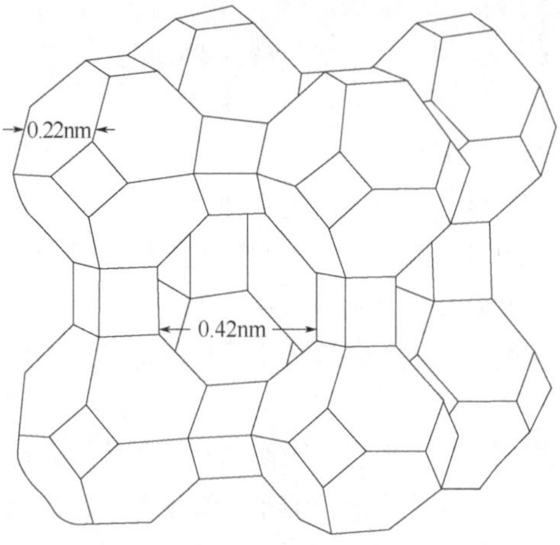

(b) 结构示意

图 8-1　4A 沸石的化学组成和结构示意图

A 型沸石是一种不溶于水、具有正立方晶型的白色晶体。与 SPTT 的作用机理不同，沸石通过离子交换的方式软化硬水。沸石分子筛中的钠离子在孔穴中是可以自由移动的，因此能够与 Ca^{2+}、Mg^{2+} 和其它金属离子进行交换。洗涤剂中使用的无水 4A 沸石能有效交换水中的钙离子，钙交换能力达到 300mg $CaCO_3$/g，但对镁离子的交换能力较差，因为水合镁离子的直径较大，不利于 A 型沸石对其吸附和交换，但在一定条件下可脱除 50%左右的镁离子。除了交换能力外，沸石分子筛交换钙镁离子的交换速率亦是影响其使用性能一个重要指标。在洗涤剂配方中加入协同助剂柠檬酸盐或聚羧酸盐，可以改善沸石分子筛清除钙、镁离子的能力。

4A 沸石的粒径一般在 2~3.5μm，粒径过小会附着在衣服上。沸石分子筛还可吸附分子分散性物质，例如使颜料产生非均相聚沉，其细小的微粒还可成为微溶化合物的结晶晶种。因此，即使没有其它洗涤剂成分存在，A 型沸石亦具有一定的去污能力。

表 8-4 中列出了国内外一些洗涤剂用 4A 沸石的性能参数。我国国标（QB/T 1768—2003）规定，钙离子交换能力≥295mg $CaCO_3$/g，平均粒径≤3μm，其中≤4μm 的占 90%以上，pH（1%水溶液）≤11。

表 8-4　一些洗涤剂用 4A 沸石的性能参数

样品编号		1	2	3	4	5	6	7
粒径/μm	平均粒径 $\bar{D}$	2.52	2.66	2.78	3.01	3.13	3.21	3.52
	粒径<4μm 的百分比/%	90.1	87.6	87.1	82.6	81.0	74.2	68.0
钙交换能力/(mg $CaCO_3$/g 无水沸石)		328.5	287.5	280.4	309.1	316.0	310.3	295.6

4A 沸石与 LAS 复配在去污力方面存在协同作用。当两者在洗涤剂中按含量 30%和 10%复配时，去污力比单独使用 LAS 可以提高 15%左右。

4A 沸石无毒、无臭、无味、流动性好，不会危害环境，因此使用安全，是磷酸盐的合适替代品，目前已普遍用于低磷和无磷洗涤剂配方中。在欧洲，4A 沸石已代替了绝大部分的三聚磷酸钠，近期消费量达到 65 万吨/年，美国目前的消费量达到 50 万吨/年。亚太地区由于人口众多，总需求量则达到了 100 万吨/年以上，其中日本、韩国已全部推广无磷洗涤剂。我国自 20 世纪 80 年代起开始了对沸石的研究和生产，1997 年颁布了无磷洗衣粉标准（GB/T 13171—1997），2000 年 4A 沸石用量达到 4 万吨/年，2016 年增加到 46.66 万吨/年。近年来由于液体洗涤剂份额的增加，洗涤剂中洗衣粉占比下降，对 4A 沸石的需求有所减少，2018 年产量降至 38 万吨/年。

⑤ 聚羧酸盐

总体来说，4A 沸石在性能上还是不如三聚磷酸钠。使用 4A 沸石作为三聚磷酸钠的替代品，必须加入少量的协同助剂才能使产品质量达到使用三聚磷酸钠的水平。聚羧酸盐就是一种常用的协同助剂，其化学结构式为：

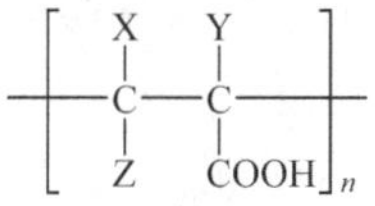

聚羧酸盐

式中，主链可由丙烯酸聚合制取，X、Y、Z 为取代基或 H。当 X、Y、Z 均为 H 时，产物为均聚丙烯酸。但通常产品为两种或两种以上单体的共聚物，如丙烯酸与马来酸酐共聚物：

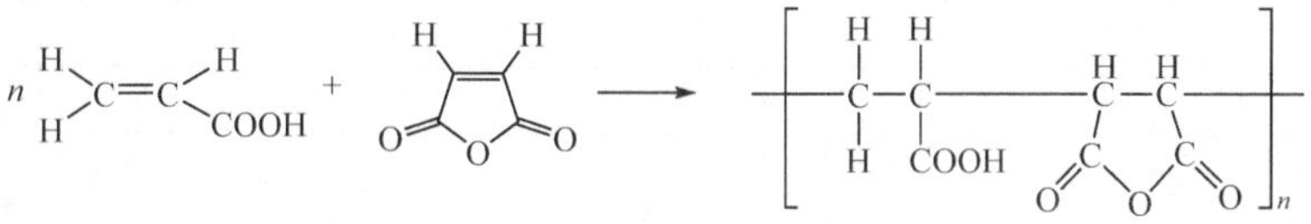

$$\tag{8-7}$$

聚合物的性质与单体的种类、单体的相对数量、反应方式以及产物的平均分子量有关。根据需要可以制取各种不同用途如分散、悬浮、浮选、增稠和洗涤等的产品。表 8-5 和表 8-6 列出了一些聚羧酸盐类高分子化合物对碱土金属离子的键合能力。

表 8-5　一些聚羧酸盐类离子交换剂对钙离子的键合能力（mg CaO/g 离子交换剂）

分子式	化学名称	钙离子键合能力	
		20℃	90℃
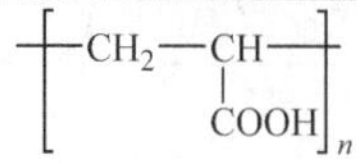	聚丙烯酸	310	260
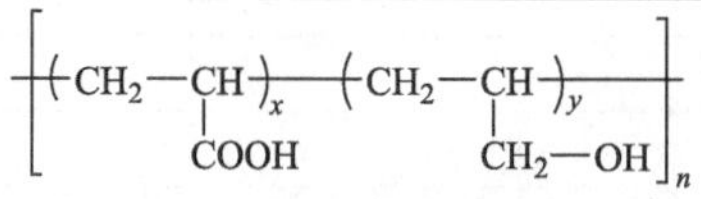	丙烯酸-烯丙醇共聚物	250	140
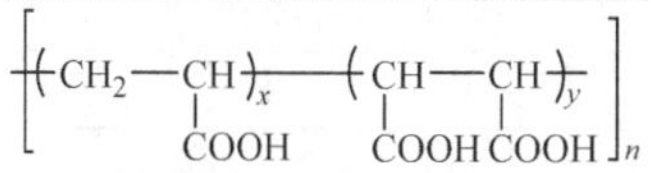	丙烯酸-马来酸共聚物	330	260
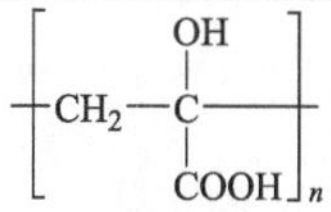	聚 α-羟基丙烯酸	300	240
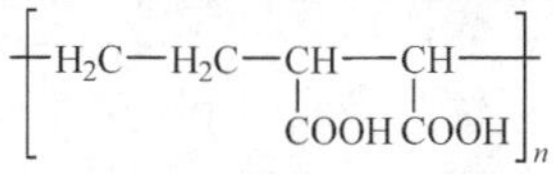	聚四亚甲基-1,2-羧酸	240	240
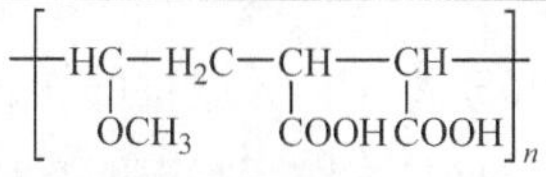	聚-4-甲氧基四亚甲基-1,2-二羧酸	430	330

由表可见，这些聚合物对钙离子的键合能力在高温下有所减弱，聚合物分子量愈大，对钙镁离子的螯合能力愈强，例如 M_W 4500 的聚合物螯合钙离子的能力还略高于 STPP，而马来酸-丙烯酸共聚物的螯合能力稍高于相同分子量的丙烯酸均聚物。

聚丙烯酸盐在水处理、水冷却、锅炉等工业过程中常用作锅垢抑制剂。痕量的聚合物即可抑制表面上的无机盐例如碳酸钙的沉积。分子量较低的聚合物，抑制碳酸钙结晶增长的效果较好，同分子量的共聚物比均聚物好，但分子量较高的聚合物没有这种抑制作用。洗涤剂中加入

4%~5%的聚合物就可抑制碳酸钙结晶的增长，防止在织物和洗衣机上产生积垢。

聚羧酸盐还能改变料浆的流变学性质，使其易于泵送，并可阻止料浆的凝固，甚至可降低水-固混合物的黏度，使料浆能长期稳定保存。聚羧酸盐的分子量分布、共聚单体的性质及各种单体的摩尔比均会影响产品的这种分散性质。

表 8-6　一些聚羧酸对碱土金属离子的螯合能力及其与三聚磷酸钠和次氮基三乙酸的比较

螯合剂	mmol 阳离子/ g 螯合剂		螯合剂	mmol 阳离子/ g 螯合剂	
	Ca^{2+}	Mg^{2+}		Ca^{2+}	Mg^{2+}
均聚丙烯酸 M_W 1000[①]	1.3	1.1	三聚磷酸钠	2.9	2.7
均聚丙烯酸 M_W 2000	2.2	1.5	次氮基三乙酸	2.7	2.9
均聚丙烯酸 M_W 4500	3.0	1.9			

① 平均分子量 1000。

表 8-7 列出了聚羧酸的抑制作用和分散作用数据。可见聚合物分子量小时，抑制作用较好，性能接近磷酸盐。表中的相对浊度值越高，表示分散作用越好。聚羧酸的分散作用比磷酸盐要强得多。

此外，聚羧酸盐易于生物降解，对水生生物无害。因此聚羧酸盐是一种优良的洗涤剂用助洗剂。

表 8-7　聚羧酸对碳酸钙沉淀的抑制作用和对稀高岭土悬浮液的分散作用

螯合剂	抑制作用（$CaCO_3$ 沉淀减少百分比）/%	相对浊度[①]（高岭土）
丙烯酸均聚物 M_W 2000	47	0.26
甲基丙烯酸均聚物 M_W 1000	47	0.28
甲基丙烯酸共聚物 M_W 7500	4	1.00
丙烯酸共聚物 M_W 3000	7	0.93
丙烯酸聚合物 M_W 2000	53	0.67
1-羟乙基-1,1-焦磷酸	47	0.08

① 0.1%高岭土悬浮液中加入 20 mg/kg 螯合剂。

（2）碱剂

在重垢型洗涤剂中，通常需要配入一定量的碱剂，以维持洗涤液的碱性，从而有利于提高去污率。最常用的碱剂是碳酸钠，即纯碱。在洗涤剂中配用碳酸钠，可使洗涤液的 pH 值不会因遇到酸性污垢而降低，使得产品仍具有较好的洗涤效果。碳酸钠能与污垢中的酸性物质如脂肪酸作用，生成肥皂，因而可提高去污能力。对洗涤棉麻织物的重垢型洗涤剂，碳酸钠的加入量通常为 8%~12%，如果加入量过多，则对皮肤的刺激性增大。此外，Na_2CO_3 能与水中的 Ca^{2+} 和 Mg^{2+} 作用，生成沉淀，沉积在织物上，影响织物的强度。加入聚羧酸盐类助洗剂能有效缓解这一现象。对用于机器洗涤的专用洗涤剂，碳酸钠用量较大。另外，在用于洗涤丝、毛织物的轻垢型洗涤剂中通常不加纯碱，以避免对织物的损伤。

碳酸钠（Na_2CO_3）可分为无水物、一水物（$Na_2CO_3 \cdot H_2O$）、七水物和十水物等几种。无水碳酸钠为白色细颗粒状。因制造条件不同，碳酸钠通常有轻质（型）和重质（型）两种。轻质纯碱的堆积密度为 600~700g/L，重质单位质量的体积甚小，是一种粗粒的无尘粉剂。

无水碳酸钠有吸湿性，如果暴露于大气中，将缓慢吸水而形成一水物（任何结晶形态都将潮解成一水物）。从理论上讲，纯碱在贮存中约会增加18%的重量，然而实际上很少会发生这种情况，因为外层一旦变成水合物后，即形成了半不渗透层，水分不易进一步渗入。尽管如此，对袋装的纯碱，常发现有增重现象，这在加工时应予以考虑。

硅酸钠也是常用的碱剂，俗称水玻璃或泡花碱。硅酸钠是 Na_2O 和 SiO_2 的化学混合物，通式为 $mNa_2O \cdot nSiO_2$，其中 m/n 称为模数。$m/n = 1/3.3$ 的属于中性硅酸钠；$m/n = 1/2.5 \sim 1/2.2$ 的称为碱性硅酸钠，常用于洗衣粉配方中；$m/n = 1/1$ 称为偏硅酸钠，碱性较大，常用于浓缩洗衣粉配方中。

硅酸钠是早期肥皂中使用的主要助剂。硅酸盐具有良好的缓冲作用，即在有酸性物料存在时，能维持 pH 值几乎不变，直到它们耗尽为止。硅酸盐也能和碱土金属形成沉淀而对水起软化作用，而且这种沉淀易于用水漂洗。硅酸盐还可使污垢悬浮在溶液中，而不致再沉积于衣物上。硅酸盐的润湿和乳化性能，对玻璃和瓷釉表面的作用更为显著。硅酸钠还能降低料浆黏度，进而可提高料浆中的总固体物含量，从而减少喷雾干燥时水的蒸发量。它还能增加洗衣粉颗粒的强度、流动性和均匀性。

对于洗涤机械，硅酸钠还是优良的腐蚀抑制剂。尽管市场上出售的大部分洗衣机具有很高的耐腐蚀性，例如转鼓或洗涤液容器是用不锈钢、搪瓷或塑料制成的，甚至有的是全塑产品，但洗衣机的某些部件是用铝制造的，仍有腐蚀问题。硅酸钠既是一个优良的助洗剂，也是优良的腐蚀抑制剂。

（3）抗再沉积剂

在洗涤过程中，已从织物上除去的污垢有可能再返回到织物上，这一现象称为污垢再沉积。能将已清除的污垢良好地分散在洗涤液中，使其不再返回到织物表面的物质称为抗再沉积剂。与肥皂相比，烷基苯磺酸钠等合成阴离子型表面活性剂的抗再沉积性较差，如果使用不加抗再沉积剂的合成洗涤剂，在多循环洗涤过程中，累积的再沉积污垢会对织物产生不可逆的灰化作用，影响织物的色泽和牢度。1935 年，德国人首先发现，羧甲基纤维素钠（简称 CMC）具有良好的抗再沉积能力。其作用机理是，CMC 在洗涤液中可吸附在污垢和纤维上，由于它体积庞大，且带有负电荷，吸附后由于位阻效应和静电作用，阻止了污垢的再沉积，因而可显著地提高洗涤剂的去污力。洗涤剂中加入 CMC，在一定程度上促进了洗涤剂工业的发展。目前，洗涤剂中普遍都添加抗再沉积剂，加入量为 0.5%~1%。

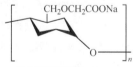

羧甲基纤维素钠（CMC）

CMC 对洗涤棉织物具有良好的抗再沉积性能。但对洗涤合成纤维，如尼龙或聚酯纤维，CMC 则不易吸附到这些织物上，因而抗再沉积性能较差。一些表面活性剂，如 $C_{16} \sim C_{18}$ 脂肪醇的 5EO 聚氧乙烯醚、$C_{12} \sim C_{18}$ 烷基胺的 5EO 乙氧基化物、$C_{12} \sim C_{18}$ 烷基二甲基甜菜碱、十二烷基羟丙基二甲基氧化胺和壬基酚的 3EO 聚氧乙烯醚等，对聚酯纤维织物是很好的抗再沉积剂。此外，具有下列结构的许多非离子纤维素聚合物亦可用作合成纤维的抗再沉积剂：

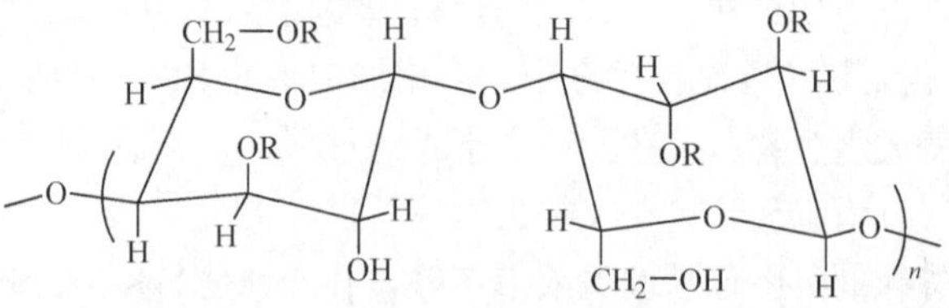

其中，R 基团为：甲基(–CH₃)，乙基(–CH₂CH₃)，乙醇基(–CH₂CH₂OH)，羟丙基[–CH₂CH(OH)CH₃]，羟丁基[–CH₂CH₂CH(OH)CH₃]等。

将阴离子型的 CMC 和非离子纤维素聚合物配合使用，可适合于各种纤维。此外，聚羧酸是有效的抗再沉积剂。

（4）漂白剂

漂白剂能破坏发色体系或产生一个助色基团的变体，通常能将染料降解到较小单元，使其变成能溶于水或易于从织物上清除的物质。因此在洗涤剂中加入漂白剂，有助于除去织物上的一些色素污垢，达到合适的清洗效果。衣用洗涤中主要使用两类漂白剂：过氧化物漂白剂和次氯酸盐漂白剂。

① 过氧化物漂白剂

工业上大量使用过氧化氢作漂白剂，但在洗涤剂中，一般使用过氧化氢的各种衍生物，如过硼酸钠、过碳酸钠等。

过硼酸钠有两种水合物，即单水合物（$NaBO_3 \cdot H_2O$）和四水合物（$NaBO_3 \cdot 4H_2O$）。其中四水合物是最重要的过氧化物漂白剂，产品为白色、无臭、颗粒状或结晶粉末，不易溶于冷水，易溶于热水。根据结晶状态下的结构，四水合过硼酸钠是一个过氧二硼酸盐：

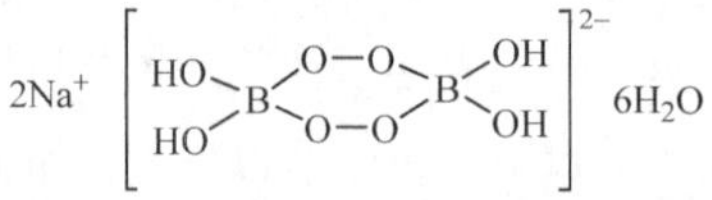

过硼酸钠属于温和的氧化剂，在室温下的水溶液中，它的阴离子结构环缓慢水解，生成起漂白作用的过氧化氢。过氧化氢不稳定，分解成水和原子氧，后者起漂白作用：

$$H_2O_2 + OH^- \rightleftharpoons H_2O + OOH^- \tag{8-8}$$

一分子过硼酸钠能放出一分子过氧化氢或一个原子氧，因此有效氧为 10.3%。单水合物过硼酸钠有效氧含量更高，达到了 15%，稳定性和相容性都有提高，但使用不如四水合物普遍。研究表明，过硼酸钠只有在水温达到 60℃ 以上时才能充分发挥释氧漂白作用，因此在欧洲和美洲应用量较大。我国习惯于低温洗涤，因此还需要加入漂白活化剂，它们通常为酰化剂，在洗涤液中，它们与 OOH⁻进行亲核取代反应，生成过氧羧酸（通常为过氧乙酸）：

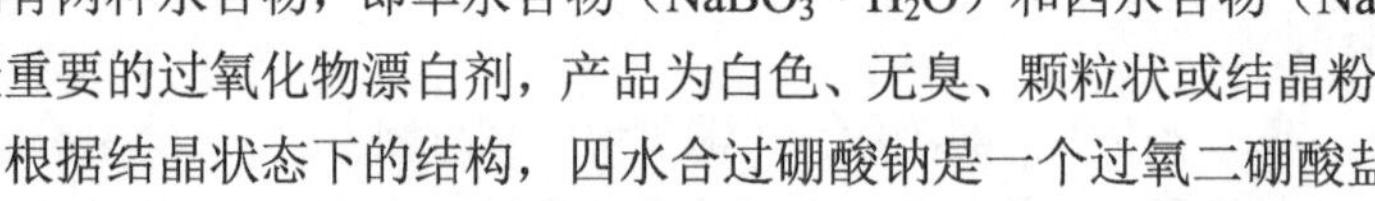

$$\tag{8-9}$$

由于过氧羧酸的氧化电位较高，其在低温下的漂白作用比过氧化氢好。上述反应是一个化学计量反应，所以活化剂的用量较大。在欧洲添加 12%~24%过硼酸钠的四水合物的洗涤剂中通常加入 1%~3%的活化剂四乙酰基乙二胺（TAED），部分活化过硼酸钠，以适合目前欧洲的洗涤习惯。

漂白剂中的过氧化氢还有另一种分解方式，即放出氧气：

$$2H_2O_2 \longrightarrow 2H_2O + O_2 \tag{8-10}$$

这一反应可由痕量金属离子（铜、镁、铁等）催化。但这一反应使其失去了漂白作用，应予以避免，方法是加入精细分散的稳定剂硅酸镁（吸附重金属离子），或加入螯合剂螯合金属离子。因此三聚磷酸钠、沸石等对漂白剂有保护作用。

过硼酸钠已被证明有潜在的健康危害和环境危害，因此近年来国内产量和消费量呈递减趋势。目前产量约为 7000t/a。

另一种过氧酸盐漂白剂是过碳酸钠，结构式为 $Na_2CO_3 \cdot 1.5H_2O_2$，用碳酸钠水溶液与过氧化氢水溶液以及二氧化碳气体混合搅拌制得。从结构式看，可称其为碳酸钠的过氧水合物。过碳酸钠在水含量超过 2%时易分解，在水溶液中分解为 H_2O_2 和 Na_2CO_3，放出新生态氧，起到漂白作用。过碳酸钠分解后产生氧气、水和碳酸钠，无任何副作用，对环境无害，加上优良的漂白和杀菌性能，正日渐取代过硼酸钠应用于洗涤、印染、纺织、造纸等行业。由于过碳酸钠的稳定性不如过硼酸钠，通常不直接加入洗涤剂产品中，而是作为一种单独的物质在洗涤时加入，适用于室温或较低温度下的洗涤漂白。如果对其进行特殊的造粒包覆，则稳定性就会大大提高，可以在后配料时加入洗衣粉中。目前国内的彩漂粉就使用这种漂白剂。在配方中加入漂白活化剂如 TAED，则能进一步提高其性能。

此外，还有过氧羧酸类漂白剂，如不同链长的过氧单羧酸，长链的二过氧羧酸，以及芳香族过氧羧酸等。不过由于性能方面的原因，它们没有被广泛用于洗涤剂中。

② 次氯酸盐漂白剂

次氯酸钠是最普通的家用"氯"漂白剂。其它类似的漂白剂还有次氯酸钾、次氯酸锂或次氯酸钙、次溴酸钠或次碘酸钠、含氯的氧化物溶液、氯化的磷酸三钠、三氯异氰尿酸钠或钾等，但它们在家庭洗涤中通常不使用。

次氯酸钠溶液是用氢氧化钠溶液和液氯作用制取的：

$$2NaOH + Cl_2 \longrightarrow NaOCl + NaCl + H_2O \tag{8-11}$$

绝大多数商品的 pH 值在 12 以上，其中少量游离碱或纯碱的存在保证了产品的高 pH 值。副产物氯化钠通常不除去，留在产品中。

次氯酸钠漂白溶液的强度用"有效氯"含量表示，该值是一个表征氧化化学品电子转移能力的化学量。次氯酸化物离子接受两个电子转变成氯化物，因此有效氯值等于次氯酸化物分子中实际氯的质量分数的两倍。例如：NaOCl 中含 47.6%的氯，则有效氯为 95.2%。

次氯酸化物的分解有两种方式。一种是氯酸盐方式：

$$3NaOCl \longrightarrow 2NaCl + NaClO_3 \tag{8-12}$$

该方式是次氯酸盐分子间发生了电子转移，可随时发生，属自动分解反应，结果导致氯失效。

另一种是释放氧气的方式：

$$2NaOCl \longrightarrow 2NaCl + O_2 \tag{8-13}$$

这属于催化分解，当有可氧化物质如有机污垢、色斑、金属离子等存在时，即会发生这一反应。

次氯酸盐的氧化反应动力学除了受有效氯影响外，还受到其它许多因素的影响，如温度、pH 值、离子浓度、各种金属离子的存在以及光照等，从而影响官能团的漂白效果和它自身的稳定性。其中次氯酸盐溶液的酸性增加时，溶液中会形成 HOCl 而降低其自身的稳定性。

通常次氯酸盐溶液 pH 值在 11 以下时稳定性变差，易失效。所以绝大多数次氯酸钠商品的

pH 值在 12 以上。次氯酸钠溶液贮存时，温度和浓度愈高愈易分解，一般浓度在 5%~7% 时分解率较低。因此洗涤漂白时 pH 值和温度要调整至合适值，才能达到较好的漂白效果。

次氯酸盐有助于除去许多类型的污垢和色斑，它对皮脂和蛋白质类皮屑污垢的去除很有效，是一个能与许多污垢、色斑作用的重垢、广谱型氧化剂。与过氧化物漂白剂相比，次氯酸盐不需要较高的温度和碱性以及较长的作用时间。它在硬水中、不加热或与污垢短时间接触皆具有较好的漂白性能。次氯酸盐还是一个有效的杀菌剂，漂白效果最佳条件时，其杀菌效率也较高。因此，在家庭中可将它用作卫生消毒剂和色斑去除剂。

次氯酸盐漂白剂对织物纤维和色泽的作用强烈，因此使用时要小心。它不适用于洗涤天然的蛋白质基纤维如羊毛和丝绸，还可能使染"直接"或"酸性"染料的棉织物纤维褪色，需要使用时最好先进行纤维漂白性能的预试验。此外，次氯酸盐会影响洗涤剂中一些成分的稳定性，例如，大剂量的阴离子型表面活性剂和小剂量的添加物如荧光增白剂、酶、香精、色素等都不能与次氯酸盐长时间接触。所以，次氯酸盐漂白剂不能加入洗涤剂配方中，通常是在洗涤作用后期的漂洗阶段加入。

（5）荧光增白剂

评价洗涤剂的洗涤效果时，通常以织物洗后的白度来衡量，白度越高，则洗涤效果越好。然而白色的棉织物在清洗后总会带有一些浅黄色，使得白度降低。自 19 世纪以来，人们即已在洗衣过程中广泛使用蓝色颜料，如群青蓝，以补偿织物的泛黄。目前，几乎所有的重垢洗涤剂都添加荧光增白剂，或者再使用漂白剂，使洗后织物具有较高的白度。

荧光增白剂（FWA）是一种有机功能性助剂，亦称光学增亮剂。其作用机理是吸收 340~370nm 的紫外光，反射波长约为 410~470nm 的蓝紫光，即将不可见的紫外光转变成可见的蓝光，而这种蓝色荧光能弥补白色织物因蓝光缺损而造成的泛黄，视觉上显著提高其白度和亮度，结果使白色织物看上去更白，有色织物看上去更加鲜艳。

在化学结构上，荧光增白剂都具有大键的共轭体系，共轭程度越高，量子效率或荧光效率就越高。绝大多数商品由五种主要基本结构组成：1,2-苯乙烯、联苯基 1,2-苯乙烯、香豆素（氧杂萘邻酮）或喹诺酮（2-羟基喹啉）、二苯基吡唑啉和具有共轭体系的苯并噁唑或苯并咪唑的结合体。荧光增白剂广泛用于洗涤剂、纺织品、纸张、涂料、塑料等行业，分子结构有上百种，但在洗涤剂中使用的主要是两大类 10 余个品种，即双三嗪氨基二苯乙烯类（CCDAS）和双二苯乙烯基联苯类（DSBP）。其结构如图 8-2 所示。

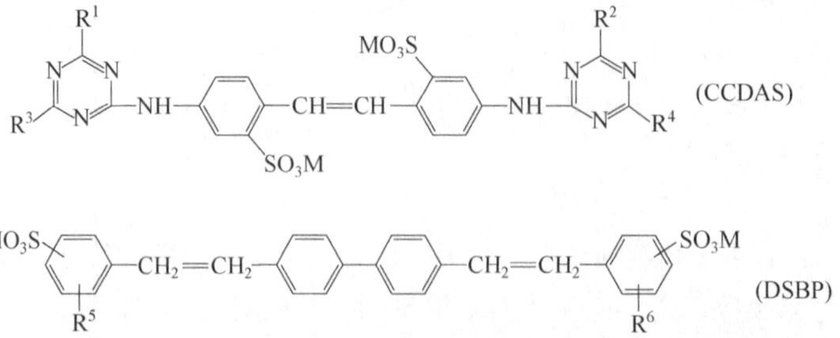

图 8-2　双三嗪氨基二苯乙烯类和双二苯乙烯基联苯类荧光增白剂的结构通式

R^1, R^2, R^3, R^4 为芳基、烷基、烷氧基、脂肪醇基、磺酰胺、磺氨基或乙烯基；
R^5 和 R^6 可以是 Cl、Br、烷基、烷氧基、脂肪醇基等；M 可以是 Na 或 K 等

国内为洗涤剂生产配套的增白剂有 31 号荧光增白剂和 33 号荧光增白剂，二者均属于 CCDAS 型。31 号荧光增白剂的 R^1、R^3 为—$NHCH_2CH_2OH$，R^2、R^4 为—NH—〔苯环〕和—NH—〔含Cl苯环〕。33 号荧光增白剂的 R^1、R^3 为—N〔吗啉环〕O，R^2、R^4 为—NH—〔苯环〕。后者对次氯酸钠具有显著的稳定性。国内洗衣粉中荧光增白剂的加入量通常在 0.1%。国外一般为 0.3%，有时高达 0.5%。

DSBP 型荧光增白剂在冷水中溶解迅速，耐光、耐氯漂及氧漂，且反复洗涤后增白效果显著，亦为国内外洗涤剂制造商普遍采用。

目前荧光增白剂正向液体化和节能环保方向发展。在安全性方面，只要上述取代基 R 不是国家限用或禁用的 23 类致癌染料中间体，则相应的荧光增白剂用于洗涤剂中是安全的。20 世纪 80 年代前，人们已经从急性毒性、反复接触毒性、刺激性、过敏性、诱变性、致癌性等几个方面研究考察了市场上使用的荧光增白剂的毒理学与生态毒理学性质，没有发现试验所用的荧光增白剂在生物学上是显著有害的。

荧光增白剂在洗涤液中的作用类似于织物染料。它们对被增白的纤维应具有亲和能力，并且能在光、氯和氧气存在下保持稳定。棉纤维和耐氯的增白剂主要靠氢键与纤维相结合，但它们不适用于经树脂整理过的棉织物。对于人造纤维聚酰胺和聚酯织物，荧光增白剂和纤维的结合，与其由溶液中扩散到纤维表面的能力有关。

尽管荧光增白剂能改进织物的洗净指标——白度，但这些化合物本身是一种染料，除吸收紫外光发射荧光外，在可见光范围内也或多或少有一定的反射。如果荧光增白剂在织物上积聚量较多，则会使吸收峰值移到可见光范围，即能发射长波长的光线，产生变色的感觉。

（6）酶制剂

酶是一类生物制品，对人体的皮脂类污垢和血迹、奶渍以及蛋白质食品等日常污垢具有良好的清洁作用。最早开发的洗涤剂用酶是胰蛋白酶（1913 年），但早期的蛋白酶不耐碱，并且对氧化剂敏感，因此难以在洗涤用品中实际应用。20 世纪 60 年代人们通过发酵法由枯草杆菌制得了能耐碱、在 60~65℃ 间稳定的蛋白酶 Alcalase。从此，洗涤剂开启了加酶时代。此后，加酶洗涤剂经历了从粉状洗涤剂向液体洗涤剂、从单一的碱性蛋白酶向多品种酶的方向发展。由于受到消费者的欢迎，加酶洗涤剂目前已基本普及。

在洗涤剂中加入酶制剂需要解决一系列技术难点，例如如何保持酶自身的活性，以及如何使酶制剂与洗涤剂成分相容。研究表明，在现有的技术条件下，颗粒状酶储存于密闭容器中，在 25℃ 以下，酶活可以保持一年以上，但在含水的液体状态，25℃ 以下酶活只能保持 3 个月。如果要保持一年以上，储存温度必须降到 5℃ 以下。一种提高酶活限期的方法是将酶分散在非离子型表面活性剂中，制成浓缩的悬浮液料浆，使水分含量低于 5%，则酶活可以保持一年以上。洗涤剂成分对酶活的影响也已获得广泛的研究。在洗涤剂中加入酶制剂，可以显著降低洗涤剂配方中的表面活性剂用量，加酶洗涤剂亦具有良好的经济效益。目前我国洗涤剂年用酶量约为 6000t，主要包括蛋白酶、淀粉酶、脂肪酶和纤维素酶。

① 蛋白酶

蛋白质是日常生活中常见的污垢，如肉汁、血渍、牛奶、可可等，它们沉积在织物上很难用常规洗涤剂清除。如果在洗涤剂中加入蛋白酶，则可将它们分解成分子量较小的物质或水溶性氨基酸，从而可被表面活性剂分散在水溶液中或溶于水而易于清除。

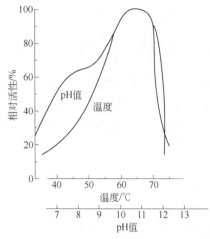

图 8-3　蛋白酶 Bacillopeptidase P300
的稳定性与 pH 值及温度的关系

为了充分发挥酶的水解能力,达到最佳洗涤效果,要求洗涤剂用蛋白酶对各种蛋白质具有普适性,在短时间内能达到高的分解效果;在洗涤温度和洗涤溶液 pH 值下稳定;与洗涤剂中的其它成分例如表面活性剂、助洗剂等相容性好。

图 8-3 给出了一种蛋白酶 Bacillopeptidase P300 的稳定性与 pH 值及温度的关系,可见其在 60~65℃、pH 值 10~11 区间稳定性良好。

Langguth 和 Mecey 对洗涤剂中的成分对酶活的影响进行了系统的研究。结果表明,直链烷基苯磺酸钠在浓度不超过 20% 时能稍稍提高酶的活性,脂肪醇聚氧乙烯醚在 5%~20% 浓度范围内对酶的活性没有影响,聚醚、肥皂和烷基醇酰胺对酶的活性亦没有影响,但阳离子型表面活性剂会迅速降低酶的活性。配方中三聚磷酸钠的含量在 30% 以内时对酶的去污有促进作用,超过此限时酶的作用略有降低;次氮基三乙酸钠也能提高酶的功能,但不如三聚磷酸钠;硫酸钠不影响酶的活性,但碳酸钠、硅酸钠会急剧降低酶的活性,碳酸氢钠则毫无影响;羧甲基纤维素钠和聚乙烯吡咯烷酮的浓度达 0.5% 时对酶的活性有促进作用;1% 的过硼酸钠对酶的功能影响甚小,但浓度增至 2.5% 时,酶的活性可降低 50%,在 2.5%~7.5% 的浓度范围内,酶活的进一步降低又极微弱;常用的光学增白剂对酶的功能没有影响,但 1mg/kg 的有效氯可使酶完全失活。如果三聚磷酸钠浓度超过 20%,或者直链烷基苯磺酸钠浓度超过 10%,则酶-洗涤剂混合物在溶液中保持 2h 将导致酶的活性显著下降,而脂肪醇聚氧乙烯醚对溶液中的酶能产生稳定作用。

通过运用蛋白质工程的方法对枯草杆菌蛋白酶进行定向改造,丹麦 Novo-Nordisk 公司获得了耐热、耐强碱的高酶活改良菌种,并于 1991 年向市场投放了具有抗氧化能力的蛋白酶 Durazyme,使蛋白酶在洗衣粉中的应用变得更为普及。

碱性蛋白酶在洗衣粉配方中的加入量根据原料酶的活性确定。如酶活在 33 万 U/g,则加入量为 0.5%~0.6%。酶活在 8 万~10 万 U/g,加入量为 1%~1.5%。酶活在 1 万~2 万 U/g,加入量为 5%~10%。

由于酶的加入量很小,需要采用特定的工艺。一种方法是在发酵后将蛋白酶制成浓缩液,再将浓缩液和硫酸钠一起进行喷雾冷却,或者将浓缩液和快速水合的三聚磷酸钠均匀混合。也可将酶粉和颗粒状三聚磷酸钠混合,然后喷上非离子型表面活性剂,使两者互相黏合在一起。另一种方法是将酶的浓缩液加入含有一定数量甲苯磺酸钠的非离子型表面活性剂(EO 链较长)中,然后喷雾冷却成颗粒状,或挤压成细针状。亦可在酶颗粒外包上一层非离子型表面活性剂。这样可解决粉中水分和过硼酸盐对其活性的影响,提高加酶洗衣粉的贮存稳定性。随着工艺的持续改进,现在的酶制剂一般都预先制成颗粒状,其颗粒度、堆积密度与洗衣粉相接近,然后在后配料阶段加入基粉中,不仅能够防止酶颗粒从洗衣粉中离析,还能充分保证酶的活性。

② 淀粉酶

淀粉也是日常污垢之一。含淀粉的污渍有果汁、咖啡、酱油、各种植物汁液以及面糊、巧克力、肉汁、婴儿食品等。它们附着在衣物上会形成难以洗涤的污斑。淀粉酶能将淀粉类物质,包括直链和支链淀粉以及部分糊化的淀粉水解成可溶性糊精、低聚糖以及少量的麦芽糖和葡萄糖，从而在洗涤过程中更易从织物等基质上除去。洗涤剂中应用的碱性淀粉酶有来自芽孢杆菌的 α-淀粉酶和来自地衣芽孢菌的具有热稳定性的 α-淀粉酶。α-淀粉酶与蛋白酶有极好的相容性，因此可与一种或多种蛋白酶混合使用。在含蛋白酶的液体洗涤剂中它们具有令人满意的贮存稳定性。

③ 脂肪酶

脂肪酶是油脂水解的催化剂，可以用于分解脂肪类污垢，使之生成甘油一酸酯和二酸酯以及脂肪酸，其中脂肪酸与碱作用生成肥皂，可以进一步提高去污效果。油脂类污垢来自人体分泌的皮脂、烹调或进食时沾染的食物液汁等。由于不溶于水，油渍污垢也是不易清净的。

在洗涤剂中，脂肪酶的重要性初期大大低于蛋白酶和淀粉酶，因为肥皂和洗涤剂在洗涤过程中至少能部分地除去油脂类污垢，因此早期的加酶洗涤剂中是没有脂肪酶的。直到 20 世纪80 年代后期，适用于洗涤剂的脂肪酶才获得商品化，很快被应用于合成洗涤剂中。90 年代以来，脂肪酶的性能获得了进一步的改进，已经能够适用低温洗涤。

洗涤剂中使用的脂肪酶亦是耐碱的。例如，由米曲霉得到的碱性脂肪酶相对活性随 pH 值的增加而增加，最佳 pH 值在 10 以上。碱性脂肪酶活性最高时的温度在 40℃ 左右。在 40℃ 以下和 pH 4~10，55℃ 和 pH 5~10 的范围内具有较好的活性，甚至在 60℃、pH 10 的条件下亦可使用。

应当注意，脂肪酶自身是一种由氨基酸组成的蛋白质，因此当它与碱性蛋白酶共存时活性会降低。洗涤剂中应当使用难以被蛋白酶分解的脂肪酶，以保证与碱性蛋白酶共存时活性无显著降低。

④ 纤维素酶

碱性纤维素酶的洗涤原理如图 8-4 所示，它们能够侵入棉纤维的非结晶区，与非结晶区的纤维素发生作用，使得由纤维素分子与水组成的胶状结构软化，从而使被封闭在纤维素内的污垢从纤维中流出而被清除。通过这一机理，能够除去用一般洗涤剂不能去除的、残留在织物上使织物发黄的皮脂类污垢，从而大大提高了去污效果。

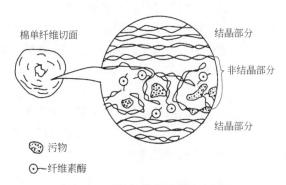

图 8-4　碱性纤维素酶的洗涤原理

洗衣粉中使用的纤维素酶应在 pH 9~11 和合适的洗涤温度下保持稳定，与洗衣粉中使用的表面活性剂和助剂具有较好的相容性。日本从 1987 年开始销售加有纤维素酶的洗涤剂，销售量不断上升。

液体洗涤剂目前已经成为洗涤剂中的主要品种，因此在液体洗涤剂中加入酶，自然受到人们的重视。由于酶在多水介质中通常是不稳定的，如何保持和提高酶在液洗产品中的稳定性就显得十分重要。加酶液体洗涤剂中除了酶和酶稳定剂外，通常还包含表面活性剂、助剂、水、钙离子以及其它一些常用的组分。可以说这些成分对酶的活性均有一定的影响。研究表明，阳离子型表面活性剂可显著降低酶的稳定性，洗涤剂中常用的阴离子型表面活性剂和非离子型表面活性剂与液体蛋白酶和液体淀粉酶是相容的。研究还发现，甲酸盐、乙酸盐、甘氨酸盐、谷氨酰胺盐和乙酰胺化合物对酶有稳定作用，其使用浓度为 1%~5%。醇类如乙醇、乙二醇、丙二醇等在 5%~20%浓度下对酶也有稳定作用，但浓度过高，会导致酶的沉淀。兼顾洗涤效果和液洗的贮存稳定性，液洗的最适 pH 值为 7~9.5。为提高洗涤效果，常加入 4%~8%的 pH 缓冲剂三乙醇胺，以避免洗涤过程中 pH 值下降而影响去污力。液体洗涤剂中液体蛋白酶和液体淀粉酶的加入量约为 0.4%~0.8%，其值与洗涤剂的配方与性能有关。配制加酶洗涤剂时必须避免高温和过高的 pH 值，避免加入可能使酶失活或产生沉淀的任何试剂。酶一般在配制的后阶段加入，加入时 pH 值在 7~9.5 之间，加入温度低于 30~40℃。液洗中加入少量钙（100~500mg/kg）可使产品获得很好的贮存稳定性，但应避免使用能够与钙离子结合的助剂，如三聚磷酸钠、次氮基三乙酸盐、EDTA 等。性能较好的产品，25℃下贮存六个月，酶的活性可保持在 90%左右。

在洗涤过程中，预先对衣服上污垢较多的部位如领子、袖口等，进行预去斑处理是加酶液体洗涤剂的一个重要应用。加酶液体洗涤剂在重垢液体洗涤剂的发展中具有重要地位。

通过实验研究和长期实践表明，使用加酶洗涤剂是安全的。因此性能优良的加酶洗涤剂基本普及，未来仍将进一步发展和完善。

（7）增溶剂

增溶剂亦称助溶剂、水溶助长剂，主要用于提高配方中组分的溶解度，例如液体洗涤剂中各组分的溶解性能，以及粉状洗涤剂料浆配制阶段各组分的溶解度。

对轻垢型液体洗涤剂例如餐洗，当其中的表面活性剂浓度在 10%以下时，通常不需要添加增溶剂，当产品中表面活性剂含量高于 10%时，往往需要加入工业酒精、甲苯磺酸钠、尿素、吐温-60 和聚乙二醇等增溶剂，以使餐洗产品在 0~2℃时仍能保持透明状。

对重垢型液体洗涤剂，除了表面活性剂之外，产品中还加入了部分无机助剂。这些无机物的存在会降低表面活性剂的溶解度，使产品变得不稳定，易于分层。为了使所有物料都能保持在溶解状态，必须添加增溶剂。增溶剂主要为甲苯磺酸、二甲苯磺酸或异丙基苯磺酸的钠盐或钾盐，配方中的用量一般为 5%~10%。其它一些助溶剂，如工业酒精、尿素和吐温-60 等亦可使用。

乙醇胺特别是三乙醇胺在液体家用洗涤剂中是一种重要的助溶剂。它有助于金属氧化物和钙、镁盐的分散，有利于污垢的悬浮，还可降低产品的黏度和低温贮存时产品的雾点，并可改进低温下的贮存稳定性。它们在配方中的用量通常不大于 8%，因为三乙醇胺含量过高时会引起对皮肤的刺激。

低碳的一元醇，如异丙醇，特别是乙醇，可降低含有非离子型表面活性剂的液体洗涤剂的黏度，使产品易于贮运。同时还可改进溶解性和低温贮存时的稳定性。但为了确保产品的安全性，配方中乙醇的最大用量为 7%以下。

在洗衣粉料浆的配制过程中，往往加入增溶剂甲苯磺酸钠和二甲苯磺酸钠，以降低料浆的黏度，从而便于用泵输送。这一措施可在料浆黏度相同的条件下，将料浆中的总固体物含量提高，从而增加喷雾干燥塔的生产能力，节省能耗。同时，还可以使产品在含水量较低的情况下仍具有较好的流动性，减少洗衣粉结块的可能性。现代洗衣粉配方中一般含有非离子型表面活性剂，产品的表观密度通常较大，可加入甲苯磺酸钠予以降低。

（8）辅助剂

除了上述对洗涤去污具有一定作用的助剂外，洗涤剂配方中还要加入一些辅助剂。它们对保证产品的质量、品质和应用是不可或缺的。

① 硫酸钠

硫酸钠分为无水硫酸钠和含结晶水的硫酸钠。无水硫酸钠俗称元明粉或精制芒硝，暴露于空气中时易吸水，生成十水合硫酸钠（$Na_2SO_4 \cdot 10H_2O$），又名芒硝。工业硫酸钠产于含硫酸钠卤水的盐湖中，来源广泛，价格低廉，无水硫酸钠通常由天然矿精制而成。

硫酸钠在洗衣粉中主要用作填充料，含量一般为20%~45%。尽管硫酸钠不是洗涤助剂，但硫酸钠还是具有如下一些作用：硫酸钠作为电解质可降低表面活性剂的临界胶束浓度，提高表面活性剂在织物纤维上的吸附量，因而有利于提高去污效果；配料时加入硫酸钠可增加料浆的相对密度，改善料浆的流动性，便于用泵输送至喷雾干燥塔；加入硫酸钠还可调节成品粉的表观密度；洗衣粉中配入硫酸钠可防止洗衣粉的结块。因此，在早期的洗涤剂中，硫酸钠是必不可少的。但随着在洗涤剂中引入大量三聚磷酸钠或4A沸石作为主要助剂，硫酸钠改善料浆加工性能和产品流动性的作用大大减小了，其主要作用回归到作为降低成本的填充剂。

② 泡沫稳定剂和调节剂

肥皂作为最早的洗涤剂，洗涤时会产生丰富的泡沫，因此人们习惯上将去污力与发泡性能相关联，认为泡沫多即是去污能力强。然而研究表明，发泡和去污之间没有必然的相关性。不过迄今为止，洗发香波、手洗用洗涤剂以及餐具洗涤剂等仍被配制成高泡型，即使用时会产生丰富的泡沫。因此在这些洗涤剂配方中需加入泡沫稳定剂或起泡剂。常用的泡沫稳定剂和起泡剂有椰子油脂肪酸的二乙醇酰胺、十二烷基二甲基氧化胺、十二烷基二甲基羧基甜菜碱和磺基甜菜碱等，其中氧化胺的起泡性和稳泡性比同浓度下的烷醇酰胺要好得多。

洗衣机的广泛使用，要求洗涤剂具有较低的起泡性。例如使用转鼓式洗衣机时，如果使用高泡洗涤剂就会产生过多的泡沫，溢出洗衣机，并损失大量洗涤液。洗衣机内大量泡沫的存在亦会降低机械力对纤维的作用，即降低了洗涤剂去污能力的发挥。为了充分利用洗涤剂，很好地发挥洗涤剂的作用，必须有效地控制洗涤过程中的起泡性。通过加入一定量的泡沫抑制剂或泡沫调节剂可以达到这一目的。

常用的泡沫调节剂有肥皂、硅酮、聚醚和石蜡油等。肥皂特别是山嵛酸皂对于以直链烷基苯磺酸钠为主表面活性剂的洗涤剂是最有效的泡沫调节剂。它在洗涤过程中与水中的钙离子生成不溶性的山嵛酸钙，吸附在泡沫表面，形成不均匀的表面吸附层，使泡沫失去膜弹性而破灭，从而起到泡沫调节作用。通常泡沫调节作用随着洗涤水硬度的增加而增加。而温度的影响稍复杂些，水硬度高时，温度增加调节作用增大；水硬度低时，温度增加调节作用略有降低。对烷基苯磺酸钠以外的阴离子型表面活性剂配制的洗涤剂，山嵛酸钙的调节作用不明显。另外，肥皂的泡沫调节作用与配方中使用的螯合剂有关。使用三聚磷酸钠时效果最好，因为其络合常数适中，能够确保水中存在一定量的钙离子，而当使用次氮基三乙酸盐螯合剂时则没有调节作用，因为水中的游离钙离子浓度太低。目前，国内的洗衣粉中大多使用硬脂酸皂作泡沫调节剂，加入量约为 3%。聚醚调节剂价格相对较高，较少用于洗衣粉中，但常在工业上用作消泡剂。活性硅酮（二甲基聚硅氧烷）的亲水衍生物是一个有效的泡沫调节剂，欧洲的低泡洗涤剂中加有这种物质。

③ 腐蚀抑制剂

目前市场上出售的大部分洗衣机都具有很高的耐腐蚀性。尽管如此，洗衣机的某些部件仍是用金属铝制造的，这就存在腐蚀问题。不过市售的绝大部分洗涤剂中含有少量水玻璃——硅酸钠，它是一个优良的腐蚀抑制剂。硅酸钠有中性和碱性之分［见本节（4）碱剂］。所有硅酸钠都具有良好的缓冲作用，即在有酸性物料存在时，pH 值几乎维持不变，直至其完全耗尽为止。胶态的硅酸盐能以很薄的薄层沉积在金属表面，从而使铝免受水溶液中 OH^- 的攻击而得到保护。

④ 香精

洗涤剂中加入香精，可使产品具有令人愉快的气息。有时一种特定的香气，会使人们联想到这种产品的品质。质量优良的洗涤剂，普遍加入香精。加香的洗涤剂还可遮盖洗涤时洗涤液发出的不良气味，使洗后的衣服具有洁净、清新的感觉。

洗涤剂用香精属日化类，香型有多种，如茉莉型、玫瑰型、铃兰型、紫丁香型、果香型等，大部分为合成香料，用量一般很少（低于1%），常在 0.1%~0.5% 之间。每一种香精中包含有许多成分，多则几十种。根据洗涤产品的性能和使用情况，洗涤剂中使用的香精应符合下列要求：在 pH 9~11 的范围内稳定；与洗涤剂中的各种组分相容性好；如洗涤温度为 60~90℃，则应具有高温稳定性；对过硼酸盐、氯和空气的敏感性低；挥发速率低；渗透或穿透包装材料的速率低；对环境无害。

⑤ 色素

制造洗衣粉的原料几乎都是白色的，因此商品洗衣粉大都为白色。在许多情况下，一些特殊的成分，如漂白活化剂或酶制剂常常被制成显眼的有色颗粒，加入白色的洗衣粉中。市场上也有少数完全染成蓝色的洗衣粉出售。与粉状洗涤剂不同，液体洗涤剂和织物柔软剂一般染成蓝色、绿色或桃红色。洗涤剂用色素（颜料）应满足如下要求：贮存稳定性好；与洗涤剂的各种成分相容性好；对光稳定；不会牢固地吸附在织物上。

⑥ 杀菌剂、抑菌剂和防腐剂

杀菌剂是指能在短时间内杀灭微生物（包括芽孢及其繁殖体）的物质。抑菌剂是指在低浓度长时间作用下，能够阻止微生物增长的物质。防腐剂则是指加入制剂中使其免受微生物的污染而不致变质的物质。在一些洗涤剂中，例如餐具洗涤剂和洗发香波，可加入上述物质，以使制品免受微生物的污染而变质，或者使产品具有消毒、杀菌功能。

具有杀菌、抑菌作用的物质有很多。而表面活性剂中的阳离子型和两性型即具有优良的杀菌、抑菌作用，例如十二烷基二甲基苄基季铵盐和双长链烷基（C_8）二甲基季铵盐，可用于医疗器具的杀菌消毒，添加到水中可防止藻类物质生长。

加有漂白剂如过碳酸钠、过硼酸钠的洗衣粉，由于它们在漂白过程中能释放出活性氧，在漂白时也具有一定的杀菌作用。液体次氯酸盐溶液亦是一种漂白消毒剂，可加在液体产品中使用或者在衣服洗涤后加入漂洗液中使用。

用粉状洗涤剂进行低温洗涤时，病菌或霉菌会残留在被洗涤的衣物上，成为传播疾病的媒介物，并能产生不良的气味。如在洗涤剂中加入少量杀菌、抑菌剂，就能抑制细菌的生长。可用的杀菌、抑菌剂包括三溴水杨酸替苯胺、二溴水杨酰替苯胺、三氯异氰尿酸、二氯异氰尿酸钠、2-羟基-2′,4,4′-三氯二苯醚、3,4,4′-三氯均二苯脲等。表 8-8 给出了部分含氯的杀菌、抑菌剂的名称、缩写和分子结构。

表 8-8　几种含氯杀菌、抑菌剂的名称、缩写和分子结构

名称	缩写	结构式
三氯异氰尿酸	TCCA	异氰尿酸环，三个 N 上各连 Cl（三羰基三嗪环结构）
二氯异氰尿酸钠	DCIC	异氰尿酸环，两个 N 上各连 Cl，一个 N 连 Na
2-羟基-2′,4,4′-三氯二苯醚	DP300	二苯醚结构，一苯环连 2,4-二 Cl，另一苯环连 OH 和 Cl
3,4,4′-三氯均二苯脲	TCC	3,4-二氯苯基—NH—C(=O)—NH—4-氯苯基（脲结构，OH 互变）

　　TCCA 为白色结晶固体，活性氯含量 88%~90%，它微溶于水，25℃ 时水中的溶解度为 1.2g/100g。DCIC 亦为白色固体，活性氯含量在 62%左右，25℃ 时在水中的溶解度高达 25g/100g。这两种物质溶于水时能水解生成次氯酸，因而具有强烈的漂白和杀菌作用。它们在粉状洗涤剂中的用量一般为 1%~4%。DP300 是极有效的抑菌剂和脱臭剂，在低浓度下能抗革兰氏阳性和阴性细菌，也能抗某些霉菌。

　　其它含氯杀菌消毒剂还有氯胺 T（$CH_3C_6H_4SO_2NClNa \cdot 2H_2O$），产品中的活性氯含量在 23%~26%。有效氯含量在 250~300mg/kg 时，5min 内就可杀灭常见的胃肠道传染病和食物中毒的病原菌。

　　液体洗涤剂如餐具洗涤剂和洗发香波产品含水量较多，某些香波中还含有一些营养物质，因此产品常常会受到细菌和霉菌的侵袭而腐败变质，并导致细菌数量增加。加入防腐剂，可使产品保持原有的质量和品质。甲醛是一种有效的防腐剂，其用量通常为 0.1%~1%。但它能与香波中的某些成分如蛋白质衍生物、香精等作用，并可使产品变色，个别情况下还会导致过敏。尼泊金酯（对羟基苯甲酸酯，$ROOCC_6H_4OH$）是一种酚类防腐剂，在酸性、中性和微碱性溶液中具有抑菌作用。但如果配方中含有非离子型表面活性剂则会失效。抑菌的最低浓度为 0.01%~0.2%。通常将尼泊金甲酯和尼泊金丙酯配合使用，可使防腐效果增加。

　　其它防腐剂还有以下几种。

　　布罗布尔（Bronopol），化学名称为 2-溴-2-硝基-1,3-丙二醇，结构简式为 $HOCH_2C(Br)(NO_2)CH_2OH$，白色或灰色晶体，易溶于水，具有广谱抑菌性，在液洗中的用量为 0.01%~0.05%，适用于 pH 值为 4~6 的范围，在中性和碱性条件下分解成甲醛和溴化物，在使用范围内对皮肤无刺激，可单独使用，而与尼泊金酯配合使用效果更佳。

凯松（Kathon CG），即 5-氯-2-甲基-4-异噻唑啉-3-酮（$Cl\text{-}\overset{\displaystyle O}{\underset{S}{\diagup}}N\text{—}CH_3$）和 2-甲基-4-噻唑啉-3-酮（$\overset{\displaystyle O}{\underset{S}{\diagup}}N\text{—}CH_3$）的混合溶液，通常加有镁盐稳定剂，有效物含量为 1.5%~2%，外观为琥珀色水溶性液体。它的最低抑菌浓度为 0.00125%。在水溶性香波浴液中的用量为 0.02%~0.13%。最适 pH 值范围为 5~8。它在碱性介质中或高温下会分解、失效。凯松 CG 的抗菌作用范围广，有效浓度为 200mg/kg。

防腐剂 PC，即对氯间苯二酚[$ClC_6H_3(OH)_2$]，为白色或浅黄色针状结晶，也是一种广谱抑菌剂，对皮肤无刺激，毒性低，效果好，可代替尼泊金乙酯用作洗发香波防腐剂。使用量为 0.05%~0.075%。

碘在医药上亦是广谱高效杀菌药物，但由于水溶性极低，大大限制了其应用。碘伏是碘与表面活性剂（主要是脂肪醇聚氧乙烯醚或聚氧乙烯聚氧丙烯嵌段共聚物类非离子型表面活性剂）结合的产物，其中碘以络合方式位于表面活性剂胶束中。随着水的稀释，碘可逐步从胶束中解聚出来，从而达到杀菌的目的。碘伏在医药上专门用作手术后预防伤口感染的消毒剂。它亦可用来配制消毒的餐具洗涤剂。

（9）预处理剂及后处理剂

为了提高洗涤效果以及在洗涤后使衣物保持理想的状态，有时需要在洗涤前进行预处理，或者在洗涤后对衣物进行后处理。这就要用到所谓的预处理剂和后处理剂。预处理的目的主要是软化硬水，对重垢衣物进行预浸和预洗；而后处理的目的主要是柔软和抗静电。

① 预处理剂

在用洗涤剂洗涤前，对水质、洗涤液或污染织物进行预处理，以提高去污效果的产品称为预处理剂。典型产品有：软化水、洗涤液水质的软化剂、织物预浸剂和污垢预洗剂。

在水硬度特别高的地区，可在水中或洗涤液中加入一些螯合剂和使洗涤液具有碱性的产品，如三聚磷酸钠、碳酸钠、柠檬酸钠、次氮基三乙酸钠，以及离子交换剂如 A 型沸石，使水质软化，有利于提高洗涤剂洗涤时的去污力。采用这样的预处理时，则在高硬度水地区洗涤时可采用软水地区的洗涤剂配方。

对于沾污牢固、不易洗净的衣服，在洗涤前可使用预浸剂浸泡，以提高洗涤剂洗涤时的去污效果。这类产品以碱性物质碳酸钠和硅酸钠为基础，适当加入一些三聚磷酸钠和表面活性剂，以改进产品的润湿性。有的在预浸剂中还加入碱性蛋白酶，以除去黏附牢固的蛋白质污垢。

合成纤维上的油性污斑，在低温下难以用洗涤剂洗涤除去，衣服的领子和袖口上一般油性污垢污染严重。为提高去污效果，在用洗涤剂洗涤前可使用污斑预洗剂。污斑预洗剂主要组成为溶剂和表面活性剂，特别是非离子型表面活性剂。产品形式有膏状、气溶胶状、泵型喷雾状等。使用的溶剂为烃或氯代烃，如四氯乙烯。气溶胶状产品的推进剂为：二氧化碳、丙烷或丁烷。

② 后处理剂

后处理剂的典型产品有纤维柔软剂、上浆硬化剂、纤维定型剂和洗衣干燥器助剂等。这些产品在洗涤中，较多地在最后一次漂洗中或在干燥阶段加入，使织物具有一些特殊的性质（其中主要为柔软性）。

对于与皮肤直接接触的织物，如内衣、睡衣、毛巾、手帕、毯子等，希望具有绒毛似的柔软舒适感，但这一性质通常在洗涤后会逐渐丧失。此外，洗涤和干燥处理还会导致织物粗糙发硬。为改变这一状况，通常可在洗涤后的最后一次漂洗中加入织物柔软剂。对于合成纤维织物，通过柔软处理后还具有抗静电作用，使织物不易沾染灰尘。

柔软剂根据用途可分为纺织工业用柔软剂、油剂和家用柔软剂，按离子性质可分为阴离子型、非离子型、阳离子型和两性离子型四大类。

工业用柔软剂中，阴离子型最主要的是牛油醇硫酸盐，主要用来洗涤羊毛和棉纱。牛油醇硫酸盐中含有一定量的游离醇，它们吸附在织物上，使织物洗后手感柔软，但柔软效果不如阳离子柔软剂。非离子柔软剂对纤维没有静电亲和性，仅用于一些特殊场合，如黏胶丝。典型产品为加成 6 个 EO 的硬脂酸聚氧乙烯酯。两性离子柔软剂可起到阴离子或阳离子柔软剂一样的作用。阳离子柔软剂几乎均为季铵盐，已广泛用于棉织物和合成纤维织物的柔软处理。阳离子柔软剂分子中含有一个或两个硬脂酸链或氢化牛油酸链，含有两个脂肪链的柔软性更好。典型产品有双烷基二甲基季铵盐和咪唑啉衍生物，如：

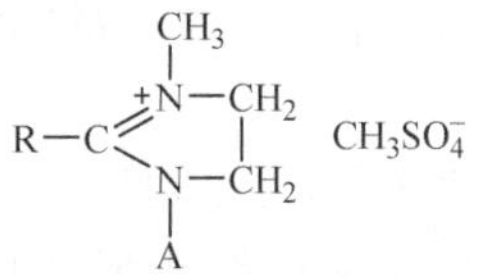

式中，A 为取代基。另外，还有酰胺基胺盐如萨伯明（Sapamine）衍生物以及乙醇胺或异丙醇胺类叔胺酯的衍生物，如：

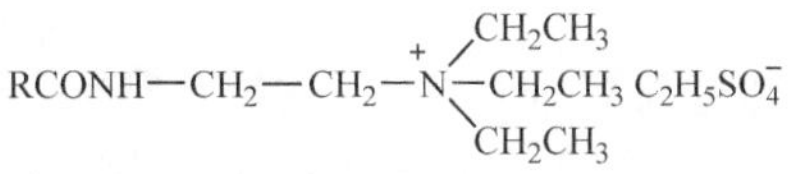

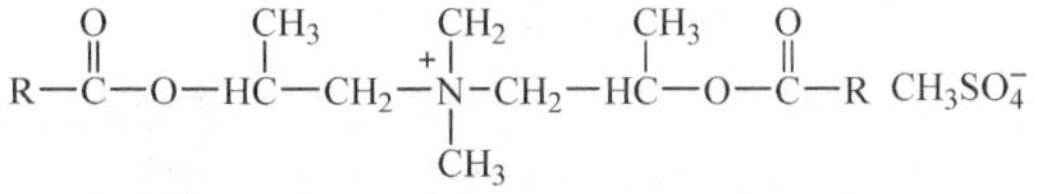

家用柔软剂根据使用方式又可分为漂洗用、干燥用和洗涤剂配方中使用三种。

漂洗用柔软剂第一代产品中使用的表面活性剂为双十八烷基二甲基铵盐，其浓度为5%~8%。第二代产品中使用的表面活性剂为咪唑啉铵盐，其浓度为第一代的 3 倍。第三代产品中使用的表面活性剂为脂肪酸与叔胺（如甲基二异丙醇胺）反应产物的衍生物，如上述第 4 种阳离子柔软剂产品。用它配制的产品，活性物浓度为第一代的 10 倍。

干燥器助剂是在干燥前加到干燥器中的产品，主要是使织物具有柔软和抗静电效果。加入的方式有：将气溶胶泡沫喷在布上或加入洗过的潮湿衣服上；衣服装入干燥器前以气溶胶形式喷在干燥器内壁上；将助剂充入垫子然后附着于干燥器内壁；使用浸活性物质（助剂）的聚氨基甲酸酯泡沫片或非织物片。

用季铵化合物浸透的薄片是很有效的，将它放入干燥前的湿衣服中，并在使用后立即取出。其它几种加入方式很少使用。干燥助剂通常是加香产品。

干燥时用的柔软剂是以非离子和季铵化合物浸渍基质为基础的，非离子型表面活性剂通常是脂肪醇聚氧乙烯醚或脂肪酸聚氧乙烯酯。季铵化合物通常为二甲基二硬化牛油基甲基硫酸铵。

织物在干燥时用这种助剂处理后具有柔软和抗静电作用。

含有柔软剂的洗涤剂可采用阳离子型表面活性剂和非离子型表面活性剂复配,也可采用将阳离子型表面活性剂包在胶囊中,或将其吸附在不溶于洗涤剂溶液的产品上。还可将双牛油基叔胺作为季铵化合物的"取代物"吸附在蒙脱土、膨润土一类硅酸盐上加入阴离子型表面活性剂的配方中。在 pH 值为 9~10 范围内洗涤时,叔胺不带正电荷,与阴离子型表面活性剂不发生反应。漂洗时 pH 值降低,叔胺带正电荷,吸附到织物表面,具有柔软作用。另外,由牛油酸和羟乙基乙二胺反应得到的咪唑啉盐配制的洗涤剂,会与配方中的阴离子型表面活性剂生成盐。这种盐具有足够的柔软性能。目前市场上已有在洗涤剂中加入柔软剂的产品出售。这种柔软处理不如将洗涤和柔软分开处理的效果好。

工业油剂中使用的表面活性剂主要为非离子型表面活性剂,也使用一些磺酸盐、硫酸盐和磷酸酯盐以及阳离子型表面活性剂。

除了希望织物洗后具有柔软性能外,对某些织物如棉制的桌套和桌布等,希望洗涤后具有稍为坚挺的感觉。这可以通过在洗涤后使用上浆硬化剂处理来实现。上浆硬化剂有:淀粉或改性淀粉基浆料以及聚合物基浆料,后者如部分皂化的聚醋酸乙烯酯,经多次洗涤后仍能保持坚挺,属于半永久性的上浆硬化剂。但经过聚合物处理过的纤维易吸附污垢和染料,并在多次处理后,使纤维灰化和色化。

纤维定型剂不同于上浆硬化剂,它使织物、衣服具有匀称的外形,并避免给人造成一种不舒服的粗糙感。纤维定型剂产品为聚醋酸乙烯酯和一个不饱和有机酸的共聚物。它溶于微碱性介质,易于在下次洗涤中除去,所以减少了染料和污垢在织物上的沉积。定型剂中添加聚蜡可使织物易于熨平。

③ 抗静电剂

合成纤维大都是不良导体,通过摩擦易于带电,并容易吸附灰尘等颗粒污垢,因此在洗涤后最好经过抗静电处理。洗涤用品在使用过程中也需要防止产生静电,以避免事故的发生。因此对一些特殊用途的洗涤用品,应当具有抗静电效果。

此外,在工业上,油脂、合成纤维和合成树脂等原料或半制品大都是不良导体。在液体流动或加工过程中通过摩擦易于带电,致使加工过程难以进行。为解决静电给生产过程带来的危害,需采取防静电措施,以减小摩擦,防止静电荷产生或加速静电荷的释放,这也需要专门的抗静电剂。

一些表面活性剂本身即可以消除静电,即具有抗静电作用。阴离子型表面活性剂中,烷基磷酸酯衍生物抗静电效果最好,烷基或烷基芳基的聚氧乙烯醚硫酸钠亦具有较好的抗静电效果,但普通羧酸盐、硫酸酯盐、磺酸盐等不具有抗静电作用。阳离子型表面活性剂普遍具有抗静电效果。例如 N,N-二甲基二硬脂酸酰胺氯化物、烷基三甲基氯化铵、十二烷基二甲基苄基溴化铵等,能牢固地吸附在织物纤维上,显示出优良的抗静电效果,使用量正在不断增加。两性离子型表面活性剂也是很有前途的抗静电剂。聚氧乙烯型非离子型表面活性剂可与油脂或矿物油配制成具有抗静电效果的油剂。

如果要在洗涤用品中加入抗静电剂,则需要考虑其与其它成分的相容性问题。

8.3 家用洗涤剂的配方

8.3.1 发展趋势

洗涤剂的品种很多，但每一种洗涤剂都是根据特定要求设计的。一般洗涤用品应当具有以下通用要求：色泽浅，气味纯正，染色产品色泽均匀一致和不沾染衣物，贮存稳定性好，对人体和环境安全，毒性低，无公害。

洗涤剂是多组分混合物，各种组分都具有特定的功能，将它们混合在一起，既要考虑到协同效应、相容性和加工性能，也要考虑到产品的经济性。配方的目的就是充分发挥洗涤剂中各种组分的作用，配制出性能优良、成本低廉的产品。

近几十年来，洗涤剂的配方经历了如下一些显著变化。

(i) 低磷或无磷配方逐渐取代高磷配方。洗涤剂中大量使用的磷酸盐是导致河流湖泊富营养化的原因之一，尽管不是主要原因。因此，为保护环境，在洗涤剂中限制或禁止使用磷酸盐已成为必然趋势，一些国家已经颁布了相关的法律法规。改进配方有两种途径：一是采用抗硬水性能好的表面活性剂，如脂肪醇聚氧乙烯醚、脂肪醇聚氧乙烯醚硫酸盐和α-烯烃磺酸盐等；二是采用三聚磷酸盐的代用品，如沸石分子筛、聚羧酸盐、柠檬酸盐等。

(ii) 采用多种活性物复配。配方中采用混合表面活性剂，可充分利用和发挥表面活性剂的协同效应，提高性能。例如脂肪醇聚氧乙烯醚和直链烷基苯磺酸钠复合使用，在去污力方面具有协同效应，可提高产品的去污力和控制产品的泡沫。醇系非离子型表面活性剂在配方中的用量在日益增加。

(iii) 由高泡型向低泡型发展。高泡产品适用于手洗，但洗衣机适用低泡产品。随着洗衣机的普及，控泡、低泡产品日益受到消费者的欢迎。低泡产品可以减少漂洗次数，符合节水要求。

(iv) 洗涤制品由单一功能向专用、多功能发展。如在洗涤剂中加入漂白剂、增白剂、酶制剂可提高去污效果。加入某些添加物可使产品具有柔软、抗静电作用。针对不同的洗涤对象配制洗涤剂，可以达到更好的清洗效果。因此市场上的洗涤剂品种日益增多。此外，织物种类不同，洗涤剂品种也不一样。清洗各种硬表面，如厨房、餐具、器皿、家具、浴室、地毯、玻璃、壁纸等时，均须使用不同的清洗剂。餐具洗涤剂又有手洗、机洗和杀菌消毒等不同品种。工业用清洗剂更是多种多样。

(v) 液体洗涤剂快速发展。与粉状洗涤剂相比，液体洗涤剂具有诸多优点。例如无需加入填充剂（填充剂为水），减少了化学剂的用量和排放；制造简单，无需高塔喷雾干燥，节省了能源和设备投资；产品水溶性好，溶解方便等。因此近年来我国液体洗涤剂增长速度超过了粉状洗涤剂。例如，我国洗衣粉的同比增长率长期徘徊在5%左右，但2011年以来，我国液洗产量同比增长率都在二位数。

(vi) 来自天然、可再生原料的表面活性剂快速发展。从长远来看，基于石油化学原料的表面活性剂缺乏可持续性，因此，基于天然可再生资源的表面活性剂日益受到重视。例如基于油脂原料的脂肪酸甲酯磺酸盐和基于淀粉原料的烷基糖苷表面活性剂，都在洗涤剂配方中获得了应用。

（vii）更加重视产品的安全性。产品的安全性包括对人体和环境的安全性。对于与人体或皮肤接触的产品，例如餐洗、洗发香波、沐浴露等产品，必须使用无毒、低毒、低刺激性产品。为了环境安全，倡导使用易生物降解的表面活性剂和低磷、无磷产品。

8.3.2　配方原理：协同作用的应用

洗涤剂是含有多种成分的复杂混合物。不同物质混合在一起时可能会发生加和、协同或对抗效应。对一定比例的二组分混合物，在各自的某种浓度限度内，浓度与效能之间呈现一定的关系。若混合物的效能为二组分效能的线性组合，则存在加和效应；若混合物的效能高于线性组合，或者达到相同的效能所需混合物中的各组分的浓度低于二者线性组合所需的浓度，则存在协同效应；反之，若混合物浓度高于线性组合的浓度，则存在对抗效应。

目前，大多数实用洗涤剂配方中都采用了多种表面活性剂复配来提高产品性能，降低产品成本，理论上就是利用了不同种类表面活性剂复配后的性能常优于单一组分性能的线性加和，即存在协同效应。根据非理想混合理论，从降低表面张力和降低临界胶束浓度考虑，二组分混合表面活性剂的协同效应强弱的顺序为：阴-阳离子>阴-两性离子>离子-非离子>甜菜碱-阳离子>甜菜碱-非离子>非离子-非离子。阴-阳离子型表面活性剂复合后溶解度显著减小，在洗涤效果方面的实用价值不大。但在用泡沫法除去工厂废水中的阴离子型表面活性剂时，若添加极少量的阳离子型表面活性剂，可将残余的阴离子型表面活性剂由 10mg/kg 降至 1mg/kg 左右。国内的洗衣粉配方中普遍采用在阴离子型表面活性剂中加入一定量的非离子型表面活性剂，从而可以降低产品中的总活性物含量，而质量则有所改进，这就是利用了阴-非离子型活性剂之间在去污力方面的协同效应。

三元、四元表面活性剂的复合情况更为复杂。对三元体系，通常可将试验结果用正三角形的图示法表示。三角形的三个顶点分别代表了三种纯态表面活性剂。每条边代表双组分物系的组成。三角形中的每一点代表了一个三元混合物的组成。拟订试验配方时可以在三角形图上比较均衡地交叉设计一定数量的配方，并测定这些配方在一定条件下的去污性能。将性能数值标识在相应配方组成的点上，便可勾划出具有一定去污力值的各种配方组成（等去污力值线）。在该图上可直观地看出单一组分、双组分复配以及三组分复配的性能。对四元体系，固定一个组分的含量不变，则四元复配体系仍可用正三角形来表示，类似于拟三元相图。需要注意，水质、织物种类、污垢和温度等因素也会影响复合性能。因此，对具体的配方，还得根据具体条件进行实际测定。

表面活性剂和助洗剂间的协同作用亦十分重要。例如，三聚磷酸钠可大大增强活性物的去污性能，如图 8-5 所示。

再如，在直链烷基苯磺酸钠中加入一定量 4A 分子筛，去污效果明显提高；直链烷基苯磺酸钠含量在 20%以内时，能稍提高酶的活性；在一定浓度范围内，脂肪醇聚氧乙烯醚对酶的活性没有影响；洗涤剂中的无机助剂，如三聚磷酸钠含量在 30%以内时，对酶的去斑有促进作用；次氮基三乙酸钠的作用虽不如三聚磷酸钠，但亦能提高

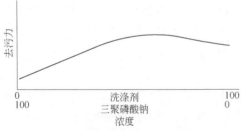

图 8-5　三聚磷酸钠与洗涤剂活性物之间
的协同作用

酶的性能；阳离子型表面活性剂和硅酸钠能迅速地降低酶的活性。因此在配制洗涤剂时，对配方中各种物料的性能及其相互作用要有充分的了解，再通过配方试验，就能得到质量好、成本低的产品。

8.3.3 典型配方

（1）粉状洗涤剂

粉状洗涤剂是我国合成洗涤剂的主要品种，其配方特点是针对污垢的严重程度，分为重垢型和轻垢型。重垢型洗衣粉亦称全目的洗衣粉，通常用来洗涤污染程度较重的内衣和外衣，适用于各种去污过程和不同的洗涤温度，配方中通常含有较多的纯碱，洗涤液 pH 值较高，去污率很强，适用于棉麻类纤维织物。轻垢型洗涤剂一般不加纯碱，洗涤液呈中性，相对温和，适用于洗涤蛋白质类纤维如丝绸和羊毛类织物。

随着近几十年来的发展，我国粉状洗涤剂的配方发生了一些演变，主要源于环保、新型助剂的开发以及洗衣机的普及。例如，出于环保要求，限制了洗衣粉中磷酸盐助剂的使用，产生了无磷洗涤剂；酶制剂和漂白剂的引入，形成了加酶洗衣粉和漂白洗衣粉；基于节能降耗的要求，产生了浓缩洗衣粉；洗衣机的普及增加了对低泡洗衣粉的需求等。另外，洗衣粉中的主表面活性剂也有所变化，除了 20 世纪六七十年代以直链烷基苯磺酸钠取代支链的四聚丙烯十二烷基苯磺酸钠（不能生物降解）外，单纯的阴离子配方目前大都演变为阴离子-非离子复合配方，以充分利用不同表面活性剂之间的协同效应，降低总的表面活性剂用量。下面将分别论述这些不同类型洗衣粉的配方特点。

① 普通洗衣粉

普通洗衣粉是我国最早诞生的合成洗涤剂品种。它们是通过喷雾干燥技术成型的空心颗粒状粉体，具有表观密度小、表面积大、溶解快的特点。其基本成分为表面活性剂、助洗剂和填充剂。其中表面活性剂以阴离子型直链烷基苯磺酸钠为主，它具有良好的润湿、乳化、渗透、增溶、分散和去污能力。助洗剂主要是聚磷酸盐、硅酸钠（泡花碱）和纯碱，以硫酸钠为填充剂，约占 40%~50%。此外还含有少量的羧甲基纤维素钠（抗污垢再沉积剂）和荧光增白剂等。

我国洗衣粉的现行国家标准将洗衣粉分为含磷和无磷两类，分别执行 GB/T 13171.1—2009 和 GB/T 13171.2—2009 标准。表 8-9~表 8-12 列出了相应洗衣粉的理化指标和使用性能指标。其中 A 型为普通粉，B 型为浓缩粉（见后面第⑤小节），其它各种洗衣粉如加酶粉、漂白粉、

表 8-9 含磷型洗衣粉的理化指标

项 目		HL-A	HL-B
外观		不结团的粉状或颗粒	
表观密度/(g/cm³)	≥	0.30	0.60
总活性物质量分数/%	≥	10	10
其中非离子型表面活性剂质量分数/%	≥	—	6.5①
总五氧化二磷质量分数/%	≥	8.0	8.0
游离碱（以 NaOH 计）质量分数/%	≤	8.0	10.5
pH 值（0.1%水溶液，25℃）	≤	10.5	11.0

① 当总活性物质量分数≥20%时，对非离子型表面活性剂的质量分数不作要求。

低泡粉等都执行该标准。在使用性能指标方面，对 3 种规定污布（炭黑、蛋白、皮脂）的去污率都应不低于标准洗衣粉。标准洗衣粉的配方为：烷基苯磺酸钠 15%，三聚磷酸钠 17%，硅酸钠 10%，碳酸钠 3%，羧甲基纤维素（CMC）1%，硫酸钠 54%。标准洗衣粉由主管部门委托工厂用一定规格的原料生产。

表 8-10　含磷型洗衣粉的使用性能指标

项目			HL-A	HL-B
规定污布的去污力[①][②]		≥	标准洗衣粉的去污力	
循环洗涤性能[②]	相对标准洗衣粉沉积灰分比值	≤	2.0	
	洗后织物外观损伤		不重于标准洗衣粉	

① 规定污布为 JB-01、JB-02、JB-03，均要求大于标准洗衣粉的去污力。
② 实验溶液浓度：标准洗衣粉为 0.2%，HL-A 为 0.2%，HL-B 为 0.1%。

表 8-11　无磷型洗衣粉的理化指标

项目			WL-A	WL-B
外观			不结团的粉状或颗粒	
表观密度/(g/cm³)		≥	0.30	0.60
总活性物质量分数/%		≥	13	13
其中非离子型表面活性剂质量分数/%		≥	—	8.5[①]
总五氧化二磷质量分数/%		≥	1.1	1.1
游离碱（以 NaOH 计）质量分数/%		≤	10.5	10.5
pH 值（0.1%水溶液，25℃）		≤	11.0	11.0

① 当总活性物质量分数≥20%时，对非离子型表面活性剂的质量分数不作要求。

表 8-12　无磷型洗衣粉的使用性能指标

项目			WL-A	WL-B
规定污布的去污力[①][②]		≥	标准洗衣粉的去污力	
循环洗涤性能[②]	相对标准洗衣粉沉积灰分比值	≤	3.0	
	洗后织物外观损伤		不重于标准洗衣粉	

① 规定污布为 JB-01、JB-02、JB-03，均要求大于标准洗衣粉的去污力。
② 实验溶液浓度：标准洗衣粉为 0.2%，WL-A 为 0.2%，WL-B 为 0.1%。

世界各国的洗衣粉配方差别较大。通常欧洲洗涤剂中含有漂白剂。鉴于富营养化问题，有些国家限制了配方中的磷酸盐用量，有些国家或地区则禁止使用磷酸盐。表 8-13 列出了欧洲、日本和美国的洗衣粉典型配方，分为含磷型和无磷型两类。

表 8-13　典型洗衣粉配方

组成		质量分数/%					
		西欧		日本		美国	
		含磷	不含磷	含磷	不含磷	含磷	不含磷
阴离子表面活性剂	烷基苯磺酸盐	5~10	5~10	5~15	5~15	0~15	0~20
	脂肪醇硫酸盐	1~3	—	0~10	0~10	—	—
	醇醚硫酸盐	—	—	—	—	0~12	0~10
	α-烯烃磺酸盐	—	—	0~15	0~15	—	—

续表

组成	质量分数/%					
	西欧		日本		美国	
	含磷	不含磷	含磷	不含磷	含磷	不含磷
非离子表面活性剂 脂肪醇聚氧乙烯醚 烷基酚聚氧乙烯醚	3~11	3~6	0~2	0~2	0~17	0~17
消泡剂: 肥皂, 硅油, 烃	0.1~3.5	0.1~3.5	1~3	1~3	0~1.0	0~0.6
增泡剂: 脂肪酸烷醇酰胺	0~2	—	—	—	—	—
螯合剂: 三聚磷酸钠	20~40	—	10~20	—	23~55	—
离子交换剂: 4A 沸石, 聚丙烯酸	2~20	20~30	0~2	10~20	—	0~45
纯碱	0~15	5~10	5~20	5~20	3~22	10~35
助洗剂: NTA, 柠檬酸钠	0~4	—	—	—	—	—
漂白剂: 过碳酸钠, 过硼酸钠	10~25	20~25	0~5	0~5	0~5	0~5
漂白活化剂: 四乙酰基乙二胺	0~5	0~2	—	—	—	—
漂白稳定剂: EDTA, 磷酸盐	0.2~0.5	0.2~0.5	—	—	—	—
柔软剂	—	—	—	0~5	0~5	0~5
抗再沉积剂: 纤维素醚	0.5~1.5	0.5~1.5	0~2	0~2	0~0.5	0~0.5
酶: 蛋白酶, 脂肪酶	0.3~0.8	0.3~0.8	0~0.5	0~0.5	0~2.5	0~2.5
增白剂	0.1~0.3	0.1~0.3	0.1~0.8	0.05~0.25	0.05~0.25	0.05~0.25
防腐蚀剂: 硅酸钠	2~6	2~6	5~15	5~15	1~10	0~25
香精			+	+		
颜料			+	+	+	+
配方助剂					0~1.0	0~1.0
填充料和水: 硫酸钠	余量	余量	余量	余量	余量	余量

② 无磷洗衣粉

无磷洗衣粉在发达国家如美国、日本以及西欧较早诞生。我国大约于 20 世纪 90 年代开始出现，主要是为了应对河流和湖泊的富营养化或过肥化问题。随着经济的发展，我国在太湖、滇池、巢湖等流域先后爆发了蓝藻，导致了严重的水污染。究其原因，是排入地表水中的氮和磷严重超标，因为它们是蓝藻生长的肥料，因此导致水体中蓝藻大量繁殖。与长江和黄河不同，这些湖泊中的水置换率相当低，需要好几年才能完全置换一次。于是当蓝藻死亡后分解时，就要消耗大量的溶解氧，并放出有害气体，从而严重威胁水生动物的生长，尤其是污染了水体，降低了水质。因为洗涤剂中含有大量的磷酸盐，因此含磷洗涤剂被认为是污染来源之一。应当注意，磷元素本身并无毒性，而是生命体的必需物质，并且国外的研究表明，洗涤剂排放的磷只占总排放量的 1/4 左右，更多的排放来源于农业（化肥）和养殖业（排泄物）。但无论如何，在湖泊流域禁止使用含磷洗涤剂有利于保护环境。

从技术角度看，当采用烷基苯磺酸钠为主表面活性剂时，三聚磷酸钠是最好的螯合剂，当采用其它非磷助剂取代三聚磷酸钠时，洗衣粉的性能多少会受到一些影响。目前我国采用的无磷助剂主要是 4A 沸石（硅铝酸钠），它主要通过离子交换去除水中的钙镁离子，交换速度较慢，因此使用无磷洗衣粉时，要适当延长浸泡时间。4A 沸石的另一个不足是在水中不能溶解，而是作为细微颗粒悬浮于水中，因此，为了防止沉积，对 4A 沸石的颗粒大小和颗粒均匀度有较高的要求。

③ 漂白洗衣粉

漂白洗衣粉就是在普通洗衣粉的基础上加入漂白剂。用于洗涤剂的漂白剂分为氯漂系列和氧漂系列两大类。能够直接加到洗衣粉配方中的主要的氧漂系列，即所谓的"彩漂"，包括过硼酸钠和过碳酸钠。这些漂白剂在常温下会缓慢释放活性氧，在洗衣过程中，过硼酸钠在高于80℃、过碳酸钠在高于 60℃ 时才能有较好的漂白效果，因此低温洗涤时，需要加入所谓的漂白活化剂。

氯漂系列的典型代表是次氯酸钠，它们的氧化漂白作用过于强烈，并有腐蚀作用，不能预先加入洗涤剂中，因为会显著影响其它一些助剂的性能。它们一般在洗涤后单独使用。

④ 低泡洗衣粉

早期的手洗用洗衣粉都是高泡型的。但这种高泡型洗衣粉用于洗衣机洗涤时，标准程序两次漂洗后仍有泡沫产生，给人的感觉是没有漂洗干净。尤其不适合用于滚筒洗衣机。

研究表明，高发泡能力与高去污力之间没有必然联系，因此洗衣机的普及要求推出低泡型洗衣粉。洗涤剂的发泡能力主要取决于表面活性剂的品种。一般洗衣粉中以直链烷基苯磺酸钠为主，其发泡能力较强。标准条件下（罗氏泡沫仪）泡沫高度可以达到220mm。在普通洗衣粉中加入长链的肥皂，例如硬脂酸钠，即可作为泡沫调节剂。它们在水中形成了钙皂，能够抑制泡沫。还可以加入聚醚类非离子型表面活性剂作为消泡剂。目前绝大部分洗衣粉都是低泡型的。

⑤ 浓缩洗衣粉

普通洗衣粉是传统的高压喷雾干燥法制得的空心颗粒粉体，表观密度一般为 0.25~0.35g/mL，消耗的包装材料相对较多。基于少用或不用对环境有害的包装材料，洗涤剂工业发展了附聚成型工艺，制造出表观密度达到 0.6~0.9g/mL 的高密度浓缩洗衣粉。同时，浓缩洗衣粉还具有节省能源、少占货架体积、用户携带方便等优点，受到生产企业、超市和消费者的欢迎。

浓缩粉的主要成分与普通粉大体相同，差异在于表面活性剂和助洗剂的含量比普通粉高，而填充剂用量减少。普通粉中以阴离子型表面活性剂为主，而浓缩粉中非离子型表面活性剂的含量显著增加，通常在 8%以上。根据总活性物含量和非离子型表面活性剂的含量，浓缩粉又可以细分为浓缩粉（活性物含量 15%~30%、非离子型表面活性剂含量 10%~15%或大于 8%）和超浓缩粉（活性物含量在 25%~50%、非离子型表面活性剂含量 15%~25%）。如果仅仅是密度高，表面活性剂含量与普通粉类似，例如活性物含量 10%~20%、非离子型表面活性剂含量 8%以下，则只能称为高密度粉，不是浓缩粉。浓缩粉的相关国家标准执行表 8-9~表 8-12 中的 B 类标准，鉴别的基本方法是当用量为普通粉的一半时应能达到相同的去污力。

国外浓缩粉的发展相对较快，特别是欧洲、日本和美国。表 8-14 列出了几种典型的浓缩粉配方。可见配方中采用了多元表面活性剂进行复配，充分利用了混合表面活性剂之间的协同效应，使产品具有更好的性能。配方中大量的非离子型表面活性剂采用附聚成型法（见 8.4.2）加入。制备浓缩粉对助剂的要求为：固体助剂的颗粒度分布和表观密度恒定，无机械杂质；附聚过程中如采用磺酸和纯碱中和工艺，因中和反应是在液、固相间进行，要求使用比表面积较大的表观密度为 0.5g/mL 的轻质纯碱粉，这有利于在短时间内完成中和反应；三聚磷酸钠表观密度适中，Ⅰ型含量较高，使其成型时能较快地水合；沸石的平均粒径应＜10μm；配方中应尽量减少硫酸钠的用量。为了计量准确，通常将固体物料进行预混合，筛除大颗粒，使其均匀地进入附聚成型设备。

附聚成型中使用的黏合剂有硅酸盐溶液、非离子型表面活性剂、聚乙二醇、聚丙烯酸盐、羧甲基纤维素钠与水等。选择合适的黏合剂以及合适的固体粉料与液体料的比例，将会对产品的颗粒结构和流动性及其在水中的溶解度带来有利的影响。

浓缩粉的不足之处是溶解速度低于普通粉，价格相对较高，性价比不够突出，加之多年来人们习惯于使用普通粉以及近年来兴起的液体洗涤剂，因此浓缩粉在我国的市场占有率相当低，2017年仅为3%左右。另外，尽管浓缩粉的生产节能、节水、节省包装，符合国家节能、减排、环保的产业政策，但可能导致原有的喷雾干燥设备闲置并需要投资新设备，在市场尚未接纳浓缩粉的当下，企业要承担较大的风险。但无论如何，浓缩粉是未来的发展方向，企业需要在技术和市场两个方向做好开发工作。

表8-14　欧洲与亚洲的浓缩粉配方组成（质量分数）　　　　　　　单位：%

组分	欧洲	亚洲		
		配方1	配方2	配方3
LAS	7	26	15	25
AOS			10	2
AES	3	2		
AS（FAS）				7
肥皂		2	4	3
非离子型表面活性剂	8	6	7	3.5
聚乙二醇			2	2
$NaBO_3 \cdot H_2O$	16	5		
TAED（四乙酰基乙二胺）	4			
Na_2SO_4	4	12	4	4
$NaSiO_3$	5	13	5	15
K_2CO_3			10	5
Na_2CO_3	14	5	10	22
4A沸石	28	20	20	适量
添加剂	8	4	适量	适量
水	余量	余量	余量	余量

（2）液体洗涤剂

液体洗涤剂是相对于粉状洗涤剂而言的，其状态为液体，以水为填充剂。与粉状洗涤剂相比，液体洗涤剂一方面节省了大量的填充剂；另一方面，其制造工艺更为简单和方便，无需高塔喷雾干燥或附聚成型，设备投资大大减少。尽管如此，液洗在配方方面的难度要远大于粉状洗涤剂，因为既要保证足够的表面活性剂和助剂含量，又要确保它们能完好地溶于体系中，避免出现分层、沉淀、结晶等现象。另外，在液洗中加酶难度加大，而包装成本也相对较高。

液体洗涤剂可以细分为诸多品种，最典型的品种是洗衣液、餐具洗涤剂、洗发香波、沐浴露以及各种专用洗涤剂。

① 洗衣液

洗衣液的组成与洗衣粉有明显的不同。洗衣液以水作为填充剂，包含表面活性剂、助洗剂、增效剂等成分。由于我国的水硬度较大，尤其是北方，需要采用螯合剂软化硬水，例如在洗衣粉中，采用三聚磷酸钠或 4A 沸石等来软化硬水，但这两种物质都难以在液洗中应用，前者溶解度较小，后者在水中根本不溶。因此在液洗中通常采用抗硬水性强的阴离子型、非离子型以及两性离子型表面活性剂作为活性物。为了提高各组分在水中的溶解度，通常需要加入较多的助溶剂或水溶助长剂等。

根据表面活性剂的含量大小，洗衣液也分为普通型和浓缩型两种。根据功能还可以进一步细分为普通洗衣液、婴儿专用洗衣液、除菌洗衣液、消毒洗衣液、洗涤-柔软二合一洗衣液、护色固色洗衣液等。根据是否加酶，分为一般洗衣液和加酶洗衣液。洗衣液执行 QB1224—2012 行业标准，相应的感官和理化指标以及性能指标如表 8-15 和表 8-16 所示。

表 8-15　洗衣液感官和理化指标

项目		洗衣液		丝毛洗涤液		衣袖领口预洗剂
		普通型	浓缩型	普通型	浓缩型	
感官指标	外观	不分层，无明显悬浮物（加入均匀悬浮颗粒组分的产品除外）或沉淀，无机械杂质的均匀液体				
	气味	无异味，符合规定香型				
理化指标	稳定性　耐热	在（42±2）℃下保持 24h，恢复至室温后与试验前无明显变化				
	稳定性　耐寒	在（−5±2）℃下保持 24h，恢复至室温后与试验前无明显变化				
	总活性物质量分数/%　≥	15	25	12	25	6
	pH 值（25℃，1%水溶液）	≤10.5		4.0~8.5		≤10.5
	总五氧化二磷质量分数/%≤	1.1（对无磷产品的要求）				

注：结构型洗衣液的 pH 值测试浓度为 0.1%水溶液。

表 8-16　洗衣液的性能指标

项目	洗衣液		丝毛洗涤液		衣袖领口预洗剂
	普通型	浓缩型	普通型	浓缩型	
规定污布的去污力[①]　≥	标准洗衣液去污力[②]		标准洗衣液去污力[③]		标准洗衣液去污力[④]

① 规定污布是指 GB/T 13174 确定的 JB-01、JB-02 和 JB-03 三种试验污布，去污力测试中洗衣液和丝毛洗涤液的浓缩型产品的试验浓度为 0.1%，其余产品种类和标准洗衣液的试验浓度均为 0.2%。
② JB-01、JB-02 和 JB-03 三种试验污布。
③ 至少 JB-01 污布大于或等于标准洗衣液。
④ JB-01、JB-02 和 JB-03 三种试验污布中任意两种污布。

洗衣液在美国的使用量相对较大，约占洗衣用品市场的 80%。我国洗衣液起步较晚，但近年来发展迅速，尤其 2011 年以来，年均以两位数增长，远超粉状洗涤剂年均 5%的增长率。洗衣液中最普通的一种是重垢液体洗涤剂，简称重垢液洗。类似于重垢粉状洗涤剂，适用于洗涤污垢比较重的内衣和外衣。美国和欧洲由于洗涤习惯和配方组成（美国不含漂白剂）不同，液洗的类型亦不同。表 8-17 列出了美国和西欧的重垢液洗配方。

重垢液洗主要用来除去油脂和类油脂污垢。由表 8-17 可知，无助剂的液体洗涤剂，表面活性剂含量高，而含有助剂的液洗，表面活性剂含量仅为 15%~30%，西欧的则更低些。液洗中的助洗剂，美国使用柠檬酸盐，欧洲使用磷酸盐。美国有些液体洗涤中含有大量脂肪酸盐。这里不是用作抑泡剂，而是作为与钙离子起作用的一种牺牲剂。重垢液洗中加入乙醇胺，特别是三乙醇胺，可增加产品的碱性，帮助分散金属氧化物和不溶解的钙、镁盐，有助于污垢的悬浮，并且还具有一定的增溶作用。加入三乙醇胺还可降低产品的黏度和低温下的雾点，改进低温贮存稳定性。但配方中的用量不宜超过8%，否则对皮肤有刺激作用。

表8-17　国外重垢液体洗涤剂配方

组成		质量分数/%					
		西欧		日本		美国	
		有助剂	无助剂	有助剂	无助剂	有助剂	无助剂
阴离子型表面活性剂	烷基苯磺酸钠	5~7	10~15	5~15	—	5~17	0~10
	肥皂	—	10~15	10~20	—	0~14	—
	醇醚硫酸盐	—	—	5~10	15~25	0~15	0~12
非离子型表面活性剂：脂肪醇聚氧乙烯醚		2~5	10~15	4~10	10~35	5~11	15~35
抑泡剂：肥皂		1~2	3~5	—	—	—	—
增泡剂：脂肪酸烷醇酰胺		0~2	—	—	—	—	—
酶：蛋白酶		0.3~0.5	0.6~0.8	0.1~0.5	0.2~0.8	0~1.6	0~2.3
助洗剂	焦磷酸钾	20~25					
	柠檬酸钠，硅酸钠	—	0~3	3~7	—	6~12	—
配方助剂	二甲苯磺酸钠乙醇，丙二醇	3~6	6~12	10~15	5~15	7~14	5~12
增白剂		0.15~0.25	0.15~0.25	0.1~0.3	0.1~0.3	0.1~0.25	0.1~0.25
稳定剂：三乙醇胺，螯合剂		—	1~3	1~3	1~5	—	—
柔软剂		—	—	—	—	0~2	0
香精		+	+	+	+	+	+
颜料		+	+	+	+	+	+
水		余量	余量	余量	余量	余量	余量

丝毛类洗涤剂是专用于洗涤蛋白质纤维的洗涤剂，属于轻垢型洗涤剂。其配方特点是比较温和，pH值为中性或略偏酸性，避免了强碱性对蛋白质纤维的伤害，也适用于手洗。

② 餐具洗涤剂

餐具洗涤剂是厨房中使用的一种典型轻垢洗涤剂，通常为液体状态。它是我国开发最早、数量很大的一种液体洗涤剂，2017年产量达到340多万吨。餐具洗涤剂也是我国液体洗涤剂中的一个主要品种，适用于洗涤餐具和水果蔬菜。

作为餐具洗涤剂，其洗涤对象主要是餐具上黏附的油污、水果蔬菜上残留的农药等有机污垢。因此餐具洗涤剂必须具有优良的润湿、乳化能力和去油污能力。餐具洗涤剂按照功能又可分为单纯洗涤和洗涤、消毒两种；按照洗涤方式分为手洗用和机洗用两类。

液体餐具洗涤剂在国内又称洗洁精、洗涤灵等。

手洗用餐具洗涤剂执行国家推荐性标准GB/T 9985—2000（2017年由强制性标准改为推荐性标准）。配方的基本要求包括：i.产品清晰透明，色泽浅淡，无不愉快气味，黏度适中。ii.泡沫性能优良。iii.对油脂的乳化和分散性能好，去油污能力强。iv.手感温和，不刺激皮肤。v.无毒或低毒，使用安全。表8-18给出了相应的理化指标。

用三氧化硫磺化工艺制取的直链烷基苯磺酸钠含盐量低，润湿和脱脂能力强，对人体和其它生物体比较安全，生产工艺成熟，价格较低，仍是制备餐洗的主要表面活性剂之一。

醇醚硫酸盐的润湿性稍低于烷基苯磺酸钠，但在硬水中的去污力和发泡能力很好。它常与烷基苯磺酸钠和烷基磺酸盐复配使用，通常占活性物总量的20%~50%。

表 8-18　手洗餐具洗涤剂理化指标

项目		指标
总活性物质量分数/%	≥	15
pH 值（25℃，1%溶液）		4.0~10.5
去污力		不小于标准餐具洗涤剂
荧光增白剂		不得检出
甲醇含量/(mg/g)	≤	1
甲醛含量/(mg/g)	≤	0.1
砷含量（1%溶液中以砷计）/(mg/g)	≤	0.05
重金属含量（1%溶液中以铅计）/(mg/g)	≤	1

烷基醇酰胺与烷基苯磺酸钠配合使用，在去污力方面具有协同效应，且具有增稠和稳泡作用，还有助于降低强烈润湿剂对皮肤的脱脂作用。表 8-19 给出了几种餐具洗涤剂配方。

表 8-19　几种餐具洗涤剂的配方（质量分数）　　　　　　单位：%

组成	1	2	3	4	5	6
十二烷基苯磺酸钠（100%）	5.0	14.0	21.0	14.3	—	25.5
十二烷基苯磺酸铵（100%）	—	—	—	—	17.5	—
月桂醇醚硫酸钠（100%）	2.5	3.3	3.0	7.0	—	—
月桂醇醚硫酸铵（100%）	—	—	—	—	27.3	7.0
月桂酸二乙醇酰胺（100%）	—	2.0	—	—	—	2.0
椰子油酸单乙醇酰胺	—	—	—	4.5	—	—
EDTA	0.1	0.1	0.1	0.1	0.1	0.1
酒精	—	—	—	—	5.0	3.0
吐温-60	1.0	—	3.0	4.0	—	—
二甲苯磺酸钠	—	3.0	—	—	—	—
尿素	—	—	—	—	5.0	3.0
福尔马林（40%甲醛）	0.2	0.2	0.2	0.2	0.2	0.2
水，香精，颜料	适量	适量	适量	适量	适量	适量

根据活性物含量的高低，餐具洗涤剂可分为高、中、低三档。国内的产品活性物含量居中，在 15%~20%之间，活性物以直链烷基苯磺酸钠为主。欧洲在餐具洗涤剂中一般使用烷基苯磺酸钠和醇醚硫酸盐，现已有一部分烷基苯磺酸钠被仲链烷磺酸盐取代。日本主要使用 α-烯烃磺酸盐。在美国，氧化胺是餐具洗涤剂中的常用组分，其作用为增稠、稳泡，同时它还具有一定的护肤作用，加入量可高至 5%。

③ 硬表面清洗剂

硬表面清洗剂是用于洗涤具有一定几何形状的硬质表面的洗涤剂。这里的硬表面是指不能浸没于洗涤槽或洗盆中清洗的表面。因此，硬表面清洗剂不包括餐具洗涤剂。

硬表面清洗剂包括家庭清洗和工业清洗两大类。工业清洗用硬表面清洗剂有碱性和酸性两种，酸性清洗剂酸性应尽可能弱些。工业上手工清洗愈来愈少，自动化清洗程度高，因此配方中使用的表面活性剂通常要满足低泡或无泡要求。

家庭及公共场所，如地板、墙壁、门窗、浴盆、排风扇、桌椅、家用电器、钟表、车辆、炉灶、装饰物等多种硬质表面的清洗剂通常为弱碱性。产品有通用型和专用型。

硬表面清洗剂有一定的通用性。通用产品通常使用直链烷基苯磺酸盐和非离子型表面活性剂脂肪醇或烷基酚的聚氧乙烯醚，但表面活性剂的含量不高。在硬表面清洗剂中，仲链烷磺酸盐的去污力通常高于烷基苯磺酸盐。除了表面活性剂外，产品中还需加入一些碱性助剂、螯合剂和溶剂。产品中的碱度由碱性盐和氨来提供。聚磷酸盐既是碱性助剂，又可螯合钙、镁离子，与 EDTA 的作用相同。添加硅酸盐，既可缓冲碱度，又可减少对金属表面的腐蚀。加入溶剂，可使油迹的去除更为容易。所用的溶剂要可溶于水（除非要制成乳状液），无气味，无毒性，闪点高，并且易于溶解油脂。乙二醇醚，特别是乙二醇单丁基醚（丁基溶纤剂）可以很好地满足上述要求。表 8-20 给出了通用型家用液体洗涤剂典型配方。

表 8-20   通用型家用液体洗涤剂典型配方

组成	质量分数/%	组成	质量分数/%
直链烷基苯磺酸钠	4	乙醇	5
非离子型表面活性剂	4	碳酸钠	2
对甲苯磺酸钠	5	香料、其它添加剂	适量
焦磷酸钾	9	水	余量

炉灶的清洗比较特殊，油污在炉灶表面结垢严重，配方中碱性要高，并配入一定的溶剂。典型配方如表 8-21 所示（质量分数/%）。

表 8-21   炉灶清洗剂的典型配方

组成	质量分数/%	组成	质量分数/%
烷基苯磺酸钠	4	乙二醇单丁基醚	6
磷酸（85%）	4.5	异丙醇	2
氢氧化钾（100%）或单乙醇胺	9	硅酸钠（钠硅比 1∶2，100%计）	2
焦磷酸四钾	4.5	水	68

配方中苛性钾量多于中和磷酸所需量，使配方呈强碱性。乙二醇单丁基醚在配方中并不是完全可溶的，但异丙醇起着偶合剂的作用。异丙醇是一种很好的油脂溶剂。

硬表面清洗剂专用性越强，则使用效果越好，使用成本也较低。因为硬表面种类较多，专用清洗剂的品种亦多，各种专用型配方这里不一一介绍。

④ 洗发香波

香波是人们对液态洗发用品的习惯称呼。香波是英语 shampoo 一词的音译，原意为洗发，译名形象地反映了这类商品洗发后留有芳香的特点。洗发香波在国外发展较早，在国内 60 年代初问世，90 年代以来香波生产发展迅速，品种增多，产量增大。

香波的功能不仅仅在于把头发洗洗干净，还具有另外一些功能，如洗后头发感觉良好，易于梳理（干梳和湿梳），刺激性小，能保护头发，促进头发的新陈代谢，能消除头屑，抑制皮脂的过多分泌等。近年来洗发香波在以下几个方面取得了很好的发展：（i）选用对皮肤、眼睛刺激性低的表面活性剂；（ii）具有洗发和护发双重作用的二合一香波问世，并成为市场的流行品种；（iii）选用具有疗效的中草药或水果植物的萃取液作为香波的添加剂，迎合了消费者偏爱天然原料的心理。

洗发香波根据物态可分为膏状、液状、粉状和冻胶状等；根据外观可分为透明型和乳浊型；依据功效可分为普通香波、药用香波（如去头屑）、调理香波、专用香波（如婴儿香波）等。

　　不同人群头发性质有所不同，有油性、干性和中性之分。一般油性头发使用的香波表面活性剂含量高些，脱脂能力强些。干性头发使用的香波表面活性剂含量相对低些，或通过增减调理剂来加以调节，达到合适的洗涤效果，避免过分脱脂。下面介绍一系列不同香波的典型配方及其性能特点。

　　a. 透明液体香波　透明液体香波是最大众化的一个香波品种。它去污能力适中，泡沫丰富，使用方便。配方中常用的表面活性剂包括阴离子型表面活性剂脂肪醇硫酸盐（钠盐、铵盐）、脂肪醇聚氧乙烯醚硫酸盐（钠盐、铵盐）、N-油酰基-N-甲基牛磺酸钠、磺基琥珀酸酯二钠等，非离子型表面活性剂烷基醇酰胺、十二烷基二甲基氧化胺，两性离子型表面活性剂十二烷基二甲基甜菜碱和咪唑啉衍生物等。

　　为了使香波达到透明，必须使用浊点较低的原料，以确保产品在低温（0℃，24h）透明澄清。表面活性剂含量通常在 10%~25% 之间。表 8-22 为其基础配方。

表 8-22　透明香波的基础配方

成分	质量分数/%	成分	质量分数/%
脂肪醇聚氧乙烯醚硫酸钠	14	香精、色素、防腐剂	适量
烷基醇酰胺	4	去离子水	余量
氯化钠（调节黏度）	1~2	柠檬酸	将 pH 值调节到 7~7.5

　　b. 珠光香波　珠光香波是在透明香波的基础上加入珠光剂制成的产品。它的黏度比普通透明香波要大。配方中常用的珠光剂为（聚）乙二醇硬脂酸酯、十六-十八醇、硬脂酸镁等。典型配方如表 8-23 所示。

表 8-23　典型珠光香波基础配方

成分	质量分数/%	成分	质量分数/%
脂肪醇聚氧乙烯醚硫酸钠	14	香精、色素、防腐剂	适量
烷基醇酰胺	4	去离子水	余量
乙二醇单硬脂酸酯	2		

　　c. 冻胶状香波和膏状香波　冻胶状和膏状香波均具有相当的稠度。冻胶状香波是在普通液体香波的基础上加入适量的水溶性纤维素（如 CMC、羟乙基纤维素、羟丙基纤维素等）、电解质、烷基醇酰胺或其它增稠剂配制而成的。膏状香波是国内开发较早、但至今仍很流行的一个品种，其中表面活性剂含量比液状高。配方中以十二醇硫酸钠为主，再配入适量的脂肪酸盐、富脂剂羊毛脂、卵磷脂、增稠剂、络合剂、防腐剂、香精、色素等物质。配制时硬脂酸与碱（氢氧化钾、氢氧化钠或三乙醇胺）中和，然后与各种物质混合、冷却得到。配方举例见表 8-24 和表 8-25。

表 8-24　冻胶状香波基础配方

成分	质量分数/%	成分	质量分数/%
咪唑啉系洗涤剂	15	羟丙基甲基纤维素	1
十二醇硫酸三乙醇胺	10	香精、色素、防腐剂	适量
烷基醇酰胺	10	去离子水	余量

表8-25 膏状香波基础配方

成分	质量分数/%	成分	质量分数/%
十二醇硫酸钠	20	氢氧化钾（约19%）	5
烷基醇酰胺	1	香精、色素、防腐剂	适量
单硬脂酸甘油酯	2	去离子水	余量
硬脂酸	5		

d. 调理香波 头发在洗后一般需要使用护发剂，以改善头发的梳理性，防止产生静电，提供光泽和柔软感。通常阳离子型表面活性剂如双十八烷基二甲基氯化铵，具有非常好的抗静电效果，在使用洗发香波洗发后再使用它，即能使其很好地吸附在头发上，具有很好的护发效果。然而它不宜与阴离子型表面活性剂混合使用，因此只能单独制成护发素使用，不太方便。两性离子型表面活性剂在pH值偏低时，可显示阳离子的性质，它也能吸附在头发上，不易被水冲洗掉，因而能克服摩擦产生的静电，改善梳理性能。同时，两性离子型表面活性剂可以与阴离子型表面活性剂复配，于是市场上出现了大量的"二合一"香波，即把具有护发作用的成分一并加入香波中，洗发护发一次完成。配方举例见表8-26和表8-27。

表8-26 二合一调理透明洗发香波基础配方

成分	质量分数/%	成分	质量分数/%
脂肪醇聚氧乙烯醚硫酸钠（70%）	8	NaCl	0.5~1.5
磺基琥珀酸单酯二钠盐（30%）	10	香精、防腐剂	适量
烷基醇酰胺	4	去离子水	余量
十二烷基二甲基甜菜碱（30%）	6	柠檬酸	将pH值调至5.5~6.5
甘油	2		

表8-27 二合一珠光洗发香波基础配方

成分	质量分数/%	成分	质量分数/%
烷基硫酸酯铵盐（40%）	10	甘油	1
脂肪醇聚氧乙烯醚硫酸铵盐（40%）	10	乙二醇硬脂酸酯	1.5
脂肪醇聚氧乙烯醚硫酸钠（70%）	4	香精、色素、防腐剂	适量
烷基醇酰胺	4	去离子水	余量
十二烷基二甲基甜菜碱（30%）	4	柠檬酸	将pH值调至5.5~6.5
季铵化羟乙基纤维素（JR-400）	0.5~1		

二合一香波中由于使用了铵盐型阴离子型表面活性剂，与JR-400和聚合阳离子具有一定的可配伍性。

头皮屑是很平常的生理现象。头屑增多的主要原因是头皮表层细胞的不完全角质化和卵圆糠疹菌的寄生。加入药物如吡啶硫酮锌1%~2%或硫化硒1%，可以抑制表皮细胞角化速度。表面活性剂十一烯酸单乙醇酰胺磺基琥珀酸单酯二钠盐具有抗屑止痒功能，一些中草药提取液亦具有抗屑止痒的功能。所谓三合一香波即是在二合一香波的基础上加入上述物质的产品，它除了具有洗发护发功能外，还具有抗屑止痒功能。

e. 婴儿香波 婴儿的皮肤比较娇嫩和敏感，并且婴儿洗发时液体容易流入眼睛，因此婴儿香波中使用的原料必须无刺激性或者低刺激性。使用刺激性低的咪唑啉型两性离子型表面活性剂或者氧化胺类表面活性剂，可以满足这一要求。阴离子型表面活性剂磺基琥珀酸单酯二钠盐刺激性较低，在婴儿和成人香波中亦有采用。婴儿香波配方举例见表 8-28。

表 8-28　婴儿香波基础配方

组分	质量分数/%	组分	质量分数/%
咪唑啉型表面活性剂	35	丙二醇	1.0
吐温-20	7.0	香精、色素、防腐剂	适量
聚乙二醇（6000）双硬脂酸酯	2.0	去离子水	余量

香波中使用的表面活性剂大都具有较强的脱脂作用，会引起头发组织和物理性能发生不良的变化。为防止这类弊端，在香波中可添加多脂剂，如高分子的醇和酸、羊毛脂、鲸蜡、卵磷脂、水貂油等，以及添加一些能在头发表面形成保护膜的成分，如水溶性丝肽、水解动物蛋白、多糖类物质芦荟汁等。在香波中亦可加入少量具有护发作用的硅油。

（3）其它形式的清洗剂及特殊用途清洗剂

① 洗衣膏

洗衣膏又称浆状洗涤剂，它相当于洗衣粉制造过程中的料浆再经过研磨后的产品，并且以水代替了填充剂。因此其组成与洗衣粉大致相同，但免除了喷雾干燥工艺过程，节能、经济，生产成本显著降低。不足之处是三聚磷酸钠在水介质中容易水解，长期储存后影响洗衣膏的去污力，因此以现买现用为好。如果以 4A 沸石代替三聚磷酸钠，则既能克服三聚磷酸钠的水解问题，又能制得无磷洗衣膏。

我国洗衣膏执行行业标准 QB/T 2116—2006。相关理化性能指标如表 8-29 所示。

表 8-29　洗衣膏理化性能指标

项　　目		指标	
		普通洗衣膏	无磷洗衣膏
总活性物质量分数/%	≥	12	
水分和挥发物质量分数/%	≤	50	
pH 值（25℃，1%溶液）	≤	10.5	11.0
磷酸盐（以五氧化二磷计）质量分数/%	≤	—	1.1
全部规定污布[①]（JB-01、JB-02、JB-03）去污力	≥	标准粉去污力	

① 试样溶液质量分数 0.3%，标准粉溶液质量分数 0.2%。

洗衣膏在我国出现于 20 世纪 70 年代，由于物美价廉受到一些地区尤其是农村消费者的喜爱，1999 年年产量达到了 8 万吨。但随着洗涤用品市场的激烈竞争，相对于多元化、功能化的洗衣粉以及液体洗涤剂，洗衣膏的竞争力下降，而其简单的加工工艺易被不法分子用来制造假冒伪劣产品，进一步损害了洗衣膏的声誉。因此近年来产量逐年下降，2009 年产量降至 1.24 万吨。

然而从生产和性能方面考虑，洗衣膏仍具有明显的竞争优势：生产设备简单，投资少，能耗低，配方技术简单，较易加入洗涤助剂，使用时易溶解，表面活性剂和助剂的功效更易发挥，价格低廉，易被农村地区消费者接受等。但要将这些竞争优势转变为市场优势，尚需在开发新产品、应用酶制剂、优化配方、提高去污力、改进包装、开辟新市场等方面进一步努力。

② 洗衣片和洗衣凝珠

洗衣片和洗衣凝珠是近年来才出现的新形式的洗衣用品。其中洗衣片属于一种固态高浓缩衣用洗涤剂，可以做成不同的形状，遇水即溶，使用方便。洗衣凝珠亦称洗衣珠，外形似珠子，专为洗衣机洗涤而设计，一次用一粒。这两种新式洗衣用品都保留了浓缩液洗的特点，同时又解决了易定量的问题。其中多腔凝珠还可以将相遇后易于反应的原料存放于不同的腔室，使其在洗涤过程中才予以释放，从而增加了洗衣液配方原料的选择性。

早期的洗衣片采用无纺布浸染洗涤剂而成，洗涤后会残留无纺布基材。2010 年前后，加拿大 Dizolve 公司推出了用水溶性成型剂制成的洗衣片，洗衣片的主要化学成分为淀粉、洗涤剂、水和聚乙烯醇，其中洗涤剂包括了酶制剂以外其它洗涤剂成分，如表面活性剂、螯合剂、漂白剂、防腐剂等。但淀粉因为易于发酵导致变质而被其它成膜剂取代，并且酶制剂也被引入洗衣片中。

我国洗衣片自 2015 年开始热销，主要是通过微商渠道。但由于缺乏行业标准，质量和性价比缺乏竞争力，因而相对于传统的洗涤用品，市场占有率仍处于萌芽状态。

洗衣凝珠在欧美国家销售形势良好。例如 2013 年，欧洲有超过 3000 万家庭使用洗衣凝珠，而美国的销售量达到了 14 亿颗。2015 年，宝洁公司将其引入我国市场，优先被年轻人接受。随后，国内多家洗涤用品品牌如碧浪、浪奇、超能、奥妙、拉芳、妈妈壹选等推出了类似产品，但几年下来，销售相对低迷，未能打开市场。究其原因，在于洗衣凝珠价格相对偏高，洗衣成本约为使用普通洗涤用品的 2~5 倍。另外，在技术层面，洗衣凝珠要求含水量低于 10%，以保持性能稳定，而市场上人们习惯于透明产品，导致许多去污力好、成本低的表面活性剂和助剂难以加入，因此性价比相对较低。

洗衣片和洗衣凝珠的发展方向无疑值得肯定。相信通过商品供应商不断改进产品质量、提高性价比，管理部门通过制定行业标准，规范市场，洗衣片和洗衣凝珠未来会有更好的发展。

③ 特种洗涤剂

特种洗涤剂主要用来洗涤特种织物，对洗涤温度、洗涤液比例和搅拌可能有特殊的要求。在欧洲，特种洗涤剂主要有精细织物洗涤剂、羊毛洗涤剂、窗帘布洗涤剂和手工洗涤剂等。洗涤过程中要求能够防止窗帘布的皱褶、羊毛的毡化和染料的扩散等。表 8-30 列出了一些粉状特种洗涤剂的配方组成。

表 8-30 西欧粉状特种洗涤剂配方

组成	质量分数/%			
	精细有色织物洗涤剂	羊毛洗涤剂	窗帘布洗涤剂	手工洗涤剂
阴离子型表面活性剂（LAS, AES）	5~15	0~15	0~10	12~25
非离子型表面活性剂（脂肪醇聚氧乙烯醚）	1~5	2.0~25[①]	2~7	1~4
肥皂	1~5	0~5	1~4	0~5
双烷基二甲基氯化铵	—	0~5[②]	—	—
三聚磷酸钠	25~40	25~35	25~40	25~35
过硼酸钠	—		0~12	—
硅酸钠	2~7	2~7	3~7	3~9
抗再沉积剂	0.5~1.5	0.5~1.5	0.5~1.5	0.5~1.5
酶	0~0.4	—		0.2~0.5

续表

组成	质量分数/%			
	精细有色织物洗涤剂	羊毛洗涤剂	窗帘布洗涤剂	手工洗涤剂
增白剂	0~0.2	—	0.1~0.2	0~0.1
香精	适量			
填充料	适量			

① 仅在液体洗涤剂中非离子型表面活性剂含量较高。
② 仅在羊毛液体洗涤剂中含阳离子型表面活性剂。

精细有色织物洗涤剂通常不含漂白剂和增白剂，通常用来洗涤合成精编织物，或者具有对氧化物敏感的染料以及可由增白剂使色泽转变成彩色的那些精编织品。

羊毛洗涤剂主要用在 30~40℃、低速搅拌的洗衣机中洗涤。用它来洗涤特殊处理的无绒羊毛织物，可防止毛毡化。

窗帘布洗涤剂中含有特种抗再沉积剂，以防止窗帘布的灰黄化。手工洗涤剂是高泡产品，用来洗涤特别脏的部位如衣领和衣袖。

液体特种洗涤剂有洗涤羊毛和窗帘布的。羊毛洗涤剂中可只使用非离子型表面活性剂，也可加入阳离子型表面活性剂，使羊毛洗后柔软感较好。表 8-31 给出了液体特种洗涤剂的配方。

表 8-31　西欧液体特种洗涤剂配方

组成	质量分数/%		
	羊毛洗涤剂		窗帘布洗涤剂
	含柔软剂	不含柔软剂	
阴离子型表面活性剂（LAS，AES）	—	10~30	0~8
非离子型表面活性剂（脂肪醇聚氧乙烯醚，脂肪酸酰胺）	20~30	2~5	15~30
乙醇、丙二醇	0~10	0~10	0~5
甲苯、二甲苯、异丙基苯磺酸盐	—	0~3	—
助洗剂（焦磷酸钾、柠檬酸钠）	—	0~15	2~5
增白剂、香精、颜料、水等	60~70	60~80	65~75

8.4　粉状洗涤剂的制造

目前，工业上制备颗粒状洗涤剂的工艺主要有两种，即喷雾干燥法和附聚成型法。喷雾干燥工艺是把一个预先配制好的液体料浆输送到一个喷粉塔中，雾化成很小的液珠（具有很大的比表面积），与载热流体（热空气）相接触进行热交换，使液珠中的水分蒸发，干燥成空心颗粒，得到常见的低密度洗衣粉。附聚成型则利用绝大多数原材料本身是粉状固体的特征，采用少量液体材料作为黏合剂，将干态物料桥接、黏聚成近似球状的颗粒，并通过无机电解质的水合作用，使游离水分转变为结晶水，得到高密度洗衣粉。

喷雾干燥是传统工艺，但自 20 世纪 90 年代以来，附聚成型工艺获得了很大的发展。随着浓缩粉的普及，美国、西欧、日本等地区附聚成型工艺获得迅速发展。但在我国，高密度浓缩粉在市场竞争中尚未占据优势，而在生产普通低密度洗衣粉方面，附聚成型工艺与喷雾干燥工艺相比并无优势，因此目前国内是两种工艺并存。值得注意的是，近年来人们开发了一种结合两种工艺的喷雾混合法。

8.4.1 喷雾干燥成型

传统的洗涤剂喷雾干燥生产工艺流程示于图 8-6 中。该工艺流程大致可分为料浆的配制与输送，热空气的发生与喷雾干燥，洗衣粉的输送、贮存、混合、后配料，包装及尾气处理等几个部分。

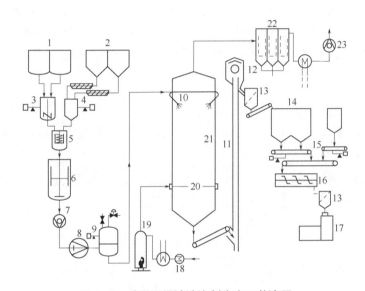

图 8-6　喷雾干燥法洗涤剂生产工艺流程

1—液体贮槽；2—固体料仓；3—液体计量器；4—固体计量器；5—配料锅；6—中间贮槽；7—升压泵；8—高压泵；
9—稳压罐；10—喷嘴；11—风送管；12—容积式分离器；13—筛子；14—料仓；15—皮带输送秤；16—混合器；
17—包装机；18—二次风风机；19—加热炉；20—环形分布管；21—干燥塔；22—袋滤器；23—尾风风机

液体和固体物料分别由贮槽（1）、料仓（2）进入计量器（3、4），经计量后加入装有良好搅拌设备的配料锅（5）中。配好后的料浆进入中间贮槽（6），然后由升压泵（7）将其送入高压泵（8），经稳压罐（9）后在喷嘴（10）处将料浆喷入干燥塔（21）中。空气用尾气预热后进入加热炉（19）升温，然后进入喷雾干燥塔底部的环形分布管（20）。尾气经袋滤器（22）、热交换器后排入大气。洗衣粉经风送管（11）进入容积式分离器（12）、经筛子（13）筛分后进入料仓（14）。在混合器（16）与热敏性物料混合后过筛，然后进入包装机（17）进行包装。

（1）料浆的配制与输送

图 8-6 中的料浆配制采用传统的间歇方式，即原料采用静态秤分批计量。配料锅中必须装备有效的搅拌设备，既要保证配方中各种物料的充分混合，又要防止物料积聚在器壁和锅底。配料锅还应具有夹套加热和直接蒸汽加热的条件。间歇式配料可以直接加入成品表面活性剂烷基苯磺酸钠和肥皂，也可以加入磺酸和脂肪酸，在配料过程中完成中和，使其转变成表面活性剂，然后再加入配方中的其它物料。生产实践证明，将中和、配料合并为一个工序，解决了将

两个工序分开时的单体分层、发松等弊病，缩短了生产周期，节省了设备投资，既提高了产品质量，又降低了生产成本。但操作中必须保证物料完全中和，否则未中和部分可使产品变色并具有一定气味。

现行的间歇配料一般均采用计算机控制，按一定的程序自动分批称量，加入配料锅中，实现了自动化。与过去的人工投料相比，这种配料方式提高了投料精度，减轻了工人的劳动强度，加快了投料速度，提高了产量，保证了质量。

制备料浆亦可采用如图 8-7 所示的连续配料方式，即原料采用计量秤或计量泵连续计量，在配料锅中连续配料。具体流程为，固体物料从粉仓（2）以每分钟 1~2 次、每次数公斤间断称量后进入预混合螺旋输送机（8）。固体物料与经（6、7）连续计量的液体一起进入料浆混合器（9），生成的料浆进入老化器（10）。连续配料每次的称料量少，而黏附在料斗壁上的固体物料和液体物料量相对较多，因此配料精度低于间歇式，料浆稳定性也不如间歇式工艺。另外连续式配料不能直接使用磺酸和脂肪酸，因此连续配料不符合我国国情。我国洗衣粉行业基本采用计算机控制的全自动间歇式配料工艺。

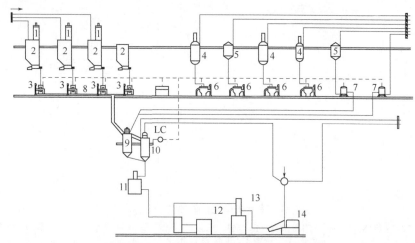

图 8-7　Ballestra 料浆连续配料设备流程

1—套筒过滤器；2—粉仓；3—比配称量器或粉剂（助剂）的负载传感器；4—液体或膏状物贮罐，附搅拌器；5—液体贮罐，无搅拌器，6—液体和膏状物的比配称量器；7—容量配料器，8—预混合螺旋输送机；9—料浆混合器（螺旋搅拌器）；10—老化器；11—进料过滤器；12—均化泵；13—自动清洗过滤器；14—高压泵

料浆的总固体物含量通常控制在 60% 以上。原则是在保证料浆具有一定流动性的条件下，总固体物含量尽可能高，从而可以减少喷雾干燥时的除水量，降低能耗，提高喷雾干燥塔的生产能力。为了确保料浆具有较好的流动性，三聚磷酸钠和非离子型表面活性剂通常在配料过程的后期加入。料浆温度通常为 60~70℃，如果有聚氧乙烯醚型非离子加入，则配料温度可适当提高，达到 65~75℃。

配好的料浆进入低速搅拌的贮罐或老化器，再通过磁性过滤器和过滤网除去杂质后进入均质器，然后用低压泵或中压泵将其送至高压泵，由高压泵经过一个稳压罐后进入喷嘴，雾化后干燥。

（2）料浆制备过程中的物理化学与胶体化学变化

除热敏性物料外，洗衣粉配方中的其它所有固体和液体物料在计量后均进入配料锅，充分混合均匀。从经济方面考虑，料浆所需的水量应尽可能少，确保料浆具有所需的流动性即可。对含有三聚磷酸钠的料浆，其黏度与三聚磷酸钠的水合程度有关。

三聚磷酸钠有Ⅰ型和Ⅱ型两种晶体。Ⅰ型在较高温度 450~650℃ 下稳定，称高温型。Ⅱ型在较低温度 400℃ 下稳定，称低温型。商品三聚磷酸钠一般是两种类型的混合物。在料浆配制和喷雾干燥时，由于水分和温度等条件的变化，三聚磷酸钠可发生溶解、水合和水解三种作用或反应。其中，水合反应最重要，一方面会导致黏度增加，另一方面会使产品螯合钙、镁离子的能力下降，影响产品的质量，而形成的六水合磷酸钠溶解度明显降低。三聚磷酸钠水合生成六水合物的反应式为：

$$Na_5P_3O_{10} + 6H_2O \longrightarrow Na_5P_3O_{10} \cdot 6H_2O \tag{8-14}$$

三聚磷酸钠溶于水中时，开始溶解度较高，随着时间的推移，都降到六水合物的平衡溶解度。开始时的溶解度称为瞬时溶解度，最后的溶解度称为平衡溶解度。Ⅱ型三聚磷酸钠的瞬时溶解度为 32g/100g 溶液，经过 15~20min，降到六水合物的平衡溶解度 13g/100g 溶液。Ⅰ型三聚磷酸钠形成六水合物的速度更快，因此其溶解度亦迅速降到六水合物的溶解度。过饱和的六水合物将以白色晶体形式从溶液中析出。因此当Ⅰ型含量较大时，过饱和六水合物晶体会快速从溶液中析出，并会迅速形成难溶的团块。

三聚磷酸钠的水合是放热过程。Ⅰ型水合热 $\Delta H = -75.78$kJ/mol，Ⅱ型水合热 $\Delta H = -69.50$kJ/mol。完全水合的三聚磷酸钠含水量为 22.71%。实际过程中形成的空心颗粒状六水合物水含量约为 16%~19%。在水合速度方面，部分水合磷酸盐的水合速度最快；磷酸盐中Ⅰ型含量越高，水合速度越快；磷酸盐的晶核愈小，水合愈快。Ⅰ型含量高、表面积大和部分水合的产品，均可加快水合速度。但快速水合会导致形成表面反应产物。为了不使水合反应局限于表面，在配制料浆时要强烈搅拌，以加快物质传递，防止形成块状物。通常，随着水合反应的进行，体系温度升高，水合速度降低。为了保证三聚磷酸钠较好地水合，配料温度不宜太高。此外，pH 值上升，水合速度增加；料浆中其它分散固体的存在会降低三聚磷酸钠的水合速度；料浆中总固体含量增加，水合速度降低；三聚磷酸钠中焦磷酸盐的含量、溶液的缔合情况和表面张力的大小，对水合作用也有一定的影响。

三聚磷酸钠的水合作用会对料浆黏度产生较大的影响。如图 8-8 所示，配方中三聚磷酸钠含量相同时，Ⅰ型含量高，则料浆黏度大。如果使用部分水合的特种磷酸盐，则生成六水合物的速度快，料浆黏度不会随三聚磷酸钠用量的增加而大大增加，且当三聚磷酸钠的量增加到一

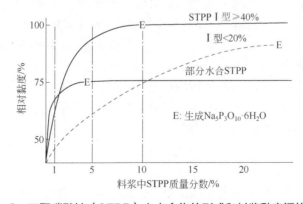

图 8-8   三聚磷酸钠（STPP）六水合物的形成和料浆黏度间的关系

定值后，黏度达到一恒定值。该值比使用常规三聚磷酸钠的料浆体系要低，这意味着在黏度相同的条件下，可减少料浆中的加水量，即可以进一步提高料浆中的总固体含量，从而有利于降低能耗，增加装置生产能力。

配料工艺流程中常在配料锅后面设置一个老化罐，其目的就是使三聚磷酸钠充分水合，从而有利于提高目的产品的质量。

三聚磷酸钠的水解过程可以表示为：

$$Na_5P_3O_{10} \longrightarrow Na_3P_2O_7 \longrightarrow Na_2HPO_4 \qquad (8\text{-}15)$$

由于水解产物在洗涤去污中的作用不大，应尽量减少三聚磷酸钠的水解。在 pH=7 的溶液中存放一个月和在 pH=10 的溶液中存放六个月，三聚磷酸钠水解率均能达到 5%，因此重垢液洗中一般不采用三聚磷酸钠。喷雾干燥法在料浆配制时 pH 值一般在 9.5~10.5，温度不超过 80℃，料浆中的总固体物含量在 60%以上，通常不会发生水解。

配料过程中其它无机电解质如 Na_2CO_3、Na_2SO_4 等的加入，亦会发生溶解、水解和相变。配料中还会加入少量的有机助剂，如 CMC 和荧光增白剂等。CMC 虽易溶于水，但与荧光增白剂一样，难溶于胶体状的料浆，一般在配料的前期操作中加入，即在加入单体将温度升至 40℃以上后，于强烈搅拌下加入，使其溶解并很好地分散于料浆中。为使荧光增白剂充分溶解，亦可将其加入专门的溶解锅，用蒸汽加热溶解后再加到配料锅中。注意如果加入的烷基苯磺酸钠单体已用次氯酸钠漂白过，则在料浆中只能加入耐活性氯的荧光增白剂，如 33# 增白剂。否则需要在烷基苯磺酸钠单体中加入还原剂硫代硫酸钠、亚硫酸钠或亚硫酸氢钠等，以除去单体漂白后残存的活性氯。

表面活性剂在料浆中的浓度较高，并伴随高含量的电解质，因此，料浆实质上是一种胶体电解质溶液和分散固体的浆状混合物。配方中各种加入物的组成与性质、配料的方式、加料的顺序、配料锅的结构等对料浆的性能均有一定的影响，并直接影响到喷雾干燥操作及其成品的性能。

（3）喷雾干燥成型

根据料浆与热空气二者的流动方向，喷雾干燥可分为并流（顺流）式和逆流式两种。洗衣粉的喷雾干燥通常采用逆流式，如图 8-6 所示。料浆（含水量高）出喷嘴后，首先与温度较低的干燥空气相接触，即干燥在一个高湿含量、较低温度区域开始，皮壳状薄壁泡的形成比较缓慢。在热空气入口处，水含量较低的粉与较高温度的干燥空气相接触。因此，整个干燥过程中传质和传热推动力较大，热利用率较好。逆流干燥有可能产生附聚颗粒，因此与顺流干燥相比，产品的颗粒度与表观密度均较大。逆流干燥中，干燥成品将与高温的热风相遇，因此不适用于受热易变质的热敏性物料，如含酶、香料、脂肪醇硫酸盐等料浆的干燥。

顺流干燥中含水量高的料浆先与温度较高的新鲜干空气接触，水分迅速蒸发，防止了液滴温度的快速上升，因此特别适合于热敏性物料的干燥。由于干燥时间短，干燥塔的塔身较低，产量较大。但形成的皮壳状薄壁泡迅速膨胀，易于破碎，因此颗粒较小，细粉较多，产品表观密度较小。

① 喷雾干燥成型理论

洗衣粉逆流干燥工艺中，喷粉塔的高度通常在 20m 以上。料浆自塔顶部雾化至洗衣粉从塔底离开的整个干燥过程包括了三个阶段：即液滴的形成、空心颗粒的形成和结晶，如图 8-9 所示。

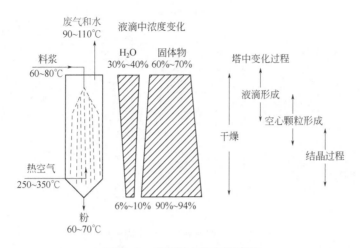

图 8-9 喷雾塔中的变化过程

在第一阶段，含水 30%~40%、温度 60~80℃ 的料浆呈雾滴状进入干燥塔后与热空气接触，温度升高，表面水分蒸发，液滴收缩，表面逐渐形成皮膜。此时，传质和传热的方式与生成的皮膜结构有关。

皮膜具有一定的厚度和孔隙度。皮膜厚度增加，传质途径和有效扩散的途径变长，干燥速率下降；而孔隙度增加，则有效扩散系数较大，水分易扩散进入干燥气流，干燥速率增加。所以，传质速率应是孔隙度/厚度比值的函数。研究表明，配方中加入羧甲基纤维素钠、甲苯磺酸钠后，孔隙度/厚度是降低的，即干燥速率下降。但如果加入椰子油酸单乙醇酰胺，则干燥速率增加。此外，含有非离子型表面活性剂的料浆干燥速率低于含有离子型表面活性剂的料浆。

在第二阶段，即雾滴表面生成皮膜，即结皮，则汽/液界面缩入雾滴里面，形成一个湿的核心，这时，水汽只能通过皮膜的小孔扩散而蒸发，干燥进入减速阶段。液滴内部蒸汽向外扩散受阻，从而内部压力上升，体积膨胀，表面积扩大。而水分蒸发后，由于表皮固化，不能收缩，使多数液滴形成空心颗粒状，如图 8-10 所示。如果皮膜弹性差，热空气进口温度高，空心颗粒内部蒸汽压过大，则均会导致皮膜破裂，最后细粉量增加。

图 8-10 空心颗粒的形成过程

在第三阶段，即干燥后期，由于皮膜厚度增加，水汽扩散减缓，三聚磷酸钠可与表面水分结合，生成六水合物结晶，其它无机电解质如硫酸钠等会转变为带结晶水的形式。在塔底有冷空气进入的情况下，这一过程更易发生。

尽管喷雾干燥技术在生产实际中已广泛应用，然而有关液滴干燥特性的研究几乎都是用单一液滴进行的。因此喷雾干燥设备的设计制造主要还是依靠经验。

② 喷雾干燥装置

喷雾干燥塔由雾化装置，冷、热风进口，尾气出口，粉出口和扫塔器等部分组成。料浆雾化装置一般采用旋涡式压力喷嘴，图 8-11 中给出了常用的喷嘴结构示意图。

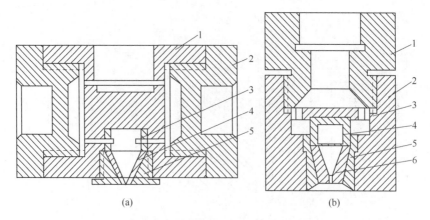

图 8-11　料浆雾化喷嘴结构示意图

(a) 卧式喷嘴：1—喷嘴主体，2—端压盖，3—喷距，4—喷嘴，5—喷嘴压盖；
(b) 立式喷嘴：1—顶盖，2—主体，3—分布板，4—喷距，5—固定盖，6—喷嘴

为使液体雾化良好，液体多数成旋转运动，并喷射成中空圆锥形。加压喷嘴最重要的特性是流量和喷雾角。流量与喷嘴孔直径的平方成正比，与压力的平方根成正比。料浆的黏度对流量系数有影响，应予以校正。

加压喷嘴喷雾液滴的平均直径与锐孔直径的 0.6 次方成正比，还与压力和料浆黏度有关。

料浆喷成的雾滴状态是决定干燥好坏的一个先决条件。加压式旋涡喷嘴的操作弹性较小，当处理的料浆量不同时，常常通过更换不同直径的喷嘴或者增减喷嘴数来调控。喷嘴直径大都采用 2.4~3mm，喷雾压力通常控制在 3.5~4.0MPa（国外达到 10MPa），雾滴直径一般为 400μm 左右。干燥后粒径在 500~550μm 左右。喷雾角在生产中一般控制在 60°左右。喷雾角增大，易产生雾滴群的交叉、重叠，造成粒度不匀或疙瘩粉增加。直径 6m 的干燥塔，使用 11 只喷嘴，产量可达 7t/h。喷嘴的安装位置应避开塔顶热风排出的加速段，这样有利于雾滴在塔中均匀分布，并可减少尾风夹带的粉尘量。喷嘴一般可安装在距塔身上缘 2~3m 处，采用可调的安装方式。这样，可以避免固定式喷嘴由于料浆流量波动、喷雾压力波动和喷嘴孔径磨蚀等，使喷雾角发生变化而导致粉粘壁或产生疙瘩粉。为避免湿料浆喷在塔壁上，喷枪大多倾斜安装，喷枪与塔壁夹角以 27°~30°为宜。喷嘴与塔壁的距离一般为 1.2~2m。喷嘴要按一定的间距均匀地排列在塔的同一截面上，以使雾滴在整个截面上均匀分布。相邻喷嘴的中心距应不小于 1m。图 8-12 为直径 8m 塔内 20 个喷嘴的分布图。我国 80 年代中期之前建设的企业基本采用单层喷嘴，80 年代末期以后建设的企业则基本采用双层喷嘴，生产工艺及装置成熟可靠。双层喷嘴能有效地利用干燥塔空间，增加塔的生产能力。例如直径 7m 的喷粉塔生产能力达到 9~12t/h。双层喷嘴塔的生产能力比单层高 10%，且疙瘩粉少，层距有 5m、6m 和 8m 不等。

热风在干燥塔内的流动状态是很复杂的，会影响到粉的粘壁状况、成品粉的粒度和表观密度等。但这些问题理论上目前尚不能完善地解决。因此，在塔的设计中主要考虑热风进口的合适结构和位置，以保证热风能均匀定向地进入干燥塔中。逆流式喷雾干燥塔一般采用在沿塔周的变径热风环管上设置许多支管，使热风均匀地分配送入塔中。6m 塔中可设置 16~24 个进风口，进风口可设导向板，使热风沿切向进入塔中，螺旋形旋转向上。80 年代末开始出现的设计，是将热风口设计成均布在干燥塔下部的外展倒锥体上，如图 8-13 所示。采用这一结构可避免塔壁和进风口处粘粉，以及温度升高所引起的黏结粉烧焦现象的发生，同时也避免了空气直接冲

击塔区产生的塔内气体涡流，有利于提高热风进口温度和热效率。

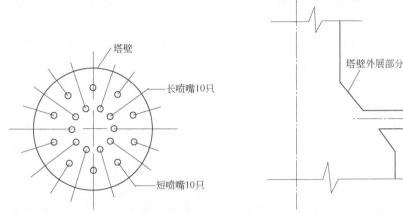

图 8-12 意大利 Panigal 喷嘴布局示意图   图 8-13 外展倒锥形热风进口的结构

我国企业采用的热风系统主要有燃油热风炉和燃气热风炉，热风的出口温度一般控制在350~380℃，国外的可达到 550℃ 左右。

逆流喷雾干燥塔多为 20#或 20G 碳钢（国外则采用 SS304 不锈钢）制的圆柱结构，顶部和底部呈锥形。塔底的锥角根据洗衣粉的静置角确定，一般取 60°，以使洗衣粉自动连续排出塔体。在锥底的下部，可采用类似于热风进口的倒锥体结构，锥形壁外展，采用百叶窗形式，用风机通入冷风，使洗衣粉冷却老化，降低粉的出塔温度以及粉粒之间的黏附力。

塔顶锥体的倾斜角在 55° 左右，这样可以避免由于排气加速而干扰塔内气体的流动状态，使塔内气流保持原有的稳定流动状态。因此减少了尾气中细粉夹带量，避免了细粉在排风管中的沉积。

塔顶的排风管结构有两种，如图 8-14 所示。一种为渐缩型；另一种为膨胀节型，即在塔顶和尾风管连接处设膨胀节。前者能有效地避免细粉粘壁，适合用于干燥易粘壁的复配粉；后者可有效防止细粉的逸出和塔顶细粉的堆积。

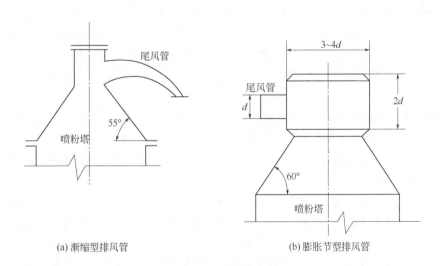

(a) 渐缩型排风管   (b) 膨胀节型排风管

图 8-14 塔顶排风管结构

洗衣粉生产过程中产生的各种细粉,可通过气流输送或机械输送的方法使其回到干燥塔中,与塔中的喷雾液滴附聚,成为粒度合格的产品。细粉的返回点应设在喷雾区,通常设置在塔的中心轴线处,在喷嘴上方 100~200 mm。亦有设在喷嘴下方的。

喷雾干燥塔内装有扫塔器,用来清扫塔壁粘粉。扫塔器用卷扬机带动,扫塔器四周与塔壁接触处装有刷子。扫塔时,扫塔器在塔内上、下运动,由贴壁的刷子清除粘壁粉。不用时将其悬在塔顶。

③ 喷雾干燥塔中气流与物料的能量交换

塔内气流与物料的能量交换与具体的喷雾干燥工艺有关。顺流干燥工艺中,含水料浆一旦从喷嘴中喷出,立即与新鲜的干热空气相接触,料浆雾滴迅速膨胀,与干热空气进行传质、传热,得到堆积密度较低的粉状颗粒产品。因此干燥时间较短,且因含湿量高的物料与温度最高的干空气接触,水分大量蒸发,颗粒的表面温度不会很高,适合干燥受热易分解、起泡性好的脂肪醇硫酸钠等。而在逆流干燥工艺中,干燥是在一个高湿含量的低温区开始,随着液滴的下落,干燥温度逐渐升高,因此液滴能在塔中得到充分的干燥,颗粒相对较大,粉堆积密度稍高。

图 8-6 中的干燥空气由风机送入,在加热炉(19)中用燃料油或燃料气燃烧加热。刚开工时,由于燃烧不完全,干燥空气常先排空,不进入干燥塔。通常进塔干燥空气温度为 200~400℃,出塔尾气温度约为 75~100℃。干燥空气从干燥塔的下部圆锥体上面的入口处进入,在塔内呈螺旋状上升。通常让干燥空气通过与沿塔周的热风环管相连的许多具有导向板的支管均匀地进入塔中,或借助于一个脉冲的空气流来实现。如果采用如图 8-13 所示的方式进入,则可避免空气入塔时直接冲击塔区,减少涡流的发生,有利于提高热风温度及增大热效率。

进塔空气在塔内呈螺旋状上升,对喷雾干燥是十分有利的。它可以提高空气和雾化料浆间的传热、传质效果,增加喷雾液滴在塔内的行程,延长干燥时间。风量的大小对于干燥速度影响很大。风量大,进入塔内的热量多,塔内的传热推动力大,且塔内气体的上升速度较大,减缓了粉粒的下降速度,增加了粉粒在塔内的停留时间,相应地增加了粉粒的干燥时间。气流速度加大,还能增加气流的湍动,对粒子的干燥有利。但风量太大,会造成热量利用不充分,尾气中细粉增多。一般控制气体的空速在 0.4~1.0m/s,热空气在塔内的停留时间在 20~50s。

研究表明,气体在塔内的切向速度除塔壁附近外,大体上与半径的平方根成正比。气体在塔内的平均垂直上升速度在各断面上几乎是相同的。但如果在塔的横截面上各点通入少量氢气,则氢气到达塔顶的平均时间有着一定的差异。靠近塔壁处的截面外侧时间最短,其次为截面的中心处。而在二者的中间部分时间最长。这可能是中间部分的气流向外侧和中心部分扩散造成的。

鉴于在喷雾干燥塔内各部位上的温度差、热风与粒子间的相对速度无法准确测定,被干燥物料的物理性质、温度、粒径分布以及热风温度、流动情况均会影响到干燥过程的传热、传质。在液滴群的蒸发中,液滴粒径分布的变化以及周围温度和湿度的变化非常复杂,因此对喷雾干燥不可能进行严密的计算。

保温良好的干燥塔,热损耗较小。据工厂测定,约为所有物料、空气进塔热量的 5%。喷雾干燥操作中热效率是衡量热量利用好坏的一个指标。热效率一般以蒸发水分所需的热量与燃料燃烧产生的热量的比值来表示。热效率通常可达 50% 以上。采取降低尾气温度、尾气回用、回收尾气中的余热、降低塔体散热损失等措施,均可提高喷雾干燥塔的热效率。目前,国内生产 1t 洗衣粉燃料油消耗达为 40~45kg 左右。

通常，干燥塔的干燥能力，即每小时蒸发的水量是相对固定的，因此料浆的初始浓度和成品粉的含水量将对洗衣粉的产能有显著的影响。

设塔的水分蒸发能力为 G_w（单位：t/h），W_1 和 W_2 分别为料浆和洗衣粉的含水量，则喷雾生产能力 G_n（单位：t/h）为（干粉质量）：

$$G_n = G_w \times \frac{1-W_1}{W_1-W_2} \tag{8-16}$$

若 W_2=5%，料浆浓度从 55%提高到 70%，则

$$\frac{(G_n)_2}{(G_n)_1} = \frac{1-0.3}{0.3-0.05} \times \frac{0.45-0.05}{1-0.45} = 2.04 \tag{8-17}$$

即喷粉塔的生产能力增加了一倍。不过料浆浓度的提高是有限的。

④ 干燥因素的调节与控制

喷雾干燥制得的洗衣粉产品有一定的质量指标要求，如水分、堆积密度、粒径大小和分布、流动性、溶解度、溶解速度、分散性、漂洗性和洗涤性能等。影响这些质量指标的因素有料浆的配方、流量、压力、温度、浓度、密度、干燥空气的流量、进塔和出塔的温度、在塔内的轴向和切向速度等。准确测量和控制影响质量指标的各项参数，并确定其间的关系，就有可能用过程控制计算机调节控制加工过程，使洗衣粉的堆积密度和水分达到一定的数值。

根据大量的实践经验，人们总结出可能影响产品的堆积密度和水分的各种操作因素及其影响方向，如图 8-15 所示，其中液滴直径的变化、雾化压力的高低均与喷嘴的直径直接相关。

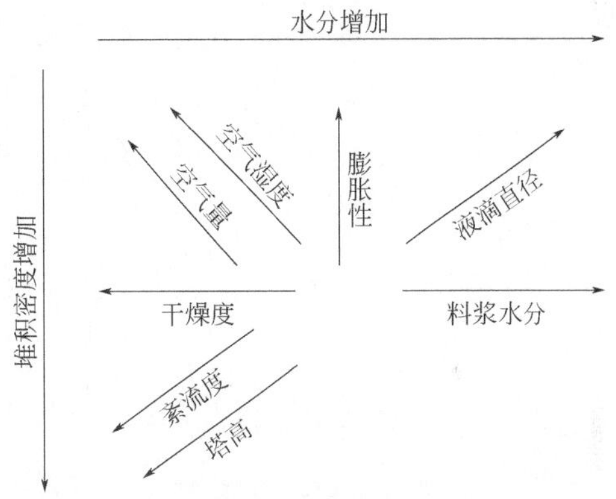

⑤ 尾气的净化与处理

喷雾干燥塔的尾气中含有一定量的细粉和有机物，并且温度较高、湿度较大。产品配方、塔内空气流动模式、喷嘴的安装位置和喷粉塔的结构不同，产生的细粉量亦不相同。通常细粉约占成品量的 5%，因此从经济和环保的角度考虑，细粉的回收都是必要的。

图 8-15 喷雾干燥各种操作因素与洗衣粉堆积密度和水分的关系

工业上通常采用两种设备回收细粉。一种是旋风分离器，另一种是布袋除尘器。采用 CLT/A 型旋风分离器一级除尘，除尘效率可达 97%以上。一级除尘后尾气中的粉尘浓度可降至 100mg/m³（标准状态）左右，低于国家排放标准≤150mg/m³（标准状态）。如果旋风分离器的进口风速不在 12~18m/s，旋风分离器密闭不好或旋风分离器中的湿度低于尾气露点温度，都会影响分离效果。将一级除尘后的尾气再通过盐水洗涤、静电除尘或布袋除尘器等二级除尘措施，尾气中的粉尘浓度可降至 10~30mg/m³（标准状态），有的甚至低至 5mg/m³（标准状态）。图 8-16 给出了采用一级旋风分离器组除尘和二级除尘的尾气净化处理流程，其中二级除尘器通常采用布袋过滤器和盐水洗涤塔。

布袋除尘器的工作原理示于图 8-17 中。在一组支撑篮的外部安装了毛毡袋，尾气从底部进入除尘器中，细粉沉积在袋子表面，气体则穿过布袋进入支撑篮内，上升至出口。在每个袋顶部安装了喷嘴，间隔一定时间通入压缩空气，可振落沉积在袋表面上的细粉。

从旋风分离器和袋滤器中分出的细粉可通过气流或机械的方法返回到塔中。进塔位置一般

置于喷嘴的上方。这样，有利于细粉的进一步附聚，变成颗粒大小合格的成品粉。

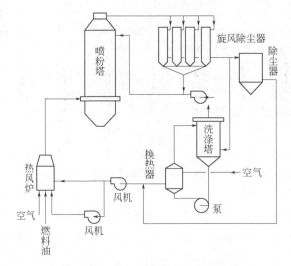

图 8-16　尾气二级除尘、回用流程

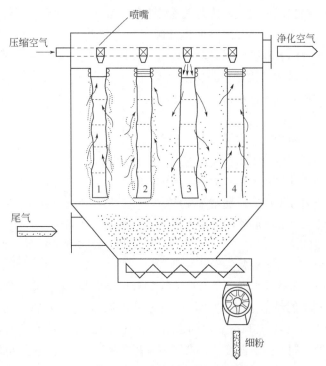

图 8-17　布袋除尘器的工作原理

1, 2, 4—过滤操作；3—净化操作

　　离开喷雾干燥塔的尾气温度较高，其中的热量可以回收利用，以降低燃料的消耗，节约能源。回收的方法有以下几种：i.50%左右除去细粉的净化尾气进入热风炉；ii.尾气与进入热风炉的空气进行热交换；iii.尾气经洗涤液洗涤，将部分热量传递给洗涤液，然后与进入热风炉的空气进行热交换；iv.20%~50%一级除尘后的尾气通过袋滤器二级除尘后进入热风炉回用。v.50%~80%一级除尘后的尾气经盐水洗涤将热量传递给洗涤液，然后在热交换器中将热量再传递给进入热风炉的空气。采用这些方法，可节省10%~20%的燃料。

风机风量的选择应使塔中保持196~490Pa（20~50mmH$_2$O）微负压。

⑥ 成粉品的输送与后配料

从喷雾干燥塔出来的洗衣粉进入容积式分离器，再经过筛分，得到的成品粉（称为基粉）进入基粉料仓。料仓中的基粉需要在后配料装置中与热敏性物料，如酶、过硼酸盐或过碳酸盐、香精等，以及非离子型表面活性剂混合，再次过筛后才成为最终洗衣粉，进入包装机包装。

出喷雾干燥塔的洗衣粉温度通常在70~100℃，经过皮带输送机送至负压风送管口，然后被负压风送至容积式分离器。这一过程称为风送老化过程。由于粉的温度迅速下降，三聚磷酸盐和无机盐就能把游离水转变为较稳定的结晶水，从而有利于提高粉品的强度和流动性。

风送是物料借空气的悬浮作用而得到移动。洗衣粉风送时，考虑到进口物料分布以及气流的不均匀性，输送管中的空气流速通常取10~18m/s，比洗衣粉在空气中的沉降速度1~2m/s大得多。对于粉状物料一般取1kg空气输送0.3~0.35kg粉料，即气料比为1:(0.3~0.35)。

风送时管内流速较高，高速流动的物料与管壁摩擦，以及粒子间互相碰撞会产生带电现象，所以不论采用哪种材质的风送管道，都应采取消除静电的措施。风送管中掉下的疙瘩粉，可回到配料锅重新配料。

筛分设备是根据对洗衣粉颗粒度的要求而选定的。有的采用淌筛除去疙瘩粉，采用双层振动平筛可除去粗粉和细粉。疙瘩粉和细粉均可回到配料锅重新配料，细粉还可直接回到喷粉塔中。

基粉料仓对底部的锥角有一定的要求，以避免粉料在料仓中出现搭桥现象，影响出料。

洗衣粉中香精的加入可以在容积式分离器下料过程中进行，亦可和热敏性物料和非离子型表面活性剂一起，在后配料混合器中加入。一些喷雾混合成型设备可作为后配料设备使用。

8.4.2 附聚成型

附聚成型亦称喷雾混合法，该工艺20世纪50年代在美国首先用于制取机洗餐具洗涤剂，60年代末开始用于洗衣粉制造，目前发展较为迅猛。附聚成型快速发展的原因是与高塔喷雾干燥相比具有如下优点：投资可省50%~80%；能耗节省90%；操作费用大大减少；可减少非离子型活性物热分解损失和三聚磷酸钠20%的水解损失；装置占地面积小、用水量少、噪声低、三废污染少；产品的溶解度、流动性及使用性能均可与高塔喷雾干燥相媲美。

高塔喷雾干燥法生产的洗衣粉表观密度较小，约为0.25~0.5g/mL，用于生产浓缩粉，表观密度为0.65g/mL。但用附聚成型的喷雾混合法生产的产品，表观密度更高（0.5~1.0g/mL），因此节省了包装材料和运输体积。

我国于90年代引进了5套附聚成型装备，用于生产洗衣粉。随后实现了装备国产化。但浓缩洗衣粉在我国的市场一直没有打开，因此附聚成型在我国并未取代喷雾干燥成型，现阶段只是作为喷雾干燥成型的补充。

（1）附聚成型原理

附聚成型是指液体黏合剂如硅酸盐溶液等通过配方中三聚磷酸钠和纯碱等水合组分的作用，失水干燥而将干态物料桥接、黏聚成近似球状颗粒的一个物理化学过程。洗涤剂原料大部分都是固体粉末，理论上可以干拌混合成型，但得到的颗粒太细小，因此需要使细粉长大成颗粒。其中液体黏合剂起了搭桥、黏附的作用，而多余的水分通过无机盐转变为结晶水。

许多典型的附聚作用都可以进行数学模拟。假定液体黏合剂取代了附聚微粒间空气所占的空间，则附聚作用所需的液体量可由下式计算：

$$X = \frac{1}{1+(1-E)\rho_s / E\rho_1} \tag{8-18}$$

式中，X 为附聚产品中液体的质量分数；E 为附聚前粉的空隙百分数；ρ_s 为实际颗粒密度；ρ_1 为液体的密度。

在洗涤剂附聚成型时，除附聚作用外，同时还有水合物和半固体硅酸盐沉淀产生。游离水的含量和配方组分的物理状态在整个过程中都在不断地变化，直到附聚过程的最后都不会达到平衡，因此附聚的动力学极为复杂，对常用的数学模型要进行修正。

洗涤剂附聚成型的水合反应是很复杂的。在不同时间、不同条件下可能有不同的水合物产生，见表 8-32。

表 8-32　附聚成型中可能产生的水合物

无水的组分	水合物中结合的水分子数	水合物分解温度/°C	无水的组分	水合物中结合的水分子数	水合物分解温度/°C
三聚磷酸钠	6	80	二氯异氰尿酸钠	2	100
碳酸钠	1	100	硅酸钠	1	55, 80
	7	32		5	—
氢氧化钠	10	34		6	—
	1	68		8	—
硫酸钠	7	68		9	—
	10	24			

一些水合物在附聚温度高于 80°C 时不稳定，于是会出现水合物不断地产生和分解，水分子在水合和游离之间不停转换的现象。在附聚器中达到平衡是有难度的，因此附聚产品还需进行老化处理。

附聚产品中大多数水分是以三聚磷酸钠的六水合物和碳酸钠的一水合物形式存在的。这种结合紧密而稳定的水合水，称为结合水。结合松弛或不稳定的结合水称为游离水。产品的含水量是结合水和游离水的总和。为防止结块，一般游离水的含量应低于 3%。结合水对产品是有益的，它可减少在计量杯上的黏结，并增加产品的溶解速率。

硅酸盐中 Na_2O 与 SiO_2 间的比率、硅酸盐的浓度和黏度对附聚产品的性能有一定的影响。一般认为，Na_2O 与 SiO_2 的比率为 1：2.58 较好。稀释或加热的硅酸盐，可使其黏度降到 125~200mPa·s，便于润湿并均布于干物料上。

（2）附聚成型工艺

喷雾混合法附聚成型的基本工序有：附聚、调理（老化）、筛分和包装。根据不同情况可供选用的工序有预混合、干燥和后配料。工艺流程如图 8-18 所示。

a. 预混合　最简单的预混合设备是螺旋输送机，它也是附聚器的进料装置，在进料过程中将干物料进行预混合。也可将液体原料分批加到干性组分上，以增加二者的接触时间，并保证其被干颗粒完全吸附。例如，三聚磷酸钠和碳酸钠的预水合。预混合可以消除时间对附聚器性能的影响，因而增加了附聚器的适应性。常用的有桨叶混合器或 V 形混合器，亦有采用下面叙述的立式附聚器进行预水合和预混合的。

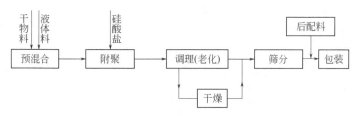

图 8-18　附聚成型工艺流程框图

b. 附聚　附聚器的种类较多，但通常具有两个主要特性：即固体组分保持恒速运动，保证所有颗粒表面都能与液体接触，以及将液体硅酸盐均匀喷到干物料上，使其形成附聚颗粒。

c. 调理和干燥　调理（老化）是将从附聚器出来的产品再停放一段时间，使其水合完全。如要降低产品中游离水的含量，防止产品结块，还须进行干燥。两个操作亦可在同一设备中完成。有的调理设备由静置的储料器和流化床组成。调理设备的设计与停留时间、物料的温度和湿度有关。有些调理设备能改变颗粒的大小和形状，使产品变得更为均匀。

d. 后配料　有些原料，如氯代异氰脲酸盐、酶、香精和漂白剂等对温度和湿度敏感的物料，应在筛分后加入洗衣粉中，以防止敏感性物料在生产过程中分解、失活或损失。

e. 筛分　筛分是将不合要求的大、小颗粒分出，大颗粒磨细后再加到产品里。细粉可回到加料系统。包装通常采用传统技术。

（3）附聚成型设备

① 立式附聚器

荷兰 Schugi BV 公司研制的立式附聚器目前已被用来制造颗粒状衣用洗涤剂，其工艺流程示于图 8-19。

如图所示，加工过程包括附聚和后配料两个主要阶段。在附聚阶段，三聚磷酸钠、沸石、Na_2SO_4、Na_2CO_3、一些微量组分和细粉等在附聚器中与同时喷入的硅酸钠、NaOH、非离子型表面活性剂、阴离子型表面活性剂、脂肪酸及聚合物等附聚，附聚温度为 55~60℃。附聚产品在流化床中进行老化、干燥、冷却、筛分。筛分得到的混合物在第二个附聚器中与敏感性物料混合（后配料）。筛分后产品的表观密度通常在 0.75~0.80g/mL。

图 8-20 展示了立式附聚器的内部结构。它是一种具有高速旋转轴的圆筒形装置，轴上装有几组偏置的搅拌叶片，其倾斜角可以改变。轴的转速在 1000~2000r/min 之间可调。这种附聚器是靠轴向重力流动而实现连续操作的。粉料进入混合室向下流动，被混合叶片剧烈地搅动。液体经喷嘴喷进粉料流中。粉、液混合料沿着混合器内壁按立式螺旋的路径向下移动至出口。物料在混合室的平均停留时间仅 1s 左右。在这样的条件下需要极准确地控制物料流量以达到各组分在附聚时混合均匀。混合室器壁表面是颗粒接触附聚的场所。在颗粒开始形成时，粉料易黏附到混合室内壁并堆积起来。该设备使用了一种软氯丁橡胶壁，解决了这个问题，一组由压缩空气驱动的辊辊不断地使软性器壁变形，防止了粘壁，起到自清理的作用。

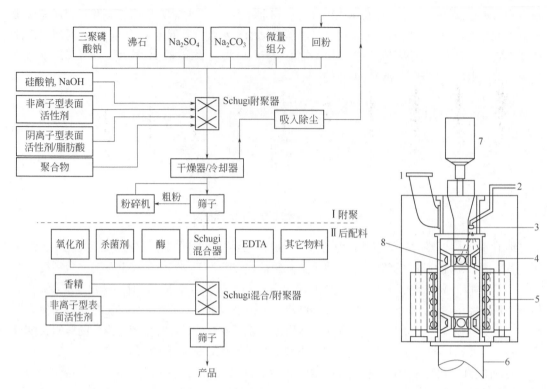

图 8-19　Schugi 法生产洗涤剂的附聚工艺流程

图 8-20　立式附聚器

1—粉料进口；2—液体进口；3—喷嘴；
4—弹性壁；5—气动带动的滚筒；
6—物料出口；7—电动机；
8—可调节的叶片

　　我国生产了一种生产能力为 0.2~0.3t/h 的附聚成型器，结构类似于 Schugi 附聚器，圆筒形内表面采用硅橡胶或氟塑料材质。附聚器内部装有"笼式"高效搅拌器，轴上置有数组一定倾角的叶片，使粉体形成激烈的湍流，并与雾化的定量液体组分进行附聚。附聚器内装有一种自动清壁机构，它与适宜的器壁材料相配合，能较好地解决物料黏附器壁的问题。该设备可适用于高黏度液体的附聚成型。附聚器的装料系数为 10%。

　　附聚器中转轴的旋转速度与叶片的角度会影响物料在混合器内的停留时间。转速加快，叶片角度及组数增加，停留时间增加。附聚器内径小于 100mm 时，叶片以三组为宜。内径大于 100mm 时，以两组为宜。

　　旋转轴转速增加，粉颗粒变小，转速通常为 1000~2500r/min；叶片角度增加，粉体颗粒变大，以 7°~15° 为宜；混合叶片的形状和数量，加入液体的百分数，混合粉体占附聚器体积的百分数以及加入液体、粉体物料的物性等，都会影响产品的颗粒度。

　　② 转鼓式附聚器

　　图 8-21 为转鼓式附聚器示意图。该装置的主体为一装有内鼓的大圆筒，水平安装，并由马达带动旋转。内鼓为由杆组成的笼子，可以自由浮动。在进料端，笼条之间的空隙较窄，出料端较宽。在壳体与笼状结构之间装有连续螺旋带，用以横向循环物料。

　　转鼓旋转时，干物料由壳体带至上方如时钟 1:00~2:00 的位置。料层在重力作用下下落，形成一降幕帘。硅酸盐和（或）表面活性剂喷嘴与此幕帘相垂直。喷嘴安装位置应尽可能接近转鼓的直径处。喷成的雾状液滴润湿附近的颗粒，颗粒附聚成附聚体。料层的碾压作用进一步压实附聚体，并使其它颗粒有机会与液体黏结剂接触。料层内部的剪切作用将大颗粒破碎，使粒度保持均匀。出料产品有潮湿感，可压缩。物料在这种附聚器内的停留时间平均为 20~30min。

③ 涡流干混成型

本成型系统除了一般的计量、输送、贮存设备外，具有两台涡流干混成型反应器，如图 8-22 所示。

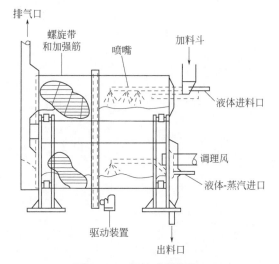

图 8-21 转鼓式附聚器

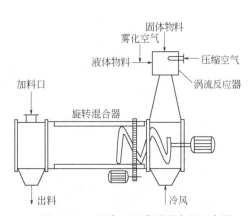

图 8-22 涡流干混成型反应器示意图

按配方计量的全部粉状物料进入第一（涡流）反应器内，被空气吹成涡流散开。按配方计量的 70% 液体物料被泵送至第一反应器喷嘴喷成雾状，与散开的物料充分接触。此时雾状的磺酸与吹散的碳酸钠充分接触并发生中和反应，生成磺酸钠、CO_2 和水。在磺酸中加入 2%（质量分数）的浓度为 80% 的硫酸，可使反应更为剧烈，生成密度较大的颗粒状产品。在第一反应器中完成 70% 的反应。由第一反应器出来的半成品进入第二反应器，加入余量液体料，进一步完成反应。

④ Zig-Zag 附聚器

丹麦的 P. K. Niro 公司将 Zig-Zag 附聚器应用于浓缩粉生产，工艺流程示于图 8-23 中。该流程包括喷雾干燥、附聚、流化床干燥和后附聚几个工序。从喷雾干燥塔出来的物料与固体粉料、附聚料和非离子型表面活性剂一起，进入第一个 Zig-Zag 附聚器。附聚后的含湿产品在 Niro 振荡流化床中干燥，然后进入第二个 Zig-Zag 附聚器，在这里加入过硼酸盐、酶、部分非离子型表面活性剂、部分沸石、TAED 和香精。Zig-Zag 附聚器结构示于图 8-24。它由两部分组成，前面部分是一只转筒，后面部分是 V 形混合器。固体粉料从附聚器上部进入转筒，液体部分从伸入转筒内的旋转轴进入，通过转轴上带有刀片的板条的狭缝、借助转轴的离心力呈雾滴喷洒出去，润湿固体粉料，实现湿附聚作用。湿附聚物料进入 V 形混合器。在 V 形混合器中物料来回运动，达到充分混合，并使细粉形成较大的附聚颗粒和均化。物料在整个附聚器中的停留时间约 90s。

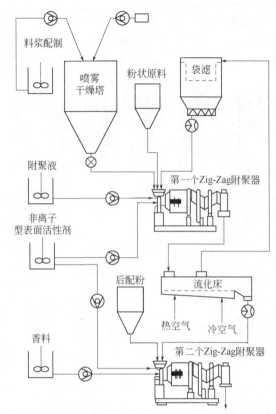

图 8-23　P. K. Niro 浓缩粉生产流程

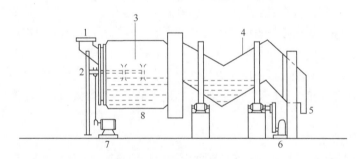

图 8-24　Zig-Zag 附聚器

1—粉料进口；2—液体料进口；3—液体分散板；4—V 形混合器；5—物料出口；6—旋转传动；
7—喷洒液体用传动装置；8—转筒

⑤ 流化床

附聚成型后的产品中仍含有一定量的水分，需要进行老化、干燥处理。图 8-25 所示的是一种流化床干燥工艺和设备。在设备（11）中可实现附聚和干燥两个操作。固体物料经充分混合后从气动进出料口送入流化床装置。从底部进入的空气流使混合物在流化床中保持悬浮状态并充分混合。液态的洗涤剂活性物或磺酸通过喷嘴喷在粉状骨架的混合物上，实现附聚作用。如加入磺酸，它可与粉状物料中的碳酸钠进行中和，得到结构稳定的附聚物。附聚物通过一气动进出料装置排出；尾气经旋风分离器除尘后排入大气。附聚作用和附聚物的稳定性主要受助剂的参数，如粉碎程度、表观密度和颗粒度分布的影响。采用粉碎度极高的颗粒，如 0.2mm 颗粒占 70% 以上的三聚磷酸钠，能得到较好的结果。调节气动出料管道的空速可改变产品的颗粒度和表观密度，产品的表观密度通常在 0.6~0.8g/mL。

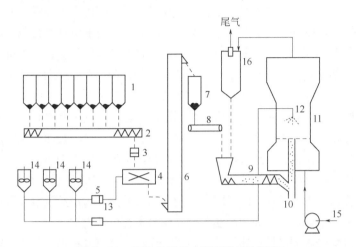

图 8-25　流化床法生产粉状洗涤剂流程

1—贮槽系统；2—螺旋送料器；3—配料秤；4—混合器；5—定量泵；6—螺旋送料器；
7—中间贮槽；8—带式计量秤；9—螺旋送料器；10—气动进出料口；11—流化床装置；
12—喷嘴系统；13—定量泵；14—液体容器；15—鼓风机；16—旋风分离器

　　流化床中的一种重要元件是波形空气分布板，用于对空气进行精确导向，控制粉体的移动。流化空气和机械振荡，使物料易于从入口传送到出口，而与空气速率间的关系并不大。与喷雾干燥相比，气流的温度和速度都较低，流化床中物料的流化速度也较低，空气带走的细粉少，大大减少了过滤器回收的细粉量。进入流化床的物料表观密度如为 1.0g/mL，则干燥后产品的表观密度为 0.8~0.9g/mL。

　　⑥ 其它附聚成型装置

　　其它附聚成型装置还有斜盘式附聚器、双锥式附聚器以及 SLH 双螺旋或 DLH 单螺旋锥形混合器等，可用来生产高表观密度的洗衣粉，这里不一一介绍。

8.5　液体洗涤剂的制造

　　近年来，液体洗涤剂特别是重垢液体洗涤剂在全球得到了迅速发展，主要推动力有以下几个方面：(i) 与常用的喷雾干燥制取粉状洗涤剂相比，生产液体洗涤剂投资少；(ii) 液体洗涤剂生产操作简单，能耗低，无粉尘危害，加香也较方便；(iii) 液洗对合成纤维织物具有较强的去污力，能适应衣着由棉织物向化纤织物的转变；(iv) 液洗能适应低温洗涤的要求，节能、节水；(v) 重垢液洗为无磷或低磷产品，但洗涤效果可优于无磷或低磷的粉状洗涤剂；(vi) 便于洗衣机自动加注。

　　液体洗涤剂的制造有间歇式和连续式两种工艺。间歇式装置就是一个具有加热或冷却功能的釜式混合器，材质通常为不锈钢。通过调整操作条件，能适应不同配方的生产要求。例如，可在这一混合设备中进行烷基苯磺酸的中和，中和时需控制一定的温度，并将 pH 值准确地调整在 7~9。中和过程中使用的氢氧化钠中含有Ⅱ价铁离子，磺酸以及其它物料在贮罐中和通过输送泵时也可能带入一些Ⅱ价铁离子。这种杂质在中和或贮存时会形成Ⅱ价的磺酸铁沉淀。为防止这一现象的发生，中和时可加入次氯酸盐或过氧化氢，将Ⅱ价铁氧化成Ⅲ价铁。另外，中和及混合各种物料时，为保证物料的充分混合，需选择合适的搅拌器，如推进式搅拌器、折叶开启涡轮、平直叶圆盘涡轮、桨叶前端增加一个与主桨倾斜 90°小桨的多层折叶桨叶、桨叶前端改成匚形双折叶小桨的多层折叶式和锯齿圆盘式等。

在配制香波时，通常先加热去离子水，以利于溶解配方中的一些物质。在混合过程中应尽量避免过度搅拌，以防止产生过多的泡沫。制取珠光香波时，应将表面活性剂水溶液加热到珠光剂熔点以上再加入珠光剂。通过慢冷却和慢速搅拌，可得到所需的结晶，产生良好的珠光。通常，需将混合器中的物料冷却到 30℃ 左右时才加入热敏性物质，例如香精、防腐剂和溶剂。此外，需根据需要，加入少量的电解质或脂肪酸聚乙二醇酯，将产品调节到所需的黏度。

液体物料便于自动计量，因此间歇法整个操作可进行电脑自控。

连续法制造液体洗涤剂时使用连续计量装置。计量装置有多种形式，如一般的活塞式定量泵、大容量活塞式定量泵、能加热高熔点产品的定量泵、隔膜定量泵等。在原料贮槽与计量泵、计量泵至配料混合器间的连接，可采用管外具有编织金属网并能快速耦合连接的四氟乙烯软管。这种体系要能适应配方中绝大多数组分投料量变动较大的状况。在进入混合设备前的每一种物料管线中均装有一个单向阀，以防止开、停工或更换产品时可能出现的任何物料的返混。采用在线静态混合器，如管式混合器或阀式混合器进行各种物料的混合。管式静态混合器是靠不断改变物料在管内的流向使物料得到充分混合。阀式混合器是产品进入由弹簧固定的阀芯上时利用文丘里原理，由通过阀芯的压力降使产品达到混合。使用一组阀式混合器压降大，因此仅适用于混合黏稠的物料。

连续法中混合物流出时需连续地检测和控制其温度、pH 值、黏度及流量等。

8.6　浆状洗涤剂的制造

浆状洗涤剂是按照配方将多种功能不同的液体和固体物料混合，配制成均匀、黏稠、稳定的胶体分散体系。制造浆状洗涤剂不需太多的固体填充料，也不需要干燥脱水，因此生产设备简单，投资少，能量消耗低，配方中的三聚磷酸钠不会水解，产品的洗涤性能较好。在我国北方部分地区有这种产品供应市场。

浆状洗涤剂在贮存过程中要保持良好的稳定性，不能因气温的变化而发生分层、沉淀、结晶、结块或变成稀薄的流体等现象。

目前，国内浆状洗涤剂中所用的表面活性剂以直链烷基苯磺酸钠为主，适当地加入一些非离子型表面活性剂和肥皂。助洗剂主要为三聚磷酸钠，适当地加入一些硅酸钠和纯碱，亦可加入助溶剂尿素。加入助溶剂后浆状物变稀，可再加入适量的 NaCl 使稠度增加。此外，加入羧甲基纤维素钠、碳酸氢钠和烷基醇酰胺对浆状膏体的成型、稳定、防止相分离有着重要的作用。表 8-33 给出了几个组成有明显差异的浆状洗涤剂的配方。

表8-33 浆状洗涤剂配方（质量分数/%）

组成	I	II	III
烷基苯磺酸钠	25	15	10
脂肪酸钠	—	1	—
十八醇聚氧乙烯醚	—	—	3
TX-10	—	1	2
脂肪酸单乙醇酰胺	—	—	2
乙醇	2	—	1
Na_2SO_4	—	2	—
三聚磷酸钠	15	15	—
水玻璃	7	9.5	9
纯碱	5.3	2.5	4
氯化钠	—	10.5	5
CMC	1	1	1.5
$NaHCO_3$	—	2.5	—
增白剂	—	0.1	—
尿素	—	—	3.5
聚乙二醇	—	—	1
香精、颜料	适量	适量	适量
水	余量	余量	余量

制取浆状洗涤剂可采用具有搅拌的圆柱形容器。搅拌器可为锚式、框式、桨叶式或螺旋桨式。材质为不锈钢。可在容器中进行磺酸的中和。容器外面具有夹套，可进行冷却或加热，以控制容器内的物料温度。物料的混合温度为 30~40℃。物料搅拌混合后即可进行包装，或通过研磨以增加膏体的稳定性，再进行包装。

用于生产牙膏、膏状化妆品的真空均质器亦可用来制造浆状洗涤剂。

除粉状、液体、浆状外，洗涤剂还有其它形式，如片状、块状以及气溶胶状等。这些产品的产量目前相对较少，这里不一一赘述，读者可参考有关的专著。

第 9 章　肥皂

9.1　概述

肥皂是一种最古老的表面活性剂，已有数千年的历史，目前仍然是常用的洗涤用品之一。在分子结构上，肥皂是脂肪酸的钠盐或钾盐。其中块状肥皂通常是脂肪酸的钠盐，而早期的液体皂则多为脂肪酸钾盐。从化学角度看，现代合成表面活性剂不过是肥皂的仿制品，因为它们具有与肥皂类似的化学结构。

在中国古代，人们使用草木灰碱或天然植物皂荚中的皂苷来洗涤衣服，已有 2000 多年的历史。据考证"肥皂"一词在明代（400 多年前）的小说中即已出现，表明商品肥皂可能很早即由欧洲引入我国。鸦片战争时期英国人将肥皂带到了中国，被称为"洋碱"，受到人们的喜欢，人们对肥皂的需求急剧增加，吸引了外国资本和国内民族资本投资设厂制造肥皂。我国的肥皂工业 20 世纪初起步于上海，随后扩展到沿海一带和长江沿线的大城市，如天津、大连、苏州、沈阳、武汉、重庆、成都等地。然而由于战乱和生产力低下，1949 年我国人均肥皂消耗量仅为60 克/（人·年）。

1949 年全国解放后，我国的肥皂工艺获得了快速发展，连续十年保持高增长，到 1959 年总产量比 1949 年增长了 13 倍，人均达到了 650 克/（人·年）。但在随后的三年困难时期，我国的肥皂产量大幅度下降，直到 1969 年才恢复到 1959 年的产量。改革开放以来，通过引进技术和设备，我国肥皂工业获得了快速发展。尽管起步于 1958 年的合成洗涤剂取代了部分肥皂市场，但在 1985 年前，肥皂一直是我国的第一大洗涤用品。1978 年，肥皂产量达到了 59.6 万吨，在洗涤用品中占据了 65%的份额。1985 年，合成洗涤剂的产量追平肥皂，1988 年肥皂年产量达到最大值 120 万吨/年。随后由于洗衣机的普及，对合成洗涤剂的需求远超肥皂，我国肥皂产量自此总体呈下降趋势。尽管如此，目前我国的洗衣皂仍保有稳定的市场，而香皂的产量持续稳定增长，2018 年肥皂和香皂总产量仍达到 90 万吨/年。肥皂仍是人们生活中不可缺少的日用化学品之一。

9.2　肥皂的组成和分类

从狭义来讲，肥皂是指脂肪酸的金属盐，包括钠盐、钾盐以及铵盐，但从广义上来讲，油脂、蜡、松香或脂肪酸，通过与有机碱或无机碱进行皂化或中和反应，所得的产品皆可称为肥

但不是所有的肥皂都具有洗涤作用，只有脂肪酸与钠、钾、铵和某些有机碱所形成的水溶性盐类，才有洗涤作用。通常称为肥皂的即为此类产品。制备肥皂主要有两种方法，一是用油脂与碱进行皂化反应；二是将油脂先水解得到脂肪酸，然后再与碱中和，得到脂肪酸钠盐或钾盐等。

然而现代商品肥皂并非仅含有脂肪酸的钠盐。类似于合成洗涤剂，商品肥皂也是一个多组分混合物，其中脂肪酸的钠盐是主要成分，但为了改善和提高肥皂的洗涤性能，还需要添加一些添加剂，如硅酸钠、螯合剂、钙皂分散剂、荧光增白剂、抗氧剂、着色剂、香料等。

肥皂通常可按图 9-1 所示的分类法进行分类。作为脂肪酸的盐类，可以用不同的碱中和脂肪酸。最常见的是碱金属盐，如钠盐（适合做成块状肥皂）和钾盐（适合做成液体皂），当然也可以使用有机碱如氨水或乙醇胺进行中和。其它金属皂如钙皂、镁皂、银皂等属于油溶性肥皂，较少使用，或者仅用于研究。目前商品肥皂主要是钠皂，分为香皂（toilet soap）和洗衣皂（laundry soap）。除了制成洗衣皂用于洗涤衣物外，肥皂还被制成皂片、皂粉用于家用洗涤。工业皂是用于工业清洗的，例如砂皂，一种含有砂子的块状肥皂，用于清除油污特别方便有效。香皂目前是肥皂工业的主要产品，可以细分为一般或普通香皂、含有不同药物的药物香皂，以及多脂香皂。后者通过在肥皂中加入多脂剂如脂肪酸、脂肪酸酯、特种油脂、羊毛脂及其衍生物，以及脂肪醇及其衍生物等，以降低肥皂的脱脂能力，洗涤后皮肤感觉柔和。

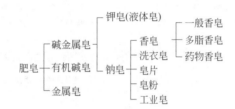

图 9-1   肥皂的分类

9.3   肥皂的基本性质

肥皂是一种表面活性剂，因此它具有表面活性剂的基本性质，如去污、润湿、渗透、乳化、分散及起泡等性能。同时，还具有以下一些特殊的物理和化学性质。

（1）水溶性和 Krafft 点

肥皂属于阴离子型表面活性剂，因此具有临界溶解温度即 Krafft 点 T_K。在一定的温度下，其水溶性随脂肪酸烷基链长的增加而下降，随烷基不饱和度的增加而增加。图 9-2 给出了系列脂肪酸钠盐和一些商品肥皂的溶解度-温度曲线，表 9-1 给出了它们的 T_K 值。可见 T_K 值随脂肪酸链长的增加而上升，但不饱和脂肪酸皂的 T_K 值非常低。香皂的 T_K 值介于月桂酸钠和肉豆蔻酸钠之间，因为香皂主要是用椰子油制造的。一般而言，香皂的水溶性优于洗衣皂，因为后者含有碳链更长的脂肪酸。在洗衣皂中使用长链的脂肪酸钠盐，一方面可以提高去污力，另一方面也使得肥皂更耐用。

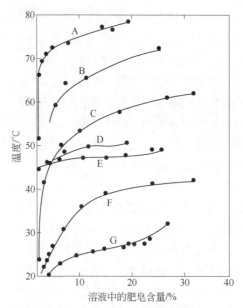

图 9-2　钠皂在水中的溶解度

A—硬脂酸钠；B—棕榈酸钠；C—肉豆蔻酸钠；D—商品牛油皂；
E—商品牛油和椰子油洗衣皂；F—月桂酸钠；G—油酸钠

表 9-1　不同链长脂肪酸皂基的临界溶解温度

肥皂（脂肪酸碳链长度）	T_K/℃	肥皂（脂肪酸碳链长度）	T_K/℃
月桂酸钠（C_{12}）	42	油酸钠（C_{18} 不饱和）	32
肉豆蔻酸钠（C_{14}）	60	香皂	49
棕榈酸钠（C_{16}）	71	商品皂	45~55
硬脂酸钠（C_{18}）	77		

（2）皂基和固态肥皂的相态

有关肥皂的相态已有广泛的研究。肥皂-水体系的相态是相当复杂的。通过偏振光显微镜研究表明，皂基属于各向异性的液晶类物质，皂脚是典型的各向同性溶液，而皂粒和通常的成品皂则由非均相的固相和外面包络着纤维状结晶的液体所组成。后来又识别出"中间皂"、蜡状相等。

无水或接近无水的肥皂则会呈现更多的形态。例如棕榈酸皂随着温度的增加依次为皂粒纤维（117℃）、次蜡状皂（135℃）、蜡状皂（172℃）、超蜡状皂（208℃）、次净皂（253℃）、皂基（295℃）、各向同性液体（>295℃）。因此皂基是从加热反应混合物中分离出来的第一个物质。

固态肥皂能够结合水分子形成水合物，例如每个棕榈酸钠分子能够结合 1/8~30 个水分子。但当肥皂中的水分含量低于 2.5% 时，水在肥皂中呈固溶形态。值得注意的是，低水分含量肥皂吸水时伴随放热，因此皂片或皂粉大量堆积存放时可能会引起自燃。

研究表明，肥皂具有多晶现象。固体肥皂可以有 α、β、δ、ω 四种相态。其中 β、δ、ω 三种相态可以通过差示扫描量热法（DSC）清楚地显示，它们在以下温度范围内的吸收热是不同的：低于 100℃（δ），101~180℃（β），181~300℃（ω）。钠皂的 α 相是稍有水化的干皂相，当干皂完全水化时即转变为 β 相。在一般商品皂的制造条件下，α 相是不大会存在的。其余三种相态均可能存在于通常的商品皂中，经常是三种相态混合在一起，但也可以制得一种相态为主的肥皂。

当肥皂的温度升高时。肥皂相态很容易从一种转变为另一种，次序是 δ<β<ω，即高温下得到 ω 相。但冷却时却不一定发生相反的变化。另外，机械作用如研磨、压条、混合、挤塑等也会导致相转变。例如，β相是研磨皂的主要形态，由 ω 相转变为 β 相主要是研磨和压条时发生的。椰子油制成的肥皂（分子量小）以及温度高、水分含量低时，不易形成 β 相，但有利于形成 ω 相。相反，分子量大以及温度低、水分含量高时，有利于形成 δ 相。例如，高水分皂冷却时形成 δ 相，纯椰子油皂则不会出现 δ 相。

不同相态皂的主要区别在于，β 相皂在水中极易膨胀和软化，易起泡；ω 相不易膨胀和起泡；δ 相的起泡程度介于 β 相和 ω 相之间，但皂体比 β 相和 ω 相要软得多。机械加工易于产生紧密压实的作用，使肥皂变硬，透明度降低。

（3）肥皂的水解作用

肥皂是脂肪酸盐，溶于水后，在一定条件下一部分可发生水解反应，分解成脂肪酸及碱以及形成酸性皂：

$$2RCOONa + H_2O \rightleftharpoons RCOONa \cdot RCOOH + NaOH \tag{9-1}$$

肥皂　　　水　　　　　　酸性皂　　　烧碱

（4）钙、镁皂的生成

通常的水中都含有一定数量的钙盐和镁盐，当其浓度较高时常称为硬水。肥皂能与水中的钙、镁盐反应，生成不溶解于水的钙皂和镁皂：

$$2RCOONa + Ca^{2+} \rightleftharpoons (RCOO)_2Ca + 2Na^+ \tag{9-2}$$

钙皂

$$2RCOONa + Mg^{2+} \rightleftharpoons (RCOO)_2Mg + 2Na^+ \tag{9-3}$$

镁皂

钙皂和镁皂没有洗涤去污作用，而且会黏附在洗涤衣物上，不易被水冲去，使白色衣物变黄。所以用硬水洗涤时，不仅会浪费掉一部分肥皂，而且不能保证好的去污效果。现代肥皂通过加入螯合剂或者钙皂分散剂来解决这一缺陷。

9.4　肥皂所用主要原料

9.4.1　油脂

制造肥皂的主要原料是油脂。油脂有多种，肥皂工业可根据所制肥皂的特性选择适当的油脂进行配方。以下是基本的油脂分类。

　　a. 固体油脂　主要有牛/羊油、棕榈油、硬化油等。其中牛油含有 40%~45%的油酸、25%~30%的棕榈酸以及 15%~20%的硬脂酸成分，室温下为固体。这类油脂主要是保证肥皂有足够的硬度和去污力。

　　b. 月桂酸类油脂　即椰子油或棕榈仁油，脂肪酸组成为：<C_{12}，10%~15%；C_{12}，45%~50%；C_{14}，16%~20%；C_{16}，8%~10%；油酸，5%~6%。用于保证肥皂的去污力、泡沫及溶解度。

　　c. 不饱和油脂　主要有棉籽油、花生油、茶油及猪油等，主要用于调节肥皂的硬度，增加肥皂的可塑性。

　　此外，肥皂中还可以使用处理过的地沟油、酸化油及其脂肪酸等。

9.4.2　其它无机和有机原料

　　a. 氢氧化钠　氢氧化钠（NaOH）即烧碱，是制皂工业的基本原料，用于皂化油脂和中和脂肪酸，制备钠皂。

　　b. 氢氧化钾　俗称苛性钾（KOH），性能与 NaOH 类似，用于制备脂肪酸钾盐、液体皂。

　　c. 氯化钠　氯化钠（NaCl）主要在油脂皂化制皂中用作盐析剂，是主要原料之一。

　　d. 硅酸钠　硅酸钠亦称泡花碱，或水玻璃，它由不同比例的氧化钠（Na_2O）与二氧化硅（SiO_2）结合而成，其中 Na_2O/SiO_2 摩尔比称为模数。用于肥皂工业的硅酸钠，模数为（1∶1.8）~（1∶3.6）。其中，洗衣皂中模数一般为 1∶2.4（称碱性泡花碱），香皂中一般为 1∶（3.36~3.6）（称中性泡花碱）。硅酸钠为肥皂的主要填充料，亦可增加肥皂的去污力。

　　e. 肥皂着色剂　用于改变肥皂的颜色，一般用于香皂中。主要有：红色的碱性玫瑰精；黄色的酸性金黄 G（常称皂黄）、耐晒黄 G；绿色的印花涂料色浆绿 8601；蓝色的靛蓝等。

　　f. 荧光增白剂　洗衣皂中加入荧光增白剂，可使织物增白增艳，荧光增白剂加入香皂中可使其增加白度。目前常用的荧光增白剂品种是 4,4′-双(2-磺酸基苯乙烯基)-1,1′-联苯。

　　g. 抗氧剂及螯合剂　肥皂中常用的抗氧剂是 2,6-二叔丁基-对甲基苯酚（即 BHT）。螯合剂主要为乙二胺四乙酸四钠盐（EDTA）。

　　h. 二氧化钛　即钛白粉，用于遮盖肥皂的透明度，使之显白。

　　i. 钙皂分散剂　通常是一些抗硬水能力强的表面活性剂。主要用于复合皂配方中，使肥皂能用于硬水、海水洗涤（详见 9.6）。

9.4.3　肥皂用油脂配方

（1）油脂配方的目的

　　质量好的肥皂，不但需要有一定的硬度、良好的外观、悦目的色泽，而且需要具有适中的溶解度、迅速而丰富的泡沫以及良好的去污力。香皂还需保证不因油脂使用不当而带来不愉快的气味，不会发生酸败而变色。尤其白色的香皂对所用油脂的色泽有较高的要求。不同的加工工艺，对肥皂有不同的要求，在油脂配方时亦须考虑。所以制皂油脂的配方应满足如下要求：

　　（i）保证达到肥皂的质量标准和要求；

　　（ii）油脂有充分的供应保障；

　　（iii）加工制造过程中，不应有困难或问题；

（ⅳ）成本维持在较低的水平。

（2）油脂配方的依据

① 混合油脂的脂肪酸凝固点

这是制皂工业一直沿用的一种配方方法，即根据各种单体油脂的脂肪酸凝固点，计算出油脂配方的混合脂肪酸凝固点，以此作为配方的依据。

② I.N.S.值和 S.R.值

I.N.S.值即油脂的皂化值（S）与它的碘值（I）之差，I.N.S.值与肥皂硬度有关，通常油脂的 I.N.S.值增加，成皂的硬度随之增加，反之则减小。但 I.N.S.值只表示成皂的硬度，而不能反映肥皂的其它性能。为此韦布又提出一个 S.R.值来评定肥皂的溶解度及泡沫性能。

$$S.R.值 = \frac{混合油脂的I.N.S.值}{混合油脂中的I.N.S.值在130以上的各单体油脂的I.N.S.值总和 \atop (不包含椰子油和棕榈仁油)} \tag{9-4}$$

此值增加表示肥皂的溶解度及泡沫性增加，反之则减少。

香皂油脂配方的 I.N.S 在 160~170，S.R.值在 1.3~1.5；洗衣皂油脂配方的 I.N.S.值在 130~160，S.R.值不低于 1.5。为了满足这一要求，油脂配方中必须要有一定数量的椰子油或棕榈仁油，否则不能同时满足所要求的 I.N.S.值和 S.R.值。

当然，制皂的油脂配方仅依据上述的数据还是不够的，还要根据具体的成皂情况参考经验进行调整。一般来说，制皂用油脂主要是选用牛/羊油、棕榈油、椰子油和棕榈仁油，进行混合配方。通俗地讲，确定制皂油脂配比的主要原则是：油脂需具有适当的饱和脂肪酸/不饱和脂肪酸比例，以及长链脂肪酸/短链脂肪酸比例，符合成品皂具有的质量性能，如稳定性、溶解度、泡沫量、硬度、洗涤能力等。例如，香皂选用的油脂配比通常为牛油：椰子油=85：15 和 45：55 等。

9.4.4 油脂的精炼

普通油脂不能直接用于皂化，需要进行精炼，以除去油脂中的一些杂质，精炼主要工艺过程包括脱胶、碱炼、脱色和脱臭等。

（1）脱胶

脱胶是除去油脂中的磷脂和蛋白质等胶溶性杂质。制皂工业中油脂的脱胶常采用水化法和酸炼法。

a. 水化法　油脂中的磷脂、胶状物、蛋白质在无水时可溶于油中，水化后吸水膨胀而沉降析出。这种脱胶的操作甚为简单。通常把油脂加热到一定的温度，通入蒸汽，进行搅拌，使冷凝水与油水化，也可加入适量的水，搅拌以使油水化；还有用稀食盐水作水化剂的。油脂水化后，静置分层除去下层水化物，也可用离心机分离水化液。脱胶温度一般为 35~55℃。

b. 酸炼法　油脂酸炼脱胶一般采用磷酸，酸炼能使磷脂和蛋白质杂质变性膨胀而沉降，再用离心机与油脂分离。一般加酸量为油脂量的 0.05%~0.2%，可连续化生产，效果好。

（2）碱炼

皂化用油脂一般需要碱炼，以去除油脂中的游离脂肪酸，使之变为不溶于油脂的肥皂，反应生成的肥皂还能吸附去除一些油脂中的色素及杂质。碱炼后采用离心机分离出皂脚。

碱炼时常用的碱是烧碱，烧碱的脱色效果好，但它也能使一部分中性油脂皂化，增加了油脂的损耗，所以要根据油脂的酸价控制好加碱量。

（3）脱色

脱色是为了去除油脂中的色素，是油脂精炼中的一个重要措施。要根据不同油脂的特性，采用不同的脱色方法。对皂化油脂，一般采用吸附脱色方法。

油脂脱色所用的吸附剂主要是活性白土。它的用量随油脂的品种、质量以及脱色的要求而异。一般用量为 3%~5%。油脂中含有水分、肥皂或胶质等都会影响脱色效果，这些物质宜在脱色前去除。油脂脱色在脱色罐中进行，将活性白土加入油脂中，真空状态下，在 105~130℃ 温度下搅拌约 1~3h，然后经过压滤分离。

（4）脱臭

对于有一些不愉快气味的皂化油脂，需要进行脱臭处理。油脂中产生气味的物质，其挥发性比油脂大得多，因此最普遍采用的脱臭方法，是在高温高真空下通入过热蒸汽，把产生气味的物质带出。实质上这是蒸汽蒸馏的一种形式。目前的油脂脱臭工艺主要有：软塔系统脱臭工艺、双重低温脱臭工艺和冻结-凝缩真空脱臭工艺等。

上述油脂精炼过程的工艺和设备，读者可以参照有关的专著。

9.5　皂基的制备

肥皂的制备大致分成两步，第一步是制备皂基，俗称煮皂，当然也包括脂肪酸中和制备皂基。第二步是配方和成型，即将皂基干燥成皂粒，再与其它添加剂混合，经过一定的程序制成最终产品块状肥皂，如图 9-3 所示。

图 9-3　肥皂制备工艺流程

皂基制备就是把油脂、脂肪酸原料制成肥皂，目前工艺上主要有：大锅煮皂法、连续煮皂法及中和法等，下面给予简单介绍。

9.5.1　大锅煮皂法

大锅煮皂是传统的间歇式制皂工艺。油脂与烧碱在直接蒸汽作用下生成肥皂和甘油，工序主要包括皂化、盐析、碱析、整理等步骤，如图9-4所示。

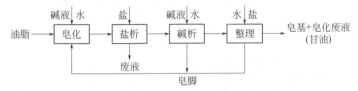

图 9-4　大锅煮皂工艺流程

皂化在皂化锅中进行，是油脂与碱液起反应生成肥皂及甘油的过程。皂化锅一般为30~50m³，采用直接蒸汽加热。皂化工序要求在整个过程中保持一定量的游离碱（0.3%~0.5%），皂化反应在均相状态下进行。

盐析的目的是将甘油从皂胶中分离出来。在皂胶中加入盐（NaCl）后，因同离子效应和渗透压变化，使皂胶内的水向外扩散，促使皂粒浓缩凝聚从盐水中析出。盐析后分出的水为皂化废液，用来回收甘油。废液量一般控制在油脂量的1.1~1.5倍。

废液的成分一般为：甘油 6%~8%；NaOH 0.1%~0.5%；NaCl 10%~15%；脂肪物 0.1%~1%；其它还有色素、蛋白质、胶质等。

碱析起补充皂化的作用，目的是使油脂皂化完全，将油脂中的甘油组分尽可能裂解出来，从而降低皂基中甘油的含量。碱析水可以返回皂化工序，以提高皂化废液中甘油的含量。

整理操作的目的是调整皂基中的水分、电解质含量，以满足皂基后加工的需要。

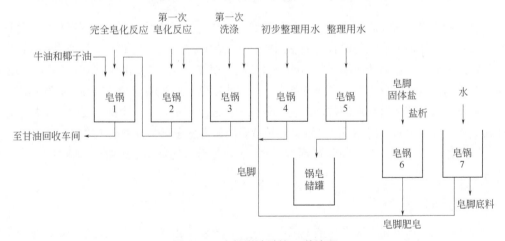

图 9-5　大锅逆流洗涤工艺流程

在大锅煮皂工艺中，为了提高甘油的回收率和废液中甘油含量，常采用逆流洗涤煮皂操作工艺，如图9-5所示。采用逆流洗涤操作，废液中甘油含量可高达15%。

9.5.2　连续煮皂法

大锅煮皂法由于煮皂周期长、蒸汽耗用量大以及劳动强度高等原因，目前已基本上被连续煮皂法所替代。连续煮皂法主要有 De-laval 法、Sharples 法和 Monsavon 法等几种。

（1）De-laval 法

De-laval 法是一种封闭的、全自动的连续皂化法，其中采用了离心纯化工艺。全过程分为皂化、洗涤及整理三个阶段。工艺流程如图 9-6 所示。

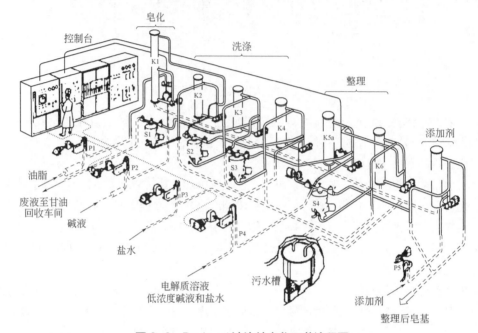

图 9-6　De-laval 法连续皂化工艺流程图

皂化工段在皂化塔（K₁）中进行。皂化塔装有两个再循环装置，内部装有挡板，以促进新鲜原料（油脂和碱液）的均匀混合。油脂原料以恒定的速度加入皂化塔中，碱液原料通过安装在再循环泵两侧上的压力计所显示的初始压力差进行调节。皂化温度保持在 90~120℃。碱液应保持适当过量，以避免形成中间皂或酸性皂。生成的肥皂进入洗涤工段（K₂~K₄），根据需要可进行 2~4 次洗涤。采用盐水逆流洗涤工艺，分出的洗涤水再进入上一个洗涤工序。每次洗涤后均采用高效密闭分离机（S₁~S₃），将带有各种杂质的盐水从净皂中分离出来。

整理阶段（K₅ₐ—K₆）加入适量盐水和碱水，使肥皂分成皂基和皂脚两相，皂脚进入第二洗涤工序。

（2）Sharples 法

Sharples 法也由皂化、洗涤和整理工序组成，每一步均由高速离心机完成分离，使得皂粒和皂化废液，皂基和皂脚能快速分离，流程如图 9-7 所示。从油脂转变为皂基所用时间不到 2h，分离出的皂化废液中，甘油含量是大锅煮皂法的 2~3 倍。

（3）Monsavon 法

Monsavon 法的基本原理与间歇式大锅煮皂法相似。皂化部分采用胶体磨，但皂基和皂化废液的分离不是依靠离心机，而是靠重力沉降分离。图 9-8 为工艺流程图。油脂和 NaOH 溶液被加热到 71℃ 左右，经计量后泵入胶体磨中，形成乳状液，以提高油/碱液的接触面积。高度分散的混合物流过管式反应器，然后进入搅拌锅（粗皂锅），锅内保持慢速搅拌，在此完成皂化反应（反应温度 95~100℃），反应热由物料回收，然后进入洗涤塔。洗涤塔分为 4~6 段，纵向设置，每段设有一个混合室，由一个圆柱形筒体和混合机械组成。洗涤温度控制在 85℃，粗皂基由下而上，洗涤液由上而下进行逆流洗涤。皂脚连续地循环回到洗涤塔内。

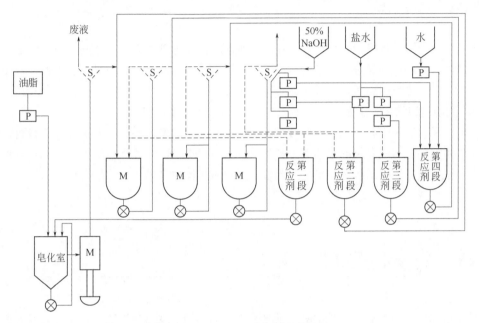

图 9-7　Sharples 法工艺流程图

P—容积控制泵；M—混合器；S—分离器

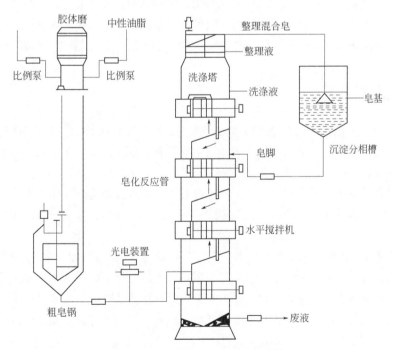

图 9-8　Monsavon 法工艺流程图

本法全程耗时 24h，常压操作，采用中央控制，能耗低，生成的皂基质量优良，皂脚量少，皂化废液浓度高（15%~20%），甘油回收率高（95%）。

其它连续皂化法还有 Mechaniche Moderne 法、Mazzoni 连续工艺（SCN-LR 法）等。

9.5.3　中和法

中和法就是用碱直接中和经油脂高压连续水解、蒸馏得到的混合脂肪酸，而得到肥皂。使用该方法时，油脂只需要进行脱胶处理，可以省去碱炼脱酸及脱色、脱臭工艺步骤。一般采用连续中和工艺，成皂的脂肪酸含量可达到 60%左右。具体工艺有 Mills 法（P&G 公司采用）、Mazzoni 脂肪酸连续中和工艺（SC 法）、Armour 脂肪酸连续中和工艺等。

另外，还有一种中和工艺是脂肪酸甲酯皂化法。采用的生产系统与 Mazzoni 脂肪酸连续中和工艺基本相同。甲酯皂化的优点是原料的储存期可以更长，甘油回收能力增加；缺点是比脂肪酸中和法复杂，甲醇回收有一定的危险性。对已有甲酯生产的工厂比较合适。

9.6　肥皂的成型

目前市场出售的肥皂主要是钠皂。根据图 9-1 的分类，主要分为洗衣皂和香皂两大类。从成型工艺来说，洗衣皂和香皂之间没有太大的差异，但两者在配方上存在一定差异。在皂基原料方面，洗衣皂更硬更耐磨一些，配料为硅酸钠、抗氧化剂、荧光增白剂、螯合剂或钙皂分散剂、钛白粉、香料等，成型过程无需研磨或研磨要求低。而香皂更软、水溶性更高，配方中还需要加入其它添加剂或功能成分，如各种香料、着色剂、抗菌剂、润肤剂，以及一些药用成分。

9.6.1　成型工艺

早期的肥皂成型工艺采用冷桶或冷板法。将热的皂基（57~62℃）注入能移动的板框中，让其自然冷却凝固成大块，然后切块、干燥（主要使表面干燥，使表面失水 3%~5%），形成块皂。该工艺简单但耗时长，一般需要 3~7 天。

随着新设备的诞生，现代肥皂成型工艺已经有了很大改进和提高。图 9-9 给出了现代肥皂成型工艺流程。以皂基为起始原料，包括干燥、配料调和、研磨、真空压条、切块、打印、包装等几个阶段。

通过大锅煮皂、连续油脂皂化或者脂肪酸中和制得的皂基，含水量一般在 30%~35%，首先需要进行干燥，使水分降至 5%~15%。干燥可以采用冷却滚筒干燥和喷雾干燥。采用冷却滚筒干燥时，皂基被挤压成薄层皂条，然后经过一个用蒸汽加热的隧道干燥器，干燥成皂片。喷雾干燥则是将皂基加热，然后在干燥塔中喷成雾状，在真空状态下脱水干燥，变成皂粉。有的工艺在喷雾干燥前还增加一道闪蒸环节。

干燥后的皂片或皂粉经计量后进入配料调和设备，在此与经过计量的各种配料，包括固态和液态，进行混合。具体设备通常是搅拌机或重型混合机。下一步进入研磨环节。混合好的皂料进入由 3~5 个串联滚筒组成的辊式研磨机，每个滚筒的速度不同，在此皂料被压制成薄片，受到充分的挤压和剪切作用，最后以薄片条的形式被刮下，进入压条机。压条机通常由一个料斗和一个水平放置的横截面为圆形的挤压室相连，挤压室内安装有旋转的螺旋形挤压螺杆，将皂料推向前方，通过一个带有多孔板的圆柱形压缩挤压室，然后在高压下通过末端的孔板或"炮口"，以连续皂条的形式出条。随后经切块、打印、冷却、包装，成为成品。

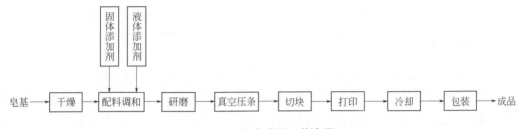

图 9-9　肥皂成型工艺流程

现代成型机械基本上集成了配料、研磨和压条工序，产量可达到 4~4.5t/h。如果采用精致压条机，则可以取代辊式研磨机。精致压条机使皂料在高压下通过金属网板，受到剪切作用，起到与研磨相同的作用。

9.6.2　典型肥皂配方

（1）普通洗衣皂

早期的洗衣皂以肥皂为主要成分，使用的油脂包括动物油脂如牛/羊油、猪油，植物油脂如椰子油、棕榈油、棕榈仁油、蓖麻油，以及其它非食用油脂如棉籽油等，其中最主要的两种油脂是牛油和椰子油，两者按不同的比例混合，可以调节肥皂的水溶性、软硬程度（耐磨性），以及应用性能如发泡、去污力等。表 9-2 给出了牛油和椰子油按不同比例混合时，所得混合油脂的脂肪酸组成。可见随着牛油比例的增加，油酸和硬脂酸的比例升高，月桂酸的比例则下降。

表 9-2　典型成品皂脂肪酸组成　　　　　　　　　　　　单位：%

碳链长度	牛油/椰子油比例		
	85/15	75/25	65/35
C_8	0.6	1.3	2.1
C_{10}	1.0	1.2	1.9
C_{12}	8.2	11.9	16.9
C_{14}	5.5	6.4	7.5
$C_{14}:1$[①]	0.3	痕量	—
C_{15}	0.4	0.1	痕量
C_{16}	22.9	35.8	33.3
$C_{16}:1$[①]	1.9	0.2	0.4
C_{17}	1.3	痕量	0.1

续表

碳链长度	牛油/椰子油比例		
	85/15	75/25	65/35
$C_{17}:1$[①]	0.6	—	0.1
C_{18}	8.5	4.3	3.5
$C_{18}:1$[①]	36.5	30.9	27.8
$C_{18}:2$[①]	2.1	7.2	5.7
$C_{18}:3$[①]	0.1	0.1	0.3
C_{20}	0.1	0.3	0.4

① 冒号后的数字表示双键的数目。

普通洗衣皂由皂基和配料构成。配料主要包括泡花碱（硅酸钠）、螯合剂、荧光增白剂、二氧化钛等。经过调和、研磨、压条、切块、打印等工序得到成品。与香皂相比，普通洗衣皂对研磨的要求不高。由于外观和内在质量相对落伍，目前普通肥皂在我国已不再生产了，取而代之的是透明皂和半透明皂。

（2）透明皂和半透明皂

透明皂已经有很长的历史，1789 年在英国市场即有销售，并获得了很多商业大奖。制备透明皂的关键，是在肥皂配方中加入提高肥皂透明度的添加剂。它们通常是乙醇、糖、甘油或其它多元醇，其作用是构建一个透明的胶态结构，阻止肥皂形成不透明的纤维结晶。还有一种做法是皂化时不分离产生的甘油，使其保留在皂基中。此外，制备透明皂需要采用纯净和色浅的油脂原料，例如牛油、脱色棕榈油、椰子油、蓖麻油和松香等。通过改进研磨方法也有利于形成透明皂。需要注意的是，透明皂的碱性较高，需要加入适量的多脂剂。表 9-3 列出了一些透明皂的配方。表 9-4 给出了一个以皂基为基本原料的透明皂配方例子。

表 9-3　一些透明皂配方组成（质量分数）　　　　　　　　单位：%

配方成分	I	II	III	IV	V
牛油	15	13	16	18	24
椰子油	15	17	16	18	24
蓖麻油	12	13	—	4	3
液碱（33%）	24	22	21	21	20
醇	7	5	17	18	11
甘油	4	—	—	—	11
糖	12	15	9	8	—
松香	—	—	11	3	7
香精、着色剂	适量	适量	适量	适量	适量
水	余量	余量	余量	余量	—

表 9-4　以皂基为基本原料的透明皂配方举例

原料名称	加入量	原料名称	加入量
洗衣皂皂粒	100kg	800 目沸石	7.5kg
皂黄	14g	香精	300mL
碱性泡花碱	400mL		

　　在透明皂的基础上，人们又开发了半透明皂和珍珠皂，它们的生产工艺与透明皂基本相同，但配方中添加了一些多羟基物质。半透明皂集合了温和性、普通肥皂的耐用性和经济性以及透明皂的美观于一体。珍珠皂也具有半透明性，通过在透明皂中添加一些珠光染料而成。常用的珠光染料有二氧化钛包覆的云母颗粒、天然珍珠粉，以及常用于指甲油配方中的氯氧化铋等。不过在普通不透明皂中添加珠光染料是看不出效果的。表 9-5 给出了透明皂、半透明皂以及珍珠皂的一些配方和性能方面的比较。

表9-5　透明皂、半透明皂、珍珠皂的比较

肥皂种类		珍珠皂	半透明皂	透明皂
配方	皂/%	84	78.5	49.0
	水分/%	14.0	15.0	20.0
	甘油/%	0.6	5.0	10.0
	添加剂/%	1.4	1.5	21.0
性能	透明性	无	中	高
	相容性	高	高	低
	价格	低	低~中	高
	硬度	高	高	低
	溶解性	低	低	高

（3）普通香皂

　　普通香皂在油脂配方上与洗衣皂不同，其中椰子油和不饱和油脂含量增加，以提高肥皂的水溶性，相对于洗衣皂，香皂更软。此外，香料、着色剂也是香皂配方的重要组成部分，其中香料的品种繁多，有天然香料和合成香料，前者价格昂贵，后者相对便宜，因此实际产品中以合成香料居多。因为接触人体，香皂对皮肤刺激性、用后感觉及舒适性也是需要考虑的。在制备方面，香皂的研磨工序比洗衣皂要复杂，必须做到充分研磨。表 9-6 给出了一些典型香皂的配方。

表9-6　普通香皂配方

原料名称	加入量	原料名称	加入量
香皂皂粒	100kg	椰子油脂肪酸	1kg
钛白粉	200g	抗氧剂 1010	90g
800 目沸石	3kg	螯合剂	25g
香精	200mL		

（4）多脂皂

　　多脂皂亦称过脂皂、护肤皂。普通香皂具有微碱性，对皮肤有一定的脱脂作用，导致皮肤表皮脱水。多脂皂能中和香皂中的碱性，从而减少对皮肤的刺激性，又能防止香皂的脱脂作用，用后有种滑润舒适的感觉。制造多脂皂就是在配方中增加所谓的多脂剂或润肤剂，它们可以是单一的脂肪酸，如碘值较低的硬脂酸和椰子油酸；也可以是由石蜡、羊毛脂、脂肪醇等配制的多脂混合物。脂肪酸酯、烷醇酰胺、甘油等也可以用作多脂剂。一般多脂剂的添加量为 1%~5%。

（5）祛臭/抗菌皂

祛臭/抗菌皂就是在配方中添加杀菌成分。在肥皂中使用的抗菌成分必须满足技术、性能、美学和安全方面的严格要求。具有杀菌功能的化合物有六氯酚、三氯生［学名：5-氯-2-(2′,4′-二氯苯氧基)苯酚］或其它酚类物质、3,4,4′-三氯碳酰苯胺、3,4′,5-三溴水杨酰苯胺、硫黄等。但六氯酚因用于婴儿爽身粉导致儿童死亡事件而被禁用，三溴水杨酰苯胺被怀疑为光敏剂也被禁用。

（6）液体皂和沐浴液

早期的液体皂主要由脂肪酸的钾盐构成，用于洗头（理发）和洗澡（沐浴）。液体皂和沐浴液目前是十分普及的日用化学品，它们可以被制成透明、彩色、抗菌、祛臭、温和等多种形式的产品，亦可用于厨房清洗。然而当代的液体皂和沐浴液的主要成分并不是肥皂（包括钾皂），而是各种表面活性剂，例如 AOS、AES、脂肪酸醇酰胺丙基甜菜碱、烷基磷酸酯等。不过，这些配方中仍广泛使用脂肪酸的钾皂和烷醇酰胺的混合皂，它们可以提高产品的温和性和用后的滑爽感。

（7）复合皂和钙皂分散剂

肥皂虽然是古老而又最安全的表面活性剂，但它能与硬水中的 Ca^{2+}、Mg^{2+}、Fe^{3+} 等作用生成不溶于水的皂膜或皂渣。织物与污垢表面大都带负电荷，因此，多价的阳离子可成为污垢黏附于织物的桥梁，从而导致肥皂的去污力下降，而且这些皂渣易于沉积在衣物上，使白色衣物变黄。此外，肥皂对人体皮肤、眼睛的刺激性较大，缺乏医生和消费者都能接受的温和性。随着合成表面活性剂的诞生，这两个问题都获得了很好的解决。1950 年，人们发现在含有磷酸盐、以肥皂为主要活性物的家用洗涤剂配方中加入某些化学物质，能够阻止钙皂的沉淀，这些物质后来被称为钙皂分散剂（LSDA）。50 年代中期，人们将钙皂分散剂加入块状肥皂中，制成了所谓的复合皂，解决了钙皂的沉淀问题，但缺点是人们使用后感到皮肤滑腻。随着更多的温和性表面活性剂被引入肥皂，这些问题逐渐获得解决，同时也诞生了新名词"洗涤剂皂"。在美国，复合皂和洗涤剂皂在肥皂市场取得了很好的销售业绩，市场占有率达到了 20%。与肥皂相比，所谓的洗涤剂皂不含游离碱，可以是中性的，甚至可以将 pH 值调节到 7 以下，从而解决了皮肤对碱性的不适应问题。它们在不同硬度的水中使用时，发泡性能和去污力均保持良好，不会形成絮凝物或沉淀，与产品中的大量添加剂兼容。

钙皂分散剂实际上是分子结构中具有一个或几个较大亲水基团的表面活性剂，包括阴离子型、阳离子型、非离子型和两性离子型等。例如，长直链末端附近有双官能亲水基，或者分子一端有大极性基，疏水基上有一个以上酯键、酰胺键、醚键等中间键的表面活性剂。

钙皂分散剂因其结构不同，品种繁多，性能各异。而钙皂分散剂的钙皂分散能力与其化学结构有着密切的联系。钙皂分散力（LSDR）是指在 330mg/kg（以 $CaCO_3$ 计）硬水中，为防止 100g 油酸钠产生钙皂沉淀，所需钙皂分散剂的最少量，此值越小表明钙皂分散力越高。

人们曾开发了 20 多种不同类型的表面活性剂，并测定了它们的钙皂分散力，以及含有它们的复合皂的去污力及其与参照物的去污比值，相关数据列于表 9-7 中。由表中数据可得出以下结论：（i）阴离子型表面活性剂的钙皂分散力适中，一般在 7 左右，且与肥皂有较好的配伍性，能有效地提高肥皂的去污力，可用作钙皂分散剂；（ii）编号为 10 和 11 的非离子型钙皂分散剂，尽管钙皂分散力高（LSDR=2~3），但它们并不能提高肥皂的去污力，甚至呈现某些抵消作用；

（iii）磺基甜菜碱两性表面活性剂 LSDR 值较低（2~4），特别是引进酰胺基的磺基甜菜碱，LSDR 值为 2，是目前最有效的钙皂分散剂，它们能十分有效地提高肥皂的去污力。此外，阳离子型表面活性剂不适合用作钙皂分散剂，因为它们会与肥皂分子形成离子对。

表 9-7　各种钙皂分散剂的钙皂分散力（LSDR）及复合皂与参照物的去污比值

化合物编号	结构式	LSDR	去污比值	
			EMPA 预污棉布	TF 预污棉涤混纺布
1	$RCH(SO_3Na)CO_2CH_3$	9	0.95	0.70
2	$RCH(SO_3Na)CON(CH_2CH_2OH)_2$	8	0.97	0.79
3	$RCO_2(CH_2)_3SO_3Na$	7	0.87	0.78
4	$RCON(CH_3)(CH_2)_2SO_3Na$	5	0.95	0.65
5	$RCON[CH_2CO_2(CH_2)_3SO_3Na]_2$	5	0.85	0.48
6	$RCONHCH_2CH(OSO_3Na)CH_3$	5	0.97	0.64
7	$RCONHCH_2CH_2OCH_2CH_2OSO_3Na$	4	0.97	0.66
8	$RO(CH_2CH_2O)_3SO_3Na$	4	—	—
9	$ArSO_2NHCH_2CH_2OSO_3Na$	7	0.94	0.90
10	$RCONH(CH_2CH_2O)_{11}H$	3	0.53	0.69
11	$RCONH(CH_2CH_2O)_7H$	2	0.50	0.95
12	$RO(CH_2)_3SO_3Na$	9	0.75	0.73
13	$RNHCOCH_2CH(SO_3Na)CO_2CH_3$	7	0.90	0.86
14	$R-N\begin{smallmatrix}CO-CH_2\\ \\CO-CHSO_3Na\end{smallmatrix}$	9	1.00	0.68
15	$ArCOCH_2(SO_3Na)CO_2CH_3$	8	0.87	1.00
16	$RN^+(CH_3)_2CH_2CO_2^-$	12	0.65	0.46
17	$RN^+(CH_3)_2(CH_2)_3SO_3^-$	3	0.92	1.08
18	$RCONH(CH_2)_3N^+(CH_3)_2(CH_2)_3SO_3^-$	2	0.89	0.91
19	$RN^+(CH_3)_2(CH_2)_3OSO_3^-$	4	1.02	0.92
20	$RCONH(CH_2)_3N^+(CH_3)_2(CH_2)_3OSO_3^-$	3	0.91	0.96

注：1. R 是牛油衍生的烷基，Ar 为十二烷基苯基；

2. 复合皂配方：64%牛羊油皂，19% LSDA，14%硅酸钠，1%CMC，2%其它添加物。

3. 0.2%溶液在 300 mg/kg 硬水中的去污力，去污比值为配方去污力与对照物去污力的比值；

4. 对照物为加有 50%三聚磷酸钠的商品洗涤剂；

5. EMPA 为 EMPA 101 标准棉花纤维的人工污布；

6. TF 为 65%聚酯和 35%棉花混纺的人工污布。

在众多的钙皂分散剂中，已经工业化生产的品种有 α-磺基牛油脂肪酸甲酯盐，椰子油脂肪酸的单乙醇酰胺、二乙醇酰胺及其乙氧基化衍生物，N-氢化牛油酸酰基-N-甲基牛磺酸盐（Igepon T）等。我国硬水区域分布较广，一般水质在 100~300mg/kg，有些地区水的硬度可达 350mg/kg 以上。因此，在肥皂制品中添加钙皂分散剂很有必要。国内 Igepon T 早有生产，但规模较小，价格较高。近年来，α-磺基脂肪酸甲酯盐的研究和生产正不断取得突破，为钙皂分散剂提供了新的工业化品种。

关于钙皂分散剂的作用机理，Stirton 等在实验的基础上提出了一个简化模型。他们认为肥皂与 LSDA 分子紧密结合，形成了混合胶束。胶束外围有一个分界面，表面活性剂的亲水基、钠离子以及二价阳离子处于胶束外围的水相一侧，烷基链处于胶束内核一侧。由于 LSDA 具有庞大的极性（亲水）基团，它们像楔子那样嵌在胶束外围，阻止了二价阳离子与肥皂的表面活性离子结合，从而防止了沉淀的形成。因此，在肥皂中加入 LSDA，避免了在硬水中洗涤时皂垢的生成，提高了去污力。肥皂中添加一定量的 LSDA 还能相互抑制对方的 Krafft 点，这意味着 LSDA 可增加肥皂的溶解度，即改善成品皂和皂粉的溶解性能。

9.7　甘油的回收

甘油是重要的化工原料，从油脂皂化或水解得到的都是稀甘油，且含有许多非甘油杂质，必须进行纯化、浓缩、精制才能成为产品。

（1）皂化废液的净化

一般皂化废液的组成为：水分 80%左右，无机盐（NaCl）10%~15%，甘油 6%~10%，脂肪酸盐（Na 盐）0.1%~1.0%，NaOH 0.1%~0.5%，其它还有来源于油脂的少量磷脂、蛋白质、色素等。

皂化废液的净化处理过程为：

$$皂化废液 \longrightarrow 酸处理 \longrightarrow FeCl_3处理 \longrightarrow 碱处理 \longrightarrow 稀甘油溶液$$

酸处理（盐酸）是中和皂化废液中的游离碱和分解脂肪酸盐，使其生成脂肪酸；FeCl_3 处理一方面是使上述生成的脂肪酸形成脂肪酸铁盐而沉淀析出，另一方面是利用絮凝作用吸附除去杂质；碱处理是使过量的 FeCl_3 生成 Fe(OH)_3 沉淀，起到絮凝吸附的作用，同时中和过量的酸（盐酸）。

（2）甘油的回收及精制

由净化得到的稀甘油溶液经进一步处理可得甘油产品。处理过程为：

$$稀甘油溶液 \longrightarrow 蒸发浓缩 \longrightarrow 蒸馏 \longrightarrow 脱臭 \longrightarrow 脱色 \longrightarrow 离子交换树脂处理 \longrightarrow 精制甘油$$

稀甘油溶液经三效蒸发器浓缩成 80%左右的粗甘油，再蒸馏得到甘油，继而经脱臭、脱色、离子交换树脂处理，除去甘油中的还原性物质、丙烯醛等杂质，得到高质量的精制甘油。有关甘油回收的详细工艺设备、操作条件，读者可以参阅有关的参考文献。

第 10 章 化妆品和个人护理（卫生）用品

化妆品是以涂抹、喷洒或其它类似的方法施于人体表面不同部位（皮肤、毛发、指甲、口唇等），以达到清洁、消除不良气味、护肤、美容和修饰目的的日用化学品。基于化妆品的多种用途，其在人们的生活中发挥着极大的作用。例如：让人们的容颜锦上添花，使人们心情愉悦并增加自信；减轻寒风、烈日、紫外线辐射等对人们皮肤的损伤，让皮肤与毛发更加滋润、柔软、光滑、富有弹性。随着科技的发展和生活水平的快速提高，人们对化妆品的需求日益增加，从而促进了化妆品行业的快速发展，化妆品市场不断扩大，各个国家均拥有一定的自主品牌和相关产业，产品也陆续进入了寻常百姓的生活。据统计，2019 年我国化妆品行业的企业销售额已经增至 2992 亿元，进口金额为 132.26 亿美元，出口金额为 27.74 亿美元。

此外，随着人们对皮肤保健意识的提高，人们对化妆品的理解也有了较大的变化，从以美容为主要目的，逐渐转向美容与护理并重，进一步发展到以科学护理为主，兼顾美容的效果。这就对化妆品提出了更高的要求，其产品必须安全、有效，除具备美容、护肤等基本作用外，还需具有营养、延缓衰老等多重功效。因此，未来化妆品市场的竞争将日趋激烈，在不断提高产品质量、改进包装、扩大产品影响力的同时，还需利用现代科学和技术，不断创新，跟上时代发展，满足消费者的需求。

限于篇幅，本章将简单介绍有关化妆品的基本知识，包括分类、表面活性剂在化妆品中的作用等，并重点介绍表面活性剂起主要作用的几种化妆品，如乳剂类化妆品、香波类化妆品以及沐浴露化妆品的基本配方和生产工艺，阐释表面活性剂在这些化妆品中的作用原理。化妆品种类繁多，对化妆品有兴趣的读者，可阅读相关专著。

10.1 化妆品的分类

化妆品种类繁多，分类方法也五花八门。例如，可以按剂型分类、按使用目的和使用部位分类，甚至按性别和使用年龄分类等。各种分类方法均有其优缺点，目前常根据生产或销售的需求，选择其中的一种或几种分类方法。

10.1.1　按剂型分类

按剂型分类，即按产品的外观形状、生产工艺和配方特点进行分类。如表 10-1 所示，按剂型可将化妆品大致分成 13 类。按剂型分类有利于化妆品生产装置的设计和选用、产品规格标准的确定以及分析试验方法的研究，同时有利于生产和质检部门对生产管理和质量的检测和监控。

表 10-1　化妆品按剂型分类

序号	化妆品类型	实　例
1	水剂类产品	香水、化妆水、花露水、营养头水、冷烫水、祛臭水等
2	油剂类产品	发油、发蜡、防晒油、浴油、按摩油等
3	乳剂类产品	清洁霜、清洁奶液、润肤霜、营养霜、雪花膏、冷霜、发乳等
4	粉状产品	香粉、痱子粉、爽身粉等
5	块状产品	粉饼、胭脂等
6	悬浮状产品	粉底乳液等
7	表面活性剂溶液类产品	洗发香波、浴液等
8	凝胶状产品	抗水性保护膜、染发胶、面膜、指甲油等
9	气溶胶制品	喷发胶、摩丝等
10	膏状产品	泡沫剃须膏、洗发膏、睫毛膏等
11	锭状产品	唇膏、眼影膏等
12	笔状产品	唇线笔、眉笔等
13	珠光状产品	珠光香波、珠光指甲油、雪花膏等

10.1.2　按产品使用部位和使用目的分类

将化妆品按产品的使用部位和使用目的分类，如表 10-2 所示。按此方法分类，比较直观，有利于配方研究过程中原料的选用，同时有利于消费者了解和选用相关化妆品。随着化妆品工业的发展，化妆品已从单一功能向多功能方向发展，许多产品在性能和应用方面已没有明显的界线，同一剂型的产品可以具有不同的性能和用途，而同一使用目的的产品也可以制成不同的剂型。

10.2　表面活性剂在化妆品中的作用

表面活性剂在化妆品中起着多重作用，包括在制备过程中的乳化、分散、增溶等作用；在使用过程中的发泡、洗涤等作用。以下将针对每一种功效及相关的代表性表面活性剂进行一一介绍。

表 10-2　化妆品按产品使用部位和使用目的分类

部位	清洁类化妆品	护理类化妆品	美容修饰类化妆品
皮肤	洗面奶、花露水、卸妆水（乳）、痱子粉、清洁霜（乳）、爽身粉、面膜、浴液	护肤膏霜、乳液，化妆水	粉饼、眉笔、胭脂、香水、眼影、古龙水、眼线笔（液）
毛发	洗发液、洗发膏、剃须膏	护发素、发油、发乳、焗油膏	定型摩丝/发胶、睫毛液（膏）、染发剂、生发剂、烫发剂、脱毛剂
指甲	洗甲液	护甲水（霜）指甲硬化剂	指甲油
口唇	唇部卸妆液	润唇膏	唇膏、唇线笔唇彩

（1）乳化作用

乳状液是化妆品中最常见的一种剂型，如：膏霜、乳液等。使用乳化剂可以将不相溶的油相和水相混合形成均匀而稳定的混合物。乳化剂是乳状液形成和稳定的关键，实际生产中，需要根据形成的乳状液的类型、乳化剂的 HLB 值以及乳化油相所需要的 HLB 值等来选择乳化剂。由于不同油相与表面活性剂的相互作用有所不同，乳化不同的油相所需要的乳化剂的 HLB 值是不同的。除此之外，借助乳化剂还可以将微量的有效成分均匀涂敷于皮肤上，增强化妆品的使用效果。

（2）分散作用

在生产美容化妆品时，一般需添加滑石、云母、二氧化钛、炭黑等无机颜料和酞菁蓝等有机颜料。这些粉体可以使化妆品具有较好的色调，能起到遮盖底色、美白、遮瑕及防晒等功效。为最大限度地发挥粉体的功能，必须将它们均匀地分散于化妆品中，因此需添加分散剂和分散助剂以提高粉体的分散度。分散剂需具有良好的润湿性能，有利于分散过程的进行，能使形成的分散体系保持稳定。实际化妆品中常采用表面活性剂作为分散剂，将固体粒子均匀稳定地分散在化妆品中。常用的表面活性剂有阴离子型如硬脂酸皂、二烷基磺基琥珀酸酯盐、脂肪醇聚氧乙烯醚磷酸盐，以及非离子型表面活性剂如脂肪醇聚氧乙烯醚、脂肪酸聚氧乙烯酯、失水山梨醇脂肪酸酯等。

（3）润湿作用

作为化妆品，不仅要有美容功效，使用起来还应有舒适柔和的感觉，这些都离不开表面活性剂的润湿作用。例如，在膏霜、乳液类化妆品中添加表面活性剂作为润湿剂，涂抹在皮肤上可利用其润湿作用改变液滴与皮肤之间的接触角，降低界面张力，促使液滴向四周扩散，使产品能够顺利地在皮肤表面铺展开来，形成均匀的油膜、水膜，防止或延缓液滴聚结或聚凝，达到保护皮肤的目的。

作为润湿剂的表面活性剂，应具有较强的降低表面张力的能力。但并不是所有能降低表面张力的表面活性剂都能加强润湿效果。对化妆品而言，一些生物表面活性剂是很好的润湿剂，如：磷脂对皮肤有很好的保湿性，槐糖脂可使皮肤具有柔软和湿润的肤感。

（4）增溶作用

化妆品中通常含有一些油性成分，如香料、油脂及油溶性维生素等。它们无法直接溶解在水中，需要通过表面活性剂的增溶作用添加在化妆品中。由于它们在结构和极性上的差异，不同表面活性剂对它们的增溶效果亦不相同，所以需选用最适宜的表面活性剂作增溶剂。

通常，增溶剂以 HLB 值在 15~18 之间、增溶量大、无毒无刺激为最佳。阳离子型表面活性剂由于毒性和刺激性较大，一般不用作增溶剂。非离子型表面活性剂的毒性及刺激性普遍小于离子型，因此常用于化妆品中作增溶剂，它们一般具有较高的亲水性，如聚氧乙烯硬化蓖麻油、聚氧乙烯蓖麻油、脂肪醇聚氧乙烯醚、脂肪醇聚氧丙烯-聚氧乙烯醚、聚氧乙烯失水山梨醇脂肪酸酯、聚甘油脂肪酸酯、植物甾醇聚氧乙烯醚等。

（5）起泡作用

泡沫是一种气-液完全混合的多孔膜状多分散体系，其中液相是连续相，气相是非连续相。表面活性剂能降低溶液的表面张力，使整个体系表面能降低。因此，从热力学上讲，表面活性剂的存在有利于泡沫的产生和稳定。所以，表面活性剂常被用作起泡剂。起泡剂一般有两类：一类是阴离子型表面活性剂，如十二烷基硫酸钠（SDS）、α-烯烃磺酸盐（AOS）、脂肪醇聚氧乙烯醚硫酸盐（AES）、十二烷基苯磺酸钠（SDBS）、脂肪酸皂等；另一类是非离子型表面活性剂，如脂肪醇聚氧乙烯醚（AEO）等。

10.3　乳剂类化妆品

乳剂类化妆品即乳状液类化妆品，主要包括雪花膏、冷霜、润肤霜和润肤乳液、护手霜和护手乳液等。乳剂类化妆品一般由油、水、乳化剂组成，但为了保证制品的外观、稳定性、安全性和有效性，以及赋予制品某些特殊性能，常需加入各种添加剂，如：保湿剂、增稠剂、滋润剂、营养剂、药物制剂、防腐剂、抗氧化剂、香精、色素等。下面将对乳剂类化妆品的原料组成、生产工艺以及质量指标等进行简单介绍。

10.3.1　乳剂类化妆品的原料组成

（1）油性原料

油性原料是组成乳剂类化妆品的基本原料，其主要作用有：使皮肤细胞柔软，增加其吸收能力；抑制表皮水分的蒸发，防止皮肤干燥、粗糙；使皮肤柔软、有光泽和弹性；对于清洁制品来说，油性成分是油溶性污物的去除剂。

化妆品中所用的油性原料可分为三类：

（i）天然动植物的油、脂、蜡。人体皮脂中含有33%的脂肪酸甘油酯，而最好的滋润物质应该和皮脂的组分接近，因此，以脂肪酸甘油酯为主要成分的天然动植物油脂，应该是护肤化妆品的理想原料，如甜杏仁油、橄榄油、蓖麻油、水貂油、蛋黄油、蜂蜡、鲸蜡、巴西棕榈蜡等。其它油性原料，如玉米油、花生油、鲸蜡油、鱼肝油、小烛树蜡等，以及不饱和脂肪酸甘油酯，可促进皮肤的新陈代谢，是润肤膏霜有价值的添加剂，但因含有大量的不饱和键，易氧化酸败，需加入抗氧化剂。

（ii）由石油工业提供的含各种饱和烃类的矿物性油性原料，如固体石蜡、白油、凡士林等。这些物质完全是非极性的，涂抹于皮肤后可形成烷烃薄膜，阻止皮肤水分的挥发，同时角质层可从内层组织补充水分而水合，具有很好的滋润性能。

（iii）由天然动植物油脂经水解精制而得的脂肪酸、脂肪醇等合成油性原料，如硬脂酸（十八酸）、鲸蜡醇（十六醇）、胆甾醇、硬脂醇（十八醇）等，是膏霜等的主要原料。

此外，为了进一步提高化妆品膏体的外观和使用效果，目前化妆品中越来越广泛地使用和添加合成油类，如角鲨烷、脂肪酸酯类（肉豆蔻酸异丙酯、肉豆蔻酸肉豆蔻醇酯、棕榈酸异丙酯、亚油酸异丙酯、苯甲酸十二醇酯等）、羊毛脂衍生物（如聚氧乙烯山梨醇羊毛脂、乙酰化羊毛脂等）以及硅酮油等。

（2）乳化剂

由于乳化剂的化学结构和物理特性不同，其形态可从轻质油状液体、软质半固体到坚硬的塑性物质，其溶解度可从完全水溶、水分散到完全油溶。各种油溶性物质经乳化后敷用于皮肤上，可形成亲水性油膜，也可形成疏水性油膜。水溶性或水分散性乳化剂可减弱烷烃类油或蜡的封闭性。如果乳化剂的熔点接近于皮肤温度，则形成的油膜也可减少油腻感。因此，选择不同的乳化剂，可以配制成适用于不同皮肤类型的护肤化妆品。

可用于制备乳剂类化妆品的乳化剂种类繁多，有阴离子型、非离子型和阳离子型等。阴离子型乳化剂，如 K_{12}、脂肪酸皂等，乳化性能优良，但由于涂敷性能差、泡沫高、刺激性大，在现有膏霜配方中已较少使用。非离子型乳化剂是目前最常用的乳化剂，其性能优良，品种较多。如 ICI 公司生产的 Arlacel、Brij、Span、Tween 等系列，如表 10-3 所示。其中，Arlacel 165

表 10-3　ICI 公司生产的乳化剂

名称	商品代号	乳液类型	HLB 值
单硬脂酸甘油酯及硬脂酸聚氧乙烯酯	Arlacel 165	O/W	11.0
聚氧乙烯（30）二聚羟基硬脂酸酯	Arlacel P135	W/O	5.0~6.0
自乳化型甘油硬脂酸酯	Arlatone 983	O/W	8.7
月桂醇聚氧乙烯（23）醚	Brij 35	O/W	16.9
鲸蜡醇聚氧乙烯（20）醚	Brij 58	O/W	15.7
硬脂醇聚氧乙烯（2）醚	Brij 72	W/O	4.9
硬脂醇聚氧乙烯（21）醚	Brij 721	O/W	15.5
油醇聚氧乙烯（10）醚	Brij 96/97	O/W	12.4
油醇聚氧乙烯（20）醚	Brij 98/99	O/W	15.3
失水山梨醇单月桂酸酯	Span-20	O/W	8.6
失水山梨醇单棕榈酸酯	Span-40	W/O	6.7
失水山梨醇单硬脂酸酯	Span-60	W/O	4.7
失水山梨醇单油酸酯	Span-80	W/O	4.3
失水山梨醇单月桂酸酯聚氧乙烯（20）醚	Tween-20	O/W	16.7
失水山梨醇单棕榈酸酯聚氧乙烯（20）醚	Tween-40	O/W	15.6
失水山梨醇单硬脂酸酯聚氧乙烯（20）醚	Tween-60	O/W	14.9
失水山梨醇单油酸酯聚氧乙烯（20）醚	Tween-80	O/W	15.0

和 Arlacel P135 等可单独使用，乳化效果良好。同时，这些表面活性剂之间也可复配使用，如：Arlacel 165-Arlatone 983、Brij72-Brij 721、Span-Tween 等复配组合，能产生更好的乳化效果。

另外，还有一大类非离子型乳化剂，是由 Seppic 公司生产的 MONTANOV 系列（如表 10-4 所示），是一类由天然植物来源的脂肪醇和葡萄糖合成的糖苷类非离子 O/W 型乳化剂，其分子中的亲水和亲油部分由醚键连接，具有卓越的化学稳定性和抗水解性能；与皮肤相容性好，特别是 MONTANOV 系列乳化剂，可形成层状液晶，加强了皮肤类脂层的屏障作用，能阻止皮肤水分的散失，增强皮肤保湿的效果；液晶形成一层坚固的屏障，阻止油滴聚结，确保了乳液的稳定性。此类乳化剂可生物降解，是一类环保型产品。

表 10-4　Seppic 公司生产的乳化剂

化学组成	商品代号	性能与应用
C_{16}~C_{18} 烷基醇和 C_{16}~C_{18} 烷基葡糖苷	MONTANOV 68	O/W 型乳化剂，兼具保湿性能。可用于配制保湿霜、婴儿霜、防晒霜等
C_{16}~C_{18} 烷基醇和椰油基葡糖苷	MONTANOV 82	O/W 型乳化剂，可乳化高油相（达 50%）产品，并在 -25℃ 以下稳定，与防晒剂、粉质成分相容性好，用于配制各种护肤膏霜和含粉质配方
C_{20}~C_{22} 烷基醇和 C_{20}~C_{22} 烷基葡糖苷	MONTANOV 202	O/W 型乳化剂，可用于配制手感轻盈的护肤膏霜
C_{14}~C_{22} 烷基醇和 C_{12}~C_{20} 烷基葡糖苷	MONTANOV L	O/W 型乳化剂，可用于配制低黏度的乳液，非常稳定，且黏度不随时间变化
椰油醇和椰油基葡糖苷	MONTANOV S	O/W 型乳化剂，对物理和化学防晒剂有优良的分散性，可用于配制各种 SPF 值的防晒产品

阳离子型表面活性剂也可用作乳化剂，具有收敛和杀菌作用。同时阳离子乳化剂很适宜作为一种酸性覆盖物，能促进皮肤角质层的膨胀，对碱类具有缓冲作用，因此含有阳离子型乳化剂的制品更适用于手工洗涤衣物时对双手的保护。

（3）添加剂

a. 保湿剂　为了提高化妆品对皮肤的保湿功效，在化妆品配方中常常需添加一定量的保湿剂。保湿剂在化妆品中主要有以下作用：（i）对化妆品本身的水分起保留剂的作用，以免化妆品干燥、开裂；（ii）对化妆品膏体有一定的防冻作用；（iii）涂抹于皮肤后可使皮肤保持适宜的水分含量，使皮肤湿润、柔软，避免开裂、粗糙等。常用的保湿剂主要有甘油、丙二醇、山梨醇、乳酸钠、吡咯烷酮羧酸盐、透明质酸等。

b. 增稠剂　适宜的黏度是保证乳化体系稳定并具有良好使用性能的主要因素之一。在现代膏霜配方中，为保证膏体的良好外观、流变性能和涂抹性能，油相用量特别是固态油脂蜡用量相对减少，因此为保证产品适宜的黏度，通常在 O/W 型制品中加入适量水溶性高分子化合物作为增稠剂。由于这类化合物可在水中膨胀形成凝胶，在化妆品中具有增稠、乳化的作用，对含无机粉末的分散体和乳液具有稳定作用。此类水溶性高分子增稠剂主要包括天然和合成两大类，如卡波树脂（934、940、941 等）、羟乙基纤维素、水解胶原、黄原胶、聚多糖类等。

c. 活性成分　营养剂（水溶性珍珠粉、天然丝素肽、人参提取液等）、抗衰老活性成分（维生素 E、白藜芦醇等）、增白剂、收敛剂、抗粉刺剂等，常被添加至产品中，赋予产品美白、抗衰老、祛痘等生理功效。

10.3.2　乳剂类化妆品的生产工艺流程

乳剂类化妆品的生产工艺流程如图 10-1 所示，大致可分为水相和油相的制备、乳化、冷却、灌装等几个步骤。下面对每一步骤的要点进行介绍。

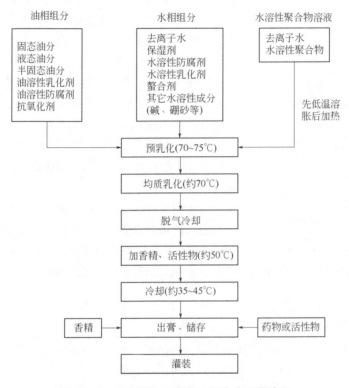

图 10-1　乳剂类化妆品的一般生产工艺流程

（1）油相制备

将油、脂、蜡、乳化剂和其它油溶性成分加入带夹套的溶解锅内，开启蒸汽加热，在不断搅拌下加热至 70~75℃，使其充分熔化或溶解均匀待用。生产中要避免过度加热或长时间加热，以防止原料成分氧化变质。容易氧化的油性成分、防腐剂和乳化剂等可后加入油相中，溶解均匀即可进行乳化。

（2）水相制备

先将去离子水加入带夹套的溶解锅中，然后将水溶性成分如甘油、丙二醇、山梨醇等保湿剂以及碱类和水溶性乳化剂等加入水相中，搅拌加热至 90~100℃，维持 20min 灭菌，然后冷却至 70~80℃ 待用。如果水相中含有高分子化合物，应单独配制，将其提前浸泡在水中，于室温下充分搅拌使其均匀溶胀，防止结团。如有必要可进行均质，在乳化前加入水相中，且该溶液要避免长时间加热，防止黏度变化。为补充加热和乳化时挥发掉的水分，可按配方多加 3%~5% 的水，精确数量可在第一批产品制成后分析成品水分而求得。

对于乳化剂，一般根据其为水溶性或油溶性而分别加入水相或油相中。非离子型表面活性剂 Span 及 Tween 都可加入油相中。有些乳化剂即使是水溶性的，也可先分散在油相中，这样可以克服油相的内聚功，有利于乳状液的生成，同时也可减少泡沫的产生。

（3）乳化和冷却

将上述油相和水相原料准备好后，通过过滤器按照一定的顺序加入乳化锅（如图 10-2 所示）中，在一定的温度（70~75℃）下，进行搅拌和乳化，保持一定的操作时间。乳化过程中，油相和水相的添加方法、添加速度、搅拌条件、乳化温度和时间、乳化器的结构和种类等，对乳状液液滴的形状及其分布状态均有很大影响。均质的速度和时间因不同的乳化体系而异。含有水溶性聚合物的体系，均质速度和时间应该严格控制，以免过度剪切而破坏聚合物的结构，造成不可逆的变化，改变体系的流变性质。如配方中含有维生素或热敏性的添加剂，则应在乳化后于较低温度下加入，以确保其活性，但应注意其溶解性能。

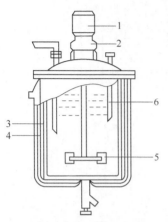

图 10-2　乳化锅结构示意图

1—电动机；2—减速器；3—挡板；4—夹套；
5—搅拌器；6—温度计套管

乳化结束后，应进行冷却降温。冷却方式一般是将冷却水通入乳化锅的夹套内，边搅拌边冷却。冷却速度、冷却时的剪切应力、终点温度等对乳化体系的粒子大小和分布都有影响，必须根据不同的乳化体系，选择最优条件。特别是从实验室小试转大规模工业化生产时尤为重要。

（4）陈化和罐装

产品一般需贮存陈化一天或几天后，再用灌装机灌装。灌装前需对产品香型、外观以及微生物等质量指标进行再次检验，质量合格后方可进行灌装。

10.3.3　乳剂类化妆品产品举例

表 10-5 和 10-6 给出了雪花膏及润肤乳液的参考配方。具体制作方法为：将油相成分加热至 90℃，碱类和水可混合加热（也可分别加热）至 90℃，然后将水相加入油相中，继续搅拌，冷却至 50℃时加入香精，静置冷却至 30~40℃时包装。

表 10-5　雪花膏的参考配方

原料名称	质量分数/%			
	1	2	3	4
硬脂酸	14.0	18.0	15.0	10.0
单硬脂酸甘油酯	1.0		1.0	1.5
羊毛脂		2.0		
十六醇	1.0		1.0	3.0
白油	2.0			
甘油	8.0	2.5		10.0
丙二醇			10.0	
KOH（100%）	0.5		0.6	0.5

续表

原料名称	质量分数/%			
	1	2	3	4
NaOH（100%）			0.05	
三乙醇胺		0.95		
香精、防腐剂	适量	适量	适量	适量
去离子水	73.5	76.55	72.35	75.0

表 10-6 润肤乳液的参考配方

原料名称	质量分数/%		
	O/W 1	O/W 2	O/W 3
白油	5.0		5.0
异壬酸异壬醇酯	5.0		
聚氧乙烯（15）硬脂醚（Arlamol E）		3.0	
异构十六烷烃（Arlamol HD）		3.0	2.0
鳄梨油		5.0	
小麦胚芽油		2.0	
葵花籽油		5.0	
聚山梨糖酸酯	1.0		
聚氧乙烯山梨醇脂肪酸酯	1.0		
聚甲基丙烯酸甲酯	2.0		
Arlatone 2121		3.5	
Sepigel 501	3.0		
Arlatone 985			4.0
Brij 721			2.0
卡波树脂		0.15	
汉生胶		0.15	
甘油		3.0	
丙二醇		2.0	4.0
防腐剂	适量	适量	适量
抗氧化剂		适量	
乙醇		15.0	
香精	适量	适量	适量
去离子水	83.0	73.2	83.0

　　为提高雪花膏的产品质量，目前通常在配方中加入非离子型表面活性剂，如单硬脂酸甘油酯、聚氧乙烯失水山梨醇酯、脂肪醇聚氧乙烯醚等。也可以用皂和非离子型表面活性剂组成的混合乳化剂，不仅可以减少碱的用量，降低雪花膏的碱性，减少对皮肤的刺激性，而且可以改善膏体的外观，增加膏体的稳定性和涂抹性能。

　　润肤乳液的组成与润肤霜基本相同，只是润肤乳液中的固态油、脂、蜡比膏霜中的含量低些。但由于乳液的黏度低，分散相小液珠的布朗运动剧烈，其稳定性比膏霜差，故在配方中常需要加入增稠剂，如水溶性胶质原料和水溶性高分子化合物等。

10.3.4　乳剂类化妆品的质量指标

（1）润肤膏霜的质量指标

润肤膏霜中所用原料及产品的卫生指标应符合《化妆品卫生规范》（2019 版）和 QB/T 1857—2013 的相关要求，感官、理化指标亦应符合要求，如表 10-7 所示。

表 10-7　润肤膏霜的质量指标

项目		要求	
		水包油型（O/W）	油包水型（W/O）
感官指标	外观	膏体细腻，均匀一致（添加不溶性颗粒或粉末的产品除外）	
	香气	符合规定香型	
理化指标	耐热	（40±1）℃ 保持 24h，恢复至室温后应无油水分离现象	（40±1）℃ 保持 24h，恢复至室温后渗油率应不大于 3%
	耐寒	（−8±2）℃ 保持 24h，恢复至室温后与试验前无明显性状差异	
	pH 值（25℃）	4.0～8.5（pH 值不在上述范围内的按企业标准执行）	—
卫生指标	菌落总数/(CFU/g)	≤1000（眼部用、儿童用产品≤500）	
	霉菌和酵母菌总数/(CFU/g)	≤100	
	耐热大肠菌群/g	不得检出	
	金黄色葡萄球菌/g	不得检出	
	铜绿假单胞菌/g	不得检出	
	铅/(mg/kg)	≤10	
	汞/(mg/kg)	≤1（含有机汞防腐剂的眼部化妆品除外）	
	砷/(mg/kg)	≤2	
	镉/(mg/kg)	≤5	
	甲醇/(mg/kg)	≤2000	
	二噁烷/(mg/kg)	≤30	
	石棉/(mg/kg)	不得检出	

（2）润肤乳液的质量指标

润肤乳液的感官、理化指标应符合表 10-8 的要求，所用原料及产品的卫生指标应符合《化妆品卫生规范》（2019 版）有关规定要求。

表 10-8　润肤乳液的质量指标

指标名称		指标要求	
		水包油型（O/W）	油包水型（O/W）
感官指标	香气	符合企标规定	
	外观	均匀一致（添加不溶性颗粒或不溶粉末的产品除外）	
理化指标	pH 值（25℃）	4.0～8.5（含 α-羟基酸、β-羟基酸的产品按企标执行）	—
	耐热	（40±1）℃ 保持 24h，恢复至室温后无分层现象	

续表

指标名称		指标要求	
		水包油型（O/W）	油包水型（O/W）
理化指标	耐寒	(−8±2)℃ 保持 24 h，恢复至室温后无分层现象	
	离心实验	2000r/min，30min 不分层（添加不溶颗粒或不溶粉末的除外）	
卫生指标	菌落总数/(CFU/g)	≤1000（眼部用、儿童用产品≤500）	
	霉菌和酵母菌总数/(CFU/g)	≤100	
	耐热大肠菌群/g	不得检出	
	金黄色葡萄球菌/g	不得检出	
	铜绿假单胞菌/g	不得检出	
	铅/(mg/kg)	≤10	
	汞/(mg/kg)	≤1（含有机汞防腐剂的眼部化妆品除外）	
	砷/(mg/kg)	≤2	
	镉/(mg/kg)	≤5	
	甲醇/(mg/kg)	≤2000	
	二噁烷/(mg/kg)	≤30	
	石棉/(mg/kg)	不得检出	

10.4　香波类化妆品

10.4.1　香波的组成

香波的主要功能是洗净黏附在头发和头皮上的污垢和头屑等，以保持清洁。在香波中起主要功效的是表面活性剂。除此之外，为改善香波的性能，配方中还加入了各种添加剂。因此，香波的组成大致可分为两大类：表面活性剂和添加剂。

（1）表面活性剂

表面活性剂是香波的主要成分，为香波提供了良好的去污力和泡沫。最初的香波仅以单纯的脂肪酸钾皂制成，由于皂类在硬水中易生成不溶性的钙、镁皂，洗发后会导致头发发黏、不易梳理、失去自然光泽等现象。现代香波则以合成表面活性剂为主，其中阴离子型的脂肪醇硫酸钠是较早被采用的表面活性剂。随着科学技术的发展，用于香波中的表面活性剂品种日益增多，但仍以阴离子型表面活性剂为主，尽管为了改善香波的洗涤性和调理性，还会加入非离子、两性离子及阳离子型表面活性剂等。

① 阴离子型表面活性剂

脂肪醇硫酸盐是香波中最常用的阴离子型表面活性剂之一，如钠盐（K_{12}）、钾盐、铵盐（$K_{12}A$）和乙醇胺盐（LST）。其中，月桂醇硫酸钠的发泡力最强，去油污性能良好，但低温溶解性较差，且由于脱脂力强而有一定的刺激性，适宜于配制粉状、膏状和乳浊状香波。乙醇胺盐具有良好的溶解性能，低温下仍能保持透明，如 30%月桂醇硫酸三乙醇胺盐在−5℃ 仍能保持透明，是配制透明液体香波的重要原料。

脂肪醇聚氧乙烯醚硫酸盐[$RO(CH_2CH_2O)_nSO_3M$]是香波中应用最广泛的阴离子型表面活性剂之一。用得最多的是月桂醇与 2~3mol 环氧乙烷缩合的醇醚硫酸盐，包括钠盐（AES）、铵盐（AESA）和乙醇胺盐（TA-40）。它的溶解性比脂肪醇硫酸钠好，低温下仍能保持透明，适宜于配制液体香波。它具有优良的去污力，发泡迅速，但泡沫稳定性稍差，刺激性较月桂醇硫酸盐低。它的另一个特点是易被无机盐增稠，如 15%浓度的脂肪醇聚氧乙烯醚（3）硫酸钠溶液，当 NaCl 加入量为 6.5%时，其黏度可达 16Pa·s。

脂肪酸单甘油酯硫酸盐[$RCOOCH_2CH(OH)CH_2OSO_3M$]作为香波的原料，已有较长的历史，一般采用月桂酸单甘油酯硫酸铵。其洗涤性能和洗发后的感觉类似于月桂醇硫酸盐，但比月桂醇硫酸盐更易溶解，在硬水中性能稳定，发泡性良好，洗后使头发柔软而富有光泽。其缺点是易水解，适合于配制弱酸性或中性香波。

琥珀酸酯磺酸盐类主要有脂肪醇琥珀酸酯磺酸盐[$ROOCCH_2CH(SO_3M)COOM$]、脂肪醇聚氧乙烯醚琥珀酸酯磺酸盐[$RO(CH_2CH_2O)_nOCCH_2CH(SO_3M)COOM$]和脂肪醇单乙醇胺琥珀酸酯磺酸盐[$RCONHCH_2CH_2OOCCH_2CH(SO_3M)COOM$]等。此类表面活性剂普遍具有良好的洗涤性和发泡性，对皮肤和眼睛的刺激性小，属于温和型表面活性剂。与醇醚硫酸盐、脂肪醇硫酸盐等混合使用，具有极好的发泡性，并可降低醇醚硫酸盐和脂肪醇硫酸盐等对皮肤的刺激性，与其它温和型产品如咪唑啉、甜菜碱类相比，具有成本低的特点。特别是油酸单乙醇酰胺琥珀酸酯磺酸盐，具有优良的低刺激性、调理性和增稠性，由于分子中酰胺键的存在，易于在皮肤和头发上吸附，广泛地用于配制个人保护用品。但此类表面活性剂在酸或碱性条件下易发生水解，适宜于配制酸性或中性香波。

脂肪酰谷氨酸钠[$RCONHCH(COOH)CH_2CH_2COONa$]是氨基酸系列表面活性剂，其母体有两个羧基，通常只有一个羧酸成盐。脂肪酰基可以是月桂酰基、硬脂酰基等。由于分子中具有酰胺键，易于在皮肤和头发上吸附；又由于带有游离羧酸，可以调节 HLB 值，在硬水中使用具有良好的起泡能力。这种表面活性剂对皮肤温和、安全性高，可用于配制低刺激性香波。

除上述阴离子型表面活性剂外，其它还有烷基苯磺酸盐、烷基磺酸盐等，但由于其脱脂力强，刺激性大，现代香波已不常使用。

② 非离子型表面活性剂

非离子型表面活性剂在香波中起辅助作用，它们作为增溶剂和分散剂，可增溶和分散水不溶物质，如油脂、香精、药物等。许多非离子型表面活性剂可改善阴离子型表面活性剂对皮肤的刺激性，还可调节香波的黏度，并起稳泡作用。常用的非离子型表面活性剂有烷醇酰胺、聚氧乙烯失水山梨醇脂肪酸酯、聚乙二醇脂肪酸酯等。

烷醇酰胺由脂肪酸与乙醇胺缩合制得，常用的脂肪酸为月桂酸，乙醇胺可以是单乙醇胺，也可以是二乙醇胺。主要品种有月桂酸单乙醇酰胺和月桂酸二乙醇酰胺（6501 或尼纳尔），其中单乙醇酰胺产品比相应的二乙醇酰胺产品具有更好的泡沫促进作用和增稠作用，常用作脂肪醇硫酸盐、脂肪醇醚硫酸盐水溶液的增泡剂和稳泡剂，并可提高香波的黏度，增强去污力，还具有轻微的调理作用。用于以肥皂为基料的香波中，则具有良好的钙皂分散作用。它们在香波中的用量约为 2%~6%。烷醇酰胺的主要缺点是可能成为有害物质亚硝胺的来源，添加少量的生育酚和抗坏血酸可抑制亚硝胺的生成。

③ 两性离子型表面活性剂

两性离子型表面活性剂与皮肤和头发具有良好的亲和性能，对皮肤和眼睛的刺激性低，具有良好的调理性，可用于低刺激性香波，且在酸性条件下具有一定的杀菌和抑菌作用，与其它类型表面活性剂相容性好，可与阴离子、非离子和阳离子型表面活性剂复配。通常在香波中用作增稠剂、调理剂、降低阴离子型表面活性剂刺激性的添加剂和杀菌剂。常用的两性离子型表面活性剂有十二烷基二甲基甜菜碱（BS-12）、椰油酰胺丙基二甲基甜菜碱（CAB）、羧甲基烷基咪唑啉等。

④ 阳离子型表面活性剂

阳离子型表面活性剂的去污力和发泡力，比阴离子型表面活性剂差很多，通常只用作头发调理剂。阳离子型表面活性剂易在头发表面吸附形成保护膜，能赋予头发光滑、光泽和柔软性，使头发易梳理、抗静电。阳离子型表面活性剂不仅具有抗静电性，而且有润滑和杀菌作用。将阳离子型表面活性剂与富脂剂（高级醇、羊毛脂及其衍生物、蓖麻油等）复配，能增强皮肤和头发的弹性，降低皮肤在水中的溶胀，防止头发干燥、皲裂。香波中常用的阳离子型表面活性剂多为长碳链的季铵化合物（如鲸蜡基三甲基氯化铵等）、阳离子纤维素聚合物（JR-400）、阳离子瓜尔胶等。

传统概念认为，阴离子型表面活性剂与阳离子型表面活性剂复配使用时，两者在水溶液中由于强相互作用会产生沉淀，从而失去表面活性。近年来，许多研究报道认为，尽管阴离子与阳离子型表面活性剂混合在一起必然产生强烈的静电吸引作用，但在适当条件下，由于协同效应的产生，有可能使表面活性得到极大的提高。例如，用烷基链较短的辛基三甲基溴化铵与辛基硫酸钠混合，相互作用十分强烈，具有很好的表面活性，表面膜强度极高，泡沫性很好，渗透性大大提高。双十八烷基甲基羟乙基氯化铵与十八酸钠或十八醇聚氧乙烯醚硫酸钠配合使用，其柔软、抗静电效果比单独使用要好。因此通过合理复配，可以产生更为理想的效果。

（2）添加剂

现代香波要求不仅能清洁头发，而且还应具有护发、养发、去屑、止痒等多种功能。为使香波具有这些功能，通常需要加入各种添加剂。添加剂的种类很多，如调理剂、增稠剂、去屑止氧剂、滋润剂、遮光剂、澄清剂、酸化剂、螯合剂、防腐剂、色素、香精等。

① 调理剂

调理剂的主要作用是改善洗后头发的手感，使头发光滑、柔软、易于梳理，且洗发梳理后有成型作用。调理作用是基于功能性组分在头发表面的吸附。头发是氨基酸多肽角蛋白质的网状长链高分子集合体，从化学性质来说，与同系物及其衍生物有着较强的亲和性，因此各种氨基酸、水解胶蛋白肽、卵磷脂等，都对头发具有一定的调理作用。

阳离子型和两性离子型表面活性剂是香波中较早采用的调理剂，如十八烷基三甲基氯化铵、十二烷基氯化铵、十二烷基甜菜碱等。它们能吸附在头发上形成吸附膜，可消除静电、润滑头发使之易于梳理。现代香波则多采用高分子阳离子调理剂，如阳离子纤维素聚合物、阳离子瓜尔胶、高分子阳离子蛋白肽以及二甲基硅氧烷及其衍生物等。

② 增稠剂

增稠剂的作用是增加香波的稠度，获得理想的使用性能和使用观感，提高香波的稳定性等。常用的增稠剂有无机增稠剂和有机增稠剂两大类。无机增稠剂如氯化钠、氯化铵、硫酸钠、三聚磷酸钠等。最常用的是氯化钠和氯化铵，对阴离子型表面活性剂为主的香波能增加稠度，特别是对以醇醚硫酸钠为主的香波增稠效果显著，且在酸性条件下的增稠效果优于碱性条件下，达到相同黏度时氯化钠的加入量较少。有机增稠剂品种很多，非离子型表面活性剂烷醇酰胺不仅具有增泡、稳泡等性能，而且也是很好的增稠剂。纤维素衍生物也可用于调节香波的黏度。目前较常采用的有机增稠剂有聚乙二醇酯类，如聚乙二醇（6000）二硬脂酸酯以及聚乙二醇（6000）二月桂酸酯等；卡波树脂是交联的丙烯酸聚合物，广泛用作增稠剂，尤其用来稳定乳液香波效果显著；聚乙烯吡咯烷酮不仅有增稠作用，而且有调理和抗敏作用。

③ 去屑止痒剂

去屑止痒剂品种很多，如水杨酸或其盐、十一碳烯酸衍生物、硫化硒、六氯化苯羟基喹啉、聚乙烯吡咯烷酮-碘络合物以及某些季铵化合物等，都具有杀菌止痒等功能。目前使用效果比较明显的有吡啶硫酮锌、十一碳烯酸衍生物和 Octopirox、Climbazole（甘宝素，又名二唑酮）。其中，十一碳烯酸单乙醇酰胺琥珀酸酯磺酸钠是一种阴离子型表面活性剂，具有良好的去污性、泡沫性、分散性等，与皮肤黏膜等有良好的生物相容性，刺激性小，和其它表面活性剂配伍性好，是一种强有力的去屑、止痒、杀菌剂，用后还会减少脂溢性皮肤病的产生。其治疗皮屑的机理在于抑制表皮细胞的分离，延长细胞转换率，减少老化细胞产生和积存现象，从而达到去屑止痒的目的。

④ 螯合剂

螯合剂的作用是防止在硬水中洗发时（特别是皂型香波）生成钙、镁皂而黏附在头发上，增加去污力和洗后头发的光泽。常加入柠檬酸、酒石酸、磷酸、乙二胺四乙酸（EDTA）或非离子型表面活性剂如烷醇酰胺、聚氧乙烯失水山梨醇脂肪酸酯等。EDTA 对钙、镁等离子有效。柠檬酸、酒石酸、磷酸对常致变色的铁离子有螯合效果。

⑤ 遮光剂

遮光剂包括珠光剂，主要品种有硬脂酸金属盐（钙、镁、锌盐）、鲸蜡醇、脂蜡醇、鱼鳞粉、铋氯化物、乙二醇单硬脂酸酯和乙二醇双硬脂酸酯等。目前普遍采用乙二醇的单、双硬脂酸酯作为珠光剂，具有珍珠般的外观；采用苯乙烯、丙烯酸乳液作为遮光剂，具有牛奶般的外观。

⑥ 澄清剂

在配制透明香波时，在某些情况下，加入香精及脂肪类调理剂后，香波会出现不透明现象。可加入少量非离子型表面活性剂如壬基酚聚氧乙烯醚或乙醇，也可用多元醇如丙三醇、丁二醇、己二醇或山梨醇等，可保持或提高香波的透明度。

⑦ 酸化剂

微酸性香波对头发护理、减少刺激是有利的，但有时由于某些碱性原料（如烷醇酰胺等）的加入会提高产品的 pH 值；用铵盐配制香波，为防止氨挥发，pH 值必须调整到 7 以下；当采用甜菜碱等两性表面活性剂配制调理香波时，要达到调理效果，pH 值必须低于 6；用 NaCl、NH$_4$Cl 等无机盐作增稠剂时，在微酸性条件下，增稠效果显著，达到相同黏度所需的无机盐量少于碱性条件下的所需量等。上述情况都需要加入酸化剂来调整香波的 pH 值。常用的酸化剂有柠檬酸、酒石酸、磷酸、有机膦酸以及硼酸、乳酸等。

⑧ 防腐剂

为防止香波受霉菌或细菌侵袭导致腐败，可加入防腐剂。常用的防腐剂有尼泊金酯类、咪唑啉脲素、卡松、布罗波尔等。

⑨ 护发、养发添加剂

为使香波具有护发、养发功能，通常加入各种护发、养发添加剂。主要品种有：维生素类，如维生素 E、维生素 B_5 等，能通过香波基质渗入毛发，赋予头发光泽，保持长久润湿感，修复头发的损伤和减少头发末端的分裂开叉，润滑角质层而不使头发缠结，并能在头发上累积、长期重复使用时增加吸收力。氨基酸类，如丝肽、水解蛋白等，在香波中起到营养和修复损伤毛发的作用，同时也具有一定的调理作用。植物提取液，如人参、当归、芦荟、何首乌、啤酒花、茶皂素等，加入香波中除了营养作用外，有的还具有促进皮肤血液循环、生发、杀菌止痒、消炎、抗菌防腐等作用。

⑩ 色素和香精

色素能赋予产品鲜艳、明快的色彩，但必须选用法定色素。

香精可掩盖不愉快的气味，赋予制品愉快的香味，且洗后使头发留有芳香。香精加入产品后应进行有关温度、阳光、酸碱性等综合因素对其稳定性影响的试验，而且应注意香精在香波中的溶解度，以及对香波黏度、色泽等的影响。配制婴儿香波时要特别注意刺激性。

除上述各类原料外，水也是香波的主要原料，应采用去离子水或蒸馏水，以免生成钙、镁皂而产生沉淀分层，使透明香波产生浑浊，影响产品的使用性能。

10.4.2　香波的分类

香波的种类繁多，其配方结构也多种多样。按形态分类有液状、膏状、粉状等；按功效分类有普通香波、调理香波、去屑止痒香波、儿童香波以及洗染香波。目前不论是液状香波还是膏状香波，都在向洗发、护发、调理、去屑止痒等多功能方向发展。

（1）液状香波

液状香波是目前市场上流行的主体，其特点是使用方便、包装美观，深受消费者喜爱。液状香波从外观上分透明型和乳浊型（珠光型）两类。

① 透明液状香波

透明液状香波具有外观透明、泡沫丰富、易于清洗等特点，在整个香波市场上占有很大比例。但由于要保持香波的透明度，在原料选用上受到很大限制，通常要选用浊点较低的原料，以使产品即使在低温时仍能保持透明清晰，不出现沉淀、分层等现象。常用的表面活性剂是溶解性好的脂肪醇聚氧乙烯醚硫酸盐（钠盐、铵盐或三乙醇胺盐）、脂肪醇硫酸盐（铵盐或三乙醇胺盐）、醇醚琥珀酸酯磺酸盐、烷醇酰胺等。

使用氧化胺、甜菜碱等表面活性剂，可代替烷醇酰胺用于配制透明液状香波，能显著提高产品的黏度和泡沫稳定性，且具有调理和降低刺激性等作用。磷酸盐类表面活性剂具有良好的吸附性和调理性，也可用于透明香波。温和型表面活性剂琥珀酸单酯磺酸盐类，如醇醚琥珀酸酯磺酸盐和油酰胺基琥珀酸酯磺酸盐，具有降低其它表面活性剂刺激性的性能，且溶解性好，可用来配制透明香波，特别是油酰胺基琥珀酸酯磺酸盐具有优良的低刺激性、调理性和增稠性，是较为理想的配制透明香波的原料。

为改善透明香波的调理性能，可加入阳离子纤维素聚合物、阳离子瓜尔胶、水溶性硅油等调理剂。

② 液状乳浊香波

液状乳浊香波包括乳状香波和珠光香波两种。乳浊香波由于外观呈不透明状，具有遮盖性，原料的选择范围较广，可加入多种对头发、头皮有益的物质，其配方结构可在透明液体香波的基础上加入遮盖剂配制而成，对香波的洗涤性和泡沫性稍有影响，但可改善香波的调理性和润滑性。乳状香波可加入高碳醇、羊毛脂及其衍生物、硬脂酸金属盐、聚二甲基硅氧烷、乳化硅油等；珠光香波可加入鱼鳞粉、铋氯氧化物、乙二醇单硬脂酸酯或乙二醇双硬脂酸酯等。

在乳浊香波中加入各种具有抗静电、调理功能的高分子阳离子型表面活性剂、两性表面活性剂等，即构成调理香波；加入维生素类、氨基酸类及天然动植物提取液时，可构成护发、养发香波；加入吡啶硫酮锌等去屑止痒等成分，则构成多功能香波。

（2）膏状香波

膏状香波即洗发膏，是国内开发较早的大众化产品，具有携带和使用方便、泡沫适宜、清除头发污垢良好等特点。由于呈不透明膏状，可加入多种对头发有益的滋润性物质。现代洗发膏也从单一洗发功能向洗发、护发、养发、去屑止痒等多功能方向发展，如市场上销售的"羊毛脂洗发膏""去屑止痒洗头膏"等。普通洗头膏常用硬脂酸皂为增稠剂，十二醇硫酸钠为洗涤发泡剂，再添加高碳醇、羊毛脂为滋润剂，三聚磷酸钠、EDTA 等螯合剂，甘油、丙二醇等保湿剂以及防腐剂、香精、色素等配制而成。但目前已被香波替代。

膏状香波也可配成透明的冻胶状，其配方结构是在普通液体透明香波的基础上加入适量的水溶性高分子纤维素，如 CMC、羟乙基纤维素、羟丙基甲基纤维素等，以及电解质氯化钠、硫酸钠和其它增稠剂。

10.4.3　香波的生产工艺流程

香波的生产工艺流程如图 10-3 所示。

（1）原料的准备

按照工艺要求选择适当的原料，并做好原料的预处理。例如，有些原料应预先在暖房中熔化，有些原料应用溶剂预溶解，再到主配料罐中混合。

（2）混合和乳化

大部分香波是制成均相透明的混合溶液或者乳状液。不论是混合还是乳化，都离不开搅拌，只有通过搅拌操作才能使多种物料互相混溶成为一体，把所有成分溶解或分散在溶液中。因此，搅拌器的选择是十分重要的。一般香波的生产仅需要采用带有加热和冷却用的夹套，并配有适当搅拌装置的配料锅，但香波的主要原料是极易产生泡沫的表面活性剂，因此加料的液面必须没过搅拌桨叶，以避免过多的空气混入。

香波的配制过程以混合为主，但各种类型的香波有其各不相同的特点，一般有两种配制方法：一是冷混法，二是热混法。

a. 冷混法　首先将去离子水加入混合锅中，然后将表面活性剂溶解于水中，再加入其它助洗剂，待形成均匀溶液后，可加入其它成分，如：香料、色素、防腐剂、络合剂等。最后用柠檬酸或者其它酸类调节至所需的 pH 值，黏度用无机盐（氯化钠或氯化铵）来调整。若加香料后不能完全溶解，可先将其同少量助洗剂混合后再投入溶液，或者使用香料增溶剂来解决。冷混法适用于不含蜡状固体或难溶物质的配方。

b. 热混法　当配方中含有蜡状固体或难溶物质时，如珠光或乳浊制品等，一般采用热混法。首先将表面活性剂溶解于热水或冷水中，在不断搅拌下加热至 70℃，然后加入要溶解的固体原料，继续搅拌，直至溶解均匀为止。当温度降低至 45℃ 左右时，加入色素、香料和防腐剂等。pH 和黏度的调节一般都应在较低的温度下进行。采用热混法时温度不宜过高（一般不超过 75℃），以避免配方中某些成分遭到破坏。

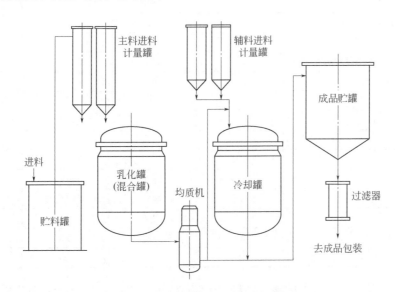

图 10-3　香波的生产工艺流程示意图

（3）混合物料的后处理

无论是生产透明香波还是乳浊状香波，在包装前还要经过一些后处理，以保证产品质量或提高产品的稳定性。主要包括以下处理。

a. 过滤　在混合或乳化操作时，要加入各种物料，难免带入或者残留一些机械杂质，或产生一些絮状物，这些都会直接影响产品的外观，所以物料包装前的过滤是必要的。

b. 除泡　在搅拌的作用下，各种物料可以充分混合，但不可避免地将大量气体带入产品中，由于搅拌和产品中表面活性剂等的作用，有大量的微小气泡混合在成品中。在贮罐中，气泡会不断上浮，造成液体表观密度的不一致，会造成溶液稳定性差、包装时计量不准。一般可采用抽真空排气工艺，快速将液体中的气泡排出。

c. 陈放　也可称为老化，将物料在老化罐中静置贮存几个小时，待其性能稳定后再进行包装。

10.4.4　香波类化妆品产品举例

以下简单介绍几种香波的基础配方和制备方法。

表 10-9 是一种透明液状香波的参考配方。制作方法为：对配方 1、2、3，将表面活性剂及其它添加剂加入水中，搅拌使其溶解均匀（必要时可加热），冷却至 40℃ 时加入香精，用柠檬酸调节 pH 值，用 NaCl 调整至适宜黏度即可。对配方 4，将 JR-400 加入水中，30℃ 下搅拌使

其分散溶解均匀，然后加入其它表面活性剂及添加剂，加热溶解均匀，冷却至 40℃ 时加入香精，用柠檬酸调整 pH 值，用 NaCl 调整黏度。

表 10-9　透明液状香波的参考配方

原料名称	质量分数/%			
	配方 1	配方 2	配方 3	配方 4
月桂醇醚硫酸钠（70%）	12.0		10.0	8.0
月桂醇醚硫酸铵（70%）		15.0		
月桂醇硫酸三乙醇胺		5.0		
月桂酸二乙醇酰胺	5.0			4.0
油酸单乙醇酰胺琥珀酸酯磺酸钠（30%）		15.0		
醇醚琥珀酸酯磺酸钠（30%）		10.0	5.0	10.0
十二烷基甜菜碱（30%）		6.0	6.0	5.0
十二烷基氧化胺（30%）		2.0		
JR-400				0.5
EDTA	0.05			
防腐剂	0.15	适量	0.2	0.2
柠檬酸	适量	适量	0.5	1.0
氯化钠	适量	适量	1.0	适量
香精	0.2	0.2	0.3	0.3
去离子水	82.6	61.8	62.0	71.0

表 10-10 是液状乳浊香波的参考配方。制作方法为：对配方 2、3、5，将去离子水加入搅拌锅中，升温至 30℃，将阳离子纤维素或阳离子瓜尔胶加入去离子水中，搅拌使其分散溶解均匀，然后依次加入除香精、水解蛋白、芦荟胶、珠光剂以外的其它组分，加热至 75~85℃，搅拌使其溶解均匀，冷却至 70~75℃ 时加入乙二醇双硬脂酸酯，搅拌冷却至 35℃ 时加入香精、水解蛋白、芦荟胶，如采用珠光剂也在此时加入，搅匀即可。

表 10-10　液状乳浊香波的参考配方

原料名称	质量分数/%					
	配方 1	配方 2	配方 3	配方 4	配方 5	配方 6
月桂醇醚硫酸钠（70%）	20.0	12.0			8.0	15
月桂醇硫酸钠					2.0	
月桂醇醚硫酸三乙醇胺（40%）			20.0	40.0		
月桂酸二乙醇酰胺	4.0	4.0	5.0	3.0		5.0
油酸单乙醇酰胺琥珀酸酯磺酸钠（30%）					20.0	
醇醚琥珀酸酯磺酸钠（30%）					15.0	
十二烷基甜菜碱（30%）		6.0	5.0		6.0	
N-酰基谷氨酸钠		5.0	5.0			
阳离子瓜尔胶			1.0			
阳离子纤维素聚合物 JR-400		1.0			0.5	
硅油调理剂					0.5	

续表

原料名称	质量分数/%					
	配方 1	配方 2	配方 3	配方 4	配方 5	配方 6
乙二醇双硬脂酸酯		1.0	1.0		1.5	2.0
乙二醇单硬脂酸酯	2.0					
防腐剂	0.2	0.2	0.2		0.1	0.2
丙二醇	1.0					
羊毛脂	1.5					
香精	0.5	0.2	0.2	0.1	0.2	0.2
水解蛋白		0.5				
吡啶硫酮锌 ZPT				1.0		
十一碳烯酸单乙醇酰胺琥珀酸酯磺酸钠（35%）		3.0	3.0		3.0	
聚丙烯酸三乙醇胺盐				0.5		
芦荟胶		适量	适量		适量	
去离子水	70.7	66.1	58.6	55.4	43.2	77.6
柠檬酸	0.1	1.0	1.0			

对配方 1 和 6，将除香精以外的其它组分加入去离子水中，加热至 70~75℃ 搅拌使其溶解均匀，搅拌冷却至 35℃ 时加入香精搅匀即可。

对配方 4，将三乙醇胺和水混合加入搅拌锅中，升温至 90℃ 左右，搅拌下加入聚丙烯酸，加完后继续搅拌 10min，制成均一的聚丙烯三乙醇胺盐糊状溶液。然后加入除 ZPT 和香精以外的其它组分，搅拌溶解均匀，冷却至 40℃ 时加入 ZPT 和香精，搅匀即可。

表 10-11 是膏状香波的参考配方。制作方法为：对不透明膏状香波配方 1、2、3，将十二醇硫酸钠、NaOH 加入水中，加热到 90℃，搅拌使其溶解均匀，再加入熔化好的硬脂酸、单硬脂酸甘油酯、羊毛脂混合物，搅拌均匀，然后按不同配方的要求依次加入烷醇酰胺、三聚磷酸

表 10-11 膏状香波的参考配方

原料名称	质量分数/%			
	配方 1	配方 2	配方 3	配方 4
十二醇硫酸钠	20.0	25.0	20.0	
十二醇硫酸三乙醇胺盐（40%）				25.0
月桂酸二乙醇酰胺		3.0	1.0	10.0
咪唑啉（40%）				15.0
硬脂酸	5.0	3.0	5.0	
单硬脂酸甘油酯			2.0	
羊毛脂	1.0	2.0		
NaOH（100%）	1.0	0.4	1.0	
三聚磷酸钠	5.0	8.0		
碳酸氢钠		10.0		
甘油	3.0			
防腐剂	0.2	0.2	0.2	0.2
色素	适量	适量	适量	适量

续表

原料名称	质量分数/%			
	配方 1	配方 2	配方 3	配方 4
香精	0.2	0.5	0.5	0.3
去离子水	64.6	47.9	70.3	48.5
羟丙基甲基纤维素				1.0

钠、碳酸氢钠、甘油、防腐剂、色素等，搅拌均匀，冷却至45℃时加入香精，搅匀即可。

对透明胶冻状香波配方 4，首先将羟丙基甲基纤维素加入水中，使其分散溶解均匀，然后依次加入各原料，搅拌溶解均匀，最后加入香精，搅匀即可。

10.4.5　香波的质量指标

香波的质量指标应符合表 10-12 的要求，原料及卫生指标应符合《化妆品卫生规范》（2007版），所用阴离子型表面活性剂的初级生物降解度应不低于90%。

表 10-12　香波的质量指标（GB/T 29679—2013）

指标名称		指标要求	
		液状香波	膏状香波
感官指标	外观	无异物	
	色泽	符合规定色泽	
	香气	符合规定香气	
理化指标	耐热	（40±1）℃保持24h，恢复至室温后无分层现象	（40±1）℃保持24h，恢复至室温后无分离析水现象
	耐寒	−（8±2）℃保持24h，恢复至室温后无分层现象	−（8±2）℃保持24h，恢复至室温后无分离析水现象
	pH 值（25℃）	成人产品：4.0~9.0（含α-羟基酸、β-羟基酸产品可按企标执行） 儿童产品：4.0~8.0	4.0~10.0（含α-羟基酸、β-羟基酸产品可按企标执行）
	泡沫(40℃)/mm	透明型≥100 非透明型≥50 儿童产品≥40	≥100
	有效物含量/%	成人产品≥10.0 儿童产品≥8.0	
	活性物含量/%（以 100%月桂醇硫酸酯钠计）	—	≥8.0
卫生指标	菌落总数/(CFU/g)	≤1000（眼部用、儿童用产品≤500）	
	霉菌和酵母菌总数/(CFU/g)	≤100	
	类大肠菌群/g	不得检出	
	金黄色葡萄球菌/g	不得检出	
	铜绿假单胞菌/g	不得检出	
	铅/(mg/kg)	≤40	
	汞/(mg/kg)	≤1（含有机汞防腐剂的眼部化妆品除外）	
	砷/(mg/kg)	≤10	

10.5　沐浴露类化妆品

沐浴露是洗浴时直接涂敷于人体或借助毛巾涂擦于人体上，经揉搓达到去污垢目的的沐浴用品。过去人们大都使用肥皂、香皂、浴皂等洗澡，虽然它们有较强的洗净作用，但由于它们呈碱性，致使皮肤过度脱脂，容易使皮肤出现干燥、无光泽等现象。随着表面活性剂工业的发展，沐浴露产品获得了快速的发展。目前的浴液制品主要有两类，一类是易冲洗的以皂基表面活性剂为主体的浴液，一类是呈微酸性的以各种合成表面活性剂为主体的浴液。

沐浴露与液体香波有许多相似之处：外观均为黏稠状液体；其主要成分均为各类表面活性剂；均具有发泡性，对皮肤、毛发均有洗净去污能力。但由于其使用的对象不同，有着不同的特性。香波尤其是调理香波，其中添加了多种有护发作用的调理剂，使头发洗后易梳理、柔顺等，而沐浴露中常添加对皮肤有滋润、保湿和清凉止痒等作用的添加剂。性能优良的沐浴露应具有泡沫丰富、易于冲洗、温和无刺激等特性，并兼具滋润、护肤等作用。

10.5.1　沐浴露的组成

表面活性剂无疑是沐浴露的主要原料，要求具有良好的洗涤、发泡性，与皮肤相容性好，性质温和，刺激性低等。常用的有阴离子型表面活性剂，如单十二烷基（醚）磷酸酯盐、脂肪醇醚琥珀酸酯磺酸盐、N-月桂酰肌氨酸盐、椰油酰基羟乙基磺酸钠、脂肪酸皂等以及非离子型如烷醇酰胺、葡萄糖苷衍生物等。其中，脂肪酸皂可改善洗涤时不易冲洗、滑腻的感觉。

为避免沐浴露在去污过程中对皮肤产生过度的脱脂作用，常在沐浴露中添加能赋予皮肤脂质，使皮肤润滑、光泽的润肤剂或赋脂剂，如鳄梨油、霍霍巴油、羊毛脂类、聚烷基硅氧烷类及脂肪酸酯类等，它们具有良好的润肤性，可改善与皮肤的相容性、降低产品的刺激性等。

沐浴露中还常加入甘油、丙二醇、烷基糖苷等保湿剂，阳离子聚合物如聚季铵盐类等调理剂（它们对蛋白具有附着性，能使皮肤表面有一种如丝一般平滑的舒适感），以及芦荟、沙棘、海藻、薄荷脑等天然植物提取物和中草药提取物等活性成分。另外，还需加入珠光剂、防腐剂、香精、色素等。

10.5.2　沐浴露的生产工艺流程

沐浴露是以表面活性剂为主的均匀水溶液，与香波的制备过程相同，因此一般采用间歇式批量化生产工艺，而不宜采用投资多、控制难的连续化生产工艺。

沐浴露生产工艺所涉及的化工单元操作工艺和设备，主要包括带搅拌的混合罐、高效乳化或均质设备、物料输送泵和真空泵、计量泵、物料贮罐和计量罐、加热和冷却设备、过滤设备、包装和灌装设备等。把这些设备用管道串联在一起，配以适当的能源动力，即组成沐浴露的生产工艺流程，如图 10-4 所示。

（1）原料的准备

沐浴露和香波一样，实际上是多种原料的混合物，因此，熟悉所使用的各种原料的物理化学特性、确定合适的物料配比及加料顺序是至关重要的。生产过程中应做好原料的预处理，具体操作和香波大致相同。

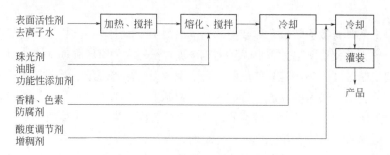

图 10-4　沐浴露的生产工艺流程图

（2）混料

沐浴露的配制过程与香波相同，均以混合为主，根据沐浴露的特点可分为冷混法和热混法。

a. 冷混法　首先将去离子水加入混合锅中，然后将表面活性剂溶解于水中，再加入其它助洗剂，待形成均匀溶液后，就可加入其它成分如香料、色素、防腐剂、螯合剂等。最后用柠檬酸或其它酸类调节至所需的 pH 值。

b. 热混法　当配方中含有蜡状固体或难溶物质时，如珠光或乳浊制品等，一般采用热混法。首先将表面活性剂溶解于热水或冷水中，在不断搅拌下加热到 70℃，然后加入要溶解的固体原料，继续搅拌，直到溶液呈透明为止。当温度下降至 35℃ 左右时，加色素、香料和防腐剂等。pH 值和黏度的调节一般都应在较低的温度下进行。采用热混法温度不宜过高（一般不超过 70℃），以免配方中的某些成分遭到破坏。

10.5.3　沐浴露类化妆品产品举例

表 10-13 给出了几个沐浴露的参考配方。其配制方法与液体香波基本相同，首先将各种表面活性剂混合，加入去离子水中，在搅拌下加热至 70℃ 左右，混合均匀后，加入润肤剂、保湿剂、增稠剂等，降温至 50℃ 时加入香精，冷却至室温即可灌装。

表 10-13　沐浴露的参考配方

原料名称	质量分数/%		
	清凉型	滑爽型	易冲洗型
脂肪醇醚硫酸酯盐（70%）	15.0	13.0	
十二烷基磷酸酯（30%）			38.0
月桂酸			11.0
脂肪醇醚琥珀酸酯磺酸钠（35%）	6.0		
N-月桂酰肌氨酸钠（30%）		8.0	
羟磺基甜菜碱（30%）	4.0		8.0
椰油酰胺丙基甜菜碱（30%）		9.0	
聚乙二醇-200 硬脂酸甘油酯	3.0		
聚季铵盐-10		0.2	

续表

原料名称	质量分数/%		
	清凉型	滑爽型	易冲洗型
乙二醇双硬脂酸酯			3.0
增稠剂			1.5
EDTA-Na$_4$			0.1
丙二醇	4.0		
薄荷脑	1.0		
KOH			3.2
防腐剂	适量	适量	适量
香精	适量	适量	适量
色素	适量	适量	适量
乳酸（调 pH 值）		适量	
去离子水	67.0	69.8	35.2

10.5.4 沐浴露的质量指标

沐浴露的卫生指标应符合《化妆品卫生规范》（2007 版），感官、理化性质应符合 QB/T 1994—2013 的相关要求，如表 10-14 所示。

表 10-14   沐浴露的质量指标

项目		要求			
		成人		儿童	
		普通型	浓缩型	普通型	浓缩型
感官指标	感官	产品不分层，无明显悬浮物（加入均匀悬浮颗粒组分的产品除外）或沉淀			
	气味	无异味，符合规定香型			
理化指标	稳定性	耐热：（40±2）℃ 保持 24h，恢复至室温后与试验前无明显变化 耐寒：（-5±2）℃ 保持 24h，恢复至室温后与试验前无明显变化			
	总有效物/%	≥7	≥14	≥5	≥10
	pH 值（25℃）	4.0～10.0		4.0～8.5	
卫生指标	菌落总数/(CFU/g)	≤1000		≤500	
	霉菌和酵母菌总数/(CFU/g)	≤100			
	类大肠菌群/g	不得检出			
	金黄色葡萄球菌/g	不得检出			
	铜绿假单胞菌/g	不得检出			
	铅/(mg/kg)	≤40			
	汞/(mg/kg)	≤1			
	砷/(mg/kg)	≤10			

注：pH 值测试浓度：10%。

第11章 牙膏

牙膏亦称洁齿剂、口腔卫生用品，是日常生活中必不可少的清洁用品之一。牙膏有着悠久的历史，并且随着科学技术的不断发展、工艺装备的不断改进和完善而获得了不断更新和进步。各种类型的牙膏相继问世，产品的质量和档次不断提高，商场中牙膏产品琳琅满目。牙膏的品种已从以前的单一清洁型发展到品种齐全的多功能型。这些新型牙膏不仅具有洁齿作用，还被赋予防治各种口腔疾病和口腔卫生保健功能，满足了人们追求美好和健康幸福生活的需要和不同层次消费水平的需要。

2012年全球牙膏销售额达到了近140亿美元，销售量约为235亿标准支（100克/支）。主要生产企业为美国、欧洲、日本的跨国公司，如高露洁-棕榄公司（Colgate-Palmolive）、联合利华（Unilever）、宝洁（Procter & Gambe）、葛兰素史克公司（Glaxo Smith Kline）、切奇杜威公司（Church & Dwight）等。我国牙膏工业起步于1922年，50年代前后形成了较为完整的国产牙膏工业体系，80年代后随着技术、装备的快速发展，产品质量和档次发生了翻天覆地的变化。2013年全国牙膏产量达到了55亿标准支（100克/支），销售额达到人民币175亿元。除跨国公司外，生产牙膏的本土企业达到了数十家，如上海美加净、重庆登康、天津蓝天、广州美晨、柳州两面针、广西奥奇丽、浙江纳爱斯、云南白药、广州倩采、江西诚志、中山多美、广州中汉、广州微美姿、杭州皎洁、江苏隆力奇、广东金洁、广州立白、广州蒙妮坦、桂林云汉、丹东康齿灵等。目前我国已成为世界上牙膏生产和出口大国，产量多年位居世界第一[1]。

牙膏产品在结构上类似于膏状洗涤剂，生产工艺和设备不算太复杂，但产品的配方具有多元化特性。本章将简要介绍牙膏的组成、配方特点、生产工艺以及质量控制等。对牙膏有兴趣、希望了解更多信息的读者请参阅有关专著。

11.1 牙膏的分类

按照目前的国家标准，牙膏可以分为普通型牙膏和功效型牙膏，这两大类产品还可以进一步细分。事实上，牙膏的分类标准有很多，例如可以根据功效、使用对象、成分特性等进行分类，也可以根据包装容器或包装规格、香型、是否加入发泡剂、所用摩擦剂类型、膏体外观以及市场价格等来分类。表11-1为根据功效、使用对象、成分特性等对现有的市售牙膏产品进行的分类。然而从牙膏发展的历史轨迹和现有的功能来看，可以把牙膏大致分为普通牙膏、含氟防龋齿牙膏、美白牙膏和含中草药牙膏等几个大类。

表 11-1　市场常见的牙膏品种[1]

品种名称	举例
防龋牙膏	防蛀固齿牙膏、含氟防蛀牙膏、草本防蛀牙膏、木糖醇防蛀牙膏、防蛀水晶牙膏、防蛀护理牙膏
抗过敏牙膏	强效脱敏牙膏、超强脱敏牙膏、脱敏止痛牙膏、止血脱敏牙膏、防酸牙膏
牙龈保护牙膏	口腔护理牙膏、牙齿和牙龈保护牙膏、草本护龈牙膏、抗牙龈衰老牙膏、牙周康牙膏
抗菌牙膏	生物酶抗菌牙膏、纳米抗菌牙膏、草本抗菌牙膏
去渍增白牙膏	除牙斑增白牙膏、除渍美白牙膏、除牙结石增白牙膏、软性洁齿颗粒增白牙膏、草本美白牙膏、防蛀美白牙膏
多效牙膏	二合一牙膏、二合一美白牙膏、二合一除牙斑牙膏、二合一清新口气牙膏、二合一防蛀牙膏、二合一草本牙膏、三重功效牙膏、多效护理牙膏、各种全效牙膏
清新口气牙膏	茶爽牙膏、茶倍健牙膏、呼吸整理牙膏、冰爽柠檬水牙膏、二合一去口气加漱口水牙膏
草本牙膏	两面针牙膏、田七牙膏、草珊瑚牙膏、云南白药牙膏、芦荟牙膏、茶树油牙膏、绿茶牙膏、竹粉牙膏、植物精油牙膏、金银花牙膏、蜂胶牙膏、松针牙膏、人参牙膏
生物牙膏	蚕丝牙膏、维生素牙膏、氨基酸牙膏、生物酶牙膏、牛奶因子牙膏
儿童牙膏	儿童防蛀牙膏、儿童水晶牙膏、泡泡多牙膏、长牙（2~5 岁）牙膏、换牙（6~12 岁）牙膏

11.1.1　普通牙膏

普通牙膏不含专门的药物成分，具有牙膏的基本功能，即洁齿和卫生。普通牙膏包含了牙膏的基本成分如摩擦剂、发泡剂（表面活性剂）、保湿剂、增稠剂、甜味剂、芳香剂和水等[2]。实际上，对于牙齿健康的人群，普通型牙膏足以满足口腔清洁卫生要求。

11.1.2　含氟牙膏

鉴于龋齿是一种常见的口腔疾病，会对人体健康带来不利的影响，因此防龋齿成为牙膏应当具备的功能之一。随着科技的发展，人们发现氟化物具有防龋的作用，并且经过多年的实践证明，氟化物与牙齿接触后，能使牙齿组织中易被酸溶解的氢氧磷灰石形成不易溶的氟磷灰石，从而提高了牙齿的抗腐蚀能力。有研究证明，常用这种牙膏，龋齿发病率可降低 40%左右。可用的氟化物有氟化钠、氟化钾、氟化亚锡及单氟磷酸钠等。但是，氟是一种有毒物质，如果人体吸收过多的话，会引起氟中毒。为此国家规定，加氟牙膏游离氟含量应在 400~1200mg/kg 之间。特别要注意，3~4 岁前的儿童不宜使用，因为 1/8~1/4 的牙膏可能被他们吞入胃中。4~6 岁的儿童应在家长指导下使用，每次用量一般为黄豆粒大小。在 25 岁以后，牙齿经过再矿化，增加了防龋能力，龋齿发病率显著下降，并趋向稳定[3]。另外，高氟水地区的人们不宜使用含氟牙膏，以免引起氟中毒。

11.1.3　美白牙膏

每个人都期望拥有一口洁白的牙齿，因此具有美白效果的牙膏应运而生。事实上，牙膏的美白功能是有限的，只适合"小众"人群，并且不能长期使用。牙膏的美白功效源于其中添加了特殊的摩擦剂或过氧化物，但仅对抽烟、喝咖啡和有色饮料等引起的轻度牙齿变色者有效，即小众人群。而对四环素牙、氟斑牙等深层着色者基本没有效果。而且通过颗粒摩擦，会破坏牙齿表面的牙釉质，使牙齿表面变得粗糙，使牙渍更容易沉积在牙齿表面。含过氧化物的牙膏其主要成分是双氧水，尽管其浓度较低，但仍有可能对一部分敏感人群的口腔造成某种程度的刺激，如发酸、怕凉、肿胀等。同时，健康牙齿的颜色并不是纯白色，牙齿内部的牙本质是黄色的，表面的牙釉质是半透明的。因此，健康的牙齿是有光泽、略带黄色的。要保持牙齿的长期洁净、健康，正确刷牙才是行之有效的方法。此外，如果有喝咖啡、有色饮料及吸烟习惯的人，最好能及时用清水漱口，减少色素沉着的机会，并定期去正规的医院洗牙、看牙，在不清楚什么原因引起牙齿变色之前，不要盲目相信美白牙膏的神奇功效[4]。

11.1.4　中草药牙膏

一口坚固的牙齿、清新的口气，人人都想拥有。但是，随着年龄的增长，牙齿"不复当年"，口气每况愈下。进入成年期，牙周疾病的发病率逐渐上升，并且随着年龄的增长，其严重程度也不断加深。而药物牙膏能在一定程度上缓解这些现象。药物牙膏是在普通牙膏的基础上加入一定的药物成分。刷牙时牙膏到达牙齿表面或牙齿周围环境中，通过药物的作用，减少牙菌斑，从而起到防龋病和牙周病的作用[5]。目前。药物牙膏极受人们的青睐，而且利用牙膏来推广具有预防功效或治疗功效的药物，是一种较理想的方式。例如，云南白药牙膏，它能迅速制止牙龈出血，预防牙龈炎、牙周炎、牙龈萎缩等口腔问题。当然，这有赖于牙膏中云南白药的活性成分，它们能有效地改善牙龈、牙周组织和口腔黏膜的血液循环，提高牙周组织和口腔黏膜组织养分的供给，增强牙龈、牙周、牙齿和口腔黏膜的抗病能力。不过对于止血性的药物牙膏不能过分依赖，不可滥用。药物牙膏也有其局限性，首先，牙膏在口腔内保持很短的时间即被漱出，使药物难以在短时间内发挥药效，而且专用药品剂量还必须避免刺激口内软组织，因而不能提高到足够的有效浓度。而牙膏本身的作用，常被口内污物所阻或受形态特征限制，难以到达真正发病的区域。其次，牙膏中的药品，常因放置时间久而发生其它化学变化，失去原有的药效，有效药物又常因带有异味而不宜于放入牙膏中。此外，还有药物耐药性的问题，这些因素都表明药物牙膏不宜长期使用，药物牙膏是一种良好的设想，但要真正达到预防口腔疾病的效果，还有待于做一些深入研究。

11.2　牙膏的基本组成

牙膏是由多种无机物和有机物组成的膏状物质，属于胶体分散体系。基本成分包括摩擦剂、发泡剂（表面活性剂）、保湿剂、增稠剂、甜味剂、芳香剂、外观改良剂和水等。近几年来，人们在牙膏中加入了各种药物成分，制成了多种药物牙膏，使其具有洁齿和防止口腔疾病等多种作用。一支好的牙膏，轻轻一挤，就冒出洁白润滑的膏体。一般它具有高雅的香味、适度的甜味、细腻的口感和充分的泡沫。

摩擦剂是牙膏的主体，占比在30%~55%之间。为了增加去污效果、发泡和保持胶体稳定，牙膏中需要加入表面活性剂，占比在 2%~3%左右。牙膏之所以能洁白牙齿，主要靠这两种成分的作用。摩擦剂具有一定的摩擦作用，表面活性剂具有洗涤和产生泡沫的作用，二者结合起来加上牙刷的作用，就能把牙齿表面的污垢刷去，使牙齿清洁。牙膏中添加香料（如薄荷、留兰香等）等添加剂，不仅在使用时有清爽芳香之感，还有杀菌、清除口腔中的细菌、防止膏体腐败等作用。为使牙膏口感良好，牙膏中还要加些甜味剂。这样，在刷牙之后，口腔就会感觉凉爽舒适，并带有甜丝丝的芬芳[6]。

为了防治口腔疾病和起到保健作用，一些牙膏中加入了一些特殊成分。例如，为了除去口臭，常在牙膏中加入双氧代苯基二胍基己烷和柏醇等作为杀菌剂。铜叶绿酸对防治口臭亦有一定功效。为防治龋齿，可加入氟化合物，既能抑制口腔中残留物发酵，又能使牙齿表面的珐琅质强化。从安全性来考虑，牙膏中氟含量规定在 1000μg/kg 以下。在饮用含氟天然水的人群中，龋齿的发病率相对较低，但饮用含氟量高的水，牙齿表面会形成白浊状（斑状齿），反而使齿质变脆。牙膏并不是牙齿健康的法宝，只是刷牙的辅助用品，具有摩擦作用和去除菌斑、清洁抛光牙面、使口腔清爽的作用。因此，如果牙齿健康情况较好，选择普通牙膏即可[7]。

下面将对牙膏中基本成分的作用和生产制备分别进行简要论述。

11.2.1　摩擦剂

（1）摩擦剂的种类和功效

在牙膏的组成中，摩擦剂所占比例很大，有的占到了牙膏质量的 50%以上。摩擦剂具有清洗、去斑和洁齿的作用。研究人员认为，牙膏中有足够的摩擦剂，才是保证快速去除牙菌斑并防止牙渍产生的关键。目前市售牙膏中所用到的摩擦剂主要有水合硅石、碳酸钙、二水合磷酸氢钙、氢氧化铝、焦磷酸钙、珍珠粉和小苏打等。在刷牙过程中，摩擦剂清除外源性附着物的过程和机理大致为：摩擦剂颗粒的硬度比外源性附着物高，在牙刷的压力下剪切破碎和磨除外源性附着物；破碎的外源性附着物被摩擦剂所分散，并与摩擦剂、表面活性剂乳化成悬浮物，黏度降低，离开牙齿表面；悬浮物被水冲洗，完成清洁口腔与牙齿的目的。现在已经证明很多参数影响摩擦剂的摩擦清洁性能，包括硬度、粒径、形状、尺寸、尺寸分布、浓度和施加的力等。例如，随着摩擦颗粒尺寸的增加摩擦系数增加，但当摩擦颗粒尺寸增大到一定程度后，便不再会影响摩擦系数的大小。

对于摩擦剂来讲，如果粒径太大，那么摩擦剂也不会起到摩擦的作用，因为摩擦颗粒不能被牙刷有效地捕捉，而是被推挤到了牙齿周围。同样，当摩擦颗粒浓度增加，摩擦力也相应地增加，摩擦颗粒浓度增加到一定程度，牙刷捕捉能力饱和，继续增加浓度将对摩擦力的提高无效，并且附着物清除率也不再变化[8]。

在设计美白功效牙膏时，权衡清洁效力和对牙齿硬组织的磨损度是非常重要的。有很多方法可用于测量牙膏对牙釉质和牙本质的磨损。摩擦剂的相对安全性，由基于对牙本质和牙釉质磨损度的国际标准方法界定，分别是牙本质磨损值法（RDA）和牙釉质磨损值法（REA）。它也给出了消费者在终身正常刷牙条件下"安全牙膏"的一个最大摩擦值。牙膏生产企业掌握了摩擦剂的参数和去除牙齿附着物的能力后，可以针对不同需求的消费者，开发不同增白牙齿速度的产品。美白牙膏最好的方案便是具有较大清洁能力的同时，对牙齿硬组织的磨损度较小[9]。例如，一种改良型的"软性硅"磨料，与传统硅磨料相比，具有较低硬度的同时，对牙齿的磨损度也相对较小（传统硅磨料 RDA：110；"软性硅"磨料 RDA：87）。将这种硅磨料加入牙膏中时，体外实验表明，与传统硅磨料的牙膏相比，能明显改善洁齿能力。还有一种高洁齿能力的硅磨料，能最大限度地清除牙齿表面附着物，而不会过度损伤牙齿。将其加入牙膏中，与应用传统硅磨料的牙膏相比，清除牙齿表面自然沉积附着物的时间缩短了 6 周。

珍珠粉是一种无定形玻璃质硅酸盐，将其加入二氧化硅基质的牙膏中后，能大大提高牙膏的洁齿能力[3]。用原位实验方案评估对牙釉质表层的磨损度发现，与传统只加入二氧化硅基质磨料的牙膏相比，洁齿能力明显提高，并对牙釉质表层的磨损度没有显著提高。也有人将珍珠粉引入碳酸钙基质的美白功效牙膏中，临床实验表明，使用 4 周就能有效清除自然沉积的外源性附着物。这种产品与市售的非美白类牙膏相比，对牙釉质和牙本质的磨损度也没有显著提高。

优良的摩擦剂不但要有清洗、去斑、洁齿的作用，而且不能使牙齿受到过多的磨损，所以牙膏摩擦剂必须具有一定的硬度，常用的摩擦剂硬度一般在莫氏硬度 3 左右。对于摩擦剂粉末原料的粒子大小也有一定的要求，粒度较大在口中有粗涩不滑的感觉，可见对牙膏摩擦剂的要求是非常高的。此外，牙膏中添加不同种类的摩擦剂，对牙膏的各项理化指标有很大影响。

目前，用于牙膏的摩擦剂有碳酸钙、磷酸氢钙、氢氧化铝和二氧化硅等[10]。碳酸钙是用于牙膏中的一种有效且成本较低的摩擦剂，但钙离子不能与通常的氟化物很好地配合使用，一般只能用单氟磷酸盐作氟离子的来源。磷酸氢钙（通常带有两个结晶水，$CaHPO_4 \cdot 2H_2O$）具有与牙质相近的硬度，易使牙质中的羟基磷灰石受损。用 $Al_2O_3 \cdot H_2O$ 作摩擦剂可与氟化物很好地配伍。SiO_2 由于有一定的惰性，可与氟以及疗效型活性物较好地配伍。SiO_2 有干凝胶态和沉淀态，它们与液态牙膏的折射率接近，可用于生产透明牙膏。多孔状的 SiO_2 还可通过剪切来调整粒径大小。无论何种摩擦剂，都必须具有较低的收敛性，以使牙膏能快速加进香料。牙粉中摩擦剂的含量一般为 20%~60%。牙齿腐烂或牙癌主要是牙斑的累积和细菌的繁殖所致。牙斑细菌的酸性代谢产物如柠檬酸可降低口腔的 pH 值至 5.5 左右，会损坏牙釉，导致牙齿腐烂。因此碱性摩擦剂在口腔卫生用品中具有双重用途，一方面可清除酸性牙斑，另一方面可中和口腔内的酸性代谢产物。

（2）常用摩擦剂的生产工艺

① 碳酸钙

碳酸钙是早期用于牙膏中的主要摩擦剂，其生产工艺是从天然碳酸钙磨成所需要的粒度。但由于其白度低、莫氏硬度大、粒度偏粗、杂质含量高，只能用于生产低档牙膏产品。通过化学沉淀法生产的碳酸钙具有良好的白度，但不足之处是当其与某些有机酸反应时，对香味有影响。

② 磷酸氢钙

磷酸氢钙是一种良好的牙膏摩擦剂，与牙膏中的氟化物有良好的相容性。用作牙膏摩擦剂的主要是焦磷酸钙，它是通过对磷酸钙进行热处理获得的。但磷酸氢钙对牙齿的摩擦力偏大。

③ 氢氧化铝

a. 普通氢氧化铝　氢氧化铝又称氧化铝三水化合物，是较好的牙膏摩擦剂，其质量稳定，摩擦值适宜，碱性比碳酸钙低，外观洁白，口感好。氢氧化铝的两性特点使其能与药物有较佳的配伍性，与氟化物配伍时对氟化物有较高的相容性。生产氢氧化铝的工艺是将碳酸钠与铝土矿在高温下煅烧反应，生成铝酸钠，溶于水得到铝酸钠溶液。然后通过降低铝酸钠溶液温度或加入酸性物质中和，使氢氧化铝析出。这种方法称为烧结法。由于经过高温煅烧，有机物基本被烧掉，所得氢氧化铝中重金属和有机物含量低，产品白度高，光泽好。该产品经洗涤、烘干，再进行机械或气流磨粉碎，可用作牙膏摩擦剂。

b. 球形氢氧化铝　从工业氢氧化铝粉碎制得的牙膏摩擦剂，粒度分布宽，粗粒多，细粒也多，形状各异，影响产品的 pH 值，长期使用会对牙齿造成磨损。因此，人们又研制出了改良的球形氢氧化铝。

以烧结法铝酸钠溶液为原料，冷却到一定温度后在搅拌的情况下加入特定粒度、特定量的氢氧化铝做种子，然后在溶液中通入二氧化碳，分解 3~6h，控制一定量的母液氧化铝残留，将所得料浆进行分离、过滤、洗涤，即得到牙膏级球形氢氧化铝摩擦剂。此工艺得到的球形氢氧化铝流动性好，球形度高，表面光滑，作为牙膏摩擦剂既可以清洁牙齿，又可以减少牙齿的磨损。

④ 二氧化硅

以硅酸钠和硫酸钠为原料，加入适当的助剂，在特定的工艺条件下，用沉淀法制得的无定形二氧化硅，具有洁齿能力强、物理性能好、化学性质稳定、与牙膏膏体中其它配料相容性好等优点。此外，其折射率与膏体折射率相近，适用于制备透明牙膏。

（3）影响牙膏摩擦剂质量的因素

a. 牙膏摩擦剂的离解率　摩擦剂在牙膏中存在着一定的离解率。离解率过大，会导致牙膏因酸碱反应而产生气胀现象，因化学反应而产生穿孔现象，因电解质溶胶体系的破坏而产生分水现象。因此针对采用不同摩擦剂的牙膏类型，控制牙膏的 pH 值在合理范围是非常重要的。确保牙膏 pH 值的稳定性，有利于控制摩擦剂的离解率，并有利于保证牙膏在保质期内的稳定性[11]。

b. 摩擦性　牙膏中摩擦剂的形状、大小、硬度和含量是决定牙膏摩擦性的主要因素。摩擦剂颗粒应当硬度合适、细度均匀、溶解度小、化学性质稳定、外观洁白、无异味、口感舒适、完全无毒。

c. 折射率　折射率对制备透明牙膏尤其重要。任何一种透明牙膏的膏体，都有自身的折射率。加入的摩擦剂的折射率必须与膏体的折射率相匹配，否则膏体就不会透明。

随着我国经济的高速发展，人民生活水平的不断提高，牙膏摩擦剂市场竞争日趋激烈。目前我国牙膏市场正走向高档化，因此对牙膏摩擦剂质量的要求也越来越高，数量越来越大。相关企业应当注重开发不同种类的高档牙膏摩擦剂，以适应市场的需要。

11.2.2 发泡剂

发泡剂属于表面活性剂，是牙膏的必备成分之一，主要起润湿、发泡、乳化和去除口腔污垢的作用。借助于表面活性剂的乳化作用，可以将牙膏中含有的油溶性成分如香精等稳定分散在牙膏中。而在刷牙时，借助于发泡剂产生的丰富泡沫，可使牙垢悬浮并被漱口水冲洗除去，达到清洁口腔的目的。目前牙膏中广泛采用的发泡剂是一种阴离子型表面活性剂——十二烷基（月桂醇）硫酸钠，英文缩写 SDS（sodium dodecyl sulfate），国内俗名 K_{12}。K_{12} 的 LD_{50} 为 1288mg/g，属于低毒性物质，满足牙膏安全性要求。K_{12} 不仅能快速发泡，泡沫丰富，而且具有优良的润湿、清洁作用，有助于清洗口腔中的污垢。牙膏中发泡剂的用量一般为 1%~3%，通常要求表面活性剂具有很高的纯度，不能有异味。除了 K_{12} 以外，N-月桂酰肌氨酸钠和酯基牛磺酸钠等也可以用作牙膏发泡剂。

11.2.3　保湿剂

在牙膏中添加保湿剂可以使膏体保持水分，防止干燥，维持膏体的流动性，并方便使用。所有的保湿剂都必须是水溶性的，安全无毒，达到食品级或医药级，并且无不良口感。典型的保湿剂有甘油、丙二醇、山梨醇、聚乙二醇等，在牙膏中的含量为 15%~30%，因此是牙膏的主要组分之一。采用混合保湿剂可降低牙膏的生产成本。

11.2.4　增稠剂

增稠剂在牙膏中起到增黏和稳定膏体的作用，是影响牙膏膏体稳定性的关键原料。尽管很多胶黏剂、黏合剂或高分子具有这样的性质，但牙膏用增稠剂必须具备一些特定的性质。除了满足安全性要求外，增稠剂应当是水溶性的，容易分散和溶胀，具有良好的黏性和触变性，具有较好的抗酶能力和耐盐能力，不给牙膏带来不舒适或不愉快的气味，以及不影响牙膏的色泽等。

可用的增稠剂一般包括天然植物胶如黄原胶、改性瓜尔胶、卡拉胶、梧桐树胶、阿拉伯胶、果胶、明胶、琼脂等，有机合成聚合物如羧甲基纤维素钠（CMC-Na）、羟乙基纤维素、羟甲基羧乙基纤维素、羟甲基丙基纤维素、硫酸盐纤维素、卡波树脂、聚丙烯酸盐、聚乙烯吡咯烷酮等，以及无机胶如增稠性二氧化硅、胶性硅铝酸镁、精制膨润土等。牙膏中的增稠剂用量通常为 0.5%~3.0%。如加入有机增稠剂，还须加入防腐剂。

11.2.5　甜味剂

甜味剂亦称味觉改良剂。多数牙膏带有涩味，因此需加入甜味剂以改善口感。可用的甜味剂包括糖类和非糖类。糖类甜味剂包括糖和糖醇，但一般不使用糖，因为糖的存在可能使牙膏发酵变酸。具有甜味的糖醇，例如作为保湿剂的甘油、山梨醇等有一定的使用价值，但更多的是使用非糖类甜味剂，它们甜度高，用量少，基本不参与代谢过程。因此，常用的甜味剂有糖精钠、天冬甜素、甜菊糖、三氯半乳糖等，用量通常为 0.2%~0.5%。

除了使用甜味剂外，也有牙膏使用咸味剂的，如氯化钠。这种含盐牙膏具有咸甜清新的口味，特别强化了凉爽和新鲜的感觉。

11.2.6　香精

香精的作用是赋予牙膏稳定的香型和清凉的口感，使消费者在使用时口腔感到愉快舒适和清凉爽快，同时掩盖牙膏成分的异味。牙膏用香精主要由天然香精和合成香精调配而成[12]，一般具有天然风味。常用的香型包括薄荷香型、留兰香型、冬青香型、水果香型、茶爽香型、药物香型等，因此可用的种类很多。其中最基本的香料为薄荷和薄荷油，可留下清新、爽快的口感。此外一些香精具有抑菌作用，如百里香酚、丁香酚、薄荷油等。

牙膏中使用的香精要达到食品级要求，相关香精成品执行国家标准《日用香精》（GB/T 22731—2017）。香精应当与牙膏中的组分具有良好的相容性，不导致膏体变色、变味，口感良好。为了获得最佳的香精配方，往往需要"调香"，而调香是一门技术，更是一门艺术。

11.2.7　外观改良剂

外观改良剂是指用于改变牙膏膏体外观/颜色的物质。常用的有着色剂、珠光颜料以及彩色粒子等。着色剂即色素，用于改善膏体感官性质，例如水果香型的儿童牙膏中，对草莓口味的配以粉红色，对柑橘口味的配以淡黄色。而对中草药牙膏，用微量的色素调整药物原有的颜色，能达到视觉愉快的效果。彩色粒子一般是由二氧化硅、食用色素以及食品添加剂等通过凝胶法制备的，具有靓丽的外观，可增强牙膏的外观色彩。珠光颜料则是具有珍珠光泽的特殊色料，这种光泽系通过颜料表面物质（二氧化钛），对特定波长的光产生选择性吸附/反射等复杂的光学作用所致。

牙膏中常用的着色剂有二氧化钛，色素有苋菜红、胭脂红、诱惑红、赤藓红、柠檬黄、日落黄、靛蓝、亮蓝等。

11.2.8　防腐剂

防腐剂主要用来防止牙膏在保质期内发生腐败、变质，以确保牙膏质量。其作用机理是抑制微生物生长，与化妆品中的防腐类似。由于牙膏组成复杂，可能感染的微生物多种多样，因此用于牙膏的防腐剂要严格挑选，不仅要具备必要的防腐效果，满足安全性要求，还要与牙膏中的成分相容，不导致化学反应，使用方便、便宜。

常用的防腐剂包括苯甲酸钠、尼泊金酯等。苯甲酸钠通常用甲苯液相空气氧化制取，以环烷酸钴作催化剂，氧化成苯甲酸后再用碳酸钠中和，最后脱色精制得到。尼泊金酯是一大类防腐剂，包括尼泊金甲酯、尼泊金乙酯、尼泊金丙酯、尼泊金丁酯。化学结构上是对羟基苯甲酸与相应的醇形成的酯。它们在很宽的 pH 值范围内（4~8）有效，而毒性相对较低。

此外，牙膏采用的一些含氯功效成分如氯己定，以及单氟磷酸钠等，也具有一定的防腐效果。

11.2.9　抗氧化剂

抗氧化剂用于防止牙膏中的一些易氧化成分发生氧化而导致产品变色、变味，从而提高牙膏的化学稳定性和延长货架期。

抗氧化剂能起到阻碍氧化反应发生、延缓牙膏败坏的作用，但不能改变已经变质的后果。因此抗氧化剂应当尽可能在早期使用。如果加入过迟，不仅无法阻止氧化链式反应以及过氧化物的分解反应，还可能发生相反的作用。因为抗氧化剂自身就属于易氧化的物质，被氧化了的抗氧化剂可能会促进油脂的氧化。

考虑到牙膏组成的复杂性，采用复合抗氧化剂具有较好的效果。此外对影响抗氧化剂还原性的因素要注意加以控制，包括光、热、氧、金属离子以及抗氧化剂在牙膏中的分散状态等。紫外光和热会引发游离基，高温或加热易导致抗氧化剂分解失效。使牙膏尽量与氧气隔绝、避免重金属离子进入牙膏、添加金属螯合剂等，都有利于提高抗氧化剂的功效。

从安全性考虑，牙膏中使用的抗氧化剂应达到食品级，这样的抗氧化剂有十多种。牙膏中常用的有丁基羟基茴香醚、二丁基羟基甲苯、氯化亚锡等。

11.2.10　酸碱调节剂

酸碱调节剂主要用于控制牙膏在保质期内的 pH，防止因摩擦剂解离而产生的分水、气胀现象。用于牙膏的酸碱调节剂通常需要根据摩擦剂的类型来选择，应符合食品安全标准，无色无异味，与牙膏中的组分具有良好的相容性。

常用的酸碱调节剂为磷酸盐类、碳酸盐类和硅酸盐类，例如焦磷酸钠、磷酸二氢钠、磷酸氢二钠、碳酸钠、碳酸氢钠、硅酸钠等。此外，作为摩擦剂的磷酸氢钙、氢氧化铝、二氧化硅等也具有一定的调节作用。

11.3　牙膏的功效成分

现代牙膏除了具有口腔清洁作用以外，还被赋予了众多的与牙齿健康美丽和口腔保健相关的功效。这些功效是通过在牙膏中添加不同的功效剂来实现的。尽管期望的功效有多种，但概括起来主要是三大类功效，即：维护牙齿健康美丽，例如防龋齿和美白、防治牙结石等；维护口腔健康，例如脱敏、抗菌消炎、维持口气清新等；预防口腔疾病，例如使用各种中草药成分和生物制剂等。

（1）防龋剂

龋齿是从儿童到老年人都会出现的口腔疾病。致病原理是细菌代谢引起的牙齿硬组织的酸腐蚀病损。在细菌作用下，发生无机质的脱矿和有机质的分解，牙齿出现从色泽变化到实质性病损的演变。事实上，人们早就通过制备含氟牙膏来防止龋齿。因此含氟化合物是最常用的防龋齿活性成分，例如氟化亚锡、氟化钠、单氟磷酸钠等。

含氟化合物防龋齿的机理是，氟能够抑制口腔中细菌的生长代谢和在牙齿表面的黏附，抑制细菌代谢过程中酶的活性。氟能够取代牙釉质结构中羟基磷灰石中的羟基，使其转变为不易溶的氟磷灰石，从而提高了牙齿对酸的抵抗力和抗腐蚀能力。同时，氟还可以促进唾液中的钙、磷元素在牙齿表面附着，有助于牙齿病变部位的修复。此外，较高浓度的氟化物有杀灭龋菌和其它细菌的作用。

除了氟化物外，羟基磷灰石、甘油磷酸钙、木糖醇等也具有防龋功效。木糖醇可以减缓口腔酸化，羟基磷灰石和甘油磷酸钙可以提高牙釉质的抗酸能力。此外，一些生物制剂如蛋黄免疫球蛋白、葡萄糖酶等也具有防龋齿功效。

这些防龋化合物应当达到国家规定的相关标准。其中羟基磷灰石和木糖醇为无毒物质，甘油磷酸钙对人体安全，而氟化钠、单氟磷酸钠和氟化亚锡属于限量使用物质。

（2）脱敏剂

部分人群患有牙本质过敏症，就是在牙齿受到外部刺激如冷、热、化学物质以及机械作用（摩擦或咬硬物）时会引起酸、软痛等症状。这是一种口腔多发病和常见病，是临床引起牙痛的主要原因。

这些症状的产生涉及牙髓神经末梢的刺激、牙本质纤维传导，以及牙本质小管内的流体动力学等。因此有效的脱敏途径是封闭牙本质小管，降低牙本质的通透性，减少或避免牙本质内液体的流动，以及镇静牙髓神经，降低牙本质和牙髓神经末梢的敏感度。

在牙膏中加入脱敏剂可以起到一定的脱敏作用。常用的脱敏剂有氯化锶、硝酸钾以及氟化物，可使用单一成分或混合物。此外，精氨酸、丹皮酚、三角刺提取物、荜茇子提取物、两面针提取物、五倍子提取物等具有凝固蛋白、收敛和止痛作用。

氯化锶、硝酸钾属于低毒性物质，丹皮酚属于中等毒性物质，它们在牙膏中均限量使用。

（3）抗菌消炎止血剂

口腔细菌的生长，对一些人群会引起牙龈炎、牙周炎等疾病。牙龈炎是牙周炎的早期症状，如果得不到及时治疗，发展到牙周炎时就会破坏牙槽骨，导致牙齿松动和脱落。抑制牙斑菌的生长和有效控制龈上菌斑，是预防和防治牙周病的主要手段。使用含有抗菌消炎止血成分的牙膏刷牙，是简单而适用的方法，于是催生了抗菌消炎牙膏。

用于牙膏中的抗菌消炎止血剂包括：双缩脲类抗菌剂（如氯己定）、季铵类抗菌剂（如西吡氯铵）、酚类抗菌剂、三氯生、尿囊素、有机酸（如氨甲环酸）、氟化物以及一些植物提取物等。其中尿囊素、氨甲环酸、叶绿素铜钠盐属于无毒性物质，其余为低毒性或中等毒性（西吡氯铵）物质，在牙膏中限量使用。

（4）除渍美白剂

牙齿不健康的表现之一是变色，例如变黄、变黑等。变色即牙齿的表面或获得性膜上发生了颜色及色泽的改变。这种变色分为内源性着色和外源性着色。牙齿内源性着色的成因较为复杂，分为牙萌出前和萌出后，包括氟牙症、四环素牙、遗传性因素（如遗传性牙本质发育不全）和系统性疾病（如血液系统疾病）等。牙齿的外源性着色是人们吸烟、饮茶、喝咖啡及食用有色的食物时，有色物质吸附到牙齿表面所致。吸引力包括长期作用的静电力和范德华力，短期作用的水合作用力，偶极-偶极相互作用及氢键作用等。这些力的相互作用使得色原和前色原物质到达牙齿表面，并最终导致了黏附的发生。随着时代的进步与生活水平的提高，消费者对于牙齿亮白的要求日渐强烈，国外曾有过一份调查，对自己牙齿颜色不满的比例竟高达52.6%[4]。

治疗牙齿着色的方法通常是进行牙齿漂白，或者消除和控制外源性着色。牙齿漂白治疗通常是利用在牙齿表面发生氧化还原反应或者络合反应，来消除牙齿表面色素，达到牙齿美白的效果。然而这种方法昂贵，并且由于是在短时间内迅速去除，容易导致牙本质暴露，出现牙齿敏感等一系列问题。

牙膏无疑是消除和控制外源性着色较温和的产品。牙膏生产企业意识到了消费者对美白牙齿的强烈需求，开发了很多作用点不同的美白功效牙膏。牙齿美白产品在国内的占有率一直处于增长态势，反映了广大消费者对牙齿美白的强烈需求。具有美白牙齿功能的产品大致通过三种方法起到除渍美白作用。一是采用摩擦值高的摩擦剂，如天然碳酸钙、高摩擦值二氧化硅、无水焦磷酸钠等，通过增强摩擦去除牙表面的附着物；二是使用化学剂（络合剂）如植酸钠、柠檬酸锌、聚乙二醇等，来溶解和清除牙齿色斑；三是使用活性氧如过氧化脲通过氧化作用增白牙齿，达到美白效果。

化学剂的作用主要是阻止或破坏牙齿表面沉积层的形成。外源性附着物开始阶段在牙齿表面的沉积往往仅是一层极薄的薄膜，唾液蛋白薄膜与之交错在一起，此时，唾液蛋白酶能帮助降解并去除这层外源性附着物薄膜。20世纪60年代一项临床研究表明，与普通牙膏相比，加入真菌分泌的混合蛋白酶系的牙膏，能有效减少外源性附着物的沉积数量。最近，文献中曾报道过一种加入木瓜蛋白酶、矾土和柠檬酸钠混合物的牙膏，早期临床研究表明，同加入安慰剂的牙膏相比，尽管没有明显去除外源性附着物的作用，但进一步的临床研究表明，此牙膏能有效去除处于形成早期阶段的外源性附着物。磷酸盐材料同牙釉质、牙本质和牙结石具有很强的键合力，例如焦磷酸盐、三聚磷酸盐、偏磷酸盐，它们在吸附的过程中，能有效解除牙渍的吸附[13]。将含二氧化硅的美白牙膏与不含去色斑成分的含氟牙膏相比较，通过使用8周的效果观察得到结论：美白牙膏可有效地减少牙外源性色斑。人们还尝试了单独加入焦磷酸钠，以及焦磷酸钠和偏磷酸盐复配形式的牙膏，同没有加入上述成分的空白对照牙膏相比，清除外源性附着物的效果显著，而以复配形式加入的牙膏比单独加入焦磷酸钠的牙膏更有效。在目前国内美白牙膏市场上，植酸同其钠盐（植酸钠）作为美白功效成分的牙膏，占有相当大的份额。植酸，又名肌醇六磷酸，是从植物种子中提取的一种有机磷酸类化合物，属于绿色天然的有机化合物[14]。其基本原理是，植酸及植酸钠中所含的有机阴离子能够与烟碱这种植物碱作用，生成能溶于水的有机复合盐，并与黏附在牙齿间或表面的牙垢复合物污渍进行有效的螯合，生成可溶于水的螯合物。使用含该物质的牙膏刷牙时污渍更容易脱落，从而有效清除牙齿表面的污渍。利用植酸的以上特性，将植酸加入牙膏中，并经原位临床试验验证发现，同空白对照牙膏相比，结果中效果显著的比例达74%。国内有用植酸钠同焦磷酸盐复配作为美白功效成分的牙膏，如将加入3%植酸钠和1.3%焦磷酸钠的实验组牙膏，同没有加入该成分的空白对照组牙膏相比较，采用双盲随机分组对照发现，含3%植酸钠和1.3%焦磷酸钠的牙膏能有效减少牙面色素，效果随使用时间增加而增强。

过氧化物通过氧化作用增白牙齿。通常牙膏配方中一些常用原料与过氧化物不能很好地配伍，会加速过氧化物本身的失效，尤其是牙膏中的水分更容易促使氧化反应加速放出活性氧，从而失去了对牙齿的增白效果，导致牙膏的气胀现象。尽管存在以上问题，但可以通过一定的方法来将过氧化物加入牙膏中，很多产品也相继面世。例如，含有1%过氧化氢和碳酸氢钠的牙膏，通过离体实验，与含二氧化硅和碳酸氢钠牙膏空白对照发现，前者能有效减小牙齿黄度值，增加牙齿的光亮度值[15]。此外，还有一种加入0.5%过氧化钙的牙膏，与加入安慰剂的牙膏同时使用6周后发现，前者能大大减少自然沉积的外源性附着物。过氧化物的加入还可以通过双管牙膏的方式实现，将一支牙膏管分割为两个相邻但完全不通的空室，一个空室加入1%的过氧化氢，而易跟过氧化氢反应的物质和高摩擦值硅磨料被加入另一空室，这样既能保证牙膏的稳定，又能加强膏体的清洁美白效果。

实际产品中常用的牙膏除渍美白剂有焦磷酸钠、植酸钠（肌醇六磷酸钠，$Na_{16}C_6H_6O_{24}P_6$）、柠檬酸锌、过碳酰胺等，它们都是食品级添加剂或低毒性物质，在规定的用量范围内使用安全。

（5）牙结石抑制剂

牙结石系细菌代谢物组成的有色薄膜与唾液中的钙作用形成的沉积物。牙结石在我国的发生率相当高，但一般人往往忽视定期检查和洁牙。在牙膏中加入牙结石抑制剂是一个有效的方法。研究表明，焦磷酸盐能够干扰无定形磷酸钙向羟基磷灰石转化，从而阻止钙化、抑制牙结石的形成。如果有氟化物存在，则氟化物能够抑制焦磷酸盐被磷酸酶细菌分解，从而确保足够的焦磷酸盐浓度。焦磷酸盐还是钙、镁离子的络合剂，能够把钙、镁离子转化为可溶性成分，防止形成磷酸钙沉积，从而抑制牙结石的形成。

阳离子型表面活性剂和一些生物酶制剂具有杀菌作用，可以破坏牙菌斑，阻止牙结石的形成。柠檬酸锌作为络合剂能够置换磷酸钙中的钙，进而抑制牙垢晶体的生长，并且还具有抑菌作用，因此也是抑制牙结石的传统药物之一。

常用的牙结石抑制剂是对钙离子具有螯合作用或离子交换作用的物质，如焦磷酸钠、三聚磷酸钠、六偏磷酸钠、沸石以及水溶性高分子如聚乙烯吡咯烷酮等。

（6）口气清新剂

牙膏的一大功能是消除或减轻口臭。口臭是一种常见病，主要与口腔微生物关系密切，例如致臭菌牙龈卟啉菌和螺旋体。牙龈卟啉菌产生的胶原水解酶和舌乳头间隙内的微生物都会产生大量的硫化氢类致臭物质。此外，全身性疾病如呼吸道、消化道系统疾病也会产生有机酸和氮化合物等致臭物质而导致口臭。

通过牙膏缓解或解决口臭问题，其主要原理和途径是：在牙膏中添加杀菌剂，如叶绿素铜钠，清除或减少口腔中的致臭菌；加入能与致臭物质相结合的物质，如β环糊精、植酸盐、柠檬酸盐、活性炭、海泡石、蒙脱石、沸石等；加强表面活性剂的清洁作用，高效清除口腔中残留的食物与细菌代谢产物产生的有害物质；加入高品质的具有适度凉感的香精，提高牙膏的清新能力。

（7）生物活性物质

生物活性物质是来自生物体内、使用后能够产生各种生物效应的物质。用于牙膏的生物活性物质主要有含酶制剂、含抗体制剂以及维生素等。这些生物活性物质应当与牙膏的组分有良好的相容性，以避免它们在牙膏中容易被破坏、不易保存的问题。

目前已经应用于牙膏的生物活性物质包括溶菌酶、过氧化物歧化酶（SOD）、卵黄免疫球蛋白、表皮生长因子（EGF）、维生素 C 和维生素 E、精氨酸、酪蛋白磷酸肽等。

溶菌酶属于天然食品防腐剂，可以从鸡蛋清中制取。在牙膏中主要用作防腐剂，耐热性好。

SOD 是一种酶，能够催化过氧化物，使其通过歧化反应转化为氧气和过氧化氢，因此用作抗氧化剂，能够保护暴露于氧气中的细胞。SOD 目前一般从牛红细胞中纯化得到，也可以从植物如大蒜蒜瓣中萃取得到。作为一种抗氧化酶，SOD 具有极强的抗炎作用，用于牙膏中对口腔炎症致病菌具有抑制和杀灭作用。

卵黄免疫球蛋白能直接抑制导致龋齿的细菌群，使其失去黏附性，同时影响其产酸，因此能够从源头上预防龋齿。卵黄免疫球蛋白存在于免疫后的母鸡的卵黄中，制取方便，耐热性好。

EGF 是一种小分子肽，由 53 个氨基酸残基组成，是一种多功能生长因子，能够刺激表皮细胞和内皮细胞等多种细胞的生长和增殖。EGF 可以通过基因重组技术，利用大肠杆菌、酵母菌等进行生产，广泛用于美容化妆品中，具有美白、抗皱、延缓衰老的作用。

维生素 C 又名抗坏血酸，是一种抗氧化剂，广泛存在于水果蔬菜中，是常用的食品添加剂。维生素 C 化学稳定性较差，不耐光照和金属离子，怕热，易氧化。为了克服这些缺点，通常将维生素 C 制成磷酸酯盐，如磷酸酯镁、磷酸酯钠等，再加入牙膏中。这些衍生物进入人体后，均能通过磷酸酯酶的作用迅速分解出维生素 C 而发挥作用。目前工业上通过葡萄糖发酵制取。

维生素 E 又名生育酚，也是一种抗氧化剂，能促进生殖。维生素 E 对热和酸稳定，但对碱不稳定，对氧化敏感。为了克服其不稳定性，通常在牙膏中使用维生素 E 乙酸酯，其经过口腔黏膜吸收后在皮肤内转化为维生素 E，能够保护牙周组织，避免提前老化。维生素 E 乙酸酯还具有促进伤口愈合、治疗成人牙龈炎的作用。

精氨酸的化学名为 2-氨基-5-胍基-戊酸（$C_6H_{14}N_4O_2$），是一种 α-氨基酸，广泛存在于鱼精蛋白中。精氨酸用于牙膏中能够促进伤口愈合、胶原组织的合成、伤口周围组织的微循环，因而具有修复伤口的作用。

酪蛋白磷酸肽，英文缩写为 CPP（casein phosphopeptides），属于氨基酸类化合物。CPP 可以促进牙齿对钙的利用，同时能够刺激唾液的分泌。碱性的唾液能中和牙斑上的酸性物质，从而缓解酸对牙釉质的腐蚀作用，起到预防龋齿的作用。工业上以牛乳酪蛋白为原料，经胰酶或者胰蛋白酶水解，再精制纯化得到酪蛋白磷酸肽。

目前市场上已经出现许多含有生物活性物质的牙膏。例如，荷兰实验室研制的牙膏中含有 1.3%的葡糖苷氧化酶和 1.2%的淀粉葡糖苷氧化酶；法国的"Paragencyl"牙膏中含维生素 E 乙酸盐；瑞士的"Aronal"牙膏中含维生素 A 棕榈酸盐；澳大利亚的"Ziel Sport"和菲律宾的"Pepsodent"牙膏中含维生素 C。维生素 A 棕榈酸盐可促进愈合创伤和纤维细胞再生，对牙胶创伤疗效显著。维生素 E 乙酸盐能渗透进黏液膜并转化为自由态生育酚，可抵御烟、废气对牙齿的侵害，防止过氧化并具有抗炎性。维生素 C 有助于恢复口腔上皮组织的功能、促进胶原再生、增强抗炎和吞噬细胞的抗菌力。维生素 B_6 与盐酸化吡哆素配合，可促进口腔的卫生保健[12]。

（8）中草药和植物提取物

中草药和植物提取物牙膏是我国牙膏品种中的一大特色，在目前的市售牙膏产品中占据了重要地位，也受到广大消费者的欢迎。

中草药在牙膏中的作用主要有三大类。第一类是防龋齿或防蛀牙作用，通过抑制变形链球菌的产酸和抑制糖基转移酶的活性而实现。具有这类作用的中草药包括甘草、厚朴、金银花、五倍子、大黄、黄连、黄柏、黄芩、虎仗、根朴、罗汉果等。第二类是消炎止血作用，有助于预防牙周病，如牙周炎、牙龈出血，还能控制牙结石和牙菌斑的形成。主要通过控制细菌感染实现。目前市场上销售的大部分中草药牙膏都具有这个功能。第三类就是脱敏镇痛作用，一些中草药如五倍子、高良姜、花椒、草羑、九里香等具有脱敏镇痛作用，在牙膏中添加相关成分即可赋予牙膏脱敏镇痛作用。

目前在牙膏中应用的中草药，比较常见的有：两面针、三七（田七）、草珊瑚、云南白药、双黄连、银杏叶、黄芩、厚朴、五倍子、人参、芦荟、金银花、板蓝根、穿心莲、西瓜霜、蜂胶、野菊花、救必应、珍珠、三颗针等。限于篇幅，有关它们的药理作用、制取方法、标准等在此不一一介绍。有兴趣的读者请参阅有关专著。

11.4　牙膏的制备工艺

　　牙膏的整个生产工艺过程包括牙膏生产工艺、牙膏生产过程的清洁与消毒工艺、牙膏生产废弃物的处理工艺等，其中牙膏的生产工艺为主体，主要分为制膏、灌装和包装 3 个过程，具体工艺流程见图 11-1。其中制膏过程是牙膏生产的关键环节。牙膏制膏过程是将保湿剂、增稠剂、水、味觉改良剂、酸碱调节剂、摩擦剂、发泡剂、香精以及其它特殊添加物等按顺序加入制膏设备中，通过强力搅拌（拌膏、捏和）、均质（研磨）、真空脱气等步骤，使所有原料充分分散、混合均匀、脱出气泡，成为均匀紧密的膏体。

　　具体的牙膏制膏工艺主要有两步法（间歇式）和一步法（连续式）两种。同时，清洁与消毒是控制牙膏成品卫生安全的主要手段，包括生产设备的清洗和消毒、生产环境的清洁和消毒、人员和物料的清洁卫生等[16]。而牙膏生产废弃物的处理是确保牙膏生产清洁、不产生环境污染的重要保证，具体包括废水的处理和粉尘的处理等。

　　本章将主要介绍牙膏的生产工艺。其它相关内容读者请参阅有关专著。

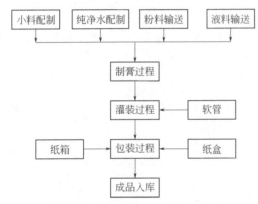

图 11-1　牙膏生产工艺流程图

11.4.1　两步法制膏生产工艺

（1）概述

　　两步法制膏生产工艺（简称两步法、预发胶水法）是指分两步制备牙膏膏体的工艺。第一步是在机械作用下，把增稠剂均匀地分散于甘油、丙二醇等低含水量的保湿剂中，得到预分散液；把味觉改良剂、酸碱调节剂等水溶性成分溶解于水中，得到预溶解液；把预溶解液、其余的水、高含水量保湿剂（如山梨醇）进行搅拌混合，再缓慢加入预分散液，使其进一步扩散、溶胀成均匀的胶水，并静置陈化数小时。第二步是将陈化后的胶水与摩擦剂、香精以及其它特殊添加物等通过制膏机搅拌、均质、研磨、真空脱气。如图 11-2 所示。

　　牙膏发泡剂一般是在膏体制备过程中添加的。通常使用液体或针状发泡剂，也有少数情况使用粉状发泡剂的。

　　作为传统的牙膏制膏生产工艺，两步法的优点如下：

　　（ⅰ）增稠剂能充分溶胀水合，制成牙膏后稠度稳定，结粒返粗问题显著减少。在一步法中，增稠剂由于搅拌时间短，制膏过程中的分散、溶胀很难充分，造成膏体制成后，随存放时间的延长可能会发生二次增稠。

（ii）由于制胶时每次每种物料比一步法每锅每次的量大，称量时相对比较容易监督和检查。一步法是利用制膏机一次性生产膏体，有些物料添加量比较小又比较频繁，容易造成生产中发生误差和偏差。

（iii）两步法生产的中间品检测更加完善。通过对胶水和膏体的双重检验，能够判断物料是否准确投料、生产工艺是否正确执行，起到了更好的控制作用。

（iv）两步法生产预发胶水后，制膏时间短，操作简便，膏体出料检测合格后可即时灌装，并且稠度稳定，有利于提高制膏机的生产能力。

当然，两步法也有缺点，例如，刚开始生产时，制胶需要较长的时间；生产量比较小时，损耗偏大。显然，两步法的灵活性比一步法要差些。

两步法的重点是根据配方要求，把不同增稠剂、保湿剂和易溶于水的部分原料充分分散溶解，制成均匀的胶水。因此，物料是否完全分散溶解（特别是增稠剂是否充分溶胀水合）和物料的均匀性至关重要。

（2）生产工艺流程

图 11-2 是牙膏膏体生产工艺流程图。其中上部为第一步预发胶水的制备，下部为第二步膏体的制备。

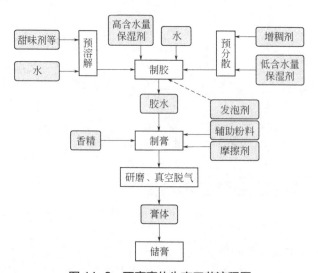

图 11-2　牙膏膏体生产工艺流程图

① 制胶工艺

制胶部分包括增稠剂的预分散、味觉改良剂等的预溶解和胶水的制备。

a. 味觉改良剂等的预溶解　根据配方，取少量去离子水放入预溶锅内，在搅料下加入糖精钠、氟化钠、焦磷酸盐等物料，搅拌、溶解。

预溶锅的尺寸根据生产规模确定，必须是食品卫生级的不锈钢锅，通常体积为 100~150L 或 200~300L，采用推进式搅拌，通过夹层加热，保证物料快速溶解。

b. 增稠剂的预分散　两步法的制胶工艺中，可根据使用的不同增稠剂，调整工艺流程，以满足生产需要。对于羧甲基纤维素钠（简称 CMC-Na）、黄原胶、卡拉胶、羟丙基瓜尔胶、羟乙基纤维素等增稠剂，如果它们直接遇水，则表面接触瞬间吸水后会快速膨胀，结成胶团，导致胶粉内部难以继续散开，容易造成结粒现象。因此，须将此类增稠剂预先在甘油、丙二醇或低分子量聚乙二醇等保湿剂中充分分散，然后再加到水中，与其它物料搅拌、循环、分散混合均匀。

通常根据配方，把保湿剂如甘油和难分散于水的增稠剂如 CMC-Na、黄原胶等物料分别计量好，将保湿剂先加入预混搅拌锅中，在搅拌下缓慢加入增稠剂，搅拌至分散均匀，无结块现象。预混搅拌锅的尺寸根据生产规模确定，必须是食品卫生级的不锈钢锅。对二氧化硅型牙膏，选择体积 100~150L 的；对其它类型的牙膏，可选择体积大些的（200~300L）。预混搅拌锅适宜用透平式搅拌。

c. 制胶　制胶采用食品卫生级不锈钢锅，体积一般为 2~4m³。应选择强力的透平式搅拌器或平板桨叶式搅拌器，以适合不同黏度的胶水，并有良好的流动性。可使用不锈钢齿轮泵进行外循环，充分分散物料。

首先将味觉改良剂等的预溶解液泵送至制胶水锅内，搅拌混匀。然后加入发泡剂（如月桂醇硫酸钠）或其它易溶于水的物料和水，开动搅拌混匀。最后在搅拌下缓慢加入预分散的增稠剂料浆，使增稠剂在高速搅拌下溶胀水合。

观察胶水的状态，应该外观均匀、无明显结粒结团现象，且胶水黏度相对稳定，不再明显上升。这可以通过在循环口处取样检测胶水的 pH 值和黏度确认。

检测合格后，用泵把胶水送至贮罐，静置陈化，继续让胶水中的增稠剂自然水合溶胀，其陈化时间因配方而定，一般 8~12h 比较合适。

② 制膏工艺

制膏工艺流程如图 11-2 中下半部分所示。一般使用 YGP、DZG 或 BECOMIX-RM 型制膏机。粉料采用自动投送或人工投送，一般选择 1~2 m³ 粉料贮罐。前一步制备的胶水通过称重进入制膏机，根据制膏机的大小选择合适的称重锅体积，一般以一次或两次能把所需量的胶水送入制膏机为宜。

具体操作步骤为：

（i）首先把检测合格的胶水按配方比例的数量送入胶水称重锅称量。

（ii）启动制膏机的真空装置，控制真空度在 –0.03~–0.05MPa 之间。

（iii）打开进胶水阀门，让胶水匀速进入制膏机，打开刮板（转速 40~60r/min），直至胶水全部进完；当真空度因胶水进完而急速下降时，及时关闭进胶水阀门。

（iv）打开进香精阀门，把已称量的香精缓慢吸入制膏机。

（v）启动高速搅料器，打开进粉阀门，把粉仓或粉料贮罐中的摩擦剂或粉类添加物吸入制膏机，控制真空度在 –0.04~–0.06MPa 之间，通过目镜观察物料进粉情况。若进粉速度过快，可暂停进粉（关闭阀门），让胶水与已进入制膏机的粉料混合后，再打开进粉阀门。香精有消泡作用，有利于胶水消泡和进粉操作，一般 15~20min 可以完成此步骤。

（vi）待粉类及所有添加物进入制膏机后，将真空度提高至 –0.08MPa，启动均质器均质 5min，再关闭。随时通过目镜观察制膏机物料脱气情况。

（vii）保持真空在 –0.094MPa 以上，高速搅拌，继续抽真空脱气 20min。

（viii）停止高速搅拌，采用刮板搅拌，打开破气阀，使制膏机内恢复常压。

（ix）检验膏体质量参数，如膏体比重、pH 值、稠度、泡沫量等。

（x）合格后，将膏体输送至膏体贮罐，待灌装。

（3）质量控制

① 物料的控制

物料的计量直接影响产品质量。对制胶过程中使用的原料和投粉过程中使用的摩擦剂，采用人工称量时一般采用一人称料，一人复核或再增加一位专职质检人员负责监控，以确保使用的原料正确和用量准确。不过随着设备的更新，目前一般能做到自动称量。

两步法胶水制备过程要求比较严格，不能打乱步骤，否则容易造成胶水不成形的现象。需要特别注意的问题包括：（i）易分散于水的增稠剂须在搅拌或均质条件下分散溶胀，胶液应透明、无结粒现象；（ii）不易分散于水的增稠剂须在保湿剂中充分润湿，分散均匀，料浆无明显结团、结粒现象；（iii）发泡剂（如月桂醇硫酸钠）加入物料中时，须充分润湿并采用间歇式搅拌，不宜连续高速搅拌，否则会形成大量气泡，影响胶水制备过程的正常进行；（iv）不易分散于水的增稠剂在保湿剂内充分润湿分散后，进入发胶锅时须均速加入，发胶锅须开动高速搅拌，让料浆快速分散，以有利于增稠剂吸水、溶胀、分散均匀；（v）发完胶水，要做好有关品种批号、生产时间、待检和合格等标识，并及时检查和更换，有利于生产控制；（vi）胶水陈化时间一般为 8~12h，确定胶水度稳定和变化不大后才能使用。发完的胶水不能马上使用，否则容易造成物料不能完全混匀。

② 胶水的检测

两步法中胶水的质量控制至关重要。在生产过程中，需要检测的主要质量指标为 pH 值和黏度，透明牙膏则还要增加检测胶水的折射率。黏度检测需要特别注意，因为生产过程中胶水的黏度受员工操作熟练程度、物料计量精度、设备运行状况和环境温度变化等多重因素的影响，会产生一定程度的波动，所以胶水黏度需要控制在一定的范围内。如果黏度波动超出正常范围，则须找出原因，检查是否存在误操作或投错物料等，并及时纠正处理。

胶水的黏度可通过控制图来识别其是否出现异常波动。控制图的基本格式如下：横坐标为取样时间，纵坐标为质量特性数据，在图上分别画出上下控制线。在生产过程中，分批抽取胶水样品，将测得的数据一一标在控制图上。如果数据点落在控制界限之内，且界限内的数据点没有缺陷性排列，则表明生产过程正常，不会产生质量问题；如果数据点越出了控制界限，或虽出现在界限内但有缺陷性排列，则应通知技术部门，查明产生原因，及时处理。另外，要注意不同季节时室内温度变化比较大，在室温下测定黏度可能造成黏度差异较大。一般可以采用恒温水浴锅，恒温测定。

此外，胶水的 pH 值检测也十分重要。胶水 pH 值正常时变化范围通常为 0.2 左右，如果 pH 值变化超出这一范围，应及时检查酸碱调节剂等物料是否漏加或加量不准，并对该批次胶水投放物料彻底检查和检测，查出发生原因，采取措施改进后才能使用。对透明牙膏，须增加折射率的检测，以排除发胶过程中因出现投错料或其它状况导致牙膏透明度变化，保证膏体透明度达标。

③ 制膏过程的控制

两步法制膏的生产过程中，控制重点是真空度及膏体出料时的视相对密度，具体可根据膏体配方的不同制订不同的膏体视相对密度范围。由于大部分物料已在胶水中混合并溶解，须确保物料准确称量和正确操作，出料前重点观察膏体视相对密度是否已符合标准范围，合格则说明膏体脱气操作达到生产要求，可以进入后续的灌装工序。制膏过程中还应注意，在进胶水和进粉料即将结束时，避免由于真空度过高，引发物料冲上制膏机顶壁（冲顶）的现象。

11.4.2　一步法制膏生产工艺

一步法工艺就是将制胶与拌膏一次完成。其主要特点有：

（i）将进料、搅拌、均质、真空脱气等功能集成在一台制膏机上，节约生产设备和场地，无需预先制备胶水和胶水静置，缩短了生产时间，提高了生产效率。

（ii）需要增加粉料预混合和计量装置，预先将增稠剂与摩擦剂等粉体材料在预混合器中混合均匀。

（iii）制胶和搅拌一次完成，避免了胶水计量偏差产生的与粉料不配套的问题，提高了配料精度。

（iv）减少了污染环节，提高了牙膏制备过程中的卫生水平。

（v）采用后加香，减少了香精在加工过程中的损耗。

（vi）利于计算机控制自动计量和加料，实现自动化生产。

（1）干法一步法工艺

干法一步法工艺流程如图 11-3 所示。操作时首先开动粉料预混合器，将增稠剂和摩擦剂混合均匀。同时在预溶解锅内加入水和糖精钠等水溶性物料，搅拌溶解均匀。然后开启真空制膏机（主机），在刮板搅拌状态下，将计量的保湿剂和水泵入。随后加入预溶解液，开动高速搅拌，混合均匀。然后开启真空，在负压（–0.04～0.06MPa）下开均质机，吸进混合粉料。继续维持负压，并进一步提高真空度达到–0.094MPa 左右，吸入发泡剂搅拌均匀，再吸入香料，搅拌均匀。维持这一真空度，进行真空脱气，并继续均质。最后关闭均质机，停止高速搅拌和刮板搅拌，破真空，取膏体样检测，检测合格后将膏体送入贮罐。

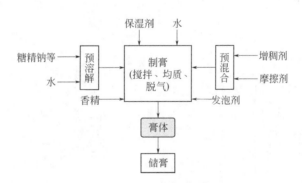

图 11-3　干法一步法制膏生产工艺流程

（2）湿法一步法工艺

湿法一步法工艺流程如图 11-4 所示。该工艺首先在制膏锅内制胶，然后再加入粉料，搅拌捏合成膏体。具体操作时，首先在预溶解锅内加入水和糖精钠等水溶性物料进行预溶解，同时开动粉料预混合器，将摩擦剂等固体粉料混合均匀，并在预分散锅内将增稠剂分散在保湿剂 A（如甘油、丙二醇）中，制成均匀的分散液料浆。然后开启真空制膏机（主机），在刮板搅拌状态下，将计量的保湿剂 B（如山梨醇）和剩余的水泵入，开动高速搅拌，混合均匀。然后开启真空，在负压（–0.03MPa）下，吸入预溶解水溶液，搅拌均匀，再吸入增稠剂料浆，搅拌均匀。继续维持负压，吸进混合粉料，搅拌均匀。维持负压，并进一步提高真空度，达到–0.09MPa左右，吸入发泡剂，搅拌均匀。适当降低负压，吸入香料，搅拌均匀。再将真空度提高至–0.09MPa左右，进行真空脱气，并继续均质。最后关闭均质机，停止高速搅拌和刮板搅拌，破真空，取膏体样检测，检测合格后将膏体送入贮罐。

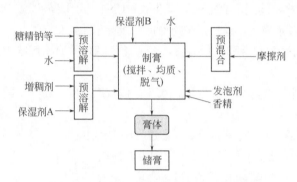

图 11-4　湿法一步法制膏生产工艺流程

11.4.3　制膏生产设备

牙膏生产的关键设备是制膏机。制膏机集搅拌、均质、脱气功能于一体，又称"三合一"真空制膏机。图 11-5 为一种 YGP 型真空制膏机的结构示意图，其特点是：（i）制膏在密闭容器内和真空状态下进行；（ii）内部配有桨式搅拌器和刮板，不产生堆积和死角；（iii）配有胶体磨，确保物料分散均匀细腻；（iv）采用一步法工艺，在制膏机内完成全部制膏操作，减少了物料损失；（v）与原料输送系统、自动计量与控制系统相配套，通过计算机操作，实现了自动化。

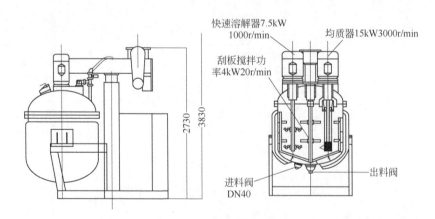

图 11-5　YGP 型真空制膏机结构示意图

除了 YGP 型制膏机外，国内常用的制膏机还有 DZG 型系列和 BECOMIX-RM 型系列。它们的结构特点基本类似。不同的是，YGP 型通过胶体磨研磨物料，在预分散锅内分散增稠剂，在制膏锅内发胶，适用于湿法一步法工艺；DZG 型则通过高速均质机研磨物料，在粉料搅拌计量仓内分散增稠剂，适用于干法一步法工艺；而 BECOMIX-RM 型制膏机设有外循环旁路管道，使通过高速均质机的物料又返回到制膏锅上部液面，从而进一步提高了均质效率。

11.4.4　牙膏配方举例

（1）普通牙膏

普通牙膏是指仅含一些基本成分的牙膏，例如摩擦剂、保湿剂、增稠剂、甜味剂、发泡剂、香料、防腐剂等，基本不含功能性成分。如果使用较为廉价的碳酸钙作为摩擦剂，则这类牙膏即属于大众化经济型牙膏。

表 11-2 给出了两个普通型碳酸钙牙膏配方，其中使用了天然碳酸钙和二氧化硅复合摩擦剂，以及 CMC-Na-黄原胶复合增稠剂。香精可以是留兰香型或冰爽薄荷香型，发泡剂为十二烷基硫酸钠（K_{12}）。

在这两个配方中，天然碳酸钙复配二氧化硅，可以显著提高牙膏的细腻度和白度，适当降低牙膏的摩擦值，从而可以有效洁白牙齿。保湿剂的浓度较高，赋予膏体高亮度的光泽和优良的保湿性、抗冻性，有利于牙膏保质期的延长。羧甲基纤维素钠与黄原胶复配作为增稠剂，确保了膏体的稳定性和良好的触变性，刷牙时膏体能很快扩散，口感好。K_{12} 会产生丰富的泡沫，提高刷牙后口腔的清洁度。加入的香精使牙膏香味浓郁，留香持久。

表 11-2　普通型碳酸钙牙膏参考配方[1]

原料名称	配方 A1 用量/%	配方 A2 用量/%	原料名称	配方 A1 用量/%	配方 A2 用量/%
甘油	25	8	二氧化硅	3	3
山梨醇液	—	22	二水磷酸氢钙	0.5	0.5
糖精钠	0.25	0.25	十二烷基硫酸钠	2.2	2.2
焦磷酸钠	0.5	0.5	香精	1.2	1.2
羧甲基纤维素钠	0.8	0.8	尼泊金酯	0.1	0.1
黄原胶	0.4	0.4	去离子水	余量	余量
天然碳酸钙	45	42			

碳酸钙型配方还可以进一步改进，例如进一步加大二氧化硅的比例、降低碳酸钙的比例、用瓜尔胶配合 CMC 作为增稠剂、增加保湿剂用量、更换香型等。

（2）防龋牙膏

防龋、防蛀是牙膏的最基本功能。前已述及，氟化物具有防龋、防蛀功能，因此在牙膏中添加氟化物即可获得防龋、防蛀牙膏。但含氟牙膏配方需要考虑氟化物与牙膏成分的相容性，例如避免与摩擦剂发生化学反应，以确保氟化物在保质期内的功效。此外，还要注意提高膏体的耐盐性，在保质期内保持稳定。

表 11-3 给出了两个含有氟化钠的防龋牙膏配方。氟化钠是氟离子含量最高的氟化物，用量可以根据不同的使用人群进行调整。例如，与成人牙膏相比，儿童牙膏中氟化物用量几乎要减半。采用二氧化硅作为摩擦剂，与氟化钠有很好的相容性。

除了采用氟化钠以外，还可以采用单氟磷酸钠、氟化亚锡等作为防龋剂，亦可以采用两种氟化物复配，配制双氟牙膏。

表 11-3 防龋牙膏参考配方[1]

原料名称	配方 B1	配方 B2	原料名称	配方 B1	配方 B2
	用量/%	用量/%		用量/%	用量/%
氟化钠	0.22	0.18	羟丙基瓜尔胶	0.3	0.3
甘油	10	8	十二烷基硫酸钠	2	2
聚乙二醇	—	5	香精	1.2	1.2
山梨醇液	35	53	糖精钠	0.25	0.25
二氧化硅	20	20	食品食素	—	微量
二氧化钛	1	—	去离子水	余量	余量
羧甲基纤维素钠	0.8	0.5			

（3）除渍美白牙膏

除渍美白牙膏是添加了除渍美白成分的功能性牙膏，能够快速去除牙齿附着物、牙色斑、牙渍，提高牙齿白度和光亮度。

表 11-4 给出了两个复合型除渍美白牙膏参考配方。其中使用了碳酸钙和具有高摩擦值的二氧化硅作为摩擦剂，同时配方 C1 添加了植酸钠和柠檬酸锌作为除渍美白成分，植酸钠对各种外源性污渍有螯合和蓬松作用，而柠檬酸锌能有效防止牙菌斑和牙结石的形成。而配方 C2 中加入了聚乙二醇 400，它是一种良好的渗透剂，能有效溶解烟渍。

表 11-4 除渍美白牙膏参考配方[1]

原料名称	配方 C1	配方 C2	原料名称	配方 C1	配方 C2
	用量/%	用量/%		用量/%	用量/%
天然碳酸钙	45~48	—	聚乙二醇 400	—	4~8
高摩擦二氧化硅	3~6	8~12	糖精钠	0.25~0.3	0.25~0.3
普通型二氧化硅	—	10	香精	1.3	1.3
羧甲基纤维素钠	0.35~0.4	0.5~1.0	植酸钠	0.5~1.0	—
羟乙基纤维素	0.4~0.5	—	柠檬酸锌	0.5~1.0	—
十二烷基硫酸钠	2.0~2.5	2.0~2.5	辅助添加剂	0.6~0.8	0.5~1.0
山梨醇液	25~28	54~56	去离子水	加至 100	加至 100

（4）药物牙膏

中草药药物牙膏目前种类繁多。其配方特点是，除了含有牙膏的基本成分之外，添加了至少一种中草药提取成分。不同的中草药提取物具有不同的功效，通常包括抗菌护龈、脱敏镇痛、消炎止血、抑菌除口臭以及防龋齿等。

表 11-5 给出了四个中草药药物牙膏的参考配方。这些药物牙膏的基本成分是类似的，包含摩擦剂、增稠剂、保湿剂、发泡剂等，但不同配方添加的中草药提取物不同，分别是两面针、草珊瑚、三七、救必应的提取物。此外，配方 D2 含有氨甲环酸和叶绿素铜钠盐，它们具有抗菌消炎止血功效。

表 11-5 中草药类抗菌护龈牙膏参考配方[1]

原料名称	配方 D1 用量/%	配方 D2 用量/%	配方 D3 用量/%	配方 D4 用量/%
甘油	15~20	15	15~20	20~25
天然碳酸钙	45~50	50	45~55	—
二水磷酸氢钙	—	—	—	45~48
羧甲基纤维素钠	1.1~1.5	1.4	0.7~1.5	0.3~0.5
黄原胶	—	—	—	0.4~0.6
十二烷基硫酸钠	1.8~2.5	2.5	1.5~2.5	2~2.5
香精	1~1.5	1.2	0.8~1.5	1.1~1.3
糖精钠	0.2~0.3	0.2~0.3	0.25~0.4	0.2~0.3
两面针提取物	2~5	—	—	—
草珊瑚提取物	—	0.3~0.5	—	—
三七提取物	—	—	0.5~1.0	—
救必应提取物	—	—	—	0.8~1.2
辅助添加剂	0.8	1	0.5~1	0.8~1.2
氨甲环酸	—	0.05	—	—
叶绿素铜钠盐	—	0.05	—	—
去离子水	加至 100	加至 100	加至 100	加至 100

限于篇幅，本章不能一一列举众多的配方。此外，对制膏以外的牙膏生产过程，如灌装和包装，以及牙膏生产过程的清洁与消毒工艺、废弃物处理工艺等，没有展开论述。有兴趣的读者可以参考有关专著。

参考文献

[1] 中国口腔清洁护理用品工业协会.牙膏生产技术概论[M]. 北京: 中国轻工业出版社, 2014.

[2] Joiner A. Tooth colour: a review of the literature[J]. *Journal of Dentistry*, **2004**, *32*: 3-12.

[3] 马慧斌, 朱春雨, 宁延生, 等. 用作牙膏摩擦剂和增稠剂的二氧化硅[J]. 无机盐工业, **2005**, *37*(2): 7-9.

[4] Joiner A, Pickles M J, Matheson J R, et al. Whitening toothpastes: effects on tooth stain and enamel[J]. *International Dental Journal*, **2002**, *52*(S5): 424-430.

[5] 何金凤, 钟名诚, 邓翠玉, 等. 西瓜霜中药牙膏的稳定性探讨[J]. 口腔护理用品工业, **2018**, *28*(1): 12-14.

[6] Alkhatib M N, Holt R, Bedi R. Age and perception of dental appearance and tooth colour[J]. *Gerodontology*, **2005**, *22*(1): 32-36.

[7] 李刚. 牙膏摩擦剂的理化特性和常用类型——牙膏摩擦剂对牙齿磨损和清洁效果的影响及研究进展 I [J]. 牙体牙髓牙周病学, **2003**, (08): 47-50.

[8] Hefferren J J. Historical view of dentifrice functionality methods[J]. *The Journal of Clinical Dentistry*, **1998**, *9*(3): 53-56.

[9] 汪懋周. 牙膏摩擦剂粒度的测定[J]. 牙膏工业, **1996**, *2*: 23-30.

[10] Kalyana P, Shashidhar A, Meghashyam B, et al. Stain removal efficacy of a novel dentifrice containing papain and Bromelain extracts——an in vitro study[J]. *International Journal of Dental Hygiene*, **2011**, *9*(3): 229-233.

[11] Hunter M L, Addy M, Pickles M J, et al. The role of toothpastes and toothbrushes in the aetiology of tooth wear[J]. *International Dental Journal*, **2002**, *52*(S5): 399-405.

[12] 李伟年. 牙膏中的活性原料[J]. 牙膏工业, **1997**, (1): 14-18.

[13] Bosma M L, Besho R W, Walley D, et al. Clinical efficacy of an optimized stannous fluoride dentifrice, Part 5: A 3-month study of extrinsic tooth staining, northeast USA[J]. *Compendium of Continuing Education In Dentistry* (*Jamesburg, NJ* : 1995), **1997**, *18*: 24-27.

[14] Nathoo S, Petrone M E, Devizio W, et al. A six-week clinical study to compare the stain removal efficacy of three dentifrices[J]. *The Journal of Clinical Dentistry*, **2002**, *13*(2): 91-94.

[15] Rice D E, Dhabhar D J, White D J. Laboratory stain removal and abrasion characteristics of a dentifrice based upon a novel silica technology[J]. *The Journal of Clinical Dentistry*, **2001**, *12*(2): 34-37.

[16] Dogo-Isonagie C, Fei L, Chopra S, et al. Peroxymonosulfate Toothpowder Composition for Tenacious Stains: U S 2016046543[P]. 2019-6-6.

第 12 章　表面活性剂的生物降解及安全性

12.1　概述

　　自 20 世纪 30 年代合成表面活性剂/洗涤剂诞生以来，表面活性剂的产量和品种逐年增加，在民用和工业领域的应用越来越广泛。目前，在世界范围内表面活性剂的生产已达到相当可观的规模，据预测，2020 年全球表面活性剂总产量将达到 2530 万吨，人均年消耗量达到 3.75kg。我国 2018 年表面活性剂总产量达到了 420 万吨，约占世界总产量的 20%，人均年消耗量 2.85kg。无论是民用还是工业用表面活性剂，在使用以后，它们大都被排放到自然环境中，尤其是地表水中，有的经过了污水处理厂处理，有的则是直接排放进入了江河湖泊，返回了自然水系。因此，如果表面活性剂不具备良好的生物降解性，就会长久地存在于自然水系中，造成对江河湖泊和地下水的污染，并影响生态环境。例如，50 年代发展起来的第一代烷基苯磺酸钠（ABS），是以四聚丙烯十二烷基苯为亲油基制成的，由于其烷基链的文化程度高，生物降解性差，造成了河水的泡沫污染，并污染地下水，以致从家庭排水点附近水井中吸取的水从水龙头放出时能产生较多的泡沫。为此，60 年代中期以后，不少发达国家先后立法禁止四聚丙烯十二烷基苯磺酸盐的生产和使用，而用生物降解性好的直链烷基苯磺酸盐（LAS）取代，完成了由硬性向软性的转化。由此可见，表面活性剂的生物降解性是表面活性剂能否被环境接受、获得可持续发展的重要依据之一。不能生物降解或者生物降解性差的品种将被一票否决和淘汰。

　　另外，表面活性剂不可避免地会接触人体和生物体，它们对人类和生物体的安全性也是其可持续发展的重要依据。为此本章将简要论述表面活性剂的生物降解机理、相关试验和测试方法，以及表面活性剂的毒理性质和安全性。

12.2　表面活性剂的生物降解

12.2.1　生物降解的概念

　　所谓生物降解（biodegradation），是指有机化学物质通过活的有机体（如微生物）的生物作用而被破坏的过程。活的有机体主要是指废水等各种环境中所存在的微生物，其中最重要的微生物，是指能够以许多不同的有机化合物为食物的细菌。这些细菌通常要经过驯化使其具有适应性，即这些细菌能够用似乎不可能作为食物的汽油、苯、酚或其它许多明显有害于环境的化合物作为食物，并能在环境中长时间存活和繁殖。

以化学的观点看，生物降解过程实质上是一个氧化过程，即把无生命的有机物自然地打碎成比较简单的组分。因此，研究表面活性剂的生物降解，主要是研究表面活性剂由细菌活动所导致的氧化过程。这是一个很长的、分步进行的、连续的化学反应过程，因此在讨论表面活性剂的生物降解特别是降解度的问题时，需要注意区分以下三个不同的概念。

a. 表面活性剂的初级生物降解（primary biodegradation）　所谓初级降解通常是指改变物质特性所需的最低程度的生物降解作用。对表面活性剂分子而言，初级生物降解就是指经过细菌的作用，使这些分子不再具有明显的表面活性。例如通过常规的表面活性剂分析方法（如泡沫力、表面张力等），检测不到表面活性剂的存在。这时人们认为表面活性剂至少发生了初级生物降解。

判断表面活性剂的初级生物降解，与鉴定被测体系时所使用的分析方法、选用的标准等因素有关。

b. 表面活性剂的最终生物降解（ultimate biodegradation）　这里指表面活性剂分子在细菌的作用下完全转变成二氧化碳、水、无机盐以及与细菌正常代谢过程有关的产物。然而"细菌正常代谢过程的产物"通常难以很好地判定，而且细菌代谢的某些产物还会发生进一步的生物降解，这就给"最终生物降解"的测定带来了困难或者较大的误差。为了解决这一问题，人们在初级生物降解和最终生物降解之间，又提出了"环境可接受的生物降解"这一概念。

c. 表面活性剂的环境可接受的生物降解（environmentally acceptable biodegradation）　这一概念的意思是，当表面活性剂经过微生物的分解作用，所产生的生成物排放到环境（空气、土壤、水）中时，它们不会干扰污水处理，不产生污染，不影响水域中生物的总体生存水平。

有了这些降解等级的区分，研究表面活性剂生物降解就变得相对简单了，即把表面活性剂暴露于细菌中，观察它的降解结果。尽管生物降解实验方法看上去并不复杂，但要使降解过程能很好地重复，以及对生物降解结果进行定量表示，并不是一件容易的事。

与生物降解实验有关的一些重要影响因素在 R. D. Swisker 的专著中已有详细的论述。这些因素包括：环境（或体系）中微生物的性质、驯化及浓度；细菌食物的性质与浓度；是否存在毒性物质或抑菌剂；氧气和温度；表面活性剂的浓度；分析方法等。

12.2.2　表面活性剂的生物降解机理

关于表面活性剂被细菌生物降解的化学反应机理，已有比较充分的研究。目前已知，这些反应均是酶催化的氧化反应。池塘、湖沼中存在的一些外来有机化合物常常触发某些改性酶（modified enzymes）的出现，这些酶能接受新化合物，使其成为被酶作用的基质，进而成为被细菌利用的食物，这就是细菌的驯化。因此，在不同的环境中，总有一些细菌群体会把某种外来的化学制品作为其正常的食物，所以各种各样的有机化合物都可以成为细菌的食物，供细菌生长和繁殖。

表面活性剂在细菌作用下的降解反应与动物体内的反应一样，都是氧化反应。通常可通过三种氧化方式予以实现：i.末端的 ω-氧化，这一反应通常是初始氧化（initial oxidation）阶段，即亲油基端降解的第一步；ii.β-氧化，该过程使亲油基脂肪烃部分发生生物降解；iii.芳环氧化，即亲油基中含有的苯环发生氧化。

（1）ω-氧化

ω-氧化是指 LAS 或其它表面活性剂末端的甲基被进攻、氧化成相应的脂肪醇和脂肪酸的过程。作为最初的进攻，往往发生在碳链的末端。ω-氧化的精确机理及氧化中间产物取决于微生物的特性、表面活性剂的链长、链的其它结构因素以及操作条件等。式（12-1）给出了 ω-氧化的三种途径。

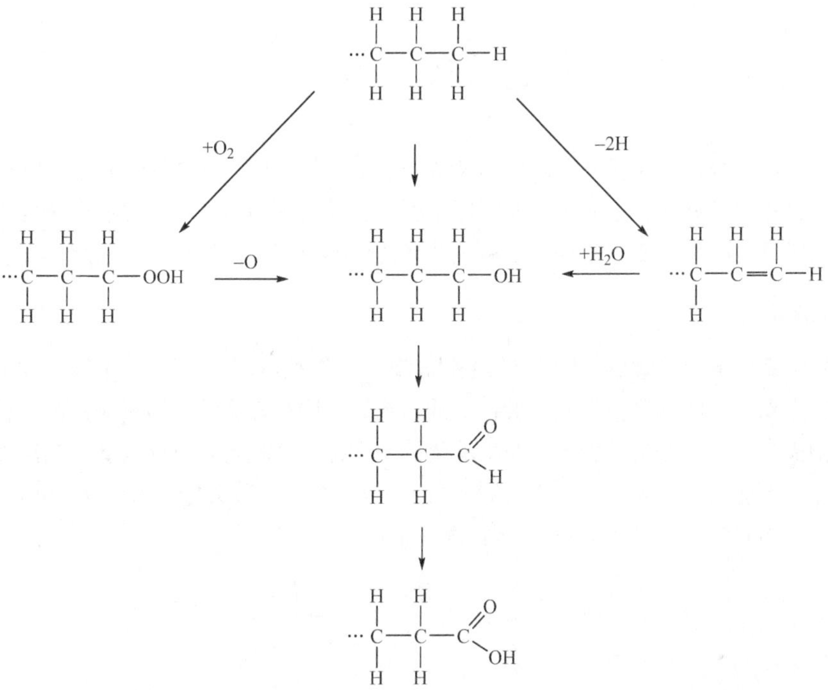

$$(12\text{-}1)$$

ω-氧化的第一步是分子氧加到烃上，由氧化酶催化，生成伯碳的氢过氧化物，然后还原成伯醇。如果起始物（烃）脱氢生成烯烃，则烯烃水解可生成伯醇。生成的醇可进一步氧化成醛，醛再氧化生成羧酸。在生物降解中，生成脂肪酸后的下一步反应通常是 β 氧化，使碳链一次减少两个碳原子。也可能发生其它反应，例如在生物氧化中形成反应活性极高的中间体时，脂肪酸与脂肪醇反应生成酯；而当 β 氧化进行得极慢时，也可能发生两端氧化，生成 α,ω-二羧酸。二羧酸的 β 氧化可以由任何一端开始。

烷基链的初始氧化也可能不发生在末端而发生在链内，一般是在 2-位给出羟基或双键，但很少在链的 3-, 4-, 5-以至更中心的位置发生初始氧化。这种氧化也叫作次末端氧化（subterminal oxidation）。细菌氧化碳链较短的气态烃时，发现有仲醇及其氧化物酮生成。1967 年，Klug 发现 C_{14}、C_{15}、C_{16}、C_{17}、C_{18} 烷烃生成 1-烷基醇和 2-烷基醇的比例约为 2∶1。Ratledge 报道了次末端氧化的途径。一种途径是从二级醇到酮，再到酯。酯是由氧原子进入与羰基连接的碳链而生成的产物。酯水解后生成伯醇，伯醇进一步被氧化生成脂肪酸，如式（12-2）所示：

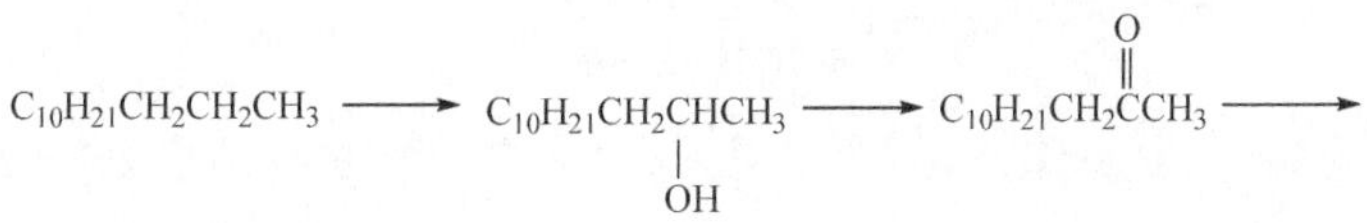

$$C_{10}H_{21}CH_2CH_2CH_3 \longrightarrow C_{10}H_{21}CH_2\underset{OH}{C}HCH_3 \longrightarrow C_{10}H_{21}CH_2\overset{O}{\overset{\|}{C}}CH_3 \longrightarrow$$

$$C_{10}H_{21}CH_2OCCH_3 \longrightarrow \begin{cases} C_{10}H_{21}CH_2OH \xrightarrow{[O]} C_{10}H_{21}COOH \\ CH_3COOH \end{cases} \tag{12-2}$$

另一种途径是由仲醇开始，如 4-癸醇氧化成酮，然后与酮连接的碳原子氧化成酮，从而成为二酮，接着在两个酮之间水解成醛和羧酸。反应式如下：

$$C_5H_{11}CH_2CHC_3H_7 \longrightarrow C_5H_{11}CH_2CC_3H_7 \longrightarrow C_5H_{11}CHCC_3H_7 \longrightarrow$$
　　　　　　　　|OH
4-癸醇

$$C_5H_{11}CCC_3H_7 \xrightarrow{H_2O} C_5H_{11}CHO + C_3H_7COOH \tag{12-3}$$
4,5-癸二酮　　　　　　己醛　　　丁酸

脂环烃可以发生与直链烃次末端氧化相类似的生物降解反应。例如环己烷没有侧链，但它可以被某些种类的细菌氧化，生成环己醇和环己酮。但多数细菌不能把环己烷作为食物。还有几种细菌能把环己烷的脂环变成苯环，然后按苯环的生物降解机理进行开环裂解。

（2）β-氧化

碳链经初始氧化形成羧酸后，下一步将通过β-氧化而继续降解。事实上，所有生物体——动物、植物、微生物，其活细胞中的脂肪酸都是通过β-氧化进行降解的。该反应是由一种称为辅酶 A（coenzyme A，以 HSCoA 表示）的酶催化的，它是一个相当复杂的硫醇，其组成包括：β-硫醇乙酰胺、泛酸（pantothenic acid）、腺苷（adenosine）和三磷酸酯。泛酸结构包括一个季碳原子，它起生物降解作用。HSCoA 的结构式如下：

辅酶 A（HSCoA）的所有的β-氧化反应都是按式（12-4）进行的：

$$RCH_2CH_2CH_2CH_2C-OH \xrightarrow{HSCoA} \begin{cases} RCH_2CH_2CH_2CH_2C-SCoA \longrightarrow \\ (+H_2O) \end{cases}$$

$$\begin{cases} RCH_2CH_2CH=CHC-SCoA \xrightarrow{H_2O} RCH_2CH_2CHCH_2C-SCoA \longrightarrow \\ (+2H) \qquad\qquad\qquad\qquad\qquad\qquad\qquad |OH \end{cases} \tag{12-4}$$

$$\begin{cases} RCH_2CH_2CCH_2C-SCoA \xrightarrow{HSCoA} \begin{cases} CH_3C-SCoA \xrightarrow{H_2O} CH_3COOH + HSCoA \\ RCH_2CH_2CSCoA - - - - - - \end{cases} \\ (+2H) \end{cases}$$

首先是羧基被辅酶 A 酯化，然后除去两个氢，得到α, β-不饱和衍生物，再水解成β-羟基衍生物，

然后脱氢生成酮衍生物，最后另一分子辅酶 A 加成到 α-碳和 β-碳之间，释放出乙酰基辅酶 A 和比初始物少两个碳的脂肪酸辅酶 A 酯，并继续进行上述同样的降解反应。上述各步连续反应中的每一步都是在专门的酶和活化剂催化下进行的，并需要适当的条件。式（12-4）中的氢不是自由的氢原子，而是由氢转移试剂烟酰胺腺嘌呤二核苷酸（NDA）或黄素腺嘌呤二核苷酸（FAD）携带的。

天然脂肪酸都是直链偶数碳羧酸，可以完全按照 β 氧化进行生物降解。已发现 β 氧化也适用于非直链化合物。例如，3,6-二甲基辛酸按 α-，β、α-，β 氧化进行生物降解，如下式所示：

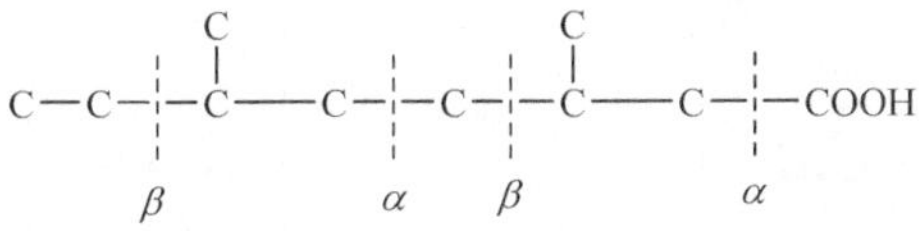

当 β 碳上有甲基时不能发生 β 氧化，因为在这种情况下若生成 β-羧基时，β 碳就成了五价的碳。因此，首先发生 α-氧化，脂肪酸氧化成 α-羟基酸，然后生成 α-酮酸，再氧化脱羧，生成比原脂肪酸少一个碳的衍生物。支链羧酸的 α-氧化如式（12-5）所示：

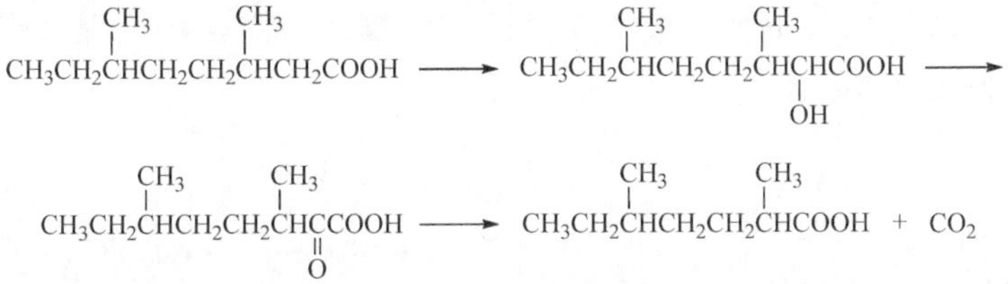

$$(12-5)$$

接着再进行 β-氧化，裂解出丙酰基辅酶 A。新生成物质中 β 碳上具有支链甲基，故又发生 α-氧化，然后再对氧化产物进行 β-氧化。

（3）芳环氧化

苯环在所有的生物体中均有存在，例如在几种天然氨基酸中就含有苯环。苯环的生物降解通常有两种途径，都是以式（12-6）所示的儿茶酚即邻苯二酚（catechol）为起始物。因此，儿茶酚是苯及许多苯衍生物——苯甲酸盐、酚、苯磺酸盐等在生物降解过程中普遍存在的一种中间体。

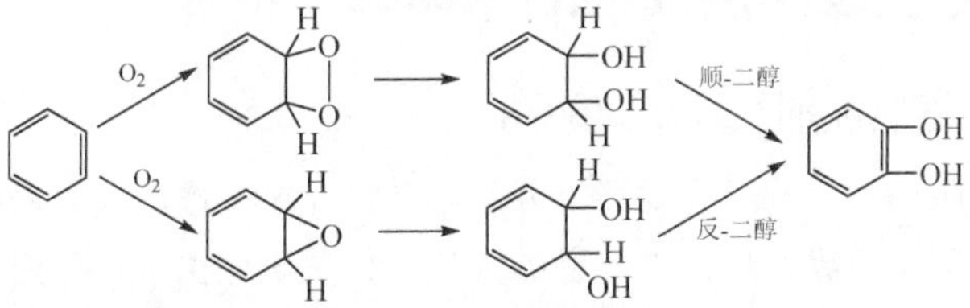

$$(12-6)$$

然后，儿茶酚按两种途径降解。一种是邻位裂解，如式（12-7）所示，即环裂解发生于两个相邻的羟基之间，形成二羧酸，即顺,顺-己二酸（即黏糠酸，*cis,cis*-muconic acid）。黏糠酸通过三种可能的分子重排转化成 β 酮己二酸，β-酮-己二酸再通过 β-氧化得到乙酸和丁二酸，如式（12-8）所示。而乙酸和丁二酸通常是细胞的组成部分。

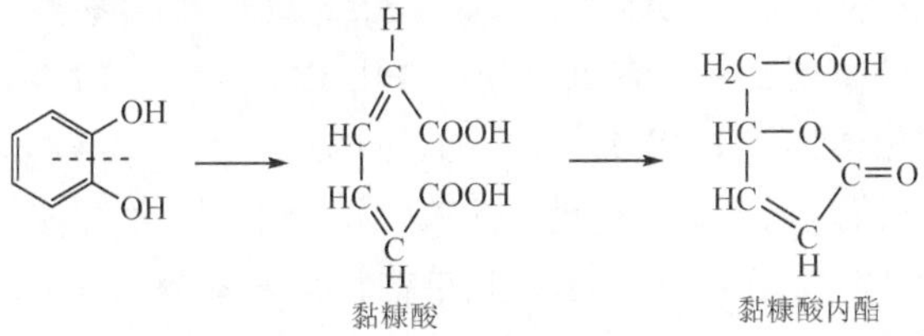

黏糠酸   黏糠酸内酯

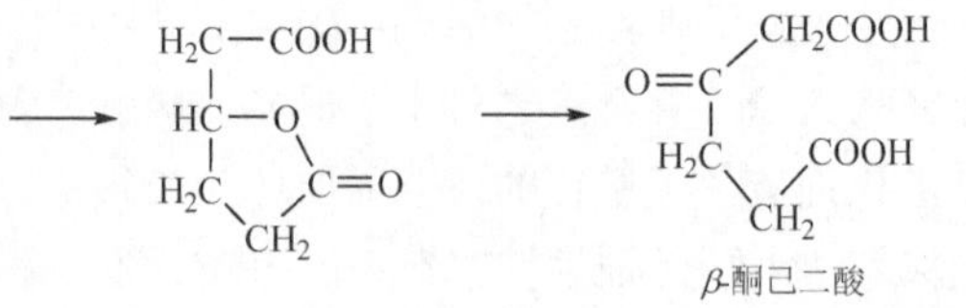

（12-7）

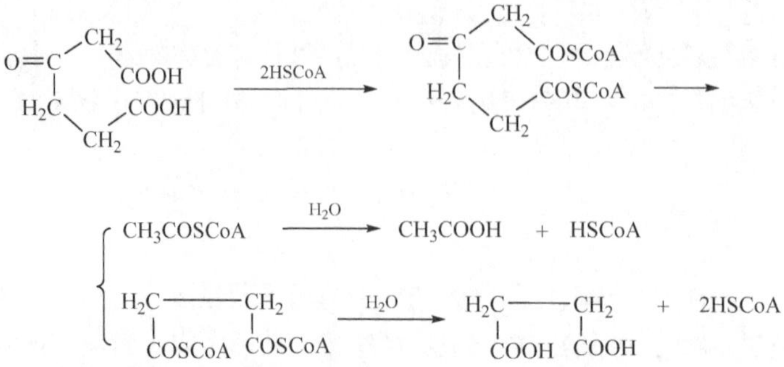

（12-8）

儿茶酚的另一种降解途径是间位裂解，如式（12-9）所示。环的初始裂解发生在连接羟基的碳及与其相邻的碳原子之间，最终生成甲酸、乙醛和丙酮酸，这些物质都是细胞的代谢产物。取代的儿茶酚经常发生邻位裂解。

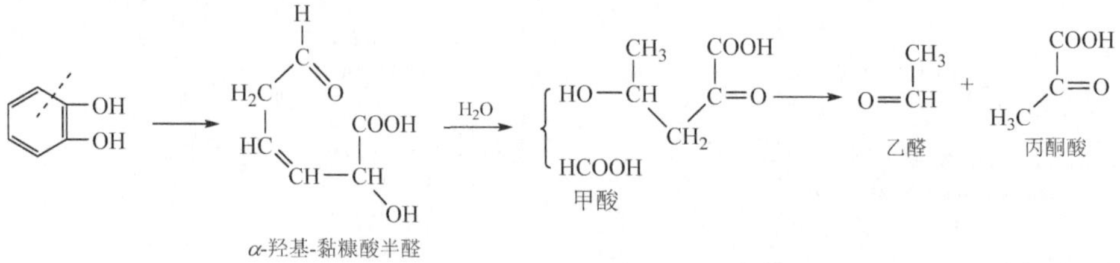

（12-9）

上述三种氧化途径是各类表面活性剂生物降解过程中普遍遵循的规律，对于各种重要的阴离子型和非离子型表面活性剂，其具体降解过程和生物降解实验数据等，可参考有关专著。

12.2.3　一些重要表面活性剂的生物降解特性

（1）阴离子型表面活性剂烷基苯磺酸钠

直链烷基苯磺酸盐作为洗涤剂中的常用组分，以及目前单产量最大的表面活性剂，其生物降解特性最受表面活性剂工业界及环保工作者的关注，相关研究也是比较充分的。研究表明，直链烷基苯磺酸盐的生物降解是从烷基链末端的 ω-氧化开始的。1963 年，Huddleston 从十二烷基苯磺酸经初步降解的脱磺基的产物中，分离得到了苯基十二羧酸，虽然没有分离出由原始的 LAS 变成 ω-羧酸的中间体，但不排除烃可能先氧化成醇、醛的降解过程。在 ω-氧化之后继续进行 β-氧化，一次除去两个碳原子，故在酸性产物中含有苯基辛酸和苯基己酸等。

Huddleston 用经过提纯的 2-φ-C_{12}LAS（2-苯基-正十二烷基苯磺酸盐），经摇瓶实验 8 天之后，把实验产物脱磺基，分离得到两个有机组分，并用 IR、GC、^{1}H NMR、MS 等进行鉴定。一个为酸性组分，约占原始 2-φ-C_{12}LAS 的 13%，其组成为：苯基己酸和苯基辛酸，以及少量的 C_{10} 和 C_{12} 的羧酸。这就清楚地表明，在进行 β-氧化过程中，一次可除去两个碳原子。另一个为中性组分，约占原始 2-φ-C_{12}LAS 的 31%，其结构特征为苯基取代的酮或其它的芳香羧基取代物。其它的实验证据表明，有 50%~55% 的 2-φ-C_{12}LAS 已转化为 CO_2，即发生了最终生物降解。

许多研究是针对烷基苯磺酸盐的化学结构对生物降解性的影响的，目前已得到以下结论：

（i）烷基链的支化度对生物降解有显著的影响，如图 12-1 所示。α-十二烯的烷基苯磺酸盐，其烷基链是直链，生物降解性最好；四聚丙烯的烷基苯磺酸盐，其烷基链有多个甲基侧链，生物降解性比较差；而烷基链的链端有季碳原子的烷基苯磺酸盐，生物降解性最差，因为它难以发生链端的 ω-氧化，也就不能发生后面的 β-氧化，因而几乎不具有生物降解性。表 12-1 的数据亦是如此。

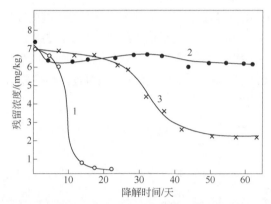

图 12-1 不同结构的烷基苯磺酸盐在河水中的生物降解试验（亚甲基蓝法分析）

1—α-十二烯的烷基苯磺酸盐，迅速降解；2—带季碳的烷基苯磺酸盐，
最难降解（抗生物降解）；3—四聚丙烯的烷基苯磺酸盐，较难降解

（ii）苯基位置的影响。当烷基链的碳数及支化程度相同时，苯基结合在烷基链的端头比结合在内部的生物降解性稍好，经过一定的生物降解时间（如 2 周）都能达到相当完全的生物降解。α-十二烯制得的烷基苯磺酸盐，其苯基的结合位置是随机分布的，它的生物降解性相当好，优于 2-位苯基的十二烷基苯磺酸盐。这说明工业化生产的 LAS 有良好的生物降解性。

（iii）烷基链长的影响。对 C_6~C_{12} 烷基苯磺酸盐在河水中的生物降解，降解速度随着碳链长度的增加而增加，正构 C_{12} 烷基苯磺酸盐的生物降解性能最好，而 C_{13}~C_{15} 烷基苯磺酸盐的生物降解性能不如正构 C_{12} 烷基苯磺酸盐。

（iv）环烷基的存在对其生物降解性亦有影响。

表 12-1 不同结构的烷基苯磺酸钠的生物降解率

烷基苯结构	生物降解率/%	烷基苯结构	生物降解率/%
n-C_{12}—ϕ	100		
n-C_{12}—C—ϕ （C 上下）	85	C—C—C—C—C_4—ϕ	0
C—C—C—C—C_5—ϕ	0	C—C—C—C—C_2—ϕ	<10

注：结构式中 ϕ 表示苯磺酸钠及衍生物。

（2）非离子型表面活性剂脂肪醇聚氧乙烯醚

非离子型表面活性剂脂肪醇聚氧乙烯醚是醇系表面活性剂的典型代表，近年来生产和应用获得了很大的发展。因此，了解聚氧乙烯型非离子型表面活性剂的生物降解特性十分必要。

聚氧乙烯型非离子型表面活性剂的生物降解有三种可能性：（i）中心裂变，把亲油基和亲水基分开，亲油基和亲水基分别继续进行生物降解；（ii）微生物进攻亲油基的末端，生物降解从亲油基末端向分子内部进行；（iii）微生物进攻亲水基聚氧乙烯链的末端，生物降解由 E 链（环氧乙烷链）的末端向分子内部进行。

中心裂变（central fission）有三种可能的途径：一是由于酶的存在使醚直接水解成脂肪醇和聚乙二醇，如式（12-10a）所示。二是亲油基的 α-碳氧化，裂解成脂肪酸或醛与乙二醇，如式（12-10b）所示。第三种情况是亲水基即氧乙烯基的 α-碳氧化，生成半缩醛或酯，然后水解成脂肪醇与聚乙二醇羧酸或醛，如式 12-10c 所示。据报道，半缩醛或酯水解的途径（c）比直接水解的途径（a）更加普遍。

$$\text{ROE}_n\text{H} \longrightarrow \text{ROH} + \text{HE}_n \cdots \longrightarrow \tag{12-10a}$$

$$\text{R'CH}_2\text{OE}_n\text{H} \begin{cases} \text{R'}-\underset{\underset{\text{OH}}{|}}{\text{CH}}-\text{E}_n\text{H} \longrightarrow \text{R'CHO} + \text{HE}_n \cdots \longrightarrow \\[2ex] \text{R'}-\underset{\overset{\parallel}{\text{O}}}{\text{C}}-\text{E}_n \xrightarrow{\text{H}_2\text{O}} \text{RCOOH} + \text{HE}_n \cdots \longrightarrow \end{cases} \tag{12-10b}$$

$$\text{ROCH}_2\text{CH}_2\text{OE}_{n-1}\text{H} \begin{cases} \text{ROCHCH}_2\text{E}_{n-1}\text{H} \longrightarrow \text{ROH} + \overset{\overset{\displaystyle O}{\parallel}}{\text{HCCH}}_2\text{E}_{n-1}\text{H} \cdots \longrightarrow \\ \quad\quad\underset{\text{OH}}{|} \\[2ex] \text{ROCCH}_2\text{E}_{n-1}\text{H} \longrightarrow \text{ROH} + \text{HOCCH}_2\text{E}_{n-1}\text{H} \cdots \longrightarrow \\ \underset{\overset{\parallel}{\text{O}}}{} \end{cases} \tag{12-10c}$$

如果氧化从亲油基末端开始，亲油基首先进行 ω-氧化，然后连续进行 β-氧化，每次减少两个碳原子，直至变成羧酸化聚乙二醇。

如果微生物进攻亲水基末端，可以看成是聚氧乙烯链的单纯水解，每次释放出一个乙二醇单元，即聚氧乙烯链每次减少一个氧乙烯基，如下式：

$$\text{ROE}_n\text{H} \longrightarrow \text{ROE}_{n-1}\text{H} \longrightarrow \text{ROE}_{n-2} \cdots \longrightarrow \tag{12-11}$$

（3）阴-非复合型表面活性剂

典型的阴-非复合型表面活性剂，是脂肪醇聚氧乙烯醚硫酸酯盐（AES）。Hales 对这类表面活性剂的生物降解进行了研究，结果为：第一步降解很少发生无机硫酸盐的水解，而是以醚键的断裂占优势，其中 20%发生在脂肪醇的氧原子与第一个 EO 的碳原子之间，45%发生在 EO 链中间的醚氧原子，35%发生在靠近硫酸基最近的醚氧原子。然后按照上述阴离子和非离子的模式继续降解。

（4）阳离子型表面活性剂

相对来说，对阳离子型表面活性剂的生物降解机理研究得比较少，因为阳离子型表面活性剂具有杀菌性，当其达到一定浓度时微生物往往不能存活。为使阳离子型表面活性剂的杀菌性质不影响其最终生物降解，它们的使用浓度需保持在毒性阈值（toxic threshold）以下。毒性阈值是指微生物不能生长时所需的阳离子型表面活性剂的最低浓度。研究表明，如果阳离子型表面活性剂与阴离子型表面活性剂在体系中共存（例如在排放污水中共存），则季铵阳离子会与表面活性阴离子结合，于是阳离子型表面活性剂对微生物的毒性下降，这将使阳离子型表面活性剂的最终生物降解明显增加。

（5）合成洗涤剂用表面活性剂

合成洗涤剂配方中常用的活性物成分的生物降解率列于表 12-2。除支链烷基苯磺酸钠外，其它表面活性剂的生物降解性良好，说明这些表面活性剂具有"环境可接受性"。

表 12-2　合成洗涤剂常用活性物成分的生物降解率

表面活性剂	生物降解率/%	表面活性剂	生物降解率/%
直链烷基苯磺酸钠（LAS）	93.8	α-烯基磺酸钠（AOS）	99.1
支链烷基苯磺酸钠（ABS）	16.3	烷基硫酸钠（AS）	99.8
脂肪醇+10EO（AEO$_{10}$）	98.5	醇醚硫酸盐（AES）	100
脂肪醇+30EO（AEO$_{30}$）	98.1		

不同结构的表面活性剂，生物降解性有时差别很大，因此在研制、开发和生产表面活性剂时，不仅要考虑原料来源、加工成本、使用性能等经济因素，也必须考虑其生物降解性这一环境因素，避免使用后影响环境。

12.2.4　生物降解的测定方法及生物降解度

研究表面活性剂的生物降解时，需要考虑表面活性剂在微生物中的暴露过程和表面活性剂的定量分析。通常可以按照试验目的来选择和确定，并对采用不同分析测定方法所得到的结果作出详细说明。其中表面活性剂的定量分析仍是分析化学领域中的一个相当困难、复杂和最富挑战性的课题。本节仅叙述有关方法的原理，详细的测定步骤可参考有关专著。

（1）被测物质在微生物中的暴露

表面活性剂在微生物中的暴露方法须考虑下述几个因素。首先是被测定系统中的菌种问题，通常有三种选择：一是采用从实际环境中的降解场所（例如，污水处理厂中的污水池）采集的微生物（活性污泥）作为试验用的菌种；二是采用实验规定的混合微生物菌种进行实验；三是采用某种单一的或纯的微生物菌种进行实验。无论采用哪一类菌种，都需要考虑驯化方法和驯化时间，并需在暴露实验测定方法中作出规定。

其次，暴露实验是在"好气"还是在"厌气"（或"嫌气"）条件下进行。此外，还要确定实验温度，因为温度对微生物的活力有重要影响，一般每升高 10℃，生化反应速度增加一倍。对于大多数能够分解有机化合物的微生物来说，最适宜的生长温度为 30℃ 左右，温度过高会使微生物致死。对家庭污水进行处理时，需考虑在寒冷的冬季生物降解也能顺利进行，因此表面活性剂的生物降解试验大多在室温或控温（20～25℃）下进行。另外，被测物的浓度最好与实际环境中（如河水中或污水处理厂中）可能存在的浓度相接近。通常，被测物浓度是很低的，常属于痕量，因此在定量分析之前往往需要浓缩或分离，相关方法对最终分析结果会有显著影响，需要作出说明。

暴露试验方法主要有：

（i）河水中衰减试验（river dieway test）。用天然水域中的水和模拟天然水域的生物暴露条件。

（ii）半连续活性污泥法或连续活性污泥法。这两种方法都是模拟污水处理池中的暴露条件。

（iii）振荡培养法。按实验规定程序接种菌种、驯化，将被测物和菌种培养基置于锥形瓶中，并将锥形瓶置于振荡器上振荡一定时间进行暴露实验（"好气"条件下的暴露）。

（iv）开放（或密闭）静置法。按实验规定的程序接种菌种和驯化，将被测物和菌种培养基置于烧瓶中，静置一定时间进行暴露实验。密闭静置法是"嫌气"条件下的暴露实验。

（2）被测物的定量分析

有多种定量分析方法可用于评价表面活性剂的降解度。必须注意各种方法本身的适用性和局限性，同时注意不同方法所得结果的差异，避免因采用不同的分析方法而导致错误的结论。常用的分析方法可分为以下几类。

① 表面活性法

表面活性法用于确定表面活性剂的初级降解和环境可接受的生物降解，通常快速而有效，特别是在没有合适的专门化学分析法可采用时更为适宜，包括（i）表面张力；（ii）泡沫；（iii）极谱法（polarography）测定临界胶束浓度。一旦表面活性剂因降解失去表面活性，用这些方法就能测得。

② 专门化学分析法

采用专门化学分析方法定量测定系统中残留的表面活性剂的量。常用的有：

a. 离子对法—亚甲基蓝（MB）法和其它离子对法　亚甲基蓝法是研究阴离子表面活性剂生物降解迄今应用最广泛的方法。该法灵敏度高，经改进后操作简单、快速。亚甲基蓝是一种阳离子染料：3,7-双(二甲氨基)吩噻嗪-5-镓氯化物，分子式为 $C_{16}H_{18}ClN_3S$，分子量为 319.86。它能与一个无机离子如 Cl^- 或 SO_4^{2-} 成盐。它本身不能被有机溶剂如氯仿从水中萃取到有机相中，但如果被测系统中有阴离子型表面活性剂存在，亚甲基蓝阳离子会与表面活性阴离子结合，形成离子对（MBAS），该离子对在水中的溶解度很低，易溶于有机相（如氯仿）中。用分光光度计测定氯仿相中蓝颜色的强度（比色法），很容易确定体系中阴离子型表面活性剂的量，对烷基苯磺酸盐，检测下限可低至 10μg/L。

亚甲基蓝法也可以采用目测比色法。例如以 Aerosol OT [二(2-乙基己基)琥珀酸酯磺酸钠，分子量=444]作为标准阴离子型表面活性剂，配制一系列不同浓度的标准表面活性剂与亚甲基蓝形成的混合物溶液，将溶液的颜色作为目测比色时的标准。测定时将被测样品的 pH 值调至 10，在 pH=10 下加入亚甲基蓝，振荡样品，然后以 15mL、10mL、5mL 依次加入氯仿，并进行目测比色，找出与被测样品相同的标准颜色所对应的标准表面活性剂（Aerosol OT）的浓度，即可换算成被测物的浓度。如果被测物为十二烷基苯磺酸盐（分子量为 348），则被测物浓度为 348mg/kg 时的蓝色应与标准样 444mg/kg 的颜色相同。

在用 MB 法进行定量分析之前，需对样品进行超浓缩—纯化处理。常用的处理方法为：先通过活性炭吸附和解吸，或通过酸性离子交换树脂进行离子交换，将样品浓缩。再通过酸性水解、溶剂萃取、离子对萃取等方法进行纯化。

对于阳离子型表面活性剂，合适的阴离子染料有：苦味酸、二硫化蓝 VN150、茜素磺酸盐（alizarin sulfonate）和甲基橙等。所用的萃取剂亦为氯仿。在水中或废水中检测微量的阳离子型表面活性剂的分析程序为：加过量的 TBS（0.5mg/kg）、离子浮选促集、阴离子交换树脂除去 TBS 和其它阴离子型表面活性剂，用二硫化蓝进行离子对萃取，使阳离子型表面活性剂进入氯仿中，蒸发氯仿，并在甲醇中重新溶解。

需要注意的是，对单烷基季铵盐型阳离子型表面活性剂 $R(Me)_3N^+$，当长链烷基为 C_{10} 或小于 C_{10} 时，离子对法不适用。对二烷基二甲基季铵盐 $R_2(Me)_2N^+$，当两个长链烷基为 C_8 或小于 C_8 时，离子对法亦不适用。

离子对法适合于测定表面活性剂的初级降解和环境可接受的降解，其优点是可以在其它碳素来源存在的情况下，专门对表面活性剂的生物降解进行分析。特别适合污水处理厂使用，或标准活性污泥法中使用。

b. 硫酸盐和亚硫酸盐的测定　该法适合于磺酸盐类、硫酸酯盐类阴离子型表面活性剂的生物降解测定。磺酸盐或硫酸酯盐表面活性剂经生物降解后，形成的硫酸盐或亚硫酸盐量与已被破坏掉的表面活性剂量是对应的。硫酸盐含量的分析通常使用 $BaSO_4$ 浊度测定法和含 ^{35}S 标记原子的表面活性剂放射性示踪法。硫酸盐的可测定浓度范围为 1~40mg/kg。

c. 硫氰酸钴法（CTAS）　这是分析非离子型表面活性剂的一种常用方法。硫氰酸钴与聚氧乙烯型非离子型表面活性剂的亲水基可形成络合离子对 $[R(EO)_nCo]^{2+}[Co(CNS)_4]^{2-}$。该离子对可以被有机溶剂（例如苯）萃取并显色。测定该离子对的有机物溶液在 320nm 或 620nm 的吸收强度，并与标准曲线对照，即可确定非离子型表面活性剂的含量。

CTAS 与给定的非离子型表面活性剂的相互作用，不仅受分子量的影响，也受 EO 含量的影响。当 EO 数（n）小于 6 时就不能显色了。聚乙二醇及某些中间体对测定有干扰，但聚乙二醇对该反应的灵敏度比被测的聚氧乙烯非离子型表面活性剂要低。阳离子型表面活性剂的存在对测定会有影响，因此当有阳离子型表面活性剂与之共存时，需用离子交换树脂除去后再行测定。CTAS 法适合于评价非离子型表面活性剂的初级降解和环境可接受的生物降解。

③ 物理化学法

物理化学法包括：（i）薄层色谱（TLC）；（ii）液相色谱和高效液相色谱（HPLC）；（iii）气相色谱（GC）；（iv）电泳；（v）光谱；（vi）电化学法；（vii）放射性元素示踪技术；（viii）波谱法如 IR、UV、NMR、MS 等。它们是研究表面活性剂生物降解机理和降解过程的有力工具。

④ 与代谢有关的非特定方法

a. 生化需氧量（biochemical oxygen demend，BOD）和 CO_2 生成量分析法　有机化合物在好气性生物降解过程中要消耗氧气，释放出二氧化碳。因此，氧的消耗量和 CO_2 的生成量中任何一个参数都可以作为有机化合物生物降解的指标。表面活性剂是有机化合物，用 BOD 和 CO_2 生成量表示的降解是表面活性剂的最终生物降解。BOD 可定义为每克试验样品在适当或规定的生物试验条件下所吸收的氧的质量。BOD 法适合监测封闭系统中氧含量的减少，当表面活性剂作为系统中唯一的碳素来源时，用与生物代谢有关的耗氧量和 CO_2 生成量，来表示表面活性剂的最终生物降解是合适的。

需要注意的是，由于被测物的有机碳可能有一部分用于生成新的微生物细胞而不能达到最终的生物降解——形成 CO_2，实际测出的 BOD 和 CO_2 的生成量可能会比理论计算量低得多。

易生物降解的化合物的试验结果表明，如果在实际测定中 BOD 为理论耗氧量（ThOD）的 50% 以上，CO_2 的生成量达到理论计算量的 70% 以上，就可以认为被测物质实际上或基本上已达到了最终生物降解。

b. 溶解有机碳（disolved organic carbon，DOC）分析法　本法为用专门的仪器测定水溶液试样中有机碳含量的一种方法。它在生物降解试验中已得到广泛应用。研究表面活性剂的生物降解性时，表面活性剂应是被测系统中唯一的碳素来源，此时溶解有机碳的消失即可用来表示表面活性剂的最终生物降解性能，但是在测定中由于表面活性剂的吸附或沉淀，会消失一部分溶解有机碳，因而使最终生物降解时的 DOC 消失产生一些偏差。

c. 化学耗氧量（chemical oxygen demand，COD）分析　COD 是用热的酸性重铬酸钾来氧化被测定生物降解体系中的有机物。此法的优点与局限性与 DOC 法相同。COD 测定操作时间长，准确性不够好，干扰因素多。如有机物的氧化率和无机离子的干扰都会影响测定结果。因此 COD 法在表面活性剂生物降解研究中没有被广泛应用。

（3）生物降解特性的表征

① 生物降解度

表面活性剂的生物降解度（extent）通常是指在给定的暴露条件和定量分析方法下，表面活性剂的降解百分数。t 时刻的生物降解度 A_t 可表示为：

$$A_t = \frac{c_0 - c_t}{c_0} \times 100 \qquad (12\text{-}12)$$

式中　A_t——时间 t 时的生物降解度，%；

　　　c_0——试验溶液中表面活性剂的初始浓度，mg/L；

　　　c_t——试验溶液中表面活性剂在 t 时的浓度，mg/L。

日本工业标准调查会公布的合成洗涤剂生物降解度试验方法（JIS K 3363）选用振荡培养法，然后用 MBAS 法和 CTAS 法（或用泡沫容量法）分别测定阴离子型表面活性剂和非离子型表面活性剂的浓度，并计算其生物降解度 D：

$$D = \frac{(S_0 - B_0) - (S_x - B_x)}{S_0 - B_0} \times 100 \qquad (12\text{-}13)$$

式中　D——x 天以后的生物降解度，%；

　　　S_0——试验开始时表面活性剂的浓度，mg/L；

　　　B_0——试验开始时空白实验值，mg/L；

　　　B_x——x 天后的空白实验值，mg/L；

　　　S_x——x 天后受试表面活性剂的浓度，mg/L。

采用本法进行测定的条件为：作为生物降解标准物，由 1-十二烯合成的 LAS 或正十二醇聚氧乙烯醚[n-$C_{12}(EO)_7$]的生物降解度需在 97.5% 以下，若 7 天后的生物降解度与 8 天后的生物降解度之差在 2.0% 以上时，则试验无效。

在采用非特定方法进行定量测定时，生物降解度这个百分数是被测物质的化学需氧量（COD）或生化需氧量（BOD）与理论需氧量（ThOD）的比值。也可以用测定的 CO_2 生成量与理论计算的 CO_2 量之比来表示。根据生化需氧量计算的生物降解度可表示为：

$$降解度(\%) = \frac{BOD - B}{ThOD} \times 100 \qquad (12\text{-}14)$$

式中　BOD——被测物的生化需氧量；

　　　　B——空白试验需氧量；

　　ThOD——被测物完全氧化时的理论需氧量。

② 降解时间和半衰期

在消失（或衰减）试验中，例如河水中的衰减（river dieaway），河水中表面活性剂的生物降解度随暴露时间的增加而增加，然后达到一个恒定值（参见图 12-1）。即经过一定的暴露时间后，表面活性剂的生物降解度接近一个常数。通常给出表面活性剂降解度达到恒定值时的降解度和时间，以这两个数据表示表面活性剂的生物降解性能。在同样测试条件下对若干种表面活性剂进行测试时，生物降解度达到的恒定值愈高，所需时间愈短，则生物降解性愈好。

在衰减试验中也可以用半衰期来表示生物降解速率。半衰期定义为表面活性剂浓度下降到初始浓度的一半时，所需的生物降解时间。半衰期愈短，生物降解速率愈高，在一定意义上生物降解性愈好。

值得注意的是，对于同一种表面活性剂，当生物降解试验中所采取的暴露试验方法、暴露时间和定量分析方法不同时，所得到的降解度有时会有较大的差异。因此，在引用或表示表面活性剂生物降解度数据时，应对暴露试验方法、时间和定量分析方法等作出详细说明。

对大量的商品表面活性剂的生物降解已有许多研究，读者可以查阅相关专著，获取有关的生物降解参数。

12.3　表面活性剂的吸收与代谢

表面活性剂一方面通过日用化学品如化妆品、卫生盥洗用品、洗涤剂等与人体皮肤接触，另一方面还通过食品或药品进入人体消化道。因此，表面活性剂在人体中的吸收、代谢和排泄，以及它的毒理性质和对人体的安全性都是人们关注的问题。

Havermann 等于 1957 年首先发表了烷基苯磺酸盐通过肠道吸收与代谢的研究结果。他们用含有标记示踪原子 ^{35}S 的十二烷基苯磺酸钠喂猪，在服药之后 8 天内，从猪的尿和粪便中检测 ^{35}S。其中 35%的 ^{35}S 是从尿中排泄出来的，其余的 ^{35}S 主要从粪便中排出。服药 8 天后尚留在机体中的 ^{35}S 仅为 0.5%。这一代谢结果与服用 $Na_2^{35}SO_4$ 之后的代谢情况是很相似的。

Michael 等合成了两个带有 ^{35}S 标记原子的烷基苯磺酸盐，一个是直链烷基苯磺酸盐，标记为[^{35}S]LAS；另一个是支链烷基苯磺酸盐，标记为[^{35}S]ABS。让实验鼠按剂量 3.5mg/kg、6mg/kg、40mg/kg 或 250mg/kg 口服[^{35}S]LAS，在服药后的三天内从尿中检出的 ^{35}S 为 38%~56%，在排泄物中检出的[^{35}S]的量与 Havermann 给猪服药所得到的结果相似。类似地用插管法（intubated）给实验鼠服用[^{35}S]ABS，服药三天内在尿中检出的 ^{35}S 仅为 6.8%~9.6%，在粪便中检出的 ^{35}S 则高达 79%。

Michael 等还研究了[^{35}S]LAS 从肠道吸收的途径。给实验鼠口服[^{35}S]LAS 并配合外科手术，装上胸导管插管，在 42h 内收集淋巴液，检出的 ^{35}S 仅为 1.6%，以此推断 LAS 是从肠道吸收然后输送到静脉血液系统中的。研究还表明，胆汁是一个重要的排泄途径，而从胆汁排泄的全部 ^{35}S 都是由肠吸收的，胆排泄的 LAS 被肠重新吸收，或者说 LAS 在鼠体内的代谢及肠肝再循环，最终使得大部分 ^{35}S 排泄到尿中。

Michael 还研究了服用[^{35}S]LAS 的鼠排泄的尿、粪便和胆汁中的 ^{35}S 组分的性质。用 Na_2SO_4 进行同位素稀释分析表明，在任何一个样品中都不存在 $^{35}SO_4^{2-}$。在尿和胆汁中没有鉴定出无变化的[^{35}S]LAS，粪便中 ^{35}S 的 19%是以[^{35}S]LAS 存在着。尿中的[^{35}S]标记化合物是磺苯基丁酸和磺苯基戊酸的混合物。由此可以推论，在鼠体内 LAS 的烷基链发生了降解，生成了一系列短链的磺苯基羧酸。这一机理与细菌（微生物）引起的 LAS 的生物降解机理相似。然而，细菌可以引起的 LAS 的进一步降解，如除去磺酸基和苯环的降解，在鼠体内并没有发生。

有人研究了 LAS 异构体在动物体内的吸收与代谢。把异构体 2-磺基苯基-[2-^{14}C]正十二烷作为受试药剂，给实验鼠口服，剂量为 25mg/kg 或少于 25mg/kg。在进药 28h 内，有 92%的放射性同位素在尿中检出，5%以下在粪便中检出，呼出的气体中没有检出 $^{14}CO_2$。对尿中的 ^{14}C 组分进行脱磺反应，得到一种有放射性的化合物，经色-质联用分析表明是 3-甲基-茚满-1-酮。该化合物可以看成是 LAS 最终代谢产物丁酸-3-苯基-对-磺酸的缩合物，如下式所示（C^*为 ^{14}C）：

$$（12-15）$$

受试药剂　　　最终代谢产物　　　　　　　　　　3-甲基-茚满-1-酮

直链烷基苯磺酸盐也可以通过非肠道用药进行代谢。Howes 用 1-苯基磺酸钠-[1-^{14}C]-正十二烷 [$CH_3(CH_2)_{10}C^*H_2$-C_6H_4-SO_3Na，C^*为 ^{14}C] 给实验鼠做腹腔内注射和皮下注射，剂量为 5mg/kg。在注射后的 24 h 内，在尿和粪便中分别检测出 78%和 1.5%的 ^{14}C，其余部分留在体内，呼出的气体中没有 $^{14}CO_2$。

Havermann 等用含 ^{35}S 标记原子的十二烷基硫酸钠给猪喂食，猪口服 ^{35}S 十二烷基硫酸钠后可迅速地从尿中检出 ^{35}S，服药 8 天后，从尿中检出约 90%的 ^{35}S，从粪便中检出约 10%，仅有痕量的 ^{35}S 保留在服药的猪体内。在尿中还检出了少量的 $^{35}SO_4^{2-}$，^{35}S 在体内的分布情况与服用 $Na_2^{35}SO_4$ 相似。由此可以推论：十二烷基硫酸钠大量由肠吸收，仅有少量可降解成游离的硫酸盐。

Donner 等把含有[^{35}S]标记原子的十二烷基硫酸钾给实验鼠做腹腔内注射和静脉注射，剂量为 5mg/kg。在注射 12 h 后在尿中检出 ^{35}S，定性分析表明，尿中的 ^{35}S 的主要成分是丁酸-4-硫酸盐（$HOOCCH_2CH_2CH_2OS^*O_3Na$）。值得指出的是，雄性鼠尿中 $^{35}SO_4^{2-}$ 的含量明显高于雌性鼠，但产生这一差别的原因尚不清楚。通过插管在 12h 内收集鼠的胆汁，仅有 1.4%的 ^{35}S 在胆汁中被检出。

用十六烷基[^{35}S]硫酸钠，[1-^{14}C]十六烷基硫酸三甲基铵给狗做静脉注射，得到类似的结果。AES 在人体和动物体内的代谢情况也已经被研究。实验化合物分别为 $C_{16}H_{33}O(CH_2CH_2O)_3SO_3Na$ （A）和 $C_{16}H_{33}O(CH_2CH_2O)_9SO_3Na$（B），$^{14}C$ 标记原子处于烷基上或乙氧基上，硫酸基上的硫为 ^{35}S 所标记。人和鼠口服标记化合物[1-^{14}C]十六烷基（A），在尿中排出的 ^{14}C 为 6.5%，粪便排出的为 15%，呼出的 $^{14}CO_2$ 为 11%。人和鼠口服[1-^{14}C]十六烷基（B），85%的 ^{14}C 在粪便中检出，5%的 ^{14}C 从尿中检出，5%以 $^{14}CO_2$ 呼出。口服十六烷基[^{14}C]三乙氧基硫酸盐或十六烷基三乙氧基[^{35}S]硫酸盐标记化合物，示踪原子被检出的情况相似，62%在尿中，26%在粪便中。呼出的气体中没有 $^{14}CO_2$。这表明硫酸基和乙氧基代谢较少。在口服[1-^{14}C]十六烷基三乙氧基硫酸盐或十六烷基三乙氧基[^{35}S]硫酸盐之后，尿中75%的 ^{14}C 是乙二酸的三乙氧基硫酸盐衍生物，即 $HOOC\text{-}CO(OCH_2CH_2)_3OSO_3Na$。这表明，AES 主要由肠道吸收，并且吸收较快，而 AES 的亲油基部分则发生了 ω-氧化和 β-氧化降解。

12.4　表面活性剂的毒理性质及日用化学品对人体的安全性

在讨论化学物质的安全性时，通常采用半数致死量即 LD_{50} 来表示。LD_{50} 实际上是表示某种化学物质毒性的急性数据，不过在日常生活中，误食某种表面活性剂或合成洗涤剂的情况还是十分偶然和少见的，而长期摄入痕量表面活性剂的情况却是常见的，所以长期的慢性毒性试验数据也是非常重要的。在人体与表面活性剂的接触和摄取中，经皮的接触比经口和消化道摄取的机会更多，因此，表面活性剂对皮肤和黏膜的刺激性的测试和评价也是人们十分关注的问题。

对化学物质的安全性评价，一般应全面考虑其物理化学性质、使用状态、毒性、分解性、累积性等，然而多数评价是通过毒性试验来预测或证明是否对人体有害的。所以，安全性评价中毒性试验占了很大比重。图 12-2 列出了毒性试验的内容和分类。

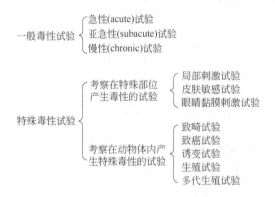

图 12-2　表面活性剂毒性试验内容和分类

12.4.1　表面活性剂毒性的急性试验

急性试验（经口或不经口），就是将受试物质一次或 24h 内分数次投予动物，观察 48h 产生的中毒死亡状况。导致半数动物死亡的受试物质量称为 LD_{50}，单位为 g/kg（体重）或 mg/kg（体重），吸入的 LD_{50}，单位为 mL/kg（体重）（文献中的 LD_{50} 单位均略去了"体重"）。测定 LD_{50}

的目的是用来推断对人体的毒性，所以为求准确，受试动物的种类应该多一些。受试物质进入动物体内的给予方式有四种：i.经口；ii.经皮肤；iii.吸入；iv.注射（分皮下注射、静脉注射、腹腔注射）。对同一种受试物质，通常注射特别是静脉注射的 LD_{50} 比经口的 LD_{50} 要小得多，而经皮肤的 LD_{50} 要比经口的 LD_{50} 大一些。根据实际生活中表面活性剂与人体接触的实际情况可知，经口和经皮肤的 LD_{50} 更重要，因表面活性剂不易挥发，故吸入这一途径并不重要。

　　通常以急性试验测得的 LD_{50} 作为受试物毒性的急性指标。通过比较受试物质的 LD_{50} 数据与其它已知毒性的物质的 LD_{50} 数据，可以确定受试物质的毒性强度（毒性大小）。LD_{50} 愈小，毒性愈强。一些国家和地区有关化学物质毒性大小的分类都是以 LD_{50} 为依据的，见表 12-3。表 12-4 给出了一些商品表面活性剂的 LD_{50} 值。当知道某种表面活性剂的 LD_{50}，可参照表 12-3 判断它的毒性强度。例如，某物经口的 $LD_{50}>1000$mg/kg 即（1g/kg），则表示该物质的毒性相当低，如 α-磺基月桂酸甲酯 LD_{50} 大于 5000mg/kg，可以认为没有经口毒性（属实际无毒的物质）。

表 12-3　化学物质的毒性分类

国家和地区及相关法规	毒性	经口 LD_{50} /(mg/kg)	经皮 LD_{50} /(mg/kg)	吸入 LD_{50} /[mg/(L·h)]
美国 危险物条例	高毒物	≤50（鼠）	≤200（兔）	≤2
	毒物	50~500	200~2000	2~20
日本 剧毒物取缔法	剧毒物	≤30	≤100	≤2
	毒物	30~300	100~1000	2~20
欧共体 协作委员会指令 NoL 259/20	极毒	≤25（鼠）	≤50（鼠或兔）	≤0.5[mg/(L·4h)]（鼠）
	有毒	25~200	50~400	0.5~2[mg/(L·4h)]
	有害	200~2000	400~2000	2~20[mg/(L·4h)]

表 12-4　一些商品表面活性剂的 LD_{50} 值

受试表面活性剂	经口 LD_{50}/(mg/kg)
皂（Ivory）	>16000
豆蔻酸钠	>10000
棕榈酸钠	>10100
十二烷基硫酸钠（工业级）	1000
Texapon K_{12}	1700
Texapon V（$C_{12\sim16}$）	2300（小鼠）
十二烷基硫酸铵（Texapon A400）34%	>5300
2-乙基己基硫酸钠（Tergitol 08）40%	10300
椰子油基聚氧乙烯（EO=2）硫酸钠（AES）	2000
十二烷基聚氧乙烯（EO=3）硫酸钠（Texapon N_{70}）	1995
支链烷基苯磺酸盐	1400~1500
直链十二烷基苯磺酸钠 n=12（$C_{10\sim}C_{14}$）	1260
二辛基磺基琥珀酸酯	1900
正烷基磺酸盐（$C_{12\sim}C_{17}$）	3000
C_{10}，C_{12}，C_{14}	2200，4200，>16000
α-烯烃磺酸盐（正构 $C_{14}\sim C_{16}$）	2900（小鼠）
$C_{12}H_{25}O(C_2H_4O)_4H$	8600
$C_{12}H_{25}O(C_2H_4O)_7H$	4100

续表

受试表面活性剂	经口 LD$_{50}$/(mg/kg)
C$_{18}$H$_{37}$O(C$_2$H$_4$O)$_2$H	25000
C$_{18}$H$_{37}$O(C$_2$H$_4$O)$_8$H	53000
C$_{18}$H$_{37}$O(C$_2$H$_4$O)$_{20}$H	1900
壬基酚聚氧乙烯醚（EO=9~10）	1600
脂肪酸失水山梨醇酯聚氧乙烯化合物（EO=20）	20000
十二烷基糖苷	9150
月桂酰二乙醇胺	2700
十六烷基三甲基溴化铵	400
十六烷基吡啶盐酸盐	200
十六烷基咪唑啉	3200

从表 12-4 中可以得出以下几点结论：

（i）各种不同结构的阴离子型表面活性剂，经口急性毒性都是相当低的，LD$_{50}$ 都高于或远高于 1g/kg。在各种阴离子型表面活性剂中，脂肪酸盐和天然油脂皂化制成的肥皂径口 LD$_{50}$ 均大于 10~16g/kg，可认为是无害的物质。其它合成的阴离子型表面活性剂 LD$_{50}$ 值也较高，在各种最终制成品（如合成洗涤剂）中添加百分比较低时，这些最终制成品都可认为是无害的物质。

（ii）烷基硫酸盐、烷基磺酸盐、α-烯烃磺酸盐、烷基苯磺酸盐等阴离子型表面活性剂同系物的毒性大小与链长有关。对烷基硫酸盐而言，C$_{10}$~C$_{12}$ 链的毒性比链较短的（≤C$_8$）或链较长的（≥C$_{14}$）同系物毒性高。在局部刺激试验中 C$_{10}$~C$_{12}$ 的烷基硫酸盐也比链较短或较长的同系物耐受性低一些。正-烷基硫酸盐和 α-烯基磺酸盐达到一定碳数后，链长再增加时毒性明显降低。

（iii）绝大多数非离子型表面活性剂的毒性比阴离子型表面活性剂低。某些聚氧乙烯型非离子型表面活性剂的 LD$_{50}$ 很高，实际上属于无毒物质。在聚氧乙烯型非离子型表面活性剂中，一般来说，酯型（即失水山梨醇酯的聚氧乙烯化合物）比醚型（即脂肪醇聚氧乙烯醚 AEO 和烷基酚聚氧乙烯醚 APEO）毒性低。在每一类同系物中，毒性大小与亲油基碳数和环氧乙烷加成数有关。

（iv）多元醇型非离子型表面活性剂的化学结构为脂肪酸多元醇酯，例如：甘油酯、蔗糖酯、失水山梨醇酯等，它们的亲油基都是由脂肪酸提供的，其来源为动植物油脂；它们的亲水基分别来自甘油、蔗糖、山梨醇，可以预计其基本是无毒的。众所周知，单甘酯、蔗糖酯可以作食品添加剂使用。近年来新出现的烷基糖苷也是无毒的。

（v）阳离子型表面活性剂的毒性比阴离子型表面活性剂和非离子型表面活性剂要高得多，LD$_{50}$ 值比较低，常小于 1g/kg，特别是作为杀菌、抑菌剂的季铵盐类阳离子型表面活性剂，毒性较高，切勿误食。

12.4.2   表面活性剂的亚急性毒性和慢性毒性

表面活性剂通常是作为配方组分，应用于日用化学品中而与人体经常接触的，因此，与急性毒性相比，表面活性剂的亚急性特别是慢性毒性，亦具有十分重要的现实意义。亚急性毒性试验就是在短期内以一定的剂量将被试物质给予动物，检验产生的毒性，属于一种短期毒性试验。而慢性毒性试验是在较长的时期内以一定的剂量将被试物质给予动物，检验产生的毒性。这两种方法都属于连续投药试验，其中亚急性毒性试验一般可作为确定慢性毒性试验投药量的依据，实验的目的是通过给动物反复投予被试物质，以正确掌握投药量和了解毒性种类，进而确定不产生毒性的安全用量。

尽管毒性试验是在动物身上进行的，但毒性试验的目的始终是以人与化学物质的关系为前提，因此应根据现实生活中人与化学物质的相互关系确定试验周期。通常用实验动物的寿命作为给药期的基准，亚急性毒性试验的给药期为实验动物寿命的1/10，例如，用小鼠作亚急性毒性试验时，给药期约90天。慢性毒性试验的给药期要占实验动物寿命的大部分时间，用小鼠试验时，给药期要达到12~30个月；试验动物为非啮齿类时，给药期至少两年。表12-5给出了一些阴离子型表面活性剂的亚急性和慢性毒性试验数据。

表12-5　一些阴离子型表面活性剂的亚急性毒性和慢性毒性数据

表面活性剂	试验动物	受试物质的剂量和给药方式	试验持续时间	试验结果
皂	鼠	5000mg/L，水	120天	无反应
皂	鼠	10000mg/L，水	120天	无反应
皂	鼠	50000mg/L，水	120天	30天后20%试验动物死亡，其它试验动物进食减少，体重下降
十二烷基硫酸钠	鼠	1000mg/L，水	120天	很小的生长抑制
十二烷基硫酸钠	鼠	2500mg/L，水	140天	对营养摄取有刺激
十二烷基硫酸钠	鼠	5000mg/L，水	140天	50天后50%试验动物死亡
十二烷基硫酸钠		口服，60mg/(kg·天)	5周	无反应
十二烷基硫酸钠	鼠	在饲料中加 40mg/kg、200mg/kg、1000mg/kg	90天	三种剂量均无反应
十二烷基硫酸钠	鼠	在饲料中加 2500mg/kg、5000mg/kg、10000mg/kg	2年	无反应
十二烷基硫酸钠	鼠	口服 6000~9000mg/天	38天	无反应
$C_{12}H_{25}O(C_2H_4O)_3SO_3Na$	鼠	在饲料中加 40mg/kg、200mg/kg、1000mg/kg	90天	三种剂量均无反应
$C_{12}H_{25}O(C_2H_4O)_3SO_3Na$	鼠	在饲料中加 1000mg/kg、5000mg/kg	2年	两种剂量均无反应
支链烷基苯磺酸盐	鼠	口服，30mg/(kg·天)	6个月	无反应
直链烷基苯磺酸盐 C_{10}~C_{13} 平均 C_{12}	人	100mg/L，水	100周	无反应
	鼠	在饲料中加 200mg/kg、1000mg/kg、5000mg/kg	2年	三种剂量均无反应
α-烯烃磺酸盐 $C_{14~18}$	鼠	在饲料中加 1000mg/kg、2500mg/kg、5000mg/kg	2年	三种剂量均无反应
N-油酰基-N-甲基牛磺酸钠（Igepon T）	鼠	在饲料中 20000mg/kg	4个月	无反应
二(乙基己基)磺基琥珀酸酯（AOT）	鼠	在饲料中加 2500mg/kg 和 5000mg/kg	2年	无反应

日用化学品中所含的表面活性剂以阴离子型居多。有人研究和统计了在现代生活中每个人每天通过各种方式可能摄入人体的表面活性剂量为：个人卫生用品：0.1~4.0mg；水果、蔬菜：0.3~2.5mg；肉、奶制品：0.1~3.0mg；饮用水：0.3~1.0mg；总计：0.8~10.5mg。

即使按可能的最高摄入量10.5mg/d计，这一剂量仍远低于动物慢性毒性试验中所给出的导致中毒现象的表面活性剂最低剂量。这说明现代日用化学品中所含有的表面活性剂对人体来说是足够安全的。

　　阳离子型表面活性剂在急性试验中的毒性，明显地高于阴离子和非离子型表面活性剂。但在慢性试验中，试验动物饮用含烷基二甲基苄基氯化铵的水时，几乎无影响。但浓度高时，或多或少会抑制被试动物的发育，其原因是阳离子型表面活性剂使饮用水变味，被试动物减少了对水的摄取量，从而影响其健康发育。烷基二甲基苄基氯化铵在饲料中的加入量分别为 0.063%、0.125%、0.25%、0.5%，试验周期为二年的慢性试验结果表明：即使加入 0.063% 也能抑制发育，加入 0.5%（相当于 5000mg/kg）导致出现食欲不振，在十周内出现死亡例，十周之后没有再出现死亡例。死亡例的病理现象是下痢、腹部浮肿、胃出血性坏死、消化道有褐色黏性物等症状。显然，被试物季铵盐因刺激消化道，妨碍正常的营养摄取而呈现其毒性。

　　非离子型表面活性剂的急性毒性比其它类型低，其慢性毒性亦非常低。作为食品添加剂的失水山梨醇酯（Span）及乙氧基化脂肪酸失水山梨醇酯（Tween），在慢性毒性试验中都没有显示出毒性：100 个受试者（5~72 岁），以 4.5~6g/天口服 1~4 年没有发现任何疾病，也未发现代谢、临床化学和血液病学的变化。

12.5　表面活性剂对皮肤和黏膜的刺激性

　　在使用日用化学品的过程中，表面活性剂对皮肤和黏膜的接触是不可避免的。而某些表面活性剂对蛋白质有吸附、变性作用。例如有报道称，在十二碳支链烷基苯磺酸钠的作用下，皮肤角质层中的游离巯基的含量会增加。于是表面活性剂水溶液对皮肤角质层中的游离氨基酸和脂肪的去除率明显高于水。这些作用会导致表面活性剂对皮肤的刺激和角质层保水率的下降，使皮肤干燥。研究表明，表面活性剂对皮肤的刺激程度主要取决于表面活性剂的种类（即化学结构），也取决于它的纯度，特别是表面活性剂中副产物的含量，如 AOS 中的磺内酯和 AES 中的二噁烷。

　　按表面活性剂的种类来划分，对皮肤刺激性最强的大多是阳离子型表面活性剂。非离子型表面活性剂的刺激性一般都很低。多数阴离子型表面活性剂和两性离子型表面活性剂的刺激性居于上述两类之间，其中有些性能特别温和，刺激性极低，如阴离子型表面活性剂中的烷基琥珀酸单酯二钠盐和聚氧乙烯脂肪醇琥珀酸单酯二钠盐及咪唑啉型两性离子型表面活性剂。

　　研究表明，商品阴离子型表面活性剂对皮肤的刺激性有如下顺序：ABS（LSA）>AS>AOS>AES。而在聚氧乙烯型非离子型表面活性剂中，脂肪醇的乙氧基化物（AEO 系列）对皮肤的刺激性大于失水山梨醇酯的乙氧基化物（Tween 系列）。对各种聚氧乙烯型非离子型表面活性剂同系物而言，随加成的 EO 数增加，亲水性增大，刺激性降低。

　　另外，表面活性剂对皮肤的刺激性与亲油基的链长有关。Suchilz 用人体进行了闭口杯试验（closed cup-test），接触时间为 22~24h，考察了不同链长的钠皂和烷基硫酸盐对皮肤的刺激性。结果表明，月桂酸钠和十二烷基硫酸钠多数呈阳性反应。总的看来，烷基硫酸钠对皮肤的刺激性比钠皂要大。Glovhuber 考察了不同链长的 AS、LAS 和 AOS 对皮肤的刺激强度，总体看来，

$C_{10} \sim C_{14}$ 的阴离子型表面活性剂对皮肤的刺激作用都比较强，链长为 C_{12} 的 AS、AOS、LAS 对皮肤的刺激性较其它碳数的同系物要大，这可能是因为 C_{12} 的阴离子型表面活性剂与皮肤蛋白质之间的吸附作用较强。有关上述研究中具体采用的皮肤刺激性和黏膜刺激性评价方法，读者可参考有关文献。

表 12-6 给出了一些阴离子型表面活性剂与皮肤的相容性试验结果。表中的封闭试验（the occlusive patch test）是以剂量 0.1%、1% 和 25% 表面活性剂溶液在受试动物剃毛的背部皮肤上敷药并包裹，试验三天，每天与试药接触时间为 6h。静脉注射硫蓝（sulphan blue）后，按照 Hunter 的标准评判红斑和浮肿程度。在第一次敷药后七天做最终的目测评价，并取皮肤样品进行组织学检验。表中的敞开试验（the open patch test）以剂量 0.1%、1% 或 25% 的表面活性剂溶液给白化体（albino）兔子和白化体豚鼠敷药，每周 5 次，敷药 4.5 周，按上述评判标准目测评价。

表 12-6　一些阴离子型表面活性剂与皮肤的相容性

受试表面活性剂	试液浓度/%	受试动物	敷药方式	敷药周期及持续时间	试验结果
纯脂肪酸皂（pH=10.2）	1	兔	封闭	6h/(天·次)，共 3 天	皮肤轻微刺激
	1	鼠	封闭	16h/(天·次)	非常轻微的刺激
	1	鼠	敞开	每周 5 次，共 30 次	无反应
标准肥皂	0.3	鼠	敞开		无反应
	3.0	鼠	敞开	0.5mL/(天·次)，一共 14 天	无反应
	30	鼠	敞开		严重的局部刺激
合成脂肪醇硫酸酯盐	5.0	豚鼠	敞开		无反应
	30	豚鼠	敞开	接触时间 10min 和 120min	轻微刺激
	100	豚鼠	敞开		轻微刺激
十二醇醚硫酸钠（活性物 60%）	1.5	鼠	敞开		无反应
	15	鼠	敞开	每天一次，65 天	第 65 天有轻微反应
	100	鼠	敞开		第 12 天刺激强烈反应
直链烷基苯磺酸盐	0.03~3	鼠和兔	敞开	每天一次，共 12 天	浓度 0.03% 和 0.3% 时无反应，3% 时有严重反应
	3.4	小鼠	敞开	0.5mL/(天·次)，共 13 天	严重皮肤反应
α-烯烃磺酸盐	1	豚鼠	敞开		无反应
	10	豚鼠	敞开	接触 10min 和 120min	无反应
	30	豚鼠	敞开		轻微反应
脂肪酸多肽缩合物（分子量 600~1200）	2	兔	封闭	10 天	无反应

数据选自 "Anionic Surfactants Biochemistry, Toxicology, Dermatology"（1980）。

表 12-7 给出了一些阴离子型表面活性剂对兔眼睛刺激的极限浓度（limiting concentration）。表中 A 为对兔眼无刺激时受试液的最高浓度；B 为兔眼中滴入受试液后不冲洗，刚出现黏膜刺激时受试液的最低浓度。A 与 B 数值愈大，表示对眼睛的刺激性愈小。

实验所得的一些表面活性剂温和性的相对顺序为：（i）单烷基琥珀酸单酯二钠盐；（ii）咪唑啉型两性离子型表面活性剂；（iii）羧基甜菜碱两性离子型表面活性剂；（iv）十二烷基氨

基丙酸衍生物；（v）脂肪酸肌氨酸盐；（vi）脂肪酸多肽缩合物；（vii）脂肪酸甲基牛磺酸钠；（viii）烷基醚硫酸盐；（ix）烯烃磺酸盐；（x）烷基磺酸盐；（xi）烷基芳基磺酸盐（刺激性按序数递增）。

关于 α-磺基月桂酸甲酯的温和性，Stepan 公司的 J. C. Drozd 博士曾经在国际会议论文中指出，α-磺基月桂酸甲酯比月桂基醚硫酸盐更温和，刺激性与磺基琥珀酸酯盐相当，不会引起皮肤过敏，但与大多数表面活性剂一样，在浓度较高时对眼睛有刺激作用。表 12-8 的数据表明了 α-磺基月桂酸甲酯的温和性。

表 12-7　一些阴离子型表面活性剂对兔眼产生刺激的极限浓度

表面活性剂	A/% （不引起刺激的 最高浓度）	B/% （刚出现刺激 的最低浓度）	表面活性剂	A/% （不引起刺激的 最高浓度）	B/% （刚出现刺激 的最低浓度）
皂	4	—	十八烷基硫酸盐	0.1	0.5
椰子油基脂肪醇硫酸盐	0.1	1.0	四聚丙烯苯磺酸盐	0.05	0.1
$C_8 \sim C_{18}$ 烷基硫酸盐	—	0.5	直链烷基苯磺酸盐	0.01	0.05
十烷基硫酸盐	0.1	0.5	α-烯烃磺酸盐	0.05	0.1
十二烷基硫酸盐	0.1	0.5	烷基琥珀酸酯磺酸盐	0.1	1.0
十四烷基硫酸盐	0.1	0.5	油酰甲基牛磺酸钠	—	1.0
十六烷基硫酸盐	0.1	0.5			

表 12-8　α-磺基月桂酸甲酯的温和性

Dmize 皮肤试验：10%活性物，钠盐		
α-磺基月桂酸甲酯	2.4/8.0	微弱刺激
月桂基醚（EO=3）硫酸盐	4.0/8.0	中等刺激
月桂基醚（EO=3）磺基琥珀酸酯	1.9/8.0	微弱刺激
MES 皮肤过敏试验	阴性	
Draize 眼试验		
36%~38%活性物 MES	一级眼刺激	

12.6　表面活性剂对水中生物的影响

含有表面活性剂的家庭污水或某些工业废水，在进入地表水域时对水中生物特别是鱼类的影响是人们关注的一个问题。Swisher 研究了 LAS 对鱼的影响，C_{12}LAS 和 C_{14}LAS 对鱼的半数致死浓度 TL_m 分别为 3mg/L 和 0.6mg/L。由于 LAS 具有良好的生物降解性，它经过生物降解后对鱼和水中生物的影响就很小了。将浓度为 100mg/L 或更高的 LAS 试液送入实验室连续式活性污泥装置中，人们发现，蓝鳃鱼在流出液中的生存不受影响，在这种流出液中生活超过 96h 的鱼看不出受到任何影响，仅在显微镜下观察时能发现鱼鳃组织稍有变化。上述试验结果说明，LAS 的毒性降低与生物降解度高有关，在 LAS 的生物降解过程中不会出现有毒的降解中间体的累积。表 12-9 给出了两种表面活性剂和其氧化产物经一定的暴露时间后对蓝鳃鱼生长的影响。

表 12-9　LAS 及其降解产物对蓝鳃鱼生长的影响

一定暴露时间的毒性	由 α-十二烯合成的烷基苯磺酸钠/(mg/L)	由 α-十四烯合成的烷基苯磺酸钠/(mg/L)	磺基苯基十二烷酸二钠异构体的混合物/(mg/L)（DDBS 的 ω-氧化产物）
TL_m（24h）	3.1	0.64	120
TL_m（48h）	3.0	0.64	75
TL_m（96h）	3.0	0.64	75
24h 100%致死浓度	8.0	0.80	>150
96h 未死亡浓度	2.0	0.40	≤50

表 12-9 中的数据表明，水中 C_{14}LAS 对鱼的毒性比 C_{12}LAS 要高一些。ω-氧化产物对鱼的毒性大大低于 LAS。

表 12-10 给出了一些表面活性剂对水生动物的最低致死浓度，受试动物为蝦虎。数据表明，不同结构的烷基苯磺酸钠对水中生物毒性的影响不同。烷基链长在 C_8~C_{16} 范围内的 LAS，毒性随着碳数的增加而增加；C_{12}~C_{16} 的毒性明显高于 C_{10} 以下的，C_{18} 的毒性比 C_{12}~C_{16} 范围内的低。对水中生物的毒性还与苯基结合的位置有关，苯基愈接近链端者毒性愈大。脂肪醇硫酸酯盐的毒性与其烷基链的结构有关，完全直链的毒性低于支链，C_{14} 的毒性高于 C_{12}。

表 12-10　表面活性剂对水生动物（蝦虎）的毒性

表面活性剂	最低致死浓度/(mg/kg)	表面活性剂	最低致死浓度/(mg/kg)
2-十二烷基苯磺酸钠	3	C_{14} 烷基苯磺酸钠	1
9-十二烷基苯磺酸钠	7	C_{16} 烷基苯磺酸钠	1
6-十二烷基苯磺酸钠	10	C_{18} 烷基苯磺酸钠	15
C_8 烷基苯磺酸钠	>100	十二烷基硫酸盐	10
C_{10} 烷基苯磺酸钠	50	C_{14} 羰基合成醇硫酸酯盐	3
C_{12} 烷基苯磺酸钠	5		

非离子型表面活性剂对水中生物的毒性低于离子型表面活性剂，它们对水中生物的影响很小。因此含有非离子型表面活性剂的废水，即使不经污水厂充分处理，排放至地表水系中，对水中生物也几乎无影响。

12.7　化工产品的环境评价——生命周期分析

生命周期分析（life cycle analysis，简称 LCA）的提出已近 50 年，它是欧美等国研究工业产品，特别是化工产品，对生态环境影响评价的一种方法。近年来发展很快，也颇受社会关注。

20 世纪 80 年代以来，人们对自然资源以及人类生存的生态环境越来越重视，并深感忧虑。于是一方面要求生产的产品本身对人体无害，对环境安全；另一方面要求在产品的开发、制造和使用过程中，能够更合理地利用自然资源、节省能源、降低三废排放，以尽量减少对环境的污染。例如：在表面活性剂行业，四聚丙烯十二烷基苯制造的 ABS 的不能生物降解，导致了泡沫污染问题，在 60 年代左右被 LAS 所取代；由于磷酸盐的富营养化问题，开发了沸石取代或部分取代磷酸盐助剂。这样的例子在其它行业也很普遍，例如对人类和环境有害的农药产品遭到淘汰和更新，对臭氧层具有破坏作用的制冷剂氟利昂也已经被淘汰和取代。

　　然而，化学家在深入研究环境问题后发现，不能用孤立、局部的方法来分析具体问题，否则所得结论可能似是而非。例如，有些国家和地区基于磷酸盐的富营养化问题，提出并制定了在洗涤剂中禁止或限制使用磷酸盐的规定，一方面使得洗涤剂的性能受到很大影响，另一方面需要开发其它助剂如沸石，从而导致材料与能量的增加。有的国家认为这可能得不偿失。因此，在德国和瑞典，已提出恢复使用三聚磷酸钠，因为这些国家的城市污水均经三级处理，磷化物在污水处理系统中可予以脱除。相反，作为三聚磷酸钠的代用品 4A 沸石，在污水处理系统中却形成了固体废弃物。再如 80 年代初以来，人们倾向于利用可再生资源作为工业原料，但事实上这些可再生资源的生长仍然需要消耗不可再生资源。如用植物油脂制造表面活性剂时，植物生长、收获和种子加工时还需要投入如农药、化肥等不可再生资源。因此，不能简单地从某个单方面考虑，而得出利用可再生资源对环境的影响一定比利用不可再生资源小的结论。

　　基于这些事实，一些化学家认为，应改变过去那种仅从"单另事件"（single issue）出发来研究环境问题的方法，而应全面、系统地考察产品对环境的影响，于是出现了 LCA 法。

　　所谓 LCA 法，即对产品从原料来源到加工成产品，以及产品经使用（包括回收、重复使用）后废弃并进入环境，直至完全消失的整个过程，进行全面分析。根据美国环境毒理学和化学协会的定义，LCA 是由"生命周期清单（life cycle inventory）""影响分析（impact analysis）"和"改进分析（improvment analysis）"三部分组成。也有将这三部分称为"清单分析（inventory analysis）""危险评估（risk assesement）"和"改进（improvement）"。

　　"生命周期清单"是"影响分析"和"改进分析"的基础。它是对化工产品的整个生命周期，从原料消耗、能源使用和三废排放，进行科学的测试和统计。"生命周期清单"是一个非常复杂的系统分析过程，典型的清单常常由数百、甚至上千条目的数据组成。由于进行相互比较的各种产品，其所用原材料的种类和数量不一样，所需的能源不同，排放的废弃物种类、数量以及各种废弃物对环境的影响方式、程度亦不同，这些使得分析和评价变得十分困难。

　　"影响分析"是根据"生命周期清单"测量所得的数据，就化工产品对人类的健康和环境的实际损害程度给出定量分析。美国环境毒理学和化学协会的研讨结果认为："影响分析" 应包括对影响环境的各因素给出经验性的分析和评价。

　　"改进分析"则是在前两部分分析的基础上，找出过去已改善和根据环境要求需要改进之处。

　　"影响分析"和"改进分析"是后来才发展起来的新的环境研究方法，尽管已提出了许多好的观点和设想，取得了较大的进展，但毕竟尚处于探索性阶段，还未形成一套科学的方法体系。

　　LCA 是一项非常复杂的研究，它需要做出大量的假设、采集大量的数据和进行复杂的计算，尽管研究结果极少见诸正式的科技刊物，但已成为讨论、报告的热点。

　　目前一些政府期望利用 LCA 来支持其环境政策，一些面临生态问题的国家用它来评定产品的优越性，环境保护专家用来寻找解决环境问题的方法，而工业界把它视为改善产品的环境质量、优化制造过程、开发更优越的新产品的工具。

美国 P&G 公司组织了一次对一批重要表面活性剂及其中间体的 LCA 研究，结论是：每一种表面活性剂的原料、能源需求量和产生的环境废物量都有其各自的特点；LCA 研究尚不能对不同表面活性剂或不同原料来源（石油系、动植物油脂系）的环境优劣作出判断（因为某一方面的长处被另一方面的短处所抵消）；LCA 分析正在逐渐成为一种有用的研究工具，LCA 的"清单分析"可作为寻找减少能源和原材料用量，以及减少环境污染物等可能性的基础。例如，对从石油制取 LAS 和从棕榈果制取 MES 的 LCA 研究表明，制取 MES 比制取 LAS 能耗大 30%，废气排放量大 122%，废液排放量大 26%，废渣排放量大 54%。尽管表面上看 MES 来源于可再生资源，但在现阶段，MES 的生产无论是在经济上还是在环境保护方面，与生产 LAS 相比都没有优势。因此 LCA 的发展前景和作用不可低估。

参考书目

[1] 夏纪鼎, 倪永全. 表面活性剂和洗涤剂化学与工艺学. 北京: 中国轻工业出版社, 1997.

[2] Falbe J. Surfactants in Consumer Products. Berlin: Springer-Verlag, 1987.

[3] Tadros T F. Surfactants. London: Academic Press, 1984.

[4] Tadros T F. Applied surfactants: Principle and Applications. Weinheim: Wiley-Vch Verlag GmbH & Co. KGaA, 2005.

[5] Somorjai G A. Introduction to Surface Chemistry. New York: John Wiley and Sons Inc, 1994.

[6] Hiemenz P C. Principles of Colloid and Surface Chemistry. 2nd ed. New York: Marcel Dekker Inc, 1986.

[7] Attword D. Surfactant System. New York: Chapman and Hall London, 1983.

[8] Miller C A. Interfacial Phenomena. New York: Marcel Dekker Inc, 1987.

[9] Wasan D T. Surfactants in Chemical/Process Engineering. New York: Marcel Dekker Inc, 1988.

[10] Sckick M J. Anionic Surfactants. New York: Marcel Dekker Inc, 1976.

[11] Bieger M M. Surfactants in Cosmetics. New York: Marcel Dekker Inc, 1984.

[12] Sisley J P. Encyclopedia of Surface Active Agents (Vol 2). New York: Chemical Publ. Co. Inc, 1964.

[13] Jungerman E. Cationic Surfactants. New York: Marcel Dekker, 1970.

[14] Blustein B R. Amphoteric Surfactants. New York and Bacel: Marcel Dekker Inc, 1982.

[15] Schick M J. Nonionic Surfactant. New York: Marcel Dekker Inc, 1967.

[16] Kosaric N. Biosurfactants and Biotechnology. New York: Marcel Dekker Inc,1987.

[17] Hüthig V A. Waschmittelchemie. Düsseldorf: Henkel & Cie GmbH,1976.

[18] Karsa D R. Industrial Application of Surfactants. London: Royal Socigty of Chemistry, 1987.

[19] Karsa D R. Industrial Application of Surfactants Ⅱ. Manchester: Royal Society of Chemistry, 1990.

[20] Datyner A. Surfactants in Textile Industry. New York: Marcel Dekker Inc, 1986.

[21] Shan D O, Schechter R S. Improved Oil Recovery by Surfactant and Polymer Floading. New York: Academic Press Inc, 1977.

[22] Rosen M J. Surfactants in Emerging Technologies. New York: Marcel Dekker Inc, 1987.

[23] Irja P. Polymeric Surfactants. New York: Marcel Dekker, 1992.

[24] Tadros T F. Surfactant in Agrochemicals. New York: Marcel Dekker, 1995.

[25] Hill B A. The Biology of Surfactants. Cambridge: Cambridge University Press, 1988.

[26] Swisher R D. Surfactant Biodegration. 2nd ed. New York: Marcel Dekker Inc, 1987.

[27] Christian G. Anionic Surfactants-Biochemistry, Toxicology, Dermatology. New York and Bacel: Marcel Dekker Inc, 1980.

[28] Spitz L. Soap technology for 1990's. Illinois: American Oil Chemists' Society, 1990.

[29] [日]北原文雄. 表面活性剂·物性·应用·化学生态学. 孙绍曾, 等, 译. 北京: 化学工业出版社, 1984.

[30] [日]北原文雄. 表面活性剂分析和试验法. 毛培坤, 译. 北京: 轻工业出版社, 1988.

[31] 方云, 等, 译. 工业磺化/硫酸化生产技术. 北京: 中国轻工业出版社, 1993.

[32] 王一尘, 译. 阳离子型表面活性剂的合成. 北京: 轻工业出版社, 1984.

[33] Schönfelt N.非离子表面活性剂的应用 (Surface-active Ethylene Oxide Adducts). 翁星华, 张万福, 译. 北京: 中国轻工业出版社, 1983.

[34] 全国日用化学工业科技情报站. 脂肪醇译文集. 北京: 轻工业出版社, 1982.

[35] 王锦惠. 羟基合成. 北京: 化学工业出版社, 1987.

[36] 夏纪鼎, 等, 译. 洗涤剂制造. 北京: 轻工业出版社, 1986.

[37] 中国科学院大连化学物理研究组分子筛组. 沸石分子筛. 北京: 科学出版社, 1978.

[38] 金松涛. 有机催化. 上海: 上海科学技术出版社, 1986.

[39] 邓景发. 催化作用原理导论. 吉林:吉林科学技术出版社, 1984.

[40] 邹仁鋆. 基本有机化工反应工程. 北京: 化学工业出版社, 1981.

[41] 穆光照. 自由基反应. 北京: 高等教育出版社, 1985.

[42] 周敬思. 环氧乙烷、乙二醇生产. 北京: 化学工业出版社, 1979.

[43] 赵国玺. 表面活性剂物理化学. 北京: 北京大学出版社, 1991.

[44] 梁梦兰. 表面活性剂和洗涤剂 制备 性质 应用. 北京: 科学技术文献出版社, 1992.

[45]　郑开耕. 聚氧乙烯型非离子洗涤剂. 北京: 轻工业出版社, 1984.

[46]　殷世铎. 非离子型表面活性剂. 北京: 中国铁道出版社, 1990.

[47]　李宗石. 表面活性剂的合成与工艺. 北京: 轻工业出版社, 1990.

[48]　刘德荣. 表面活性剂的合成与应用. 四川: 四川科学技术出版社, 1987.

[49]　杨承信. 三聚磷酸钠生产. 北京: 轻工业出版社, 1988.

[50]　张佑国. 喷雾干燥. 江苏: 江苏科学技术出版社, 1982.

[51]　刘程. 表面活性剂应用大全. 北京: 北京工业大学出版社, 1992.

[52]　Schönfelt N. 苏聚汉, 张万福, 翁星华, 甘兰九, 译. 非离子表面活性剂的制造、性能和分析(Surface-active Ethylene oxide Adducts). 北京: 中国轻工业出版社, 1988.

[53]　曾铁鼎. 仲烷基磺酸钠 (SAS) 的制备、性能及应用. 北京: 中国轻工业出版社, 1992.

[54]　W. Herman de Groot. 现代洗衣粉成型技术 (The Manufacture of Modern Detergent Powder). 方云, 等, 译. 北京: 中国轻工业出版社, 1996.

[55]　中国表面活性剂行业年鉴 (2010—2011). 北京: 中国轻工业出版社, 2012.

[56]　中国表面活性剂行业年鉴 (2014). 北京: 中国轻工业出版社, 2015.

[57]　中国表面活性剂行业年鉴 (2016). 北京: 中国轻工业出版社, 2016.

[58]　王万绪. 中国合成洗涤剂工业 60 年 (1959—2019), 太原: 山西人民出版社, 2019.

[59]　Rosen M J, Kunjappu J T. Surfactants and Interfacial Phenomena.4th ed. 崔正刚, 蒋建中, 等, 译. 表面活性剂和界面现象. 北京: 化学工业出版社, 2015.

[60]　崔正刚. 表面活性剂、胶体与界面化学基础. 2 版. 北京: 化学工业出版社，2019.

[61]　中国口腔清洁护理用品工业协会. 牙膏生产技术概论(上、下册). 北京: 中国轻工业出版社, 2014.

[62]　徐宝财, 张桂菊, 赵莉. 表面活性剂化学与工艺学. 北京: 化学工业出版社，2016.

[63]　贝雷. 油脂化学与工艺学. 5 版. 徐生庚, 裘爱泳, 译. 北京: 中国轻工业出版社，2001.